건설재료시험

기능사 필기

시대에듀

합격에 윙크[Win-Q]하다

Win-Q

[건설재료시험기능사] 필기

Always with you

사람이 길에서 우연하게 만나거나 함께 살아가는 것만이 인연은 아니라고 생각합니다.
책을 펴내는 출판사와 그 책을 읽는 독자의 만남도 소중한 인연입니다.
시대에듀는 항상 독자의 마음을 헤아리기 위해 노력하고 있습니다.
늘 독자와 함께하겠습니다.

건설재료시험기능사는 부실공사에 의한 막대한 인명 및 재산 피해를 미연에 방지하기 위해서 건설현장의 기초 공사에 필요한 토질검사를 실시하고, 배합설계도의 강도와 일치하는 건설재료를 사용하고 있는가를 검사하여 건물이나 시설의 안전을 확보하기 위한 자격입니다. 건설재료 시험 자격을 취득하면 건설업체 품질관리부서, 국토교통부 지정 품질검사전문기관, 건설재료시험 관련 연구소, 콘크리트파일 등 건설 자재 생산공장, 레미콘 및 아스콘 생산업체 등으로 진출할 수 있습니다. 건설재료시험기능사의 고용은 건설 경기에 크게 영향을 받지만, 중급 기술 정도의 시험원은 여전히 부족한 실정으로 향후 경쟁체제에 의한 건설 고품질화가 계속 추진되고, 건설기술관리법도 더욱 강화될 것이므로 숙련된 건설재료 시험 자격에 대한 인력 수요는 증가할 것으로 예상됩니다.

본 도서는 수험생들이 건설재료시험에 대해 좀 더 쉽게 다가가고 이해할 수 있도록 다음과 같이 구성하였습니다.

건설재료시험기능사 필기시험 출제영역은 크게 건설재료, 건설재료시험, 토질로 나누어집니다. 이에 출제기준에 따라 각 단원별로 중요하고 반드시 알아두어야 하는 핵심이론을 제시하고, 빈출문제를 통해 핵심내용을 다시 한번 확인할 수 있도록 구성하였습니다. 과년도와 최근 기출복원문제를 통해 출제경향을 파악하여 시험에 대비할 수 있습니다. 국가기술자격 필기시험은 문제은행 방식으로 반복적으로 출제되기 때문에 기출문제를 분석해서 풀어 보고, 이와 관련된 이론을 학습하는 것이 효과적인 학습방법입니다.

이와 같이 학습한다면 건설재료시험기능사 필기시험 합격을 향해 한 발자국 더 나아갈 수 있습니다.

윙크(Win-Q) 시리즈는 필기 고득점 합격자와 평균 60점 이상의 합격자 모두를 위한 훌륭한 지침서입니다. 무엇보다 효과적인 자격증 대비서로서 기존의 부담스러웠던 수험서에서 필요 없는 부분을 제거하고 꼭 필요한 내용들을 중심으로 수록한 윙크(Win-Q) 시리즈가 수험준비생에게 '합격비법노트'로서 자리 잡길 바랍니다. 수험생 여러분들의 건승을 기원합니다.

편저자 씀

시험안내

개 요

부실공사에 의한 막대한 인명 및 재산 피해를 미연에 방지하기 위해 건설현장에서 배합설계도의 강도와 일치하는 건설재료를 사용하고 있는가를 검사하여 건물이나 시설의 안전도를 높이는 업무를 담당하는 기능인력의 양성을 목적으로 자격제도를 제정하였다.

진로 및 전망

- 건설업체 품질관리부서, 국토교통부 지정 품질검사전문기관, 건설재료시험 관련 연구소, 콘크리트파일 등 건설자재 생산공장, 레미콘 및 아스콘 생산업체 등으로 진출할 수 있다.
- 건설재료시험기능사의 고용은 건설 경기에 크게 영향을 받지만 건설업은 산업 전반에서 꾸준하게 진행되고 있고, 건설의 고품질화 경향이 지속되고 있기 때문에 건설재료시험기능사에 대한 인력 수요는 증가할 것이다.

시험일정

구 분	필기원서접수 (인터넷)	필기시험	필기합격 (예정자)발표	실기원서접수	실기시험	최종 합격자 발표일
제1회	1월 초순	1월 하순	1월 하순	2월 초순	3월 중순~4월 초순	4월 중순
제2회	3월 중순	3월 하순~4월 초순	4월 중순	4월 하순	6월 초순~6월 중순	7월 초순
제4회	8월 하순	9월 초순~9월 중순	9월 하순	9월 하순~10월 초순	11월 초순~11월 하순	12월 중순

※ 상기 시험일정은 시행처의 사정에 따라 변경될 수 있으니, www.q-net.or.kr에서 확인하시기 바랍니다.

시험요강

❶ 시행처 : 한국산업인력공단
❷ 관련 학과 : 공업계 고등학교 토목과
❸ 시험과목
  ㉠ 필기 : 1. 건설재료 2. 건설재료시험 3. 토질
  ㉡ 실기 : 토질 및 건설재료시험
❹ 검정방법
  ㉠ 필기 : 객관식 4지 택일형 60문항(60분)
  ㉡ 실기 : 복합형[필답형(1시간, 50점), 작업형(2시간 내외, 50점)]
❺ 합격기준
  ㉠ 필기 : 100점 만점으로 하여 60점 이상
  ㉡ 실기 : 100점 만점으로 하여 60점 이상

검정현황

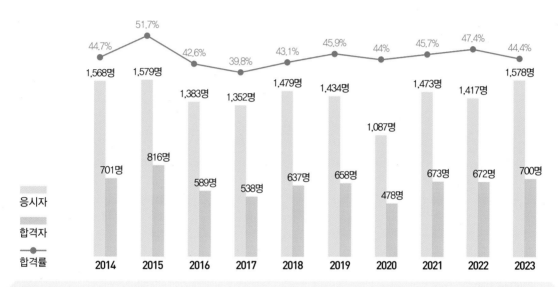

필기시험

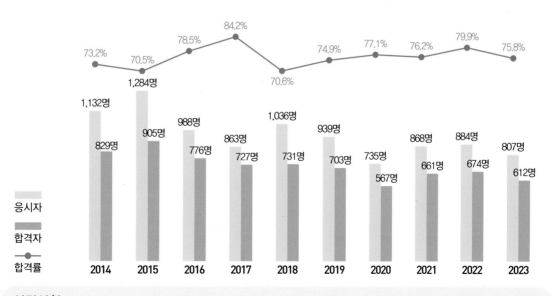

실기시험

시험안내

출제기준

필기과목명	주요항목	세부항목	세세항목
건설재료, 건설재료시험, 토질	건설재료	일반재료의 성질 및 용도	• 목재 • 석재 • 금속재 • 역청재 • 화약 및 폭약 • 토목섬유
		콘크리트 재료 및 콘크리트의 성질과 용도	• 잔골재 • 굵은 골재 • 시멘트의 종류 • 시멘트의 성질 • 혼화재료의 성질 • 혼화재 • 혼화제 • 굳지 않은 콘크리트 • 굳은 콘크리트
	건설재료시험	흙의 시험	• 함수비시험 • 밀도시험 • No.200체 통과량시험 • 액성한계시험 • 소성, 수축한계시험 • 흙의 입도시험
		시멘트시험	• 밀도시험 • 응결시간 측정시험 • 분말도시험 • 압축, 인장강도시험 • 기타 시멘트 관련 시험
		골재시험	• 체가름시험 • 밀도 및 흡수율시험 • 표면수량시험 • 골재의 단위용적질량시험 • 유기불순물시험 • 잔입자시험 • 안정성시험 • 마모시험

필기과목명	주요항목	세부항목	세세항목
건설재료, 건설재료시험, 토질	건설재료시험	콘크리트시험	• 압축, 인장강도시험 • 휨강도시험 • 단위질량 및 공기함유량시험 • 반죽질기시험 • 블리딩시험 • 콘크리트의 배합설계
		아스팔트 및 혼합물시험	• 비중 및 점도시험 • 침입도시험 • 연화점, 인화점 및 연소점시험 • 신도시험 및 기타 아스팔트시험
		강재의 시험	• 강재시험
	토질	흙의 기본적 성질과 분류	• 흙의 성질 • 흙의 분류
		흙 속의 물과 압밀	• 흙의 모관성, 투수성, 동상 • 분사현상 및 파이핑 • 흙의 압축성과 압밀 • 압밀시험의 정리와 이용
		흙의 전단강도	• 직접 전단강도 • 일축압축 전단강도 • 삼축압축 전단강도
		흙의 다짐	• 실내다짐 • 모래치환에 의한 현장밀도시험 • 노상토 지지력비(CBR)시험

CBT 응시 요령

기능사 종목 전면 CBT 시행에 따른

CBT 완전 정복!

"CBT 가상 체험 서비스 제공"

한국산업인력공단
(http://www.q-net.or.kr) **참고**

01   수험자 정보 확인

시험장 감독위원이 컴퓨터에 나온 수험자 정보와 신분증이 일치하는지를 확인하는 단계입니다. 수험번호, 성명, 생년월일, 응시종목, 좌석번호를 확인합니다.

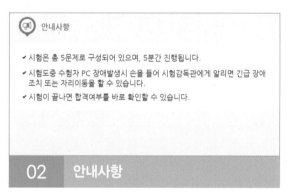

02   안내사항

시험에 관한 안내사항을 확인합니다.

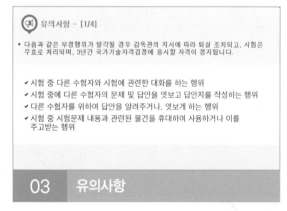

03   유의사항

부정행위에 관한 유의사항이므로 꼼꼼히 확인합니다.

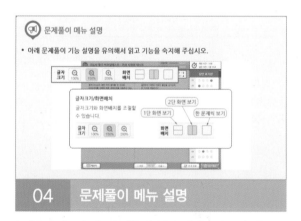

04   문제풀이 메뉴 설명

문제풀이 메뉴의 기능에 관한 설명을 유의해서 읽고 기능을 숙지해 주세요.

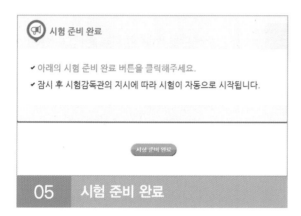

05 　시험 준비 완료

시험 안내사항 및 문제풀이 연습까지 모두 마친 수험자는 시험 준비 완료 버튼을 클릭한 후 잠시 대기합니다.

06 　시험 화면

시험 화면이 뜨면 수험번호와 수험자명을 확인하고, 글자크기 및 화면배치를 조절한 후 시험을 시작합니다.

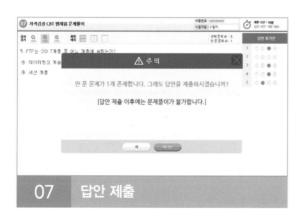

07 　답안 제출

[답안 제출] 버튼을 클릭하면 답안 제출 승인 알림창이 나옵니다. 시험을 마치려면 [예] 버튼을 클릭하고 시험을 계속 진행하려면 [아니오] 버튼을 클릭하면 됩니다. 답안 제출은 실수 방지를 위해 두 번의 확인 과정을 거칩니다. [예] 버튼을 누르면 답안 제출이 완료되며 득점 및 합격여부 등을 확인할 수 있습니다.

CBT 완전 정복 TIP

내 시험에만 집중할 것
CBT 시험은 같은 고사장이라도 각기 다른 시험이 진행되고 있으니 자신의 시험에만 집중하면 됩니다.

이상이 있을 경우 조용히 손을 들 것
컴퓨터로 진행되는 시험이기 때문에 프로그램상의 문제가 있을 수 있습니다. 이때 조용히 손을 들어 감독관에게 문제점을 알리며, 큰 소리를 내는 등 다른 사람에게 피해를 주는 일이 없도록 합니다.

연습 용지를 요청할 것
응시자의 요청에 한해 연습 용지를 제공하고 있습니다. 필요시 연습 용지를 요청하며 미리 시험에 관련된 내용을 적어놓지 않도록 합니다. 연습 용지는 시험이 종료되면 회수되므로 들고 나가지 않도록 유의합니다.

답안 제출은 신중하게 할 것
답안은 제한 시간 내에 언제든 제출할 수 있지만 한 번 제출하게 되면 더 이상의 문제풀이가 불가합니다. 안 푼 문제가 있는지 또는 맞게 표기하였는지 다시 한 번 확인합니다.

구성 및 특징

01 건설재료

제1절 일반재료의 성질 및 용도

1-1. 목 재

핵심이론 01 | 목재의 장단점(특징)

① 목재의 장점
  ㉠ 가볍고 취급 및 가공이 쉬우며 외관이 아름답다.
  ㉡ 충격과 진동 등을 잘 흡수한다.
  ㉢ 무게에 비해서 강도와 탄성이 크다.
  ㉣ 온도에 대한 수축, 팽창이 비교적 작다.
  ㉤ 열, 소리의 전도율이 작다.
  ㉥ 구입하기 쉽고 가격이 비교적 저렴하다.
  ㉦ 산성약품 및 염분에 강하다.

② 목재의 단점
  ㉠ 쉽게 부식되고, 충해를 받는다.
  ㉡ 가연성이므로 내화성이 작다.
  ㉢ 재질과 강도가 균일하지 않고 크기에 제한이 있다.
  ㉣ 흡수성이 크며, 변형되기 쉽다.
  ㉤ 함수율에 따른 변형과 팽창, 수축이 크다.
  ㉥ 충해(蟲害)나 풍화(風化)로 내구성이 저하된다.

10년간 자주 출제된 문제

1-1. 목재의 장점에 대한 설명으로 옳은 것은?
① 부식성이 크다.
② 내화성이 크다.
③ 목질이나 강도가 균일하다.
④ 충격이나 진동 등을 잘 흡수한다.

1-2. 목재의 특징에 대한 설명으로 틀린 것은?
① 경량이고 취급 및 가공이 쉬우며 외관이 아름답다.
② 함수율에 따른 변형과 팽창, 수축이 작다.
③ 부식이 쉽고 충해를 받는다.
④ 가연성이므로 내화성이 작다.

1-3. 목재의 단점에 대한 설명 중 틀린 것은?
① 함수율에 따라
② 가연성이 있어
③ 온도에 의한 수
④ 쉽게 부식되고

핵심이론 02 | 목재의 구조

① 심 재
  ㉠ 수심에 가깝고 색이 진하며 단단한 부분이다.
  ㉡ 나무의 강도가 크고 수분이 적어 변형이 작다.
  ※ 수심 : 수목 단면의 중심부로, 양분을 저장한다.

② 변 재
  ㉠ 목재의 조직 중 나무줄기의 바깥 부분으로 수피에 접하고, 변형과 균열이 생긴다.
  ㉡ 목재에서 양분을 저장하고, 수액의 이동과 전달을 한다.
  ㉢ 변재는 심재보다 강도, 내구성 등이 작다.

③ 나이테 : 수심을 둘러싼 여러 개의 동심원으로 춘재와 추재 한 쌍으로 구성된다.

  ※ 셀룰로스
    • 목재의 주성분으로서 목질건조중량의 60% 정도를 차지하며, 세포막을 구성하는 성분이다.
    • 목재의 주요성분 중에서 가장 많은 양을 차지한다.

  ※ 리그닌 : 목재의 중요성분 중 세포 상호 간 접착제 역할을 한다.

  ※ 벌목 시기는 가을에서 겨울에 걸친 기간이 가장 적당하다.

10년간 자주 출제된 문제

2-1. 목재에서 양분을 저장하고, 수액의 이동과 전달을 하는 부분은?
① 심 재   ② 수 피
③ 형성층   ④ 변 재

2-2. 목재의 변재(邊材)와 심재(心材)에 관한 설명으로 옳은 것은?
① 나무줄기의 중앙부로서, 비교적 밝은 색을 나타내는 부분을 변재라고 한다.
② 여름과 가을에 걸쳐 성장한 부분으로, 조직이 치밀하고 단단하며 색깔도 짙은 부분을 심재라고 한다.
③ 변재는 심재보다 강도, 내구성 등이 작다.
④ 심재는 다공질이며, 수액이 이동하고 양분을 저장하는 부분이다.

2-3. 목재의 주성분으로서 목질건조중량의 60% 정도를 차지하며, 세포막을 구성하는 성분은?
① 리그닌   ② 타 닌
③ 셀룰로스   ④ 수 지

2-4. 목재의 중요성분 중 세포 상호 간 접착제 역할을 하는 것은?
① 셀룰로스   ② 리그닌
③ 타 닌   ④ 수 지

|해설|
2-1

형성층
변 재
심 재 ─── 나이테

정답 2-1 ④ 2-2 ③ 2-3 ③ 2-4 ②

핵심이론

필수적으로 학습해야 하는 중요한 이론들을 각 과목별로 분류하여 수록하였습니다.
시험과 관계없는 두꺼운 기본서의 복잡한 이론은 이제 그만! 시험에 꼭 나오는 이론을 중심으로 효과적으로 공부하십시오.

10년간 자주 출제된 문제

출제기준을 중심으로 출제 빈도가 높은 기출문제와 필수적으로 풀어보아야 할 문제를 핵심이론당 1~2문제씩 선정했습니다. 각 문제마다 핵심을 찌르는 명쾌한 해설이 수록되어 있습니다.

STRUCTURES

과년도 기출문제

지금까지 출제된 과년도 기출문제를 수록하였습니다. 각 문제에는 자세한 해설이 추가되어 핵심 이론만으로는 아쉬운 내용을 보충 학습하고 출제경향의 변화를 확인할 수 있습니다.

2013년 제1회   과년도 기출문제

01 목재의 특성에 대한 설명으로 틀린 것은?

① 비중에 비하여 강도가 크다.
② 함수율의 변화에도 팽창이나 수축이 작다.
③ 충격, 진동을 잘 흡수한다.
④ 열팽창계수가 작고 온도에 대한 신축이 작다.

해설
목재는 함수율에 따른 변형과 팽창, 수축이 크다.

02 잔골재의 실적률이 75%이고, 표건밀도가 2.65g/cm³일 때 공극률은 얼마인가?

① 28%   ② 25%
③ 35%   ④ 14%

해설
100 = 실적률 + 공극률
공극률 = 100 − 75 = 25%

03 포졸란의 종류 중 인공산에 속하는 것은?

① 플라이 애시
② 규산백토
③ 규조토
④ 화산재

해설
포졸란
• 천연산 : 화산재, 규조토, 규산백토 등
• 인공산 : 플라이 애시, 고로슬래그, 실리카 퓸, 실리카 겔, 소성 혈암 등

04 굳지 않은 콘크리트의 공기량에 대한 설명으로 틀린 것은?

① 콘크리트의 온도가 높을수록 공기량은 줄어든다.
② 시멘트의 분말도가 높을수록 공기량은 많아진다.
③ 단위 시멘트량이 많을수록 공기량은 줄어든다.
④ 잔골재량이 많을수록 공기량은 많아진다.

해설
시멘트의 분말도가 높을수록 공기량은 감소한다.

05 시멘트를 ~ 것은?

① 통풍이 ~
② 방습적 ~
③ 저장기 ~ 쌓아올 ~
④ 포대 시 ~ 받지 않 ~

해설
시멘트 사이로 ~ 하는 것이 좋 ~

2024년 제1회   최근 기출복원문제

01 목재의 수분, 습기의 변화에 따른 팽창·수축을 줄이기 위한 방법으로 틀린 것은?

① 고온처리한 목재를 사용한다.
② 가능한 한 무늬결 목재를 사용한다.
③ 사용하기 전에 충분히 건조하여 균일한 함수율이 된 것을 사용한다.
④ 변형의 크기와 방향을 고려하여 그 영향을 가능한 적게 받도록 배치한다.

해설
목재의 팽창·수축을 줄이기 위해 가능한 한 나무(무늬결 목재를 사용한다.

02 다음 중 압축강도가 가장 큰 토목공사용 석재는?

① 점판암   ② 응회암
③ 사 암   ④ 화강암

해설
석재의 압축강도 : 화강암 > 대리석 > 안산암 > 사암 > 응회암 > 부석

03 목재의 일반적인 성질에 대한 설명으로 잘못된 것은?

① 함수량은 수축, 팽창 등에 큰 영향을 미친다.
② 금속, 석재, 콘크리트 등에 비해 열, 소리의 전도율이 크다.
③ 무게에 비해서 강도와 탄성이 크다.
④ 재질이 고르지 못하고 크기에 제한이 있다.

해설
목재는 금속, 석재, 콘크리트 등에 비해 열전도율과 열팽창률이 작다.

04 유분이 지표의 낮은 곳에 괴어 생긴 것으로, 불순물이 섞여 있는 아스팔트는?

① 록 아스팔트
② 샌드 아스팔트
③ 레이크 아스팔트
④ 석유 아스팔트

해설
레이크(Lake) 아스팔트 : 땅속에서 뿜어져 나온 천연 아스팔트가 암석 사이에 침투하지 않고 지표면에 호수 모양으로 퇴적된 천연 아스팔트이다. 석유 아스팔트 중 스트레이트 아스팔트와 비슷하며 역청 성분이 50% 이상 함유되어 있어 정제하면 품질이 우수한 아스팔트를 얻을 수 있다.

05 다음 중 흑색화약에 관한 설명으로 옳지 않은 것은?

① 발화가 간단하고 소규모 장소에서 사용할 수 있다.
② 값이 저렴하고 취급이 간편하다.
③ 물속에서도 폭발한다.
④ 폭파력은 강력하지 않다.

해설
흑색화약은 물에 매우 취약해서 비가 오면 사실상 사용이 불가능하다.

최근 기출복원문제

최근에 출제된 기출문제를 복원하여 가장 최신의 출제경향을 파악하고 새롭게 출제된 문제의 유형을 익혀 처음 보는 문제들도 모두 맞힐 수 있도록 하였습니다.

이 책의 목차

빨리보는 간단한 키워드 ————

빨간키

제1절 일반재료의 성질 및 용도

■ 목재의 장단점

장 점	단 점
• 가볍고 취급 및 가공이 쉬우며 외관이 아름답다. • 충격과 진동 등을 잘 흡수한다. • 무게에 비해서 강도와 탄성이 크다. • 온도에 대한 수축, 팽창이 비교적 작다. • 열, 소리의 전도율이 작다. • 구입하기 쉽고 가격이 비교적 저렴하다. • 산성약품 및 염분에 강하다.	• 쉽게 부식되고, 충해를 받는다. • 가연성이므로 내화성이 작다. • 재질과 강도가 균일하지 않고 크기에 제한이 있다. • 흡수성이 크며, 변형되기 쉽다. • 함수율에 따른 변형과 팽창, 수축이 크다. • 충해(蟲害)나 풍화(風化)로 내구성이 저하된다.

■ 목재의 구조

- 나이테 : 수심을 둘러싼 여러 개의 동심원으로 춘재와 추재 한 쌍으로 구성된다.
- 변재 : 목재의 조직 중 나무줄기의 바깥 부분으로 수피에 접하고, 변형과 균열이 생긴다.
- 심재 : 수심에 가깝고 색이 진하며 단단한 부분, 나무의 강도가 크고 수분이 적어 변형이 작다.

■ 목재의 강도

- 인장강도 > 휨강도 > 압축강도 > 전단강도
- 섬유의 평행 방향의 인장강도 > 섬유의 직각 방향의 압축강도
- 변재의 강도에 비하여 심재의 강도가 크다.

■ 일반적으로 사용하는 목재의 비중은 기건비중(공기건조 중의 비중)이다.

■ 목재의 함수율

$$함수율 = \frac{(건조\ 전\ 중량 - 건조\ 후\ 중량)}{건조\ 후\ 중량} \times 100$$

■ **기건상태에서 목재 함수율의 범위**

12~18%

■ **목재의 건조방법**

• 자연건조법 : 공기건조법, 침수법(수침법)

• 인공건조법 : 끓임법(자비법), 열기건조법(공기가열건조법), 증기건조법 등

■ **석재의 장단점**

장 점	단 점
• 외관이 아름답고, 내구성과 강도가 크다. • 변형이 잘되지는 않지만, 가공성이 있어서 가공 정도에 따라 다양한 외관을 가질 수 있다. • 내화학성과 내수성이 크며, 마모성이 작다.	• 무거워서 다루기 불편하며, 가공·운반이 어렵고 가격이 비싸다. • 긴 재료를 얻기 힘들다.

■ **석재의 분류**

화성암	심성암	화강암, 섬록암, 반려암, 감람암 등
	반심성암	화강반암, 휘록암 등
	화산암	석영조면암(유문암), 안산암, 현무암 등
퇴적암(수성암)		응회암, 사암, 혈암, 석회암, 역암, 점판암 등
변성암		대리석, 편마암, 사문암, 천매암(편암) 등

■ **석재의 조직**

• 층리 : 퇴적암 및 변성암에 흔히 있는 평행상의 절리

• 편리 : 변성암에 생기는 불규칙한 절리

• 석리 : 암석을 구성하고 있는 조암광물의 집합 상태에 따라 생기는 눈의 모양. 석재표면의 구성조직

• 석목(돌눈) : 암석의 갈라지기 쉬운 면

• 절리 : 암석 특유의 천연적으로 갈라진 틈(화성암에 많음), 채석에 영향을 줌

■ **석재의 강도**

• 압축강도는 강하지만 휨강도 및 인장강도는 약하다.

• 비중이 클수록 조직이 치밀하고 압축강도가 크다.

■ **석재의 압축강도**

화강암 > 대리석 > 안산암 > 사암 > 응회암 > 부석

■ **석재의 밀도**

석재의 밀도는 겉보기 밀도이다.

$$겉보기\ 밀도 = \frac{절대건조중량}{(표면건조포화상태중량 - 수중중량)} \times 물의\ 밀도$$

※ 수중중량 : 물속에서 잰 물체의 중량

■ 석재의 비중은 2.65 정도이며 비중이 클수록 석재의 흡수율이 작고, 압축강도가 크다.

■ **석재의 규격**

- 각석 : 너비가 두께의 3배 미만이며, 일정한 길이를 가지고 있는 석재이다.
- 판석 : 두께가 15cm 미만이며, 너비가 두께의 3배 이상인 석재이다.
- 견치석 : 개의 송곳니 모양의 돌이라는 뜻으로, 사각뿔과 유사하게 생겼다. 바닥면이 원칙적으로 거의 사각형에 가까운 것으로, 4면을 쪼개어 면에 직각으로 잰 길이는 면의 최소 변에 1.5배 이상인 석재이다.
- 사고석 : 면이 원칙적으로 거의 사각형에 가까운 것으로, 2면을 쪼개어 면에 직각으로 잰 길이는 면의 최소 변에 1.2배 이상인 석재이다.

■ **화강암**

- 석재 중에서 압축강도가 가장 크다.
- 석질이 견고하여 풍화나 마멸에 잘 견딜 수 있다.
- 균열이 적기 때문에 큰 재료를 채취할 수 있다.
- 외관이 아름답기 때문에 장식재로 쓸 수 있다.
- 조직이 균일하고 내구성 및 강도가 크다.
- 내화성이 작아 고열을 받는 곳에는 적합하지 않다.
- 경도 및 자중이 커서 가공 및 시공이 곤란하다.

■ **안산암**

- 화성암석에 속한다.
- 강도, 내구력 및 내화력이 크다.
- 판상·주상절리가 있어 채석 및 가공이 용이하다.
- 조직과 광택이 고르지 못하고 절리가 많아 큰 재료를 얻기 어렵다.

■ **응회암**

화산회 또는 화산사가 퇴적·고결된 암석으로, 내화성이 크고 풍화되어 실트질의 흙이 되는 암석이다.

■ **대리석**

석회암이 지열을 받아 변성된 석재로, 주성분은 탄산칼슘이다.

■ **금속 재료의 특징**
- 상온에서 결정형을 가진 고체이다(단, 수은은 액체 상태).
- 빛을 반사하고, 금속 고유의 광택이 있다.
- 가공이 용이하고, 연성·전성이 크다.
- 열, 전기의 전도율이 크다.
- 비중·경도가 크고, 녹는점·끓는점이 높다.

■ **재료의 역학적 성질**
- 전성 : 재료를 두들길 때 얇게 펴지는 성질
- 인성 : 외력에 의해 파괴되기 어렵고, 강한 충격에 잘 견디는 재료의 성질
- 연성 : 재료에 인장력을 주어 가늘고 길게 늘일 수 있는 성질
- 취성 : 재료가 외력을 받을 때 조금만 변형되어도 파괴되는 성질, 강의 화학 성분 중 인(P)이 많을 때 증가되는 성질
- 소성 : 외력에 의해서 변형된 재료가 외력을 제거했을 때 원형으로 되돌아가지 않고 변형된 그대로 있는 성질
- 강성 : 외력을 받아도 변형이 작게 일어나는 성질

■ **강의 제조방법에 따른 분류**

평로강, 전기로강, 도가니강, 전로강

■ 탄소는 강재의 화학적 성분 중에서 경도를 증가시키는 정도가 가장 큰 성분이다.

■ **훅의 법칙**

재료는 비례한도 이내에서 응력과 변형률이 비례한다.

■ 강의 열처리는 크게 담금질, 불림, 풀림, 뜨임으로 나누어진다.

■ **형강**

압연 롤러를 사용하여 강괴를 여러 가지 모양의 단면으로 압연한 강재로서 교량, 철골 구조 등에 사용된다.

■ **가단주철**

　백주철의 탄화조직을 열처리하여 연성과 인성을 증가시킨 주철이다.

■ **금속재료 경도시험의 종류**

　• 브리넬 시험기에 의한 방법
　• 로크웰 경도기에 의한 방법
　• 비커스 시험기에 의한 방법
　• 쇼어 시험기에 의한 방법

■ **역 청**

　천연의 탄화수소 화합물, 인조 탄화수소 화합물, 양자의 혼합물 또는 이들의 비금속 유도체로서 기체상, 반고체상, 고체상으로 이황화탄소(CS_2)에 완전히 용해되는 물질을 의미한다.

■ **역청재료의 종류**

천연 아스팔트	레이크 아스팔트	지표의 낮은 곳에 유분이 괴어 생긴 것으로서 불순물이 섞여 있는 아스팔트
	록 아스팔트	다공질의 사암 또는 석회암에 침투된 상태에서 산출되는 천연 아스팔트
	샌드 아스팔트	천연 아스팔트가 모래층에 스며들어 만들어진 아스팔트
	아스팔타이트	토사 같은 것을 함유하지 않고, 성질과 용도가 블론 아스팔트와 같이 취급되는 천연 아스팔트
석유 아스팔트	스트레이트 아스팔트	• 도로, 활주로, 댐 등의 포장용 혼합물의 결합재로 사용된다. • 감온성, 점착성, 연성, 방수성이 크고, 비교적 연화점이 낮다.
	블론 아스팔트	• 감온성이 작고 탄력성이 풍부하다. • 융해점이 높고 내구성, 내충격성이 크며, 소성(Plastic)변형하는 성질을 가진다.
	컷백 아스팔트	침입도 60~120 정도의 연한 스트레이트 아스팔트에 적당한 휘발성 용제를 가하여 일시적으로 점도를 저하시켜 유동성을 좋게 한 아스팔트
	유화 아스팔트	물속에서 아스팔트가 상분리현상을 일으키지 않고 분산상태를 유지하도록 유화제를 넣은 아스팔트
	개질 아스팔트	내구성 및 내유동성을 향상시킬 목적으로 스트레이트 아스팔트에 일정량의 첨가재를 넣은 아스팔트
타 르	콜타르(Coal Tar), 포장용 타르(Road Tar)	
기 타	고무 혼입 아스팔트, 수지 혼입 아스팔트, 역청 이음재, 컬러 결합재	

■ **스트레이트 아스팔트와 블론 아스팔트의 비교**

구 분	스트레이트 아스팔트	블론 아스팔트
방수성	크다.	작다.
신도(신장성)	크다.	작다.
감온성	크다.	작다.
점착성	매우 크다.	작다.
밀 도	크다.	작다.
연화점	비교적 낮다.	높다.
인화성	높다.	낮다.
탄력성	작다.	크다.

■ 아스팔트의 비중 측정 시의 표준온도는 25℃이다.

■ **연화점**

고체상에서 액상으로 되는 과정 중에 일정한 반죽 질기(점도)에 도달했을 때의 온도를 나타내는 것으로 보통 환구법을 사용하여 측정한다.

■ 환구법에 의한 아스팔트 연화점시험에서 시료를 규정된 조건에서 가열하였을 때, 시료가 연화되기 시작하여 규정된 거리(25mm)까지 내려갈 때의 온도를 연화점이라 한다.

■ **침입도의 시험목적**

아스팔트의 굳기 정도, 경도, 감온성, 적용성 등을 결정하기 위해 실시한다.

■ **침입도**

아스팔트의 경도를 표시한 값으로, 소정의 온도(25℃), 하중(100g), 시간(5초) 조건하에 규정된 침이 수직으로 관입한 길이로 0.1mm 관입 시 침입도는 1로 규정한다.

■ **감온성**

온도에 따라 아스팔트의 반죽 질기(컨시스턴시) 등이 변화하는 성질

■ **신도시험**

• 아스팔트의 늘어나는 성질(연성)을 측정하는 시험이다.
• 신도는 시료의 양끝을 규정온도 및 속도로 잡아당겨 끊어질 때까지 늘어난 길이로 측정하고, cm 단위로 표시한다.
• 온도는 25±0.5℃, 속도는 5±0.25cm/min으로 시험한다.
• 저온에서 시험할 때 온도는 4℃, 속도는 1cm/min을 적용한다.

■ **안정도시험(마셜식)**

아스팔트 혼합물의 배합 설계와 현장에 따른 품질관리를 위하여 행하는 시험이다.

■ **흑색화약(유연화약)**

- 초산염에 유황(S), 목탄(C), 초석(KNO₃)의 미분말을 중량비 15 : 15 : 70으로 혼합한 것이다.
- 폭발력은 다른 화약보다 약하다.

■ **무연화약의 주성분**

나이트로셀룰로스 또는 나이트로글리세린

■ 다이너마이트의 주성분은 나이트로글리세린이다.

■ **칼 릿**

채석장, 암석, 노천 굴착, 대발파, 수중 발파, 경질토사의 절토에 적합한 폭약

■ **기폭약의 종류**

- 뇌홍(뇌산수은) : 발화온도가 170~180℃로 낮아 취급 시 주의해야 한다.
- 질화납(질화연, 아자이드화납) : 발화점이 높고 수중에서도 폭발하며, 구리와 화합하면 위험하기 때문에 뇌관의 관체로 알루미늄을 사용하는 기폭약
- DDNP : 폭발력이 뇌홍의 2배 정도로 가장 크며, TNT와 동일하다.

■ 기폭용품에는 도화선, 도폭선, 뇌관 등이 있다.

■ **도화선**

분말로 된 흑색화약을 실이나 종이로 감아 도료를 사용하여 방수시킨 줄로서 뇌관을 점화시키기 위한 것

■ **도폭선**

대폭파 또는 수중폭파를 동시에 실시하기 위하여 뇌관 대신 사용되는 기폭 용품

■ 뇌관과 폭약은 같은 장소에 저장하지 말고 분리하여 저장한다.

■ 열가소성 수지의 종류

폴리염화비닐(PVC)수지, 폴리에틸렌(PE)수지, 폴리프로필렌(PP)수지, 폴리스틸렌(PS)수지, 아크릴수지, 폴리아마이드수지(나일론), 플루오린(불소)수지, 스티롤수지, 초산비닐수지, 메틸아크릴수지, ABS수지

※ 폴리에스터를 제외하고 폴리가 들어가면 열가소성 수지이다.

※ 폴리우레탄은 열경화성과 열가소성 2가지 종류가 있다.

■ 열경화성 수지의 종류

페놀수지, 요소수지, 폴리에스터수지(구조재료), 에폭시수지(금속, 콘크리트, 유리의 접착에 사용), 멜라민수지, 알키드수지, 아미노수지, 프란수지, 실리콘수지, 폴리우레탄

■ 합성수지의 장단점

장 점	단 점
• 비중이 작고 가공, 성형이 쉽다. • 표면이 평활하고 아름답다. • 내수성, 내습성, 내식성이 좋다. • 착색이 쉽고 투광성이 좋다. • 공장의 대량 생산이 가능하다.	• 압축강도 이외의 강도가 작다. • 탄성계수가 작고 변형이 크다. • 내열성, 내후성이 작다. • 열에 의한 팽창·수축이 크다.

■ 토목섬유의 특징

- 인장강도가 크고, 내구성이 좋다
- 현장에서 접합 등 가공이 쉽다.
- 신축성이 좋아서 유연성이 있다.
- 차수성, 분리성, 배수성이 크다.

■ 토목섬유의 종류

- 지오텍스타일(Geotextile) : 직포형과 부직포형이 있으며 분리, 배수, 보강, 여과기능을 갖고 오탁방지망, Drain Board, Pack Drain 포대, Geo Web 등에 사용되는 자재
- 지오그리드(Geogrid) : 폴리머를 판상으로 압축시켜 격자 모양의 그리드 형태로 구멍을 내 일축 또는 이축 등 여러 모양으로 연식하여 제조한 것으로, 연약한 지반처리 및 보강용으로 사용되는 토목섬유이다.
- 지오컴포지트(Geocomposite) : 두 개 이상 토목섬유를 결합하여 기능을 복합적으로 향상시킨 것으로, 주로 매트 기초용으로 사용한다.
- 지오멤브레인(Geomembrane) : 용융된 폴리머를 밀어내어 정형시키거나, 폴리머 합성물로 직물을 코팅하거나, 폴리머 합성물을 압착시켜 성형된 판상의 형태로서 주요기능으로는 차수기능이 있다.

■ **골재의 종류 및 정의**

- 크기에 따른 분류

  - 잔골재(모래) : 5mm 체에 중량비 85% 이상 통과하는 골재

  - 굵은 골재(자갈) : 5mm 체에 중량비 85% 이상 남는 콘크리트용 골재

- 비중에 따른 분류

  - 경량골재

    ㉠ 천연 경량골재 : 화산자갈, 응회암, 부석, 용암(현무암) 등

    ㉡ 인공 경량골재 : 팽창성 혈암, 팽창성 점토, 플라이 애시(Fly Ash) 등

    ㉢ 비구조용 경량골재 : 소성 규조토, 팽창진주암(펄라이트)

    ㉣ 기타 : 질석, 신더, 고로 슬래그 등

  - 보통골재 : 비중 2.5~2.7 정도의 골재로 보통 콘크리트에 사용한다.

  - 중량골재 : 비중 2.7 이상으로 방사선의 차단효과를 높이기 위하여 사용한다.

■ **골재가 갖추어야 할 성질**

- 단단하고 소요(필요한)의 강도를 가져야 한다.

- 깨끗하고 유기물, 먼지, 점토 등이 섞여 있지 않아야 한다.

- 모양이 입방체 또는 구(球, 둥근형)에 가깝고 부착이 좋은 표면조직을 가져야 한다.

- 화학적으로 안정성이 있어야 한다.

- 입도가 양호하고, 소요 중량을 가져야 한다.

- 비중이 크고 흡수성이 작아야 한다.

■ **골재의 밀도**

- 콘크리트 배합 설계 시 사용되는 골재의 밀도는 표면건조포화상태의 밀도이다.

- 표면건조포화상태의 밀도 $= \dfrac{B}{B-C} \times \rho_w$

  여기서, B : 대기 중 시료의 표면건조포화상태의 무게(g)

  C : 수중에서 시료의 무게(g)

  ρ_w : 물의 밀도(g/cm^3)

■ 골재의 함수상태

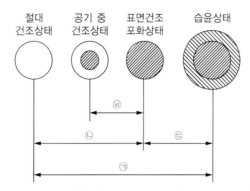

- 절건상태(절대건조상태, 노건조상태) : 100℃ 정도의 온도에서 24시간 이상 건조시킨 상태
- 기건상태(공기 중 건조상태) : 골재를 실내에 방치한 경우 골재 입자의 표면과 내부의 일부가 건조된 상태
- 표건상태(표면건조포화상태) : 표면에 물은 없지만, 내부의 공극에 물이 꽉 찬 상태
- 습윤상태 : 내부에 물이 채워져 있고, 표면에도 물이 부착되어 있는 상태
- 유효흡수량(④) : 공기 중 건조상태에서 표면건조포화상태가 될 때까지 흡수되는 물의 양

   ※ 유효흡수율 $= \dfrac{\text{표건질량} - \text{기건질량}}{\text{기건질량}} \times 100$

- 흡수량(②) : 골재가 절대건조상태에서 표면건조포화상태가 되기까지 흡수된 물의 양
- 표면수량(③) : 골재 입자의 표면에 묻어 있는 물의 양으로 함수량에서 흡수량을 뺀 값

   ※ 표면수율 $= \dfrac{\text{습윤상태질량} - \text{표건질량}}{\text{표건질량}} \times 100$

- 함수량(①) : 골재의 입자에 포함되어 있는 전체 수량

■ 굵은 골재의 최대치수

질량으로 90% 이상 통과한 체 중에서 최소의 체 치수로 나타낸 굵은 골재의 치수이다.

■ 일반 콘크리트용 굵은 골재 마모율의 허용값

40% 이하

■ 시멘트의 종류

기경성 시멘트	석회(소석회), 고로질 석회, 석고, 마그네시아 시멘트	
수경성 시멘트	단미 시멘트 (보통 포틀랜드 시멘트)	• 1종 보통 포틀랜드 시멘트 • 2종 중용열 포틀랜드 시멘트 • 3종 조강 포틀랜드 시멘트 • 4종 저열 포틀랜드 시멘트 • 5종 내황산염 포틀랜드 시멘트
	혼합 시멘트	• 고로 슬래그 시멘트 • 플라이 애시 시멘트 • 포틀랜드 포졸란(실리카) 시멘트
	특수 시멘트	• 백색 시멘트 • 팽창질석을 사용한 단열 시멘트 • 팽창성 수경 시멘트 • 메이슨리 시멘트 • 초조강 시멘트 • 초속경 시멘트 • 알루미나 시멘트 • 방통 시멘트 • 유정 시멘트 등

■ 포틀랜드 시멘트

- 보통 포틀랜드 시멘트(1종) : 일반적으로 가장 많이 사용되며, 일반 건축토목 공사에 사용
- 중용열 포틀랜드 시멘트(2종) : 수화열이 적고 장기강도가 우수하여 댐, 터널, 교량공사에 사용
- 조강 포틀랜드 시멘트(3종) : 수화열이 높아 조기강도와 저온에서 강도 발현이 우수하여 급속공사에 사용
- 저열 포틀랜드 시멘트(4종) : 수화열이 가장 적고 내구성이 우수하여 특수공사에 사용
- 내황산염 포틀랜드 시멘트(5종) : 황산염에 대한 저항성 크고 수화열이 낮아 장기강도의 발현에 우수하여 댐, 터널, 도로포장 및 교량공사에 사용

■ 포틀랜드 시멘트의 제조

- 주원료 : 시멘트의 원료는 크게 석회질 원료, 점토질 원료, 규산질 원료, 산화철 원료, 석고로 구분한다.
- 포틀랜드 시멘트의 주요성분의 비율 : 산화칼슘(CaO) > 이산화규소(SiO_2) > 산화알루미늄(Al_2O_3) > 산화철 (Fe_2O_3)

■ 시멘트 클링커의 조성광물

- 클링커는 단일조성의 물질이 아니라 C_3S(규산 3석회), C_2S(규산 2석회), C_3A(알루민산 3석회), C_4AF(알루민산철 4석회)의 4가지 주요 화합물로 구성되어 있다.
- 클링커의 화합물 중 C_3S 및 C_2S는 시멘트 강도의 대부분을 지배하며, 그 합이 포틀랜드 시멘트에서는 70~80% 범위이다.
- C_3A는 수화속도가 매우 빠르고 발열량이 크며 수축도 크다.

■ 플라이 애시 시멘트

- 포틀랜드 시멘트에 플라이 애시를 혼합하여 만든 시멘트이다.
- 조기강도는 작으나 장기강도 증진이 크다.
- 수밀성이 크고 워커빌리티가 좋다.
- 해수에 대한 화학저항성이 크다.
- 단위수량을 감소시키고 수화열과 건조수축을 저감시킬 수 있어 댐콘크리트나 매스콘크리트에 사용한다.

■ 고로 슬래그 시멘트

- 제철소의 용광로에서 선철을 만들 때 부산물로 얻은 슬래그를 포틀랜드 시멘트 클링커에 섞어서 만든 시멘트이다. 조기강도가 작으나 장기강도는 큰 편이다.
- 일반적으로 내화학성이 좋아 해수, 하수, 공장폐수 등에 접하는 콘크리트에 적합하다.

■ 포틀랜드 포졸란(실리카) 시멘트

- 조기강도는 포틀랜드 시멘트보다 못하나, 장기강도는 뒤떨어지지 않는다.
- 방수성이 강하고 산성 지하수에 견디며, 발열량이 적다.

■ 알루미나 시멘트

- 산화알루미늄을 원료로 하는 특수 시멘트로, 재령 1일에 보통 포틀랜드 시멘트의 재령 28일에 해당하는 강도가 나타난다.
- 높은 열(최고 100℃)을 발생하므로 해중공사 또는 한중콘크리트 공사용 시멘트로 적당하다.

■ 시멘트 응결 및 경화에 영향을 미치는 요소

- 온도가 높을수록 응결 및 경화가 빨라진다.
- 습도가 낮을수록 응결은 빨라진다.
- 분말도가 높을수록 응결은 빨라진다.
- C_3A가 많을수록 응결은 빨라진다.
- 풍화된 시멘트는 응결 및 경화가 늦어진다.
- 함수량이 많으면 응결 및 경화가 늦어진다.
- 석고의 양이 많을수록 응결이 늦어진다.

■ 풍화된 시멘트 특징

- 응결이 지연되고 강도의 발현이 저하된다.
- 밀도가 감소되고 강열감량이 증가된다.

■ 시멘트의 밀도

보통 포틀랜드 시멘트의 밀도는 약 $3.15g/cm^3$ 정도이다. 일반적으로 혼합 시멘트는 보통 포틀랜드 시멘트보다 밀도가 작다.

■ 시멘트의 밀도가 작아지는 경우

- 시멘트가 풍화했을 때
- 클링커(Clinker)의 소성이 불충분할 때
- 오랫동안 저장했을 때

■ 강열감량

시멘트가 풍화작용과 탄산화작용을 받은 정도를 나타내는 척도로, 고온으로 가열하여 시멘트 중량의 감소율을 나타내는 것이다.

■ 블리딩

콘크리트를 친 후 시멘트와 골재알이 침하하면서 물이 올라와 콘크리트의 표면에 떠오르는 현상이다.

■ 시멘트의 저장

- 방습적인 구조로 된 사일로 또는 창고에 품종별로 구분하여 저장한다.
- 반입 순서대로 사용하도록 쌓는다.
- 포대 시멘트를 저장하는 목재 창고의 바닥은 지상으로부터 30cm 이상 높은 것이 좋다.
- 포대 시멘트는 13포 이상 쌓아 저장하면 안 된다.
- 저장기간이 길어질 우려가 있는 경우에는 7포 이상 쌓아 올리지 않는 것이 좋다.
- 저장 중에 약간이라도 굳은 시멘트는 공사에 사용하지 않는다.
- 시멘트 창고의 면적 $A(m^2) = 0.4 \times N/n$

  여기서, A : 저장면적

  N : 시멘트 포대수

  n : 쌓기 단수(최대 13단 및 단수 없는 경우 13단)

■ 혼화재료

- 콘크리트의 성능을 개선, 향상시킬 목적으로 사용되는 재료이다.
- 필요한 성능을 얻기 위한 사용량의 많고 적음에 따라 혼화재와 혼화제로 나뉜다.

■ 혼화재료를 저장할 때의 주의사항

- 혼화재는 습기를 흡수하는 성질 때문에 덩어리가 생기거나 그 성능이 저하되는 경우가 있으므로 방습 사일로 또는 창고 등에 저장하고 입고된 순서대로 사용한다.
- 혼화재를 미분말의 포대를 두는 곳에서는 날리지 않도록 주의가 필요하다.
- 액상의 혼화제는 분리하거나 변질되지 않도록 한다.
- 장기간 저장한 혼화제나 이상이 인정된 혼화제는 사용하기 전에 시험하여 품질을 확인한다.

■ 혼화재

- 비교적 사용량이 많아 그 자체의 부피가 콘크리트의 배합 계산과 관계가 있다.
- 종류 : 포졸란, 플라이 애시, 고로 슬래그, 팽창제, 실리카 퓸 등

■ 포졸란

- 포졸란의 종류
  - 천연산 : 화산회, 규조토, 규산백토 등
  - 인공산 : 플라이 애시, 고로 슬래그, 실리카 퓸, 실리카 겔, 소성혈암
- 포졸란을 사용한 콘크리트의 성질
  - 워커빌리티가 좋아진다.
  - 해수에 대한 저항성 및 화학저항성이 크다.
  - 수밀성이 증가한다.
  - 장기강도가 크다.
  - 조기강도가 작다.
  - 수화열이 작다.
  - 발열량이 감소한다.
  - 블리딩 및 재료 분리가 감소한다.
  - 시멘트가 절약된다.

■ 실리카 퓸을 사용한 콘크리트

- 콘크리트가 치밀한 구조로 된다.
- 단위수량 증가, 건조수축의 증가 등의 단점이 있다.
- 알칼리 골재반응의 억제효과 및 강도 증가 등을 기대할 수 있다.
- 콘크리트의 재료 분리 저항성, 내화학약품성이 향상된다.

■ 플라이 애시(Fly-ash)

화력발전소에서 미분탄을 보일러 내에서 완전히 연소했을 때 그 폐가스 중에 함유된 용융상태의 실리카질 미분입자를 전기집진기로 모은 것이다.

■ 플라이 애시를 사용한 콘크리트의 특징

- 플라이 애시는 입자가 둥글고 표면조직이 매끄러워 단위수량을 감소시킨다.
- 시멘트 페이스트의 유동성을 개선시켜 워커빌리티를 향상시킨다.
- 조기강도는 작으나 포졸란반응에 의하여 장기강도의 발현성이 좋다.
- 콘크리트의 초기온도 상승 억제에 유용하여 매스콘크리트 공사에 많이 이용된다.
- 산 및 염에 대한 화학저항성이 보통 콘크리트보다 우수하다.

■ 고로 슬래그

- 제철소의 용광로에서 배출되는 슬래그를 급랭하여 입상화한 후 미분쇄한 것이다.
- 비결정질의 유리질 재료로 잠재수경성을 가지고 있으며 유리화율이 높을수록 잠재수경성 반응이 커진다.
- 알칼리 골재반응을 억제시킨다.
- 콘크리트의 장기강도가 증진된다.
- 콘크리트의 수화열 발생속도를 감소시킨다.
- 콘크리트의 수밀성, 화학적 저항성 등이 좋아진다.
- 염화물이온 침투를 억제하여 철근 부식 억제효과가 있다.

■ 팽창제

콘크리트가 굳어 가는 도중에 부피를 늘어나게 하여 콘크리트의 건조수축에 의한 균열을 막아주는 혼화재이다.

■ 실리카 퓸(Silica Fume)을 사용한 경우 효과

- 수화 초기에 C-S-H젤을 생성하므로 블리딩이 감소한다.
- 콘크리트의 재료 분리 저항성, 내화학약품성이 향상된다.
- 알칼리 골재반응의 억제효과 및 강도 증가 등을 기대할 수 있다.
- 콘크리트의 조직이 치밀해져 강도가 커지고, 수밀성이 증대된다.

■ 혼화제

- 사용량이 적어 그 자체의 부피가 콘크리트의 배합 계산에서 무시된다.
- 종류 : AE제, 경화촉진제, 지연제, 방수제 등

■ AE제

- 콘크리트 내부에 미세 독립기포를 형성하여 워커빌리티 및 동결융해저항성을 높이기 위하여 사용하는 혼화제
- 종류 : 다렉스(Darex), 포졸리스(Pozzolith), 빈졸레진(Vinsol Resin) 등

■ 감수제를 사용 시 콘크리트의 성질

- 감수제는 시멘트 입자를 분산시켜 콘크리트의 단위수량을 감소시키는 작용을 한다.
- 워커빌리티를 좋게 하고 수밀성 및 강도가 커진다.
- 시멘트 풀의 유동성을 증가시킨다.
- 콘크리트가 굳은 뒤에는 내구성이 커진다.

■ 고성능 감수제

- 물-시멘트비 감소와 콘크리트의 고강도화를 주목적으로 사용되는 혼화제이다.
- 고성능 감수제의 첨가량이 증가할수록 워커빌리티는 증가되지만, 과도하게 사용하면 재료 분리가 발생한다.

■ 급결제(Quick Setting Admixture)

시멘트의 응결을 매우 빠르게 하기 위하여 사용하는 혼화제로서, 뿜어 붙이기 콘크리트, 콘크리트 그라우트 등에 사용한다.

■ 지연제

- 시멘트의 수화반응을 늦추어 응결과 경화시간을 길게 할 목적으로 사용한다.
- 시멘트를 제조할 때 응결시간을 조절하기 위하여 2~3%의 석고를 넣는다.

■ 발포제

시멘트가 응결할 때 화학적 반응에 의하여 수소가스를 발생시켜 콘크리트 속에 아주 작은 기포가 생기게 하는 혼화제이다.

■ 기포제

콘크리트 속에 많은 거품을 일으켜 부재의 경량화나 단열성을 목적으로 사용하는 혼화제이다.

■ 그라우트(Grout)용 혼화제로서 필요한 성질

- 재료의 분리가 일어나지 않아야 한다.
- 블리딩 발생이 없어야 한다.
- 주입이 용이하여야 한다.
- 그라우트를 수축시키는 성질이 없어야 한다.

■ 굳지 않은 콘크리트에 요구되는 성질

- 거푸집에 부어 넣은 후 블리딩, 균열 등이 생기지 않을 것
- 균등질이고 재료의 분리가 일어나지 않을 것
- 운반, 타설, 다지기 및 마무리하기가 용이할 것
- 작업에 적합한 워커빌리티를 가질 것

■ 아직 굳지 않은 콘크리트의 성질

- 워커빌리티(Workability : 시공연도) : 반죽 질기에 따른 작업의 어렵고 쉬운 정도 및 재료의 분리에 저항하는 정도를 나타내는 굳지 않은 콘크리트의 성질
- 성형성(Plasticity) : 거푸집에 쉽게 다져 넣을 수 있고 거푸집을 제거하면 그 형상이 천천히 변하지만 허물어지거나 재료 분리가 없는 성질
- 피니셔빌리티(Finishability : 마무리성) : 굵은 골재의 최대치수, 잔골재율, 잔골재의 입도, 반죽 질기 등에 따른 콘크리트 표면의 마무리하기 쉬운 정도를 나타내는 성질
- 반죽 질기(Consistency) : 주로 수량의 다소에 따른 반죽의 되거나 진 정도를 나타내는 것으로, 콘크리트 반죽의 유연성을 나타내는 성질
- 압송성(Pumpability) : 펌프시공 콘크리트의 경우 펌프에 콘크리트가 잘 밀려나가는지의 난이 정도

■ 블리딩

- 원 인
  - 분말도가 높고 응결시간이 빠른 시멘트일수록, 잔골재의 입도가 작을수록 적다.
  - 콘크리트의 온도가 낮을수록 크다.
  - 물-시멘트비와 슬럼프가 클수록 블리딩과 침하량이 커진다.
  - 시공면에서 과도한 다지기와 마무리는 블리딩을 증대시킨다.
  - 다지기 속도가 빠를수록, 1회 부어넣기 높이가 높을수록 블리딩이 크다.
- 블리딩이 심할 경우 콘크리트에 발생하는 현상
  - 콘크리트의 재료 분리 경향을 알 수 있다.
  - 레이턴스도 크고, 침하량도 많다.
  - 콘크리트가 다공질로 된다.
  - 굵은 골재가 모르타르로부터 분리된다.
  - 철근과 콘크리트의 부착력이 떨어진다.
  - 콘크리트의 강도, 수밀성이 떨어진다.
- 콘크리트 블리딩은 보통 2~4시간이면 거의 끝나지만, 저온에서는 블리딩이 장시간 계속된다.
- 블리딩에 대한 대책
  - 굵은 골재는 쇄석보다 강자갈 쪽을 사용 단위수량을 적게 한다.
  - 분말도가 높은 시멘트를 사용하고, 된비빔 콘크리트를 타설한다.
  - 작은 입자를 적당하게 포함하고 있는 잔골재를 사용한다.
  - AE제, 감수제 등을 사용한다.

■ 레이턴스

블리딩으로 인하여 아직 굳지 않은 콘크리트 표면에 떠올라서 가라앉은 미세한 백색 침전물

■ 크리프

- 재료에 하중이 오랫동안 작용하면 하중이 일정한 때에도 시간이 지남에 따라 변형이 커지는 현상이다.
- 콘크리트의 재령이 짧을수록, 부재의 치수가 작을수록, 물-시멘트비가 클수록, 작용하는 응력이 클수록 크리프는 크게 일어난다.

■ 콘크리트 시험

굳지 않은 콘크리트 관련 시험	굳은 콘크리트 관련 시험

• 워커빌리티 시험과 컨시스턴시 시험
  – 슬럼프시험(워커빌리티 측정)
  – 흐름시험
  – 리몰딩 시험
  – 관입시험[이리바렌 시험, 켈리볼(=구관입시험)]
  – 다짐계수시험
  – 비비시험(진동대식 컨시스턴시 시험)
• 블리딩시험
• 공기량시험
  – 질량법
  – 용적법
  – 공기실 압력법
	• 압축강도
	• 인장강도
	• 휨강도
	• 전단강도
	• 길이 변화시험
	• 비파괴시험
	  – 표면경도법(슈미트 해머법, 반발경도법)
	  – 초음파시험
	  – 인발법

※ 표면경도법

콘크리트의 비파괴시험 중 하나로서, 일정한 에너지로 콘크리트 표면을 타격하여 생기는 반발력으로 반발계수를 측정하고 콘크리트의 강도를 추정하는 방법

제1절 흙의 시험

■ 흙의 함수비 시험(KS F 2306)

- 함수비 : 흙 속에 있는 물 질량을 흙 입자의 질량으로 나눈 값을 백분율로 나타낸 것
- 함수비 측정에 필요한 시료 질량

시료의 최대 입자지름(mm)	시료의 질량(g)
75	5,000~30,000
37.5	1,000~5,000
19	150~300
4.75	30~100
2	10~30
0.425	5~10

- 시험기구 : 용기, 항온건조로, 저울, 데시케이터

■ 흙 입자 밀도시험(KS F 2308)

- 사용되는 시료 : 4.75mm 체를 통과한 시료
- 시험에 사용하는 기계 및 기구
  - 비중병(피크노미터, 용량 100mL 이상의 게이뤼삭형 비중병 또는 용량 100mL 이상의 용량 플라스크 등)
  - 저울 : 0.001g까지 측정할 수 있는 것
  - 온도계 : 눈금 0.1℃까지 읽을 수 있어야 하며 0.5℃의 최대허용오차를 가진 것
  - 항온건조로 : 온도를 110±5℃로 유지할 수 있는 것
  - 데시케이터 : 실리카 겔, 염화칼슘 등의 흡습제를 넣은 것
  - 흙 입자의 분리기구 또는 흙의 파쇄기구
  - 끓이는 기구 : 비중병 내에 넣은 물을 끓일 수 있는 것
  - 증류수 : 끓이기 또는 감압에 의해 충분히 탈기한 것
- 시료의 최소량
  - 용량 100mL 이하의 비중병을 사용할 경우 : 노 건조 질량 10g 이상
  - 용량 100mL 초과의 비중병을 사용할 경우 : 노 건조 질량 25g 이상

- 끓이는 시간
  - 일반적인 흙 : 10분 이상
  - 고유기질토 : 약 40분
  - 화산재 흙 : 2시간 이상
- 흙의 밀도시험에서 흙과 증류수를 비중병에 넣고 끓이는 이유 : 흙 입자 속에 있는 기포를 완전히 제거하기 위하여
- 밀도 = 질량 ÷ 부피

■ No. 200 체 통과량시험(KS F 2302)

- 최대 입자크기가 75mm 미만인 흙을 씻어 No. 200 체(0.075mm)보다 미세한 시료의 양을 측정하는 시험방법이다 (고유기질토에는 적용하지 않는다).
- 분산제 : 헥사메타인산 나트륨 포화용액
- 0.075mm 체를 통과한 시료의 통과 질량백분율

$$P(\%) = \frac{W_0 - W_1}{W_0} \times 100$$

여기서, W_0 : 시험 전 시료의 건조 질량(g)

W_1 : 건조 시료를 씻은 후 체가름하여, 0.075mm 체에 남은 시료의 건조 질량(g)

■ 흙의 액성한계시험(KS F 2303)

- 흙이 소성상태에서 액체상태로 바뀔 때의 함수비를 구하기 위한 시험
- 액성한계시험기구 : 액성한계 측정기, 홈파기 날 및 게이지, 함수비 측정기구, 유리판, 주걱 또는 스패튤러, 증류수
- 시험방법
  - 0.425mm(425μm) 체로 쳐서 통과한 시료 약 200g 정도를 준비한다(소성한계시험용 약 30g).
  - 공기건조한 경우 증류수를 가하여 충분히 반죽한 후 흙과 물이 잘 혼합되도록 하기 위하여 수분이 증발되지 않도록 해서 10시간 이상 방치한다.
  - 황동접시와 경질 고무 받침대 사이에 게이지를 끼우고 황동접시의 낙하 높이가 10±0.1mm가 되도록 낙하장치를 조정한다.
  - 흙의 액성한계시험에서 낙하장치에 의해 1초 동안에 2회의 비율로 황동접시를 들어 올렸다가 떨어뜨리고, 홈의 바닥부의 흙이 길이 약 1.3cm 맞닿을 때까지 계속한다.
- 액성한계 : 액성한계시험으로부터 구한 유동곡선에서 낙하 횟수 25회에 해당하는 함수비
- 유동곡선
  - 흙의 액성한계시험 결과를 반대수 용지에 작성하는 곡선
  - 세로축은 함수비, 가로축은 낙하 횟수

- 소성지수(PI) = 액성한계(LL) − 소성한계(PL)

- 액성지수(LI) = $\dfrac{\text{자연함수비} - \text{소성한계}}{\text{소성지수}}$

■ **소성한계시험(KS F 2303)**

- 소성한계 : 두꺼운 유리판 위에 시료 덩어리를 손바닥으로 굴리면서 지름 3mm인 실 모양을 만드는 과정을 반복하다가, 지름 약 3mm에서 부서질 때의 함수비
- 시험기구 : 불투명 유리판, 둥근 봉, 함수비 측정기구, 유리판, 주걱 또는 스패튤러, 증류수

■ **수축한계시험(KS F 2305)**

- 수축한계 : 반고체 상태에서 고체 상태로 변하는 경계의 함수비로서 흙의 부피가 최소로 되어 함수비가 더 이상 감소되어도 부피가 일정할 때의 함수비
- 시료 : 공기건조한 시료를 425μm로 체질하여 통과한 흙을 약 30g과 수은 1kg를 준비한다.
- 수은을 사용하는 주된 이유는 건조 시료의 부피를 측정하기 위해서이다.
- 수축지수 = 소성한계 − 수축한계

■ **흙의 입도시험(KS F 2302)**

- 고유기질토 이외의 흙으로 75mm 체를 통과한 흙의 입도를 구하는 시험방법
- 입도시험의 목적 : 흙의 분류와 점성토의 압축성 판별하기 위해
- 시험방법의 종류
  - 체분석 : 시험용 체에 의한 입도시험으로 75μm(0.075mm) 체에 잔류한 흙 입자에 대하여 적용한다.
  - 비중계분석 : 흙 입자 현탁액의 밀도 측정에 의한 입도시험으로 2mm 체 통과 입자에 대하여 시험을 실시하고, 75μm(0.075mm) 체를 통과한 흙 입자에 대하여 적용한다.
- 시험기구 : 비중계, 분산장치, 메스실린더(용량 250mL 및 1,000mL), 온도계, 항온수조, 비커, 저울, 버니어캘리퍼스, 함수비 측정기구
- 스토크스 법칙(Stokes' Law)은 흙 입자가 물속에서 침강하는 속도로부터 입경을 계산할 수 있는 법칙이다.
- 흙의 입자 크기 순서 : 자갈 > 모래 > 실트 > 점토
- 분산제 : 헥사메타인산나트륨, 피로인산나트륨 포화용액, 트라이폴리인산나트륨의 포화용액 등
- 시료 : 2mm 체 통과분에서 노건조 질량으로 사질토계의 흙에서는 115g 정도, 점성토계의 흙에서는 65g을 시료로 한다.

• 균등계수 및 곡률계수

균등계수 $C_u = \dfrac{D_{60}}{D_{10}}$, 곡률계수 C_c or $C_g = \dfrac{(D_{30})^2}{D_{10} \times D_{60}}$

여기서, D_{10}: 입경가적곡선으로부터 얻은 10% 입경

D_{30}: 입경가적곡선으로부터 얻은 30% 입경

D_{60} : 입경가적곡선으로부터 얻은 60% 입경

• 균등계수(입경분포곡선의 기울기)가 큰 경우

  – 입경분포곡선의 기울기가 완만하다.

  – 조세립토가 적당히 혼합되어 있어서 입도분포가 양호하다.

  – 자갈 : $C_u > 4$, 모래 : $C_u > 6$

  – 공극비가 작아진다.

  – 다짐에 적합하다.

• 입경분포곡선에서 유효 입경(유효 입자지름)이란 가적 통과율 10%에 해당하는 입경으로, 투수계수 추정 등에 이용된다.

■ **시멘트의 밀도시험**(KS L 5110)

- 시험목적
  - 콘크리트 배합 설계 시 시멘트가 차지하는 부피(용적)를 계산하기 위해서 실시한다.
  - 밀도의 시험치에 의해 시멘트 풍화의 정도, 시멘트의 품종, 혼합 시멘트에 있어서 혼합하는 재료의 함유 비율을 추정하기 위해 실시한다.
  - 혼합 시멘트의 분말도시험(블레인방법) 시 시료의 양을 결정하는 데 비중의 실측치 이용하기 위해 실시한다.
- 시멘트 밀도시험에 필요한 기구
  - 르샤틀리에 플라스크
  - 광유 : 온도 20±1℃에서 밀도 약 $0.73Mg/m^3$ 이상인 완전히 탈수된 등유나 나프타를 사용한다.
  - 천칭(저울)
  - 철사 및 마른 걸레
  - 항온수조
- 시멘트의 밀도시험
  - 르샤틀리에 플라스크 속에 넣는 시멘트량은 약 64g
  - 르샤틀리에 플라스크를 실온으로 일정하게 되어 있는 물중탕에 넣어 광유의 온도차가 0.2℃ 이내로 되었을 때의 눈금을 읽어 기록한다.
  - 밀도는 소수점 이하 셋째 자리를 반올림해서 둘째 자리까지 구한다.
  - 시멘트의 비중(밀도) = $\dfrac{\text{시료의 무게(g)}}{\text{눈금차(mL)}}$
  - 정밀도 및 편차 : 동일한 시험자가 동일한 재료에 대하여 2회 측정한 결과가 $\pm0.03Mg/m^3$ 이내이어야 한다.
- 주의 및 참고사항
  - 광유는 인화성, 휘발성 물질이므로 화기에 조심하여야 한다.
  - 시멘트를 르샤틀리에 플라스크의 목 부분에 묻지 않도록 조심하면서 넣는다.
  - 르샤틀리에 플라스크를 알맞게 흔들어 시멘트 내부에 들어 있는 공기를 빼낸다.
  - 시험이 끝나면 르샤틀리에 플라스크에 완전히 탈수한 광유와 마른 모래를 넣고, 잘 흔들어 깨끗이 닦아 놓는다. 이때, 물을 사용해서는 안 된다(르샤틀리에 플라스크 내부에서 잔류 시멘트가 응고됨).
  - 광유 표면의 눈금을 읽을 때에는 곡면의 가장 밑면의 눈금을 읽는다.

■ **시멘트의 응결시간 시험방법**(KS L ISO 9597)

- 응결 : 시멘트에 물을 넣으면 수화작용을 일으켜 시멘트풀이 시간이 지남에 따라 유동성과 점성을 잃고 점차 굳어지는 반응
- 분말도가 높고, 알루미나분이 많은 시멘트일수록 응결이 빨라진다.

- 온도가 높고 습도가 낮으면 응결이 빨라진다.
- 시멘트의 응결시간 측정시험에 사용하는 기구
  - 저울 : 용량 1,000g
  - 메스실린더 : 용량 150~200mL
  - 길모어 침 : 초결 침, 종결 침
  - 혼합기, 습기함, 눈금이 있는 실린더나 뷰렛, 유리판 등
- 시험방법
  - 적절한 크기의 실험실 또는 습기함을 사용한다. 이 공간의 온도는 20±1℃로 유지해야 하며, 상대습도는 90% 이상이어야 한다.
    - ※ 따뜻한 지역에서는 실험실의 온도가 25±2℃ 또는 27±2℃일 수 있으며 이 경우 시험결과에 그 온도를 명기해야 한다.
  - 시멘트 풀을 만들 때 시멘트 500g을 1g 단위까지 계량한다. 물(125g)은 혼합용기에 넣어 측정하거나 눈금이 있는 실린더나 뷰렛으로 측정하여 혼합용기에 넣는다.
  - 초결의 측정 : 바늘과 바닥판의 거리가 4±1mm 될 때를 시멘트의 초결시간으로 정하고 5분 단위로 측정한다.
  - 종결의 측정 : 시험체를 뒤집어 0.5mm 침입될 때

■ 시멘트 분말도 시험(KS L 5112, KS L 5106)

- 시멘트의 분말도는 일반적으로 비표면적으로 표시하며 시멘트 입자의 굵고 가는 정도로, 단위는 cm^2/g이다.
  ※ 비표면적이란 시멘트 1g 입자의 전 표면적을 cm^2로 나타낸 것으로 시멘트의 분말도를 나타낸다.
- 분말도 시험방법에는 표준체(체가름)에 의한 방법과 비표면적을 구하는 블레인방법 등이 있다.

  $$※ 분말도 = \frac{체에 남은 시멘트 무게}{시료 전체 무게}$$

- 분말도가 큰 시멘트의 특성
  - 접촉 표면적이 커서 물과 혼합 시 수화작용이 빠르다.
  - 수화열이 커지고 응결이 빠르다.
  - 초기 강도가 크게 되며 강도 증진율이 높다.
  - 풍화하기 쉽고, 건조수축이 커져서 균열이 발생하기 쉽다.
  - 발열량이 크고, 워커빌리티가 좋아진다.

■ 시멘트의 강도시험방법(KS L ISO 679)

- 시험장치 : 시험용 체(2mm, 1.6mm, 1mm, 0.5mm, 0.16mm, 0.08mm), 혼합기, 시험체 틀, 진동다짐기, 휨강도 시험기, 압축강도 시험기, 압축강도시험기용 부속기구, 저울, 타이머

- 치수 40mm×40mm×160mm인 각주형 공시체의 압축강도 및 휨강도의 시험에 대해서 규정한다.
  - 3개를 한 조로 하여 측정하는 6개의 압축강도 측정결과의 산술평균으로 정의된다.
  - 6개의 측정값 중에서 1개의 결과가 6개의 평균값보다 ±10% 이상 벗어나면 이 결과를 버리고 나머지 5개의 평균으로 계산한다.
  - 5개의 측정값 중에서 또다시 하나의 결과가 그 평균값보다 ±10% 이상이 벗어나면 결괏값 전체를 버려야 한다.

  $$압축강도(f) = \frac{P}{A}$$

  여기서, P : 최대 파괴 하중

  A : 시험체의 단면적

- 모르타르의 압축강도에 영향을 주는 요인
  - 시멘트 분말도가 높으면 강도는 커진다(비례).
  - 30℃ 이하에서는 양생온도가 높을수록 강도는 증가한다.
  - 온도가 낮으면 강도(특히 조기강도)가 저하된다.
  - 단위수량이 많을수록 강도는 떨어진다(반비례).
  - 시멘트가 풍화되면 강도는 감소한다.
  - 재령 및 시험방법에 따라 강도가 달라진다.

■ 수경성 시멘트 모르타르의 인장강도 시험방법(KS L 5104)

- 시험장치 : 저울, 표준체, 메스실린더, 틀, 흙손, 시험기(하중을 연속적으로 2,700±100N/min의 재하속도로 가할 수 있고, 재하속도를 조절하는 장치) 등
- 온도와 습도
  - 혼합수, 습기함 또는 습기실 및 시험체 저장용 수조의 물 온도는 20±1℃이어야 한다.
  - 반죽한 건조재료, 틀 및 밑판 부근의 공기온도는 20±2℃로 유지하여야 한다.
  - 실험실의 상대습도는 50% 이상, 습기함이나 습기실의 상대습도는 90% 이상이어야 한다.
- 모르타르(시멘트, 물, 잔골재를 혼합해서 만든 것)
  - 표준 모르타르의 배합비는 질량비로 시멘트 1에 표준사 3으로 한다.
  - 1개 조합된 시료에서 한 번에 혼합하는 건조재료의 양은 6개의 시험체를 만들 때에는 1,000g에서 1,200g까지 하고, 9개의 시험체를 만들 때는 1,500g에서 1,800g까지 한다.
- 시험체의 성형
  - 틀은 모르타르를 채우기 전에 광유를 얇게 발라야 한다.
  - 두 손의 엄지손가락으로 전 면적에 걸쳐 힘이 미치도록 각 시험체마다 12회씩 힘껏 모르타르를 밀어 넣는다.
  - 이 힘은 두 손의 엄지손가락이 동시에 작용할 때 78.4~98N의 힘이 되도록 한다.

■ **굵은 골재 및 잔골재의 체가름 시험 방법**(KS F 2502)

- 골재의 체가름시험으로 결정할 수 있는 것은 골재의 입도, 조립률, 굵은 골재의 최대 치수를 구하기 위한 것이다.
- 골재의 체가름 시험에 필요한 시험기구 : 저울, 표준체, 건조기(105±5℃ 유지), 시료 분취기, 체진동기, 삽 등
- 시료는 4분법 또는 시료 분취기에 의해 일정 분량이 되도록 축분한다.
- 4분법 채취방법 : A+C 또는 B+D

- 시료의 질량
  - 굵은 골재는 최대치수의 0.2배를 한 정수를 최소건조질량(kg)으로 한다.
  - 잔골재는 1.18mm 체를 95%(질량비) 이상 통과하는 것에 대한 최소건조질량을 100g으로 하고, 1.18mm 체에 5%(질량비) 이상 남는 것에 대한 최소건조질량을 500g으로 한다. 다만, 구조용 경량 골재에서는 최소건조질량을 1/2로 한다.
- 시험방법
  - 시료의 질량은 0.1% 이상의 정밀도로 측정한다.
  - 체가름시험은 수동 또는 기계를 사용하여 체 위에서 골재가 끊임없이 상하운동 및 수평운동이 되도록 하여 시료가 균등하게 운동하도록 한다.
  - 1분마다 각 체를 통과하는 것이 전 시료 질량의 0.1% 이하로 될 때까지 반복한다.
  - 체눈에 막힌 알갱이는 파쇄되지 않도록 주의하면서 되밀어내어 체에 남은 시료로 간주한다.
    ※ 시험을 할 때 체눈이 굵은 체는 위에, 가는 체는 밑에 놓는다.
- 조립률
  - 75mm, 40mm, 20mm, 10mm, 5mm, 2.5mm, 1.2mm, 0.6mm, 0.3mm, 0.15mm 체 등 10개의 체를 1조로 하여 체가름시험을 하였을 때, 각 체에 남은 누계량의 전체 시료에 대한 질량 백분율의 합을 100으로 나눈 값으로 나타낸다.

  $$조립률 = \frac{각 체의 누적 잔류율의 합}{100}$$

  - 잔골재의 조립률은 2.3~3.1, 굵은 골재의 조립률은 6~8이 좋다.

■ **굵은 골재의 밀도 및 흡수율 시험방법**(KS F 2503)

- 시험용 기계 및 기구 : 저울, 철망태, 물탱크, 흡수 천, 건조기, 체, 시료 분취기 등
- 정밀도 : 시험값은 평균값과의 차이가 밀도의 경우 0.01g/cm^3 이하, 흡수율의 경우는 0.03% 이하여야 한다.

• 계산식

절대건조상태의 밀도(D_d)	표면건조포화상태의 밀도(D_s)	겉보기 밀도(D_A)
$D_d = \dfrac{A}{B-C} \times \rho_w$	$D_s = \dfrac{B}{B-C} \times \rho_w$	$D_A = \dfrac{A}{A-C} \times \rho_w$

A : 절대건조상태의 시료 질량(g) B : 표면건조포화상태의 시료 질량(g)
C : 침지된 시료의 수중 질량(g) ρ_w : 시험온도에서의 물의 밀도(g/cm³)

■ **잔골재의 밀도 및 흡수율 시험방법(KS F 2504)**

• 시험용 기구 : 저울, 플라스크(500mL), 원뿔형 몰드, 다짐봉, 건조기
• 정밀도 : 시험값은 평균과의 차이가 밀도의 경우 0.01g/cm³ 이하, 흡수율의 경우 0.05% 이하여야 한다.
• 표면건조포화상태의 잔골재를 500g 이상 채취하고, 그 질량을 0.1g까지 측정하여, 이것을 1회 시험량으로 한다.
• 일반적인 잔골재의 비중은 표면건조포화상태의 골재알의 비중이다.

■ **잔골재 표면수 측정방법(KS F 2509)**

• 시험은 질량법 또는 용적법 중 하나의 방법에 따른다.
• 시료는 대표적인 것을 400g 이상 채취하여 가능한 한 함수율의 변화가 없도록 주의하여 2분하고 각각을 1회의 시험의 시료로 한다.
• 시험하는 동안 용기 및 그 내용물의 온도는 15~25℃의 범위 내에서 가능한 한 일정하게 유지한다.
• 계산 : 시험은 동시에 채취한 시료에 대하여 2회 실시하고 그 결과는 평균값으로 나타낸다.
• 정밀도 : 평균값에서의 차가 0.3% 이하이어야 한다.

■ **골재의 단위용적질량 및 실적률 시험방법(KS F 2505)**

• 골재의 단위용적질량 시험방법
  – 다짐봉을 이용하는 경우 : 골재의 최대치수가 40mm 이하인 경우
    ※ 다짐봉은 지름 16mm, 길이 500~600mm의 원형 강으로 하고, 그 앞 끝이 반구 모양인 것을 사용한다.
  – 충격을 이용하는 경우 : 골재의 최대치수가 40mm 이상 100mm 이하인 경우
    ※ 용기를 콘크리트 바닥과 같은 튼튼하고 수평인 바닥 위에 놓고 시료를 거의 같은 3층으로 나누어 채운다. 각 층마다 용기의 한쪽을 약 50mm 들어 올려서 바닥을 두드리듯이 낙하시킨다. 다음으로 반대쪽을 약 50mm 들어 올려 낙하시키고 각각을 교대로 25회, 전체적으로 50회 낙하시켜서 다진다.
  – 삽을 이용하는 경우 : 골재의 최대치수가 100mm 이하인 경우
• 공극률(%) = 100 − 실적률(%) = $\left(1 - \dfrac{\text{단위용적질량}}{\text{골재의 절건밀도}}\right) \times 100\%$

■ 유기불순물 시험방법(KS F 2510)

- 시약과 식별용 표준색 용액
  - 수산화나트륨 용액(3%) : 물 97에 수산화나트륨 3의 질량비로 용해시킨 것이다.
  - 식별용 표준색 용액 : 식별용 표준색 용액은 10%의 알코올 용액으로 2% 타닌산 용액을 만들고, 그 2.5mL를 3%의 수산화나트륨 용액 97.5mL에 가하여 유리병에 넣어 마개를 닫고 잘 흔든다. 이것을 표준색 용액으로 한다.
- 시료 : 공기 중 건조상태로 건조시켜 4분법 또는 시료 분취기를 사용하여 약 450g을 채취한다.
- 색도의 측정 : 시료에 수산화나트륨 용액을 가한 유리용기와 표준색 용액을 넣은 유리용기를 24시간 정치한 후 잔골재 상부의 용액색이 표준색 용액보다 연한지, 진한지 또는 같은지를 육안으로 비교한다.

■ 골재에 포함된 잔입자(0.08mm 체를 통과하는)시험(KS F 2511)

- 시료는 105±5℃의 온도에서 항량이 될 때까지 건조시키고, 시료 질량의 0.1% 정밀도로 정확히 한다.
- 0.8mm 체를 통과하는 잔입자를 씻은 물에 뜨게 하여 씻은 물과 같이 유출되도록 충분히 휘저어야 한다.
- 씻은 시료는 105±5℃의 온도에서 항량이 될 때까지 건조시킨 후 0.1%의 정밀도로 정확히 계량한다.
- 0.08mm 체를 통과하는 잔입자량(%) $= \dfrac{\text{씻기 전의 건조 질량} - \text{씻은 후의 건조 질량}}{\text{씻기 전의 건조 질량}} \times 100$

$$= \dfrac{\text{남은 양의 질량}}{\text{씻기 전의 건조 질량}} \times 100$$

■ 골재의 안정성 시험방법(KS F 2507)

- 골재의 안정성을 알기 위하여 황산나트륨 포화용액의 결정압에 의한 골재의 부서짐 작용에 대한 저항성을 시험하는 것이다.
- 골재의 안정성시험에 사용하는 시약
  - 시험용 용액 : 황산나트륨 포화용액
  - 시약용 용액의 골재에 대한 잔류 유무를 조사하기 위한 용액 : 5~10%의 염화바륨용액
- 골재의 손실 질량 백분율(%) $= \left(1 - \dfrac{m_2}{m_1}\right) \times 100$

  여기서, m_1 : 시험 전의 시료의 질량(g)
  m_2 : 시험 후의 시료 질량(g)

■ 로스앤젤레스시험기에 의한 굵은 골재의 마모시험방법(KS F 2508)

• 장치 및 기구 : 로스앤젤레스시험기, 구, 저울, 체(1.7mm, 2.5mm, 5mm, 10mm, 15mm, 20mm, 25mm, 40mm, 50mm, 65mm, 75mm의 망체)

• 매분 30~33번의 회전수로 A, B, C, D 및 H의 입도 구분의 경우는 500회, E, F, G의 경우는 1,000회 회전시킨다.

• 회전이 끝나면 시료를 시험기에서 꺼내서 1.7mm의 망체로 친다.

• 마모감량 $R(\%) = \dfrac{m_1 - m_2}{m_1} \times 100$

여기서, m_1 : 시험 전의 시료의 질량(g)

m_2 : 시험 후 1.7mm의 망체에 남는 시료의 질량(g)

■ **콘크리트의 강도시험용 공시체 제작방법**(KS F 2403)

• 공시체의 치수

구 분	압축강도	쪼갬인장강도 (원기둥 모양)	휨강도 (단면이 정사각형인 각주)
지 름	굵은 골재 최대 치수의 3배 이상 및 100mm 이상	굵은 골재 최대 치수의 4배 이상이면서 150mm 이상	• 한 변의 길이 : 굵은 골재 최대 치수의 4배 이상이면서 100mm 이상 • 공시체의 길이 : 단면의 한 변 길이의 3배보 다 80mm 이상 길어야 함 ※ 공시체의 표준 단면치수 : 100mm× 100mm 또는 150mm×150mm
높 이	공시체 지름의 2배 이상	–	
길 이	–	공시체 지름의 1배 이상, 2배 이하	

• 콘크리트 휨강도시험용 공시체를 제작할 때 콘크리트는 몰드에 2층 이상으로 거의 동일한 두께로 나누어 채우고, 각층은 적어도 $1,000\text{mm}^2$에 1회의 비율로 다짐을 한다.

• 몰드의 제거 및 양성

 – 몰드 제거 시기는 콘크리트를 채운 직후 16시간 이상 3일 이내로 한다.

 – 공시체 양생온도는 20±2℃로 한다.

 – 공시체는 몰드 제거 후 강도시험을 할 때까지 습윤 상태에서 양생을 실시한다.

 – 공시체를 습윤 상태로 유지하기 위해서 수중 또는 상대습도 95% 이상의 장소에 둔다.

■ **콘크리트의 압축강도 시험방법**(KS F 2405)

• 일반적으로 콘크리트의 강도라 하면 압축강도를 의미한다.

• 공시체의 상하 끝면 및 상하 가압판의 압축면을 청소한다.

• 공시체를 공시체 지름의 1% 이내의 오차에서 그 중심축이 가압판의 중심과 일치하도록 놓는다.

• 시험기의 가압판과 공시체의 끝면은 직접 밀착시키고 그 사이에 쿠션재를 넣으면 안 된다. 다만, 언본드 캐핑에 의한 경우는 제외한다.

• 공시체에 충격을 주지 않도록 일정한 속도로 하중을 가한다. 하중을 가하는 속도는 원칙적으로 압축응력도의 증가율이 매초 0.6±0.2MPa이 되도록 한다.

 ※ 콘크리트의 압축강도시험에서 시험체의 가압면에는 0.05mm 이상의 홈이 있으면 안 된다. 이를 방지하기 위한 작업이 캐핑이다.

• 압축강도(MPa) $f_c = \dfrac{P}{\pi\left(\dfrac{d}{2}\right)^2}$

 여기서, P : 최대 하중(N)

■ 콘크리트의 쪼갬인장강도 시험(할렬시험)방법(KS F 2423)

- 콘크리트 인장강도시험의 종류와 특징
  - 직접 인장강도시험 : 시험과정에서 인장부에 미끄러짐과 지압파괴가 발생할 우려가 있어 현장 적용하기 어렵다.
  - 할렬 인장강도시험 : 일종의 간접 시험방법으로 공사현장에서 간단하게 측정할 수 있으며, 비교적 오차도 적은 편이다.

- 쪼갬인장강도(MPa) $= \dfrac{2P}{\pi dl}$

  여기서, P : 하중(N), d : 공시체의 지름(mm)

  　　　　l : 공시체의 길이(mm)

■ 콘크리트의 휨강도 시험방법(KS F 2408)

- 콘크리트의 휨강도는 도로, 공항 등 콘크리트 포장 두께의 설계나 배합 설계를 위한 자료로 이용한다.

- 휨강도 $f_b = \dfrac{Pl}{bh^2}$

  여기서, f_b : 휨강도(N/mm^2 또는 kg/cm^2), P : 시험기가 나타내는 최대 하중(N 또는 kg)

  　　　　l : 지간(mm 또는 cm), b : 파괴 단면의 너비(mm 또는 cm)

  　　　　h : 파괴 단면의 높이(mm 또는 cm)

■ 압력법에 의한 굳지 않은 콘크리트의 공기량 시험방법(KS F 2421)

- 최대 치수 40mm 이하의 보통 골재를 사용한 콘크리트에 적합하다. 골재 수정계수가 정확히 구해지지 않는 인공 경량 골재와 같은 다공질 골재를 사용한 콘크리트에 대해서는 적당하지 않다.
- 공기량의 측정법
  - 질량법(중량법, 무게법) : 공기량이 전혀 없는 것으로 간주하여 시방 배합에서 계산한 콘크리트의 단위무게와 실제로 측정한 단위무게와의 차이로부터 공기량을 구하는 방법이다.
  - 용적법(부피법) : 콘크리트 속의 공기량을 물로 치환하여, 치환한 물의 부피로부터 공기량을 구하는 방법이다.
  - 공기실 압력법 : 워싱턴형 공기량측정기를 사용하며, 공기실에 일정한 압력을 콘크리트에 주었을 때, 공기량으로 인하여 압력이 저하하는 것으로부터 공기량을 구하는 방법이다. 주수법(물을 부어서 실시하는 방법. 용기의 용량 5L 이상)과 무주수법(물을 붓지 않고 실시하는 방법. 용기의 용량 7L 이상)이 있다.
- 공기측정기의 종류
  - 공기실 압력법 : 워싱턴형 공기량측정기는 굳지 않은 콘크리트의 공기함유량을 압력의 감소를 이용해 측정하는 방법으로 보일(Boyle)의 법칙을 적용한 것이다.
  - 수주(水注) 압력방법 : 멘젤형
  - 질량법 : 시료의 용적 변화 측정형, 시료의 겉보기밀도 측정형

- AE 공기량이 콘크리트 부피의 4~7% 정도일 때, 워커빌리티와 내구성이 가장 좋다.
- 콘크리트의 공기량 = 겉보기 공기량 - 골재 수정계수

■ 콘크리트의 슬럼프 시험 방법(KS F 2402)

- 주목적은 반죽 질기(워커빌리티)를 측정하는 것이다.
- 이 시험은 비소성이나 비점성인 콘크리트에는 적합하지 않으며, 콘크리트 중 굵은 골재가 40mm 이상 상당량 함유하고 있는 경우에는 이 방법을 적용할 수 없다.
- 슬럼프콘 : 윗면의 안지름이 100±2mm, 밑면의 안지름이 200±2mm, 높이 300±2mm 및 두께 1.5mm 이상인 금속제로 하고, 적절한 위치에 발판과 슬럼프콘 높이의 2/3 지점에 두 개의 손잡이를 붙인다.
- 슬럼프 시험
  - 시료는 거의 같은 양을 3층으로 나눠서 채운다.
  - 콘크리트 슬럼프시험할 때 콘크리트 시료를 처음 넣는 양은 슬럼프콘 용적의 1/3까지 넣는다.
  - 각층은 다짐봉으로 고르게 한 후 25회씩 다진다.
  - 콘크리트의 중앙부와 옆에 놓인 슬럼프콘 상단과의 높이차를 5mm 단위로 측정하여 이것을 슬럼프값으로 한다.
  - 슬럼프콘을 들어 올리는 시간은 높이 300mm에서 3.5±1.5초로 한다.
  - 콘크리트를 채우기 시작하고 나서 종료 시까지의 시간은 3분 이내로 한다.

■ 흐름시험(KS F 2594)

- 콘크리트에 상하운동을 주어서 변형저항(유동성)을 측정하는 방법으로 시험 후에 콘크리트의 분리가 일어나는 결점이 있는 굳지 않은 콘크리트의 워커빌리티 측정방법이다.
- 흐름값(%) = $\dfrac{\text{모르타르의 평균 밑지름}}{\text{몰드 밑지름}} \times 100$

■ 콘크리트의 블리딩 시험방법(KS F 2414)

- 블리딩시험은 굵은 골재의 최대 치수가 40mm 이하인 경우에 적용한다.
- 최초로 기록한 시각에서부터 60분 동안 10분마다 콘크리트 표면에서 스며 나온 물을 빨아낸다. 그 후는 블리딩이 정지할 때까지 30분마다 물을 빨아낸다.
- 블리딩률(%) = $B/C \times 100\,(C = w/W \times S)$

  여기서, B : 시료의 블리딩 물의 총량(kg)

  C : 시료에 함유된 물의 총질량(kg)

  W : 콘크리트의 단위용적질량(kg/m^3)

  w : 콘크리트의 단위수량(kg/m^3)

  S : 시료의 질량(kg)

- 블리딩량$(\text{cm}^3/\text{cm}^2) = V/A \left(A = \dfrac{\pi \times r^2}{4}\right)$

  여기서, V : 규정된 측정시간 동안에 생긴 블리딩 물의 총용적(cm^3)

  A : 콘크리트 윗면의 면적(cm^2)

  r : 안지름의 길이

■ 3층 25회 다짐방법 사용하는 시험

- 굳지 않은 콘크리트의 슬럼프시험
- 굳지 않은 콘크리트의 블리딩시험
- 콘크리트 압축강도 시험체 만들기

■ 콘크리트의 배합 설계

- 배합 설계 종류
  - 시방배합 : 현장에서 요구되는 목적에 맞는 콘크리트 배합방법인 시방배합
  - 시방배합을 위한 사전 테스트 작업인 시험배합
  - 현장의 재료 상태에 맞게 시방배합을 조정하는 현장배합
- 배합 설계의 순서
  - 우선 목표로 하는 품질항목 및 목표값을 설정한다.
  - 계획 배합의 조건과 재료를 선정한다.
  - 자료 또는 시험에 의해 내구성, 수밀성 등의 요구 성능을 고려하여 물-시멘트비를 결정한다.
  - 단위수량, 잔골재율과 슬럼프의 관계 등에 의해 단위수량, 단위 시멘트량, 단위 잔골재량, 단위 굵은 골재량, 혼화재료량 등을 순차적으로 산적한다.
  - 구한 배합을 사용해서 시험 비비기를 실시하고 그 결과를 참고로 하여 각 재료의 단위량을 보정하여 최종적인 배합을 결정한다.
- 콘크리트의 배합강도 : 콘크리트 압축강도의 표준편차를 알지 못할 때 또는 압축강도의 시험 횟수가 14회 이하인 경우 콘크리트의 배합강도는 다음 표와 같이 정할 수 있다.

설계기준강도 f_{ck}(MPa)	배합강도 f_{cr}(MPa)
21 미만	$f_{ck}+7$
21 이상 35 이하	$f_{ck}+8.5$
35 초과	$1.1f_{ck}+5$

- 단위량 : 콘크리트 1m^3를 만들 때 사용하는 재료의 사용량

• 재료의 계량오차

재료의 종류	측정단위	1회 계량분의 허용오차(%)
시멘트	질 량	±1
골 재	질량 또는 부피	±3
물	질 량	±1
혼화재[1]	질 량	±2
혼화제	질량 또는 부피	±3

주[1] 고로 슬래그 미분말의 계량오차의 최댓값은 1%로 한다.

• 물-시멘트비 $= \dfrac{W}{C}$

　여기서, W : 단위수량

　　　　　 C : 단위 시멘트량

• 잔골재율 $(S/a) = \dfrac{V_S}{V_S + V_G} \times 100(\%)$

　여기서, V_S : 단위 잔골재량의 절대부피

　　　　　 V_G : 단위 굵은 골재량의 절대부피

■ **다져진 아스팔트 혼합물의 겉보기 비중 및 밀도 시험방법(파라핀으로 피복한 경우)(KS F 2353)**

• 감온성 : 외부 온도 변화에 따라 아스팔트의 경도, 점도 등이 변화하는 성질

• 아스팔트의 비중시험 온도는 25℃이다.

• 겉보기 비중(파라핀으로 피복한 경우) = $\dfrac{A}{D-E-\dfrac{D-A}{F}}$

여기서, A : 건조 공시체의 공기 중 질량(g)

　　　　D : 피복한 건조 공시체의 공기 중 질량(g)

　　　　E : 피복한 건조 공시체의 수중 질량(g)

　　　　F : 파라핀의 겉보기 비중(g/cm^3)

• 공시체 밀도(g/cm^3) = 겉보기 비중×0.997

※ 25℃에서의 물의 밀도 = 0.997g/cm^3

■ **아스팔트 침입도시험(KS M 2252)**

• 침입도 시험목적 : 아스팔트의 굳기 정도, 경도, 감온성, 적용성 등을 결정하기 위해 실시한다.

• 침입도시험의 측정조건 : 소정의 온도(25℃), 하중(100g), 시간(5초)에 규정된 침이 수직으로 관입한 길이로 0.1mm 관입은 침입도 1로 규정한다.

■ **아스팔트의 연화점시험(KS M 2250)**

• 연화점(환구법 사용) : 시료를 규정 조건에서 가열하였을 때 시료가 연화되기 시작하여 규정된 거리(25mm)까지 내려갈 때의 온도이다.

■ **아스팔트의 인화점, 연소점 시험(KS M 2010)**

• 인화점은 시료를 가열하면서 시험불꽃을 대었을 때, 시료의 증기에 불이 붙는 최저온도이다.

• 연소점은 인화점의 측정 이후 계속 가열하였을 때 시료가 연속하여 최소 5초 이상 연소하는 최저온도이다.

• 온도가 높은 순서 : 발화점 > 연소점 > 인화점

■ **역청재료의 신도시험(KS M 2254)**

연성의 기준인 신도는 시료의 양끝을 규정 온도(25±0.5℃) 및 규정 속도(±0.25cm/min)로 잡아당겼을 때, 시료가 끊어질 때까지 늘어난 길이로, cm 단위로 표시한다.

■ 아스팔트 혼합물의 마셜 안정도 및 흐름값 시험방법(KS F 2337)

• 마셜시험기를 사용하여 측면에 하중을 작용시킨 아스팔트 포장용 혼합물의 원주형 공시체의 소성 흐름에 대한 저항력 측정방법이다.

• 채움률(VFA, 포화도) : 다져진 아스팔트 혼합물의 골재 간극 중 아스팔트가 차지하는 부피비

■ **강재의 인장시험**

- 인장시험의 결과로 재료의 비례한도, 탄성한도, 내력, 항복점, 인장강도, 연신율, 단면 수축률, 응력 변형률 곡선 등을 측정할 수 있다.

- 인장강도 및 푸아송비

  - 인장강도 $= \dfrac{\text{최대 하중}}{\text{단면적}}$

  - 푸아송비 $= \dfrac{\text{횡 방향 변형률}}{\text{종 방향 변형률}} = \dfrac{1}{m}$

    여기서, m : 푸아송수(= 푸아송비의 역수)

■ **강재의 굽힘시험**

- 용접부의 연성조사를 목적으로 실시한다.
- 굽힘강도는 일반적으로 180°까지 실시한다.

■ **강재의 경도시험 종류**

- 브리넬 경도 시험방법 : 시험면을 강구로 눌러서 영구변형된 오목부를 만들었을 때, 이때의 하중을 오목부의 지름으로 구한 표면적으로 나눈 값으로 경도를 얻는 시험방법
- 비커스 경도 시험방법 : 압입자(대면각 136°의 사각추)에 하중을 걸어서 대각선 길이로 측정하는 방법
- 로크웰 경도 시험방법 : 압입자에 하중(기본 하중 10kg)을 걸어서 홈 깊이로 측정하는 방법
- 쇼어 경도 시험방법 : 강구를 일정 높이에서 낙하시켜 반발 높이로 측정하는 방법

■ **강재의 충격시험**

노치(Notch)를 가진 시험편을 고정하고 급속으로 하중을 가하여 파괴하여 파단에 필요한 에너지의 크기로 재료의 강도, 연성, 취성을 판단한다.

CHAPTER 03 토질

제1절 흙의 기본적인 성질과 분류

■ 실제의 흙은 연속체가 아니며 토립자(흙 입자), 공기, 물의 3가지 상으로 구성되는 불연속체이다.

■ **흙의 물리적 성질**

 • 점성토 구조 : 점토의 입자구조는 점토광물 특성과 점토 주위의 이중층수의 특성에 따라서 좌우된다.
 • 사질토의 입자구조 : 사질토는 흙 입자 하나하나가 모여서 된 구조로 주로 단일입자구조이다. 사질토라도 물을 약간 머금었을 때, 입자 사이의 수막에 작용하는 표면장력으로 체적이 증가하고 느슨한 벌집 같은 상태가 될 수도 있다(벌집구조).

■ **흙의 구성상태**

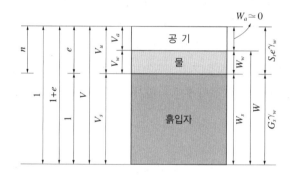

■ **간극비(e)** : 흙 입자의 체적에 대한 간극의 체적비 또는 공극비라고 한다.

$$e = \frac{공극의\ 체적}{흙\ 입자만의\ 체적} = \frac{V_v}{V_s}$$

여기서, e : 간극비, V_v : 간극의 체적, V_s : 토립자의 체적

■ **간극률(n)** : 흙덩이 전체의 체적에 대한 간극의 체적 비율을 백분율로 표시한 것이다.

$$n = \frac{e}{1+e} \times 100(\%)$$

■ **간극비(공극비)와 간극률 사이의 관계식**

$$n = \frac{100e}{1+e}, \ \ e = \frac{n}{100-n}$$

■ **포화도(S)** : 간극의 체적 중 물이 차지하고 있는 체적의 백분율

$$S = \frac{V_w}{V_v} \times 100(\%)$$

여기서, S : 포화도, V_w : 물의 체적, V_v : 공극의 체적

■ **함수비(w)** : 흙 입자의 중량에 대한 물의 중량의 백분율

$$w = \frac{W_w}{W_s} \times 100(\%)$$

여기서, w : 함수비(%), W_w : 물의 무게, W_s : 토립자의 무게

■ **포화도, 공극비, 비중, 함수비의 상관관계**

$$S \cdot e = w \cdot G_s$$

■ **단위중량**

• 수중단위중량(수중밀도) : $\gamma_{\text{sub}} = \dfrac{G_s - 1}{1+e} \gamma_w$

  $\qquad\qquad\qquad\qquad\quad$ = 포화단위무게 – 물의 단위무게

• 건조단위중량(건조밀도) : $\gamma_d = \dfrac{W_s}{V} = \dfrac{G_s \times \gamma_w}{1+e} = \dfrac{\gamma_t}{1+w}$

• 습윤단위중량(습윤밀도) : $\gamma_t = \dfrac{W}{V} = \dfrac{G_s + Se}{1+e} \gamma_w$

• 포화단위중량 : $\gamma_{sat} = \dfrac{G_s + e}{1+e} \gamma_w$

  여기서, G_s : 흙 입자의 비중, γ_w : 물의 비중량(ton/m^3)

  $\qquad\quad$ W_s : 흙 입자의 무게(ton), V : 흙의 부피(m^3)

  $\qquad\quad$ e : 흙의 간극비, w : 흙의 함수비

• 단위중량의 대소 관계 : 수중밀도 < 건조밀도 < 습윤밀도 < 포화밀도

■ **상대밀도(D_r)**

- 사질토가 느슨한 상태에 있는지, 조밀한 상태에 있는지를 나타내는 것으로 액상화 발생 여부 추정 및 내부마찰각의 추정이 가능하다.
- 상대밀도가 클수록 조밀한 상태의 흙이다.

$$D_r = \frac{e_{max} - e}{e_{max} - e_{min}} \times 100\%$$

$$= \frac{\gamma_d - \gamma_{d.max}}{\gamma_{d.max} - \gamma_{d.min}} \times \frac{\gamma_{d.max}}{\gamma_d} \times 100\%$$

여기서, D_r : 상대밀도

　　　　e_{max} : 가장 느슨한 상태에서 간극비(최대간극비)

　　　　e_{min} : 가장 조밀한 상태에서 간극비(최소간극비)

　　　　e : 자연 상태에서 간극비

■ **비중(G_s)** : 4℃에서의 물의 단위중량에 대한 흙의 단위중량 비

$$G_s = \frac{\gamma_s}{\gamma_\omega}$$

■ **흙의 연경도**

점성토가 함수량에 따라 변화하는 성질이며, 각각의 변화한계(액성, 소성, 반고체, 고체 상태로 변화)를 애터버그(Atterberg) 한계라 한다.

```
고체 상태 | 반고체 상태 | 소성 상태 | 액체 상태
─────────┼───────────┼─────────┼──────────→
       수축한계     소성한계    액성한계   함수비
        (SL)        (PL)      (LL)     증가
```

- 수축한계(SL) : 반고체 상태에서 고체 상태로 옮겨지는 경계의 함수비로서, 함수량이 수축한계 이하로 내려가면 함수량이 감소해도 체적이 감소하지 않는다.
- 소성한계(PL) : 흙이 소성 상태에서 반고체 상태로 바뀔 때의 함수비이다.
- 액성한계(LL) : 액체 상태와 소성 상태로 바뀔 때의 함수비이다.
- 연경도 지수
  - 소성지수(PI) = 액성한계(LL) – 소성한계(PL)
  - 액성지수(LI) = $\dfrac{\text{자연함수비} - \text{소성한계}}{\text{소성지수}}$
  - 수축지수 = 소성한계 – 수축한계
  - 연경도 지수 = $\dfrac{\text{액성한계} - \text{자연함수비}}{\text{소성지수}}$

  ※ 액성지수 + 연경도 지수 = 1

- 유동지수 : 액성한계시험에서 얻어지는 유동곡선의 기울기

  ※ 유동지수가 클수록 유동곡선의 기울기가 급하다.

- 터프니스지수 = 소성지수 ÷ 유동지수

- 활성도

  ㉠ 흙의 팽창성을 판단하는 기준이다.

  ㉡ 활주로, 도로 등의 건설재료를 결정하는 데 사용된다.

  ㉢ 점토의 활성도가 클수록 물을 많이 흡수하여 팽창이 많이 일어난다.

$$활성도 \ A = \frac{소성지수}{2\mu \text{m}보다 \ 작은 \ 입자의 \ 중량 \ 백분율(\%)}$$

$$= \frac{소성지수(\%)}{점토 \ 함유율(\%)}$$

■ 통일 분류법에 의한 분류

- 통일 분류법은 A. Casagrande가 고안하였다.
- 세립토를 여러 가지로 세분하는 데는 액성한계와 소성지수의 관계 및 범위를 나타내는 소성도표가 사용된다.
- 소성도표 : 액성한계 50%를 기준으로 저소성(L) 흙과 고소성(H) 흙으로 분류한다.

구 분	제1문자		제2문자	
	기 호	흙의 종류	기호	흙의 상태
조립토	G S	자 갈 모 래	W P M C	입도분포가 양호한 입도분포가 불량한 실트를 함유한 점토를 함유한
세립토	M C O	실 트 점 토 유기질토	L H	소성 및 압축성이 낮은 소성 및 압축성이 높은
고유기질토	Pt	이 탄	–	–

■ 통일 분류법과 AASHTO 분류법의 비교

- 통일 분류법은 $75\mu \text{m}$ 체 통과율, $4.75\mu \text{m}$ 체 통과율, 액성한계, 소성한계, 소성지수를 사용한다.
- AASHTO 분류법은 입도분석, 액성한계, 소성한계, 소성지수, 군지수를 사용한다.
- 군지수(Group Index)의 결정은 $75\mu \text{m}$ 체 통과율, 액성한계, 소성지수 등이 있다.
- 통일 분류법은 $75\mu \text{m}$ 체 통과율을 50%를 기준으로 조립토(50% 이하)와 세립토(50% 이상)로 분류한다.
- AASHTO 분류법은 $75\mu \text{m}$ 체 통과율을 35%를 기준으로 조립토(35% 이하)와 세립토(35% 이상)로 분류한다.
- 유기질토 분류방법이 통일 분류법에는 있으나 AASHTO 분류법에는 없다.

■ **흙의 모관성**

• 모관상승고 : $h_c = \dfrac{4T\cos\alpha}{\gamma D} = \dfrac{C}{eD_{10}}$

　여기서, T : 표면장력(g/cm), α : 액면접촉각(°)

　　　　　γ : 액체의 비중량(g/cm³), D : 관의 지름

　　　　　C : 상수(10~50), e : 간극비

　　　　　D_{10} : 유효입경(mm)

• 흙의 모관상승고는 간극비와 유효입경에 반비례한다.

• 모관상승고는 점토, 실트, 모래, 자갈의 순으로 점점 작아진다.

■ **투수계수의 영향(Taylor 제안식)**

$$K = D_s^2 \frac{\gamma_w}{\mu} \frac{e^3}{1+e} C$$

여기서, K : 투수계수(cm/sec), D_s : 입경

　　　　γ_w : 물의 단위중량, μ : 물의 점성계수

　　　　e : 간극비, C : 형상계수

※ 투수계수 측정은 포화 상태에서 실시하므로 포화도(S)와 관계가 있다. 포화도가 증가하면 투수계수는 증가한다.

■ **투수계수 측정방법**

• 정수위 투수시험 : 작은 자갈 또는 모래와 같이 투수계수($K=10^{-2} \sim 10^{-3}$cm/sec)가 비교적 큰 조립토에 적합한 투수시험

• 변수위 투수시험 : 비교적 투수계수($K=10^{-3} \sim 10^{-6}$cm/sec)가 낮은 미세한 모래나 실트질 흙에 적합한 시험

• 압밀시험 : 투수계수가 10^{-7}cm/sec 이하의 불투수성 흙에 적용

■ **유선망**

• 작도 목적 : 침투수량 산정, 간극수압을 알기 위해 유선망을 작도한다.

• 침투수량 $Q = KH\dfrac{N_f}{N_d}$

　여기서, K : 투수계수, H : 상하류의 수두차, N_f : 유로의 수, N_d : 등수두면의 수

- 특 성
  - 인접한 2개의 유선 사이를 흐르는 침투수량은 같다.
  - 인접한 2개의 등수두선 사이의 손실수두(전수두)는 서로 같다.
  - 유선과 등수두선은 서로 직교한다.
  - 유선망이 되는 사각형은 이론상 정사각형이므로 유선망의 폭과 길이는 같다. 즉, 유선망의 각 사각형은 한 원에 접한다(내접원을 형성한다).
  - 침투속도 및 동수경사는 유선망의 폭에 반비례한다. $v = Ki = K\dfrac{h}{L}$

■ 동상현상

- 흙 속의 물이 얼어서 부피가 팽창하여 지표면이 부풀어 오르는 현상이다.
- 토질에 따른 동해의 피해 크기 순 : 실트 > 점토 > 모래 > 자갈
  - 실트질 흙 : 모관상승고와 투수성이 비교적 커서 동상이 현저하다.
  - 점토질 흙 : 모관상승고는 가장 크지만, 투수성이 낮기 때문에 수분 공급이 원활하지 않아 동상은 미미하다.

■ 동상을 일으키기 위한 조건

- 빙층(Ice Lens)을 형성하기 위한 충분한 물의 공급이 있을 것
- 지하수위가 지표면 가까이 있을 것
- 0℃ 이하의 온도가 오랫동안 지속될 것
- 동상이 일어나기 쉬운 토질일 것

■ 동상의 피해 방지 대책

- 배수구를 설치하여 지하수위를 저하시킨다.
- 동결심도 상부의 흙을 비동결성 흙(자갈, 쇄석, 석탄재)으로 치환한다.
- 모래질 흙을 넣어 모세관현상을 차단시킨다.
- 지표의 흙을 화학약품처리($CaCl_2$, $NaCl$, $MgCl_2$)하여 동결온도를 저하시킨다.
- 흙 속에 단열재료(석탄재, 코크스)를 넣는다.

■ 연화현상

동결된 지반이 해빙기에 융해되어 흙 속에 과잉 수분이 존재하여 함수비가 증가하고, 지반이 연약화되어 전단강도가 떨어지는 현상

■ 흙의 분사현상(Quick Sand)

- 사질토 지반에서 유출수량이 급격하게 증대되면서 모래가 분출되는 현상이다.

- 한계동수경사 $i_c = \dfrac{h}{D} = \dfrac{G_s - 1}{1 + e} = (1 - n)(G_s - 1)$

    여기서 i_c : 한계동수경사, h : 저수지 전수두(m), D : 분사지점의 수두(m)

    　　　　 G_s : 토립자의 비중, e : 흙의 간극비, n : 흙의 간극률

■ 파이핑(Piping)현상

분사현상이 더 일어나면 보일링(Boiling)현상이 일어나고, 보일링현상이 계속 일어나면 흙 속에 관이 생기는데 이것을 파이핑현상이라고 한다.

■ 흙의 지중응력

- 연직응력 = 흙의 단위중량 × 깊이
- 수평응력 = 토압계수 × 연직응력
- 2 : 1 분포법
  - 장방형 기초(B, L) – 장방형에 등분포하중 작용 시 지중응력

    $P = q_s BL = \triangle\sigma_z(B + Z)(L + Z)$

    $\triangle\sigma_z = \dfrac{P}{(B + Z)(L + Z)} = \dfrac{q_s BL}{(B + Z)(L + Z)}$

  - 정방형 기초($B = L$) – 정방형에 등분포하중 작용 시 지중응력

    $\triangle\sigma_z = \dfrac{q_s B^2}{(B + Z)^2}$

- 접지압과 침하량 분포

접지압		침하량	
유연성 기초	일 정	강성 기초	일 정
강성 기초	점토 지반 : 기초의 양단부(모서리)에서 최대	유연성 기초	점토 지반 : 중앙에서 최대
	사질토 지반 : 기초의 중앙부에서 최대		사질토 지반 : 양단부에서 최대

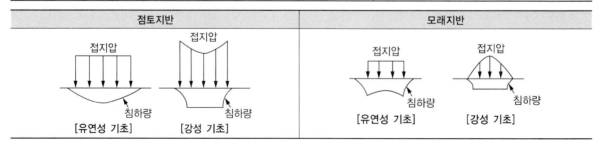

점토지반		모래지반	
[유연성 기초]	[강성 기초]	[유연성 기초]	[강성 기초]

■ 유효응력

전체 응력에서 간극수압을 뺀 값

■ 히빙(Heaving)현상

연약한 점토 지반을 굴착할 때 하중이 지반의 지지력보다 크면 지반 내의 흙이 소성 평형 상태가 되어 활동면에
따라 소성 유동을 일으켜 배면의 흙이 안쪽으로 이동하면서 굴착 부분의 흙이 부풀어 올라오는 현상

■ 테르자기(Terzaghi)의 압밀이론 가정

• 흙은 균질하다.
• 흙 속의 간극은 물로 완전히 포화되어 있다.
• 흙 입자와 물의 압축성은 무시할 수 있을 만큼 작다.
• 흙의 성질과 투수계수는 압력의 크기에 관계없이 일정하다.
• 흙 내부의 물의 이동은 다르시(Darcy)의 법칙이 성립한다.
• 흙의 압축은 1차원 수직 방향으로만 일어난다.

■ 압밀이론 용어

• 선행 압밀하중 : 과거에 받았던 최대의 압밀하중
• 과압밀 : 현재 받고 있는 유효연직압력이 선행 압밀하중보다 작은 상태
• 정규압밀 : 현재 받고 있는 유효연직압력이 선행 압밀하중인 상태

■ 압밀시험

• 흙의 표면을 구속하고 축 방향으로 배수를 허용하면서 재하할 때의 압축량과 압축속도를 구하는 시험
• 압밀시험 성과표에 따라 구하는 계수
 − 시간−침하량 곡선 : 압밀계수, 1차 압밀비, 체적변화계수, 투수계수
 − $e - \log P$ 곡선 : 압축계수, 압축지수, 선행 압밀하중
• 압축계수

$$a_v = \frac{e_1 - e_2}{P_2 - P_1}$$

여기서, a_v : 압축계수

$e_1 \rightarrow e_2$: 간극비의 변화

$P_1 \rightarrow P_2$: 하중강도의 변화

• 압밀계수

$$C_v(\text{cm}^2/\text{s}) = \frac{K}{m_v \gamma_w} = \frac{K(1+e)}{a_v \gamma_w} = \frac{T_v H^2}{t}$$

여기서, C_v : 압밀계수(cm^2/s), K : 투수계수(cm/s), m_v : 체적변화계수(cm^2/g)

γ_w : 물의 단위중량(kN/m^3), e : 공극비, a_v : 압축계수(cm^2/g)

T_v : 시간계수, H : 배수거리, t : 압밀시간

※ 배수거리

　－ 일면배수 : 점토층의 두께와 같다.

　－ 양면배수 : 점토층의 두께의 반이다.

■ 흙의 전단강도 측정시험

실내시험	• 직접전단시험 : 점착력, 내부마찰각 측정 • 간접전단시험 – 일축압축시험 : 일축압축강도, 예민비, 흙의 변형계수 측정 – 삼축압축시험 : 점착력, 내부마찰각, 간극수압 측정
현장시험	• 표준관입시험 : N치 측정 • 현장베인시험 : 연약 지반의 점착력 측정 • 콘관입시험 : 콘 지지력 측정

■ 직접전단시험

- 1면 전단시험 : ￥=S/A
- 2면 전단시험 : ￥=S/2A

  (단, ￥ : 전단응력, S : 전단력, A : 단면적)

■ 일축압축시험

- 점성토에서 주로 하는 실험이며, 원리상 비압밀 비배수(UU) 삼축압축시험의 일종으로 볼 수 있다.
- 예민비, 전단강도, 응력과 변형계수 등을 파악할 수 있다.
- 예민비 : 흙의 흐트러지지 않은 시료의 일축압축강도와 이겨 성형한 시료의 일축압축강도의 비를 의미한다. 예민비가 클수록 공학적으로 불량한 토질이다.

$$S_t = \frac{q_u}{q_{ur}}$$

여기서, q_u : 자연 시료의 일축압축강도, q_{ur} : 흐트러진 시료의 일축압축강도

- 점착력(C)

$$C = \frac{q_u}{2\tan\left(45° + \dfrac{\phi}{2}\right)}$$

- 파괴면과 최대 주응력면과의 각

  – 파괴면과 최대 주응력면(수평면)의 각 $\theta = 45° + \dfrac{\phi}{2}$

  – 파괴면과 최소 주응력면(연직면)의 각 $\theta = 45° - \dfrac{\phi}{2}$

■ 틱소트로피 현상(Thixotropy)

흐트러진 시료가 시간이 지남에 따라 손실된 강도의 일부분을 회복하는데, 흐트러 놓으면 강도가 감소되고 시간이 지나면 강도가 회복되는 현상

■ 삼축압축시험의 종류(배수방법에 따른)와 적용 예

비압밀 비배수시험(UU)	• 시공 중인 점성토 지반의 안정과 지지력 등을 구하는 단기적 설계(즉, 점토 지반에 급속한 성토제방을 쌓거나 기초를 설계할 때의 초기의 안정해석이나 지지력 계산 시) • 대규모 흙댐의 코어를 함수비 변화 없이 성토할 경우의 안정 검토 시
압밀 비배수시험(CU)	• 수위 급강하 시 흙댐의 안전 문제 • 자연 성토 사면에서의 빠른 성토 • 연약 지반 위에 성토되어 있는 상태에서 재성토하는 경우 • 샌드 드레인 공법 등에서 압밀 후의 지반강도 예측 시
압밀 배수시험(CD)	• 간극수압의 측정이 어려운 경우나 중요한 공사에 대한 시험 • 연약 점토층 및 견고한 점토층의 사면이나 굴착사면의 안정 해석

■ Mohr—Coulomb의 파괴포락선

- 보통 흙의 전단강도 : $\tau = c + \sigma \tan\phi$
- 사질토의 전단강도 : $\tau = \sigma \tan\phi$
- 점토의 전단강도 : $\tau = c$

  여기서, τ : 전단강도(kg/cm^2), c : 점착력(kg/cm^2), σ : 수직응력(kg/cm^2), ϕ : 내부마찰각$(°)$

■ 표준관입 시험방법

- 표준관입 시험장치를 사용하여 원위치에서의 지반의 단단한 정도와 다져진 정도 또는 흙 층의 구성을 판정하기 위한 N값을 구함과 동시에 시료를 채취하는 관입 시험방법이다.
- 63.5kg의 해머를 76±1cm 높이에서 자유낙하시켜 샘플러를 30cm 관입시키는 데 소요된 낙하횟수를 N값이라 한다.
- N값으로 모래 지반의 상대밀도, 점토 지반의 연경도를 추정할 수 있다.

■ 베인(Vane) 전단시험

- 연약한 점토나 예민한 점토 지반의 전단강도를 구하는 현장시험법이다.
- 점토지반의 비배수 전단강도(비배수점착력)를 구하는 현장 전단시험 중의 하나이다.

■ **흙의 다짐 정도를 판정하는 시험법**

- 흙의 다짐 시험방법
- 모래치환법에 의한 흙의 밀도 시험방법
- 도로의 평판재하시험방법
- 노상토 지지력비(CBR) 시험방법
- 비점성토의 상대밀도 시험방법
- 벤켈만 빔에 의한 변형량 시험방법

■ **흙 다짐의 효과**

- 흙의 단위중량 증가
- 지반의 압축성, 흡수성, 투수성 감소
- 전단강도, 부착력 증가
- 침하나 파괴의 방지
- 지반의 지지력 증가
- 동상, 팽창, 건조, 수축의 감소

■ **흙의 다짐 시험방법**

- 37.5mm 체를 통과한 흙의 건조밀도–함수비 곡선, 최대 건조밀도 및 최적함수비를 구하기 위한 방법으로써 래머에 의한 흙의 다짐 시험방법이다.
- 시험기구
  - 원통형 금속제 몰드(Mold), 칼라, 밑판 및 스페이서 디스크
  - 래머(Rammer), 시료 추출기(Sample Extruder)
  - 기타 기구 : 저울, 체, 함수비 측정기구, 혼합기구, 곧은 날, 거름종이
- 다짐방법의 종류

다짐방법의 호칭명	래머 질량 (kg)	몰드 안지름(cm)	다짐 층수	1층당 다짐 횟수	허용 최대 입자지름(mm)
A	2.5	10	3	25	19
B	2.5	15	3	55	37.5
C	4.5	10	5	25	19
D	4.5	15	5	55	19
E	4.5	15	3	92	37.5

- 흙의 다짐곡선의 특징
  - 최적함수비(OMC) : 최대 건조단위중량에 대응하는 함수비. 즉, 최대 건조단위중량이 얻어지는 함수비이다.
  - 최적함수비는 흙의 종류와 다짐방법에 따라 다르다.
  - 흙을 다짐하면 일반적으로 전단강도가 증가한다.
  - 다짐에너지를 증가시키면 간극률은 감소한다.
  - 다짐에너지를 증가시키면 최대 건조밀도는 증가한다.
  - 다짐에너지가 같으면 최적함수비에서 다짐효과가 가장 좋다.
  - 흙이 조립토(모래)에 가까울수록 최적함수비는 작아지고, 최대 건조단위중량($\gamma_{d.max}$)은 커져서 급경사를 나타낸다.
  - 세립토에 가까울수록 최적함수비는 커지고, 최대 건조단위중량은 작아져서 완경사를 나타낸다.
  - 동일한 다짐방법이면 최적함수비가 작을수록 최대 건조단위중량은 커진다.
- 다짐에너지 $E_c(\text{kg} \cdot \text{cm}/\text{cm}^3) = \dfrac{W_g \cdot H \cdot N_B \cdot N_L}{V}$

  여기서, W_g : 래머 무게(kg), H : 낙하고(cm)

  　　　　N_B : 다짐 횟수, N_L : 다짐층수

  　　　　V : 몰드의 체적(cm^3)

- 다짐도(C_d, %) $= \dfrac{\gamma_d}{\gamma_{d.max}} \times 100$

  여기서, γ_d : 현장다짐에 의한 건조단위중량

  　　　　$\gamma_{d.max}$: 표준다짐에 의한 최대 건조단위중량

- 영공기 간극곡선

  간극이 완전히 물로 포화된 포화도 100%일 때의 건조단위중량과 함수비 관계곡선으로 보통 다짐곡선과 함께 표기하는 포화곡선이다.

  $$\rho_{d.sat} = \dfrac{\rho_w}{\dfrac{\rho_w}{\rho_s} + \dfrac{w}{100}}$$

  여기서, $\rho_{d.sat}$: 영공기 간극 상태의 건조밀도(g/cm^3)

  　　　　ρ_w : 물의 밀도(g/cm^3)

  　　　　ρ_s : 흙 입자의 밀도(g/cm^3)

  　　　　w : 함수비

■ 현장밀도시험(들밀도시험)

- 현장 흙의 밀도를 구하기 위한 시험방법의 종류 : 모래치환법, 고무막법, 방사선 동위원소법, 코어절삭법 등
- 모래 치환법은 다짐을 실시한 지반에 구멍을 판 다음 시험 구멍의 체적(부피)을 모래로 치환하여 구하는 방법이다.

  – 시험 구멍의 부피(체적) $V_0 = \dfrac{m_9 - m_6}{\rho_{ds}} = \dfrac{m_{10}}{\rho_{ds}}$

  여기서, V_0 : 시험 구멍의 체적(cm^3), m_9 : 시험 구멍 및 깔때기에 들어간 모래의 질량(g)

  m_6 : 깔때기를 채우는 데 필요한 모래의 질량(g)

  m_{10} : 시험 구멍을 채우는 데 필요한 모래의 질량(g)

  ρ_{ds} : 시험용 모래의 단위중량(g/cm^3)

■ 도로의 평판재하 시험방법(PBT)

- 도로의 노상과 노반의 지반반력계수를 구하기 위한 평판재하 시험방법
- 현장에서 지지력을 구하는 방식으로 평판 위에 하중을 걸어 하중강도와 침하량을 구하는 시험
- 지반반력계수(kg/cm^3) $K_s = \dfrac{P}{S}$

  여기서, P : 하중강도(kg/cm^2), S : 침하량(cm)
- 지반반력계수를 산정하는 침하량

도 로	철 도	공항 활주로	탱크 기초
1.25mm	1.25mm	1.25mm	5mm

- 재하판의 치수 : 두께 25mm 이상, 지름 300mm, 400mm, 750mm인 강재 원판을 표준으로 하고, 등치면적의 정사각형 철판으로 해도 된다.
- 평판재하시험에서 단계적으로 하중을 증가시키는 데 1단계 하중강도의 값 : $35kN/m^2$
- 평판재하시험에 의한 지반의 허용지지력

지반의 장기 허용지지력	지반의 단기 허용지지력
$Lq_a = q_t + \dfrac{1}{3} N_q \gamma_2 D_f \ (ton/m^2)$	$sq_a = 2q_t + \dfrac{1}{3} N_q \gamma_2 D_f \ (ton/m^2)$

여기서, q_a : 지반의 허용지지력

  q_t : 재하시험에 의한 항복하중도 혹은 최대시험하중의 1/2 또는 극한 지지력 하중의 1/3 중에서 작은 것

  N_q : 기초저면에서 아래쪽에 있는 지반의 토질로 정하는 계수

  γ_2 : 기초저면에서 위쪽에 있는 지반은 평균 단위체적중량(ton/m^3)

  ※ 지하수위 아랫부분에 대해서는 수중 단위체적중량을 적용한다.

  D_f : 기초의 근입 깊이(m)

※ 재하시험 결과에 의해서 허용지지력(q_t)을 구할 때는 다음 각 조항을 만족하는 최솟값을 택하게 된다.
 – 항복하중×1/2
 – 극한하중×1/3

■ 노상토 지지력비(CBR) 시험방법

- 흐트러진 시료, 흐트러지지 않은 시료 및 현장의 흙에 대하여 관입법으로 노상토 지지력비(CBR)를 결정하는 시험방법으로, 도로 포장 두께나 표층, 기층, 노반의 두께 결정 및 재료의 설계에 이용한다.
- CBR : 관입시험 시 어떤 관입량에서의 표준 하중강도에 대한 시험 하중강도의 백분율로 통상 관입량 2.5mm에서의 값이다.
- $CBR = \dfrac{Q}{Q_0} \times 100$

  여기서, Q : 관입량에 따른 하중(kN), Q_0 : 관입량에 따른 표준하중(kN)

■ 토압의 종류와 크기

수동토압 > 정지토압 > 주동토압

■ 랭킨(Rankine) 토압이론의 기본 가정

- 흙은 비압축성이고 균질의 입자이다.
- 지표면은 무한히 넓게 존재한다.
- 토압은 지표면에 평행하게 작용한다.
- 흙은 입자 간의 마찰에 의하여 평형조건을 유지한다.
- 지표면에 하중이 작용한다면 등분포하중이다.
- 흙 중 임의 요소가 소성평형 상태에 있다.

■ 옹벽의 안정조건

- 전도에 대한 안정 : 전도에 대한 저항모멘트는 횡토압에 의한 전도모멘트의 2.0배 이상이어야 한다.
- 지반지지력에 대한 안정 : 지반에 유발되는 최대지반반력은 지반의 허용지지력을 초과할 수 없다.
- 활동에 대한 안정 : 활동에 대한 저항력은 옹벽에 작용하는 수평력의 1.5배 이상이어야 한다.
- 전체 안정 : 옹벽구조체 전체를 포함한 토체의 파괴에 대한 비탈면 안정 검토를 수행한다.

■ 사면 파괴의 원인

- 흙이 가지는 전단응력의 증가와 전단강도의 감소
- 흙의 수축과 팽창에 의한 균열
- 함수량의 증가에 따른 점토의 연약화, 과잉 간극수압의 증가
- 굴착에 따른 구속력의 감소
- 지진에 의한 수평 방향력의 증가

■ 흙댐 하류에 필터층을 설치하는 목적

세굴을 방지하기 위해

■ 흙의 인장균열 깊이

$$Z_C = \frac{2C \tan\left(45° + \dfrac{\phi}{2}\right)}{\gamma_t}$$

여기서, Z_C : 인장균열 깊이(m)

C : 흙의 점착력(ton/m^2)

ϕ : 흙의 내부마찰각(°)

γ_t : 흙의 단위체적중량(ton/m^3)

■ **토질조사 및 조사 순서**

- 지층의 상태, 흙의 성질, 내력, 지하수의 상황을 살펴서 설계, 시공의 자료로 하는 조사이다.
- 예비조사, 현지조사, 본조사 순으로 시행한다.

■ **토질 본조사의 분류**

- 현장시험(원위치시험)

물리 탐사	• 전기 탐사 : 전기비저항 탐사, 유도분극 탐사, BDR(시추공방위비저항) 탐사 • 전자 탐사 : CSAMT 탐사, EM 탐사 • 탄성파 탐사 : 굴절법 탐사, 반사법 탐사, MASW 탐사, VSP(수직탄성파) 탐사, 하향식탐사 • 레이더탐사 : 지표레이더 탐사(GPR), 시추공레이더 탐사
사운딩(Sounding)	• 동적 사운딩 : 표준관입시험(SPT), 동적 원추관입시험 • 정적 사운딩 : 베인시험, 휴대용 원추관입시험, 콘관입시험 등
보링(Boring, 시추)	• 오거식(인력) • 변위식 • 수세식 • 충격식(코어 채취 불가능) • 회전식(모든 지반에 적용)
샘플링(Sampling)	• 교란시료 채취 : 토성시험 • 불교란시료 채취 : 전단강도, 압축강도, 투수시험
지내력시험	평판재하시험(PBT), 말뚝재하시험
지지력시험	다짐시험, CBR 시험

※ 말뚝재하시험의 종류

- 압축재하시험 : 정적재하시험, 동적재하시험
- 인발재하시험
- 수평재하시험

- 실내시험

물리적 시험	• 단위중량시험 • 함수비시험 • 비중시험 • 입도시험 • 액성한계시험 • 소성한계시험
역학적 시험	• 직접전단시험(시험조건, 점착력, 내부마찰각) • 일축압축시험(일축압축강도, 예민비) • 삼축압축시험(시험조건, 점착력, 내부마찰각) • 압밀시험(선행압밀하중, 압축지수) • 투수시험
화학적 시험	• pH • 염화물량 • 유기물의 함유량

■ **기초의 구비 조건**

- 기초는 시공이 가능하고 경제적으로 만족해야 한다.
- 기초는 침하가 허용치를 넘으면 안 된다.
- 기초는 시공 가능한 것이어야 한다.
- 동결, 세굴 등에 안전하도록 최소의 근입 깊이를 가져야 한다.
- 하중을 안전하게 지지해야 한다.
- 지지력에 대해 안정해야 한다.

■ **기초의 분류**

- 얕은 기초(직접 기초)

  - $\dfrac{D_f}{B} \leq 1 \sim 4$

    여기서, D_f : 근입깊이, B : 기초의 폭
  - 얕은 기초의 종류

    ㉠ 푸팅 기초(확대 기초) : 독립 푸팅 기초, 복합 푸팅 기초, 연속 푸팅 기초, 캔틸레버 기초

    ㉡ 전면 기초(매트 기초)

- 깊은 기초

  - $\dfrac{D_f}{B} > 1 \sim 4$

  - 깊은 기초의 종류

    ㉠ 말뚝 기초

    ㉡ 피어 기초

    ㉢ 케이슨 기초

■ **침하의 종류**

- 전체 침하량 = 탄성침하(즉시침하) + 압밀침하(1차 침하) + 크리프침하(2차 침하)
  - 탄성침하 : 사질토에서 발생하고 체적이 변화하지 않고, 하중이 가해지면 옆으로 퍼지면서 침하 현상이 일어나고, 하중이 제거되면 원상태로 돌아간다.
  - 압밀침하 : 점성토에서 발생하고 하중이 가해지면 공극에서 물이 빠지면서 과잉간극수압이 소산되면서 체적이 감소하고 침하가 발생된다.
  - 크리프침하 : 압밀침하 후 하중의 증가 없이도 시간의 경과에 따라 계속되는 침하

■ 부등 침하를 일으키는 원인

- 구조물 하부 지반이 연약한 경우
- 연약지반의 두께가 다른 경우
- 구조물 기초를 지하수위의 부분적 변화가 일어나는 지역에 축조
- 구조물이 서로 다른 지반에 걸쳐 축조된 경우
- 구조물의 자중이 일정하지 않은 경우
- 구조물에 인접하여 터파기할 경우
- 구조물이 지중에 공동과 매설물이 있는 지역에 축조된 경우
- 인접 구조물에 의한 경우
- 기초형식이나 기초의 크기가 현저히 다른 경우
- 옹벽, 석축이 사면 등의 상부지역에 축조된 경우
- 구조물이 다른 종류의 기초형식으로 축조된 경우
- 지진 등의 동적하중에 의한 사질토 지반의 액성화에 의한 침하
- 기초시공이 불량한 경우
- 상부 구조물에 의한 연약층의 측방 유동

■ 부등침하 대책

상부구조	하부구조
• 건물의 경량화	• 지반개량공법으로 지반의 지지력 확보
• 강성을 높일 것	• 기초형식 선정 적정 – 온통기초로 시공할 것
• 인접 건물과의 거리를 멀게 할 것	• 경질 지반에 지지시킬 것
• 건물의 평면 길이를 짧게 할 것	• 지하실 설치 배토중량에 의한 유효중량 감소
• 건물의 중량 분배를 고려할 것	• 기초 상호 간을 연결할 것
• 신축 조인트 설치	• 마찰말뚝을 사용할 것

■ 지지력 산정

- 허용지지력 $= \dfrac{\text{총허용하중}}{\text{기초의 크기}} = \dfrac{\text{극한 지지력}}{\text{안전율}}$

- 얕은 기초의 지지력 산정에 적용하는 테르자기의 수정 극한 지지력(q_u) 공식

$$q_u = \alpha C N_c + \beta \gamma_1 q B N_r + \gamma_2 D_f N_q$$

여기서, α, β : 기초의 형상계수, C : 점착력(ton/m^2), N_c, N_r, N_q : 지지력계수[ϕ(내부마찰각)에 의해 결정됨]

γ_1 : 기초 바닥 아래 흙의 단위중량(ton/m^3), γ_2 : 근입 깊이 흙의 단위중량(ton/m^3)

B : 기초의 폭(m), D_f : 기초의 근입 깊이(m)

■ 주요 말뚝의 특징

• 경사말뚝 : 횡방향에서 오는 하중을 지지하기 위한 말뚝으로, 옹벽과 같이 횡하중이 클 때는 말뚝을 경사지게 박는다.

• 다짐말뚝 : 항타 시 발생하는 진동에너지로 말뚝 주변의 느슨한 모래층을 다지는 효과를 얻도록 설계되는 말뚝이다.

• 마찰말뚝 : 강성이 큰 지지층이 매우 깊은 곳에 위치하여 말뚝의 길이 연장에 문제가 있는 경우 하중의 대부분을 말뚝의 주면 마찰력으로 견디도록 설계하는 말뚝이다.

• 선단지지말뚝 : 현장에서의 암반층이 적절한 깊이 내에 위치할 경우 상부 구조물의 하중을 연약한 지반을 통해 암반으로 전달시키는 기능을 가진 말뚝이다.

• 인장말뚝 : 상향력에 저항하도록 박히며, 지하수위 아래에 있는 구조물의 양압력에 저항하도록 한다.

• 강널말뚝 : 토압이나 수압을 지지하는 강철제 널말뚝이다.

– 때려박기와 빼내기가 쉽다.

– 수밀성이 커서 물막이에 적합하다.

– 단면의 휨모멘트와 수평저항력이 크다.

– 말뚝이음에 대한 신뢰성이 크고 길이 조절이 쉽다.

■ 말뚝의 지지력을 구하는 방법

정재하시험에 의한 방법	–	
정역학적 공식에 의한 방법	• Meyerhof 공식 • Dorr 공식	• Terzaghi 공식 • Dunham 공식
동역학적 공식에 의한 방법	• Hiley 공식 • Sander 공식	• Engineering-news 공식 • Weisbach 공식

■ 말뚝의 동역학적 지지력

• Sander 공식 : 안전율 8

$$R_a = \frac{W_r \cdot H}{8S}$$

여기서, R_a : 말뚝의 허용지지력(kg), W_r : 해머의 중량(kg), H : 해머의 낙하 높이(m)

8 : 안전율, S : 1회 타격으로 인한 말뚝의 침하량(m)

• Engineering-news 공식 : 안전율 6

– 드롭해머, 단동식 증기해머 $R_a = \frac{W_r \cdot H}{F_s (S + 2.54)}$

– 복동식 해머 $R_a = \dfrac{(W_r + A \cdot P)H}{F_s(S+2.54)}$

여기서, R_a : 말뚝의 허용지지력(kg), W_r : 해머의 중량(kg)

H : 해머의 낙하 높이(cm), F_s : 안전율

S : 말뚝의 평균 관입량(cm), A : 피스톤의 유효 면적(cm^2)

P : 피스톤의 유효 압력(kg/cm^2)

■ 군항의 허용지지력

$R_{a.g} = EN_t R_a$

여기서, E : 군말뚝의 효율, N_t : 말뚝의 총개수, R_a : 말뚝 1개의 허용지지력

■ 피어기초

구조물의 하중을 굳은 지반에 전달하기 위하여 수직공을 굴착하여 그 속에 현장콘크리트를 채운 기초이다.

■ 점성토 및 사질토의 개량공법

점성토 개량공법		사질토 개량공법		일시적인 개량공법
개량원리	종 류	개량원리	종 류	
탈수방법	• Sand Drain • Paper Drain • Preloading • 침투압 공법 • 생석회 말뚝공법	다짐방법	• 다짐말뚝공법 • Compozer 공법(다짐모래말뚝공법, Sand Compaction Pile 공법) • Vibroflotation 공법 • 전기충격식 공법 • 폭파다짐공법	• Well Point 공법 • Deep Well 공법 • 동결공법 • 대기압공법 • 전기침투공법
치환공법	• 굴착치환공법 • 폭파치환공법 • 강제치환공법	배수방법	Well Point 공법	
		고결방법	약액주입공법	

교육은 우리 자신의 무지를 점차 발견해 가는 과정이다.

- 윌 듀란트 -

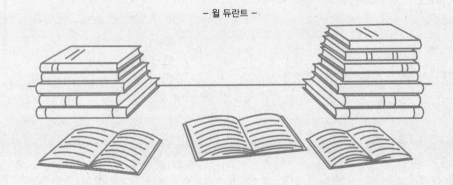

PART

01

핵심이론

#출제 포인트 분석   #자주 출제된 문제   #합격 보장 필수이론

CHAPTER 01

건설재료

제1절 일반재료의 성질 및 용도

1-1. 목재

| **핵심이론 01** | 목재의 장단점(특징)

① 목재의 장점

　㉠ 가볍고 취급 및 가공이 쉬우며 외관이 아름답다.

　㉡ 충격과 진동 등을 잘 흡수한다.

　㉢ 무게에 비해서 강도와 탄성이 크다.

　㉣ 온도에 대한 수축, 팽창이 비교적 작다.

　㉤ 열, 소리의 전도율이 작다.

　㉥ 구입하기 쉽고 가격이 비교적 저렴하다.

　㉦ 산성약품 및 염분에 강하다.

② 목재의 단점

　㉠ 쉽게 부식되고, 충해를 받는다.

　㉡ 가연성이므로 내화성이 작다.

　㉢ 재질과 강도가 균일하지 않고 크기에 제한이 있다.

　㉣ 흡수성이 크며, 변형되기 쉽다.

　㉤ 함수율에 따른 변형과 팽창, 수축이 크다.

　㉥ 충해(蟲害)나 풍화(風化)로 내구성이 저하된다.

10년간 자주 출제된 문제

1-1. 목재의 장점에 대한 설명으로 옳은 것은?

① 부식성이 크다.

② 내화성이 크다.

③ 목질이나 강도가 균일하다.

④ 충격이나 진동 등을 잘 흡수한다.

1-2. 목재의 특징에 대한 설명으로 틀린 것은?

① 경량이고 취급 및 가공이 쉬우며 외관이 아름답다.

② 함수율에 따른 변형과 팽창, 수축이 작다.

③ 부식이 쉽고 충해를 받는다.

④ 가연성이므로 내화성이 작다.

1-3. 목재의 단점에 대한 설명 중 틀린 것은?

① 함수율에 따라 수축, 팽창이 크다.

② 가연성이 있어 내화성이 작다.

③ 온도에 의한 수축, 팽창이 크다.

④ 쉽게 부식되고, 충해를 입는다.

정답 1-1 ④　1-2 ②　1-3 ③

핵심이론 02 | 목재의 구조

① 심 재

    ㉠ 수심에 가깝고 색이 진하며 단단한 부분이다.

    ㉡ 나무의 강도가 크고 수분이 적어 변형이 작다.

    ※ 수심 : 수목 단면의 중심부로, 양분을 저장한다.

② 변 재

    ㉠ 목재의 조직 중 나무줄기의 바깥 부분으로 수피에 접하고, 변형과 균열이 생긴다.

    ㉡ 목재에서 양분을 저장하고, 수액의 이동과 전달을 한다.

    ㉢ 변재는 심재보다 강도, 내구성 등이 작다.

③ 나이테 : 수심을 둘러싼 여러 개의 동심원으로 춘재와 추재 한 쌍으로 구성된다.

    ※ 셀룰로스

      • 목재의 주성분으로서 목질건조중량의 60% 정도를 차지하며, 세포막을 구성하는 성분이다.

      • 목재의 주요성분 중에서 가장 많은 양을 차지한다.

    ※ 리그닌 : 목재의 중요성분 중 세포 상호 간 접착제 역할을 한다.

    ※ 벌목 시기는 가을에서 겨울에 걸친 기간이 가장 적당하다.

2-1. 목재에서 양분을 저장하고, 수액의 이동과 전달을 하는 부분은?

① 심 재   ② 수 피

③ 형성층   ④ 변 재

2-2. 목재의 변재(邊材)와 심재(心材)에 관한 설명으로 옳은 것은?

① 나무줄기의 중앙부로서, 비교적 밝은 색을 나타내는 부분을 변재라고 한다.

② 여름과 가을에 걸쳐 성장한 부분으로, 조직이 치밀하고 단단하며 색깔도 짙은 부분을 심재라고 한다.

③ 변재는 심재보다 강도, 내구성 등이 작다.

④ 심재는 다공질이며, 수액이 이동하고 양분을 저장하는 부분이다.

2-3. 목재의 주성분으로서 목질건조중량의 60% 정도를 차지하며, 세포막을 구성하는 성분은?

① 리그닌   ② 타 닌

③ 셀룰로스   ④ 수 지

2-4. 목재의 중요성분 중 세포 상호 간 접착제 역할을 하는 것은?

① 셀룰로스   ② 리그닌

③ 타 닌   ④ 수 지

|해설|

2-1

정답 2-1 ④　2-2 ③　2-3 ③　2-4 ②

핵심이론 03 | 목재의 성질(1)

① 목재의 강도
- ㉠ 함수율이 작을수록 강도는 증가한다.
- ㉡ 목재의 함수율과 강도는 반비례한다.
  - ※ 섬유포화점보다 함수율이 크면 강도 변화는 없다.
- ㉢ 일반적으로 밀도가 크면 압축강도도 크다.
- ㉣ 휨강도는 전단강도보다 크다.
- ㉤ 비중이 큰 목재는 비중이 작은 목재보다 강도가 크다.
- ㉥ 목재의 강도는 절대건조일 때 최대가 된다.
- ㉦ 일반적으로 변재의 강도에 비하여 심재의 강도가 크다.
- ㉧ 목재의 인장강도는 섬유 방향에 평행한 경우에 가장 강하다.
- ※ 비중이 클수록, 건조 상태가 좋을수록 변재보다는 심재의 강도가 크다.
- ※ 목재의 강도
  - 인장강도 > 휨강도 > 압축강도 > 전단강도
  - 섬유의 평행 방향의 인장강도 > 섬유의 직각 방향의 압축강도

② 수 축
- ㉠ 수축 정도는 수분의 함량, 목재의 방향, 재종, 생육 상태, 수령 등에 따라 다르다.
- ㉡ 목재는 세포막 중에 스며든 결합수가 감소하면 수축 변형한다.
- ㉢ 변재는 심재보다 수축이 크다.
- ㉣ 수축은 나이테 방향이 가장 크다.
- ㉤ 밀도가 크고 단단한 나무일수록 수축이 크다.

3-1. 목재의 강도에 관한 설명 중 옳은 것은?
① 비중이 크면 압축강도는 감소한다.
② 함수율이 작을수록 강도는 증가한다.
③ 온도가 상승하면 강도가 증가한다.
④ 목재의 흠은 강도를 증가시킨다.

3-2. 목재의 강도에 대한 일반적인 설명으로 틀린 것은?
① 섬유의 평행 방향의 인장강도는 섬유 직각 방향의 압축강도보다 작다.
② 일반적으로 밀도가 크면 압축강도도 크다.
③ 목재의 함수율과 강도는 반비례한다.
④ 휨강도는 전단강도보다 크다.

3-3. 목재의 수축 변화에 대한 일반적인 설명으로 틀린 것은?
① 목재의 수축률은 재종, 생육 상태, 수령 등에 따라 다르다.
② 변재는 심재보다 수축이 작다.
③ 수축은 나이테 방향이 가장 크다.
④ 밀도가 크고 단단한 나무일수록 수축이 크다.

|해설|

3-2
일반적으로 섬유의 평행 방향의 인장강도는 섬유 직각 방향의 압축강도보다 크다.

정답 3-1 ② 3-2 ① 3-3 ②

핵심이론 04 | 목재의 성질(2)

① 비 중

  ㉠ 건조 상태에 따라 다르며, 조직이 치밀할수록 비중이 크다.

  ㉡ 일반적으로 사용하는 목재의 비중은 기건비중(공기건조 중의 비중)이다.

  ※ 기건비중 : 목재성분 중에서 수분을 공기 중에서 제거한 상태의 비중으로, 구조 설계 시 참고자료로 사용된다.

  ※ 진비중 : 목재가 공극을 포함하지 않은 실제 부분의 비중이며, 일반적으로 1.48~1.56 정도이다.

  ※ 목재는 함수율의 변화에 따라 반비례하므로 비중을 알면 강도 및 탄성계수를 추정할 수 있다.

② 목재의 함수율

  ㉠ 함수율 $= \dfrac{(건조\ 전\ 중량 - 건조\ 후\ 중량)}{건조\ 후\ 중량} \times 100$

  ㉡ 목재의 기건상태에서의 함수율은 보통 12~18%이다.

  ㉢ 목재의 함수율은 일반적으로 절건비중의 25~35% 범위에 있고, 평균 30% 정도이다.

4-1. 다음 중 일반적인 목재의 비중은?

① 살아 있는 상태의 나무비중
② 공기건조한 목재의 비중
③ 물에서 포화 상태의 비중
④ 절대건조비중

4-2. 기건상태에서 목재 함수율의 일반적인 범위로 적합한 것은?

① 6~11%
② 12~18%
③ 19~25%
④ 26~32%

4-3. 어떤 목재 700cm³의 건조 전의 무게를 측정하였더니 558.9g이었고, 절대건조상태에서 측정하였더니 500g이었다. 이 목재의 함수율은?

① 11.8%
② 13.5%
③ 71.4%
④ 81.1%

4-4. 어떤 목재 시험편이 기건상태에서 무게가 100gf이고, 시험편의 체적이 200cm³이었다면 비중은?

① 5.0
② 2.0
③ 1.5
④ 0.5

|해설|

4-3

$$함수율 = \frac{(건조\ 전\ 중량 - 건조\ 후\ 중량)}{건조\ 후\ 중량} \times 100$$

$$= \frac{558.9 - 500}{500} \times 100 = 11.8\%$$

4-4

무게 = 부피 × 비중

$100 = 200 \times x$

비중 $x = \dfrac{100}{200} = 0.5$

정답 4-1 ② 4-2 ② 4-3 ① 4-4 ④

① 건조의 목적

  ㉠ 목재의 수축 또는 휨 등의 변형에 의한 손상을 방지한다.

  ㉡ 목재의 강도, 전기절연성, 접착력을 증가시킨다.

  ㉢ 못, 나사의 지보력을 증가시킨다.

  ㉣ 열절연성, 도장성이 개선된다.

  ㉤ 충해를 방지하고, 변색 및 부패를 방지한다.

  ㉥ 방부제 등 약제 주입이 용이해진다.

② 자연건조법

  ㉠ 공기건조법

    • 원목이나 제재한 목재를 공기가 잘 통하는 곳에 쌓아 두어 자연적으로 건조시키는 방법이다.

    • 비용이 적게 들고 간단하여 특별한 기술이 필요하지 않지만, 넓은 장소와 시일이 필요하고 햇빛에 의해 변색이나 균열이 생기기 쉽다.

  ㉡ 침수법(수침법)

    • 건조 전에 목재를 3~4주간 물속에 담가 수액을 유출시킨 다음, 공기건조에 의해 건조시키는 방법이다.

    • 공기건조의 기간 단축을 위해 보조적으로 이용한다.

③ 인공건조법

  ㉠ 끓임법(자비법) : 목재를 용기에 넣고 쪄서 건조시키는 방법이다.

  ㉡ 열기건조법(공기가열건조법) : 밀폐된 건조실 내에 목재를 넣고 가열한 공기를 보내서 건조시키는 방법이다.

  ㉢ 증기건조법 : 수증기로써 목재의 수액을 제거하는 방법으로, 찌는 방법보다 시간이 적게 드나 시설비가 많이 든다.

  ㉣ 훈연법 : 열기 대신 짚이나 톱밥 등의 연기를 건조실로 보내 건조시키는 방법이다. 연기 중에 수분이 있으므로 휘거나 갈라지는 경우가 적고 시설비도 적게 들지만, 재료가 까맣게 그을리는 단점이 있다.

  ㉤ 전기건조법 : 전기저항열을 이용하여 건조시킨다.

  ㉥ 진공건조법 : 진공 상태에서 고주파열이나 가스로 건조시킨다.

10년간 자주 출제된 문제

5-1. 목재의 건조방법 중 자연건조방법은?

① 끓임법   ② 침수법

③ 증기건조법   ④ 열기건조법

5-2. 원목이나 제재한 목재를 공기가 잘 통하는 곳에 쌓아 두어 자연적으로 건조시키는 방법은?

① 열기건조법   ② 훈연건조법

③ 침수법   ④ 공기건조법

5-3. 목재의 건조방법 중 인공건조법에 속하지 않는 것은?

① 끓임법   ② 수침법

③ 열기건조법   ④ 증기건조법

정답 5-1 ②   5-2 ④   5-3 ②

1-2. 석 재

핵심이론 01 | 석재의 분류 및 조직

① 분 류

화성암	심성암	화강암, 섬록암, 반려암, 감람암 등
	반심성암	화강반암, 휘록암 등
	화산암	석영조면암(유문암), 안산암, 현무암 등
퇴적암(수성암)		응회암, 사암, 혈암, 석회암, 역암, 점판암 등
변성암		대리석, 편마암, 사문암, 천매암(편암) 등

② 조 직

㉠ 절리 : 암석 특유의 천연적으로 갈라진 금(틈)으로, 화성암에서 많이 나타난다.
  • 주상절리 : 돌기둥을 배열한 것과 같은 모양
  • 판상절리 : 판자를 겹쳐 놓은 모양
  • 구상절리 : 양파 모양으로 생긴 절리

㉡ 석리 : 암석을 구성하고 있는 조암광물의 집합 상태에 따라 생기는 눈의 모양이다.

㉢ 석목(돌눈) : 암석의 갈라지기 쉬운 면

㉣ 층리 : 퇴적암 및 변성암에 흔히 있는 평행상의 절리

㉤ 편리 : 변성암에 생기는 불규칙한 절리

㉥ 벽개 : 석재가 잘 갈라지는 면

10년간 자주 출제된 문제

1-1. 석재의 분류에서 화성암에 속하는 것은?
① 응회암
② 석회암
③ 점판암
④ 안산암

1-2. 다음의 암석 중 퇴적암에 속하지 않는 것은?
① 사 암
② 혈 암
③ 응회암
④ 안산암

1-3. 암석 특유의 천연적으로 갈라진 금을 무엇이라 하는가?
① 돌 눈
② 석 리
③ 벽 개
④ 절 리

1-4. 암석을 이루고 있는 조암광물의 조성 상태에 따라 생기는 모양으로 암석 조직상의 눈 모양을 무엇이라 하는가?
① 층 리
② 편 리
③ 석 리
④ 돌 눈

1-5. 암석의 구조에 대한 설명으로 틀린 것은?
① 절리 : 암석 특유의 천연적으로 갈라진 금으로 화성암에서 많이 보인다.
② 석목 : 암석의 갈라지기 쉬운 면으로, 돌눈이라고도 한다.
③ 층리 : 암석을 구성하는 조암광물의 집합 상태에 따라 생기는 눈 모양
④ 편리 : 변성암에 생기는 절리로 암석이 얇은 판자 모양 등으로 갈라지는 성질

정답 1-1 ④ 1-2 ④ 1-3 ④ 1-4 ③ 1-5 ③

① 강 도

　㉠ 석재는 일반적으로 압축강도가 가장 크다.

　㉡ 석재의 강도는 일반적으로 비중이 클수록, 빈틈률(공극률)이 작을수록 크다.

　　※ 석재의 인장강도 = 압축강도 × (1/10~1/20)

　㉢ 휨 및 전단강도는 압축강도에 비하여 매우 작다.

　㉣ 석재의 압축강도는 일반적으로 함수 상태에 따라 변한다.

　㉤ 압축강도는 단위무게가 클수록 크고, 흡수율이 작을수록 크다.

　㉥ 압축강도시험 시 공시체의 크기는 5cm × 5cm × 5cm의 입방체로 사용하는 것이 일반적이다.

　㉦ 석재의 압축강도 : 화강암 > 대리석 > 안산암 > 현무암 > 사암 > 응회암 > 부석

　　※ 일반적으로 화성암이 수성암보다 강도가 높다.

　㉧ 흡수율이 클수록 강도가 작고 동해를 받기 쉽다.

② 밀도와 흡수율

　㉠ 석재의 밀도는 겉보기밀도이다.

　　• 겉보기밀도

$$= \frac{\text{절대건조중량}}{\text{표면건조포화상태중량} - \text{수중중량}} \times \text{물의 밀도}$$

　　※ 수중 중량 : 물속에서 잰 물체의 중량

　㉡ 밀도가 클수록 흡수율이 작고 압축강도가 크다.

　㉢ 강도와 밀도는 비례한다.

　㉣ 석재의 종류에 따라 밀도가 다르다.

　㉤ 석재의 밀도는 조성 성분의 성질, 비율, 조직 속의 공극 등에 따라 다르다.

　　※ 석재의 공극률은 일반적으로 석재에 포함된 전체 공극과 겉보기체적의 비로 나타낸다.

　㉥ 석재의 흡수율은 풍화, 파괴, 내구성과 크게 관계가 있다.

　　• 흡수율

$$= \frac{(\text{표면건조포화상태질량} - \text{절대건조질량})}{\text{절대건조질량}} \times 100$$

③ 석재의 내구성

　㉠ 석재의 내구성은 일반적으로 화학적, 물리적, 기계적 작용 등에 영향을 받는다.

　㉡ 동일한 석재라도 풍토, 기후, 노출 상태에 따라 풍화속도가 다르다.

　㉢ 흡수율이 큰 석재일수록 동해를 받기 쉽고 내구성이 약하다.

　㉣ 조암광물의 풍화 정도에 따라 내구성이 달라진다.

　㉤ 알루미나 화합물, 규산, 규산염류는 풍화가 잘되지 않는 조암광물이다.

　㉥ 석재는 조암광물의 팽창계수가 서로 다르기 때문에 고온에서 파괴된다.

　㉦ 화강암은 내화성이 낮다.

④ 석재의 사용

　㉠ 석재를 구조용으로 사용할 경우 압축력을 받는 부분에만 사용해야 한다.

　㉡ 석재는 취급에 불편하지 않게 1m³ 정도의 크기로 사용하는 것이 좋다.

　㉢ 인장응력이나 휨응력을 받는 곳은 가능한 한 사용하지 않는 것이 좋다.

　㉣ 연석은 콘크리트 포장용이나 외벽에 사용하지 않는다.

　㉤ 석재는 내화성 재료로 적합하다.

2-1. 다음 석재의 강도 중 가장 큰 것은?

① 압축강도   ② 인장강도

③ 전단강도   ④ 휨강도

2-2. 다음 석재의 강도에 대한 설명 중 옳은 것은?

① 인장강도가 압축강도보다 약간 크다.

② 강도와 밀도는 무관하다.

③ 압축강도시험 시 공시체의 크기는 10cm×10cm×10cm의 정육면체를 사용하는 것이 일반적이다.

④ 석재의 밀도란 일반적으로 겉보기밀도를 의미한다.

2-3. 석재의 비중 및 강도 설명 중 틀린 것은?

① 석재는 비중이 클수록 흡수율이 크고, 압축강도가 작다.

② 석재의 비중은 일반적으로 겉보기비중을 의미한다.

③ 석재의 강도는 일반적으로 비중이 클수록, 빈틈률이 작을수록 크다.

④ 석재는 흡수율이 클수록 강도가 작다.

2-4. 석재의 비중은 일반적으로 어떤 비중으로 나타내는가?

① 표건비중   ② 기건비중

③ 진비중   ④ 겉보기비중

2-5. 일반적인 석재의 비중은 얼마 정도인가?

① 2.15   ② 2.25

③ 2.45   ④ 2.65

2-6. 석재의 성질에 대한 설명으로 잘못된 것은?

① 석재의 비중은 2.65 정도이며 비중이 클수록 석재의 흡수율이 작고, 압축강도가 크다.

② 석재의 흡수율은 풍화, 파괴, 내구성 등과 관계가 있고 흡수율이 큰 것은 빈틈이 많아 동해를 받기 쉽다.

③ 석재의 강도는 인장강도가 특히 크고 압축강도는 매우 작으므로 석재를 구조용으로 사용하는 경우에는 주로 인장력을 받는 부분에 많이 사용된다.

④ 석재의 공극률은 일반적으로 석재에 포함된 전체 공극과 겉보기체적의 비로서 나타낸다.

2-7. 석재의 일반적인 성질에 대한 설명으로 틀린 것은?

① 화강암은 내화성이 낮다.

② 흡수율이 클수록 강도가 작고 동해를 받기 쉽다.

③ 비중이 클수록 압축강도가 크다.

④ 석재의 인장강도는 압축강도에 비해 매우 크다.

|해설|

2-2

일반적으로 암석의 밀도는 겉보기밀도를 의미하며, 조직이 치밀한 암석은 2.0~3.0g/cm^{3}의 범위이다.

2-3

석재는 비중이 클수록 흡수율이 작고, 압축강도가 크다.

2-4

석재의 비중은 일반적으로 겉보기비중을 의미한다.

2-5

일반적인 석재의 비중은 2.65 정도이며, 비중이 클수록 석재의 흡수율이 작고, 압축강도가 크다.

2-6

석재의 강도 중에서 압축강도가 매우 크며 인장강도는 압축강도의 1/10~1/30 정도밖에 되질 않고, 휨이나 전단강도는 압축강도에 비하여 매우 작다. 석재를 구조용으로 사용할 경우에는 압축력을 받는 부분에만 사용해야 한다.

정답 2-1 ①   2-2 ④   2-3 ①   2-4 ④   2-5 ④   2-6 ③   2-7 ④

① 각석 : 너비가 두께의 3배 미만이며, 일정한 길이를 가지고 있는 석재이다.

② 판석 : 두께가 15cm 미만이며, 너비가 두께의 3배 이상인 석재이다.

③ 견치석 : 개의 송곳니 모양의 돌이라는 뜻으로, 사각뿔과 유사하게 생겼다. 바닥면이 원칙적으로 거의 사각형에 가까운 것으로, 4면을 쪼개어 면에 직각으로 잰 길이는 면의 최소 변에 1.5배 이상인 석재이다.

④ 사고석 : 면이 원칙적으로 거의 사각형에 가까운 것으로, 2면을 쪼개어 면에 직각으로 잰 길이는 면의 최소 변에 1.2배 이상인 석재이다.

※ 압축강도에 따른 분류
  • 경석 : 50MPa 이상
  • 준경석 : 10MPa 이상 50MPa 미만
  • 연석 : 10MPa 미만

10년간 자주 출제된 문제

3-1. 면이 원칙적으로 거의 사각형에 가까운 것으로, 4면을 쪼개어 면에 직각으로 잰 길이는 면의 최소 변에 1.5배 이상인 석재는?

① 사고석　　　　　　② 각 석
③ 판 석　　　　　　④ 견치석

3-2. 석재를 모양 및 치수에 따라 분류할 경우 다음에서 설명하는 석재는?

> 면이 원칙적으로 거의 사각형에 가까운 것으로, 2면을 쪼개어 면에 직각으로 측정한 길이가 면의 최소 변에 1.2배 이상일 것

① 각 석　　　　　　② 판 석
③ 사고석　　　　　　④ 견치석

정답 3-1 ④ 3-2 ③

---

① 화강암의 특징
  ㉠ 석재 중에서 압축강도가 가장 크다.
  ㉡ 석질이 견고하여 풍화나 마멸에 잘 견딜 수 있다.
  ㉢ 균열이 적기 때문에 큰 재료를 채취할 수 있다.
  ㉣ 외관이 아름답기 때문에 장식재로 쓸 수 있다.
  ㉤ 조직이 균일하고 내구성 및 강도가 크다.
  ㉥ 내화성이 작아 고열을 받는 곳에 적합하지 않다.
  ㉦ 경도 및 자중이 커서 가공 및 시공이 곤란하다(너무 단단하여 세밀한 조각 등에 부적합하다).

② 안산암의 특징
  ㉠ 강도, 내구력 및 내화력이 크다.
  ㉡ 판상·주상절리가 있어 채석 및 가공이 용이하다.
  ㉢ 조직과 광택이 고르지 못하고 절리가 많아 큰 재료를 얻기 어렵다.

③ 섬록암의 특징
  ㉠ 돌눈이 없고 암질이 단단하여 가공하기 어렵다.
  ㉡ 외관이 아름답지 않아 주로 구조용재로 사용된다.

4-1. 다음 화강암의 장점에 대한 설명으로 옳지 않은 것은?

① 석질이 견고하여 풍화나 마멸에 잘 견딜 수 있다.
② 내화성이 크며 세밀한 조각 등에 적합하다.
③ 균열이 적기 때문에 큰 재료를 채취할 수 있다.
④ 외관이 아름답기 때문에 장식재로 쓸 수 있다.

4-2. 다음 중 조직이 균질하고 내구성 및 강도가 큰 편이며, 외관이 아름다운 장점이 있는 반면 내화성이 작아 고열을 받는 곳에 적합하지 않은 석재는?

① 응회암   ② 화강암
③ 현무암   ④ 안산암

4-3. 석재료로서 화강암의 특징에 대한 설명으로 틀린 것은?

① 내화성이 강해 고열을 받는 내화용 재료로 많이 사용된다.
② 조직이 균일하고 내구성 및 강도가 크다.
③ 균열이 적기 때문에 비교적 큰 재료를 채취할 수 있다.
④ 외관이 아름다워 장식재로 사용할 수 있다.

4-4. 다음 토목공사용 석재 중 압축강도가 가장 큰 것은?

① 대리석   ② 응회암
③ 사 암   ④ 화강암

|해설|
4-4
석재의 압축강도
화강암 > 대리석 > 안산암 > 사암 > 응회암 > 부석

정답 4-1 ② 4-2 ② 4-3 ① 4-4 ④

핵심이론 05 | 퇴적암의 종류 및 특징

① 응회암
  ㉠ 화산회 또는 화산사가 퇴적·고결된 암석이다.
  ㉡ 내화성이 크고 풍화되어 실트질의 흙이 되는 암석이다.
  ㉢ 강도는 가장 작으나 내화성이 좋다.

② 사 암
  ㉠ 모래가 퇴적하여 경화된 것으로, 공극률이 가장 크다.
  ㉡ 규산질 사암이 가장 강하고, 점토질 사암이 가장 연약하다.

③ 혈 암
  ㉠ 점토가 불완전하게 응고된 것이다.
  ㉡ 색조는 흑색, 적갈색 및 녹색이 있으며 부순 돌, 인공경량골재 및 시멘트 제조 시 원료로 많이 사용된다.

④ 석회암
  ㉠ 석회물질이 침전·응고한 것으로 인성이 가장 작다.
  ㉡ 용도는 석회, 시멘트, 비료 등의 원료 및 제철 시의 용매제 등에 사용된다.

※ 대리석(변성암)
  • 석회암이 지열을 받아 변성된 석재로, 주성분은 탄산칼슘이다.
  • 강도는 매우 크지만 내구성이 약하며, 풍화되기 쉬워 실외에 사용하는 경우는 드물고, 실내 장식용으로 많이 사용한다.

5-1. 화산회 또는 화산사가 퇴적·고결된 암석으로, 내화성이 크고 풍화되어 실트질의 흙이 되는 암석은?

① 혈 암
② 응회암
③ 점판암
④ 천매암

5-2. 석회암이 지열을 받아 변성된 석재로 주성분이 탄산칼슘인 석재는?

① 화강암
② 응회암
③ 대리석
④ 점판암

정답 5-1 ② 5-2 ③

1-3. 금속재

핵심이론 01 금속재료의 특징

① 금속재료의 특징

　㉠ 금속재료는 철금속과 비철금속으로 나눌 수 있고, 상온에서 결정형을 가진 고체이다(단, 수은은 액체 상태).

　㉡ 빛을 반사하고 금속 고유의 광택이 있다.

　㉢ 가공이 용이하고, 연성·전성이 크다.

　㉣ 열, 전기의 전도율이 크다.

　㉤ 비중·경도가 크고, 녹는점·끓는점이 높다.

② 금속재료에 대한 주요사항

　㉠ 강의 제조방법에는 평로법, 전로법, 전기로법 등이 있다.

　㉡ 강의 열처리는 크게 풀림, 불림, 담금질, 뜨임으로 나누어진다.

　㉢ 저탄소강은 탄소 함유량이 0.3% 이하이다.

　㉣ 구리에 납 40%(주석 15% 이하)를 첨가하여 제조한 합금을 청동이라고 한다.

　㉤ 구리에 40% 이하의 아연을 첨가하면 황동이 된다.

　㉥ 비중, 선팽창계수 및 열전도율은 탄소 함유량이 증가하는 데 따라 감소한다.

　㉦ 강은 적당한 온도로 가열·냉각함으로써 강도, 점성 등의 성질을 개선할 수 있다.

　㉧ 블루잉은 냉간인발가공을 실시한 선재의 잔류응력을 제거하고, 기계적 성질의 개선을 위한 저온열처리이다.

1-1. 금속재료의 특징에 대한 설명으로 옳지 않은 것은?

① 연성과 전성이 작다.
② 금속 고유의 광택이 있다.
③ 전기, 열의 전도율이 크다.
④ 일반적으로 상온에서 결정형을 가진 고체로서 가공성이 좋다.

1-2. 금속재료에 대한 설명으로 틀린 것은?

① 알루미늄은 비금속재료이다.
② 금속재료는 열전도율이 크다.
③ 금속재료는 내식성이 크다.
④ 주철은 금속재료이다.

|해설|

1-1
금속재료는 가공이 용이하고 연성, 전성이 크다.

정답 1-1 ① 1-2 ①

핵심이론 02 | 재료의 역학적 성질

① 전성 : 재료를 두들길 때 얇게 퍼지는 성질
② 인 성
 ㉠ 외력에 의해 파괴되기 어렵고, 강한 충격에 잘 견디는 재료의 성질
 ㉡ 재료가 하중을 받아 파괴될 때까지의 에너지 흡수 능력으로 나타낸다.
③ 연성 : 재료에 인장력을 주어 가늘고 길게 늘일 수 있는 성질
④ 취 성
 ㉠ 재료가 외력을 받을 때 조금만 변형되어도 파괴되는 성질
 ㉡ 강의 화학 성분 중 인(P)이 많을 때 증가되는 성질
⑤ 소성 : 외력에 의해서 변형된 재료가 외력을 제거했을 때 원형으로 되돌아가지 않고 변형된 그대로 있는 성질
⑥ 강성 : 외력을 받아도 변형이 작게 일어나는 성질
⑦ 탄성계수 : 어떤 재료가 비례한도 내에서 외력을 받아 길이 변화를 일으켰을 때의 응력과 변형률의 비
 ※ 훅의 법칙 : 재료는 비례한도 이내에서 응력과 변형률이 비례한다.

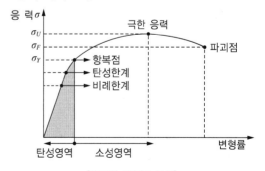

[응력과 변형률 곡선]
 ※ 탄성한도 : 하중을 제거하면 본래의 형태로 복원되는 한계점이다.
⑧ 릴랙세이션 : 재료에 외력을 작용시키고 변형을 억제하면 시간이 경과함에 따라 재료의 응력이 감소하는 현상

⑨ 푸아송비 : 탄성체에 인장력이나 압축력이 작용하면 그 응력의 방향과 응력의 수직 방향으로 변형이 생기는데 이 두 변형률의 비를 푸아송비라고 한다.

$$푸아송비 = \frac{응력의\ 수직\ 방향\ 변형률}{응력\ 방향\ 변형률}$$

※ 푸아송(Poisson) 효과 : 재료가 하중을 받았을 때 변형이 일어남과 동시에 이와 수직 방향으로도 함께 변형이 일어나는 현상

10년간 자주 출제된 문제

2-1. 재료의 역학적 성질 중 재료를 두들길 때 얇게 펴지는 성질은?

① 강 성　　　　　　② 전 성
③ 인 성　　　　　　④ 연 성

2-2. 재료에 인장력을 주어 가늘고 길게 늘일 수 있는 성질은?

① 취 성　　　　　　② 연 성
③ 강 도　　　　　　④ 강 성

2-3. 작은 변형에도 쉽게 파괴되는 재료의 성질은?

① 인 성　　　　　　② 전 성
③ 연 성　　　　　　④ 취 성

2-4. 강의 화학성분 중 인(P)이 많을 때 증가하는 성질은?

① 취 성　　　　　　② 인 성
③ 탄 성　　　　　　④ 휨 성

2-5. 다음은 무엇을 설명하는 것인가?

재료는 비례한도 이내에서 응력과 변형률이 비례한다.

① 탄성계수
② 전단탄성계수
③ 푸아송의 비(Poisson's Ratio)
④ 훅의 법칙(Hook's Law)

|해설|

2-4
인(P)의 역할
강의 강도, 경도, 취성(메짐)을 증가시키며, 상온취성의 원인이 된다.

정답 2-1 ② 2-2 ② 2-3 ④ 2-4 ① 2-5 ④

① 강의 제조방법에 따른 분류 : 평로강, 전기로강, 도가니강, 전로강
② 화학성분에 따른 분류
　㉠ 탄소강 : 탄소강은 0.04~1.7%의 탄소를 함유하는 Fe-C 합금으로서, 탄소 함유량에 따라 저탄소강(0.3% 미만), 중탄소강(0.3% 이상 0.6% 미만), 고탄소강(0.6% 이상)으로 나뉜다.
　※ 탄소는 강재의 화학적 성분 중에서 경도를 증가시키는 정도가 가장 큰 성분이다.
　※ 강에서 탄소 함유량이 증가함에 따라 변화되는 강의 성질
　　• 항복점은 증가하고, 충격차는 감소한다.
　　• 전기에 대한 저항성이 커진다.
　　• 인장강도와 경도가 증가한다.
　　• 비중과 선팽창계수 및 열전도율이 작아진다.
　㉡ 합금강
　　• 철과 탄소를 제외한 다른 원소의 비율이 높다.
　　• 니켈강, 니켈-크로뮴강, 스테인리스강 등이 있다.
　　• 일반적으로 합금강은 상대적으로 강도가 낮고 용접성이 높으며, 용융점이 높고 연성이 높으며 부식 저항성이 높다.

3-1. 강을 제조방법에 따라 분류한 것이 아닌 것은?

① 평로강   ② 전기로강

③ 도가니강   ④ 합금강

3-2. 강재의 화학적 성분 중에서 경도를 증가시키는 가장 큰 성분은?

① 탄소(C)   ② 인(P)

③ 규소(Si)   ④ 알루미늄(Al)

3-3. 강에서 탄소 함유량이 증가할 때 변화되는 강의 성질에 대한 설명으로 틀린 것은?

① 연신율이 작아진다.

② 인장강도가 증가된다.

③ 경도가 증가된다.

④ 항복점이 작아진다.

|해설|

3-1

합금강은 화학성분에 따른 분류에 해당한다.

정답 3-1 ④   3-2 ①   3-3 ④

핵심이론 04 | 강의 열처리

① 담금질(Quenching)

    ㉠ 강의 경도, 강도를 증가시키기 위하여 오스테나이트(Austenite) 영역까지 가열한 다음 급랭하여 마텐자이트(Martensite) 조직을 얻는 열처리이다.

    ㉡ 가열된 강(鋼)을 찬물이나 더운물 혹은 기름 속에서 급히 식히는 것으로, 급랭 후 경도와 강도가 증대되며 물리적 성질이 변한다. 탄소함량이 클수록 효과적이다.

② 불림(Normalizing) : 강(鋼)의 조직을 미세화하고 균질의 조직으로 만들며, 강의 내부 변형 및 응력을 제거하기 위하여 변태점 이상의 높은 온도(800~1,000℃)로 가열한 후 대기 중에서 냉각시키는 열처리 방법이다.

③ 풀림(Annealing) : 강을 높은 온도(800~1,000℃)로 일정한 시간 가열한 후 노 안에서 천천히 냉각시켜 가공성과 기계적, 물리적 성질을 향상시키는 열처리 방법이다.

④ 뜨임(Tempering)

    ㉠ 담금질을 한 강에 인성을 주기 위해 변태점 이하의 적당한 온도에서 가열한 다음 냉각시키는 방법이다.

    ㉡ 담금질한 강은 너무 경도가 커서 내부에 변형을 일으킬 수가 있으므로, 다시 200~600℃ 정도로 가열한 다음 공기 중에 서서히 식힘으로써 변형을 없앤다.

4-1. 강을 용도에 알맞은 성질로 개선시키기 위해 가열하여 냉각시키는 조작을 강의 열처리라 한다. 다음 중 이 조작과 관계 없는 것은?

① 성 형
② 담금질
③ 뜨 임
④ 불 림

4-2. 강의 경도, 강도를 증가시키기 위하여 오스테나이트(Austenite) 영역까지 가열한 다음 급랭하여 마텐자이트(Martensite) 조직을 얻는 열처리는?

① 담금질
② 불 림
③ 풀 림
④ 뜨 임

|해설|

4-1~4-2

• 담금질 : 강의 경도, 강도를 증가시키기 위하여 오스테나이트 영역까지 가열한 다음 급랭하여 마텐자이트 조직을 얻는 열처리
• 불림 : 강을 800~1,000℃로 가열한 후 공기 중에 냉각시키는 것
• 풀림 : 높은 온도(800~1,000℃)에서 가열된 강(鋼)을 용광로 속에서 천천히 식히는 것
• 뜨임 : 담금질한 강은 너무 경도가 커서 내부에 변형을 일으키는 수가 있으므로, 다시 200~600℃ 정도로 가열한 다음 공기 중에 서서히 냉각시키는 방법

정답 **4-1** ① **4-2** ①

핵심이론 05 | 주요 철금속 등

① 형강 : 강괴를 여러 가지 모양의 단면으로 압연한 강재
  ㉠ 평강, 등변 L형강, 부등변 L형강, T형강, ㄷ형강, Z형강
  ㉡ 구조용, 공사용 재료

② 강봉
  ㉠ 원형 및 이형다면의 강봉 : 철근콘크리트의 강재
  ㉡ 각형 단면의 강재 : 철문, 철창 등 철재 세공물

③ 강판
  ㉠ 강편을 롤러에 넣어 압연한 것
  ㉡ 후판 : 판 두께 3mm 이상, 구조용, 기계 제품용
  ㉢ 박판 : 3mm 이하, 철재 거푸집, 지붕재
  ㉣ 함석 : 박판에 아연 도금한 것
  ㉤ 양철 : 박판에 주석 도금한 것

④ 긴결 철물 : 볼트, 너트, 못, 앵커볼트 등
  ※ 고장력볼트 : 강교, 철골구조의 부재이음 또는 가조립에 주로 사용되는 금속재료로, 마찰접합에 사용한다.

강괴를 여러 가지 모양의 단면으로 압연한 강재로서 교량, 철골 구조 등에 사용되는 철강은?

① 형 강
② 봉 강
③ 선 재
④ 철 관

정답 ①

① 보통주철

　㉠ 회주철을 대표하는 주철이다.

　㉡ 주로 편상흑연과 페라이트로 되어 있고, 약간의 펄라이트를 함유한다.

　㉢ 기계 가공성이 좋고 값이 저렴해 일반 기계 부품, 수도관, 가정용품, 농기구 등에 쓰인다.

② 고급주철

　㉠ 인장강도 245MPa 이상으로, 강력주철이라고도 한다.

　㉡ 연성과 강도를 얻기 위해 열처리한 펄라이트 조직(흑연을 미세화하고 고르게 분포)으로 되어 있어 펄라이트 주철이라고도 한다.

　㉢ 가장 널리 알려진 고급 주철은 미하나이트 주철이다.

　㉣ 내마멸성이 요구되는 실린더, 피스톤 라이너, 피스톤 링, 브레이크 등의 재료에 사용한다.

③ 합금주철

　㉠ 보통주철에 니켈, 크로뮴, 몰리브덴, 규소, 구리, 바나듐, 붕소, 알루미늄, 타이타늄 등의 합금 원소를 한 가지 또는 두 가지 이상 첨가한 주철이다.

　㉡ 보통주철의 기계적 성질을 향상시키거나 내식성, 내열성, 내마멸성 및 내충격성 등의 특성을 보완하기 위해 만든 주철이다.

　㉢ 내연 기관의 실린더, 자동차 부품, 각종 기계 부품 등에 쓰인다.

④ 특수주철

　㉠ 구상흑연주철 : 주철에 마그네슘(Mg), 칼슘(Ca) 등의 원소를 첨가하여 흑연을 구상화한 주철로, 인장강도 및 내마멸성이 커서 캠축, 크랭크축 등에 쓰인다.

　㉡ 칠드주철 : 주철의 표면은 급랭시켜 단단한 백주철로 만들고, 내부는 서서히 냉각시켜 연한 회주철로 만든 주철로 기차바퀴, 롤러 등에 쓰인다.

　㉢ 가단주철 : 백주철의 탄화조직을 열처리하여 흑연화함으로써 연성과 인성을 증가시킨 주철이다.

※ 철 근

　• 철근의 종류가 SD300으로 표시된 경우 항복점 또는 항복강도는 300N/mm² 이상이어야 한다.

　• 이형철근은 열간압연에 의해 제조한다.

　• 부착강도를 증진시키기 위해 표면에 요철을 붙인 이형철근을 주로 사용한다.

　• 이형철근의 공칭 지름은 이형철근을 동일한 길이와 부피를 가진 바(Bar)의 형태로 변형했을 때 바의 수직 단면의 지름을 나타내며, 그때의 수직 단면의 면적이 공칭 단면적이다.

※ 피로파괴 : 하중이 반복 작용하여 재료가 정적 강도보다 낮은 강도에서 파괴되는 현상

10년간 자주 출제된 문제

다음 중 백주철을 열처리하여 연성과 인성을 크게 한 주철은?

① 가단주철　　　　　② 보통주철
③ 고급주철　　　　　④ 특수주철

|해설|

가단(可鍛)주철 : 백색주철을 700~1,000℃의 고온에서 오랜 시간 풀림하여 인성(靭性)과 연성(延性)을 증가시켜 가공하기 쉽게 한 것으로, 단련하여 여러 가지 모양을 만들 수 있다. 가스관 이음매나 밸브류, 창호철물 등 복잡하고 충격에 견디는 주물을 제작하는 데 사용된다.

정답 ①

1-4. 역청재

핵심이론 01 | 역청재료

① 역청의 개념 : 역청이란 천연의 탄화수소 화합물, 인조 탄화수소 화합물, 양자의 혼합물 또는 이들의 비금속 유도체로서 기체상, 반고체상, 고체상으로 이황화탄소(CS_2)에 완전히 용해되는 물질을 의미한다.

② 역청재료의 종류

  ㉠ 천연 아스팔트

    • 레이크 아스팔트(Lake Asphalt)

    • 록 아스팔트(Rock Asphalt)

    • 샌드 아스팔트(Sand Asphalt)

    • 아스팔타이트(Asphaltite) : 길소나이트(Gilsonite), 그라하마이트(Grahamite), 그랜스피치(Grance Pitch) 등

  ㉡ 석유 아스팔트

    • 스트레이트 아스팔트(Straight Asphalt)

    • 컷백 아스팔트(Cutback Asphalt)

    • 유화 아스팔트(Emulsified Asphalt)

    • 블론 아스팔트(Blown Asphalt)

    • 개질 아스팔트(Modified Asphalt)

  ㉢ 타 르

    • 콜타르(Coal Tar)

    • 포장용 타르(Road Tar)

  ㉣ 기타 : 고무 혼입 아스팔트, 수지 혼입 아스팔트, 역청 이음재, 컬러 결합재

10년간 자주 출제된 문제

1-1. 다음에서 설명하는 물질은?

> 천연 또는 인공의 기체, 반고체 또는 고체상의 탄화수소 화합물 또는 이들의 비금속 유도체의 혼합물로 이황화탄소(CS_2)에 완전히 용해되는 물질

① 역 청   ② 메 탄
③ 고 무   ④ 글리세린

1-2. 천연 아스팔트의 종류가 아닌 것은?

① 레이크 아스팔트(Lake Asphalt)
② 록 아스팔트(Rock Asphalt)
③ 샌드 아스팔트(Sand Asphalt)
④ 블론 아스팔트(Blown Asphalt)

1-3. 다음 중 원유를 증류할 때 얻어지는 석유 아스팔트는?

① 아스팔타이트
② 블론 아스팔트
③ 샌드 아스팔트
④ 레이크 아스팔트

정답 1-1 ① 1-2 ④ 1-3 ②

① 레이크 아스팔트
  ㉠ 땅속에서 뿜어져 나온 천연 아스팔트가 암석 사이에 침투되지 않고 지표면에 호수 모양으로 퇴적되어 있는 천연 아스팔트이다.
  ㉡ 지표의 낮은 곳에 유분이 괴어 생긴 것으로서 불순물이 섞여 있다.
② 샌드 아스팔트
  ㉠ 천연 아스팔트가 모래층에 스며들어 만들어진 아스팔트이다.
  ㉡ 모래와 아스팔트의 혼합물로, 모래 입자를 골재로 한 아스팔트 시멘트 또는 액체 아스팔트와의 혼합물이다.
③ 록 아스팔트
  ㉠ 다공질의 사암 또는 석회암에 침투된 상태에서 산출되는 천연 아스팔트이다.
  ㉡ 아스팔트 함유량은 10% 정도이며, 잘게 부수어 도로포장에 사용한다.
④ 아스팔타이트
  ㉠ 미네랄 물질을 거의 함유하지 않은 고(高)융해점의 견고한 천연 아스팔트이다.
  ㉡ 연화점이 높고 방수, 포장, 절연재료 등의 원료로 사용한다.
  ㉢ 토사 같은 것을 함유하지 않고, 성질과 용도가 블론 아스팔트와 같이 취급된다.

2-1. 지표의 낮은 곳에 유분이 괴어 생긴 것으로서 불순물이 섞여 있는 아스팔트는?
① 레이크 아스팔트
② 록 아스팔트
③ 샌드 아스팔트
④ 석유 아스팔트

2-2. 천연 아스팔트이며, 모래 속에 석유가 스며들어가 생긴 것은?
① 록 아스팔트
② 레이크 아스팔트
③ 아스팔타이트
④ 샌드 아스팔트

2-3. 천연 아스팔트로서 토사 같은 것을 함유하지 않고, 성질과 용도가 블론 아스팔트와 같이 취급되는 것은?
① 레이크 아스팔트
② 아스팔타이트
③ 샌드 아스팔트
④ 커트백 아스팔트

|해설|
2-3
아스팔타이트
미네랄 물질을 거의 함유하지 않은 고(高)융해점의 견고한 천연 아스팔트로, 지층의 갈라진 틈이나 암석 틈새에 천연석유가 침투하여 오랜 세월이 지나면서 지열 및 공기 등에 의해 중합 또는 축합반응을 일으켜 변질된 것이다.

정답 2-1 ① 2-2 ④ 2-3 ②

핵심이론 03 | 석유 아스팔트의 종류 및 특성

① 스트레이트 아스팔트
  ㉠ 스트레이트 아스팔트는 감온성, 점착성, 연성, 방수성이 크고, 비교적 연화점이 낮다.
  ㉡ 스트레이트 아스팔트는 증기증류법, 감압증류법 또는 이들 두 방법의 조합에 의하여 제조된다.
  ㉢ 스트레이트 아스팔트는 도로, 활주로, 댐 등의 포장용 혼합물의 결합재로 사용된다.

② 블론 아스팔트
  ㉠ 블론 아스팔트는 감온성이 작고 탄력성이 풍부하다.
  ㉡ 융해점이 높고 내구성, 내충격성이 크며, 소성(Plastic)변형하는 성질을 가진다.
  ㉢ 원유를 증류할 때 얻어지는 아스팔트로 토목재료로 가장 많이 사용된다.
  ㉣ 스트레이트 아스팔트가 블론 아스팔트에 비해 방수성이 뛰어나지만, 연화점이 낮아서 방수공사용으로 사용하면 녹기 때문에 연화점이 높은 블론 아스팔트가 방수공사용으로 많이 사용된다.

③ 스트레이트 아스팔트와 블론 아스팔트의 비교

구 분	스트레이트 아스팔트	블론 아스팔트
방수성	크다.	작다.
신도(신장성)	크다.	작다.
감온성	크다.	작다.
점착성	매우 크다.	작다.
밀 도	크다.	작다.
연화점	비교적 낮다.	높다.
인화성	높다.	낮다.
탄력성	작다.	크다.

※ 스트레이트 아스팔트는 점도가 낮고, 내후성이 작다.
※ 블론 아스팔트는 스트레이트 아스팔트보다 유동성이 작고 융점이 높다.

10년간 자주 출제된 문제

3-1. 다음 중 주로 도로, 활주로 등의 포장용 혼합물의 결합재로 쓰이는 아스팔트는?
① 스트레이트 아스팔트
② 블론 아스팔트
③ 레이크 아스팔트
④ 아스팔타이트

3-2. 석유 아스팔트의 설명으로 옳지 않은 것은?
① 스트레이트 아스팔트는 연화점이 비교적 낮고 감온성이 크다.
② 스트레이트 아스팔트는 점착성, 연성, 방수성이 크다.
③ 블론 아스팔트는 감온성이 작고 탄력성이 풍부하다.
④ 블론 아스팔트는 화학적으로 불안정하며 충격저항도 작다.

3-3. 아스팔트에 대한 설명으로 틀린 것은?
① 블론 아스팔트의 연화점은 대체로 스트레이트 아스팔트보다 낮다.
② 아스팔트는 도로의 포장재료 외에 흙의 안정재료, 방수재료 등으로도 사용한다.
③ 스트레이트 아스팔트의 점착성 및 방수성은 블론 아스팔트보다 양호하다.
④ 아스팔트의 신도는 시편을 규정된 속도로 당기어 끊어졌을 때에 지침의 거리를 읽어 측정한다.

|해설|

3-3
블론 아스팔트의 연화점은 대체로 스트레이트 아스팔트보다 높다.

정답 3-1 ① 3-2 ④ 3-3 ①

핵심이론 04 | 고무화 아스팔트, 수지 혼입 아스팔트

① 고무화 아스팔트(Rubberized Asphalt)
  ㉠ 스트레이트 아스팔트에 천연고무 또는 합성고무 등을 넣어서 성질을 좋게 한 아스팔트이다.
  ㉡ 스트레이트 아스팔트와 비교한 고무화 아스팔트의 이점
   • 내후성 및 마찰계수가 크다.
   • 탄성 및 충격저항이 크다.
   • 응집력과 부착력이 크다.
   • 감온성이 작고 골재와 접착이 좋은 효과가 있다.

② 수지 혼입 아스팔트
  ㉠ 아스팔트에 에폭시수지, 폴리아이소프렌 등 고분자 재료를 혼입한 것이다.
  ㉡ 주로 비행장의 포장에 이용된다.
  ㉢ 가열 안정성이 좋고, 점도가 높다.
  ㉣ 신도가 작고, 감온성이 저하한다.
  ※ 아스팔트 펠트(Felt) : 목면, 마사, 폐지 등을 물에서 혼합하여 원지를 만든 후 여기에 스트레이트 아스팔트를 침투시켜 만든 것으로, 아스팔트 방수의 중간층재로 사용한다.

4-1. 스트레이트 아스팔트에 천연고무 또는 합성고무 등을 넣어서 성질을 좋게 한 아스팔트는?
① 유화 아스팔트
② 컷백 아스팔트
③ 고무화 아스팔트
④ 플라스틱 아스팔트

4-2. 고무화 아스팔트는 어떤 물질에 천연고무, 합성고무를 혼합한 것인가?
① 스트레이트 아스팔트
② 블론 아스팔트
③ 시멘트
④ 합성수지

4-3. 스트레이트 아스팔트에 비해 고무화 아스팔트 이점에 대한 설명으로 옳지 않은 것은?
① 내후성 및 마찰계수가 크다.
② 탄성 및 충격저항이 크다.
③ 응집력과 부착력이 크다.
④ 감온성이 크다.

|해설|

4-1
고무화 아스팔트
고무를 아스팔트에 혼합 용해한 것이다. 고무는 분말, 액상 또는 세편상으로 첨가한다. 또한 아스팔트에 미리 첨가하는 것과 혼합물을 혼합할 때 골재 등과 동시에 첨가하는 것이 있다. 일반적으로 고무화 아스팔트는 감온성이 작고 골재와 접착이 좋은 효과가 있다.

4-3
고무화 아스팔트는 감온성이 작고 골재와 접착이 좋은 효과가 있다.

정답 4-1 ③ 4-2 ① 4-3 ④

① 컷백 아스팔트(Cutback Asphalt)

　㉠ 비교적 연한 스트레이트 아스팔트에 적당한 휘발성 용제를 가하여 일시적으로 점도를 저하시켜 유동성을 좋게 한 것이다.

　㉡ 침입도 60~120 정도의 연한 스트레이트 아스팔트에 용제를 가해 유동성을 좋게 한 것이다.

　㉢ 대부분 도로포장에 사용한다.

　㉣ 경화속도의 순서는 RC(급속경화) > MC(중속경화) > SC(완속경화)이다.

② 유화 아스팔트(Emulsified Asphalt)

　㉠ 아스팔트 유제라고도 한다.

　㉡ 물속에서 아스팔트가 상분리현상을 일으키지 않고 분산상태를 유지하도록 유화제를 넣은 아스팔트이다.

　㉢ 유화제가 양전하(+)를 띠고 있으면 양이온계(RSC, MSC) 유화 아스팔트, 음전하(−)를 띠고 있으면 음이온계(RSA, MSA) 유화 아스팔트라고 한다.

　㉣ 음이온계 유제는 적당한 유화제를 가하여 희박 알칼리 수용액 중에 아스팔트 입자를 분산시켜 생성한 미립자 표면을 전기적으로 1(−)로 대전시킨 것이다.

　㉤ 양이온계 유제의 유화액은 산성이다.

　㉥ 역청 유제는 유제의 분해속도에 따라 RS(급속응결), MS(중속응결), SS(완속응결)의 세 종류로 분류할 수 있다.

　※ 점토계 유제 : 역청 유제 중 유화제로서 벤토나이트와 같이 물에 녹지 않는 광물질을 수중에 분산시켜 이것에 역청제를 가하여 유화시킨 것

5-1. 비교적 연한 스트레이트 아스팔트에 적당한 휘발성 용제를 가하여 일시적으로 점도를 저하시켜 유동성을 좋게 한 아스팔트는?

① 고무 아스팔트
② 컷백 아스팔트
③ 역청 줄눈재
④ 에멀션화 아스팔트

5-2. 일반적으로 침입도 60~120 정도의 비교적 연한 스트레이트 아스팔트에 적당한 휘발성 용제를 가하여 점도를 저하시켜 유동성을 좋게 한 아스팔트는?

① 에멀션화 아스팔트
② 컷백 아스팔트
③ 블론 아스팔트
④ 아스팔타이트

5-3. 컷백 아스팔트(Cutback Asphalt) 중 건조가 가장 빠른 것은?

① MC
② SC
③ LC
④ RC

|해설|

5-1

석유 아스팔트를 용제(플럭스)에 녹여 작업에 적합한 점도를 갖게 한 액상의 아스팔트이다. 도로포장용 아스팔트인 아스팔트 시멘트는 상온에서 반고체 상태이므로 골재와 혼합하거나 살포 시에 가열하여 사용해야 하는 불편이 따르는데, 이를 개선한 것이 컷백 아스팔트이다.

정답 5-1 ②　5-2 ②　5-3 ④

핵심이론 06 | 아스팔트의 물리적 성질(1)

① 밀도(비중)

　㉠ 아스팔트의 비중은 침입도가 감소할수록 커진다.

　㉡ 아스팔트의 비중은 온도가 상승할수록 저하된다.

　㉢ 아스팔트의 비중은 일반적으로 약 1.0~1.1 정도이다.

　㉣ 아스팔트의 비중 측정 시의 표준온도는 25℃이다.

② 인화점과 연소점

　㉠ 아스팔트의 인화점은 대체로 250~320℃의 범위에 있다. 연소점은 인화점보다 25~60℃ 정도 높다.

　㉡ 일반적으로 가열속도가 빠르면 인화점은 떨어진다.

　㉢ 인화점과 연소점은 섭씨로 나타내며, 정수치로 보고한다.

　㉣ 동일한 실험자가 동일한 장치로 실시한 2회의 시험결과의 차가 8℃를 넘지 않을 때에 그 평균값을 취한다.

③ 연화점

　㉠ 고체상에서 액상으로 되는 과정 중에 일정한 반죽 질기(점도)에 도달했을 때의 온도를 나타내는 것으로, 보통 환구법을 사용하여 측정한다.

　㉡ 환구법에 의한 아스팔트 연화점시험에서 시료를 규정된 조건에서 가열하였을 때, 시료가 연화되기 시작하여 규정된 거리(25mm)까지 내려갈 때의 온도를 연화점이라 한다.

　㉢ 연화점은 아스팔트 시료를 일정 비율 가열하여 강구의 무게에 의해 시료가 25mm 내려갔을 때의 온도를 측정한다.

　㉣ 환구법에 의한 아스팔트 연화점시험은 시료를 환에 주입하고 4시간 이내에 시험을 종료하여야 한다.

　㉤ 아스팔트 연화점시험에서 사용하는 기구 : 가열기(가열중탕), 황동제 환(環), 강구, 온도계 등(다짐용 해머 ×)

10년간 자주 출제된 문제

6-1. 아스팔트의 성질에 대한 설명 중 틀린 것은?

① 아스팔트의 비중은 침입도가 감소할수록 작아진다.

② 아스팔트의 비중은 온도가 상승할수록 저하된다.

③ 아스팔트는 온도에 따라 컨시스턴시가 현저하게 변화된다.

④ 아스팔트의 강성은 온도가 높을수록, 침입도가 클수록 작아진다.

6-2. 다음에서 설명하는 아스팔트의 성질은?

> 고체상에서 액상으로 되는 과정 중에 일정한 반죽 질기(즉, 점도)에 도달했을 때의 온도를 나타내는 것으로, 일반적인 측정 방법으로 환구법을 사용한다.

① 연화점　　　　　　　② 인화점

③ 신 도　　　　　　　④ 연소점

6-3. 다음 아스팔트의 시험 중 환, 강구, 가열기, 온도계 등을 이용하여 시험하는 것은?

① 인화점　　　　　　　② 연화점

③ 연소점　　　　　　　④ 융해도

6-4. 아스팔트의 비중 측정 시 표준온도는?

① 15℃　　　　　　　② 20℃

③ 25℃　　　　　　　④ 30℃

|해설|

6-1

아스팔트의 비중은 침입도가 작을수록 커진다.

정답 6-1 ①　6-2 ①　6-3 ②　6-4 ③

① 점 도
  ㉠ 온도에 따른 역청재료의 컨시스턴시와 부착력을 측정한다.
  ㉡ 아스팔트의 점도(Consistency, 연경도)에 가장 큰 영향을 미치는 것 : 아스팔트의 온도
② 침입도
  ㉠ 침입도는 아스팔트의 반죽 질기를 물리적으로 나타내는 것이다.
  ㉡ 침입도지수란 온도에 대한 침입도의 변화를 나타내는 지수이다.
  ㉢ 아스팔트 경도를 나타내는 것으로 표준 침의 관입저항을 측정하는 것이다.
  ㉣ 침입도는 묽은 아스팔트일수록 크고, 온도가 높으면 커진다.
  ㉤ 침입도시험에서 표준시험의 조건은 온도 25℃, 하중 100g, 시간은 5초로 한다.
  ㉥ 스트레이트 아스팔트가 블론 아스팔트보다 침입도가 크다.
  ㉦ 아스팔트 침입도시험에서 침입도 측정값의 평균값이 50.0 미만인 경우 침입도 측정값의 허용차는 2.0으로 규정하고 있다.
  ※ 아스팔트의 강성은 온도가 높을수록, 침입도가 클수록 작다.
  ㉧ 아스팔트의 침입도지수(PI) 구하는 식

$$PI = \frac{30}{1 + 50A} - 10$$

  (단, $A = \dfrac{\log 800 - \log P_{25}}{연화점 - 25}$ 이고, P_{25} 는 25℃에서의 침입도이다)

7-1. 다음 중 아스팔트의 점도(Consistency)에 가장 큰 영향을 미치는 것은?
① 아스팔트의 비중
② 아스팔트의 온도
③ 아스팔트의 인화점
④ 아스팔트의 침입도

7-2. 아스팔트의 침입도를 시험하는 목적은?
① 반죽 질기(컨시스턴시)를 측정하기 위하여
② 연성을 조사하기 위하여
③ 응결시간을 측정하기 위하여
④ 연화점을 측정하기 위하여

7-3. 다음 중 아스팔트의 침입도에 대한 설명으로 틀린 것은?
① 온도가 상승하면 침입도는 감소한다.
② 침입도지수란 온도에 대한 침입도의 변화를 나타내는 지수이다.
③ 스트레이트 아스팔트가 블론 아스팔트보다 침입도가 크다.
④ 침입도는 아스팔트의 반죽질기를 물리적으로 나타내는 것이다.

정답 **7-1** ② **7-2** ① **7-3** ①

| 핵심이론 **08** | 아스팔트의 물리적 성질(3) |

① 신 도

    ㉠ 아스팔트의 늘어나는 성질(연성)을 조사하기 위하여 실시하는 시험이다.

    ㉡ 시료 양 끝을 규정온도 및 속도로 잡아당겨 끊어질 때까지 늘어난 길이로 측정한다.

    ㉢ 시험온도에 따라 크게 변하므로 측정 시 온도를 일정하게 하여야 한다.

    ㉣ 저온에서 시험할 때 온도는 4℃, 속도는 1cm/min을 적용한다.

    ㉤ 별도의 규정이 없는 한 시험할 때 온도는 (25±0.5℃)를 적용한다.

    ㉥ 별도의 규정이 없는 한 인장하는 속도는 5±0.25cm/min을 적용한다.

    ㉦ 스트레이트 아스팔트는 블론 아스팔트보다 신도가 크다.

    ※ 박막가열시험

        반고체 상태의 아스팔트성 재료를 3.2mm 두께의 얇은 막 형태로 163℃에서 5시간 동안 가열시켜 침입한 후 침입도시험을 실시하여 원시료와의 비율을 측정하는 시험법으로, 가열 손실량도 측정한다.

    ※ 아스팔트 품질에 있어 공용성 등급(Performance Grade)을 KS 등에 도입하여 적용하고 있다. PG 76-22 표기에서 '76'의 의미는? 7일간의 평균최고 포장설계온도가 76℃ 미만이어야 한다.

② 감온성

    ㉠ 온도에 따라 아스팔트의 반죽 질기(컨시스턴시)가 변화하는 정도이다.

    ㉡ 감온성이 너무 크면 저온에서는 취성이 발생하고, 고온에서는 연해진다.

    ※ 도로의 표층공사에서 사용되는 가열 아스팔트 혼합물의 안정도시험은 마셜(Marshall)시험으로 판정한다.

8-1. 다음 중 아스팔트 품질의 양부를 판정하는 데 필요 없는 시험은?

① 침입도시험   ② 마모율시험

③ 신도시험   ④ 연화점시험

8-2. 아스팔트는 주로 반고체 및 반액상 상태이다. 이런 아스팔트의 늘어나는 성질을 조사하기 위하여 실시하는 시험은?

① 침입도시험   ② 연화점시험

③ 점도시험   ④ 신도시험

8-3. 아스팔트 신도 및 시험에 대한 설명으로 틀린 것은?

① 아스팔트의 늘어나는 능력을 나타내며, 연성의 기준이 된다.

② 시료 양 끝을 규정온도 및 속도로 잡아당겨 끊어질 때까지 늘어난 길이로 측정한다.

③ 시험온도에 따라 크게 변하므로 측정 시 온도를 일정하게 하여야 한다.

④ 블론 아스팔트는 신도가 아주 크나, 스트레이트 아스팔트의 신도는 작다.

8-4. 아스팔트의 신도시험에 대한 설명으로 틀린 것은?

① 아스팔트의 연성(延性)을 조사하기 위하여 실시한다.

② 별도 규정이 없는 한 온도는 (15±0.5)℃, 속도는 (10±0.25)cm/min으로 시험한다.

③ 저온에서 시험할 때는 온도는 4℃, 속도는 1cm/min을 적용한다.

④ 신도는 시료의 양 끝을 규정온도 및 속도로 잡아당겼을 때 시료가 끊어지는 순간까지 늘어난 길이로, cm로 나타낸다.

|해설|

8-3
스트레이트 아스팔트는 블론 아스팔트보다 신도가 크다.

8-4
별도의 규정이 없는 한 시험할 때 온도는 (25±0.5℃), 인장하는 속도는 5±0.25cm/min을 적용한다.

정답 8-1 ② 8-2 ④ 8-3 ④ 8-4 ②

핵심이론 09 │ 타 르

① 타르(Tar)의 개념
  ㉠ 석유원유, 석탄, 수목 등의 유기물을 건류 또는 증류할 때 만들어지는 휘발성 액상물질의 타르이다.
  ㉡ 타르의 종류로는 콜타르, 피치, 가스타르 및 포장용 타르 등이 있다.

② 포장용 타르의 특성
  ㉠ 액체에서 반고체 상태를 가지며, 특유의 냄새가 난다.
  ㉡ 비중은 1.1~1.25 정도로 스트레이트 아스팔트보다 약간 크다.
  ㉢ 투수성, 흡수성은 아스팔트보다 작다.
  ㉣ 내유성이 아스팔트보다 좋다.
  ㉤ 포장용 타르는 온도 변화에 의한 점도의 변화가 크다.

③ 포장용 타르와 스트레이트 아스팔트의 성질 비교
  ㉠ 포장용 타르의 주성분은 방향족 탄화수소이고, 스트레이트 아스팔트는 지방족 탄화수소이다.
  ㉡ 일반적으로 포장용 타르의 밀도가 스트레이트 아스팔트보다 높다.
  ㉢ 스트레이트 아스팔트는 포장용 타르보다 투수성과 흡수성이 더 크다.
  ㉣ 포장용 타르는 물이 있어도 골재에 대한 접착성이 뛰어나지만, 스트레이트 아스팔트는 물이 있으면 골재에 대한 접착성이 떨어진다.

10년간 자주 출제된 문제

포장용 타르의 특성에 대한 설명으로 틀린 것은?
① 액체에서 반고체 상태를 가지며, 특유의 냄새가 난다.
② 비중은 1.1~1.25 정도로 스트레이트 아스팔트보다 약간 크다.
③ 투수성, 흡수성은 아스팔트보다 크다.
④ 내유성이 아스팔트보다 좋다.

정답 ③

핵심이론 10 │ 아스팔트 혼합물

① 안정도(Stability)
  ㉠ 안정도란 교통하중에 의한 아스팔트 혼합물의 변형에 대한 저항성이다.
  ㉡ 아스팔트 침입도가 클수록 안정도가 감소한다.
  ㉢ 공극률이 작은 골재일수록 안정도가 증가한다.
  ㉣ 채움재량이 적을수록 안정도가 감소한다.
  ㉤ 마셜 안정도는 소성변형에 대한 저항값이다.

② 아스팔트 혼합물 배합 설계의 특징
  ㉠ 흐름값은 최대 외력을 다져진 혼합물에 가했을 때 소성변형의 값이다.
  ㉡ 최대이론밀도는 다져진 혼합물의 공극을 제외한 밀도이다.
  ㉢ 아스팔트 혼합재에서 채움재(Filler)를 혼합하는 목적은 아스팔트의 공극을 메우기 위해서이다.
  ㉣ 아스팔트 혼합물을 배합 설계할 때 필요한 사항
    • 침입도와 흐름값의 측정
    • 골재의 입도 측정
    • 마셜(Marshall) 안정도 시험
    ※ 응결시간의 측정, 아스팔트 평탄성 등은 필요하지 않다.
  ㉤ 일반적으로 도로포장에 사용되는 포장용 가열 아스팔트 혼합물의 생산온도 : 160℃ 정도
    ※ 프라임코트(Prime Coat) : 보조기층 표면을 다져서 방수성을 높이고 보조기층과 그 위에 포설하는 아스팔트 혼합물의 부착성을 높여 양자가 일체되도록 하는 것

10-1. 아스팔트 배합 설계 시 가장 중요하게 검토하는 안정도(Stability)에 대한 정의로 옳은 것은?

① 교통하중에 의한 아스팔트 혼합물의 변형에 대한 저항성이다.
② 노화작용에 대한 저항성 및 기상작용에 대한 저항성이다.
③ 아스팔트 혼합물의 배합 시 잘 섞일 수 있는 능력이다.
④ 자동차의 제동(Brake) 시 적절한 마찰로서 정지할 수 있는 표면조직의 능력이다.

10-2. 아스팔트 혼합재에서 채움재(Filler)를 혼합하는 목적은?

① 아스팔트의 비중을 높이기 위해서
② 아스팔트의 침입도를 높이기 위해서
③ 아스팔트의 공극을 메우기 위해서
④ 아스팔트의 내열성을 증가시키기 위해서

10-3. 아스팔트 혼합물을 배합 설계할 때 측정이 필요하지 않는 것은?

① 아스팔트 평탄성
② 흐름(Flow)값
③ 마셜(Marshall) 안정도
④ 침입도

10-4. 일반적으로 도로포장에 사용되는 포장용 가열 아스팔트 혼합물의 생산온도는?

① 70℃   ② 90℃
③ 160℃   ④ 220℃

|해설|

10-3
아스팔트 혼합물을 배합 설계할 때 필요한 사항
• 침입도와 흐름값의 측정
• 골재의 입도 측정
• 마셜 안정도시험

정답 10-1 ①   10-2 ③   10-3 ①   10-4 ③

1-5. 화약 및 폭약

핵심이론 01 │ 화 약

① 화약의 개념(총포화약법 제2조)
  ㉠ 흑색화약 또는 질산염을 주성분으로 하는 화약
  ㉡ 무연화약 또는 질산에스터를 주성분으로 하는 화약
  ㉢ 그 밖에 ㉠ 및 ㉡의 화약과 비슷한 추진적 폭발에 사용될 수 있는 것으로서 대통령령으로 정하는 것

② 흑색화약(유연화약)
  ㉠ 초산염에 유황(S), 목탄(C), 초석(KNO_3)의 미분말을 중량비 15 : 15 : 70으로 혼합한 것이다.
  ㉡ 폭발력은 다른 화약보다 약하다.
  ㉢ 값이 저렴하고 취급이 간편하다.
  ㉣ 발화가 간단하고 소규모 장소에서 사용할 수 있다.
  ㉤ 수중폭파가 불가능하고 연소 시 연기가 많이 난다.
  ㉥ 대리석, 화강암 같은 큰 석재를 채취할 때 사용한다.
  ㉦ 뇌관을 점화시키는 도화선은 주로 흑색화약을 심지약으로 한다.
  ㉧ 보관과 취급이 간편하고 흡수성이 크다.
  ㉨ 비중이 1.5~1.8 정도이고, 폭파 시 2,000℃의 고온과 6.6ton/cm² 정도의 압력이 발생한다.
  ※ 무연화약의 주성분은 나이트로셀룰로스 또는 나이트로글리세린으로 총탄, 포탄, 로켓 등에 사용된다.

1-1. 다음 중 흑색화약에 관한 설명으로 옳지 않은 것은?

① 발화가 간단하고 소규모 장소에서 사용할 수 있다.
② 값이 저렴하고 취급이 간편하다.
③ 물속에서도 폭발한다.
④ 폭파력은 상대적으로 강하지 않다.

1-2. 뇌관을 점화시키는 도화선은 주로 무엇을 심지약으로 하는가?

① 칼 릿
② 흑색화약
③ 무연화약
④ 나이트로글리세린

1-3. 다음 중 무연화약의 주성분은?

① 유황(S)
② 나이트로셀룰로스(Nitrocellulose)
③ 목탄(C)
④ 초석(KNO_3)

|해설|

1-1
흑색화약은 물에 매우 취약해서 비가 오면 사실상 사용이 불가능하다.

정답 1-1 ③ 1-2 ② 1-3 ②

핵심이론 02 | 기폭제(기폭약)

① 개 념
　㉠ 기폭약은 점화 자체로 자신이 폭발하여 다른 화약류의 폭발을 유도한다.
　㉡ 일반적으로 폭약은 점화하면 연소할 뿐 즉시 폭발하지 않는다.
② 기폭약의 종류
　㉠ 뇌홍(뇌산수은)
　　• 발화온도가 170~180℃로 낮아 취급 시 주의해야 한다.
　　• 화염, 충격, 마찰 등에 민감하다.
　㉡ 질화납(질화연, 아자이드화납)
　　• 무색의 결정체로, 점폭약으로 사용된다.
　　• 발화점이 높고 수중에서도 폭발한다.
　　• 구리와 화합하면 위험하기 때문에 뇌관의 관체로 알루미늄을 사용한다.
　　• 뇌홍에 비해 가격이 저렴하고, 기폭력이 크다.
　㉢ DDNP
　　• 폭발력이 가장 크며 뇌홍의 2배 정도로, TNT와 동일하다.
　　• 황색의 미세결정으로 발화점은 180℃ 정도이다.

2-1. 다음 중 기폭약의 종류가 아닌 것은?

① 나이트로글리세린　　② 뇌산수은
③ 질화납　　　　　　　④ DDNP

2-2. 수중에서 폭발하며 발화점이 높고 구리와 화합하면 위험하여 뇌관의 관체는 알루미늄을 사용하는 기폭약은?

① 뇌산수은　　　　　　② 질화납
③ DDNP　　　　　　　④ 칼 릿

2-3. 다음 중 기폭약에 속하는 것은?

① 질산암모늄　　　　　② DDNP
③ 다이너마이트　　　　④ 칼 릿

정답 2-1 ① 2-2 ② 2-3 ②

① 다이너마이트의 개념
  ㉠ 나이트로글리세린을 주성분으로 하여 이것을 여러 가지 고체에 흡수시킨 폭약이다.
  ㉡ 나이트로글리세린은 글리세린에 질산과 황산을 혼합하여 반응시켜 만든다.

② 다이너마이트의 종류
  ㉠ 혼합(규조토) 다이너마이트 : 나이트로글리세린과 흡수제를 적절히 배합한 것으로, 최초의 다이너마이트(영국식)이다.
  ㉡ 스트레이트 다이너마이트 : 나이트로글리세린에 $NaNO_3$(질산나트륨), 목탄분, 황, $CaCO_3$(탄산칼슘) 등을 혼합한 것이다(미국식).
  ㉢ 교질 다이너마이트
    • 나이트로셀룰로스에 나이트로글리세린을 넣어 콜로이드화하여 만든 가소성의 폭약이다.
    • 폭발력이 강하여 주로 터널과 암석 발파에 사용된다.
    • 폭약 중 파괴력(폭발력)이 가장 강하고 수중에서도 사용이 가능하다.
  ㉣ 분말 다이너마이트 : 나이트로글리세린의 비율을 많이 줄이고 산화제나 가연물을 많이 넣어 만든다.

3-1. 다이너마이트(Dynamite)의 종류 중 파괴력이 가장 강하고 수중에서도 폭발하는 것은?
① 교질 다이너마이트
② 분말상 다이너마이트
③ 규조토 다이너마이트
④ 스트레이트 다이너마이트

3-2. 나이트로셀룰로스에 나이트로글리세린을 넣어 콜로이드화하여 만든 가소성의 폭약은?
① 교질 다이너마이트
② 분말상 다이너마이트
③ 칼 릿
④ 질산에멀션폭약

|해설|

3-1
겔 함유량 20 이상의 것을 교질 다이너마이트라고 한다. 그 이하의 것은 분말상이며, 분말 다이너마이트는 수중 폭파에 적합하지 않다.

정답 3-1 ① 3-2 ①

① 칼 릿

　㉠ 과염소산 암모늄이 주성분이며, 다이너마이트보다 발화점이 높다.

　㉡ 다이너마이트에 비해 충격에 둔하여 취급상 위험이 작다.

　㉢ 폭발력은 다이너마이트보다 우수하여 흑색화약의 4배에 달한다.

　㉣ 채석장, 암석, 노천 굴착, 대발파, 수중 발파, 경질토사의 절토에 적합하다.

　㉤ 유해가스가 많이 발생하고 흡수성이 커서 터널공사에는 적합하지 않다.

② 면화약

　㉠ 질산과 황산의 혼합액으로 면사와 같은 식물섬유를 넣은 초안섬유가 주성분이다.

　㉡ 충격 및 마찰에 쉽게 폭발하지만, 습하면 폭발하지 않는다.

　㉢ 도폭선의 심약(心藥)으로 사용된다.

10년간 자주 출제된 문제

4-1. 다음 중에서 폭발력이 가장 큰 화약류는?

① 흑색화약　　　　　　② 무연화약
③ 다이너마이트　　　　④ 칼 릿

4-2. 과염소산암모늄을 주성분으로 하고 다이너마이트에 비해 충격에 둔하여 취급상 위험이 작은 폭약은?

① 칼 릿　　　　　　　② 면화약
③ ANFO　　　　　　 ④ DDNP

4-3. 과염소산암모늄(NH_4ClO_4)을 주성분으로 하며, 유해가스가 많이 발생하고 흡수성이 커서 터널공사에 부적합한 폭약은?

① 다이너마이트　　　　② 칼 릿
③ TNT계 폭약　　　　④ 에멀션 폭약

4-4. 다음 중 폭약으로 칼릿(Carlit)을 사용할 수 없는 곳은?

① 경질토사의 절토용
② 채석장에서 큰 돌의 채취용
③ 용수가 있는 터널공사의 발파용
④ 갱외(坑外)의 암설절취용

|해설|

4-4

칼 릿

• 채석장, 암석, 노천 굴착, 대발파, 수중 발파, 경질토사의 절토에 적합하다.
• 유해가스의 발생이 많고 흡수성이 커서 터널공사에 적합하지 않다.

정답 4-1 ④　4-2 ①　4-3 ②　4-4 ③

① 질산암모늄계 폭약(초안폭약)
  ㉠ 질산암모늄이 주성분이다.
  ㉡ 다루기 쉽고 안전하여 안전폭약이라고도 한다.
  ㉢ 흡습성이 보통 폭약보다 커서 취급 시 방습에 특히 유의해야 한다.
  ㉣ 값이 저렴하여 채석, 채광, 갱 등의 발파에 많이 사용된다.

② ANFO 폭약
  ㉠ 초안암모늄 94와 연료유(경유) 6의 질량비 혼합물로 초유폭약이라고도 한다.
  ㉡ 폭발가스량이 많고 폭발온도는 비교적 낮다.
  ㉢ 충격에 둔하고 취급이 비교적 안전하다.
  ㉣ 대폭발에 좋으며 가격이 비교적 저렴하다.

③ 정밀폭약
  ㉠ 발파 후 주변 암반의 심한 균열과 거친 단면을 곱고 정밀하게 만들거나 과발파를 방지하기 위한 것이다.
  ㉡ 여굴 억제를 위한 제어 발파용, 터널설계굴착선공 등에 사용한다.

10년간 자주 출제된 문제

5-1. 다음 중 ANFO 폭약에 대한 설명으로 틀린 것은?

① 취급이 비교적 안전하다.
② 폭발가스량이 많고 폭발온도는 비교적 낮다.
③ 대폭발에 좋으며 가격이 비교적 저렴하다.
④ 흡습성이 비교적 작아 주로 수중에서 사용한다.

5-2. 폭약에 대한 설명으로 틀린 것은?

① 다이너마이트보다 칼릿은 발화점이 높다.
② 다이너마이트의 주성분은 나이트로글리세린이다.
③ ANFO 폭약은 폭발가스량이 적고 폭발온도는 비교적 높다.
④ 나이트로글리세린은 글리세린에 질산과 황산을 혼합하여 반응시켜 만든다.

정답 5-1 ④ 5-2 ③

---

① 개 념
  ㉠ 폭약을 기폭(폭발)시키기 위해 사용하는 용품이다.
  ㉡ 기폭용품에는 도화선, 도폭선, 뇌관 등이 있다.

② 도화선 : 분말로 된 흑색화약을 실(마사)이나 종이(종이테이프)로 감아 도료를 사용하여 방수시킨 줄로서 뇌관을 점화시키기 위한 것이다.

③ 도폭선
  ㉠ 뇌관류와 더불어 산업용 폭약을 기폭시키는 화공품류이다.
  ㉡ 가공 제어 발파 및 ANFO 장전 시 정전기에 의한 위험이 존재하는 곳 및 기타 전기뇌관을 사용할 수 없는 곳에서 기폭용 및 폭약 대체용으로 사용한다.
  ㉢ 대폭파 또는 수중폭파를 동시에 실시하기 위하여 뇌관 대신 사용하며, 연소속도가 매우 빠르다.
  ㉣ 도폭선의 심약(心藥)으로 사용되는 것은 면화약이다.

※ 수직갱에 물이 고였을 경우 발파방법 : 스윙컷

10년간 자주 출제된 문제

6-1. 다음 중 폭약을 기폭시키기 위해 사용하는 기폭용품이 아닌 것은?

① 도화선
② 도폭선
③ 뇌 관
④ 다이너마이트

6-2. 분말로 된 흑색화약을 실이나 종이로 감아 도료를 사용하여 방수시킨 줄로서 뇌관을 점화시키기 위한 것은?

① 도화선
② 뇌 관
③ 도폭선
④ 기폭제

6-3. 대폭파 또는 수중폭파를 동시에 실시하기 위하여 사용되는 기폭용품은?

① 도폭선
② 도화선
③ 전기뇌관
④ 공업뇌관

|해설|

6-1

폭약을 폭발시키기 위해서 사용되는 도화선, 도폭선, 뇌관, 전기뇌관 등을 총칭하여 화공품(火工品)이라 한다.

6-2

도화선 : 흑색분말화약을 심약으로 하고, 이것을 피복한 것으로, 연소속도는 저장, 취급 등의 정도에 따라 다르다. 때로는 이상현상을 유발하므로 특히 흡습에 주의하여야 한다.

정답 6-1 ④ 6-2 ① 6-3 ①

핵심이론 07 | 화약 취급상 주의사항

① 화약 취급상 주의사항

ㄱ 다이너마이트는 직사광선과 화기가 있는 장소에 보관하지 않는다.

ㄴ 뇌관과 폭약은 같은 장소에 저장하지 말고 분리하여 저장한다.

ㄷ 장기 보관 시는 온도에 의해 변질되지 않고 수분을 흡수하여 동결되지 않도록 해야 한다.

ㄹ 운반 중의 화기 및 충격에 대하여 각별한 주의를 하여야 한다.

ㅁ 취급자의 지도, 감독을 받고 폭약의 지식을 충분히 인식시켜 두어야 한다.

ㅂ 도화선과 뇌관의 이음부에 수분이 침투하지 못하도록 기름 등으로 도포해야 한다.

ㅅ 도화선을 삽입하여 뇌관에 압착할 때 충격이 가해지지 않도록 해야 한다.

② 암석발파 시 불발 잔류약이 발생할 경우 처리방법

ㄱ 불발 잔류약이 있을 때에는 압축공기 또는 호스로 물을 뿜으면서 폭약을 유출시킨다.

ㄴ 불발 잔류약을 금속막대 등으로 파내면 안 된다.

ㄷ 불발 잔류약 옆에 구멍을 뚫고 화약을 넣어 다시 폭파한다.

ㄹ 불발 잔류약은 뇌관을 다시 꽂아 재폭파하지 않는다.

10년간 자주 출제된 문제

7-1. 화약 취급상 주의사항으로 옳지 않은 것은?

① 다이너마이트는 직사광선을 피하고 화기가 있는 곳에 두지 않는다.

② 뇌관과 폭약은 사용에 편리하도록 한곳에 보관한다.

③ 화기와 충격에 각별히 주의한다.

④ 장기간 보존으로 인한 흡습, 동결에 주의하고 온도와 습도에 의한 품질의 변화가 없도록 해야 한다.

7-2. 일반적인 폭약의 취급법으로 적절하지 않은 것은?

① 직사광선과 화기를 피해서 보관할 것

② 뇌관과 폭약은 다른 장소에 보관할 것

③ 주기적으로 흔들어 주고 가능하면 저온(0℃ 이하)에서 보관할 것

④ 온도 및 습도에 의한 변질에 주의할 것

|해설|

7-1

뇌관과 폭약은 같은 장소에 저장하지 말고 분리해서 저장한다.

정답 7-1 ② 7-2 ③

핵심이론 08 │ 합성수지

① 열가소성 수지(Thermoplastics) : 가열하면 연화하고, 냉각하면 경화되는 변화가 가역적인 성질을 가진 플라스틱으로 선상구조를 가지고 있다.

※ 열가소성 수지의 종류
폴리염화비닐(PVC)수지, 폴리에틸렌(PE)수지, 폴리프로필렌(PP)수지, 폴리스티렌(PS)수지, 아크릴수지, 폴리아마이드수지(나일론), 플루오린(불소)수지, 스티롤수지, 초산비닐수지, 메틸아크릴수지, ABS수지

※ 폴리에스터를 제외하고 폴리가 들어가면 열가소성 수지이다.

※ 폴리우레탄은 열경화성과 열가소성 2가지 종류가 있다.

㉠ 염화비닐(PVC)수지
  • 강도, 전기절연성, 내약품성이 좋고 고온, 저온에 약하다.
  • 필름, 바닥용 타일, 파이프, 도료 등에 사용된다.

㉡ 폴리스티렌(PS)수지
  • 무색투명한 액체로서 내화학성, 전기절연성, 내수성이 크다.
  • 창유리, 벽용 타일 등에 사용된다.
  • 발포제품으로 만들어 단열재에 많이 사용된다.

㉢ 아크릴수지
  • 투광성이 크고 내후성, 내화학약품성이 우수하다.
  • 채광판, 유리 대용품으로 사용된다.

㉣ 폴리아마이드 수지(나일론) : 강인하고 미끄러지며 내마모성이 크다.

② 열경화성 수지(Thermosets) : 열을 받아서 경화되면 다시 열을 가해도 연화되지 않는 성질을 가진 플라스틱으로, 망상구조를 가지고 있다.

　※ 열경화성 수지의 종류

　　페놀수지, 요소수지, 폴리에스터수지(구조재료), 에폭시수지(금속, 콘크리트, 유리의 접착에 사용), 멜라민수지, 알키드수지, 아미노수지, 프란수지, 실리콘수지, 폴리우레탄

10년간 자주 출제된 문제

8-1. 다음 중 열가소성 수지는?

① 페놀수지　　　　　　② 요소수지
③ 염화비닐수지　　　　④ 멜라민수지

8-2. 다음 합성수지 중 열가소성 수지가 아닌 것은?

① 염화비닐수지　　　　② 폴리에틸렌수지
③ 아크릴산수지　　　　④ 페놀수지

8-3. 다음 합성수지 중 열경화성 수지가 아닌 것은?

① 폴리에틸렌수지　　　② 요소수지
③ 에폭시수지　　　　　④ 실리콘수지

|해설|

8-1~8-3
• 열가소성 수지의 종류
　폴리염화비닐(PVC)수지, 폴리에틸렌(PE)수지, 폴리프로필렌(PP)수지, 폴리스티렌(PS)수지, 아크릴수지, 폴리아마이드수지(나일론), 플루오린수지, 스티롤수지, 초산비닐수지, 메틸아크릴수지, ABS수지
• 열경화성 수지의 종류
　페놀수지, 요소수지, 폴리에스터수지(구조재료), 에폭시수지(금속, 콘크리트, 유리의 접착에 사용), 멜라민수지, 알키드수지, 아미노수지, 프란수지, 실리콘수지, 폴리우레탄

정답 8-1 ③　8-2 ④　8-3 ①

핵심이론 09 | 합성수지의 특성

① 합성수지의 특징
　㉠ 절연성, 전기적 특성, 성형성, 가공성이 좋다.
　㉡ 열에 의한 팽창·수축이 크다.
　㉢ 압축강도 이외의 강도는 작다.
　㉣ 탄성계수가 작고 변형이 크다.
　㉤ 내열성, 내후성이 작다.

② 합성수지의 장단점
　㉠ 장 점
　　• 비중이 작고 가공, 성형이 쉽다.
　　• 표면이 평활하고 아름답다.
　　• 내수성, 내습성, 내식성이 좋다.
　　• 착색이 쉽고 투광성이 좋다.
　　• 공장의 대량 생산이 가능하다.
　㉡ 단 점
　　• 압축강도 이외의 강도가 작다.
　　• 탄성계수가 작고 변형이 크다.
　　• 내열성, 내후성이 작다.
　　• 열에 의한 팽창·수축이 크다.

　※ 라텍스(Latex) : 고무나무의 수피에서 분비되는 백색 또는 회백색의 유상의 즙액으로 공기 중에 방치하면 응고한다.

　※ 플라스틱의 열화 : 물리적인 성질의 영구적인 감소

9-1. 합성수지의 일반적인 성질 중 옳지 않은 것은?

① 절연성, 전기적 특성이 좋다.
② 탄성계수가 크고 변형이 작다.
③ 성형성, 가공성이 좋다.
④ 압축강도 이외의 강도는 작다.

9-2. 플라스틱(Plastic)제품의 장점으로 틀린 것은?

① 유기재료에 비해 내구성, 내수성이 양호하다.
② 표면이 평활하고 아름답다.
③ 열에 의한 신축과 변형이 작다.
④ 비중이 비교적 작고 가공과 성형이 쉽다.

9-3. 토목에서 구조재료용으로 사용되는 플라스틱의 장점에 대한 설명으로 잘못된 것은?

① 플라스틱의 적은 중량으로 인해 구조물의 경량화가 가능하다.
② 플라스틱은 탄성계수가 크고 변형이 작다.
③ 공장에서 대량 생산이 가능하다.
④ 내수성 및 내습성이 양호하다.

정답 9-1 ② 9-2 ③ 9-3 ②

1-6. 토목섬유

핵심이론 01 │ 토목섬유의 개념

① 토목섬유 : 토목섬유는 모래, 흙, 자갈 등의 환경에 사용되는 섬유, 고분자재료로서 토목공사의 시공기술과 밀접한 관계가 있는 제품이다. 직포, 부직포, 매트 등과 같은 직물 형태와 플라스틱 멤브레인, 압출판 및 3차원 압출성형 구조물, 네트 등과 같은 고분자제품이 광범위하게 포함된다.

② 토목섬유의 특징
  ㉠ 토목섬유는 사용이 편리한 Roll 형태로 공급된다.
  ㉡ 토목섬유는 생산 시 품질관리(Quality Control)가 매우 우수하다.
  ㉢ 토목섬유는 현장 부지에 바로 신속하게 포설할 수 있다.
  ㉣ 토목섬유는 경량재료로 취급하기 용이하다.
  ㉤ 가볍고 타 재료와 비교해서 취급 및 시공이 용이하다.
  ㉥ 인장강도가 크고, 내구성이 좋다.
  ㉦ 현장에서 접합 등 가공이 쉽다.
  ㉧ 신축성이 좋아서 유연성이 있다.
  ㉨ 차수성, 분리성, 배수성이 크다.

토목섬유의 특징에 대한 설명으로 틀린 것은?

① 인장강도가 크다.
② 탄성계수가 작다.
③ 차수성, 분리성, 배수성이 크다.
④ 수축을 방지한다.

|해설|

토목섬유 : 신축성이 좋아서 유연성이 있다(탄성계수가 크다).

정답 ②

① 지오텍스타일(Geotextile)

　㉠ 토목섬유의 주를 이루고 있으며 폴리에스터, 폴리에틸렌, 폴리프로필렌 등의 합성섬유를 직조하여 만든 다공성 직물이다.

　㉡ 주로 폴리에스터와 폴리프로필렌 섬유가 사용되며 배수, 분리, 여과, 보강기능 등이 있다.

　　• 배수 : 물이 흙으로부터 여러 형태의 배수로로 빠져나갈 수 있도록 한다.

　　• 분리 : 지오텍스타일이나 관련 제품을 이용하여 인접한 다른 흙이나 채움재가 서로 섞이지 않도록 한다.

　　• 여과 : 입도가 다른 두 개의 층 사이에 배치될 때 침투수가 세립토층에서 조립토층으로 흘러갈 때 세립토의 이동을 방지한다.

　　• 보강 : 토목섬유의 인장강도는 흙의 지지력을 증가시킨다.

　㉢ 토목섬유 중 직포형과 부직포형이 있으며 분리, 배수, 보강, 여과기능을 갖고 오탁방지망, Drain Board, Pack Drain 포대, Geo Web 등에 사용된다.

② 지오그리드(Geogrid)

　㉠ 폴리머를 판상으로 압축시켜 격자 모양의 그리드 형태로 구멍을 내 일축 또는 이축 등 여러 모양으로 연신하여 제조한다. 분자 배열이 잘 조정되어 높은 강도를 가지기 때문에, 연약한 지반처리 및 보강용, 분리기능의 용도로 사용되는 토목섬유이다.

　㉡ 폴리올레핀과 폴리프로필렌 및 PVC 코팅재료가 널리 사용된다.

③ 지오컴포지트(Geocomposite)

　㉠ 두 개 이상의 토목섬유를 결합하여 기능을 복합적으로 향상시킨 것으로, 주로 매트 기초용으로 사용한다.

　㉡ 보강용 지오컴포지트, 차수용 토목섬유 클레이라이너, 배수용 지오컴포지트, 액체/기체 차단용 지오컴포지트, 침식방지용 지오컴포지트 등이 있다.

④ 지오멤브레인(Geomembrane)

　㉠ 용융된 폴리머를 밀어내어 정형시키거나, 폴리머 합성물로 직물을 코팅하거나, 폴리머 합성물을 압착시켜 성형된 판상의 형태로서 주요기능으로는 차수기능이 있다.

　㉡ 지오멤브레인은 액체 봉쇄를 목적으로 최근 널리 사용되고 있다.

　㉢ 위험한 폐기물, 산업용과 가정용의 쓰레기 매립, 흙댐 및 터널방수 등 특별한 용도에 사용한다.

　㉣ 지오멤브레인에 사용되는 고분자의 주요소재는 PVC와 HDPE, CSPE(Chloro Sulfonated Polyethylene) 및 CPE(Chlorinated Polyethylene) 등이다.

※ 토목섬유재료인 EPS 블록은 고분자재료 중 폴리스티렌 원료를 주로 사용한다.

※ 인열강도시험 : 토목섬유가 힘을 받아 한 방향으로 찢어지는 특성을 측정하는 시험법

10년간 자주 출제된 문제

2-1. 토목섬유 중 직포형과 부직포형이 있으며 분리, 배수, 보강, 여과기능을 갖고 오탁방지망, Drain Board, Pack Drain 포대, Geo Web 등에 사용되는 자재는?

① 지오텍스타일　　　　② 지오그리드
③ 지오네트　　　　　　④ 지오멤브레인

2-2. 토목섬유의 주를 이루고 있으며 폴리에스터, 폴리에틸렌, 폴리프로필렌 등의 합성섬유를 직조하여 만든 다공성 직물은?

① 지오텍스타일　　　　② 지오멤브레인
③ 지오그리드　　　　　④ 지오컴포지트

2-3. 토목섬유의 주된 기능이 아닌 것은?

① 혼합기능　　　　　　② 배수기능
③ 분리기능　　　　　　④ 보강기능

2-4. 폴리머를 판상으로 압축시키면서 격자 모양의 형태로 구멍을 내어 만든 후 여러 가지 모양으로 늘린 것으로 연약 지반 처리 및 지반 보강용으로 사용되는 토목섬유는?

① 지오텍스타일(Geotextile)
② 지오그리드(Geogrid)
③ 지오네트(Geonets)
④ 웨빙(Webbings)

2-5. 토목섬유에 대한 설명으로 옳지 않은 것은?

① 토목섬유는 내구성이 강하고 자외선 및 일광에 대한 저항성이 커야 한다.
② 지오텍스타일(Geotextile)섬유는 주로 폴리에스터와 폴리프로필렌섬유가 사용되며 분리기능, 여과기능, 보강기능이 있다.
③ 지오멤브레인(Geomembrane)섬유는 격자 모양의 그리드 형태로 표면에 구멍이 많은 형태로서 배수기능, 여과기능이 있다.
④ 지오컴포지트(Geocomposite)는 두 개 이상 토목섬유를 결합하여 기능을 복합적으로 향상시킨 것으로, 주로 매트 기초용으로 사용된다.

2-6. 다음에서 설명하는 토목섬유는?

> 용융된 폴리머를 밀어내어 정형시키거나, 폴리머 합성물로 직물을 코팅하거나, 폴리머 합성물을 압착시켜 성형된 판상의 형태로서 주요기능으로는 차수기능이 있다.

① 지오텍스타일   ② 지오멤브레인
③ 지오컴포지트   ④ 지오그리드

|해설|

2-1~2-3
지오텍스타일(Geotextile)
토목섬유의 주를 이루고 폴리에스터, 폴리에틸렌, 폴리프로필렌 등의 합성섬유를 직조하여 만든 다공성 직물이며, 배수, 분리, 여과, 보강기능 등이 있다.

2-4
지오그리드(Geogrid)
폴리머를 판상으로 압축시켜 격자 모양의 형태로 구멍을 내어 만든 후 여러 가지 모양으로 늘린 것이다. 연약한 지반 처리 및 지반 보강용으로 쓰이며, 폴리올레핀과 폴리프로필렌 및 PVC 코팅재료가 널리 사용된다.

정답 2-1 ① 2-2 ① 2-3 ① 2-4 ② 2-5 ③ 2-6 ②

2-1. 잔골재

핵심이론 01 | 잔골재의 개념

① 골재의 종류 및 정의

  ㉠ 크기에 따른 분류

   • 잔골재(모래) : 5mm 체에 중량비 85% 이상 통과하는 골재

   • 굵은 골재(자갈) : 5mm 체에 중량비 85% 이상 남는 콘크리트용 골재

  ㉡ 비중에 따른 분류

   • 경량골재

    – 비중 2.0 이하로 콘크리트의 중량 감소, 단열 등의 목적으로 사용한다.

    – 천연 경량골재 : 화산자갈, 응회암, 부석, 용암(현무암) 등

    – 인공 경량골재 : 팽창성 혈암, 팽창성 점토, 플라이 애시(Fly Ash) 등

    – 비구조용 경량골재 : 소성 규조토, 팽창진주암(펄라이트)

    – 기타 : 질석, 신더, 고로 슬래그 등

   • 보통골재 : 비중 2.5~2.7 정도의 골재로 보통 콘크리트에 사용한다.

   • 중량골재 : 비중 2.7 이상으로 방사선의 차단효과를 높이기 위하여 사용한다.

② 콘크리트용 인공 경량골재

  ㉠ 흡수율이 큰 인공 경량골재를 사용할 경우 프리웨팅(Prewetting)하여 사용하는 것이 좋다.

  ㉡ 인공 경량골재의 부립률이 클수록 콘크리트의 압축강도는 저하된다.

  ㉢ 인공 경량골재를 사용하는 콘크리트는 AE콘크리트로 하는 것이 원칙이다.

③ 경량골재의 취급

　　㉠ 파쇄되지 않도록 한다.

　　㉡ 습윤 상태를 유지한다.

　　㉢ 크고 작은 낱알이 분리되지 않도록 한다.

　　㉣ 햇볕을 덜 받는 장소에 보관한다.

10년간 자주 출제된 문제

1-1. 굵은 골재에 대한 설명으로 옳은 것은?

① 5mm 체에 거의 다 남는 골재

② 5mm 체를 통과하고 0.08mm 체에 남는 골재

③ 10mm 체에 거의 다 남는 골재

④ 20mm 체에 거의 다 남는 골재

1-2. 경량골재에 속하는 것은?

① 강자갈　　　　　　② 화산자갈

③ 산자갈　　　　　　④ 바다자갈

1-3. 콘크리트용 인공 경량골재에 대한 설명으로 틀린 것은?

① 흡수율이 큰 인공 경량골재를 사용할 경우 프리웨팅(Prewet-ting)하여 사용하는 것이 좋다.

② 인공 경량골재를 사용한 콘크리트의 탄성계수는 보통골재를 사용한 콘크리트 탄성계수보다 크다.

③ 인공 경량골재의 부립률이 클수록 콘크리트의 압축강도는 저하된다.

④ 인공 경량골재를 사용하는 콘크리트는 AE콘크리트로 하는 것이 원칙이다.

1-4. 경량골재의 취급에 대한 설명 중 틀린 것은?

① 파쇄되지 않도록 한다.

② 습윤 상태를 유지한다.

③ 크고 작은 낱알이 분리되도록 한다.

④ 햇볕을 덜 받는 장소에 보관한다.

|해설|

1-2

경량골재

• 천연 경량골재 : 화산자갈, 응회암, 부석, 용암(현무암) 등

• 인공 경량골재 : 팽창성혈암, 팽창성점토, 플라이 애시(Fly Ash) 등

정답 1-1 ①　1-2 ②　1-3 ②　1-4 ③

핵심이론 02 | 골재의 조건

① 단단하고 소요(필요한)의 강도를 가져야 한다.

② 깨끗하고 유기물, 먼지, 점토 등이 섞여 있지 않아야 한다.

③ 내구성, 내화성이 있어야 한다.

④ 물리적, 화학적으로 안정성이 있어야 한다.

⑤ 마모에 대한 저항성이 커야 한다.

⑥ 모양이 입방체 또는 구(球, 둥근형)에 가깝고 부착이 좋은 표면조직을 가져야 한다.

⑦ 입도가 양호하고, 소요 중량을 가져야 한다.

⑧ 크고 작은 입자의 혼합 상태가 적절하여야 한다.

⑨ 골재의 품질이 안정적이며, 필요한 공급량이 확보될 수 있어야 한다.

⑩ 비중이 크고 흡수성이 작아야 한다.

10년간 자주 출제된 문제

콘크리트의 골재로서 필요한 조건으로서 적절하지 않은 것은?

① 깨끗하고 유해물을 함유하지 않을 것

② 화학적, 물리적으로 안정하고 내구성이 클 것

③ 크기가 비슷한 것이 고르게 혼입되어 있을 것

④ 단단하며 마모에 대한 저항이 클 것

정답 ③

핵심이론 03 | 골재의 밀도

① 콘크리트용 골재의 밀도
   ㉠ 콘크리트 배합 설계 시 사용되는 골재의 밀도는 표면건조 포화상태의 밀도이다.
   ㉡ 일반적으로 보통 골재의 밀도범위는 2.50~2.70g/cm^{3}이다.

② 밀도가 큰 골재를 사용했을 때의 일반적인 특성
   ㉠ 내구성이 좋아진다.
   ㉡ 강도가 증가한다.
   ㉢ 동결에 의한 손실이 줄어든다.
   ㉣ 흡수성이 작아진다.
   ㉤ 공극률이 작다.
   ㉥ 조직이 치밀하다.

③ 표면건조포화상태의 밀도 계산

   예제) 굵은 골재의 밀도시험 결과가 다음과 같을 때 이 골재의 **표면건조포화상태의 밀도는?**

   - 노건조 시료의 질량(g) : 3,800
   - 표면건조포화상태의 시료 질량(g) : 4,000
   - 시료의 수중 질량(g) : 2,491.1
   - 시험온도에서의 물의 밀도 : 1g/cm^3

   해설

   표면건조포화상태의 밀도 $= \dfrac{B}{B-C} \times \rho_w$

   $\qquad\qquad\qquad = \dfrac{4,000}{4,000-2491.1} \times 1 = 2.651\text{g/cm}^3$

   여기서, B : 대기 중 시료의 표면건조포화상태의 무게(g)
   $\qquad\quad C$: 수중에서 시료의 무게(g)
   $\qquad\quad \rho_w$: 물의 밀도(g/cm^3)

3-1. 골재의 밀도라고 하면 일반적으로 골재가 어떤 상태일 때의 밀도를 기준으로 하는가?
① 노건조상태
② 공기 중 건조상태
③ 표면건조포화상태
④ 습윤상태

3-2. 밀도가 큰 골재를 사용했을 때의 일반적인 특성과 관계가 없는 것은?
① 내구성이 좋아진다.
② 흡수성이 증대된다.
③ 동결에 의한 손실이 줄어든다.
④ 강도가 증가한다.

3-3. 콘크리트용 골재의 밀도에 대한 설명으로 틀린 것은?
① 골재의 밀도가 커질수록 골재의 흡수율은 작아진다.
② 콘크리트 배합 설계 시 사용되는 골재의 밀도는 표면건조포화상태의 밀도이다.
③ 일반적으로 보통 골재의 밀도는 2.50~2.70g/cm^{3}의 범위에 있다.
④ 골재의 밀도가 커질수록 동해를 받기 쉽고, 알칼리 골재반응에 대한 저항성이 작아진다.

|해설|

3-3
골재의 밀도가 커질수록 동결에 의한 손실이 줄어들고, 알칼리 골재반응에 대한 저항성이 증대하며, 내구성면에서 유리하다.

정답 3-1 ③ 3-2 ② 3-3 ④

핵심이론 04 | 골재의 함수상태

① 콘크리트용 골재의 함수량의 기준 : 콘크리트의 배합을 나타낼 때는 골재가 표면건조포화상태에 있는 것을 기준으로 한다.

② 골재의 함수상태

　㉠ 절대건조상태(절건상태)
　　• 105±5℃(100~110℃)의 온도에서 일정한 질량이 될 때까지 건조하여 골재알의 내부에 포함되어 있는 자유수가 완전히 제거된 상태
　　• 100℃ 정도의 온도에서 24시간 이상 건조시킨 상태

　㉡ 공기 중 건조상태(기건상태) : 골재를 실내에 방치한 경우 골재 입자의 표면과 내부의 일부가 건조된 상태

　㉢ 습윤상태 : 내부에 물이 채워져 있고, 표면에도 물이 부착되어 있는 상태

　㉣ 표면건조포화상태(표건상태)
　　• 골재알의 표면에는 물기가 없고 골재알 속의 빈틈만 물로 차 있는 상태
　　• 골재의 표면은 건조하고 골재 내부의 공극이 완전히 물로 차 있는 상태
　　• 습기가 없는 실내에서 자연건조시킨 것으로 골재알 속의 빈틈 일부가 물로 가득 차 있는 골재의 함수상태

4-1. 콘크리트용 골재의 함수량에 대한 내용으로 옳은 것은?
① 비중이 큰 골재는 흡수량도 크다.
② 굵은 골재는 잔골재보다 흡수량이 크다.
③ 콘크리트의 배합을 나타낼 때는 골재가 표면건조포화상태에 있는 것을 기준으로 한다.
④ 표면 수량은 흡수량에서 함수량을 뺀 값이다.

4-2. 콘크리트 배합 설계는 골재의 어떤 함수상태를 기준으로 하는가?
① 절대건조상태
② 공기 중 건조상태
③ 습윤상태
④ 표면건조포화상태

4-3. 골재의 표면수는 없고 골재알 속의 빈틈이 물로 차 있는 상태는?
① 절대건조상태
② 기건상태
③ 습윤상태
④ 표면건조포화상태

정답 4-1 ③　4-2 ④　4-3 ④

핵심이론 05 | 골재의 함수상태로 구하는 항목

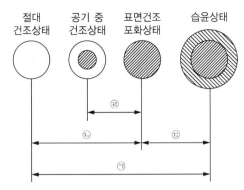

절대 건조상태 / 공기 중 건조상태 / 표면건조 포화상태 / 습윤상태

위의 그림에서 ㉠은 함수량, ㉡은 흡수량, ㉢은 표면수량, ㉣은 유효흡수량이다.

① 흡수량

  ㉠ 골재가 절대건조상태에서 표면건조포화상태가 되기까지 흡수된 물의 양

  ㉡ 골재의 표면건조포화상태의 수분에서 절대건조상태의 수분을 뺀 물의 양

  ※ 잔골재의 흡수율은 3.0% 이하의 값을 표준으로 한다.

  ※ 골재의 흡수율

  • 절대건조상태에서 표면건조포화상태까지 흡수된 수량을 절대건조상태에 대한 골재 질량의 백분율로 나타낸 것

  • 표면건조포화상태의 골재에 함유되어 있는 전체 수량의 절대건조상태 골재 질량에 대한 백분율

  • 흡수율

  $$= \frac{(표면건조포화상태 - 절대건조상태)}{(절대건조상태)} \times 100$$

② 표면수량

  ㉠ 골재 입자의 표면에 묻어 있는 물의 양으로 함수량에서 흡수량을 뺀 값

  ㉡ 표면수율 $= \frac{(습윤상태질량 - 표건질량)}{(표건질량)} \times 100$

③ 유효흡수량

  ㉠ 골재의 함수상태에 있어서 공기 중 건조상태에서 표면건조포화상태가 될 때까지 흡수되는 물의 양

  ㉡ 공기 중 건조상태와 표면건조포화상태 사이의 함수량

  ㉢ 유효흡수율 $= \frac{(표건질량 - 기건질량)}{(기건질량)} \times 100$

10년간 자주 출제된 문제

5-1. 골재가 절대건조상태에서 표면건조포화상태가 되기까지 흡수된 물의 양은?

① 함수량 　　　　　② 흡수량
③ 표면수량 　　　　④ 유효흡수량

5-2. 골재 입자의 표면에 묻어 있는 물의 양으로 함수량에서 흡수량을 뺀 값은?

① 유효흡수량
② 절대건조상태
③ 표면수량
④ 표면건조포화상태

5-3. 보통 젖은 모래를 손에 쥐었더니 모양이 쥐어지고 손바닥에 물이 약간 묻었다. 이 골재의 표면수량은 얼마 정도인가?

① 0.5~1% 　　　　② 9~12%
③ 2~4% 　　　　　④ 5~8%

| 해설 |

5-3
일반적인 골재의 표면수량

골재의 상태	표면수량(%)
젖은 자갈 또는 부순 자갈	1.5~2
아주 젖은 모래(쥐면 손바닥이 젖는다)	5~8
보통 젖은 모래(쥐면 모양이 지어지고 손바닥이 약간 젖는다)	2~4
약간 젖은 모래(쥐어도 모양이 무너지고 약간의 수분을 느낄 수 있다)	0.5~2

정답 5-1 ②　5-2 ③　5-3 ③

2-2. 굵은 골재

핵심이론 01 굵은 골재의 최대치수

① 콘크리트용 굵은 골재의 최대치수

　㉠ 굵은 골재의 최대치수란 질량으로 90% 이상 통과한 체 중에서 최소의 체 치수로 나타낸 굵은 골재의 치수이다.

　㉡ 거푸집 양 측면 사이의 최소거리의 1/5을 초과하지 않아야 한다.

　㉢ 슬래브 두께의 1/3을 초과하지 않아야 한다.

　㉣ 개별 철근, 다발 철근, 긴장재 또는 덕트 사이 최소 순 간격의 3/4을 초과하지 않아야 한다.

　㉤ 무근콘크리트의 경우 부재 최소치수의 1/4을 초과하지 않아야 한다.

　㉥ 일반적인 경우 20mm 또는 25mm가 표준이다.

② 굵은 골재의 최대치수의 영향

　㉠ 굵은 골재의 최대치수가 클수록 소요의 반죽질기를 얻기 위한 단위수량 및 시멘트량은 감소한다.

　㉡ 철근콘크리트의 경우 굵은 골재의 최대치수는 부재의 최소치수나 철근의 수평 간격을 고려한다.

　㉢ 굵은 골재의 최대치수가 클수록 비빔 및 취급이 곤란하고 재료 분리가 일어나기 쉽다.

　㉣ 골재의 입도는 균일한 크기의 입자만 있는 경우보다 작은 입자와 굵은 입자가 적당히 혼합된 경우가 유리하다.

　※ 일반 콘크리트용 굵은 골재 마모율의 허용값은 40% 이하이어야 한다.

　※ 조립률(FM)이란 10개의 표준체를 1조로 체가름시험하였을 때, 각 체에 남은 누계량의 전체 시료에 대한 질량 백분율의 합계를 100으로 나눈 값이다.

③ 콘크리트용 골재로서 부순 굵은 골재

　㉠ 부순 굵은 골재는 모가 나 있기 때문에 실적률이 작다.

　㉡ 콘크리트에 사용될 때 작업성이 떨어진다.

　㉢ 동일 슬럼프를 얻기 위한 단위수량은 입도가 좋은 강자갈보다 6~8% 정도 높아진다.

　㉣ 부순 골재를 사용하면 강자갈을 사용할 때보다 단위수량 및 잔골재율을 증가시킬 필요가 있다.

10년간 자주 출제된 문제

1-1. 다음 ( ) 안에 들어갈 내용으로 옳은 것은?

> 굵은 골재의 최대치수는 질량으로 (　　)% 이상 통과한 체 중에서 최소의 체 치수로 나타낸 굵은 골재의 치수이다.

① 60 ② 70
③ 80 ④ 90

1-2. 일반콘크리트 굵은 골재의 최대치수에 관한 설명으로 틀린 것은?

① 일반적인 경우 20mm 또는 25mm가 표준이다.
② 슬래브 두께의 1/3을 초과해서는 안 된다.
③ 거푸집 양 측면 사이의 최소거리의 1/2을 초과해서는 안 된다.
④ 무근콘크리트의 경우 부재 최소치수의 1/4을 초과해서는 안 된다.

1-3. 일반콘크리트용 굵은 골재 마모율의 허용값은 얼마 이하이어야 하는가?

① 25% ② 35%
③ 40% ④ 50%

1-4. 다음 콘크리트용 골재에 대한 설명으로 틀린 것은?

① 골재의 비중이 클수록 흡수량이 작아 내구적이다.
② 조립률이 같은 골재라도 서로 다른 입도곡선을 가질 수 있다.
③ 콘크리트의 압축강도는 물-시멘트비가 동일한 경우 굵은 골재의 최대치수가 커짐에 따라 증가한다.
④ 굵은 골재 최대치수를 크게 하면 같은 슬럼프의 콘크리트를 제조하는 데 필요한 단위수량을 감소시킬 수 있다.

|해설|

1-2

거푸집 양 측면 사이의 최소거리의 $\dfrac{1}{5}$을 초과하지 않아야 한다.

정답 1-1 ④　1-2 ③　1-3 ③　1-4 ③

① 골재의 저장 및 취급(시방서 규정)

　⊙ 각종 골재는 별도로 저장해야 하며 먼지나 잡물이 섞이지 않도록 한다.

　　※ 잔골재, 굵은 골재 및 종류, 입도가 다른 골재는 각각 구분하여 별도로 저장한다.

　ⓛ 최대치수가 60mm 이상인 굵은 골재는 적당한 체로 쳐서 대소(大小) 2종으로 분리시켜 저장하는 것이 좋다.

　ⓒ 골재의 표면수량이 일정하도록 저장해야 한다.

　ⓔ 굵은 골재 취급 시 크고 작은 입자가 분리되지 않도록 한다.

　ⓜ 골재는 빙설의 혼입 및 동결을 막기 위해 적당한 시설을 갖추어 저장한다.

　ⓗ 골재는 여름에 일광의 직사를 피하기 위해 적당한 시설을 갖추어 저장한다.

　ⓢ 골재의 저장설비는 적당한 배수설비를 설치하고 그 용량을 검토하여 표면수량이 일정한 골재의 사용이 가능하도록 한다.

② 기타 주요사항

　⊙ 골재의 비중이 클수록 흡수량이 작아 내구적이다.

　ⓛ 조립률이 같은 골재라도 서로 다른 입도곡선을 가질 수 있다.

　ⓒ 하천골재는 단단하고 내구적이며 입형이 양호한 것이 많다.

　ⓔ 육상골재는 미립분의 함유량이 많고 유기 불순물이 혼입되는 경우가 많다.

10년간 자주 출제된 문제

골재의 취급과 저장 시 주의해야 할 사항으로 틀린 것은?

① 잔골재, 굵은 골재 및 종류, 입도가 다른 골재는 각각 구분하여 별도로 저장한다.

② 골재의 저장설비는 적당한 배수설비를 설치하고 그 용량을 검토하여 표면수량이 일정한 골재의 사용이 가능하도록 한다.

③ 골재의 표면수는 굵은 골재는 건조 상태로, 잔골재는 습윤 상태로 저장하는 것이 좋다.

④ 골재는 빙설의 혼입 방지, 동결 방지를 위한 적당한 시설을 갖추어 저장해야 한다.

|해설|

표면수는 골재의 입자 외부에 붙어 있는 수분으로, 골재의 표면수량을 일정하게 저장해야 한다.

정답 ③

2-3. 시멘트의 종류

핵심이론 01 | 시멘트의 종류

① 시멘트의 종류

　㉠ 기경성 시멘트 : 석회(소석회), 고로질 석회, 석고, 마그네시아 시멘트

　㉡ 수경성 시멘트 : 단미 시멘트(보통 포틀랜드 시멘트), 혼합 시멘트, 특수 시멘트

② 수경성 시멘트의 분류

　㉠ 단미 시멘트(보통 포틀랜드 시멘트) : 1종 보통 포틀랜드시멘트, 2종 중용열 포틀랜드 시멘트, 3종 조강 포틀랜드 시멘트, 4종 저열 포틀랜드 시멘트, 5종 내황산염 포틀랜드 시멘트

　㉡ 혼합 시멘트 : 고로 슬래그 시멘트, 플라이 애시 시멘트, 포틀랜드 포졸란(실리카) 시멘트

　㉢ 특수 시멘트 : 백색 시멘트, 팽창질석을 사용한 단열 시멘트, 팽창성 수경 시멘트, 메이슨리 시멘트, 초조강 시멘트, 초속경 시멘트, 알루미나 시멘트, 방통 시멘트, 유정 시멘트 등

1-1. 포틀랜드 시멘트에 속하지 않는 것은?

① 조강 포틀랜드 시멘트
② 중용열 포틀랜드 시멘트
③ 포틀랜드 포졸란 시멘트
④ 보통 포틀랜드 시멘트

1-2. 다음 중 혼합 시멘트에 속하는 것은?

① 고로 시멘트
② 중용열 포틀랜드 시멘트
③ 알루미나 시멘트
④ 백색 포틀랜드 시멘트

1-3. 다음 중 혼합 시멘트가 아닌 것은?

① 고로 슬래그 시멘트
② 알루미나 시멘트
③ 플라이 애시 시멘트
④ 포틀랜드 포졸란 시멘트

1-4. 시멘트를 분류할 때 특수 시멘트에 속하지 않는 것은?

① 알루미나 시멘트
② 팽창 시멘트
③ 플라이 애시 시멘트
④ 초속경 시멘트

정답 1-1 ③　1-2 ①　1-3 ②　1-4 ③

핵심이론 02 | 포틀랜드 시멘트

① 포틀랜드 시멘트의 제조에 필요한 주원료는 석회암과 점토이다.

② 포틀랜드 시멘트 주요성분의 비율

산화칼슘(CaO) > 이산화규소(SiO_2) > 산화알루미늄(Al_2O_3) > 산화철(Fe_2O_3)

③ 포틀랜드 시멘트의 수경률(HM ; Hydraulic Modulus)에 대한 설명

㉠ 수경률은 CaO 성분이 높으면 커진다.

㉡ 수경률이 크면 조기강도가 크고 수화열이 큰 시멘트가 생긴다.

④ 시멘트 클링커의 조성광물

㉠ 클링커는 단일조성의 물질이 아니라 C_3S(규산 3석회), C_2S(규산 2석회), C_3A(알루민산 3석회), C_4AF(알루민산철 4석회)의 4가지 주요 화합물로 구성되어 있다.

㉡ 클링커의 화합물 중 C_3S 및 C_2S는 시멘트 강도의 대부분을 지배하며, 그 합이 포틀랜드시멘트에서는 70~80% 범위이다.

㉢ C_3A는 수화속도가 매우 빠르고 발열량이 크며 수축도 크다.

⑤ 시멘트의 안정성 : 클링커의 소성이 불충분할 경우에 생긴 유리석회 등의 양이 지나치게 많으면 불안정해진다.

① 중용열 포틀랜드 시멘트의 특징

　ㄱ 수화열을 적게 하기 위하여 규산 3석회와 알루민
산 3석회의 양을 제한해서 만든 것이다.

　ㄴ 화학조성 중 C_3A(알루민산 3석회)의 양을 적게 하
고 그 대신 장기강도를 발현하기 위하여 C_3S(규산
3석회) 양을 많게 한 시멘트이다.

　ㄷ 포틀랜드 시멘트 중 건조수축이 가장 작다.

　ㄹ 수화작용을 할 때 발열량이 적고, 체적의 변화가
작다.

　ㅁ 수화열이 적고, 건조수축이 작으며 장기강도가
크다.

　ㅂ 건조수축이 작으므로 댐과 같은 단면이 큰 콘크리
트용으로 알맞다.

　ㅅ 댐, 지하 구조물, 도로포장용과 서중콘크리트 공
사에 사용된다.

② 조강 포틀랜드 시멘트의 특징

　ㄱ 양생기간을 단축시켜 공기를 단축할 수 있다.

　ㄴ 콘크리트의 수밀성이 높고 구조물의 내구성도 우
수하다.

　ㄷ 보통 시멘트 28일 강도를 재령 7일 정도에 나타
난다.

　ㄹ 단시일 내에 거푸집을 제거할 수 있다.

　ㅁ 수화열이 커서 한중콘크리트와 수중콘크리트를
시공하기 적합하다.

　ㅂ 수화열이 커서 매스콘크리트에서는 균열 발생의
원인이 되기도 한다.

※ 포틀랜드 시멘트

　1. 보통 포틀랜드 시멘트(1종) : 일반적으로 가장 많이
사용되며, 일반 건축토목 공사에 사용

　2. 중용열 포틀랜드 시멘트(2종) : 수화열이 적고 장기강
도가 우수하여 댐, 터널, 교량공사에 사용

　3. 조강 포틀랜드 시멘트(3종) : 수화열이 높아 조기강도
와 저온에서 강도 발현이 우수하여 급속공사에 사용

　4. 저열 포틀랜드 시멘트(4종) : 수화열이 가장 적고 내구
성이 우수하여 특수공사에 사용

　5. 내황산염 포틀랜드 시멘트(5종) : 황산염에 대한 저항
성이 크고 수화열이 낮아 장기강도의 발현에 우수하여
댐, 터널, 도로포장 및 교량공사에 사용

10년간 자주 출제된 문제

**3-1. 수화열을 적게 하기 위하여 규산 3석회와 알루민산 3석회
의 양을 제한해서 만든 것으로 건조수축이 작아 단면이 큰 콘
크리트용으로 알맞은 시멘트는?**

① 조강 포틀랜드 시멘트

② 슬래그 시멘트

③ 백색 포틀랜드 시멘트

④ 중용열 포틀랜드 시멘트

**3-2. 공기 단축을 할 수 있고 한중콘크리트와 수중콘크리트를
시공하기에 적합한 시멘트는?**

① 조강 포틀랜드 시멘트

② 중용열 시멘트

③ 보통 포틀랜드 시멘트

④ 고로 시멘트

3-3. 조강 포틀랜드 시멘트에 대한 설명으로 옳지 않은 것은?

① 거푸집을 단시일 내에 제거할 수 있다.

② 수화열이 커서 단면이 큰 콘크리트 구조물에 적당하다.

③ 양생기간을 단축시킨다.

④ 한중공사에 적합하다.

|해설|

3-3
수화열이 크면 매스콘크리트에서는 균열 발생의 원인이 되기도
하므로 큰 콘크리트 구조물에는 적합하지 않다.

정답 3-1 ④　3-2 ①　3-3 ②

핵심이론 04 | 혼합 시멘트

① 플라이 애시 시멘트

　㉠ 포틀랜드 시멘트에 플라이 애시를 혼합하여 만든 시멘트이다.

　㉡ 조기강도는 작으나 장기강도 증진이 크다.

　㉢ 수밀성이 크고 워커빌리티가 좋다.

　㉣ 해수에 대한 화학저항성이 크다.

　㉤ 단위수량을 감소시키고 수화열과 건조수축을 저감시킬 수 있어 댐콘크리트나 매스콘크리트에 사용한다.

② 고로 슬래그 시멘트

　㉠ 고로 슬래그 시멘트는 제철소의 용광로에서 선철을 만들 때 부산물로 얻은 슬래그를 포틀랜드 시멘트 클링커에 섞어서 만든 시멘트이다.

　㉡ 포틀랜드 시멘트에 비해 응결시간이 느리다.

　㉢ 조기강도가 작으나 장기강도는 큰 편이다.

　㉣ 일반적으로 내화학성이 좋으므로 해수, 하수, 공장폐수 등에 접하는 콘크리트에 적합하다.

　㉤ 고로 슬래그 혼합량이 증가할수록 비중이 작아진다.

　㉥ 고로 슬래그 자체는 수경성이 없으나 수화에 의하여 생성되는 수산화칼슘의 자극을 받아 수화하는 잠재수경성을 가진다.

③ 실리카 시멘트

　㉠ 수밀성이 크고 발열량이 적다.

　㉡ 해수 등에 대한 화학적 저항성이 크다.

　㉢ 워커빌리티 및 피니셔빌리티가 좋다.

　㉣ 조기강도가 작고, 장기강도는 조금 크다.

　㉤ 블리딩(Bleeding) 및 재료 분리를 작게 한다.

　㉥ 발열량이 적으므로 단면이 큰 콘크리트에 적합하다.

　㉦ 포졸란반응으로 수밀성이 향상되고, 수화열 저감 효과가 있다.

10년간 자주 출제된 문제

4-1. 플라이 애시 시멘트에 관한 설명으로 옳지 않은 것은?

① 워커빌리티가 좋다.

② 장기강도가 크다.

③ 해수에 대한 화학저항성이 크다.

④ 수화열이 크다.

4-2. 고로 슬래그 시멘트는 제철소의 용광로에서 선철을 만들 때 부산물로 얻은 슬래그를 포틀랜드 시멘트 클링커에 섞어서 만든 시멘트이다. 그 특성으로 옳지 않은 것은?

① 포틀랜드 시멘트에 비해 응결시간이 느리다.

② 조기강도가 작으나 장기강도는 큰 편이다.

③ 수화열이 커서 매스콘크리트에는 적합하지 않다.

④ 일반적으로 내화학성이 좋으므로 해수, 하수, 공장폐수 등에 접하는 콘크리트에 적합하다.

|해설|

4-2

고로 슬래그 시멘트는 잠재수경성을 가지며 그 자체로는 경화되는 성질이 약하지만, 알칼리에 의해 경화하는 특성을 갖는다. 즉, 시멘트와 혼합한 경우 수산화칼슘과 석고 등에 의해 경화가 촉진되어 수화열 저감, 장기강도 향상, 수밀성 향상, 염화물이온 침투 억제, 화학저항성 향상 및 알칼리 골재 반응을 억제한다.

정답 4-1 ④　4-2 ③

① 알루미나 시멘트

　　㉠ 보크사이트와 석회석을 혼합하여 분말로 만든 시멘트이다.

　　㉡ 해중공사 또는 한중콘크리트 공사용 시멘트로 적당하다.

　　㉢ 조기강도가 가장 커서 긴급공사에 적합하다.

　　㉣ 재령 1일에 보통 포틀랜드 시멘트의 재령 28일에 해당하는 강도가 나타난다.

　　㉤ 열분해온도가 높아 내화용 콘크리트에 적합하다.

　　㉥ 산, 염류, 해수 등의 화학작용을 받는 곳에서는 저항이 크다.

　　㉦ 발열량이 매우 많으므로 양생할 때 주의해야 한다.

② 초속경(秒速硬) 시멘트

　　㉠ 응결시간이 짧고 경화 시 발열이 크다.

　　㉡ 2~3시간 안에 큰 강도를 갖는다.

　　㉢ 포틀랜드 시멘트와 혼합이 금지된다.

③ 벨라이트 시멘트

　　㉠ 수화열이 적어 대규모의 댐이나 고층건물들과 같은 대형 구조물공사에 적합하다.

　　㉡ 장기강도가 높고 내구성이 좋다.

　　㉢ 고분말도형(고강도형)과 저분말도형(저발열형)으로 나누어 공업적으로 생산된다.

5-1. 알루미나 시멘트에 관한 설명 중 옳은 것은?

① 화학작용에 대한 저항성이 작아 풍화되기 쉽다.
② 조기강도가 커서 긴급공사에 적합하다.
③ 해수공사에는 부적합하나 서중공사에는 적당하다.
④ 발열량이 적어 매스콘크리트에 적합하다.

5-2. 해중공사 또는 한중콘크리트 공사용 시멘트로 적당한 것은?

① 고로 시멘트
② 실리카 시멘트
③ 알루미나 시멘트
④ 보통 포틀랜드 시멘트

5-3. 다음 중 조기강도가 가장 큰 시멘트는?

① 고로 시멘트
② 실리카 시멘트
③ 알루미나 시멘트
④ 조강 포틀랜드 시멘트

5-4. 초속경 시멘트에 대한 설명으로 틀린 것은?

① 응결시간이 짧다.
② 경화 시 발열이 크다.
③ 2~3시간 안에 큰 강도를 갖는다.
④ 포틀랜드 시멘트와 혼합하여 사용할 수 있다.

| 해설 |

5-4
초속경 시멘트는 포틀랜드 시멘트와 혼합이 금지된다.

정답 5-1 ② 5-2 ③ 5-3 ③ 5-4 ④

2-4. 시멘트의 성질

핵심이론 01 | 응결과 경화

① 응결(Setting) : 시멘트 풀이 시간이 지남에 따라 유동성과 점성을 잃고 차츰 굳어지는 현상

② 경화(Hardening) : 시간이 경과할수록 겔(Gel)의 생성이 증대되어 시멘트 입자 사이가 치밀하게 채워지며 기계적 강도가 증가하는 현상

③ 응결과 경화과정

　㉠ 시멘트의 응결은 수화반응의 단계 중 가속기에서 발생하며, 이때 수화열이 크게 발생한다.

　㉡ 시멘트는 물과 접해도 바로 굳지 않고, 어느 기간 동안 유동성을 유지한 후 재차 상당한 발열반응과 함께 수화되면서 유동성을 잃는다.

　㉢ 시멘트에 석고가 첨가되지 않으면 C_3A가 급격히 수화되어 급결이 일어난다.

　㉣ 수화과정에서 생성된 시멘트 수화물의 겔은 미세한 집합체로서, 밀도가 높은 경화체가 되면서 강도를 증가시킨다.

④ 시멘트 응결 및 경화에 영향을 미치는 요소

　㉠ 온도가 높을수록 응결 및 경화가 빨라진다.

　㉡ 습도가 낮을수록 응결은 빨라진다.

　㉢ 분말도가 높으면 응결은 빨라진다.

　㉣ C_3A가 많을수록 응결은 빨라진다.

　㉤ 풍화된 시멘트는 응결 및 경화가 늦어진다.

　㉥ 함수량이 많으면 응결 및 경화가 늦어진다.

　㉦ 석고의 양이 많을수록 응결이 늦어진다.

　※ 시멘트의 성분 중에서 석고를 사용하는 목적 : 응결시간 조절을 위해서

※ KS 규격 개정에 의해 비중이 밀도로 명칭이 변경됨

① 시멘트 밀도의 특징

　　㉠ 보통 포틀랜드 시멘트의 밀도는 약 $3.15Mg/m^3$ 정도이다.

　　㉡ 일반적으로 혼합 시멘트는 보통 포틀랜드 시멘트보다 밀도가 작다.

　　㉢ 시멘트 밀도시험은 르샤틀리에 비중병으로 측정한다.

　　　※ 시멘트의 밀도시험(KS L 5110)에 사용되는 광유 : 온도 20±1℃에서 밀도 $0.73Mg/m^3$ 이상인 완전히 탈수된 등유나 나프타를 사용한다.

　　㉣ 시멘트의 밀도는 콘크리트의 단위무게 계산과 배합 설계 등을 위해 필요하며, 시멘트의 성질을 판정하는 데 큰 역할을 한다.

　　㉤ 시멘트의 밀도가 작아지는 경우

　　　• 시멘트가 풍화했을 때

　　　• 클링커(Clinker)의 소성이 불충분할 때

　　　• 오랫동안 저장했을 때

② 풍화된 시멘트 특징

　　㉠ 응결이 지연되고 강도의 발현이 저하된다.

　　㉡ 밀도가 감소되고 강열감량이 증가된다.

　　※ 풍화(Aeration) : 저장 중 공기에 노출되면 습기 및 탄산가스를 흡수하여 가벼운 수화반응을 일으키고 탄산화가 되면서 고화하는 현상

2-1. 시멘트의 비중에 대한 설명으로 틀린 것은?

① 일반적으로 혼합 시멘트는 보통 포틀랜드 시멘트보다 비중이 작다.

② 시멘트의 저장기간이 길면 대기 중의 수분이나 탄산가스를 흡수하여 비중이 감소하고 강열감량이 감소한다.

③ 시멘트 비중시험은 르샤틀리에 비중병으로 측정한다.

④ 시멘트의 비중은 콘크리트 배합에서 시멘트가 차지하는 부피를 계산하는 데 필요하다.

2-2. 시멘트의 비중은 콘크리트의 단위무게 계산과 배합 설계 등을 위해 필요하며, 시멘트의 성질을 판정하는 데 큰 역할을 한다. 다음 중 시멘트의 비중이 작아지는 경우가 아닌 것은?

① 시멘트가 풍화했을 때

② 클링커(Clinker)의 소성이 불충분할 때

③ 실리카(Silica)나 산화철이 많이 들어갔을 때

④ 오랫동안 저장했을 때

2-3. 풍화된 시멘트에 대한 설명으로 옳지 않은 것은?

① 비중이 작아진다.

② 응결이 늦어진다.

③ 조기강도가 커진다.

④ 강열감량이 커진다.

|해설|

2-3

시멘트가 풍화되면 조기강도가 현저히 작아지고, 특히 압축강도에 큰 영향을 미친다.

정답 2-1 ② 　2-2 ③ 　2-3 ③

---

① 시멘트 수화열의 특징

　㉠ 시멘트와 물의 화학반응을 수화반응이라고 하며, 열을 방출하는 발열반응이다.

　㉡ 시멘트와 물을 혼합하면 수화열이 발생한다.

　㉢ 수화열은 시멘트가 응결, 경화하는 과정에서 발생한다.

　㉣ 단면이 큰 경우 내외의 온도차에 의해 균열 발생의 원인이 된다.

② 시멘트 강열감량(Ignition Loss)의 특징

　㉠ 강열감량이란 시멘트가 풍화작용과 탄산화작용을 받은 정도를 나타내는 척도로, 고온으로 가열하여 시멘트 중량의 감소율을 나타내는 것이다.

　㉡ 강열감량은 시멘트에 함유된 H_2O와 CO_2의 양이다.

　※ 불용해 잔분 : 시멘트를 염산 및 탄산나트륨 용액으로 처리해도 용해되지 않고 남는 부분으로, 이것을 소성하여 석회와 반응시키면 산에 용해되는 클링커 화합물이 되어 소성가마에서 소성반응이 완전한지 아닌지를 판단하는 기준이 된다.

③ 시멘트 화합물의 특징

　㉠ 수화열은 알루민산 3석회(C_3A)가 가장 크고, 그 다음이 규산 3석회(C_3S)이다.

　㉡ 알루민산 3석회는 초기응결이 빠르고 수축이 커서 균열이 잘 일어난다.

　㉢ C_3A는 수화속도가 매우 빠르고 발열량과 수축이 매우 크다.

　㉣ 규산 3석회는 조기강도를 좌우하며 응결이 빠르다.

　㉤ C_3S는 C_2S에 비하여 수화열이 크고 조기강도가 크다.

　㉥ 규산 2석회(C_2S)는 수화열이 작으므로 수축이 작으며 장기강도가 크다.

　㉦ C_2S는 수화열이 작으며 장기강도 발현성과 화학저항성이 우수하다.

◎ 알루민산철 4석회(C_4AF)는 화학저항성이 양호해서 내황산염 포틀랜드 시멘트에 많이 함유되어 있다.

10년간 자주 출제된 문제

3-1. 시멘트 화합물 중 수화열을 가장 많이 발생시키는 것은?

① C_3S　　　　　　② C_3A
③ C_4AF　　　　　④ C_2S

3-2. 시멘트 조성 광물에서 수축률이 가장 큰 것은?

① C_3S　　　　　　② C_3A
③ C_4AF　　　　　④ C_2S

3-3. 다음 중 시멘트가 풍화작용과 탄산화작용을 받은 정도를 나타내는 척도로, 고온으로 가열하여 시멘트 중량의 감소율을 나타내는 것은?

① 불용해 잔분　　　② 수경률
③ 강열감량　　　　　④ 규산율

|해설|

3-1
수화열은 알루민산 3석회(C_3A)가 가장 크고, 그 다음이 규산 3석회(C_3S)이다.

정답 3-1 ②　3-2 ②　3-3 ③

① 블리딩의 특징

    ㉠ 콘크리트를 친 후 시멘트와 골재알이 침하하면서 물이 올라와 콘크리트의 표면에 떠오르는 현상으로, 대략 2~4시간에 끝난다.

    ㉡ 블리딩이 많으면 레이턴스도 많아지므로 콘크리트의 이음부에서는 블리딩이 큰 콘크리트는 불리하다.

    ㉢ 시멘트의 분말도가 높고 단위수량이 적은 콘크리트는 블리딩이 작아진다.

    ※ 폴리머 시멘트 콘크리트 : 시멘트 콘크리트 결합재의 일부를 합성수지, 유제 또는 합성고무 라텍스 소재로 한 것

② 콘크리트의 블리딩 수량을 적게 하기 위한 방법

    ㉠ 가능한 한 단위수량을 적게 하고, 된비빔 콘크리트를 타설한다.

    ㉡ 작은 입자를 적당하게 포함하고 있는 잔골재를 사용하고, 동시에 AE제, 감수제 등을 사용하는 것이 좋다.

    ㉢ 굵은 골재는 쇄석보다 강자갈쪽이 단위수량을 적게 요구한다.

10년간 자주 출제된 문제

4-1. 콘크리트를 친 후 시멘트와 골재알이 침하하면서 물이 올라와 콘크리트의 표면에 떠오르는 현상은?

① 블리딩
② 레이턴스
③ 워커빌리티
④ 반죽질기

4-2. 블리딩에 대한 내용으로 잘못된 것은?

① 블리딩이 많으면 레이턴스도 많아지므로 콘크리트의 이음부에서는 블리딩이 큰 콘크리트는 불리하다.
② 시멘트의 분말도가 높고 단위수량이 적은 콘크리트는 블리딩이 작아진다.
③ 블리딩이 큰 콘크리트는 강도와 수밀성이 작아지나 철근콘크리트에서는 철근과의 부착을 증가시킨다.
④ 콘크리트 치기가 끝나면 블리딩이 발생하며 대략 2~4시간에 끝난다.

4-3. 시멘트 콘크리트 결합재의 일부를 합성수지, 유제 또는 합성고무 라텍스 소재로 한 것은?

① 개스킷
② 케미컬 그라우트
③ 불포화 폴리에스터
④ 폴리머 시멘트 콘크리트

|해설|

4-2

블리딩이 많으면 레이턴스도 많아지므로 콘크리트의 이음부에서는 블리딩이 큰 콘크리트는 불리하다.

정답 4-1 ①   4-2 ③   4-3 ④

① 방습적인 구조로 된 사일로 또는 창고에 저장한다.

② 품종별로 구분하여 저장한다.

③ 반입 순서대로 사용하도록 쌓는다.

④ 시멘트 창고는 되도록 공기의 유통이 없어야 한다.

⑤ 저장 중에 약간이라도 굳은 시멘트는 공사에 사용하지 않는다.

⑥ 3개월 이상 장기간 저장한 시멘트는 사용하기 전에 시험을 실시한다.

⑦ 포대 시멘트가 저장 중에 지면으로부터 습기를 받지 않도록 저장한다.

⑧ 포대 시멘트를 저장하는 목재 창고의 바닥은 지상으로부터 30cm 이상 높은 것이 좋다.

⑨ 일반적으로 50℃ 이하의 시멘트를 사용하면 콘크리트의 품질에 이상이 없다.

⑩ 포대 시멘트는 13포 이상 쌓아 저장하면 안 된다.

⑪ 저장기간이 길어질 우려가 있는 경우에는 7포 이상 쌓아 올리지 않는 것이 좋다.

⑫ 면적 $1m^2$당 적재량 : 50포대(통로 고려 시는 30~50포대)

⑬ 시멘트 창고의 면적 : $A(m^2) = 0.4 \times N/n$

　여기서, A : 저장면적

　　　　　 N : 시멘트 포대수

　　　　　 n : 쌓기 단수(최대 13단 및 단수가 없는 경우 13단)

5-1. 현장에서의 목조 창고에 포대 시멘트를 저장할 때 창고의 마루바닥과 지면 사이의 거리로 가장 적합한 것은?

① 15cm

② 30cm

③ 50cm

④ 60cm

5-2. 시멘트 저장에 관한 설명으로 잘못된 것은?

① 방습적인 구조로 된 사일로 또는 창고에 저장한다.

② 품종별로 구분하여 저장한다.

③ 저장량이 많을 경우 또는 저장기간이 길어질 경우 15포대 이상으로 쌓는다.

④ 저장 중에 약간이라도 굳은 시멘트는 공사에 사용하지 않는다.

5-3. 시멘트를 저장할 때 주의해야 할 사항으로 잘못된 것은?

① 통풍이 잘되는 창고에 저장하는 것이 좋다.

② 저장소의 구조를 방습으로 한다.

③ 저장기간이 길어질 우려가 있는 경우에는 7포 이상 쌓아 올리지 않는 것이 좋다.

④ 포대 시멘트가 저장 중에 지면으로부터 습기를 받지 않도록 저장한다.

| 해설 |

5-2
포대 시멘트는 13포 이상 쌓아 저장하면 안 된다.

5-3
시멘트 창고는 되도록 공기의 유통이 없어야 한다.

정답 5-1 ② 5-2 ③ 5-3 ①

2-5. 혼화재료의 성질

핵심이론 01 | 혼화재료(Admixture)

① 혼화재료의 개념 : 시멘트, 골재, 물 이외의 재료로서 콘크리트 등에 특별한 성질을 주기 위해 타설하기 전에 필요에 따라 더 넣는 재료로, 사용량의 많고 적음(기준 : 시멘트)에 따라 혼화재와 혼화제로 구분한다.

ㄱ 혼화재 : 비교적 사용량이 많아 그 자체의 부피가 콘크리트의 배합 계산과 관계가 있다.

ㄴ 혼화제 : 사용량이 적어 그 자체의 부피가 콘크리트의 배합 계산에서 무시된다.

② 혼화재료의 특징

ㄱ 사용량에 따라 혼화재와 혼화제로 나뉜다.

ㄴ 콘크리트의 성능을 개선, 향상시킬 목적으로 사용되는 재료이다.

ㄷ 혼화제는 1% 이하의 양이 사용되어 콘크리트의 배합 계산 시 무시된다.

ㄹ 혼화재료를 사용할 때는 반드시 시험 또는 검토를 거쳐 성능을 확인하여야 한다.

ㅁ 일반적으로 시멘트 질량의 5% 정도 이상 사용하는 것은 혼화재이다.

ㅂ 혼화재료를 사용하면 콘크리트의 배합, 시공이 복잡해진다.

③ 혼화재료의 종류

ㄱ 혼화재 : 포졸란, 플라이 애시(Fly Ash), 고로 슬래그(Slag), 팽창제, 실리카 품 등

ㄴ 혼화제 : AE제, 경화촉진제, 지연제, 방수제 등

④ 혼화재료의 일반적인 사용목적

ㄱ 콘크리트 워커빌리티를 개선하기 위해

ㄴ 강도 및 내구성, 수밀성을 증진시키기 위해

ㄷ 응결, 경화 시간을 조절(지연, 촉진)하기 위해

ㄹ 작업 용이성 증진 및 양질의 콘크리트를 제조하기 위해

ㅁ 시멘트 사용량 절약 및 재료 분리를 방지하기 위해

1-1. 혼화재료는 필요한 성능을 얻기 위해 사용량의 다소(多少)에 의해 혼화제와 혼화재로 대별된다. 그 사용량의 기준이 되는 재료는?

① 물
② 시멘트
③ 모 래
④ 자 갈

1-2. 혼화재료에 대한 설명 중 틀린 것은?

① 혼화재료는 혼화재와 혼화제로 구분한다.
② 일반적으로 시멘트 질량의 5% 정도 이상 사용하는 것은 혼화재이다.
③ 일반적으로 혼화제 사용량은 콘크리트의 배합 계산에서 고려하여야 한다.
④ 혼화재료는 콘크리트의 성질을 개선, 향상시킬 목적으로 사용한다.

1-3. 다음 설명 중 틀린 것은?

① 혼화재에는 플라이 애시(Fly Ash), 고로 슬래그(Slag), 규산백토 등이 있다.
② 혼화제에는 AE제, 경화촉진제, 방수제 등이 있다.
③ 혼화재는 그 사용량이 비교적 적어서 그 자체의 부피가 콘크리트 배합의 계산에서 무시하여도 좋다.
④ AE제에 의해 만들어진 공기를 연행공기라 한다.

1-4. 혼화재료의 일반적인 사용목적이 아닌 것은?

① 강도 증가
② 발열량 증가
③ 수밀성 증진
④ 응결, 경화시간 조절

|해설|

1-2
혼화제는 사용량이 적어 그 자체의 부피가 콘크리트의 배합 계산에서 무시된다.

1-3
혼화재는 비교적 사용량이 많아 그 자체의 부피가 콘크리트의 배합 계산과 관계가 있다.

정답 1-1 ② 1-2 ③ 1-3 ③ 1-4 ②

---

① 혼화제의 저장

　　㉠ 먼지, 기타 불순물이 혼입되어서는 안 된다.

　　㉡ 액상의 혼화제는 분리하거나 변질되지 않도록 한다.

　　㉢ 혼화제가 날리지 않도록 주의해서 다룬다.

　　㉣ 장기간 저장한 혼화제나 이상이 인정된 혼화제는 사용하기 전에 시험하여 품질을 확인한다.

② 혼화재의 저장

　　㉠ 습기를 흡수하는 성질 때문에 덩어리가 생기거나 그 성능이 저하되는 경우가 있으므로 방습 사일로 또는 창고 등에 저장하고 입고된 순서대로 사용한다.

　　㉡ 혼화재를 미분말의 포대를 두는 곳에서는 날리지 않도록 주의가 필요하다.

　　㉢ 장기 저장한 혼화재는 사용하기 전에 시험을 통하여 그 품질을 확인해야 한다.

10년간 자주 출제된 문제

혼화재료를 저장할 때의 주의사항 중 옳지 않은 것은?

① 혼화재는 항상 습기가 많은 곳에 보관한다.

② 혼화제가 날리지 않도록 주의해서 다룬다.

③ 액상의 혼화제는 분리하거나 변질되지 않도록 한다.

④ 장기간 저장한 혼화재는 사용하기 전에 시험하여 품질을 확인한다.

|해설|

혼화제는 방습 사일로 또는 창고 등에 저장하고 입고 순으로 사용한다.

정답 ①

2-6. 혼화재

핵심이론 01 | 포졸란

① 포졸란의 종류

　　㉠ 천연산 : 화산회, 규조토, 규산백토 등

　　㉡ 인공산 : 플라이 애시, 고로 슬래그, 실리카 퓸, 실리카 겔, 소성혈암

② 포졸란반응(Pozzolan Reaction) : 광물질 혼화재 중의 실리카가 시멘트 수화 생성물인 수산화칼슘과 반응하여 장기강도 증진효과를 발휘하는 현상

③ 포졸란을 사용한 콘크리트의 성질

　　㉠ 워커빌리티가 좋아진다.

　　㉡ 해수에 대한 저항성 및 화학저항성이 크다.

　　㉢ 수밀성이 증가한다.

　　㉣ 장기강도가 크다.

　　㉤ 조기강도가 작다.

　　㉥ 수화열이 작다.

　　㉦ 발열량이 감소한다.

　　㉧ 블리딩 및 재료 분리가 감소한다.

　　㉨ 시멘트가 절약된다.

1-1. 시멘트가 절약되고 콘크리트의 수밀성, 내구성, 장기강도 및 해수에 대한 저항성이 커지며 발열량이 감소되는 혼화재(混和材)는?

① 염화칼슘　　　　　② 포졸란
③ AE제　　　　　　　④ 감수제

1-2. 다음의 포졸란 중 천연산 포졸란에 속하는 것은?

① 고로 슬래그　　　　② 소성혈암
③ 화산재　　　　　　④ 플라이 애시

1-3. 광물질 혼화재 중의 실리카가 시멘트 수화 생성물인 수산화칼슘과 반응하여 장기강도 증진효과를 발휘하는 현상은?

① 포졸란반응(Pozzolan Reaction)
② 수화반응(Hydration)
③ 볼 베어링(Ball Bearing) 작용
④ 충전(Micro Filler)효과

1-4. 포졸란을 사용한 콘크리트의 영향 중 옳지 않은 것은?

① 시멘트가 절약된다.
② 콘크리트의 수밀성이 커진다.
③ 작업이 용이하고 발열량이 증대한다.
④ 해수에 대한 저항성이 커진다.

|해설|

1-4
포졸란은 해수에 대한 저항성 및 화학저항성이 크며, 발열량이 감소한다.

정답 1-1 ②　1-2 ③　1-3 ①　1-4 ③

핵심이론 02 | 실리카 품

① 실리카 품(Silica Fume)의 개념 및 특징

　㉠ 각종 실리콘이나 페로실리콘 등의 규소합금을 전기마스크식 노에서 제조할 때 배출되는 가스에 부유하여 발생되는 부산물이다.

　㉡ 고강도 및 고내구성을 동시에 만족하는 콘크리트를 제조하는 데 가장 적합하다.

　㉢ 매우 미세한 입자이기 때문에 블리딩과 재료의 분리를 감소시킨다.

　㉣ 초미립자로 이루어진 비결정질 재료로 조기에 포졸란반응을 한다.

　㉤ 실리카 품의 혼합률이 증가할수록 어느 수준까지는 압축강도가 증가한다.

　㉥ 골재와 시멘트 풀 간의 결합을 좋게 하므로 고강도 콘크리트에 사용된다.

　㉦ 사용량이 증가할수록 소요 단위수량도 증가하므로 반드시 고성능 감수제를 사용해야 한다.

　㉧ 단위수량 증가, 건조수축의 증가 등의 단점이 있다.

② 실리카 품을 사용한 경우 효과

　㉠ 수화 초기에 C-S-H젤을 생성하므로 블리딩이 감소한다.

　㉡ 콘크리트의 재료 분리 저항성, 내화학약품성이 향상된다.

　㉢ 알칼리 골재반응의 억제효과 및 강도 증가 등을 기대할 수 있다.

　㉣ 콘크리트의 조직이 치밀해져 강도가 커지고, 수밀성이 증대된다.

※ 혼화재의 용도별 분류

- 포졸란작용이 있는 것 : 화산회, 규조토, 규산백
  토, 플라이 애시, 실리카 품
- 주로 잠재수경성이 있는 것 : 고로 슬래그 미분말
- 경화과정에서 팽창을 일으키는 것 : 팽창재
- 오토클레이브 양생에 의하여 고강도를 나타내게 하
  는 것 : 규산질 미분말

2-1. 다음 중 고강도 및 고내구성을 동시에 만족하는 콘크리트를 제조하는 데 가장 적합한 혼화재료는?

① 고로 슬래그 미분말 1종
② 고로 슬래그 미분말 2종
③ 실리카 품
④ 플라이 애시

2-2. 콘크리트용 혼화재로 실리카 품(Silica Fume)을 사용한 경우, 그 효과에 대한 설명으로 잘못된 것은?

① 콘크리트의 재료 분리 저항성, 수밀성이 향상된다.
② 알칼리 골재반응의 억제효과가 있다.
③ 내화학약품성이 향상된다.
④ 단위수량과 건조수축이 감소된다.

|해설|

2-2
시멘트 질량의 5~15% 정도를 치환하면 콘크리트가 치밀한 구조로 된다. 재료 분리 저항성, 수밀성, 내화학약품성이 향상되며, 알칼리 골재반응의 억제효과 및 강도 증가 등을 기대할 수 있다.

정답 2-1 ③ 2-2 ④

핵심이론 03 | 플라이 애시

① 플라이 애시의 특성

㉠ 화력발전소에서 미분탄을 보일러 내에서 완전히 연
  소했을 때 그 폐가스 중에 함유된 용융 상태의 실리
  카질 미분입자를 전기집진기로 모은 것이다.

㉡ 입자가 구형이고 표면조직이 매끄러워 단위수량
  을 감소시킨다.

㉢ 플라이 애시의 비중은 보통 포틀랜드 시멘트보다
  작다.

㉣ 보존 중에 입자가 응집하여 고결하는 경우가 생기
  므로 저장에 유의하여야 한다.

㉤ 인공 포졸란 재료로 포졸란의 작용을 한다.

㉥ 플라이 애시 중의 미연탄소분에 의해 AE제 등이
  흡착되어 연행공기량이 현저히 감소한다.

② 콘크리트용 혼화재로서 플라이 애시를 사용할 경우의
효과

㉠ 조기강도는 작으나 포졸란반응에 의하여 장기강
  도의 발현성이 좋다.

㉡ 시멘트 페이스트의 유동성을 개선시켜 워커빌리
  티를 향상시킨다.

㉢ 콘크리트의 초기온도 상승 억제에 유용하여 매스
  콘크리트 공사에 많이 이용된다.

㉣ 산 및 염에 대한 화학저항성이 보통콘크리트보다 우
  수하다.

※ 목표 공기량을 얻기 위해서는 플라이 애시를 사용
  하지 않은 콘크리트보다 AE제의 사용량을 증가시
  켜야 한다.

3-1. 콘크리트의 배합 설계 계산상 그 양을 고려하여야 하는 혼화재료는?

① 플라이 애시
② 고성능 감수제
③ 기포제
④ AE제

3-2. 화력발전소에서 미분탄을 완전연소시켰을 때 전기집진기로 잡은 작은 미립자로서 냉각되면 구형(球形)이 되고 표면이 미끄러워져서 이를 콘크리트에 혼입하면 반죽질기가 좋아지는 것은?

① 광재(Slag)
② 실리카
③ 플라이 애시
④ 염화칼슘

3-3. 콘크리트용 혼화재로서 플라이 애시를 사용할 경우의 효과가 아닌 것은?

① 콘크리트의 장기강도가 커진다.
② 시멘트 페이스트의 유동성을 개선시켜 워커빌리티를 향상시킨다.
③ 콘크리트의 초기온도 상승 억제에 유용하여 매스콘크리트 공사에 많이 이용된다.
④ 플라이 애시를 사용할 경우 해수에 대한 내화학성이 약해지므로 해양공사에는 적합하지 않다.

|해설|

3-1
혼화재
• 혼화재료 중 사용량이 비교적 많아 콘크리트의 배합 설계에 고려해야 되는 것
• 종류 : 포졸란, 플라이 애시, 고로 슬래그, 팽창제, 실리카 품 등

정답 **3-1** ① **3-2** ③ **3-3** ④

핵심이론 04 │ 고로 슬래그 미분말, 팽창재

① 고로 슬래그 미분말의 특성

㉠ 제철소의 용광로에서 배출되는 슬래그를 급랭하여 입상화한 후 미분쇄한 것이다.

㉡ 비결정질의 유리질 재료로 잠재수경성을 가지고 있으며 유리화율이 높을수록 잠재수경성 반응이 커진다.

※ 잠재수경성 : 알칼리 자극에 경화하는 성질

㉢ 알칼리 골재반응을 억제시킨다.

※ 알칼리 골재반응 : 포틀랜드 시멘트와 골재 내의 반응성 실리카 물질이 반응하여 콘크리트 내에 팽창을 유발하는 현상이다.

㉣ 콘크리트의 장기강도가 증진된다.

㉤ 콘크리트의 수화열 발생속도를 감소시킨다.

㉥ 매스콘크리트용으로 적합하다.

㉦ 콘크리트의 수밀성, 화학적 저항성 등이 좋아진다.

㉧ 플라이 애시나 실리카 품에 비해 포틀랜드 시멘트와의 비중차가 우수하다.

㉨ 염화물이온 침투를 억제하여 철근 부식 억제효과가 있다.

② 팽창재의 특성

㉠ 콘크리트가 굳어 가는 도중에 부피를 늘어나게 하여 콘크리트의 건조수축에 의한 균열을 막아 준다.

㉡ 화학적 프리스트레스 도입으로 균열에 대한 내력을 향상시킨다.

4-1. 고로 슬래그 미분말에 대한 설명 중 틀린 것은?

① 용광로에서 배출되는 슬래그를 급랭하여 입상화한 후 미분 쇄한 것이다.
② 철근 부식이 억제된다.
③ 알칼리 골재반응을 촉진시킨다.
④ 콘크리트의 수화열 발생속도를 감소시킨다.

4-2. 다음 중 잠재수경성이 있는 혼화재료는?

① 팽창재
② 고로 슬래그 미분말
③ 플라이 애시
④ 규산질 미분말

4-3. 제철소에서 발생하는 산업부산물로서 찬공기나 냉수로 급 랭한 후 미분쇄하여 사용하는 혼화재는?

① 고로 슬래그 미분말
② 플라이 애시
③ 화산회
④ 실리카 퓸

4-4. 콘크리트가 굳어 가는 도중에 부피를 늘어나게 하여 콘크 리트의 건조수축에 의한 균열을 막아 주는 혼화재는?

① 포졸란
② 플라이 애시
③ 팽창재
④ 고로 슬래그 분말

|해설|

4-1
고로 슬래그 미분말은 알칼리 골재반응을 억제시킨다.

정답 **4-1** ③ **4-2** ② **4-3** ① **4-4** ③

2-7. 혼화제

핵심이론 01 | 혼화제의 용도별 분류

① 계면활성작용에 의하여 워커빌리티와 동결융해작용에 대한 내구성을 개선시키는 혼화제(워커빌리티를 향상 시켜 소요의 단위수량이나 단위시멘트량을 감소시킨 다) : AE제, 감수제
② 큰 감수효과로 강도를 크게 높이는 것 : 고성능 감수제
③ 소요의 단위수량을 현저히 감소시켜 내동해성을 개선 시키는 것 : 고성능 AE 감수제
④ 배합이나 경화 후의 품질을 변하지 않도록 하고, 유동성 을 대폭으로 개선시키는 것 : 유동화제
⑤ 응결·경화시간을 조절하는 것 : 촉진제, 지연제, 급결 제, 초지연제
⑥ 기포의 작용에 의해 충전성을 개선하거나 중량을 조절 하는 것 : 기포제, 발포제
⑦ 방수효과를 나타내는 것 : 방수제
⑧ 염화물에 의한 철근 부식을 억제시키는 것 : 방청제

계면활성작용에 의하여 워커빌리티와 동결융해작용에 대한 내 구성을 개선시키는 혼화제는?

① AE제, 감수제
② 촉진제, 지연제
③ 기포제, 발포제
④ 보수제, 집착제

정답 ①

① 개 념

　㉠ 콘크리트 내부에 미세 독립기포를 형성하여 워커빌리티 및 동결융해저항성을 높이기 위하여 사용한다.

　㉡ AE제를 사용하여 일반적으로 콘크리트의 워커빌리티를 증가시키는 이유 : 연행공기가 시멘트, 골재 입자 주위에서 볼 베어링과 같은 작용을 하여 워커빌리티를 개선한다.

　㉢ AE제의 종류 : 미국제의 빈졸레진(Vinsol Resin), 다렉스(Darex), 프로텍스(Protex), 일본제의 스푸마(Spuma) 등이 가장 많이 사용된다.

② AE 콘크리트 AE제의 특징

　㉠ AE제는 미소한 독립기포를 콘크리트 중에 균일하게 분포시킨다.

　　※ 연행공기(Entrained Air) : AE제에 의하여 생성된 0.025~0.25mm 정도의 지름을 가진 기포

　㉡ AE제는 동결융해에 대한 저항성을 증대시킨다.

　㉢ AE제는 표면활성제이며, 워커빌리티가 크게 개선된다.

　㉣ 재료 분리, 블리딩, 압축강도가 감소한다.

　㉤ 수밀성이 크고, 유동성이 증가한다.

　㉥ 같은 물-시멘트비를 사용한 일반 콘크리트에 비하여 압축강도가 작아진다.

　㉦ 철근과의 부착강도가 작고, 단위수량을 줄일 수 있다.

　㉧ 응결경화 시 발열량이 적다.

　※ AE 콘크리트의 알맞은 공기량은 굵은 골재의 최대치수에 따라 정해지는데 일반적으로 콘크리트 부피의 4~7% 정도가 가장 적당하다.

③ 콘크리트용 혼화제인 AE제에 의한 연행공기량에 영향을 미치는 요인

　㉠ 사용 시멘트의 비표면적이 클수록 연행공기량은 증가한다.

　㉡ 단위잔골재량이 많으면, 연행공기량은 증가한다.

　㉢ 플라이 애시를 혼화재로 사용할 경우 미연소 탄소 함유량이 많으면 연행공기량이 감소한다.

　㉣ 콘크리트의 온도가 높으면 연행공기량은 감소한다.

　㉤ 연행된 공기량이 증가하면 콘크리트의 압축강도는 감소한다.

10년간 자주 출제된 문제

2-1. 콘크리트 내부에 미세 독립기포를 형성하여 워커빌리티 및 동결융해저항성을 높이기 위하여 사용하는 혼화제는?

① 고성능감수제　　　　② 팽창제
③ 발포제　　　　　　　④ AE제

2-2. AE제의 종류에 해당하지 않는 것은?

① 다렉스(Darex)　　　② 포졸리스(Pozzolith)
③ 시메졸(Cemesol)　　④ 빈졸레진(Vinsol Resin)

2-3. AE 혼화제를 사용할 경우의 설명으로 옳지 않은 것은?

① 콘크리트의 워커빌리티가 개선된다.
② 블리딩을 감소시킨다.
③ 동결융해의 기상작용에 대한 저항성이 작아진다.
④ 같은 물-시멘트비를 사용한 일반콘크리트에 비하여 압축강도가 작아진다.

2-4. AE제에 의해 콘크리트에 연행된 공기가 콘크리트의 성질에 미치는 영향에 대한 설명으로 틀린 것은?

① 연행된 공기량이 증가하면 콘크리트의 압축강도는 감소한다.
② 연행된 공기량에 의해 콘크리트와 철근의 부착강도가 감소한다.
③ 연행된 공기량에 의해 콘크리트의 동결융해에 대한 저항성이 감소한다.
④ 연행된 공기량에 의해 콘크리트의 블리딩이 감소한다.

정답 2-1 ④　2-2 ③　2-3 ③　2-4 ③

① 감수제 사용 시 콘크리트의 성질
  ㉠ 감수제는 시멘트 입자를 분산시켜 콘크리트의 단위수량을 감소시키는 작용을 한다.
  ㉡ 워커빌리티를 좋게 하고 수밀성 및 강도가 커진다.
  ㉢ 시멘트 풀의 유동성을 증가시킨다.
  ㉣ 콘크리트가 굳은 뒤에는 내구성이 커진다.

② 콘크리트용 고성능 감수제
  ㉠ 고성능 감수제는 그 사용방법에 따라 고강도 콘크리트용 감수제와 유동화제로 나누지만 기본적인 성능은 동일하다.
  ㉡ 감수제와 비교해서 시멘트 입자 분산능력이 우수하여 단위수량을 20~30% 정도 크게 감소시킬 수 있다.
  ㉢ 물-시멘트비 감소와 콘크리트의 고강도화를 주목적으로 사용되는 혼화제이다.
  ㉣ 주로 고강도 콘크리트 제조에 사용된다.
  ㉤ 고성능 감수제를 사용하면 수량이 대폭 감소되기 때문에 건조수축이 작다.
  ㉥ 고성능 감수제의 첨가량이 증가할수록 워커빌리티는 증가되지만, 과도하게 사용하면 재료 분리가 발생한다.

3-1. 감수제를 사용했을 때 콘크리트의 성질로 잘못된 것은?
① 워커빌리티가 좋아진다.
② 내구성이 증대된다.
③ 수밀성 및 강도가 커진다.
④ 단위 시멘트의 양이 많아진다.

3-2. 감수제의 특징을 설명한 것 중 옳지 않은 것은?
① 시멘트 풀의 유동성을 증가시킨다.
② 워커빌리티를 좋게 하고 단위수량을 줄일 수 있다.
③ 콘크리트가 굳은 뒤에는 내구성이 커진다.
④ 수화작용이 느리고 강도가 감소된다.

3-3. 콘크리트용 혼화제인 고성능 감수제에 대한 설명으로 틀린 것은?
① 고성능 감수제는 감수제와 비교해서 시멘트 입자 분산능력이 우수하여 단위수량을 20~30% 정도 크게 감소시킬 수 있다.
② 고성능 감수제는 물-시멘트비 감소와 콘크리트의 고강도화를 주목적으로 사용되는 혼화제이다.
③ 고성능 감수제의 첨가량이 증가할수록 워커빌리티는 증가되지만, 과도하게 사용하면 재료 분리가 발생한다.
④ 고성능 감수제를 사용한 콘크리트는 보통 콘크리트와 비교해서 경과시간에 따른 슬럼프 손실이 작다.

|해설|

3-1
감수제(Water-reducing Admixture) : 혼화제의 일종으로, 시멘트 분말을 분산시켜서 콘크리트의 워커빌리티를 얻기에 필요한 단위수량을 감소시키는 것을 주목적으로 한 재료

정답 3-1 ④ 3-2 ④ 3-3 ④

① 급결제(Quick Setting Admixture)
　㉠ 터널 등의 숏크리트에 첨가하여 뿜어 붙인 콘크리트의 응결 및 조기강도를 증진시키기 위해 사용하는 혼화제이다.
　㉡ 시멘트의 응결을 매우 빠르게 하기 위하여 사용하는 혼화제로서 숏크리트, 물막이 공법 등에 사용한다.

② 지연제
　㉠ 지연제는 사일로, 대형 구조물 및 수조 등과 같이 연속 타설을 필요로 하는 콘크리트 구조에 작업이음의 발생(콜드조인트) 방지 등에 유효하다.
　㉡ 시멘트의 수화반응을 늦추어 응결과 경화시간을 길게 할 목적으로 사용한다.
　㉢ 시멘트를 제조할 때 응결시간을 조절하기 위하여 2~3%의 석고를 넣는다.
　㉣ 한중보다는 서중에 사용하는 경우가 많다.
　㉤ 서중콘크리트 시공이나 레디믹스트 콘크리트에서 운반거리가 먼 경우에 사용한다.

4-1. 시멘트의 응결을 매우 빠르게 하기 위하여 사용하는 혼화제로서 뿜어 붙이기 콘크리트, 콘크리트 그라우트 등에 사용하는 혼화제는?

① 감수제　　　　　　② 급결제
③ 지연제　　　　　　④ 발포제

4-2. 다음 중 급결제를 사용해야 하는 경우는?
① 레디믹스트 콘크리트의 운반거리가 멀 경우
② 서중콘크리트를 시공할 경우
③ 연속 타설에 의한 콜트 조인트를 방지하기 위해
④ 숏크리트 타설 시

4-3. 서중콘크리트 시공이나 레디믹스트 콘크리트에서 운반거리가 먼 경우 혼화제를 사용하고자 한다. 다음 중 어느 혼화제가 적당한가?

① 지연제　　　　　　② 촉진제
③ 급결제　　　　　　④ 방수제

4-4. 다음 중 일반적으로 지연제를 사용하는 경우가 아닌 것은?
① 서중콘크리트의 시공 시
② 레미콘 운반거리가 멀 때
③ 숏크리트 타설 시
④ 연속 타설 시 콜드 조인트를 방지하기 위해

|해설|
4-3
지연제는 콜드 조인트를 방지하고 서중콘크리트 공사, 수화열 균열 방지에 이용된다.

정답 4-1 ②　4-2 ④　4-3 ①　4-4 ③

① 콘크리트의 경화를 촉진시키는 방법

    ㉠ 혼화재료인 경화촉진제(염화칼슘, 규산칼슘, 규산 나트륨 등)를 사용한다.

    ㉡ 보통 염화칼슘을 사용하며 일반적인 사용량은 시멘트 질량에 대하여 2% 이하를 사용한다.

② 염화칼슘($CaCl_2$)을 사용한 콘크리트의 성질

    ㉠ 응결이 빠르며 다량 사용하면 급결한다.

    ㉡ 한중콘크리트에 사용하면 조기 발열의 증가로 동결온도를 낮출 수 있다.

    ㉢ 보통콘크리트보다 조기강도는 증가하지만 장기강도는 감소한다.

      ※ 조기강도를 증가시키지만 사용량이 과다하면 순결 또는 강도 저하를 나타낼 수 있다.

    ㉣ 응결이 촉진되므로 운반, 타설, 다지기 작업을 신속히 해야 한다.

    ㉤ 응결이 촉진되고 콘크리트의 슬럼프가 빨리 감소되므로 시공할 때 주의를 요한다.

    ㉥ 황산염에 대한 저항성이 작아지며 알칼리 골재반응을 촉진한다.

    ㉦ 철근콘크리트 구조물에서 철근의 부식을 촉진한다.

    ㉧ 건습에 따른 팽창, 수축이 크게 되고 수분을 흡수하는 능력이 뛰어나다.

    ㉨ 콘크리트의 건조수축과 크리프가 커지고, 내구성이 감소한다.

5-1. 다음 중 경화촉진제는?

① 염화칼슘   ② AE제
③ 알루미늄   ④ 플라이 애시

5-2. 염화칼슘을 사용한 콘크리트의 성질 중 옳은 것은?

① 워커빌리티가 감소하며 작업의 난이를 가져온다.
② 블리딩이 증가하여 시공에 주의해야 한다.
③ 건조수축이 작아지고 슬럼프가 증가한다.
④ 응결이 빠르며 다량 사용하면 급결한다.

5-3. 콘크리트 경화촉진제로 염화칼슘을 사용했을 때의 설명 중 옳지 않은 것은?

① 황산염에 대한 저항성이 작아지며 알칼리 골재반응을 촉진한다.
② 철근콘크리트 구조물에서 철근의 부식을 촉진한다.
③ 건습에 의한 팽창·수축이 작고 건조에 의한 수분의 감소가 적다.
④ 응결이 촉진되고 콘크리트의 슬럼프가 빨리 감소한다.

|해설|

5-3
염화칼슘을 사용하면 건습에 따른 팽창·수축이 커지고, 수분을 흡수하는 능력이 뛰어나다.

정답 5-1 ①   5-2 ④   5-3 ③

핵심이론 06 | 발포제, 기포제

① 발포제

    ㉠ 시멘트가 응결할 때 화학적 반응에 의하여 수소가스를 발생시켜 콘크리트 속에 아주 작은 기포를 생기게 하는 혼화제이다.

    ㉡ 알루미늄 분말이나 아연 분말을 콘크리트에 혼입시켜 수소가스를 발생시켜 PC용 그라우트의 충전성을 좋게 하기 위하여 사용한다.

    ㉢ 프리플레이스트 콘크리트용 그라우트 또는 건축 분야에서 부재의 경량화 등의 용도로 사용된다.

    ※ 그라우트(Grout)용 혼화제로서 필요한 성질

      • 재료의 분리가 일어나지 않아야 한다.

      • 블리딩 발생이 없어야 한다.

      • 주입이 용이하여야 한다.

      • 그라우트를 수축시키는 성질이 없어야 한다.

② 기포제 : 콘크리트 속에 많은 거품을 일으켜 부재의 경량화나 단열성을 목적으로 사용하는 혼화제이다(예 알루미늄 또는 아연 가루, 카세인 등).

10년간 자주 출제된 문제

6-1. 시멘트가 응결할 때 화학적 반응에 의하여 수소가스를 발생시켜 콘크리트 속에 아주 작은 기포를 생기게 하는 혼화제는?

① 발포제   ② 방수제
③ AE제   ④ 감수제

6-2. 일반적으로 알루미늄 분말을 사용하여 프리플레이스트 콘크리트용 그라우트 또는 건축 분야에서 부재의 경량화 등의 용도로 사용되는 혼화제는?

① AE제   ② 방수제
③ 방청제   ④ 발포제

6-3. 그라우트(Grout)용 혼화제로서 필요한 성질에 해당하지 않는 것은?

① 재료의 분리가 일어나지 않아야 한다.
② 블리딩 발생이 없어야 한다.
③ 주입이 용이하여야 한다.
④ 그라우트를 수축시키는 성질이 있어야 한다.

6-4. 콘크리트 속에 많은 거품을 일으켜 부재의 경량화나 단열성을 목적으로 사용하는 혼화제는?

① 지연제   ② 기포제
③ 급결제   ④ 감수제

정답 6-1 ①   6-2 ④   6-3 ④   6-4 ②

① 방청제는 철근이나 PC 강선이 부식하는 것을 방지하기 위해 사용한다.
② 착색재로 사용되는 안료를 혼합한 콘크리트는 보통콘크리트에 비해 강도가 저하된다.
③ 콘크리트의 워커빌리티를 개선하기 위한 방법
　㉠ 분말도가 높은 시멘트를 사용한다.
　㉡ AE제, 감수제, AE 감수제를 사용한다.
　㉢ 시멘트의 양보다 골재의 양을 적게 한다.
　㉣ 고로 슬래그 미분말 등의 혼화재를 사용한다.
　※ 응결경화촉진제는 콘크리트의 워커빌리티 증진에 도움이 되지 않는다.

10년간 자주 출제된 문제

7-1. 계면활성작용에 의하여 워커빌리티와 동결융해작용에 대한 내구성을 개선시키는 혼화제는?

① AE제, 감수제
② 촉진제, 지연제
③ 기포제, 발포제
④ 보수제, 접착제

7-2. 콘크리트의 워커빌리티를 개선하기 위한 방법으로 옳지 않은 것은?

① 분말도가 높은 시멘트를 사용한다.
② AE제, 감수제, AE 감수제를 사용한다.
③ 시멘트의 양보다 골재의 양을 많게 한다.
④ 고로 슬래그 미분말 등의 혼화재를 사용한다.

7-3. 다음 중 콘크리트의 워커빌리티 증진에 도움이 되지 않는 것은?

① AE제
② 감수제
③ 포졸라나
④ 응결경화촉진제

| 해설 |

7-1
• 계면활성작용에 의하여 워커빌리티와 동결융해작용에 대한 내구성을 개선시키는 혼화제 : AE제, 감수제, 유동제
• 응결·경화시간을 조절하는 것 : 촉진제, 지연제, 급결제

7-2
단위 시멘트량이 많아질수록 워커빌리티가 향상되고, 굵은 골재가 많을수록 워커빌리티가 나빠진다.

7-3
응결경화촉진제는 조기강도를 증진시킨다.

정답 7-1 ① 7-2 ③ 7-3 ④

2-8. 굳지 않은 콘크리트

핵심이론 01 | 굳지 않은 콘크리트의 성질

① 굳지 않은 콘크리트에 요구되는 성질
 - ㉠ 거푸집에 부어 넣은 후 블리딩, 균열 등이 생기지 않을 것
 - ㉡ 균등질이고 재료의 분리가 일어나지 않을 것
 - ㉢ 운반, 타설, 다지기 및 마무리하기가 용이할 것
 - ㉣ 작업에 적합한 워커빌리티를 가질 것

② 아직 굳지 않은 콘크리트의 성질
 - ㉠ 워커빌리티(Workability : 시공연도) : 반죽 질기에 따른 작업의 어렵고 쉬운 정도 및 재료의 분리에 저항하는 정도를 나타내는 굳지 않은 콘크리트의 성질
 - ㉡ 성형성(Plasticity) : 거푸집에 쉽게 다져 넣을 수 있고 거푸집을 제거하면 그 형상이 천천히 변하지만, 허물어지거나 재료 분리가 없는 성질
 - ㉢ 피니셔빌리티(Finishability : 마무리성) : 굵은 골재의 최대치수, 잔골재율, 잔골재의 입도, 반죽 질기 등에 따른 콘크리트 표면의 마무리하기 쉬운 정도를 나타내는 성질
 - ㉣ 반죽 질기(Consistency) : 주로 수량의 다소에 따른 반죽의 되거나 진 정도를 나타내는 것으로, 콘크리트 반죽의 유연성을 나타내는 성질
 - ㉤ 압송성(Pumpability) : 펌프시공 콘크리트의 경우 펌프에 콘크리트가 잘 밀려나가는지의 난이 정도

1-1. 굳지 않은 콘크리트에 요구되는 성질로서 틀린 것은?

① 거푸집에 부어 넣은 후 많은 블리딩이 생길 것
② 균등질이고 재료의 분리가 일어나지 않을 것
③ 운반, 다지기 및 마무리하기가 용이할 것
④ 작업에 적합한 워커빌리티를 가질 것

1-2. 반죽 질기에 따른 작업의 어렵고 쉬운 정도 및 재료의 분리에 저항하는 정도를 나타내는 굳지 않은 콘크리트의 성질은?

① 반죽 질기(Consistency)
② 워커빌리티(Workability)
③ 성형성(Plasticity)
④ 피니셔빌리티(Finishability)

1-3. 콘크리트를 쉽게 거푸집에 다져 넣을 수 있고 거푸집을 떼어내면 모양이 천천히 변하지만, 모양이 허물어지거나 재료가 분리되지 않는 것은 굳지 않은 콘크리트의 어떤 성질인가?

① 반죽 질기(Consistency)
② 워커빌리티(Workability)
③ 성형성(Plasticity)
④ 피니셔빌리티(Finishability)

정답 1-1 ① 1-2 ② 1-3 ③

핵심이론 02 | 블리딩현상

① 블리딩의 개념 : 콘크리트 타설 후 일종의 재료분리현상으로 혼합수가 시멘트 입자와 골재의 침강에 의해 상향으로 떠올라 생기는 것으로, 블리딩은 부착력을 저하하고 수밀성이 나빠지는 원인이 된다.

② 블리딩의 원인
  ㉠ 블리딩은 분말도가 높고 응결시간이 빠른 시멘트일수록, 잔골재의 입도가 작을수록 적다.
  ㉡ 콘크리트의 온도가 낮을수록 크다.
  ㉢ 물 – 시멘트비와 슬럼프가 클수록 블리딩과 침하량이 커진다.
  ㉣ 시공면에서 과도한 다지기와 마무리는 블리딩을 증대시킨다.
  ㉤ 다지기 속도가 빠를수록, 1회 부어넣기 높이가 높을수록 블리딩이 크다.

③ 블리딩이 심할 경우 콘크리트에 발생하는 현상
  ㉠ 콘크리트의 재료 분리 경향을 알 수 있다.
  ㉡ 레이턴스도 크고, 침하량도 많다.
  ㉢ 콘크리트가 다공질로 된다.
  ㉣ 굵은 골재가 모르타르로부터 분리된다.
  ㉤ 철근과 콘크리트의 부착력이 떨어진다.
  ㉥ 콘크리트의 강도, 수밀성이 떨어진다.
  ※ 콘크리트 블리딩은 보통 2~4시간이면 거의 끝나지만, 저온에서는 장시간 계속된다.

④ 블리딩에 대한 대책
  ㉠ 굵은 골재는 쇄석보다 강자갈쪽을 사용 단위수량을 적게 한다.
  ㉡ 분말도가 높은 시멘트를 사용하고, 된비빔 콘크리트를 타설한다.
  ㉢ 작은 입자를 적당하게 포함하고 있는 잔골재를 사용한다.
  ㉣ AE제, 감수제 등을 사용한다.

핵심이론 03 | 레이턴스(Laitance)

① 블리딩으로 인하여 아직 굳지 않은 콘크리트 표면에 떠올라서 가라앉은 미세한 백색 침전물

② 굳지 않은 콘크리트에서 골재 및 시멘트 입자의 침강으로 물이 분리되어 상승하는 현상으로 인하여 콘크리트나 모르타르의 표면에 떠올라서 가라앉은 물질이다.

③ 물 – 시멘트비가 클수록 많이 생기고, 콘크리트 이음에 영향을 준다.

④ 이 물질은 부착력과 강도가 매우 작고, RC부재의 이어붓기와 모르타르 등을 마무리할 때는 반드시 제거해야 한다.

※ 플라스틱 수축균열

* 콘크리트 표면의 물의 증발속도가 블리딩속도보다 빠른 경우와 같이 급속한 수분 증발이 일어나는 경우에 콘크리트 마무리 면에 생기는 가늘고 얇은 균열(소성수축균열, Plastic Shrinkage Crack)이다.

* 수분 증발 야기조건 : 풍속, 낮은 습도, 높은 대기온도 및 콘크리트 온도

* 양상 : 슬래브에 발생, 평행하게 발생, 강도와 내구성에는 영향 없음

* 저감책 : 온도 낮추기, 직사광선 피하기, 습도 높이기, 양생 빠르게 하기 등

2-9. 굳은 콘크리트

핵심이론 01 | 굳은 콘크리트의 시험

① 굳은 콘크리트의 시험에는 강도(압축강도, 인장강도, 휨강도)시험, 비파괴시험, 탄성계수시험 등이 있다.

※ 굳지 않은 콘크리트의 시험에는 워커빌리티시험(슬럼프시험, 반죽질기시험), 블리딩시험, 공기량시험, 씻기분석시험 등이 있다.

② 비파괴 시험

㉠ 접촉식 방법 : 표면경도법(슈미트 해머법), 초음파법(음파 측정법), 자기법, 전위법, AE법, 복합법(조합법) 등이 있다.

㉡ 비접촉식 : 전자파법, 적외선법, 방사선법, 공진법

㉢ 국부파괴법 : 관입저항법, 인발법, 내시경법, Break-Off법, Pull-Off법 등이 있다.

③ 표면경도법(슈미트 해머법, 반발경도법)

㉠ 콘크리트 표면을 타격하여 반발계수를 측정하고, 콘크리트 강도를 추정하는 검사방법

㉡ 슈미트 해머를 이용하여 콘크리트의 표면을 타격하여 그 때의 반발경도를 측정하고, 이 측정값으로부터 콘크리트의 압축강도를 추정하는 검사방법이다.

㉢ 시험방법이 간편하고 국제적으로 표준화된 이점이 있다.

㉣ 콘크리트 표면부의 품질과 타격조건에 영향을 받으므로 콘크리트 구체 내부의 강도를 명확하게 측정하기 곤란한 단점이 있다.

④ 초음파법 : 발신자와 수신자 사이를 음파가 통과하는 시간을 측정하여 음속의 크기에 의해 강도를 측정하는 검사방법

1-1. 굳은 콘크리트의 비파괴시험방법에 속하지 않는 것은?

① 방사선투과법　　　　② 슈미트 해머법
③ 공기량 측정법　　　　④ 음파측정법

1-2. 콘크리트의 비파괴시험에서 일정한 에너지의 타격을 콘크리트 표면에 주어 그 타격으로 생기는 반발력으로 콘크리트의 강도를 판정하는 방법은?

① 볼트를 잡아당기는 방법
② 코어채취방법
③ 표면경도방법
④ 음파측정방법

1-3. 완성된 구조물의 콘크리트 강도를 알고자 할 때 쓰이는 방법은?

① 리몰딩시험　　　　　② 이리바렌시험
③ 표면경도방법　　　　④ 다짐계수시험

정답 1-1 ③ 1-2 ③ 1-3 ③

핵심이론 02 │ 크리프(Creep)

① 크리프의 개념

　㉠ 재료에 하중이 오랫동안 작용하면 하중이 일정할 때에도 시간이 지남에 따라 변형이 커지는 현상이다.

　㉡ 콘크리트에 일정한 하중을 지속적으로 재하하면 응력의 변화가 없어도 변형은 시간에 따라 증가한다.

　㉢ 재료가 일정한 하중 아래에서 시간의 경과에 따라 변형량이 증가되는 현상이다.

② 크리프의 특징

　㉠ 콘크리트의 재령이 짧을수록 크리프는 크게 일어난다.

　㉡ 부재의 치수가 작을수록 크리프는 크게 일어난다.

　㉢ 물-시멘트비가 클수록 크리프는 크게 일어난다.

　㉣ 작용하는 응력이 클수록 크리프는 크게 일어난다.

2-1. 재료에 하중이 오랫동안 작용하면 하중이 일정할 때에도 시간이 지남에 따라 변형이 커지는 현상은?

① 크리프　　　　　　② 피 로
③ 인 성　　　　　　④ 취 성

2-2. 크리프(Creep)에 대한 설명 중 옳지 않은 것은?

① 콘크리트의 재령이 짧을수록 크리프는 크게 일어난다.
② 부재의 치수가 클수록 크리프는 크게 일어난다.
③ 물-시멘트비가 클수록 크리프는 크게 일어난다.
④ 작용하는 응력이 클수록 크리프는 크게 일어난다.

정답 2-1 ① 2-2 ②

제1절　흙의 시험

1-1. 함수량 시험 및 밀도시험

핵심이론 01　흙의 함수비 시험(KS F 2306)

① 개요 : 건조로를 사용하여 흙의 함수비를 구하는 시험 방법

② 함수비

  ㉠ 흙 속에 있는 물 질량을 흙 입자의 질량으로 나눈 값을 백분율로 나타낸 것

  ㉡ 110±5℃의 노 건조에 의해 잃게 되는 젖은 흙 속의 수분 무게에 대한 흙의 노건조 무게에 대한 비(백분율로 표기)

$$함수비\ w(\%) = \frac{W_w}{W_s} \times 100$$

$$= \frac{물의\ 질량(g)}{흙의\ 질량(g)} \times 100$$

③ 함수비 측정에 필요한 시료의 질량

시료의 최대 입자지름(mm)	시료의 질량(g)
75	5,000~30,000
37.5	1,000~5,000
19	150~300
4.75	30~100
2	10~30
0.425	5~10

④ 시험기구

  ㉠ 용기 : 시험 중에 질량의 변화를 일으키지 않는 것

  ㉡ 항온건조로 : 온도를 110±5℃로 유지할 수 있는 것

  ㉢ 저울 : 다음 표에 나타나는 최소 눈금값까지 측정할 수 있는 것

[시료의 질량 측정에 사용하는 저울의 최소 눈금값]

(단위 : g)

시료 질량	최소 눈금값
10 미만	0.001
10 이상 100 미만	0.01
100 이상 1,000 미만	0.1
1,000 이상	1

  ㉣ 데시케이터 : 실리카 겔, 염화칼슘 등의 흡습제를 넣은 것

1-1. 흙의 함수비에 대한 다음 중 옳은 것은?

① 흙에 포함된 물의 무게와 흙에 포함된 물질의 전체 무게와의 비
② 흙 속에 포함된 물의 무게와 흙 입자만의 무게 비
③ 흙 입자 공극의 부피와 흙 입자의 부피와의 비
④ 흙 입자 공극의 부피와 흙 전체의 부피에 대한 비

1-2. 흙의 함수비 시험에서 시료의 최대 입자지름이 19mm일 때 시료의 최소 무게로 적당한 것은?

① 100g   ② 300g
③ 500g   ④ 1,000g

1-3. 흙의 함수비 시험에 사용되지 않는 기계 및 기구는?

① 저 울   ② 항온건조로
③ 데시케이터   ④ 피크노미터

1-4. 흙의 함수량 시험에서 시료를 건조로에서 건조하는 온도는 얼마인가?

① 100±5℃   ② 110±5℃
③ 150±5℃   ④ 200±5℃

1-5. 흙의 함수비 시험에서 데시케이터 안에 넣는 제습제는?

① 염화나트륨   ② 염화칼슘
③ 황산나트륨   ④ 황산칼슘

|해설|

1-4
시료를 용기별로 항온건조로에 넣고 110±5℃에서 일정 질량이 될 때까지 노 건조한다.

정답 1-1 ② 1-2 ② 1-3 ④ 1-4 ② 1-5 ②

핵심이론 02 | 흙입자 밀도시험(KS F 2308)

① 개 요

ㄱ 흙 입자의 밀도는 흙의 고체 부분의 단위체적당 질량으로 정의한다(고유기질토에서는 흙 입자와 고체 유기물을 합한 것을 흙의 고체 부분으로 한다).

ㄴ 흙의 밀도시험에 사용되는 시료 : 4.75mm 체를 통과한 시료를 사용한다.

② 흙의 밀도시험에 사용하는 기계 및 기구

ㄱ 비중병(피크노미터, 용량 100mL 이상의 게이뤼삭형 비중병 또는 용량 100mL 이상의 용량 플라스크 등)

ㄴ 저울 : 0.001g까지 측정할 수 있는 것

ㄷ 온도계 : 눈금 0.1℃까지 읽을 수 있어야 하며 0.5℃의 최대허용오차를 가진 것

ㄹ 항온건조로 : 온도를 110±5℃로 유지할 수 있는 것

ㅁ 데시케이터 : 실리카 겔, 염화칼슘 등의 흡습제를 넣은 것

ㅂ 흙 입자의 분리기구 또는 흙의 파쇄기구

ㅅ 끓이는 기구 : 비중병 내에 넣은 물을 끓일 수 있는 것

ㅇ 증류수 : 끓이기 또는 감압에 의해 충분히 탈기한 것

③ 시료의 최소량

ㄱ 용량 100mL 이하의 비중병을 사용할 경우 : 노 건조 질량 10g 이상

ㄴ 용량 100mL 초과의 비중병을 사용할 경우 : 노 건조 질량 25g 이상으로 한다.

④ 흙의 밀도시험에서 노 건조 시료로 시험할 경우에는 110±5℃에서 항량건조가 될 때까지 적어도 12시간 이상 건조시킨다.

⑤ 흙의 밀도측정을 할 때 표준온도 : 15℃

⑥ 흙의 밀도시험에서 흙과 증류수를 비중병에 넣고 끓이는 이유 : 흙 입자 속에 있는 기포를 완전히 제거하기 위하여

⑦ 끓이는 시간 : 일반적인 흙에서는 10분 이상, 고유기질 토에서는 약 40분, 화산재 흙에서는 2시간 이상 끓인다 (일반적인 흙 < 고유기질토 < 화산재 흙).

예 일반적인 흙의 밀도시험에서 피크노미터에 절반가 량 증류수를 채워 증발접시에 물을 넣고 그 안에 피크노미터를 넣어 전열기로 10분 이상 끓인다.

※ 밀도 = 질량 ÷ 부피

2-1. 흙의 밀도시험에 사용되는 시료로 적당한 것은?

① 4.75mm 체 통과 시료
② 19mm 체 통과 시료
③ 37.5mm 체 통과 시료
④ 53mm 체 통과 시료

2-2. 흙의 밀도시험에 사용하는 기계 및 기구가 아닌 것은?

① 스페이서 디스크
② 항온건조로
③ 데시케이터
④ 피크노미터

2-3. 흙의 밀도를 측정하고자 한다. 100mL보다 큰 비중병을 사용할 경우 1회 측정에 필요한 시료는 최소 몇 g인가?(단, 노 건조 시료를 기준으로 한다)

① 10g
② 15g
③ 20g
④ 25g

2-4. 흙의 밀도시험에서 노 건조 시료로 시험할 경우에는 110±5℃에서 항량건조가 될 때까지 적어도 몇 시간 건조시키는가?

① 6시간
② 12시간
③ 24시간
④ 48시간

2-5. 흙의 밀도는 일반적으로 몇 ℃의 물에 대한 값을 구하는 것인가?

① 5℃
② 15℃
③ 25℃
④ 28℃

2-6. 흙의 밀도시험에서 흙 시료가 내포한 공기를 없애기 위해서 전열기로 끓이는데 일반적인 흙은 얼마 이상 끓여야 하는가?

① 1분
② 3분
③ 5분
④ 10분

정답 2-1 ① 2-2 ① 2-3 ④ 2-4 ② 2-5 ② 2-6 ④

1-2. 액성한계시험, 소성 및 수축한계시험

핵심이론 01 | 흙의 액성한계시험방법(KS F 2303)

① 개요

 ㉠ 점토나 점토 입자를 다량 함유한 세립토의 경우 함수량에 따라서 액상, 소성상, 반고체상, 고체상의 상태로 각각 변화되는데, 각각의 상태의 경계가 되는 함수비를 각각 액성한계, 소성한계 및 수축한계라 한다.

 ㉡ 흙이 소성 상태에서 액체 상태로 바뀔 때의 함수비를 구하기 위한 시험이다.

② 액성한계시험기구 : 액성한계 측정기, 홈파기 날 및 게이지, 함수비 측정기구, 유리판, 주걱 또는 스패튤러, 증류수

③ 흙의 액성한계시험과 소성한계시험의 시료 : 자연함수비 상태의 흙을 사용하여 $425\mu m(0.425mm)$ 체를 통과한 흙을 시료로 한다.

④ 시험방법

 ㉠ 0.425mm 체로 쳐서 통과한 시료 약 200g 정도를 준비한다(소성한계시험용 약 30g).

 ㉡ 공기건조한 경우 증류수를 가하여 충분히 반죽한 후 흙과 물이 잘 혼합되도록 하기 위하여 수분이 증발되지 않도록 해서 10시간 이상 방치한다.

 ㉢ 황동접시와 경질 고무 받침대 사이에 게이지를 끼우고 황동접시의 낙하 높이가 $10\pm0.1mm$가 되도록 낙하장치를 조정한다.

 ㉣ 흙의 액성한계시험에서 낙하장치에 의해 1초 동안에 2회의 비율로 황동접시를 들어 올렸다가 떨어뜨리고, 홈 바닥부의 흙이 길이 약 1.3cm 맞닿을 때까지 계속한다.

⑤ 액성한계시험으로부터 구한 유동곡선에서 낙하 횟수 25회에 해당하는 함수비를 액성한계라 한다.

 ※ 액체 상태 : 어느 흙의 자연함수비가 그 흙의 액성한계보다 높을 때

10년간 자주 출제된 문제

1-1. 흙의 함수비와 관계없는 시험은?

① 소성한계시험   ② 액성한계시험
③ 투수시험   ④ 수축한계시험

1-2. 액성한계와 소성한계시험을 할 때 시료 준비방법으로 옳은 것은?

① $425\mu m$ 체에 잔유한 흙을 사용한다.
② $425\mu m$ 체를 통과한 흙을 사용한다.
③ $75\mu m$ 체에 잔유한 흙을 사용한다.
④ $75\mu m$ 체를 통과한 흙을 사용한다.

1-3. 액성한계시험에서 공기건조한 시료에 증류수를 가하여 반죽한 후 흙과 증류수가 잘 혼합되도록 방치하는 적당한 시간은?

① 1시간 이상   ② 2시간 이상
③ 5시간 이상   ④ 10시간 이상

1-4. 토질시험에 의해서 액성한계를 결정하기 위해서는 액성한계시험기구의 접시를 몇 cm 높이에서 낙하시키는가?

① 1cm   ② 2cm
③ 3cm   ④ 4cm

1-5. 액성한계시험방법에 대한 설명 중 틀린 것은?

① $425\mu m$ 체로 쳐서 통과한 시료 약 200g 정도를 준비한다.
② 황동접시의 낙하 높이가 $10\pm1mm$가 되도록 낙하장치를 조정한다.
③ 액성한계시험으로부터 구한 유동곡선에서 낙하 횟수 25회에 해당하는 함수비를 액성한계라 한다.
④ 크랭크를 1초에 2회전의 속도로 접시를 낙하시키며, 시료가 10mm 접촉할 때까지 회전시켜 낙하 횟수를 기록한다.

정답 1-1 ③   1-2 ②   1-3 ④   1-4 ①   1-5 ④

① 유동곡선의 개념
   ㉠ 흙의 액성한계시험 결과를 반대수 용지에 작성하는 곡선(그래프)
   ㉡ 반죽된 흙의 함수비를 다르게 하여 각 함수비(세로축 항목)에 대한 놋쇠접시의 낙하 횟수(가로축 항목)와의 관계를 반대수 모눈종이에 직선으로 나타낸 그래프
② 소성지수 : 액성한계에서 소성한계를 뺀 값이다.
   소성지수(PI) = 액성한계(LL) – 소성한계(PL)
③ 액성지수(LI) = $\dfrac{w_n - PL}{PI}$

   여기서, w_n : 자연함수비
   PL : 소성한계
   PI : 소성지수

2-1. 흙의 액성한계시험 결과로 작성하는 그래프는?

① 다짐곡선   ② 유동곡선
③ 입경가적곡선   ④ 한계곡선

2-2. 흙의 액성한계시험에서 유동곡선을 그릴 때 세로축 항목으로 옳은 것은?

① 입 경   ② 함수비
③ 체의 크기   ④ 가적 통과율

2-3. 액성한계와 소성한계의 차이로 나타내는 것은?

① 액성지수   ② 소성지수
③ 유동지수   ④ 터프니스 지수

2-4. 액성한계가 42.8%이고 소성한계는 32.2%일 때 소성지수를 구하면?

① 10.6   ② 12.8
③ 21.2   ④ 42.4

2-5. 자연 상태의 함수비가 98.0%, 소성한계가 70.0%, 액성지수가 1.17인 흙 시료의 소성지수의 값은?

① 23.9%   ② 28.0%
③ 59.8%   ④ 83.8%

|해설|

2-4
소성지수(PI) = 액성한계 – 소성한계
$$= 42.8 - 32.2$$
$$= 10.6\%$$

2-5
액성지수(LI) = $\dfrac{w_n - PL(\text{소성한계})}{PI(\text{소성지수})}$

$1.17 = \dfrac{98 - 70}{x} = 23.9\%$

정답 2-1 ② 2-2 ② 2-3 ② 2-4 ① 2-5 ①

소성 및 수축한계시험

① 소성한계시험(KS F 2303)
   ㉠ 소성한계의 개념
      • 두꺼운 유리판 위에 시료 덩어리를 손바닥으로 굴리면서 지름 3mm인 실 모양을 만드는 과정을 반복하다가, 지름 약 3mm에서 부서질 때의 함수비
      • 흙을 국수 모양으로 밀어 지름이 약 3mm 굵기에서 부스러질 때의 함수비
      • 흙을 지름 3mm의 줄 모양으로 늘여 토막토막 끊어지려고 할 때의 함수비
   ㉡ 흙의 소성한계 시험기구 : 항온건조로, 불투명 유리판, 둥근 봉, 함수비 측정기구, 유리판, 주걱 또는 스패튤러, 증류수
      • 불투명 유리판 : 두꺼운 불투명 판유리
      • 둥근 봉 : 지름 약 3mm인 것
      • 함수비 측정기구 : 용기, 항온건조로, 저울, 데시케이터 등
      • 유리판 : 두꺼운 판유리
      • 주걱 또는 스패튤러, 증류수 등
② 수축한계시험(KS F 2305)
   ㉠ 수축한계 : 반고체 상태에서 고체 상태로 변하는 경계의 함수비로서, 흙의 부피가 최소로 되어 함수비가 더 이상 감소되어도 부피가 일정할 때의 함수비
   ㉡ 흙의 수축한계시험에서는 공기건조한 시료를 425 μm로 체질하여 통과한 흙을 약 30g과 수은 1kg를 준비한다.
   ㉢ 흙의 수축한계시험에서 수은을 사용하는 주된 이유는 건조 시료의 부피를 측정하기 위해서이다.
   ㉣ 수축지수 = 소성한계 − 수축한계

3-1. 흙을 지름 3mm의 줄 모양으로 늘여 토막토막 끊어지려고 할 때의 함수비는?
① 수축한계   ② 액성한계
③ 소성한계   ④ 액성지수

3-2. 두꺼운 유리판 위에 시료를 손바닥으로 굴리면서 늘렸을 때, 지름 약 몇 mm에서 부서질 때의 함수비를 소성한계라 하는가?
① 1   ② 3
③ 5   ④ 7

3-3. 흙의 소성한계시험에 사용되는 기계 및 기구가 아닌 것은?
① 둥근 봉   ② 항온건조로
③ 불투명 유리판   ④ 홈파기날

3-4. 반고체 상태에서 고체 상태로 변하는 경계의 함수비로서 흙의 부피가 최소로 되어 함수비가 더 이상 감소되어도 부피가 일정할 때의 함수비는?
① 액성한계   ② 수축한계
③ 소성한계   ④ 최적함수비

3-5. 흙의 시험 중 수은을 사용하는 시험은?
① 수축한계시험   ② 액성한계시험
③ 밀도시험   ④ 체가름시험

3-6. 흙의 수축한계시험에서 수은을 사용하는 이유는?
① 정확한 시료의 무게를 구하기 위하여
② 정확한 시료의 부피를 구하기 위하여
③ 정확한 시료의 밀도를 구하기 위하여
④ 정확한 시료의 입도를 구하기 위하여

| 해설 |

3-3
홈파기 날은 액성한계시험에 사용된다.

3-4
① 액성한계 : 액성과 소성의 경계가 되는 함수비
③ 소성한계 : 소성과 반고체의 경계가 되는 함수비

정답 3-1 ③ 3-2 ② 3-3 ④ 3-4 ② 3-5 ① 3-6 ②

1-3. 흙의 입도시험

① 개 요

  ㉠ 고유기질토 이외의 흙으로 75mm 체를 통과한 흙의 입도를 구하는 시험방법에 대하여 규정한다.

  ㉡ 입도 : 흙 입자의 지름 분포 상태

  ㉢ 최대입자지름(최대입경) : 시료가 모두 통과하는 시험용 체의 최소의 호칭 치수로 나타낸 입경

② 입도시험의 목적 : 흙의 분류와 점성토의 압축성을 판별하기 위해

③ 시험방법의 종류

  ㉠ 체분석 : 시험용 체에 의한 입도시험으로 $75\mu m$(0.075mm) 체에 잔류한 흙 입자에 적용한다.

  ㉡ 비중계분석 : 흙 입자 현탁액의 밀도 측정에 의한 입도시험으로 2mm 체 통과 입자에 대하여 시험을 실시하고, $75\mu m$(0.075mm) 체를 통과한 흙 입자에 대하여 적용한다.

  ※ 현재 가장 많이 쓰이고 있는 흙의 입도분석법은 비중계법이다.

④ 시험기구 : 비중계, 분산장치, 메스실린더, 온도계, 항온수조, 비커, 저울, 버니어캘리퍼스, 함수비 측정기구

⑤ 흙의 입도분석시험(침강분석시험)방법

  ㉠ 스토크스 법칙(Stokes' Law)을 적용한다.

    ※ 스토크스 법칙은 흙 입자가 물속에서 침강하는 속도로부터 입경을 계산하는 법칙이다.

  ㉡ 침강분석시험에 사용되는 메스실린더의 용량은 250mL 및 1,000mL를 사용한다.

  ㉢ 침강 측정 시 메스실린더 내에 비중계를 띄우고 소수 부분의 눈금을 메니스커스 위 끝에서 0.0005까지 읽는다.

  ㉣ 시험 후 메스실린더의 내용물은 0.075mm 체에 붓고 물로 세척한다.

  ※ 흙의 입자 크기 순서

    • 자갈 > 모래 > 실트 > 점토

    • 굵은 자갈 > 중간 자갈 > 고운 자갈 > 굵은 모래 > 중간 모래 > 고운 모래 > 실트분 > 점토분

⑥ 시 약

  ㉠ 과산화수소는 6% 용액이어야 한다.

  ㉡ 분산제는 헥사메타인산나트륨의 포화용액이어야 한다. 헥사메타인산나트륨 대신에 피로인산나트륨 포화용액, 트라이폴리인산나트륨의 포화용액 등을 사용하여도 좋다.

  ㉢ 헥사메타인산나트륨의 포화용액 : 헥사메타인산나트륨 약 20g을 20℃의 증류수 100mL 중에 충분히 녹이고, 결정의 일부가 용기 바닥에 남아 있는 상태의 용액을 사용한다.

⑦ 시료 : 2mm 체 통과분에서 노 건조 질량으로 사질토계의 흙에서는 115g 정도, 점성토계의 흙에서는 65g을 시료로 한다.

  ※ 사질토계의 흙 : 모래질의 흙

    점성토계의 흙 : 실트질, 점토질

1-1. 현재 가장 많이 쓰이는 흙의 입도분석법은?

① 비중계법   ② 피펫법

③ 침전법   ④ 원심력법

1-2. 흙 입자가 물속에서 침강하는 속도로부터 입경을 계산하는 법칙은?

① 콜로이드(Colloid)의 법칙

② 스토크스(Stokes')의 법칙

③ 테르자기(Terzaghi)의 법칙

④ 애터버그(Atterberg)의 법칙

1-3. 흙의 침강분석시험(입도분석시험)에 대한 내용 중 옳지 않은 것은?

① Stokes'의 법칙을 적용한다.

② 시험 후 메스실린더의 내용물은 0.075mm 체에 붓고 물로 세척한다.

③ 침강 측정 시 메스실린더 내에 비중계를 띄우고 소수 부분의 눈금을 메니스커스 위 끝에서 0.0005까지 읽는다.

④ 침강분석시험에 사용되는 메스실린더의 용량은 500mL를 사용한다.

1-4. 흙 입자의 크기가 큰 순서대로 나열된 것은?

① 자갈 > 모래 > 점토 > 실트

② 모래 > 자갈 > 실트 > 점토

③ 자갈 > 모래 > 실트 > 점토

④ 콜로이드 > 모래 > 점토 > 실트

1-5. 흙의 침강분석시험에서 사용하는 분산제가 아닌 것은?

① 과산화수소의 포화용액

② 피로인산나트륨의 포화용액

③ 헥사메타인산나트륨의 포화용액

④ 트라이폴리인산나트륨의 포화용액

|해설|

1-3

침강분석시험에 사용되는 메스실린더의 용량은 250mL 및 1,000mL를 사용한다.

정답 1-1 ①   1-2 ②   1-3 ④   1-4 ③   1-5 ①

핵심이론 02 | 입경분포곡선(입경가적곡선)

① 입경분포곡선에서 통과 질량 백분율이 10%, 30% 및 60%일 때의 입자지름 D(mm)를 읽고 각각 10% 통과 입경 D_{10}(mm), 30% 통과 입경 D_{30}(mm) 및 60% 통과 입경 D_{60}(mm)으로 한다.

② 입경분포곡선에서 입경 2mm, 0.425mm 및 0.075mm에 대한 통과 질량 백분율을 읽는다.

③ 입경분포곡선에서 유효 입경(유효 입자지름)이란 가적 통과율 10%에 해당하는 입경으로, 투수계수 추정 등에 이용된다.

④ 균등계수(입경분포곡선의 기울기)

    ㉠ 균등계수가 큰 경우

      • 입경분포곡선의 기울기가 완만하다.

      • 조세립토가 적당히 혼합되어 있어서 입도분포가 양호하다.

      • 자갈 : $C_u > 4$, 모래 : $C_u > 6$

      • 공극비가 작아진다.

      • 다짐에 적합하다.

    ㉡ 균등계수가 작은 경우

      • 입경분포곡선의 기울기가 급하다.

      • 균등한 입경이 혼합되어 있어서 입도분포가 불량하다.

      • 공극비(간극비)가 크다.

      • 다짐에 부적합하다.

      • 투수성이 좋다.

    ㉢ 흙의 입도시험으로부터 균등계수 및 곡률계수의 값을 구하는 식

      • 균등계수 $C_u = \dfrac{D_{60}}{D_{10}}$

      • 곡률계수 C_c or $C_g = \dfrac{(D_{30})^2}{D_{10} \times D_{60}}$

여기서, D_{10} : 입경가적곡선으로부터 얻은 10% 입경

D_{30} : 입경가적곡선으로부터 얻은 30% 입경

D_{60} : 입경가적곡선으로부터 얻은 60% 입경

10년간 자주 출제된 문제

2-1. 입경가적곡선에서 유효 입경이란 가적 통과율 몇 %에 해당하는 입경인가?

① 15%   ② 40%
③ 20%   ④ 10%

2-2. 입경가적곡선의 기울기가 매우 급한 흙의 일반적인 성질로 적당하지 않은 것은?

① 밀도가 좋다.
② 투수성이 좋다.
③ 균등계수가 작다.
④ 간극비가 크다.

2-3. 흙의 입도시험을 하기 위하여 40%의 과산화수소 용액 100g을 8%의 과산화수소수로 만들려고 한다. 물은 얼마나 넣으면 되는가?

① 400g   ② 300g
③ 200g   ④ 100g

|해설|

2-3

$$\frac{40}{100} \times 100 = \frac{8}{100}(100+x)$$

$$40 = 0.08(100+x)$$

$$\therefore \ x = 400\text{g}$$

정답 2-1 ④ 2-2 ① 2-3 ①

2-1. 밀도시험

핵심이론 01 | 시멘트의 밀도시험방법(KS L 5110)

① 시멘트 밀도시험의 목적

   ㉠ 콘크리트 배합 설계 시 시멘트가 차지하는 부피(용적)를 계산하기 위해서 실시한다.

   ㉡ 밀도의 시험치에 의해 시멘트 풍화의 정도, 시멘트의 품종, 혼합 시멘트에 있어서 혼합하는 재료의 함유 비율을 추정하기 위해 실시한다.

   ㉢ 혼합 시멘트의 분말도시험(블레인방법) 시 시료의 양을 결정하는 데 비중의 실측치 이용하기 위해 실시한다.

② 시멘트 밀도시험에 필요한 기구

   ㉠ 르샤틀리에 플라스크

   ㉡ 광유 : 온도 20±1℃에서 밀도 약 0.73Mg/m^3 이상인 완전히 탈수된 등유나 나프타를 사용한다.

   ㉢ 천칭(저울)

   ㉣ 철사 및 마른 걸레

   ㉤ 항온수조

③ 시멘트 밀도시험

   ㉠ 시험용 시멘트 : 르샤틀리에 플라스크 속에 넣는 시멘트량은 약 64g

   ㉡ 르샤틀리에 플라스크를 실온으로 일정하게 되어 있는 물중탕에 넣어 광유의 온도차가 0.2℃ 이내로 되었을 때의 눈금을 읽어 기록한다.

   ㉢ 시멘트 밀도시험의 정밀도 및 편차 : 동일한 시험자가 동일한 재료에 대해 2회 측정한 결과가 ±0.03 Mg/m^3 이내이어야 한다.

   ㉣ 시멘트의 비중(밀도) = $\dfrac{\text{시료의 무게(g)}}{\text{눈금차(mL)}}$

   ㉤ 밀도는 소수점 이하 셋째 자리를 반올림해서 둘째 자리까지 구한다.

1-1. 시멘트 밀도시험을 하는 이유로서 가장 타당한 것은?

① 밀도를 알아야 응결시간을 알 수 있으므로
② 콘크리트 배합 설계 시 시멘트가 차지하는 부피를 계산하기 위해서
③ 시멘트의 압축강도를 알 수 있으므로
④ 시멘트의 분말도를 알 수 있으므로

1-2. 다음 중 시멘트의 시험법과 기구가 잘못 연결된 것은?

① 시멘트의 분말도시험 – 블레인 공기투과장치
② 시멘트의 응결 측정 – 길모어장치
③ 시멘트의 팽창도시험 – 오토클레이브
④ 시멘트 밀도시험 – 비카 침에 의한 방법

1-3. 시멘트 밀도시험에 사용되는 액재는?

① 소금물   ② 알코올
③ 황 산   ④ 광 유

1-4. 시멘트의 밀도시험을 하기 위하여 쓰이는 기구 및 재료에 속하지 않는 것은?

① 르샤틀리에 플라스크
② 광 유
③ 천 칭
④ 표준체

|해설|

1-2
시멘트 응결측정시험 – 비카(Vicat) 침에 의한 방법

정답 1-1 ② 1-2 ④ 1-3 ④ 1-4 ④

핵심이론 02 │ 시멘트의 밀도 측정 시 주의 및 참고사항

① 광유는 인화성, 휘발성 물질이므로 화기에 조심하여야 한다.

② 르샤틀리에 플라스크는 깨지기 쉬우므로 조심히 다룬다.

③ 시험 전 시멘트, 광유, 수조의 물, 르샤틀리에 플라스크의 온도가 실온과 동일하도록 미리 준비한다.

④ 광유 표면의 눈금을 읽을 때에는 곡면의 가장 밑면의 눈금을 읽는다.

⑤ 시멘트를 르샤틀리에 플라스크의 목 부분에 묻지 않도록 조심하면서 넣는다.

⑥ 시료를 병에 넣을 때 기름을 위로 올려서 구부가 막히지 않도록 한다. 만일 막힐 때나 병 내면에 부착되었을 때는 병 밑바닥을 가볍게 두들기거나 경사지게 하여 떨어뜨린다.

⑦ 르샤틀리에 플라스크를 알맞게 흔들어 시멘트 내부에 들어 있는 공기를 빼낸다.

⑧ 광유의 온도가 $1℃$ 변하면 용적이 약 $0.2cc$ 변화하고 비중이 약 0.02의 차가 생기므로 시멘트를 넣기 전후 광유의 온도차는 $0.2℃$를 넘어서는 안 된다.

⑨ 밀도시험은 2회 이상 행하고 0.03 이내에서 일치하여야 한다.

⑩ 밀도의 값은 그 평균치를 취한다.

⑪ 시험이 끝나면 르샤틀리에 플라스크에 완전히 탈수한 광유와 마른 모래를 넣고, 잘 흔들어 깨끗이 닦아 놓는다. 이때 물을 사용해서는 안 된다(르샤틀리에 플라스크 내부에 잔류 시멘트가 응고됨).

2-1. 르샤틀리에 플라스크 속 광유 표면의 눈금은 어느 부분을 읽어야 하는가?

① 곡면의 중간면
② 곡면의 옆면
③ 곡면의 1/3면
④ 곡면의 밑면

2-2. 시멘트 밀도시험 시 주의사항 중 맞지 않은 것은?

① 광유는 휘발성 물질이므로 불에 조심하여야 한다.
② 광유 표면의 눈금을 읽을 때에는 가장 윗면의 눈금을 읽는다.
③ 시멘트, 광유, 수조의 물, 르샤틀리에 플라스크는 미리 실온으로 일정하게 유지시킨다.
④ 시험이 끝나면 르샤틀리에 플라스크에 물을 사용해서는 안 된다.

2-3. 시멘트 비중시험을 할 때 시험과정 및 유의사항에 대한 설명으로 틀린 것은?

① 광유는 휘발성 물질이므로 불에 주의해야 한다.
② 시멘트를 르샤틀리에 플라스크의 목 부분에 묻지 않도록 조심하면서 넣는다.
③ 르샤틀리에 플라스크를 알맞게 흔들어 시멘트 내부에 들어 있는 공기를 빼낸다.
④ 시험이 끝나면 르샤틀리에 플라스크에 깨끗한 물과 마른 모래를 넣고 잘 흔들어 깨끗이 닦아 놓도록 한다.

|해설|

2-1
광유 표면의 눈금을 읽을 때 액체면은 곡면이 있으므로 가장 밑면의 눈금을 읽는다.

정답 2-1 ④ 2-2 ② 2-3 ④

2-2. 응결시간 측정시험 및 분말도시험

핵심이론 01 | 시멘트의 응결시간 시험방법 (KS L ISO 9597)

① 개 요

ㄱ 응결 : 시멘트에 물을 넣으면 수화작용을 일으켜 시멘트풀이 시간이 지남에 따라 유동성과 점성을 잃고 점차 굳어지는 반응

• 물의 양이 적거나 응결경화촉진제를 사용하면 응결이 빨라진다.

• 분말도가 높고, 알루미나분이 많은 시멘트일수록 응결이 빨라진다.

• 온도가 높고 습도가 낮으면 응결이 빨라진다.

※ 보통 시멘트의 표준 반죽 질기로 만들 때의 알맞은 수량 : 25~28%

ㄴ 응결시간 측정 : 어떤 특정값에 도달할 때까지 표준 주도를 가진 시멘트 페이스트 속에 들어가는 바늘의 침입도를 관찰하여 응결시간을 측정한다.

② 시멘트의 응결시간 측정시험에 사용하는 기구

ㄱ 저울 : 용량 1,000g, 1g 이상의 정밀도를 가진 것

ㄴ 메스실린더 : 용량 150~200mL

ㄷ 길모어 침 : 초결 침, 종결 침

※ 초결과 종결을 구분하는 데는 비카(Vicat)시험장치 또는 길모어(Gilmore) 침을 이용한다.

ㄹ 혼합기, 습기함, 눈금이 있는 실린더나 뷰렛, 유리판 등

③ 시험방법

ㄱ 적절한 크기의 실험실 또는 습기함을 사용한다. 이 공간의 온도는 20±1℃로 유지해야 하며, 상대습도는 90% 이상이어야 한다.

※ 따뜻한 지역에서는 실험실의 온도가 25±2℃ 또는 27±2℃일 수 있으며, 이 경우 시험결과에 그 온도를 명기해야 한다.

ⓛ 시멘트 풀을 만들 때 시멘트 500g을 1g 단위까지 계량한다. 물(125g)은 혼합용기에 넣어 측정하거나 눈금이 있는 실린더나 뷰렛으로 측정하여 혼합용기에 넣는다.

ⓒ 초결의 측정 : 바늘과 바닥판이 거리가 4±1mm 될 때를 시멘트의 초결시간으로 정하고, 5분 단위로 측정한다.

ⓔ 종결의 측정 : 시험체를 뒤집어 0.5mm 침입될 때

1-1. 시멘트에 물을 넣으면 수화작용을 일으켜 시멘트 풀이 시간이 지남에 따라 유동성과 점성을 잃고 점차 굳어지는 반응은?

① 풍 화   ② 인 성
③ 강 성   ④ 응 결

1-2. 시멘트 응결에 관한 설명 중 옳지 않은 것은?

① 물의 양이 많은 경우나 시멘트가 풍화되었을 경우 일반적으로 응결이 늦어진다.
② 분말도가 높으면 응결이 늦어진다.
③ 응결시간 측정법에는 길모어 침에 의한 방법이 있다.
④ 온도가 높고 습도가 낮으면 응결이 빨라진다.

1-3. 다음 중 시멘트 응결시간 시험방법과 관계가 없는 것은?

① 플로 테이블(Flow Table)
② 비카(Vicat)장치
③ 길모어 침(Gilmore Needles)
④ 유리판(Pat Glass Plate)

|해설|

1-1
응결은 수화작용에 의하여 굳어지는 상태이며, 경화는 응결 후 시멘트 구체가 조직이 치밀해지고 강도가 커지는 상태이다.

1-2
분말도가 높을수록, 알루미나분이 많은 시멘트일수록 응결이 빠르고, 물 – 시멘트비가 작으면 온도가 높을수록 응결이 빨라진다.

1-3
플로 테이블은 콘크리트의 흐름시험 시험기구이다.

정답 1-1 ④   1-2 ②   1-3 ①

핵심이론 **02** | 시멘트 분말도시험
(KS L 5112, KS L 5106)

① 개 요
　ⓐ 시멘트의 분말도는 일반적으로 비표면적으로 표시하며 시멘트 입자의 굵고 가는 정도로, 단위는 cm^2/g이다.
　ⓑ 비표면적이란 시멘트 1g의 입자의 전 표면적을 cm^2로 나타낸 것으로 시멘트의 분말도를 나타낸다.

② 시멘트의 분말도시험 : 분말도 시험방법에는 표준체(체가름)에 의한 방법과 비표면적을 구하는 블레인방법 등이 있다.
　ⓐ 표준체에 의한 방법(KS L 5112)
　　• 표준체 $45\mu m$로 쳐서 남는 잔사량을 계량하여 분말도를 구한다.
　　• 표준체에 의한 시멘트 분말도 시험을 하기 위한 기구 : 표준체, 스프레이 노즐, 압력계
　　• 분말도 = $\dfrac{\text{체에 남은 시멘트 무게}}{\text{시료 전체 무게}}$
　ⓑ 블레인 공기투과장치에 의한 방법(KS L 5106)
　　• 표준시료와 시험시료로 만든 시멘트 베드를 공기가 투과하는 데 필요한 시간을 비교하여 비표면적을 구한다.
　　• 블레인 공기투과장치에 의한 시멘트 분말도시험을 하기 위한 기구 : 표준시멘트, 기름종이, 수은, 셀, 플런저 및 유공 금속판, 마노미터액 등
　※ 시멘트의 안정성은 클링커의 소성이 불충분할 때 생기는 유리석회 등의 양이 지나치게 많으면 불안정해진다.

③ 분말도가 큰 시멘트의 특성

  ㉠ 접촉 표면적이 커서 물과 혼합 시 수화작용이 빠르다.

  ㉡ 수화열이 커지고 응결이 빠르다.

  ㉢ 초기 강도가 크게 되며 강도 증진율이 높다.

  ㉣ 풍화하기 쉽고, 건조수축이 커져서 균열이 발생하기 쉽다.

  ㉤ 발열량이 크고, 워커빌리티가 좋아진다.

10년간 자주 출제된 문제

2-1. 다음 중 시멘트의 분말도를 구하는 시험방법은?

① 블레인시험   ② 비카시험

③ 오토클레이브 시험   ④ 길모어시험

2-2. 시멘트 분말도시험에서 비표면적(比表面積)은 몇 g의 시멘트가 가지고 있는 총표면적인가?

① 1g   ② 1.5g

③ 3g   ④ 4.5g

2-3. 시멘트의 분말도시험에서 시멘트 비표면적의 단위는?

① cm/g   ② mm/g

③ cm^3/g ④ cm^2/g

2-4. 다음은 시멘트 분말도시험에 대한 설명으로 잘못된 것은?

① 시멘트 입자의 가는 정도를 나타내는 것을 분말도라 한다.

② 시멘트 입자가 가늘수록 분말도가 높다.

③ 분말도가 높으면 수화발열이 작다.

④ 시멘트의 분말도는 비표면적으로 나타낸다.

|해설|

2-2

시멘트의 비표면적이란 1g의 시멘트가 가지고 있는 전체 입자의 총표면적이다.

2-3

시멘트 비표면적 단위는 cm^2/g으로 표시한다.

정답 2-1 ① 2-2 ① 2-3 ④ 2-4 ③

2-3. 기타 시멘트 관련 시험

핵심이론 01 | 시멘트의 강도시험방법(KS L ISO679)

① 시험방법

  ㉠ 이 시험방법은 치수 40mm×40mm×160mm인 각주형 공시체의 압축강도 및 휨강도의 시험방법에 대해서 규정한다.

  ㉡ 공시체는 질량으로 시멘트 1에 대해서 물-시멘트비 0.5 및 잔골재 3의 비율로 모르타르를 성형한다.

  ㉢ 틀에 다진 공시체는 24시간 습윤 양생한다. 그 후 탈형하여 강도측정시험을 할 때까지 수중 양생한다. 측정 재령에 이르렀을 때 시험체를 수중 양생조로부터 꺼내어 휨강도를 측정한 후 깨진 시편으로 압축강도시험을 한다.

② 실험실

  ㉠ 공시체를 성형하는 실험실은 20±2℃ 및 상대습도 50% 이상을 유지해야 한다.

  ㉡ 틀에 다진 공시체를 양생할 때의 항온·항습기는 온도 20±1℃ 및 상대습도 90% 이상을 계속 유지해야 한다. 양생수조의 수온은 20±1℃를 유지해야 한다.

  ㉢ 시험실 내의 온도, 상대습도 및 양생수조의 수온은 적어도 1일에 1회 정도는 작업시간 중에 기록하여야 한다.

  ㉣ 항온·항습기의 온도 및 상대습도는 적어도 4시간 간격으로 기록하여야 한다.

  ㉤ 온도범위를 설정하는 경우에는 목표온도가 중간값이 되도록 온도범위를 조절하여야 한다.

③ 장치 : 시험용 체(2mm, 1.6mm, 1mm, 0.5mm, 0.16mm, 0.08mm), 혼합기, 시험체 틀, 진동다짐기, 휨강도시험기, 압축강도 시험기, 압축강도시험기용 부속기구

④ 모르타르의 배합

　㉠ 질량에 의한 비율로 시멘트 1, 표준사 3의 비율로 한다.

　㉡ 혼합수의 양은 물-시멘트비가 0.5인 분량이다.

⑤ 시험결과의 정의

　㉠ 3개를 한 조로 하여 측정하는 6개의 압축강도 측정 결과의 산술평균으로 정의된다.

　㉡ 6개의 측정값 중에서 1개의 결과가 6개의 평균값보다 ±10% 이상 벗어나면 이 결과를 버리고 나머지 5개의 평균으로 계산한다.

　㉢ 5개의 측정값 중에서 또다시 하나의 결과가 그 평균값보다 ±10% 이상 벗어나면 결괏값 전체를 버려야 한다.

$$압축강도(f) = \frac{P}{A}$$

　여기서, P : 최대 파괴 하중, A : 시험체의 단면적

⑥ 모르타르의 압축강도에 영향을 주는 요인

　㉠ 시멘트 분말도가 높으면 강도는 커진다(비례).

　㉡ 30℃ 이하에서는 양생온도가 높을수록 강도는 증가한다.

　㉢ 온도가 낮으면 강도(특히 조기강도)가 저하된다.

　㉣ 단위수량이 많을수록 강도는 떨어진다(반비례).

　㉤ 시멘트가 풍화되면 강도는 감소한다.

　㉥ 재령 및 시험방법에 따라 강도가 달라진다.

10년간 자주 출제된 문제

1-1. 시멘트, 물, 잔골재를 혼합해서 만든 것은?

① 무근콘크리트　　　　② 철근콘크리트
③ 모르타르　　　　　　④ 시멘트 풀

1-2. 시멘트 모르타르 압축강도시험을 할 때 사용하는 표준 모르타르의 제작 시 시멘트와 표준모래의 무게비는?

① 1 : 2　　　　　　　② 1 : 2.25
③ 1 : 3　　　　　　　④ 1 : 3.45

1-3. 시멘트 모르타르 압축강도시험에서 시멘트를 510g 사용했을 때 표준모래의 양은 얼마나 되는가?

① 약 510g　　　　　　② 약 638g
③ 약 1,250g　　　　　④ 약 1,530g

1-4. 시멘트 모르타르 압축강도시험은 공시체를 양생 수조에서 충분히 양생한 후 언제 시험하는가?

① 양생수조에서 꺼낸 후 30분 후에 한다.
② 양생수조에서 꺼낸 후 60분 후에 한다.
③ 양생수조에서 꺼낸 후 공기 건조시킨 후 한다.
④ 양생수조에서 꺼낸 직후에 한다.

1-5. 시멘트 모르타르의 압축강도나 인장강도의 시험체의 양생 온도는?

① 20±2℃　　　　　　② 27±2℃
③ 23±2℃　　　　　　④ 15±3℃

1-6. 시멘트 모르타르의 압축강도시험에 의하여 압축강도를 결정할 때 같은 시료, 같은 시간에 시험한 전 시험체의 평균값을 구하여 사용하는데, 이때 평균값보다 몇 % 이상의 강도차가 있는 시험체는 압축강도의 계산에 사용하지 않는가?

① ±5%　　　　　　　② ±10%
③ ±15%　　　　　　　④ ±20%

|해설|

1-1

모르타르 : 시멘트, 물, 잔골재를 혼합하여 반죽한 것으로, 경우에 따라서 이에 혼화재료를 첨가하여 혼합 반죽한다.

1-2

모르타르 배합 비율(KS L ISO 679)

• 시멘트 : 1
• 표준사 : 3
• 물-시멘트비 : 0.5

1-3

표준모래량 = 510 × 3 = 1,530g

1-5

공시체를 성형하는 실험실은 20±2℃ 및 상대습도 50% 이상을 유지해야 한다.

1-6

6개의 측정값 중에서 1개의 결과가 6개의 평균값보다 ±10% 이상 벗어나면 이 결과를 버리고 나머지 5개의 평균으로 계산한다.

정답 1-1 ③　1-2 ③　1-3 ④　1-4 ④　1-5 ①　1-6 ②

① 시멘트 모르타르의 인장강도시험을 실시하기 위한 장치
  ㉠ 저울 : 0.01g 이상의 정밀도를 가진 것
  ㉡ 표준체 : 600μm, 850μm로 견고하고 부식되지 않는 것
  ㉢ 메스실린더: 150mL, 200mL의 용량으로 비흡수성 재질의 것
  ㉣ 시험기 : 하중을 연속적으로 2,700±100N/min의 재하속도로 가할 수 있고, 재하속도를 조절하는 장치가 있어야 한다.
  ㉤ 물, 틀, 흙손 등
② 온도와 습도
  ㉠ 반죽한 건조재료, 틀 및 밑판 부근의 공기온도는 20±2℃로 유지하여야 한다.
  ㉡ 혼합수, 습기함 또는 습기실 및 시험체 저장용 수조의 물 온도는 20±1℃이어야 한다.
  ㉢ 상대습도
    • 실험실 : 50% 이상
    • 습기함이나 습기실 : 90% 이상
③ 모르타르
  ㉠ 표준 모르타르의 배합비는 무게비로 시멘트 : 표준사 = 1 : 3으로 한다.
  ㉡ 1개 조합된 시료에서 한 번에 혼합하는 건조재료의 양은 6개 시험체를 만들 때는 1,000g에서 1,200g까지 하고, 9개 시험체를 만들 때는 1,500g에서 1,800g까지 한다.
④ 시험체의 성형
  ㉠ 틀은 모르타르를 채우기 전에 광유를 얇게 발라야 한다.
  ㉡ 두 손의 엄지손가락으로 전 면적에 걸쳐 힘이 미치도록 각 시험체마다 12회씩 힘껏 모르타르를 밀어 넣는다. 이 힘은 두 손의 엄지손가락이 동시에 작용할 때 78.4~98N의 힘이 되도록 한다.

2-1. 시멘트 모르타르의 인장강도시험을 실시하기 위한 장치가 아닌 것은?

① 천 칭
② 표준체
③ 메스실린더
④ 스프레이 노즐

2-2. 시멘트 모르타르 인장강도시험에 대한 내용으로 틀린 것은?

① 시멘트와 표준모래를 1 : 3의 무게비로 배합한다.
② 모르타르를 두 손의 엄지손가락으로 8~10kg의 힘을 주어 12번씩 다진다.
③ 시험체를 클립에 고정한 후 2,700±100N/min의 속도로 하중을 계속 부하한다.
④ 공시체 양생은 26±4℃의 수조에서 양생한다.

|해설|

2-1
시멘트 모르타르의 인장강도 시험을 실시하기 위한 장치 : 저울, 표준 체, 메스실린더, 물, 흙손, 시험기 등

2-2
공시체 양생온도는 20±2℃로 한다.

정답 2-1 ④ 2-2 ④

3-1. 체가름시험

핵심이론 01 | 굵은 골재 및 잔골재의 체가름 시험 방법(KS F 2502)

① 개 요

　㉠ 체가름시험은 골재의 입도(크고 작은 알이 섞여 있는 정도)를 알기 위한 시험이다.

　㉡ 골재의 체가름시험으로 결정할 수 있는 것은 골재의 입도, 조립률, 굵은 골재의 최대 치수를 구하기 위한 것이다.

② 골재의 체가름 시험에 필요한 시험기구 : 저울, 표준체, 건조기, 시료 분취기, 체진동기, 삽 등

　※ 건조기 : 배기구가 있는 것으로 105±5℃로 유지할 수 있어야 한다.

③ 체가름할 골재의 시료 채취방법

　㉠ 시료는 4분법 또는 시료 분취기에 의해 일정 분량이 되도록 축분한다.

　㉡ 4분법 채취방법 : A+C 또는 B+D

④ 시료의 건조 : 분취한 시료를 105±5℃에서 24시간 동안 일정 질량이 될 때까지 건조시킨 후 시료를 실온까지 냉각시킨다.

⑤ 시료의 질량

　㉠ 굵은 골재는 최대치수의 0.2배를 한 정수를 최소건조질량(kg)으로 한다.

　㉡ 잔골재는 1.18mm 체를 95%(질량비) 이상 통과하는 것에 대한 최소건조질량을 100g으로 하고, 1.18mm 체에 5%(질량비) 이상 남는 것에 대한 최소건조질량을 500g으로 한다. 다만, 구조용 경량 골재에서는 최소건조질량을 1/2로 한다.

⑥ 시험방법

　㉠ 시료의 질량은 0.1% 이상의 정밀도를 측정한다.

　㉡ 체가름시험은 수동 또는 기계를 사용하여 체 위에서 골재가 끊임없이 상하운동 및 수평운동이 되도록 하여 시료가 균등하게 운동하도록 한다.

　㉢ 1분마다 각 체를 통과하는 것이 전 시료 질량의 0.1% 이하로 될 때까지 반복한다.

　㉣ 체눈에 막힌 알갱이는 파쇄되지 않도록 주의하면서 되밀어내어 체에 남은 시료로 간주한다.

　※ 골재의 체가름시험을 할 때 체눈이 굵은 체는 위에, 가는 체는 밑에 놓는다.

⑦ 골재의 체가름시험 결과의 계산

　㉠ 체가름시험 결과는 전체 시료 질량에 대한 각 체에 남아 있는 시료 질량의 백분율로 소수점 이하 한 자리까지 계산하여 KS Q 5002에 따라 정수로 끝맺음을 한다.

　㉡ 시료를 나누어서 시험을 실시한 경우에는 각 시험 결과를 합하거나 평균을 내어 계산한다.

⑧ 반드시 보고하여야 할 사항

　㉠ 시료의 식별기호, 시료의 질량

　㉡ 시험일, 체가름방법(수동·기계)

　㉢ 각 체에 남은 것의 질량 백분율, 각 체를 통과한 것의 누적 백분율

1-1. 골재의 입도란?

① 굵은 골재의 섞여 있는 정도
② 잔골재가 섞여 있는 정도
③ 골재의 크고 작은 알이 섞여 있는 정도
④ 골재가 가지고 있는 성질

1-2. 골재의 입도를 시험하는 방법으로 적당한 것은?

① 삼축압축시험　　　　② 함수비시험
③ 빈틈률시험　　　　　④ 체가름시험

1-3. 골재의 체가름시험으로 결정할 수 없는 것은?

① 입 도
② 조립률
③ 굵은 골재의 최대치수
④ 실적률

1-4. 골재의 체가름시험에 필요한 시험기구에 해당하지 않는 것은?

① 표준체　　　　　　　② 철망태
③ 시료 분취기　　　　　④ 체진동기

1-5. 체가름할 골재의 시료 채취방법으로 옳은 것은?

① 2분법　　　　　　　② 4분법
③ 6분법　　　　　　　④ 8분법

1-6. 입도(粒度)시험용 잔골재 시료는 다음 그림과 같은 4분법을 반복해서 필요량의 시료를 취한다. 다음의 시료 취하는 방식 중 어느 것이 옳은가?

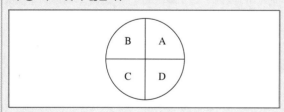

① A+B　　　　　　　② B+C
③ C+D　　　　　　　④ D+B

1-7. 체가름시험에서 건조기는 몇 ℃를 유지하여 건조해야 하는가?

① 90±5℃　　　　　　② 100±5℃
③ 105±5℃　　　　　　④ 120±5℃

1-8. 골재의 체가름시험에서 체가름 작업은 언제까지 하는가?

① 1분간 각 체를 통과하는 것이 전 시료 질량의 0.1% 이하로 될 때까지 작업을 한다.
② 1분간 각 체를 통과하는 것이 전 시료 질량의 0.2% 미만으로 될 때까지 작업을 한다.
③ 2분간 각 체를 통과하는 것이 전 시료 질량의 1% 이하로 될 때까지 작업을 한다.
④ 2분간 각 체를 통과하는 것이 전 시료 질량의 2% 미만으로 될 때까지 작업을 한다.

|해설|

1-1
골재의 입도란 크고 작은 골재 입자의 혼합된 정도로, 이를 알기 위해서 KS의 골재 체가름 시험방법에 의한 체가름을 실시하여 한다.

1-6
4분법: 4등분한 시료 중 마주 보는 두 곳의 시료를 채취한다.

정답 1-1 ③　1-2 ④　1-3 ④　1-4 ②　1-5 ②　1-6 ④　1-7 ③　1-8 ①

핵심이론 02 | 골재의 조립률(Fineness Modulus)

① 조립률 개념 : 75mm, 40mm, 20mm, 10mm, 5mm, 2.5mm, 1.2mm, 0.6mm, 0.3mm, 0.15mm 체 등 10개의 체를 1조로 하여 체가름시험을 하였을 때, 각 체에 남은 누계량의 전체 시료에 대한 질량 백분율의 합을 100으로 나눈 값으로 나타낸다.

② 용 도
   ㉠ 콘크리트의 경제적인 배합 결정 시
   ㉡ 골재 입도의 균등성 판단 시
   ㉢ 골재 사용 적부 판단 시

③ 골재 조립률의 특징
   ㉠ 조립률은 콘크리트에 사용되는 골재의 입도 정도를 표시하는 지표이다.
   ㉡ 잔골재의 조립률은 2.3~3.1이 적당하다(굵은 골재 : 6~8).
   ㉢ 골재의 조립률은 체가름시험으로 구할 수 있다.
   ㉣ 골재의 조립률은 골재알의 지름이 클수록 크다.
   ㉤ '조립률이 작다'는 것은 골재 입자가 작다는 의미이다.

   ※ 조립률 = $\dfrac{\text{각 체의 누적 잔류율의 합}}{100}$

④ 조립률이 콘크리트에 미치는 영향
   ㉠ 단위수량, 단위 시멘트량, 건조수축, 재료분리
   ㉡ 콘크리트 품질, 물-시멘트비, 콘크리트 강도 및 내구성

10년간 자주 출제된 문제

2-1. 골재의 조립률을 구하기 위한 10개의 표준체에 속하는 체만으로 짜여진 것은?

① 100mm, 80mm, 40mm
② 30mm, 20mm, 10mm
③ 2.5mm, 1.2mm, 0.6mm
④ 0.3mm, 0.15mm, 0.075mm

2-2. 다음 중 골재의 체가름시험에서 골재의 조립률을 나타내는 데 적용되는 표준체의 규격이 아닌 것은?

① 50mm
② 20mm
③ 10mm
④ 1.2mm

2-3. 골재의 조립률에 대한 설명으로 옳지 않은 것은?

① 골재의 조립률은 골재알의 지름이 클수록 크다.
② 잔골재의 조립률은 2.3~3.1이 적당하다.
③ 골재의 조립률은 체가름시험으로 구할 수 있다.
④ 조립률이 큰 골재를 사용하면 좋은 품질의 콘크리트를 만들 수 있다.

2-4. 잔골재의 체가름시험에서 콘크리트용 잔골재로 알맞은 입도(조립률, FM)범위는?

① 1.3~2.3
② 2.3~3.1
③ 5~6
④ 6~8

정답 2-1 ③ 2-2 ① 2-3 ④ 2-4 ②

3-2. 밀도 및 흡수율시험

핵심이론 01 | 굵은 골재의 밀도 및 흡수율 시험방법 (KS F 2503)

① 굵은 골재의 밀도 및 흡수율 시험용 기계 및 기구 : 저울, 철망태, 물탱크, 흡수 천, 건조기, 체, 시료 분취기 등

② 시 료

　㉠ 5mm 체에 남는 굵은 골재를 사분법 또는 시료 분취기에 의해 시험에 충분한 분량이 확보될 때까지 나눈다.

　㉡ 1회 시험에 사용되는 시료의 최소 질량은 굵은 골재 최대치수의 0.1배를 kg으로 나타낸 양으로 한다.

③ 시험방법

　㉠ 시료를 철망태에 넣고 수중에서 흔든 후 공기를 제거하고 20±5℃의 물에 24시간 침지한다.

　㉡ 105±5℃에서 질량 변화가 없을 때까지 건조시키고 실온까지 냉각시켜 절대건조상태의 질량을 측정한다.

④ 용어 정의 및 계산

　㉠ 절대건조상태의 밀도 : 골재 내부의 빈틈에 포함되어 있는 물이 전부 제거된 상태인 골재 입자의 겉보기 밀도로서, 골재의 절대건조상태 질량을 골재의 절대용적으로 나눈 값

$$D_d = \frac{A}{B-C} \times \rho_w$$

　여기서, D_d : 절대건조상태의 밀도(g/cm^3)

　　　　　A : 절대건조상태의 시료 질량(g)

　　　　　B : 표면건조포화상태의 시료 질량(g)

　　　　　C : 침지된 시료의 수중 질량(g)

　　　　　ρ_w : 시험온도에서의 물의 밀도(g/cm^3)

　㉡ 표면건조포화상태의 밀도 : 골재의 표면은 건조하고 골재 내부의 공극이 완전히 물로 차 있는 상태의 골재의 질량을 골재의 절대용적으로 나눈 값으로, 골재의 함수 상태를 나타내는 기준

$$D_s = \frac{B}{B-C} \times \rho_w$$

　여기서, D_s : 표면건조포화상태의 밀도(g/cm^3)

　㉢ 겉보기 밀도 : 절대건조상태의 체적에 대한 절대건조상태의 질량

$$D_A = \frac{A}{A-C} \times \rho_w$$

　여기서, D_A : 겉보기 밀도(g/cm^3)

　㉣ 흡수율 : 표면건조포화상태의 골재에 함유되어 있는 전체 수량을 절대건조상태의 골재 질량으로 나누어 백분율로 표시한 값

$$흡수율 = \frac{(표건질량 - 절건질량)}{절건질량} \times 100$$

⑤ 시험값의 결정 : 2회 시험의 평균값을 굵은 골재의 밀도 및 흡수율의 값으로 한다.

⑥ 정밀도 : 시험값은 평균값과의 차이가 밀도의 경우 0.01g/cm^3 이하, 흡수율의 경우는 0.03% 이하여야 한다.

10년간 자주 출제된 문제

1-1. 골재시험 중 시험용 기구로서 철망태가 사용되는 것은?
① 잔골재의 표면수시험
② 잔골재의 밀도시험
③ 굵은 골재의 밀도시험
④ 굵은 골재의 마모시험

1-2. 굵은 골재의 밀도 및 흡수율 시험과 관련이 없는 시험기계 및 기구는?
① 시료 분취기　　　　　② 철망태
③ 원뿔형 몰드　　　　　④ 물탱크

1-3. 굵은 골재의 밀도시험 정밀도에서 밀도의 경우 시험값은 평균값과의 차이가 얼마 이하이어야 하는가?

① 0.01
② 0.03
③ 0.04
④ 0.05

1-4. 굵은 골재의 밀도시험 결과가 다음과 같을 때 이 골재의 표면건조포화상태의 밀도는?

• 노건조 시료의 질량(g) : 3,800
• 표면건조포화상태의 시료 질량(g) : 4,000
• 시료의 수중 질량(g) : 2,491.1
• 시험온도에서의 물의 밀도 : 1g/cm³

① 2.518g/cm³
② 2.651g/cm³
③ 2.683g/cm³
④ 2.726g/cm³

1-5. 굵은 골재의 노건조 무게(절대건조무게)가 1,000g, 표면건조포화상태의 무게가 1,100g, 수중무게가 650g일 때 흡수율은?

① 10.0%
② 28.6%
③ 15.4%
④ 35.0%

|해설|

1-2
원뿔형 몰드는 잔골재의 밀도 및 흡수율 시험에 사용된다.

1-4
표면건조포화상태의 밀도

$$D_s = \frac{B}{B-C} \times \rho_w$$

$$= \frac{4,000}{4,000 - 2,491.1} \times 1 = 2.651 \text{g/cm}^3$$

1-5

$$흡수율 = \frac{(표건질량 - 절건질량)}{절건질량} \times 100$$

$$= \frac{1,100 - 1,000}{1,000} \times 100 = 10.0\%$$

정답 1-1 ③ 1-2 ③ 1-3 ① 1-4 ② 1-5 ①

핵심이론 02 | 잔골재의 밀도 및 흡수율 시험방법 (KS F 2504)

① 잔골재의 밀도 및 흡수율 시험 시 시험용 기구 : 저울, 플라스크(500mL), 원뿔형 몰드, 다짐봉, 건조기

② 시료의 준비
  ㉠ 시료는 사분법 또는 시료 분취기에 의해 약 1kg의 잔골재를 준비해서 적당한 팬이나 그릇에 넣어 105±5℃ 온도로 질량의 변화가 없을 때까지 건조시킨다.
  ㉡ 질량의 변화가 없을 때까지 건조시킨 후 24±4시간 물속에 담근다. 수온은 20±5℃에서 최소한 20시간 이상 유지한다.
  ㉢ 시료를 평평한 용기에 펴서 따뜻한 공기 속에서 잔골재 중의 물기가 거의 없어질 때까지 서서히 건조시킨다.
  ㉣ 잔골재를 원뿔형 몰드에 다지지 말고 서서히 넣은 다음, 윗면을 평평하게 한 후 힘을 가하지 않고 다짐봉으로 25회 가볍게 다진다.
  ㉤ 표면건조포화상태의 잔골재를 500g 이상 채취하고, 그 질량을 0.1g까지 측정하여 이것을 1회 시험량으로 한다.

③ 시험방법
  ㉠ 측정한 시료 500g을 플라스크에 넣어 항온조에 약 1시간 동안 담가 20⊥5℃ 온도로 조정한 후 플라스크, 시료, 물의 질량을 0.1g까지 측정한다.
  ㉡ 금속제 용기 안으로 플라스크 속에 있는 시료를 모두 옮기고, 플라스크 속에 물을 검정 용량까지 다시 채워 그 질량을 측정한다. 이때 물의 온도를 측정하여야 하는데, 첫 번째와 두 번째 물의 온도 차이가 1℃를 초과해서는 안 된다.

ⓒ 플라스크에서 꺼내 시료로부터 상부의 물을 천천히 따라 버리고, 금속제 용기를 시료와 함께 일정한 온도가 될 때까지 약 24시간 동안 105±5℃에서 건조시킨다. 또한 데시케이터 내에서 실온까지 냉각하여 그 질량을 0.1g까지 측정한다.

④ 계산 : 잔골재의 표면건조포화상태의 밀도, 절대건조상태의 밀도, 상대 겉보기 밀도 및 흡수율은 식에 의해 산출하여 소수점 이하 둘째 자리까지 구하고, 2회 시험의 평균값을 잔골재의 밀도 및 흡수율 값으로 한다.

ⓐ 절대건조상태의 밀도 : 골재 내부의 빈틈에 포함되어 있는 물이 전부 제거된 상태인 골재 입자의 겉보기 밀도로서, 골재의 절대건조상태 질량을 골재의 절대용적으로 나눈 값

$$d_d = \frac{A}{B+m-C} \times \rho_w$$

여기서, d_d : 절대건조상태의 밀도(g/cm^3)

A : 절대건조상태의 시료 질량(g)

B : 검정된 용량을 나타낸 눈금까지 물을 채운 플라스크의 질량(g)

m : 표면건조포화상태의 시료 질량(g)

C : 시료와 물로 검정된 용량을 나타낸 눈금까지 채운 플라스크의 질량(g)

ρ_w : 시험온도에서의 물의 밀도(g/cm^3)

ⓑ 표면건조포화상태의 밀도 : 골재의 표면은 건조하고 골재 내부의 공극이 완전히 물로 차 있는 상태인 골재의 질량을 같은 체적의 물의 질량으로 나눈 후 물의 밀도를 곱한 값으로 골재의 함수상태를 나타내는 기준

$$d_s = \frac{m}{B+m-C} \times \rho_w$$

여기서, d_s : 표면건조포화상태의 밀도(g/cm^3)

ⓒ 상대 겉보기 밀도 : 절대건조상태의 체적에 대한 절대건조상태의 질량

$$d_A = \frac{A}{B+A-C} \times \rho_w$$

여기서, d_A : 겉보기 밀도(g/cm^3)

ⓓ 흡수율 : 표면건조포화상태의 골재에 함유되어 있는 전체 수량을 절대건조상태의 골재 질량으로 나누어 백분율로 표시한 값

$$흡수율 = \frac{(표건질량 - 절건질량)}{절건질량} \times 100$$

⑤ 정밀도 : 시험값은 평균과의 차이가 밀도의 경우 0.01g/cm^3 이하, 흡수율의 경우 0.05% 이하여야 한다.

⑥ 잔골재의 비중 및 흡수량의 특징

ⓐ 잔골재의 비중은 보통 2.50~2.65 정도이다.

ⓑ 잔골재의 흡수량은 보통 1~6% 정도이다.

ⓒ 일반적인 잔골재의 비중은 표면건조포화상태의 골재알의 비중이다.

ⓓ 비중이 큰 골재는 빈틈이 작아서 흡수량이 적고 강도와 내구성이 크다.

2-1. 잔골재의 비중 및 흡수율 시험 시 시험용 기구가 아닌 것은?

① 저 울
② 플라스크
③ 철망태
④ 건조기

2-2. 잔골재 밀도시험 시 시료의 준비 및 시험방법에 대한 설명으로 틀린 것은?

① 시료는 시료 분취기 또는 4분법에 따라 채취한다.
② 시료를 24±4시간 동안 물속에 담근다.
③ 시료를 시료용기에 담아 무게가 일정하게 될 때까지 105±5℃의 온도로 건조시킨다.
④ 다짐대로 시료의 표면을 가볍게 55회 다진다.

2-3. 잔골재 비중 및 흡수량 시험에서 표면건조포화상태의 시료를 1회 사용할 때 시료의 표준 중량은?

① 300g
② 400g
③ 500g
④ 600g

2-4. 잔골재의 밀도 및 흡수율 시험방법으로 틀린 것은?

① 500g 시료를 플라스크에 넣고 물을 용량의 90%까지 채운 다음 교란시켜 기포를 모두 없앤다.
② 플라스크를 항온수조에 담가 20±5℃의 온도로 조정 후 플라스크, 시료, 물의 무게를 측정한다.
③ 잔골재를 플라스크에서 꺼낸 다음 항량이 될 때까지 105±5℃에서 건조시키고 실온까지 식힌 후 무게를 단다.
④ 정밀도의 경우 2회 시험 후 각 시험값의 차이가 아닌 평균값으로부터의 차이가 밀도의 경우 0.01g/cm^3 이하, 흡수율의 경우는 0.5% 이하이어야 한다.

2-5. 잔골재의 비중 및 흡수량에 대한 설명으로 틀린 것은?

① 잔골재의 비중은 보통 2.50~2.65 정도이다.
② 잔골재의 흡수량은 보통 1~6% 정도이다.
③ 일반적인 잔골재의 비중은 기건상태의 골재알의 비중이다.
④ 비중이 큰 골재는 빈틈이 작아서 흡수량이 적고 강도와 내구성이 크다.

정답 2-1 ③ 2-2 ④ 2-3 ③ 2-4 ④ 2-5 ③

3-3. 표면수량시험 및 골재의 단위용적질량시험

핵심이론 01 잔골재 표면수 측정방법(KS F 2509)

① 시험용 기구 : 저울, 용기
② 시 료
  ㉠ 시료는 대표적인 것을 400g 이상 채취한다.
  ㉡ 채취한 시료는 가능한 한 함수율의 변화가 없도록 주의하여 2분하고 각각을 1회의 시험의 시료로 한다.
  ㉢ 2회째의 시험에 사용하는 시료는 특히 시험을 할 때까지의 사이에 함수량이 변화하지 않도록 주의한다.
③ 시험방법
  ㉠ 시험은 질량법 또는 용적법 중 하나의 방법에 따른다.
  ㉡ 시험하는 동안 용기 및 그 내용물의 온도는 15~25℃의 범위 내에서 가능한 한 일정하게 유지한다.
④ 계산 : 시험은 동시에 채취한 시료에 대하여 2회 실시하고 그 결과는 평균값으로 나타낸다.
⑤ 정밀도 : 평균값에서의 차가 0.3% 이하이어야 한다.

1-1. 잔골재의 표면수 측정방법으로 옳은 것은?

① 질량에 의한 방법
② 빈틈률에 의한 측정법
③ 안정성에 의한 측정법
④ 잔입자에 의한 측정법

1-2. 잔골재의 표면수시험에서 준비하여야 하는 시료에 대한 설명으로 옳은 것은?

① 시료는 대표적인 것을 100g 이상 채취하여 가능한 한 함수율의 변화가 없도록 주의하여 2분하고 각각을 1회의 시험의 시료로 한다.
② 시료는 대표적인 것을 400g 이상 채취하여 가능한 한 함수율의 변화가 없도록 주의하여 2분하고 각각을 1회의 시험의 시료로 한다.
③ 시료는 대표적인 것을 500g 이상 채취하여 가능한 한 함수율의 변화가 없도록 주의하여 4분하고 각각을 1회의 시험의 시료로 한다.
④ 시료는 대표적인 것을 1,000g 이상 채취하여 가능한 한 함수율의 변화가 없도록 주의하여 2분하고 각각을 1회의 시험 시료로 한다.

1-3. 잔골재의 표면수시험에 대한 설명으로 틀린 것은?

① 시험방법으로는 질량법과 용적법이 있다.
② 시험은 동시에 채취한 시료에 대하여 2회 실시하고 그 결과는 평균값으로 나타낸다.
③ 시험의 정밀도는 평균값에서의 차가 0.3% 이하이어야 한다.
④ 시험하는 동안 용기 및 그 내용물의 온도는 10~15℃로 유지하여야 한다.

정답 1-1 ① 1-2 ② 1-3 ④

핵심이론 02 | 골재의 단위용적질량 및 실적률 시험방법(KS F 2505)

① 잔골재, 굵은 골재 및 이들 혼합 골재의 단위용적중량과 공극률을 측정하는 방법이다.
   ※ 호칭치수가 150mm보다 큰 골재에는 적당하지 않다.
② 시험기구 : 저울, 다짐봉, 용기
   ㉠ 저울 : 시험 질량의 0.2% 이하의 정밀도를 가진 것
   ㉡ 다짐봉 : 지름 16mm, 길이 500~600mm의 원형 강으로 하고, 그 앞 끝이 반구 모양인 것
③ 골재의 단위용적질량 시험방법
   ㉠ 다짐봉을 이용하는 경우 : 골재의 최대치수가 40mm 이하인 경우
   ㉡ 충격을 이용하는 경우 : 골재의 최대치수가 40mm 이상 100mm 이하인 경우
   ※ 충격에 의한 경우 : 용기를 콘크리트 바닥과 같은 튼튼하고 수평인 바닥 위에 놓고 시료를 거의 같은 3층으로 나누어 채운다. 각 층마다 용기의 한쪽을 약 50mm 들어 올려서 바닥을 두드리듯이 낙하시킨다. 다음으로 반대쪽을 약 50mm 들어 올려 낙하시키고 각각 교대로 25회, 전체적으로 50회 낙하시켜서 다진다.
   ㉢ 삽을 이용하는 경우 : 골재의 최대치수가 100mm 이하인 경우
④ 시 료
   ㉠ 4분법 또는 시료 분취기에 의해 거의 소정량이 될 때까지 축분한다.
   ㉡ 그 양은 사용하는 용기의 2배 이상으로 한다.
   ㉢ 시료는 절건상태로 한다(굵은 골재는 기건상태이어도 좋다).
   ㉣ 시료를 둘로 나누어 각각의 1회 시험 시료로 한다.

⑤ 시험 횟수 : 동시에 채취한 시료에 대하여 2회 실시한다.

⑥ 정밀도 : 단위용적질량의 평균값에서 차는 0.01kg/L 이하이어야 한다.

⑦ 공극률(빈틈률) : 실적률로 계산한다.
    ㉠ 공극률(%) = 100 − 실적률(%)
    ㉡ 실적률 + 공극률 = 100
    ㉢ 공극률 = $\left(1 - \dfrac{\text{단위용적질량}}{\text{골재의 절건밀도}}\right) \times 100\%$

10년간 자주 출제된 문제

2-1. 골재의 단위용적질량 시험방법이 아닌 것은?

① 충격을 이용한 시험
② 표준체에 의한 방법
③ 삽을 사용하는 시험
④ 봉다짐 시험

2-2. 봉 다지기에 의한 골재의 단위용적질량 시험을 할 때 사용하는 다짐봉의 지름은 몇 mm인가?

① 8mm
② 10mm
③ 16mm
④ 20mm

2-3. 골재의 단위무게를 구하는 방법 중 충격을 이용해서 구하는 방법은 용기의 한쪽 면을 몇 cm가량 올렸다가 떨어뜨리는가?

① 2cm
② 5cm
③ 10cm
④ 15cm

2-4. 잔골재의 실적률이 75%이고, 밀도가 2.65g/cm^{3}일 때 빈틈률은?

① 28%
② 25%
③ 66%
④ 3%

2-5. 단위용적질량 1.59ton/m^3, 절건밀도 2.60g/cm^{3}인 잔골재의 공극률은?

① 35.85%
② 38.85%
③ 41.85%
④ 44.85%

|해설|

2-4
실적률 + 공극률 = 100
75 + x = 100
∴ x = 25%

2-5
공극률 = $\left(1 - \dfrac{\text{단위용적질량}}{\text{골재의 절건밀도}}\right) \times 100\%$
     = $\left(1 - \dfrac{1.59\text{g/cm}^3}{2.60\text{g/cm}^3}\right) \times 100$
     = 38.85%

정답 2-1 ②   2-2 ③   2-3 ②   2-4 ②   2-5 ②

3-4. 유기불순물시험 및 잔입자시험

핵심이론 01 | 유기불순물 시험방법(KS F 2510)

① 시멘트 모르타르 또는 콘크리트에 사용되는 모래에 함유되어 있는 유기화합물의 해로운 양을 측정한다.

② 시험용 기구 : 저울, 유리병

③ 시약과 식별용 표준색 용액

　　㉠ 수산화나트륨 용액(3%) : 물 97에 수산화나트륨 3의 질량비로 용해시킨 것이다.

　　㉡ 식별용 표준색 용액 : 식별용 표준색 용액은 10%의 알코올 용액으로 2%의 타닌산 용액을 만들고, 그 2.5mL를 3%의 수산화나트륨 용액 97.5mL에 가하여 유리병에 넣어 마개를 닫고 잘 흔든다. 이것을 표준색 용액으로 한다.

④ 시료 : 공기 중 건조상태로 건조시켜 4분법 또는 시료 분취기를 사용하여 약 450g을 채취한다.

⑤ 색도의 측정 : 시료에 수산화나트륨 용액을 가한 유리 용기와 표준색 용액을 넣은 유리용기를 24시간 정치한 후 잔골재 상부의 용액색이 표준색 용액보다 연한지, 진한지 또는 같은지를 육안으로 비교한다.

10년간 자주 출제된 문제

1-1. 모래의 유기불순물시험에서 사용하는 용액은?

① 수산화나트륨
② 염화칼슘
③ 염화나트륨
④ 황산마그네슘

1-2. 모래의 유기불순물시험에서 시료와 수산화나트륨 용액을 넣고 병마개를 닫고 잘 흔든 다음 얼마 동안 가만히 놓아둔 후 색도를 비교하는가?

① 1시간　　　　　　② 12시간
③ 24시간　　　　　④ 48시간

1-3. 골재의 유기불순물시험에 관한 내용 중 옳지 않은 것은?

① 시료는 4분법 또는 시료 분취기를 사용하여 가장 대표적인 것 약 450g를 취한다.
② 2%의 타닌산 용액과 3%의 수산화나트륨 용액을 섞어 표준색 용액을 만든다.
③ 시험용액을 만들어 비교해서 표준색과 비교한다.
④ 시험용액이 표준색보다 진할 경우 합격으로 한다.

|해설|

1-3
시험용액이 표준색보다 연할 경우 합격으로 한다.

정답 1-1 ①　1-2 ③　1-3 ④

| 골재에 포함된 잔입자(0.08mm 체를 통과하는)시험(KS F 2511)

① 골재에 포함된 잔입자시험은 골재에 포함된 0.08mm 체를 통과하는 잔입자의 양을 측정하는 방법이다.
② 시험용 기구 : 저울, 체, 용기, 건조기
③ 시 료
 ㉠ 시료는 잘 혼합되고 또한 재료 분리가 일어나지 않을 정도의 충분한 수분을 가진 것이어야 한다.
 ㉡ 이 시료는 재료를 대표할 수 있어야 하며 건조되었을 때의 질량은 대략 다음 표의 값 이상이어야 한다.

체의 최대 치수(mm)	시료의 최소 질량의 근사값(kg)
2.5	0.1
5	0.5
10	1.0
20	2.5
40 및 그 이상	5.0

④ 시험방법
 ㉠ 시료는 105±5℃의 온도에서 항량이 될 때까지 건조시키고, 시료 질량의 0.1% 정밀도로 정확히 한다.
 ㉡ 0.8mm 체를 통과하는 잔입자를 씻은 물에 뜨게 하여 씻은 물과 같이 유출되도록 충분히 휘저어야 한다.
 ㉢ 씻은 시료는 105±5℃의 온도에서 항량이 될 때까지 건조시킨 후 0.1%의 정밀도로 정확히 계량한다.
⑤ 0.08mm 체를 통과하는 잔입자량(%)

$$= \frac{(\text{씻기 전의 건조 질량} - \text{씻은 후의 건조 질량})}{\text{씻기 전의 건조 질량}} \times 100$$

$$= \frac{\text{남은 양의 질량}}{\text{씻기 전의 건조 질량}} \times 100$$

※ 골재에 포함된 잔입자
 • 골재에 들어 있는 잔입자는 점토, 실트, 운모질 등이다.
 • 골재에 잔입자가 많이 들어 있으면 콘크리트의 혼합수량이 많아지고 건조수축에 의하여 콘크리트에 균열이 생기기 쉽다.
 • 골재에 잔입자가 들어 있으면 블리딩현상으로 인하여 레이턴스가 많이 생긴다.
 • 골재알의 표면에 점토, 실트 등이 붙어 있으면, 골재와 시멘트 풀과의 부착력이 약해져서 콘크리트의 강도와 내구성이 작아진다.

10년간 자주 출제된 문제

2-1. 골재에 포함된 잔입자시험(KS F 2511)은 골재를 물로 씻어서 몇 mm 체를 통과하는 것을 잔입자로 하는가?

① 0.03mm   ② 0.04mm
③ 0.06mm   ④ 0.08mm

2-2. 골재에 포함된 잔입자시험(KS F 2511) 결과 다음과 같은 자료를 구하였다. 여기서 0.08mm 체를 통과하는 잔입자량(%)을 구하면?

• 씻기 전의 시료의 건조 무게 : 500g
• 씻은 후의 시료의 건조 무게 : 488.5g

① 1.6%   ② 2.0%
③ 2.1%   ④ 2.3%

2-3. 골재에 포함된 잔입자에 대한 설명으로 틀린 것은?

① 골재에 들어 있는 잔입자는 점토, 실트, 운모질 등이다.
② 골재에 잔입자가 많이 들어 있으면 콘크리트의 혼합 수량이 많아지고 건조수축에 의하여 콘크리트에 균열이 생기기 쉽다.
③ 골재에 잔입자가 들어 있으면 블리딩현상으로 인하여 레이턴스가 많이 생긴다.
④ 골재알의 표면에 점토, 실트 등이 붙어 있으면 시멘트 풀과 골재와의 부착력이 커서 강도와 내구성이 커진다.

|해설|

2-2
0.08mm 체를 통과하는 잔입자량(%)

$$= \frac{(\text{씻기 전의 건조 질량} - \text{씻은 후의 건조 질량})}{\text{씻기 전의 건조 질량}} \times 100$$

$$= \frac{500 - 488.5}{500} \times 100$$

$$= 2.3\%$$

정답 2-1 ④   2-2 ④   2-3 ④

3-5. 안정성시험 및 마모시험

핵심이론 01 | 골재의 안정성 시험 방법(KS F 2507)

① 개요 : 골재의 안정성을 알기 위하여 황산나트륨 포화용액의 결정압에 의한 골재의 부서짐 작용에 대한 저항성을 시험하는 것이다.

② 시험용 기구 : 체, 철망바구니, 용기, 저울, 건조기

③ 골재의 안정성시험에 사용하는 시약

　㉠ 시험용 용액 : 황산나트륨 포화용액

　㉡ 시약용 용액의 골재에 대한 잔류 유무를 조사하기 위한 용액 : 5~10%의 염화바륨용액

④ 시 료

　㉠ 잔골재의 시험 : 대표적인 것 약 2kg 채취

　㉡ 굵은 골재시험 : 골재의 최대 치수에 따라 시료의 질량을 결정한다. 10mm : 1kg, 15mm : 2.5kg, 20mm : 5kg, 25mm : 10kg

　㉢ 암석을 시험하는 경우 : 같은 모양, 같은 크기로서 1개의 질량이 약 100g이 되도록 분쇄한 후 입자를 씻고, 105±5℃의 온도에서 항량이 될 때까지 건조하여 5,000±100g을 채취한 것을 시료로 한다.

⑤ 골재의 손실 질량 백분율(%) $= \left(1 - \dfrac{m_2}{m_1}\right) \times 100$

　여기서, m_1 : 시험 전의 시료의 질량(g)

　　　　　m_2 : 시험 후의 시료 질량(g)

10년간 자주 출제된 문제

1-1. 골재의 내구성을 알기 위하여 황산나트륨 포화용액으로 인한 골재의 부서짐 작용에 대한 저항성을 시험하는 것은?

① 골재의 안정성시험　② 골재의 닳음시험
③ 골재의 단위무게시험　④ 골재의 유기불순물시험

1-2. 골재의 안정성시험에 사용하는 시약은?

① 황산나트륨　② 수산화칼륨
③ 염화칼슘　④ 황산알루미늄

정답 1-1 ①　1-2 ①

핵심이론 02 | 로스앤젤레스시험기에 의한 굵은 골재의 마모시험방법(KS F 2508)

① 개 요

　㉠ 굵은 골재의 마모시험기 중에서 일반적으로 로스앤젤레스시험기를 가장 많이 사용한다.

　㉡ 로스앤젤레스시험기는 철구(원통)를 사용하여 굵은 골재(부서진 돌, 깨진 광재, 자갈 등)의 마모에 대한 저항을 시험하는 데 사용한다(구조용 경량골재는 포함하지 않음).

② 장치 및 기구 : 로스앤젤레스시험기, 구, 저울, 체(1.7mm, 2.5mm, 5mm, 10mm, 15mm, 20mm, 25mm, 40mm, 50mm, 65mm, 75mm의 망체), 건조기

③ 시험방법

　㉠ 시료의 입도에 따라 적합한 구를 고르고, 이것을 시료와 함께 원통에 넣어 덮개를 부착한다.

　㉡ 매분 30~33번의 회전수로 A, B, C, D 및 H의 입도 구분의 경우는 500회, E, F, G의 경우는 1,000회 회전시킨다.

　㉢ 회전이 끝나면 시료를 시험기에서 꺼내서 1.7mm의 망체로 친다.

　㉣ 체에 남은 시료를 물로 씻은 후 105±5℃의 온도에서 일정 질량이 될 때까지 건조하고 질량을 잰다.

④ 마모 감량 $R(\%) = \dfrac{m_1 - m_2}{m_1} \times 100$

　여기서, m_1 : 시험 전의 시료의 질량(g)

　　　　　m_2 : 시험 후 1.7mm의 망체에 남는 시료의 질량(g)

10년간 자주 출제된 문제

2-1. 굵은 골재의 마모시험에 사용되는 가장 중요한 시험기는?

① 지깅시험기
② 로스엔젤레스시험기
③ 표준침
④ 원심분리시험기

2-2. 굵은 골재의 닳음시험에 사용되는 기계기구가 아닌 것은?

① 데시케이터
② 로스앤젤레스시험기
③ 1.7mm 표준체
④ 건조기

2-3. 로스앤젤레스 시험기로 닳음(마모)시험을 할 때 E, F, G급 회전수를 표시한 것 중 옳은 것은?

① 매분 18~25번 1,000회
② 매분 30~33번 1,000회
③ 매분 30~33번 10,000회
④ 매분 36~40번 10,000회

2-4. 마모시험에서 시료를 시험기에서 꺼내어 시험 후 시료를 몇 mm 체로 체가름하는가?

① 0.5mm   ② 1.2mm
③ 1.7mm   ④ 2.8mm

|정답| 2-1 ② 2-2 ① 2-3 ② 2-4 ③

제4절 콘크리트시험

4-1. 압축 및 인장강도시험, 휨강도시험

핵심이론 01 | 콘크리트의 강도시험용 공시체 제작 방법(KS F 2403)

① 공시체 치수

ㄱ 압축강도시험용 공시체의 치수 : 공시체의 지름은 굵은 골재 최대 치수의 3배 이상 및 100mm 이상으로 하고, 높이는 공시체 지름의 2배 이상으로 한다.

ㄴ 쪼갬인장강도용 공시체 치수 : 공시체는 원기둥 모양으로 지름은 굵은 골재 최대 치수의 4배 이상이면서 150mm 이상으로 하며, 길이는 공시체 지름의 1배 이상, 2배 이하로 한다.

ㄷ 휨강도 공시체의 치수 : 공시체는 단면이 정사각형인 각주로 하고, 그 한 변의 길이는 굵은 골재의 최대 치수의 4배 이상이면서 100mm 이상으로 한다. 공시체의 길이는 단면의 한 변 길이의 3배보다 80mm 이상 길어야 한다.

※ 공시체의 표준 단면치수는 100mm×100mm 또는 150mm×150mm이다.

② 기구 : 몰드, 다짐봉, 진동장치

③ 몰드의 제거 및 양생

ㄱ 몰드 제거 시기는 콘크리트를 채운 직후 16시간 이상 3일 이내로 한다.

ㄴ 공시체 양생온도는 20±2℃로 한다.

ㄷ 공시체는 몰드 제거 후 강도시험을 할 때까지 습윤 상태에서 양생을 실시한다.

ㄹ 공시체는 양생을 끝낸 직후 상태(습윤 상태)에서 시험을 하여야 한다.

ㅁ 공시체를 습윤 상태로 유지하기 위해서 수중 또는 상대습도 95% 이상의 장소에 둔다.

※ 압축강도시험을 하는 공시체의 재령은 7일, 28일, 90일 또는 그중 하나로 한다.

1-1. 콘크리트 압축강도시험에서 공시체의 지름은 굵은 골재 최대 치수의 몇 배 이상이 되어야 하는가?

① 1배
② 3배
③ 5배
④ 10배

1-2. 압축강도시험용 공시체의 치수는 굵은 골재의 최대 치수가 50mm 이하인 경우 원칙적으로 지름과 높이는 몇 cm로 하는가?

① $\phi15 \times 30$cm
② $\phi20 \times 20$cm
③ $\phi15 \times 20$cm
④ $\phi10 \times 30$cm

1-3. 콘크리트의 압축강도시험용 공시체를 성형한 후 몇 시간 지난 후 몰드를 떼어내야 하는가?

① 2~4시간
② 6~12시간
③ 12~20시간
④ 16~72시간

1-4. 콘크리트의 압축강도시험에서 공시체는 다음의 어느 상태에서 시험하는가?

① 절건상태
② 함수율 5%일 때
③ 기건상태
④ 습윤 상태

1-5. 콘크리트의 강도시험용 공시체를 제작할 때 성형 후 시험 전까지 표준 양생온도로 가장 적당한 것은?

① 10 ± 2℃
② 15 ± 3℃
③ 20 ± 2℃
④ 25 ± 2℃

|해설|

1-2

$\phi15 = 5 \times 3$, $h = 30 = 15 \times 2$

정답 1-1 ② 1-2 ① 1-3 ④ 1-4 ④ 1-5 ③

핵심이론 02 | 콘크리트의 압축강도 시험방법 (KS F 2405)

① 개 요
　㉠ 일반적으로 콘크리트의 강도라 하면 압축강도를 의미한다.
　㉡ 콘크리트 시험 중 일반적으로 가장 중요한 강도시험은 압축강도시험이다.

② 콘크리트의 압축강도에 영향을 미치는 요인
　㉠ 재령, 물-시멘트비 및 물결합재비
　㉡ 시멘트 종류 및 응결시간 조절용 혼화제
　㉢ 골재의 강도와 용적률 및 입도와 최대 치수
　㉣ 다짐, 양생방법, 온도, 하중 재하속도 등

③ 시험장치
　㉠ 압축시험기 : 시험기의 등급 규정에서 1등급 이상
　㉡ 상하의 가압판 : 크기는 공시체 지름의 이상, 두께는 25mm 이상, 가압판의 압축면은 연마가공으로 하고, 평편도는 100mm당 0.02mm 이내, 쇼어경도는 70HS 이상으로 한다.
　㉢ 구면시트 : 가압판의 회전각을 3° 이상 얻을 수 있는 것으로 한다.

④ 시험방법
　㉠ 공시체의 상하 끝면 및 상하 가압판의 압축면을 청소한다.
　㉡ 공시체를 공시체 지름의 1% 이내의 오차에서 그 중심축이 가압판의 중심과 일치하도록 놓는다.
　㉢ 시험기의 가압판과 공시체의 끝면은 직접 밀착시키고, 그 사이에 쿠션재를 넣으면 안 된다. 다만, 언본드 캐핑에 의한 경우는 제외한다.
　㉣ 공시체에 충격을 주지 않도록 일정한 속도로 하중을 가한다. 하중을 가하는 속도는 원칙적으로 압축응력도의 증가율이 매초 0.6 ± 0.2MPa이 되도록 한다.

ⓛ 공시체가 급격한 변형을 시작한 후는 하중을 가하
는 속도의 조정을 중지하고, 계속 하중을 가한다.

ⓗ 공시체가 파괴될 때까지 시험기가 나타내는 최대
하중을 유효숫자 3자리까지 읽는다.

⑤ 계 산

㉠ 공시체의 지름(mm) $d = \dfrac{d_1 + d_2}{2}$

여기서, d : 공시체의 지름(mm)
d_1, d_2 : 2방향의 지름(mm)

㉡ 압축강도(유효숫자 3자리)

압축강도(MPa) $f_c = \dfrac{P}{\pi \left(\dfrac{d}{2}\right)^2}$

여기서, P : 최대 하중(N)

㉢ 겉보기 밀도(유효숫자 3자리)

겉보기 밀도(kg/m³) $\rho = \dfrac{m}{h \times \pi \left(\dfrac{d}{2}\right)^2}$

여기서, m : 공시체의 질량(kg)
h : 공시체의 높이(m)
d : 공시체의 지름(m)

※ 캐핑(Capping)

• 콘크리트의 압축강도시험에서 시험체의 가압면
에는 0.05mm 이상의 홈이 있으면 안 된다. 이를
방지하기 위한 작업이 캐핑이다.

• 캐핑은 공시체의 표면을 다듬어 유용한 시험결
과를 얻기 위한 작업이다.

• 압축강도시험용 공시체에 재하할 때 가압판과 공
시체의 재하면을 밀착시키고, 평면으로 유지시키
기 위해 공시체 상면을 마무리하는 작업이다.

2-1. 콘크리트의 강도라 하면 일반적으로 어느 강도를 의미하는가?

① 압축강도 ② 인장강도
③ 휨강도 ④ 전단강도

2-2. 다음 중 콘크리트의 압축강도에 가장 큰 영향을 미치는 요인은?

① 골재와 시멘트의 중량
② 물-시멘트비
③ 굵은 골재와 잔골재의 비
④ 물과 골재의 중량비

2-3. 콘크리트 압축강도시험에 대한 내용으로 틀린 것은?

① 시험용 공시체의 지름은 굵은 골재의 최대 치수의 3배 이상,
10cm 이상으로 한다.
② 시험기의 가압판과 공시체의 끝면은 직접 밀착시키고, 그
사이에 쿠션재를 넣어서는 안 된다.
③ 시험기의 하중을 가할 경우 공시체에 충격을 주지 않도록
똑같은 속도로 하중을 가한다.
④ 시험체를 만든 다음 48~56시간 안에 몰드를 떼어낸다.

2-4. 콘크리트 압축강도시험에서 가압면은 얼마 이상의 홈이
있으면 안 되는가?

① 0.05mm ② 0.1mm
③ 0.25mm ④ 0.5mm

2-5. 콘크리트 압축강도용 표준 공시체의 파괴시험에서 파괴하
중이 360kN일 때 콘크리트의 압축강도는?(단, 지름 150mm인
몰드를 사용)

① 20.4MPa ② 21.4MPa
③ 21.9MPa ④ 22.9MPa

2-6. 최대하중이 53,000kg이고 시험체의 지름이 15cm, 높이
가 30cm일 때 콘크리트의 압축강도는 약 얼마인가?

① 300kg/cm² ② 350kg/cm²
③ 400kg/cm² ④ 450kg/cm²

2-3

몰드 제거 시기는 콘크리트를 채운 직후 16시간 이상 3일 이내로 한다.

2-5

압축강도$(f) = \dfrac{P}{A} = \dfrac{360 \times 10^3}{\dfrac{\pi \times 150^2}{4}} = 20.37\text{MPa}$

2-6

압축강도$(f) = \dfrac{P}{A} = \dfrac{53,000}{\dfrac{\pi \times 15^2}{4}} \approx 300\text{kg/cm}^2$

정답 2-1 ① 2-2 ② 2-3 ④ 2-4 ① 2-5 ① 2-6 ①

핵심이론 03 | 콘크리트의 쪼갬인장강도 시험(할렬시험)방법(KS F 2423)

① 할렬시험의 개요

　㉠ 콘크리트의 인장강도를 측정하기 위해서 표준 공시체를 옆으로 뉘어서 할렬파괴가 일어나는 하중으로부터 인장강도를 산정하는 시험이다.

　㉡ 콘크리트 인장강도는 직접인장강도, 할렬인장강도, 휨강도 등으로 구분한다.

② 콘크리트 인장강도시험의 종류와 특징

　㉠ 직접 인장강도시험 : 시험과정에서 인장부에 미끄러짐과 지압파괴가 발생할 우려가 있어 현장 적용하기 어렵다.

　㉡ 할렬 인장강도시험 : 일종의 간접 시험방법으로 공사현장에서 간단하게 측정할 수 있으며, 비교적 오차가 작은 편이다.

　※ 현장에서는 할렬 인장강도의 적용이 바람직하다.

③ 쪼갬인장강도(MPa) = $\dfrac{2P}{\pi dl}$

　여기서, P : 하중(N)

　　　　　d : 공시체의 지름(mm)

　　　　　l : 공시체의 길이(mm)

　※ 콘크리트의 인장강도는 압축강도의 1/10~1/13 정도이다.

3-1. 콘크리트 인장강도를 측정하기 위한 간접시험 방법으로 가장 적당한 시험은?

① 탄성종파시험　　　　② 직접전단시험
③ 비파괴시험　　　　　④ 할렬시험

3-2. 콘크리트의 쪼갬인장강도시험에 사용되는 공시체의 규격에 대한 다음 설명에서 ( ) 안에 들어갈 수치로 알맞은 것은?

> 공시체는 원기둥 모양으로 지름은 굵은 골재 최대 치수의 (㉠)배 이상이며, (㉡)mm 이상으로 한다.

① ㉠ 2, ㉡ 100　　　　② ㉠ 3, ㉡ 100
③ ㉠ 4, ㉡ 150　　　　④ ㉠ 5, ㉡ 150

3-3. 지름이 100mm이고 길이가 200mm인 원주형 공시체에 대한 쪼갬인장강도 시험 결과 최대 하중이 120,000N이라고 할 때 이 공시체의 쪼갬인장강도는?

① 2.87MPa　　　　② 3.82MPa
③ 4.03MPa　　　　④ 5.87MPa

|해설|

3-2
공시체는 원기둥 모양으로 지름은 굵은 골재 최대 치수의 4배 이상이면서 150mm 이상으로 하며, 길이는 공시체 지름의 1배 이상, 2배 이하로 한다.

3-3

$$쪼갬인장강도 = \frac{2P}{\pi d l} = \frac{2 \times 120,000}{\pi \times 100 \times 200}$$
$$= 3.82\text{MPa}$$

여기서, P : 하중(N)
　　　　d : 공시체의 지름(mm)
　　　　l : 공시체의 길이(mm)

정답 3-1 ④　3-2 ③　3-3 ②

핵심이론 04 | 콘크리트의 휨강도 시험방법 (KS F 2408)

① 개 요
　㉠ 휨강도 : 공시체가 견디는 최대 휨 모멘트를 공시체의 단면계수로 나눈 값
　㉡ 콘크리트의 휨강도는 도로, 공항 등 콘크리트 포장 두께의 설계나 배합 설계를 위한 자료로 이용한다.

② 휨강도 공시체의 치수
　㉠ 공시체는 단면이 정사각형인 각주로 하고, 그 한 변의 길이는 굵은 골재의 최대 치수의 4배 이상이면서 100mm 이상으로 한다.
　㉡ 공시체의 길이는 단면의 한 변 길이의 3배보다 80mm 이상 길어야 한다.
　㉢ 공시체의 표준 단면 치수는 100mm × 100mm 또는 150mm × 150mm이다.
　※ 휨강도 시험체 몰드 : 15cm × 15cm × 53cm, 10cm × 10cm × 38cm의 각주형

③ 콘크리트 다져 넣기
　㉠ 콘크리트를 채우는 방법 : 공시체 콘크리트는 2층 이상으로 거의 동일한 두께로 나누어 채운다.
　㉡ 다짐봉을 사용하는 경우 : 각층은 적어도 1,000mm² 에 1회의 비율로 다지고, 바로 아래층까지 다짐봉이 닿도록 한다.
　㉢ 진동장치를 사용하는 경우 : 큰 기포가 나오지 않고, 큰 골재의 표면을 모르타르층이 얇게 덮을 때까지 계속한다. 오랜 시간 다지는 것은 피해야 한다.

④ 몰드의 제거 및 양생
　㉠ 콘크리트를 다져 넣은 후 그 경화를 기다리며 몰드를 제거한다.
　㉡ 몰드 제거 시기는 콘크리트를 채운 직후 16시간 이상 3일 이내로 한다. 이때 충격, 진동, 수분의 증발을 방지해야 한다.

ⓒ 공시체의 양생온도는 20±2℃로 한다.

ⓔ 공시체는 몰드 제거 후 강도시험을 할 때까지 습윤 상태에서 양생을 실시한다.

ⓜ 공시체를 습윤 상태로 유지하기 위해서 수중 또는 상대습도 95% 이상의 장소에 둔다.

⑤ 휨강도 $f_b = \dfrac{Pl}{bh^2}$

여기서 f_b : 휨강도(N/mm² 또는 kg/cm²)

P : 시험기가 나타내는 최대 하중(N 또는 kg)

l : 지간(mm 또는 cm)

b : 파괴 단면의 너비(mm 또는 cm)

h : 파괴 단면의 높이(mm 또는 cm)

4-1. 도로포장용 콘크리트의 품질 결정에 사용되는 콘크리트의 강도는?

① 압축강도 ② 휨강도
③ 인장강도 ④ 전단강도

4-2. 다음 중 콘크리트 휨강도시험용 시험체 몰드의 규격으로 적당한 것은?

① 지름 15cm, 높이 30cm
② 50mm 정육면체
③ 15cm×15cm×53cm의 각주형
④ 윗면 10cm, 밑면 20cm, 높이 30cm

4-3. 다짐봉을 사용하여 콘크리트 휨강도시험용 공시체를 제작하는 경우 다짐 횟수는 표면적 약 몇 cm²당 1회의 비율로 다지는가?

① 14cm² ② 10cm²
③ 8cm² ④ 7cm²

4-4. 콘크리트 휨강도시험에서 몰드의 크기가 15cm×15cm×53cm일 때 다짐대로 몇 층, 각각 몇 번을 다지면 되는가?

① 3층, 42회 ② 2층, 58회
③ 2층, 80회 ④ 3층, 90회

|해설|

4-4

콘크리트 휨강도시험용 공시체는 제작할 때 콘크리트는 몰드에 2층으로 나누어 채우고, 각층은 적어도 1,000mm²에 1회의 비율로 다짐을 한다.

몰드의 단면적은 150×530 = 79,500mm²

다짐 횟수 = 79,500 ÷ 1,000 = 79.5 ≒ 80회

정답 4-1 ② 4-2 ③ 4-3 ② 4-4 ③

4-2. 단위질량 및 공기 함유량시험

핵심이론 01 | 압력법에 의한 굳지 않은 콘크리트의 공기량 시험방법(KS F 2421)

① 개 요
  ㉠ 굳지 않는 콘크리트의 공기 함유량을 공기실의 압력 감소에 의해 구하는 시험방법이다.
  ㉡ 최대 치수 40mm 이하의 보통 골재를 사용한 콘크리트에 적합하다.
  ㉢ 골재 수정계수가 정확히 구해지지 않는 인공 경량골재와 같은 다공질 골재를 사용한 콘크리트에는 적당하지 않다.

② 굳지 않은 콘크리트의 겉보기 공기량 측정시험(무주수법)
  ㉠ 대표적인 시료를 용기에 거의 같은 두께로 3층으로 나누어 넣는다.
  ㉡ 각층에 넣은 용기 안의 시료는 다짐봉으로 25번씩 고르게 다진다.
  ㉢ 콘크리트는 단면 전체를 균일하게 다져야 하며, 다짐봉이 그 밑층의 표면에 도달할 정도로 다진다.
  ㉣ 다짐봉에 의해서 생긴 빈틈은 고무망치로 용기의 측면을 두들겨서 없어지도록 한다.
  ㉤ 공기실의 조절밸브는 잠그고, 배기구밸브와 주수구밸브를 열어 둔다.
  ㉥ 물을 넣을 경우에는 배기구에서 물이 나올 때까지 주수구에 물을 넣고, 배기구에서 기포가 나오지 않을 때까지 압력계를 가볍게 두들긴 다음 배기구와 주수구의 밸브를 잠근다.
  ㉦ 공기실 내의 기압을 초기압력보다 약간 크게 한다. 약 5초 지난 뒤 조절밸브를 충분히 연다.
  ㉧ 콘크리트 각 부분의 압력이 고르게 되도록 용기의 측면을 고무망치로 두들긴다.
  ㉨ 압력계의 지침이 안정되었을 때 압력계를 읽어 겉보기 공기량을 구한다.

※ 진동다짐
  • 진동기 다짐을 할 때에는 시료를 2층으로 나누어 넣고 다진다.
  • 윗층을 다질 때는 시료가 넘치도록 넣고, 진동기가 밑층에 2.5cm 이상 들어가지 않도록 한다.
  • 진동시간은 콘크리트의 표면에 큰 기포가 일어나지 않을 때까지 필요한 최소 시간으로 한다.

③ 공기량의 측정법 : 질량법(중량법, 무게법), 용적법(부피법), 공기실 압력법(주수법과 무주수법)이 있다.
  ㉠ 질량법 : 공기량이 전혀 없는 것으로 간주하여 시방 배합에서 계산한 콘크리트의 단위무게와 실제로 측정한 단위무게의 차이로부터 공기량을 구하는 방법이다.
  ㉡ 용적법 : 콘크리트 속의 공기량을 물로 치환하여 치환한 물의 부피로부터 공기량을 구하는 방법이다.
  ㉢ 공기실 압력법 : 워싱턴형 공기량측정기를 사용하며, 공기실에 일정한 압력을 콘크리트에 주었을 때, 공기량으로 인하여 압력이 저하하는 것으로부터 공기량을 구하는 방법이다. 주수법(물을 부어서 실시하는 방법. 용기의 용량 5L 이상)과 무주수법(물을 붓지 않고 실시하는 방법. 용기의 용량 7L 이상)이 있다.

④ 공기측정기의 종류
  ㉠ 공기실 압력법 : 워싱턴형 공기량측정기는 굳지 않은 콘크리트의 공기 함유량을 압력의 감소를 이용해 측정하는 방법으로 보일(Boyle)의 법칙을 적용한 것이다.
  ㉡ 수주(水注) 압력방법 : 멘젤형
  ㉢ 질량법 : 시료의 용적 변화 측정형, 시료의 겉보기 밀도 측정형

1-1. 압력법에 의한 굳지 않음 콘크리트의 공기량 시험방법에 대한 설명으로 틀린 것은?

① 시험의 원리는 보일의 법칙을 기초로 한 것이다.

② 최대 치수 40mm 이하의 인공 경량 골재를 사용한 콘크리트에 적합하다.

③ 물을 붓고 시험하는 방법(주수법)과 물을 붓지 않고 시험하는 방법(무주수법)이 있다.

④ 굳지 않은 콘크리트의 공기 함유량을 공기실의 압력 감소에 의해 구하는 시험방법이다.

1-2. 굳지 않은 콘크리트의 겉보기 공기량 측정시험에 대한 설명 중 옳지 않은 것은?

① 대표적인 시료를 용기에 3층으로 나누어 넣는다.

② 각층에 넣은 용기 안의 시료는 다짐봉으로 25번씩 고르게 다진다.

③ 용기에 넣고 다져진 시료는 흐트러지므로 용기의 옆면을 두들겨선 안 된다.

④ 압력계의 지침이 안정되었을 때 압력계를 읽어 겉보기 공기량을 구한다.

1-3. 다음 중 공기량 측정법에 속하지 않는 것은?

① 양생법   ② 무게법

③ 부피법   ④ 공기실 압력법

1-4. 굳지 않은 콘크리트의 공기 함유량시험에서 워싱턴형 공기량측정기를 사용하는 공기량 측정법은?

① 무게법   ② 부피법

③ 공기실 압력법   ④ 공기 계산법

1-5. 워싱턴형 공기량측정기를 사용하여 굳지 않은 콘크리트의 공기 함유량을 구하는 경우에 응용되는 법칙은?

① 스토크스(Stokes')의 법칙

② 보일(Boyle)의 법칙

③ 다르시(Darcy)의 법칙

④ 뉴턴(Newton)의 법칙

정답 1-1 ② 1-2 ③ 1-3 ① 1-4 ③ 1-5 ②

핵심이론 02 | 굳지 않은 콘크리트에 포함된 공기량

① 굳지 않은 콘크리트의 공기 함유량

ㄱ 콘크리트 속 공기에는 갇힌 공기와 AE 공기가 있다.

ㄴ 갇힌 공기는 혼화제를 쓰지 않아도 콘크리트 속에 자연적으로 생기는 기포이다.

ㄷ AE 공기는 AE제나 AE 감수제 등의 사용으로 콘크리트 속에 생긴 기포이다.

ㄹ AE 공기량이 콘크리트 부피의 4~7% 정도일 때, 워커빌리티와 내구성이 가장 좋다.

※ 공기량은 콘크리트의 워커빌리티, 내구성, 강도, 단위무게 및 수밀성 등에 큰 영향을 끼치므로, 콘크리트의 품질관리 및 적절한 배합 설계를 하기 위하여 공기량을 알아야 한다.

② 굳지 않은 콘크리트에 포함된 공기량에 영향을 미치는 요소

ㄱ 시멘트의 분말도가 높을수록 공기량은 감소한다.

ㄴ 단위 시멘트량이 많을수록 공기량은 감소한다.

ㄷ 공기량은 AE제의 사용량에 비례하여 증가한다.

ㄹ 공기량이 많을수록 소요 단위수량이 감소한다.

ㅁ 잔골재량이 많을수록 공기량이 증가한다.

ㅂ 잔골재 속에 0.4~0.6mm의 세립분이 증가하면 공기량은 증가한다.

ㅅ 콘크리트의 혼합온도가 낮을수록 공기량은 증가한다.

ㅇ 슬럼프가 커지면 공기량은 증가한다.

ㅈ 진동다짐 시간이 길면 공기량은 감소한다.

※ 콘크리트의 공기량 = 겉보기 공기량 – 골재 수정계수

10년간 자주 출제된 문제

2-1. 굳지 않은 콘크리트의 공기 함유량시험에서 AE 공기량이 얼마 정도일 때 워커빌리티와 내구성이 가장 좋은가?

① 1~3%
② 4~7%
③ 7~9%
④ 9~12%

2-2. 굳지 않은 콘크리트의 공기 함유량에 대한 설명 중 틀린 것은?

① AE 공기는 AE제나 감수제 등으로 인해 콘크리트 속에 생긴 공기 기포이다.
② AE 공기량이 4~7%일 경우 워커빌리티와 내구성이 가장 나쁘다.
③ 공기량의 측정법에는 공기실 압력법, 수주압력법, 무게법이 있다.
④ 갇힌 공기는 혼화재료를 사용하지 않아도 콘크리트 속에 포함되어 있는 공기기포이다.

2-3. 굳지 않은 콘크리트에 포함된 공기량에 영향을 미치는 요소에 대한 설명으로 틀린 것은?

① 시멘트의 분말도가 높을수록 공기량은 감소하는 경향이 있다.
② AE제의 사용량이 증가하면 공기량은 감소하는 경향이 있다.
③ 잔골재량이 많을수록 공기량이 증가한다.
④ 콘크리트의 온도가 낮을수록 공기량은 증가한다.

2-4. 골재의 수정계수가 1.4%이고, 콘크리트의 겉보기 공기량이 8.23%일 때 콘크리트의 공기량은 얼마인가?

① 9.63%
② 6.83%
③ 5.55%
④ 5.43%

|해설|

2-4
콘크리트의 공기량
= 겉보기 공기량 – 골재 수정계수
= 8.23 – 1.4
= 6.83%

정답 2-1 ② 2-2 ② 2-3 ② 2-4 ②

4-3. 반죽질기시험 및 블리딩시험

핵심이론 01 | 워커빌리티(반죽 질기) 측정방법

① 콘크리트 시험

굳지 않은 콘크리트 관련 시험	경화 콘크리트 관련 시험
• 워커빌리티 시험과 컨시스턴시 시험 　– 슬럼프시험(워커빌리티 측정) 　– 흐름시험 　– 리몰딩 시험 　– 관입시험[이리바렌 시험, 켈리볼(=구관입시험)] 　– 다짐계수시험 　– 비비시험(진동대식 컨시스턴시 시험) 　– 고유동콘크리트의 컨시스턴시 평가시험방법 • 블리딩시험 • 공기량시험 　– 질량법 　– 용적법 　– 공기실 압력법	• 압축강도 • 인장강도 • 휨강도 • 전단강도 • 길이 변화시험 • 슈미트 해머 시험(비파괴시험) • 초음파시험(비파괴시험) • 인발법(비파괴시험)

② 워커빌리티에 영향을 끼치는 요소

　㉠ 시멘트 : 시멘트의 종류와 양, 분말도

　㉡ 혼화재료 : 혼화재료의 종류와 양

　㉢ 골재 : 골재입도, 골재 최대 치수, 표면조직과 흡수량 등

　㉣ 물–시멘트비, 공기량, 배합 비율, 시간과 온도 등

1-1. 굳지 않은 콘크리트에 대한 시험방법이 아닌 것은?

① 워커빌리티 시험
② 공기량시험
③ 슈미트 해머 시험
④ 블리딩시험

1-2. 다음 중 콘크리트의 워커빌리티 측정방법이 아닌 것은?

① 슬럼프시험
② 플로시험
③ 켈리볼 관입시험
④ 슈미트 해머 시험

1-3. 포장용 콘크리트 컨시스턴시 측정에 사용하면 가장 좋은 방법은?

① 리몰딩시험
② 진동대에 의한 컨시스턴시 시험
③ 슬럼프시험
④ 흐름시험

1-4. 굳지 않은 콘크리트의 반죽 질기(컨시스턴시)를 시험하는 방법이 아닌 것은?

① 슬럼프시험
② 리몰딩시험
③ 길모어 침 시험
④ 켈리볼 관입시험

|해설|

1-2
슈미트 해머 시험은 완성된 구조물의 콘크리트 강도를 알고자 할 때 쓰이는 방법에 속한다.

1-3
비비시험 : 슬럼프시험으로 측정하기 어려운 된 비빔콘크리트의 컨시스턴시(반죽 질기)를 측정하고 진동다짐의 난이도 정도를 판정한다. 시험방법으로 진동대 위에 몰드를 놓고 채취한 시료를 몰드에 채운다.

1-4
길모어 침에 의한 시멘트의 응결시간 시험방법이 있다.

정답 1-1 ③ 1-2 ④ 1-3 ② 1-4 ③

핵심이론 02 | 콘크리트의 슬럼프 시험방법(KS F 2402)

① 개 요
  ㉠ 슬럼프 : 굳지 않은 콘크리트의 유동성을 나타내는 것으로, 슬럼프콘을 들어 올렸을 때 본래의 콘크리트 높이에서 내려앉은 치수를 mm로 나타낸 값이다.
  ㉡ 슬럼프시험의 목적 : 주목적은 반죽 질기를 측정하는 것으로, 워커빌리티를 판단하는 하나의 수단으로 사용한다.
  ㉢ 이 시험은 비소성이나 비점성인 콘크리트에는 적합하지 않으며, 콘크리트 중 굵은 골재가 40mm 이상 상당량 함유하고 있는 경우에는 이 방법을 적용할 수 없다.
  ㉣ 굵은 골재의 최대 치수가 40mm를 넘는 콘크리트의 경우 40mm를 넘는 굵은 골재를 제거한다.
  ※ 워커빌리티(작업성) : 반죽 질기에 의한 작업의 난이한 정도와 균일한 질의 콘크리트를 만들기 위하여 필요한 재료의 분리에 저항하는 정도로 나타내는 굳지 않는 콘크리트의 성질

② 시험용 기구 : 슬럼프콘, 다짐봉
  ㉠ 슬럼프콘 : 윗면의 안지름이 100±2mm, 밑면의 안지름이 200±2mm, 높이 300±2mm 및 두께 1.5mm 이상인 금속제로 하고, 적절한 위치에 발판과 슬럼프콘 높이의 2/3 지점에 두 개의 손잡이를 붙인다.
  ㉡ 다짐봉 : 지름 16mm, 길이 500~600mm의 강 또는 금속제 원형봉으로 그 앞끝은 반구 모양으로 한다.

③ 슬럼프 시험
  ㉠ 시료는 거의 같은 양을 3층으로 나눠서 채운다.
  ※ 콘크리트 슬럼프시험할 때 콘크리트 시료를 처음 넣는 양은 슬럼프콘 용적의 1/3까지 넣는다.
  ㉡ 각층은 다짐봉으로 고르게 한 후 25회씩 다진다.

ⓒ 콘크리트의 중앙부와 옆에 놓인 슬럼프콘 상단과
의 높이차를 5mm 단위로 측정하여 이것을 슬럼프
값으로 한다.

ⓡ 슬럼프콘을 들어 올리는 시간은 높이 300mm에서
3.5±1.5초로 한다.

ⓜ 콘크리트를 채우기 시작하고 나서 종료 시까지의
시간은 3분 이내로 한다.

ⓗ 물을 많이 넣을수록 슬럼프값은 커진다.

ⓢ 슬럼프는 5mm 단위로 표시한다.

※ 진동식 컨시스턴시 시험을 사용하면 좋은 슬럼프
값은 2.5cm 이하이다.

2-1. 워커빌리티와 밀접한 관계가 있는 반죽 질기를 측정하는 여러 방법 중에서도 가장 널리 쓰이는 시험법은?

① 슬럼프시험(Slump Test)
② 플로시험(Flow Test)
③ 이리바렌 시험(Iribarren Test)
④ 켈리볼(Kelly Ball) 관입시험

2-2. 콘크리트 슬럼프시험의 가장 중요한 목적은?

① 비중 측정
② 워커빌리티 측정
③ 강도 측정
④ 입도 측정

2-3. 콘크리트의 슬럼프 시험용 몰드의 크기는?(단, 밑면 안지름×윗면 안지름×높이)

① 10cm × 20cm × 30cm
② 10cm × 30cm × 20cm
③ 20cm × 10cm × 30cm
④ 30cm × 10cm × 20cm

2-4. 슬럼프시험에 관한 내용 중 옳은 것은?

① 슬럼프콘에 시료를 채우고 벗길 때까지의 시간은 5분이다.
② 슬럼프콘을 벗기는 시간은 10초이다.
③ 슬럼프콘의 높이는 30cm이다.
④ 물을 많이 넣을수록 슬럼프값은 작아진다.

|해설|

2-4

① 콘크리트를 채우기 시작하고 나서 종료 시까지 2분 30초를
규정하고 있었지만 ISO와 일치시키기 위하여 시험을 종료할
때까지의 시간을 3분으로 변경하였다.
② 슬럼프콘을 들어 올리는 시간은 높이 300mm에서 3.5±1.5초
로 한다.
④ 물을 많이 넣을수록 슬럼프값은 커진다.

정답 2-1 ① 2-2 ② 2-3 ③ 2-4 ③

핵심이론 03 | 굳지 않은 콘크리트의 슬럼프 플로 시험방법(KSF 2594)

① 개 요

　㉠ 굵은 골재의 최대 치수가 40mm 이하인 고유동 콘크리트 등의 슬럼프 플로 시험방법이다.

　㉡ 시멘트 풀이나 혼합한 모르타르를 굳지 않은 상태에서 플로값(유동성)을 측정하기 위한 것이다.

　㉢ 콘크리트에 상하운동을 주어서 변형저항을 측정하는 방법으로 시험 후에 콘크리트의 분리가 일어나는 결점이 있는 굳지 않은 콘크리트의 워커빌리티 측정방법이다.

　※ 고유동 콘크리트 : 굳지 않은 상태에서 재료 분리 저항성을 손상하지 않고 유동성을 높인 콘크리트

② 시험용 기구

　슬럼프콘, 다짐봉, 평판, 버니어캘리퍼스 또는 척도, 측정용 보조기구, 콘크리트 용기, 스톱워치

③ 흐름값(%) = $\dfrac{\text{모르타르의 평균 밑지름}}{\text{몰드 밑지름}} \times 100$

3-1. 콘크리트에 상하운동을 주어서 변형저항을 측정하는 방법으로, 시험 후에 콘크리트의 분리가 일어나는 결점이 있는 굳지 않은 콘크리트의 워커빌리티 측정방법은?

① 비비 반죽질기시험　　② 리몰딩시험
③ 흐름시험　　　　　　　④ 다짐계수시험

3-2. 플로시험(Flow Test)의 목적은?

① 콘크리트의 압축시험
② 콘크리트의 공기량 측정
③ 콘크리트의 수밀시험
④ 콘크리트의 유동성 측정

3-3. 흐름시험을 실시한 결과물의 양은 시멘트 무게의 48%이고, 시험 후 퍼진 모르타르의 평균 지름값은 11.5cm일 때 흐름값은?(단, 몰드의 밑지름은 10.2cm이다)

① 102.3%　　　　　　　② 110.5%
③ 112.7%　　　　　　　④ 121.6%

3-4. 굳지 않은 콘크리트를 흐름 시험하여 콘크리트의 퍼진 지름을 각각 55.2cm, 54cm, 54.6cm로 정하였다. 이때 콘크리트의 흐름값은 약 얼마인가?(단, 몰드의 밑지름은 25.4cm이다)

① 113%　　　　　　　　② 115%
③ 118%　　　　　　　　④ 123%

|해설|

3-1
흐름시험은 콘크리트의 연도를 측정하기 위한 시험으로, 플로 테이블에 상하진동을 주어 면의 확산을 흐름값으로 나타낸다.

3-3
흐름값(%) = $\dfrac{\text{모르타르의 평균 밑지름}}{\text{몰드 밑지름}} \times 100$

　　　 = $\dfrac{11.5}{10.2} \times 100$

　　　 = 112.7%

3-4
흐름값(%) = $\dfrac{(55.2 + 54 + 54.6) \div 3 - 25.4}{25.4} \times 100$

　　　 ≃ 115%

① 개요 : 블리딩시험은 굵은 골재의 최대 치수가 40mm 이하인 경우에 적용한다.

② 시험용 기구

　㉠ 용기 : 금속제의 원통 모양으로 안지름 250mm, 안 높이 285mm로 한다.

　㉡ 저울 : 감도 10g의 것

　㉢ 메스실린더 : 10mL, 50mL, 100mL의 것으로 한다. 블리딩으로 인해 콘크리트 표면에 생긴 물을 뽑아낼 때는 피펫 또는 스포이트를 사용한다.

　㉣ 다짐봉 : 반구 모양인 지름 16mm, 길이 500~600mm의 강 또는 금속제 원형봉으로 한다.

③ 시험방법

　㉠ 시험 중에는 실온 20±3℃로 한다.

　㉡ 다짐봉 다짐 : 시료를 용기의 약 1/3까지 넣고 고른 후 다짐봉으로 다음 표의 횟수만큼 균등하게, 다짐 구멍이 없어지고 콘크리트 표면에 큰 기포가 보이지 않을 때까지 용기의 바깥쪽을 10~15회 고무망치로 두들긴다.

[다짐 횟수]

용기의 안지름(mm)	다짐봉에 따른 각층의 다짐 횟수
140	10
240	25

　㉢ 최초로 기록한 시각에서부터 60분 동안 10분마다 콘크리트 표면에서 스며 나온 물을 빨아낸다. 그 후는 블리딩이 정지할 때까지 30분마다 물을 빨아낸다.

④ 블리딩률 및 블리딩량

　㉠ 블리딩률(%)$= B/C \times 100 \, (C = w/W \times S)$

　　여기서, B : 시료의 블리딩 물의 총량(kg)

　　　　　 C : 시료에 함유된 물의 총질량(kg)

　　　　　 W : 콘크리트의 단위용적질량(kg/m^3)

　　　　　 w : 콘크리트의 단위수량(kg/m^3)

　　　　　 S : 시료의 질량(kg)

　㉡ 블리딩량(cm^3/cm^2)$= V/A \left(A = \dfrac{\pi \times r^2}{4} \right)$

　　여기서, V : 규정된 측정시간 동안에 생긴 블리딩 물의 총용적(cm^3)

　　　　　 A : 콘크리트 윗면의 면적(cm^2)

　　　　　 r : 안지름의 길이

10년간 자주 출제된 문제

4-1. KS F 2414에 규정된 콘크리트의 블리딩시험은 굵은 골재의 최대 치수가 얼마 이하인 경우에 적용하는가?

① 200mm　　　　　　② 150mm
③ 100mm　　　　　　④ 40mm

4-2. 블리딩시험에서 처음 60분 동안은 몇 분 간격으로 표면에 생긴 블리딩 물을 피펫으로 빨아내는가?

① 1분　　　　　　　② 5분
③ 10분　　　　　　　④ 30분

4-3. 블리딩시험을 한 결과 마지막까지 누계한 블리딩에 따른 물의 부피 $V = 76\text{cm}^3$, 콘크리트 윗면의 면적 $A = 490\text{cm}^2$일 때 블리딩량은?

① 1.13cm^3/cm^2　　　② 0.12cm^3/cm^2
③ 0.16cm^3/cm^2　　　④ 0.19cm^3/cm^2

|해설|

4-3
블리딩량(cm^3/cm^2) $= V/A$
　　　　　　　　　 $= 76/490$
　　　　　　　　　 $\simeq 0.16\text{cm}^3/\text{cm}^2$

정답 4-1 ④　4-2 ③　4-3 ③

4-4. 콘크리트의 배합 설계

핵심이론 01 │ 배합 설계의 순서

① 설계 기준강도, 조골재 최대 치수, 목표 슬럼프, 공기량 결정

② 배합강도의 결정(표준편차의 가정 $s = 0.07{\sim}0.09$ f_{ck}, 필요시 조정 가능)

③ 강도 및 내구성을 고려한 W/C 결정

④ 잔골재율, 단위수량의 결정

⑤ 배합조건에 따른 잔골재율, 단위수량의 보정

⑥ 굵은 골재 및 잔골재량 결정

⑦ 시멘트 및 혼화제량 결정

⑧ 실내 시험결과 분석(시험 배치, 슬럼프, 공기량 확인, W/C, S/a 결정)

⑨ 시험 생산을 통한 현장 배합 설계

⑩ 그 외 : 실제 생산되는 현장 콘크리트 강도를 일정기간 확인 및 표준편차 분석, 최적의 표준편차에 따른 배합 강도 및 배합비 조정 검토 적용

　※ 단위량 : 콘크리트 1m³를 만들 때 사용하는 재료의 사용량, 단위 시멘트량, 단위수량, 단위 굵은 골재량, 단위 잔골량 등

10년간 자주 출제된 문제

1-1. 배합 설계 중 가장 먼저 해야 할 내용은?

① 슬럼프값을 정한다.
② 단위수량을 정한다.
③ 굵은 골재의 최대 치수를 정한다.
④ 물-시멘트비를 정한다.

1-2. 다음 중 콘크리트 1m³를 만드는 데 쓰이는 각 재료량을 나타내는 용어는?

① 설계 기준강도
② 증가계수
③ 단위량
④ 잔골재율

│해설│

1-1

콘크리트 배합 설계의 순서

① 우선 목표로 하는 품질항목 및 목표값을 설정한다.
② 계획 배합의 조건과 재료를 선정한다.
③ 자료 또는 시험에 의해 내구성, 수밀성등의 요구성능을 고려하여 물-시멘트비를 결정한다.
④ 단위수량, 잔골재율과 슬럼프의 관계 등에 의해 단위수량, 단위 시멘트량, 단위 잔골재량, 단위 굵은 골재량, 혼화재료량 등을 순차적으로 산적한다.
⑤ 구한 배합을 사용해서 시험 비비기를 실시하고 그 결과를 참고로 하여 각 재료의 단위량을 보정하여 최종적인 배합을 결정한다.

정답 1-1 ④　1-2 ③

① 시험배합 : 계획한 배합(조합)으로 소정의 콘크리트가 얻어지는 가능성 여부를 조사하기 위한 반죽 혼합방법으로, 콘크리트의 배합 설계방법에서 가장 합리적이다.

② 시방배합 : 소정의 품질을 갖는 콘크리트를 얻을 수 있는 배합으로서 표준시방서 또는 책임기술자가 지시한다. 시방배합을 기준으로 현장배합을 정한다.

③ 현장배합 : 시방배합의 콘크리트가 얻어지도록 현장에서 재료의 상태 및 계량방법에 따라 정한 배합이다.
   ※ 콘크리트의 배합 설계에서 재료 계량의 허용오차는 혼화제 용액에서는 3% 이하이다.

④ 콘크리트의 배합강도 : 콘크리트 압축강도의 표준편차를 알지 못할 때 또는 압축강도의 시험 횟수가 14회 이하인 경우 콘크리트의 배합강도는 다음 표와 같이 정할 수 있다.

설계기준강도 f_{ck}(MPa)	배합강도 f_{cr}(MPa)
21 미만	$f_{ck} + 7$
21 이상 35 이하	$f_{ck} + 8.5$
35 초과	$1.1f_{ck} + 5$

설계기준강도 35 초과 = 배합강도 f_{ck}+10.0(콘크리트공사 표준시방서)
설계기준강도 35 초과 = 배합강도 $1.1f_{ck}$+5.0(콘크리트 구조 설계 기준)

2-1. 콘크리트의 배합 설계방법에서 가장 합리적인 방법은?

① 배합표에 의한 방법
② 계산에 의한 방법
③ 시험배합에 의한 방법
④ 현장배합에 의한 방법

2-2. 콘크리트의 배합 설계에서 재료 계량의 허용오차는 혼화제 용액에서는 몇 % 이하인가?

① 1%
② 2%
③ 3%
④ 4%

2-3. 콘크리트 압축강도의 시험 기록이 없는 현장에서 설계기준 압축강도가 21MPa인 경우 배합강도는?

① 28MPa
② 29.5MPa
③ 31MPa
④ 33.5MPa

|해설|

2-1
배합 설계
• 현장에서 요구되는 목적에 맞는 콘크리트 배합방법인 시방배합
• 시방배합을 위한 사전 테스트 작업인 시험배합
• 현장의 재료 상태에 맞게 시방배합을 조정하는 현장배합

2-2
재료의 계량오차

재료의 종류	측정단위	1회 계량분의 허용오차(%)
시멘트	질 량	±1
골 재	질량 또는 부피	±3
물	질 량	±1
혼화재[1]	질 량	±2
혼화제	질량 또는 부피	±3

주[1] 고로 슬래그 미분말의 계량오차의 최댓값은 1%로 한다.

2-3
$f_{cr} = 21 + 8.5 = 29.5MPa$

정답 2-1 ③ 2-2 ③ 2-3 ②

① 물-시멘트비 $= \dfrac{W}{C}$

여기서, W : 단위수량

C : 단위 시멘트량

예제) 콘크리트 배합 설계에서 단위 시멘트량이 300kg, 단위 수량이 150kg일 때 물-시멘트비는 얼마인가?

해설

물-시멘트비 $= \dfrac{W}{C} = \dfrac{150}{300} = 0.5 = 50\%$

② 잔골재율$(S/a) = \dfrac{V_S}{V_S + V_G} \times 100(\%)$

여기서, V_S : 단위 잔골재량의 절대부피

V_G : 단위 굵은 골재량의 절대부피

③ 골재의 절대용적

$V_S + V_G$

$= 1 - \left(\dfrac{C(\text{kg})}{1,000 \times \text{시멘트의 비중}} + \dfrac{W(\text{kg})}{1,000} \right.$

$\left. + \dfrac{Air(\%)}{100} + \dfrac{\text{혼화재량}(\text{kg})}{1,000 \times \text{혼화재비중}} \right)(\text{m}^3)$

④ 단위 잔골재량 = (골재의 절대부피 × 1,000)

× 잔골재율(S/a) × 잔골재의 비중

3-1. 물-시멘트비 60%의 콘크리트를 제작할 경우 시멘트 1포당 필요한 물의 양은 몇 kg인가?(단, 시멘트 1포의 무게는 40kg이다)

① 15kg ② 24kg

③ 40kg ④ 60kg

3-2. 콘크리트의 배합에서 단위 잔골재량 700kg/m³, 단위 굵은 골재량이 1,300kg/m³일 때 절대 잔골재율은 몇 %인가? (단, 잔골재 및 굵은 골재의 비중은 2.60이다)

① 30% ② 35%

③ 40% ④ 45%

3-3. 콘크리트 배합에 있어서 단위수량 160kg/m³ 단위 시멘트량 315kg/m³, 공기량 2%로 할 때 단위 골재량의 절대부피는? (단, 시멘트의 비중은 3.15)

① 0.72m³ ② 0.74m³

③ 0.76m³ ④ 0.78m³

|해설|

3-1

물-시멘트비 $= \dfrac{W}{C} = \dfrac{x}{40} = 0.6$

$\therefore x = 24\text{kg}$

3-2

잔골재율$(S/a) = \dfrac{V_S}{V_S + V_G} \times 100(\%)$

$= \dfrac{700 \div 2.6}{700 \div 2.6 + 1,300 \div 2.6} \times 100$

$= 35(\%)$

여기서, V_S : 단위 잔골재량의 절대부피

V_G : 단위 굵은 골재량의 절대부피

3-3

단위 골재량의 절대부피(m³)

$= 1 - \left(\dfrac{\text{단위수량}}{1,000} + \dfrac{\text{단위 시멘트량}}{\text{시멘트의 비중} \times 1,000} + \dfrac{\text{공기량}}{100} \right)$

$= 1 - \left(\dfrac{160}{1,000} + \dfrac{315}{3.15 \times 1,000} + \dfrac{2.0}{100} \right) = 0.72\text{m}^3$

정답 3-1 ② **3-2** ② **3-3** ①

핵심이론 04 │ 콘크리트의 특징

① 경량 골재 콘크리트의 특징

   ㉠ 열전도율이 낮고 방음효과, 내화성, 흡음성이 좋다.

   ㉡ 강도·탄성계수가 낮고, 건조수축이 크다.

   ㉢ 흡수성이 크고 중성화를 촉진시킨다.

   ㉣ 구조물의 자중경감효과가 있다.

   ㉤ 콘크리트 운반이나 부어넣기 노력을 절감시킬 수 있다.

   ㉥ 시공이 번거롭고, 재료처리가 필요하다.

② 레디믹스트 콘크리트의 특징

   ㉠ 품질이 균일하고 우수한 콘크리트를 얻을 수 있다.

   ㉡ 현장에서 콘크리트 비빔 장소가 필요 없고, 치기와 양생만 하면 된다.

   ㉢ 넓은 장소가 필요 없고 공사기간이 단축된다.

   ㉣ 공사 추진이 정확하고 공사비의 절감이 가능하다.

   ㉤ 현장에서 워커빌리티 조절이 어렵다.

   ㉥ 콘크리트의 자체 단가는 비싸다.

   ㉦ 운반 중 재료 분리, 시간 경과의 우려가 있다.

   ㉧ 제조업자와 현장의 긴밀한 협조관계 유지가 필요하다.

③ 섬유 보강 콘크리트 : 콘크리트 속에 짧은 섬유(보강용 섬유)를 고르게 분산시켜 인장강도, 휨강도, 내충격성 및 내마모성, 균열에 대한 저항성 등을 좋게 한 콘크리트이다.

④ 프리스트레스트 콘크리트 : 콘크리트는 인장강도가 작으므로 콘크리트 속에 미리 강재를 긴장시켜 콘크리트에 압축응력을 주어 하중으로 생기는 인장응력을 비기게 하거나 줄이도록 만든 콘크리트이다.

4-1. 경량 골재 콘크리트의 특징에 대한 설명으로 옳은 것은?

① 내화성이 보통 콘크리트보다 작다.
② 강도가 보통 콘크리트보다 크다.
③ 건조수축에 의한 변형이 생기기 쉽다.
④ 탄성계수는 보통 콘크리트보다 크다.

4-2. 레디믹스트 콘크리트의 좋은 점에 관한 설명 중 옳지 않은 것은?

① 콘크리트의 워커빌리티(Workability)를 즉시 조절하기 용이하다.
② 균질의 콘크리트를 얻을 수 있다.
③ 현장에서 콘크리트 치기와 양생만 하면 된다.
④ 넓은 장소가 필요 없고 공사기간이 단축된다.

4-3. 콘크리트 속에 짧은 섬유를 고르게 분산시켜 인장강도, 휨강도, 내충격성, 균열에 대한 저항성 등을 좋게 한 콘크리트는?

① 팽창 콘크리트
② 폴리머 콘크리트
③ 섬유 보강 콘크리트
④ 경량 골재 콘크리트

4-4. 콘크리트는 인장강도가 작으므로 콘크리트 속에 미리 강재를 긴장시켜 콘크리트에 압축응력을 주어 하중으로 생기는 인장응력을 비기게 하거나 줄이도록 만든 콘크리트는?

① 프리스트레스트 콘크리트
② 레디믹스트 콘크리트
③ 섬유 보강 콘크리트
④ 폴리머 시멘트 콘크리트

│해설│

4-4
프리스트레스트 콘크리트
콘크리트의 인장응력이 생기는 부분에 PS강재를 긴장시켜 프리스트레스를 부여함으로써 콘크리트에 미리 압축력을 주어 인장강도를 증가시켜 휨저항을 크게 한 것을 말한다.

정답 4-1 ③ 4-2 ① 4-3 ③ 4-4 ①

5-1. 비중 및 점도시험, 침입도시험

핵심이론 01 | 다져진 아스팔트 혼합물의 겉보기 비중 및 밀도 시험방법(파라핀으로 피복한 경우)(KS F 2353)

① 개 요

ㄱ 파라핀으로 피복한 다져진 아스팔트 혼합물의 겉보기 비중 및 밀도를 결정하는 시험이다.

ㄴ 외부 온도 변화에 따라 아스팔트의 경도, 점도 등이 변화하는 성질은 감온성이다.

ㄷ 아스팔트는 온도의 영향을 받기 쉽고, 그 성상도 다르다.

ㄹ 고온에서는 점차적으로 흐르기 쉽고, 낮은 온도에서는 끈적거려서 잘 흘러내리지 않는 성질이 있다. 이러한 성질을 점성이라 하며, 그 정도를 나타내는 것을 점도라고 한다.

ㅁ 아스팔트 원액의 비중은 1.01~1.10이고, 혼합물의 비중은 2.32 정도이다.

② **공시체의 크기** : 원통형 시료의 지름 또는 시료의 측면 길이는 골재 최대 크기의 4배 이상이어야 하고, 그 두께는 골재 크기의 1.5배 이상이어야 한다.

③ 겉보기 비중(파라핀으로 피복한 경우)

$$= \frac{A}{D - E - \dfrac{D-A}{F}}$$

여기서, A : 건조 공시체의 공기 중 질량(g)

D : 피복한 건조 공시체의 공기 중 질량(g)

E : 피복한 건조 공시체의 수중 질량(g)

F : 파라핀의 겉보기 비중(g/cm³)

④ 공시체 밀도(g/cm³) = 겉보기 비중 × 0.997

※ 25℃에서의 물의 밀도 = 0.997g/cm³

1-1. 보통 아스팔트의 비중시험 온도는 얼마인가?

① 15℃   ② 20℃

③ 25℃   ④ 30℃

1-2. 온도에 따라 아스팔트의 경도, 점도 등이 변화하는 성질은?

① 감온성   ② 방수성

③ 신장성   ④ 점착성

1-3. 아스팔트의 점도와 가장 밀접한 관계가 있는 것은?

① 비 중   ② 수 분

③ 온 도   ④ 압 력

|해설|

1-2

감온성은 외부의 온도 변화에 따라 아스팔트의 경도 및 점도 등이 변화하는 성질이다.

정답 1-1 ③ 1-2 ① 1-3 ③

핵심이론 02 | 역청재료의 침입도시험(KS M 2252)

① 개 요
  ㉠ 역청재료가 혼합되었을 때 그 사용목적에 적당한 굳기를 가지는지를 알기 위한 시험이다.
  ㉡ 침입도 : 아스팔트의 경도를 나타내는 것으로 아스팔트의 컨시스턴시를 침의 관입저항으로 평가할 수 있는 아스팔트의 성질

② 아스팔트 침입도의 성질
  ㉠ 침입도의 값이 클수록 아스팔트는 연하다.
  ㉡ 침입도는 온도가 높을수록 커진다.
  ㉢ 침입도가 작으면 비중이 크다.

③ 침입도시험의 측정조건 : 침입도는 소정의 온도(25℃), 하중(100g), 시간(5초)에 규정된 침이 수직으로 관입한 길이로 0.1mm의 관입은 침입도 1로 규정한다.

5-2. 연화점, 인화점 및 연소점시험

핵심이론 01 | 역청재료의 연화점시험(KS M 2250)

① 개요
  ㉠ 연화점(환구법 사용) : 시료를 규정 조건에서 가열
     하였을 때 시료가 연화되기 시작하여 규정된 거리
     (25mm)까지 내려갈 때의 온도이다.
  ㉡ 규정된 환에 시료를 채우고 물 중탕 또는 글리세린
     중탕 속에 수평으로 받쳐놓고, 시료의 중앙에 규정
     질량의 강구를 올려놓고 중탕의 온도를 5℃/min
     의 속도로 상승시켰을 때 시료가 밑바닥에 닿는
     순간의 온도를 측정한다.

② 시험절차
  ㉠ 가열 시작 3분 후부터 연화점에 도달할 때까지 중
     탕온도가 매분 똑같이 5±0.5℃의 속도로 상승하
     도록 가열한다. 이 경우 바람이 닿지 않도록 주의
     하고, 필요시 바람막이를 설치한다.
  ㉡ 시료가 점차 연화되어 밑바닥에 닿을 때의 온도계
     눈금을 읽고 이것을 기록한다. 온도계의 노출부에
     대한 보정은 하지 않는다. 2개의 결과의 차가 1℃
     를 초과하면 시험을 다시 한다.
  ㉢ 2개 측정값의 평균값을 0.5℃ 단위로 반올림하여
     연화점으로 한다.
  ㉣ 반복 정밀도 : 시험결과 연화점이 80℃ 이하일 경
     우 허용오차가 1℃, 80℃를 초과한 것은 2℃를 넘
     으면 안 된다.

① 인화점

    ㉠ 아스팔트를 가열할 때 표면에 인화성 가스가 발생하여 불이 붙기 쉬우므로 아스팔트의 인화점을 알아야 한다.

    ㉡ 인화점은 시료를 가열하면서 시험불꽃을 대었을 때 시료의 증기에 불이 붙는 최저온도이다.

② 연소점

    ㉠ 연소점은 인화점의 측정 이후 계속 가열하였을 때 시료가 연속하여 최소 5초 이상 연소하는 최저온도이다.

    ㉡ 연소점은 인화점보다 높다.

        ※ 온도가 높은 순서 : 발화점 > 연소점 > 인화점

③ 계산방법

    인화점$(Fc) = F + 0.25(101.3 - P)$

    여기서, F : 측정 인화점($\degree\text{C}$)

             P : 시험장소의 기압(kPa)

④ 정밀도

(단위 : $\degree\text{C}$)

인화점	반복 허용차	재현 허용차
0 이상 13 미만	1.0	3.5
13 이상 60 미만	1.0	2.0
60 이상 93 이하	2.0	3.5

10년간 자주 출제된 문제

2-1. 아스팔트의 인화점과 연소점에 대한 설명으로 옳지 않은 것은?

① 인화점은 시료를 가열하면서 시험불꽃을 대었을 때 시료의 증기에 불이 붙는 최저온도이다.

② 연소점은 인화점의 측정 이후 계속 가열하면서 시료가 최소 5초 이상 연소하는 최저온도이다.

③ 연소점은 인화점보다 낮다.

④ 아스팔트를 가열할 때 표면에 인화성 가스가 발생하여 불이 붙기 쉬우므로 아스팔트의 인화점을 알아야 한다.

2-2. 아스팔트의 인화점이란?

① 아스팔트 시료를 가열하여 휘발 성분에 불이 붙어 약 10초간 불이 붙어 있을 때의 최고 온도이다.

② 아스팔트 시료를 가열하여 휘발 성분에 불이 붙을 때의 최저 온도이다.

③ 아스팔트 시료를 가열하면 기포가 발생하는데 이때의 최고 온도이다.

④ 아스팔트 시료를 잡아당길 때 늘어나다 끊어진 길이이다.

2-3. 역청재료의 연소점을 시험할 때 계속해서 매분 5.5±0.5℃의 속도로 가열하여 시료가 몇 초 동안 연소를 계속할 때의 최초의 온도를 말하는가?

① 5초   ② 10초

③ 15초   ④ 20초

|해설|

2-1

일반적으로 연소점이 인화점보다 5~10℃ 높다.

정답 2-1 ③   2-2 ②   2-3 ①

5-3. 신도시험 및 기타 아스팔트 시험

핵심이론 01 역청재료의 신도 시험방법(KS M 2254)

① 아스팔트 신도시험 개요

　ㄱ 아스팔트가 늘어나는 정도(신도)를 측정하는 시험이다.

　ㄴ 아스팔트 신도는 연성의 기준이 된다.

　ㄷ 신도는 아스팔트를 일정 속도로 당겼을 때 시료가 파괴될 때까지 늘어난 거리를 cm 단위로 표시한다.

② 시험절차

　ㄱ 시험기 내에 물을 채우고, 신도 측정 중 수온을 시험온도 25±0.5℃로 유지한다.

　ㄴ 형틀과 함께 시료를 항온 물 중탕에서 꺼내어 형틀의 측벽 기구를 떼내어 시료 유지 기구의 구멍을 신도시험기의 지주에 걸고 지침을 0에 맞추어 전동기에 의해 5±0.25cm/min의 속도로 시료를 잡아당겨 시료가 끊어졌을 때의 지침의 눈금을 0.5cm 단위로 읽고 기록한다.

③ 보고 : 3회 측정의 평균값을 1cm 단위로 끝맺음하고 신도로 보고한다.

① 개요 : 아스팔트 혼합물의 마셜 안정도 및 흐름값 시험 방법은 마셜시험기를 사용하여 측면에 하중을 작용시킨 아스팔트 포장용 혼합물의 원주형 공시체의 소성 흐름에 대한 저항력 측정방법이다.

  ※ 안정도시험(마셜식) : 아스팔트 혼합물의 배합 설계와 현장에 따른 품질관리를 위하여 행하는 시험이다.

  ※ 마셜시험기 : 역청 혼합물의 소성 흐름에 대한 저항력시험에서 가장 많이 사용된다.

② 기 타

  ㉠ 채움률(VFA, 포화도) : 다져진 아스팔트 혼합물의 골재 간극 중 아스팔트가 차지하는 부피비

  ㉡ 아스팔트 혼합물에 요구되는 특성

요구되는 특성	내 용
안정성	유동이나 변형을 일으키지 않는 것
인장강도	하중응력이나 온도응력에 대응하는 인장 강도를 발휘할 것
피로 저항성	교통하중의 반복에 의해 혼합물의 품질이 저하하지 않는 것
가요성	노상, 기층의 침하 시 균열을 일으키지 않고 순응하는 것
미끄럼 저항성	미끄러지지 않는 표면조직을 갖는 것
내마모성	Spike Tire나 Tire Chain 등에 의해 마모되지 않는 것
내구성 (내후성, 내수성)	기상 변화나 물 등의 영향으로 혼합물의 품질 저하가 없는 것
불투수성	표면수가 포장체에 침투되지 않는 것
시공성	시공이 용이할 것

2-1. 역청 혼합물의 소성 흐름에 대한 저항력시험에서 가장 많이 사용되는 시험기는?

① 마셜시험기
② 슈미트 해머
③ 로스엔젤레스시험기
④ 길모어 침

2-2. 아스팔트 혼합물의 배합 설계와 현장에 따른 품질관리를 위하여 행하는 시험은?

① 증발감량시험
② 용해도시험
③ 인화점시험
④ 안정도시험(마샬식)

2-3. 다져진 아스팔트 혼합물의 골재 간극 중 아스팔트가 차지하는 부피비는?

① 안정도   ② 빈틈률
③ 채움률   ④ 흐름값

|해설|
2-2
아스팔트 혼합물의 배합 설계 시 필요한 시험
• 흐름값 측정
• 골재의 체가름시험
• 마셜 안정도시험

정답 2-1 ① 2-2 ④ 2-3 ③

핵심이론 01 | 인장시험, 굽힘시험

① 인장시험
  ㉠ 시험편은 어느 것이나 제품 그대로 하며 기계적 가공을 하지 않아야 한다.
  ㉡ 시험편을 축 방향으로 잡아당겨서 파괴될 때까지의 변형과 하중을 측정하여 하중과 변형의 관계를 조사하는 시험이다.
  ㉢ 인장시험의 결과로 재료의 비례한도, 탄성한도, 내력, 항복점, 인장강도, 연신율, 단면 수축률, 응력 변형률 곡선 등을 측정할 수 있다.
  ㉣ 강의 인장강도 및 푸아송비

  • 강의 인장강도 $= \dfrac{\text{최대 하중}}{\text{단면적}}$

  • 푸아송비 $= \dfrac{\text{횡 방향 변형률}}{\text{종 방향 변형률}} = \dfrac{1}{m}$

    여기서, m : 푸아송수 = 푸아송비의 역수

② 굽힘 시험
  ㉠ 용접부의 연성조사를 목적으로 실시한다.
  ㉡ 굽힘강도는 일반적으로 180°까지 실시한다.
  ㉢ 굽힘방법은 자유굽힘, 롤러굽힘, 형틀굽힘 등이 있다.
  ㉣ 굽힘 방향은 표면굽힘, 이면굽힘, 측면굽힘 등이 있다.
  ㉤ 시험온도의 범위로 10~35℃가 적당하다.

1-1. 강재의 인장시험 결과로부터 얻을 수 없는 것은?

① 항복점   ② 인장강도
③ 상대 동탄성계수   ④ 파단 연신율

1-2. 단면적이 80mm²인 강봉을 인장시험하여 항복점 하중 2,560kg, 최대 하중 3,680kg을 얻었을 때 인장강도는 얼마인가?

① 70kg/mm²   ② 46kg/mm²
③ 32kg/mm²   ④ 18kg/mm²

1-3. 길이 10cm, 지름 5cm인 강봉을 인장시켰더니 길이 11.5cm, 지름 4.8cm가 되었다. 푸아송비는?

① 0.27   ② 0.35
③ 11.50   ④ 0.96

1-4. 강재의 굽힘시험에서 감아 굽히는 방법으로 굽힘 각도는?

① 90°   ② 135°
③ 160°   ④ 180°

|해설|

1-2

$$\text{인장강도} = \frac{\text{최대 하중}}{\text{단면적}} = \frac{3,680}{80} = 46\text{kg/mm}^2$$

1-3

$$\text{푸아송비} = \frac{\text{횡 방향 변형률}}{\text{종 방향 변형률}} = \frac{1}{m}$$

$$= \frac{\frac{0.2}{5}}{\frac{1.5}{10}} = 0.27$$

여기서, m : 푸아송수 = 푸아송비의 역수

정답 1-1 ③ **1-2** ② **1-3** ① **1-4** ④

① 경도시험

    ㉠ 용착금속의 경도를 조사할 목적으로 실시한다.

    ㉡ 시험면의 비드를 매끈하게 연마한 다음 경도를 측정한다.

    ㉢ 경도시험 종류

      • 브리넬 경도 시험방법 : 압입자에 하중을 걸어서 자국의 크기로 경도를 측정하는 방법이다. 즉, 시험면을 강구로 눌러서 영구변형된 오목부를 만들었을 때, 이때의 하중을 오목부의 지름으로 구한 표면적으로 나눈 값으로 경도를 얻는 시험방법

      • 비커스 경도 시험방법 : 압입자(대면각 136°의 사각추)에 하중을 걸어서 대각선 길이로 측정하는 방법

      • 로크웰 경도 시험방법 : 압입자에 하중(기본 하중 10kg)을 걸어서 홈 깊이로 측정하는 방법

      • 쇼어 경도 시험방법 : 강구를 일정 높이에서 낙하시켜 반발 높이로 측정하는 방법

② 충격시험

    ㉠ 강재 용접부의 취성파괴 등을 검사하기 위해 시험편을 급격히 파단시켜 파단에 소비된 에너지를 측정하여 재료의 충격에 대한 저항, 인성, 취성을 측정하기 위한 시험이다.

    ㉡ 충격시험은 노치(Notch)를 가진 시험편을 고정하고 급속으로 하중을 가하여 파괴하여 파단에 필요한 에너지의 크기로 재료의 강도, 연성, 취성을 판단한다.

    ㉢ 샤피르 시험 : 추를 일정한 높이로 들어 올리고 시편을 하부에 고정시킨 다음에 추를 놓아 시편이 파단되면서 추는 초기 높이보다 조금 낮아진 높이로 올라간다. 이 높이를 측정해서 시편이 흡수한 에너지를 계산한다(측정기에서 자동으로 표시해 준다). 연성 재질은 특정한 온도에서 취성 재질로 변하는데 이러한 온도를 측정하는 데도 사용된다. 그러나 정확한 온도를 알기는 어려워 온도영역으로 나타낸다.

10년간 자주 출제된 문제

2-1. 금속재료의 경도 측정방법이 아닌 것은?

① 앵글로 시험기에 의한 방법
② 브리넬 시험기에 의한 방법
③ 쇼어 시험기에 의한 방법
④ 비커스 시험기에 의한 방법

2-2. 시험을 강구로 눌러서 영구변형된 오목부를 만들었을 때, 이때의 하중을 오목부의 지름으로 구한 표면적으로 나눈 값으로 경도를 얻는 시험방법은?

① 비커스 경도 시험방법
② 브리넬 경도 시험방법
③ 로크웰 경도 시험방법
④ 쇼어 경도 시험방법

정답 2-1 ① 2-2 ②

03 토 질

제1절 흙의 기본적인 성질과 분류

1-1. 흙의 성질

| 핵심이론 01 | 흙의 구성

① 흙의 삼상(三相)
  ㉠ 흙의 삼상 관계 중 3가지 성분
   • 고체 : 흙입자(토립자)
   • 액체 : 물(수극)
   • 기체 : 공기(공극)
  ㉡ 실제의 흙은 연속체가 아니며 토립자(흙입자), 공기, 물의 3가지 상으로 구성되는 불연속체이다.
② 흙의 물리적 성질
  ㉠ 점성토 구조
   • 점토의 입자구조는 점토광물 특성과 점토 주위의 이중층수의 특성에 따라서 좌우된다.
     ※ 반발력(Repulsive Force) : 점토 표면은 음이온을 띠고, 이중층수의 양이온으로 평형을 이루며, 이중층의 두께가 크면 클수록 반발력은 커진다.
   • 점토는 확산 이중층까지 흡착되는 흡착수에 의해 점성을 띤다.
   • 점성토는 흙의 구조 배열에 따라 면모구조와 이산(분산)구조로 대별되는데, 면모구조가 전단강도가 크고 투수성이 크다.
   • 이산구조 : 점토의 이중층수의 반발력이 우세하여 모든 입자가 떨어져 있는 구조로, 물이 많을수록 면모구조에서 이산구조로 된다.

• 면모구조 : 점토의 모서리와 면 사이의 강한 인력과 Van der Waals 인력에 의하여 입자들이 붙어서 생성된 구조로, 공극비가 크고 압축성이 커서 기초 지반 흙으로 적합하지 않다.
  ㉡ 사질토의 입자구조
   • 사질토는 흙 입자 하나하나가 모여서 된 구조로, 주로 단일입자구조이다.
   • 사질토라도 물을 약간 머금었을 때, 입자 사이의 수막에 작용하는 표면장력으로 체적이 증가하고 느슨한 벌집 같은 상태가 될 수 있다(벌집구조).
   • 벌집구조는 단일구조에 비하여 느슨하며, 간극도 크다.

10년간 자주 출제된 문제

다음 중 흙의 삼상(三相) 관계 중 3가지 성분이 아닌 것은?

① 물　　　　　　　② 공 기
③ 간 극　　　　　　④ 흙 입자

정답 ③

---

① 간극비(e) : 흙 입자의 체적에 대한 간극의 체적비 또는 공극비라고 한다.

$$e = \frac{공극의\ 체적}{흙\ 입자만의\ 체적} = \frac{V_v}{V_s}$$

여기서, e : 간극비

V_v : 간극의 체적

V_s : 토립자의 체적

② 간극률(n) : 흙덩이 전체의 체적에 대한 간극의 체적 비율을 백분율로 표시한 것이다.

$$n = \frac{e}{1+e} \times 100\,(\%)$$

③ 간극비(공극비)와 간극률 사이의 관계식

$$n = \frac{100e}{1+e},\ e = \frac{n}{100-n}$$

※ $e = \dfrac{G_s \cdot \gamma_w}{\gamma_d} - 1$, $e_{\min} = \dfrac{G_s \cdot \gamma_w}{\gamma_{d.\max}} - 1$,

$$e_{\max} = \frac{G_s \cdot \gamma_w}{\gamma_{d.\min}} - 1$$

여기서, e : 자연 상태에서 간극비

$e_{\max}$: 가장 느슨한 상태에서 간극비(최대 간극비)

$e_{\min}$: 가장 조밀한 상태에서 간극비(최소 간극비)

γ_d : 자연 상태에서의 건조단위중량

$\gamma_{d.\max}$: 최대건조단위중량

$\gamma_{d.\min}$: 최소건조단위중량

G_s : 토립자의 비중

2-1. 어떤 흙의 흙 입자만의 부피가 100cm³이고, 간극의 부피는 20cm³일 때 간극비는 얼마인가?

① 0.20   ② 0.25
③ 0.30   ④ 0.35

2-2. 간극률이 50%일 때 간극비의 값으로 옳은 것은?

① 0.5   ② 1.0
③ 2.0   ④ 3.0

2-3. 흙의 건조단위무게가 1.505g/cm³, 비중이 2.63일 때 이 흙의 간극비는 얼마인가?

① 0.548   ② 0.760
③ 0.748   ④ 0.854

|해설|

2-1

$$e = \frac{공극의\ 체적}{흙\ 입자만의\ 체적} = \frac{V_v}{V_s} = \frac{20}{100} = 0.2$$

2-2

$$e = \frac{n}{100-n} = \frac{50}{100-50} = 1.0$$

2-3

$$e_{\min} = \frac{G_s \cdot \gamma_w}{\gamma_{d.\max}} - 1$$

$$= \frac{2.63}{1.505} - 1 = 0.748$$

정답 **2-1** ①   **2-2** ②   **2-3** ③

① 포화도(S) : 간극의 체적 중 물이 차지하고 있는 체적의 백분율

$$S = \frac{V_w}{V_v} \times 100(\%)$$

여기서, S : 포화도

V_w : 물의 체적

V_v : 공극의 체적

㉠ 간극 속에 물이 차 있는 정도를 나타낸다.

㉡ 간극 속의 물 부피와 간극 전체의 부피와의 비를 백분율로 표시한 것이다.

㉢ 포화도가 0%라는 것은 간극 속에 물이 하나도 없음을 의미한다. 즉, 이 흙이 완전 건조 상태에 있다는 의미이다.

㉣ 포화도가 100%이면 공극 속에 물만 존재하고 공기는 존재하지 않는다.

㉤ 지하수위 아래의 흙은 포화도가 100%이다.

② 함수비(w) : 흙입자의 중량에 대한 물의 중량의 백분율

$$w = \frac{W_w}{W_s} \times 100(\%)$$

여기서, w : 함수비(%)

W_w : 물의 무게

W_s : 토립자의 무게

$$w(\%) = \frac{W_a - W_b}{W_b - W_c} \times 100$$

$$= \frac{(젖은 시료+용기)의 질량 - (노 건조 시료+용기)의 질량}{(노 건조 시료+용기)의 질량 - 용기의 질량} \times 100$$

$$함수비 = \frac{습윤상태의 질량 - 건조상태의 질량}{건조상태의 질량} \times 100$$

③ 체적과 중량의 상관관계

$$S \cdot e = w \cdot G_s$$

3-1. 흙의 삼상도에서 포화도에 대한 설명 중 잘못된 것은?

① 포화도가 0%라는 것은 간극 속에 물이 하나도 없음을 의미한다.

② 포화도가 0%라는 것은 이 흙이 완전 건조 상태에 있다는 의미이다.

③ 포화도가 100%라는 것은 간극이 완전히 물로 채워져 있음을 의미한다.

④ 포화도가 50%라는 것은 이 흙의 절반이 물로 채워져 있음을 의미한다.

3-2. 포화도에 대한 설명 중 옳지 않은 것은?

① 간극 속의 물 부피와 간극 전체의 부피와의 비를 백분율로 표시한 것이다.

② 포화도가 100%이면 공극 속에 물만 존재하고 공기는 존재하지 않는다.

③ 간극 속에 물이 차 있는 정도를 나타낸다.

④ 지하수위 아래의 흙은 포화도가 0이다.

3-3. 흙의 비중이 2.65이고, 간극비는 1.0인 흙의 함수비가 15.0%일 때 포화도는?

① 39.75%   ② 42.73%

③ 53.65%   ④ 62.83%

| 해설 |

3-1
포화도에 따른 흙의 상태

포화도(S)	흙의 상태
$S = 0\%$	건조토
$0 < S < 100\%$	습윤토
$S = 100\%$	포화도

3-2
지하수위 아래의 흙이 간극에 물이 가득 찬 경우, $V_a = 0$, $V_v = V_w$이므로 포화도 S=100%이다.

3-3
체적과 중량의 상관관계

$$S \cdot e = w \cdot G_s$$

$$S = \frac{G_s \cdot w}{e} = \frac{2.65 \times 15}{1} = 39.75\%$$

정답 3-1 ④ 3-2 ④ 3-3 ①

핵심이론 **04** | 흙의 밀도 등

① 수중단위중량(수중밀도)

$$\gamma_{\text{sub}} = \frac{G_s - 1}{1 + e} \gamma_w$$

여기서, G_s : 흙 입자의 비중

γ_w : 물의 비중량(t/m^3)

e : 흙의 간극비

※ 수중단위무게 = 포화단위무게 – 물의 단위무게

② 건조단위중량(건조밀도)

$$\gamma_d = \frac{W_s}{V} = \frac{G_s \times \gamma_w}{1 + e} = \frac{\gamma_t}{1 + w}$$

여기서, γ_d : 흙의 건조단위중량(t/m^3)

W_s : 흙 입자의 무게(ton)

V : 흙의 부피(m^3)

γ_t : 흙의 습윤 상태의 단위중량(t/m^3)

w : 흙의 함수비

③ 습윤단위중량(습윤밀도)

$$\gamma_t = \frac{W}{V} = \frac{G_s + Se}{1 + e} \gamma_w$$

④ 포화단위중량(포화밀도)

$$\gamma_{\text{sat}} = \frac{G_s + e}{1 + e} \gamma_w$$

※ 흙의 밀도 중 작은 것에서 큰 순서

수중밀도 < 건조밀도 < 습윤밀도 < 포화밀도

4-1. 흙의 밀도 중 작은 것에서 큰 순서로 나열된 것은?

① 습윤밀도 < 포화밀도 < 수중밀도 < 건조밀도

② 건조밀도 < 습윤밀도 < 포화밀도 < 수중밀도

③ 수중밀도 < 건조밀도 < 습윤밀도 < 포화밀도

④ 포화밀도 < 수중밀도 < 건조밀도 < 습윤밀도

4-2. 어떤 흙의 비중이 2.0, 간극비가 1.0일 때 이 흙의 수중단위무게는?

① 0.5g/cm^3　　　　② 0.7g/cm^3

③ 1.0g/cm^3　　　　④ 1.5g/cm^3

4-3. 어떤 흙을 공학적으로 이용하기 위해 시험을 한 결과 포화단위중량이 1.85g/cm^3이었다. 그렇다면 이 흙의 수중단위중량은 얼마가 되는가?

① 2.85g/cm^3　　　　② 1.05g/cm^3

③ 0.85g/cm^3　　　　④ 1.00g/cm^3

4-4. 어떤 시료의 습윤단위무게가 1.90g/cm^3이고, 함수비가 25%이었다. 이 시료의 건조단위무게는 얼마인가?

① 1.90g/cm^3　　　　② 1.87g/cm^3

③ 1.67g/cm^3　　　　④ 1.52g/cm^3

|해설|

4-2

$$\text{수중단위무게} = \frac{G_s - 1}{1 + e} \gamma_w$$

$$= \frac{2 - 1}{1 + 1} \times 1 = 0.5\text{g/cm}^3$$

4-3

수중단위무게 = 포화단위무게 – 물의 단위무게

$$= 1.85 - 1 = 0.85\text{g/cm}^3$$

4-4

$$\gamma_d = \frac{\gamma_t}{1 + \dfrac{w}{100}} = \frac{1.90}{1 + \dfrac{25}{100}} = 1.52\text{g/cm}^3$$

정답 4-1 ③　4-2 ①　4-3 ③　4-4 ④

① 상대밀도(D_r)

  ㉠ 자연 상태에 있는 조립토의 조밀한 정도를 백분율로 나타낸 것이다.

  ㉡ 사질토가 느슨한 상태에 있는지, 조밀한 상태에 있는지를 나타내는 것으로 액상화 발생 여부 추정 및 내부마찰각의 추정이 가능하다.

  ㉢ 모래나 자갈 등의 비점착성 흙의 다져진 상태를 나타내기도 한다.

  ㉣ 매우 느슨한 상태의 흙에서는 상대밀도가 0에 가깝다.

  ㉤ 상대밀도가 클수록 조밀한 상태의 흙이다.

$$D_r = \frac{e_{\max} - e}{e_{\max} - e_{\min}} \times 100\%$$

$$= \frac{\gamma_d - \gamma_{d.\max}}{\gamma_{d.\max} - \gamma_{d.\min}} \times \frac{\gamma_{d.\max}}{\gamma_d} \times 100\%$$

여기서, D_r : 상대밀도

      $e_{\max}$: 가장 느슨한 상태에서 간극비(최대 간극비)

      $e_{\min}$: 가장 조밀한 상태에서 간극비(최소 간극비)

      e : 자연 상태에서 간극비

② 비중(G_s) : 4℃에서의 물의 단위중량에 대한 흙의 단위중량 비

10년간 자주 출제된 문제

5-1. 자연 상태에 있는 조립토의 조밀한 정도를 백분율로 나타낸 것은?

① 상대밀도   ② 포화도

③ 다짐도   ④ 다짐곡선

5-2. 사질토의 조밀한 정도를 나타내는 것은?

① 상대밀도   ② 흙의 연경도

③ 소성지수   ④ 유동지수

5-3. 자연 상태의 모래지반을 다져 e가 $e_{\min}$에 이르도록 했다면 이 지반의 상대밀도는?

① 0   ② 0.5

③ 1.0   ④ 2.0

|해설|

5-1

사질토의 조밀한 정도를 나타내는 척도로서 상대밀도를 이용한다. 비점성토인 사질토의 경우 공학적 성질은 입자의 조밀한 정도에 따라 좌우된다.

5-3

상대밀도(D_r)

$$D_r = \frac{e_{\max} - e}{e_{\max} - e_{\min}} \times 100\%$$

$$= \frac{e_{\max} - e_{\min}}{e_{\max} - e_{\min}} \times 100 = 1$$

정답 5-1 ①   5-2 ①   5-3 ③

① 연경도의 개념
　㉠ 함수비의 변화에 따라 흙의 상태가 다양하게 바뀌고, 변형 상태나 외력에 대한 저항력도 달라지는 흙의 성질이다.
　㉡ 흙의 함수량에 따른 단계는 고체-반고체-소성-액성 상태로 변화한다.

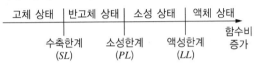

　㉢ 흙의 수축한계, 소성한계, 액성한계 등과 관련이 있다.
② 수축한계(SL)
　㉠ 수축한계는 흙이 고체 상태에서 반고체 상태로 옮겨지는 경계의 함수비이다.
　㉡ 수축한계는 함수량이 감소해도 체적이 감소하지 않을 때의 함수비이다.
③ 소성한계(PL)
　㉠ 흙이 소성 상태에서 반고체 상태로 바뀔 때의 함수비이다.
　㉡ 소성한계는 반고체 상태를 나타내는 최대 함수비이다.
　㉢ 소성한계가 큰 흙은 점토분을 많이 포함하고 있다는 것을 의미한다.
　㉣ 소성지수는 점성이 클수록 크다.
　㉤ 소성지수는 액성한계에서 소성한계를 뺀 값이다.
　㉥ 소성한계는 소성범위에서 최소 함수비이다.
④ 액성한계(LL)
　㉠ 흙이 소성 상태에서 액체 상태로 바뀔 때의 함수비이다.
　㉡ 액성한계는 소성범위에서 최대 함수비이다.
　㉢ 소성한계와 액성한계 사이에 있는 흙은 소성 상태에 있다.

　㉣ 액성한계가 큰 흙은 점토분을 많이 포함하고 있다는 것을 의미한다.
　㉤ 액성한계나 소성지수가 큰 흙은 연약 점토지반이라고 할 수 있다.
　㉥ 액성한계시험에서 얻어지는 유동곡선의 기울기를 유동지수라 한다.
　㉦ 유동지수가 클수록 유동곡선의 기울기가 급하다.
　㉧ 액성지수와 컨시스턴시 지수는 흙 지반의 무르고 단단한 상태를 판정하는 데 이용한다.

10년간 자주 출제된 문제

6-1. 함수비의 변화에 따라 흙의 상태가 다양하게 바뀌고, 변형 상태나 외력에 대한 저항력도 달라진다. 이와 같은 흙의 성질은?
① 포화도　　　　　　② 액성한계
③ 연경도　　　　　　④ 수축한계

6-2. 연경도에 대한 설명 중 틀린 것은?
① 유동지수가 클수록 유동곡선의 기울기가 급하다.
② 수축한계는 흙이 고체 상태에서 반고체 상태로 옮겨지는 경계의 함수비이다.
③ 액성한계는 소성 상태에서 가장 작은 함수비이다.
④ 소성한계는 반고체 상태를 나타내는 최대 함수비이다.

6-3. 흙의 연경도에서 소성한계와 액성한계 사이에 있는 흙의 상태는?
① 고체 상태　　　　　② 반고체 상태
③ 소성 상태　　　　　④ 액체 상태

|해설|
6-1
흙의 연경도
점성토가 함수량에 따라 변화하는 성질이며 각각의 변화한계(액성, 소성, 반고체, 고체의 상태로 변화)를 애터버그(Atterberg) 한계라 한다.

6-2
액성한계는 소성범위에서 최대 함수비이다.

정답 6-1 ③　6-2 ③　6-3 ③

① 점토광물의 성질이 일정한 경우 점토분의 함유율이 증가하면 소성지수도 증가한다. 점토 함유율에 대한 소성지수를 점토의 활성도라 한다.

$$활성도 \ A = \frac{소성지수(\%)}{2\mu m 보다 \ 작은 \ 입자의 \ 중량 \ 백분율(\%)}$$

$$= \frac{소성지수(\%)}{점토 \ 함유율(\%)}$$

② 흙의 팽창성을 판단하는 기준이다.

③ 활주로, 도로 등의 건설재료를 결정하는 데 사용된다.

④ 활성도는 점토광물의 종류에 따라 다르므로 활성도로부터 점토를 구성하는 점토광물을 추정할 수 있다.

⑤ 점토의 활성도가 클수록 물을 많이 흡수하여 팽창이 많이 일어난다.

⑥ 흙 입자의 크기가 작을수록 비표면적이 커져 물을 많이 흡수하므로, 흙의 활성은 점토에서 뚜렷이 나타난다.

⑦ 미세한 점토분이 많으면 활성도는 커지고, 활성도가 클수록 공학적으로 불안정한 상태가 되며 팽창, 수축이 커진다.

10년간 자주 출제된 문제

7-1. 흙의 팽창성을 판단하는 기준으로서 활주로, 도로 등의 건설재료를 결정하는 데 사용되는 것은?

① 활성도
② 상대밀도
③ 연경도
④ 포화도

7-2. 2μm 이하의 점토 함유율에 대한 소성지수의 비는?

① 부피 변화
② 선수축
③ 활성도
④ 군지수

|정답| 7-1 ① 7-2 ③

1-2. 흙의 분류

① 개 요

ㄱ 흙 입자의 크기와 균일성을 기초로 흙을 분류하였다.

ㄴ 미국의 카사그란데(A. Casagrande)가 고안하였다.

ㄷ 공학이나 지질학 분야에서 흙을 입자의 크기와 입도분포, 소성성 등의 기준으로 분류하는 체계이다.

ㄹ 흙의 종류를 나타내는 제1문자와 흙의 속성을 나타내는 제2문자를 이용하여 흙을 분류한다.

ㅁ 조립토, 세립토, 유기질토와 같이 광범위하게 흙을 분류할 수 있는 장점이 있다.

② 흙을 분류할 때 사용되는 요소 : 입도분포($75\mu m$ 체 통과율, $4.75\mu m$ 체 통과율), 색·냄새, 애터버그 한계(액성한계, 소성한계, 소성지수)

③ 통일 분류법의 시공적 활용성

ㄱ 흙의 공학적 분류, 세립토의 거동특성 추정

ㄴ 개량공법 선정, 터널 막장 안정성 검토, Face Mapping에 이용

※ Face Mapping : 터널공사 시 노출되는 막장(Face) 또는 암반 절취면 상태를 육안으로 직접 관찰, 조사하여 기록하는 작업

④ 통일 분류법의 주요 특징

ㄱ $75\mu m$ 체 통과율이 50%보다 작으면 조립토이다.

ㄴ 조립토 중 $4.75\mu m$ 체 통과율이 50%보다 작으면 자갈이고, 크면 모래이다.

ㄷ $75\mu m$ 체 통과율이 50% 이상이면 세립토이다.

ㄹ 세립토를 여러 가지로 세분하는 데는 액성한계와 소성지수의 관계 및 범위를 나타내는 소성도표가 사용된다.

ㅁ 소성도표의 특징

• 세립토를 분류하는 데 이용한다.

• U선은 액성한계와 소성지수의 상한선으로 U선 위쪽으로는 측점이 있을 수 없다.

- 액성한계 50%를 기준으로 저소성(L) 흙과 고소성(H) 흙으로 분류한다.

※ 통일 분류법과 AASHTO 분류법의 비교
- 통일 분류법은 $75\mu m$ 체 통과율, $4.75\mu m$ 체 통과율, 액성한계, 소성한계, 소성지수를 사용한다.
- AASHTO 분류법은 입도분석, 액성한계, 소성한계, 소성지수, 군지수를 사용한다.
- 군지수(Group Index)의 결정은 $75\mu m$ 체 통과율, 액성한계, 소성지수 등이 있다.

  군지수 $GI = 0.2a + 0.005ac + 0.01bd$

  여기서, a : $75\mu m$ 체(No.200) 통과백분율-35% $(0\sim40)$

  b : $75\mu m$ 체(No.200) 통과백분율-15% $(0\sim40)$

  c : 액성한계(LL)-40%$(0\sim20)$

  d : 소성지수(PI)-10%$(0\sim20)$

- 통일 분류법은 $75\mu m$ 체 통과율을 50%를 기준으로 조립토(50% 이하)와 세립토(50% 이상)로 분류한다.
- AASHTO 분류법은 $75\mu m$ 체 통과율을 35%를 기준으로 조립토(35% 이하)와 세립토(35% 이상)로 분류한다.
- 유기질토 분류방법이 통일 분류법에는 있으나 AASHTO 분류법에는 없다.

10년간 자주 출제된 문제

1-1. 통일 분류법에 관한 설명으로 옳지 않은 것은?

① 통일 분류법은 A.Casagrande가 고안한 방법이다.
② 흙의 종류를 나타내는 제1문자와 흙의 속성을 나타내는 제2문자를 이용하여 흙을 분류한다.
③ 조립토, 세립토, 유기질토와 같이 광범위하게 흙을 분류할 수 있는 장점이 있다.
④ 통일 분류법은 주로 기초의 지지력 판정에 쓰인다.

1-2. 통일 분류법으로 흙을 분류할 때 사용하는 인자가 아닌 것은?

① 입도 분포
② 애터버그 한계
③ 색, 냄새
④ 군지수

1-3. 흙의 공학적 분류방법 중 통일 분류법과 관계없는 것은?

① 소성도
② 액성한계
③ $75\mu m$ 체 통과율
④ 군지수

1-4. 흙의 분류방법 중 통일 분류법에 대한 설명으로 틀린 것은?

① #200($75\mu m$ 체) 체 통과율이 50%보다 작으면 조립토이다.
② 조립토 중 #4($4.75\mu m$ 체) 체 통과율이 50%보다 작으면 자갈이다.
③ 세립토에서 압축성의 높고 낮음을 분류할 때 사용하는 기준은 액성한계 35%이다.
④ 세립토를 여러 가지로 세분하는 데는 액성한계와 소성지수의 관계 및 범위를 나타내는 소성도표가 사용된다.

1-5. 흙을 통일 분류법 및 AASHTO 분류법으로 분류할 때 필요한 요소가 아닌 것은?

① 액성한계
② 수축한계
③ 소성지수
④ 흙의 입도

1-6. 군지수(Group Index)를 구하는 데 필요 없는 것은?

① 유동지수
② $75\mu m$ 체(No. 200) 통과율
③ 액성한계
④ 소성지수

|해설|

1-5

흙을 분류할 때 필요한 요소
- 통일 분류법은 $75\mu m$ 체 통과율, $4.75\mu m$ 체 통과율, 액성한계, 소성한계, 소성지수를 사용한다.
- AASHTO 분류법은 입도분석, 액성한계, 소성한계, 소성지수, 군지수를 사용한다.

정답 1-1 ④ 1-2 ④ 1-3 ③ 1-4 ③ 1-5 ② 1-6 ①

구 분	제1문자		제2문자	
	기 호	흙의 종류	기 호	흙의 상태
조립토	G S	자 갈 모 래	W P M C	입도분포가 양호한 입도분포가 불량한 실트를 함유한 점토를 함유한
세립토	M C O	실 트 점 토 유기질토	L H	소성 및 압축성이 낮은 소성 및 압축성이 높은
고유기질토	Pt	이 탄	–	–

- GW : 입도분포가 양호한 자갈
- GP : 입도분포가 나쁜 자갈
- GM : 실트질 자갈
- GC : 점토를 함유한 자갈
- SW : 입도분포가 양호한 모래
- SP : 입도분포가 불량한 모래
- SM : 실트 섞인 모래
- ML : 무기질 실트, 소성 및 압축성이 낮은 실트
- CL : 무기질 점토, 소성 및 압축성이 낮은 점토

2-1. 카사그란데(Casagrande)가 고안한 흙의 통일 분류법에서 사용되는 제1문자로 옳지 않은 것은?

① C
② M
③ W
④ O

2-2. 흙의 통일 분류법에서 입도분포가 좋은 모래를 표시하는 약자는?

① GW
② SW
③ SP
④ CL

2-3. 통일 분류법(統一分類法)에 의해 SP로 분류된 흙의 설명으로 옳은 것은?

① 모래질 실트
② 모래질 점토
③ 압축성이 큰 모래
④ 입도분포가 나쁜 모래

2-4. 통일 분류법에서 실트질 자갈을 표시하는 약호는?

① GW
② GP
③ GM
④ GC

2-5. 통일 분류법에 의한 분류기호와 흙의 성질을 표현한 것으로 틀린 것은?

① GP : 입도분포가 불량한 자갈
② GC : 점토 섞인 자갈
③ CL : 소성이 큰 무기질 점토
④ SM : 실트 섞인 모래

2-6. 흙의 분류 중에서 유기질이 가장 많은 흙은?

① CH
② CL
③ MH
④ Pt

정답 2-1 ③ 2-2 ② 2-3 ④ 2-4 ③ 2-5 ③ 2-6 ④

핵심이론 03 | 흙의 입경가적곡선

① 흙의 입경가적곡선의 특징

　　㉠ 체분석과 비중계분석의 조합이다.

　　㉡ 가로축은 흙의 입경을 나타낸다.

　　㉢ 세로축은 흙의 중량 통과 백분율을 나타낸다.

　　㉣ 곡선구배가 완만할수록 입도가 양호한 흙이다.

　　㉤ 곡선의 중간에는 요철이 있을 수 없다.

　　㉥ 반대수 용지를 사용한다.

　　㉦ 입경가적곡선에서 유효입경(D_{10})이라 함은 가적
　　　통과율 10%에 해당하는 입경을 의미한다.

② 균등계수

$$C_u = \frac{D_{60}}{D_{10}}$$

　• $10 < C_u$: 입도가 양호하다.

　• $C_u < 4$: 입도가 불량하다.

③ 곡률계수

$$C_g = \frac{(D_{30})^2}{(D_{10} \times D_{60})}$$

　• $1 < C_g < 3$: 입도가 양호하다.

3-1. 흙의 입경가적곡선에 대한 설명으로 옳지 않은 것은?

① 흙의 입경이 균등한 흙은 입도가 양호한 흙이다.

② 가로축은 흙의 입경을 나타낸다.

③ 세로축은 흙의 중량 통과 백분율을 나타낸다.

④ 반대수 용지를 사용한다.

3-2. 입경가적곡선에서 유효입경이란 가적통과율 몇 %에 해당하는 입경을 의미하는가?

① 50%　　　　　　　② 45%

③ 20%　　　　　　　④ 10%

3-3. 어느 흙을 체가름시험한 입경가적곡선에서 $D_{10} = 0.095$mm, $D_{30} = 0.14$mm, $D_{60} = 0.16$mm를 얻었다. 이 흙의 균등계수는 얼마인가?

① 0.62　　　　　　　② 1.68

③ 2.67　　　　　　　④ 4.65

3-4. 어떤 흙의 체가름시험으로부터 구한 입경가적곡선에서 $D_{10} = 0.04$mm, $D_{30} = 0.07$mm, $D_{60} = 0.14$mm이었다. 곡률계수는?

① 0.875　　　　　　② 1.142

③ 3.523　　　　　　④ 1.251

|해설|

3-1

흙의 입경이 균등한 흙은 입도가 불량하다.

3-3

균등계수

$$C_u = \frac{D_{60}}{D_{10}} = \frac{0.16}{0.095} \simeq 1.68$$

3-4

곡률계수

$$C_g = \frac{(D_{30})^2}{D_{10} \times D_{60}} = \frac{(0.07)^2}{0.04 \times 0.14} = 0.875$$

정답 3-1 ①　3-2 ④　3-3 ②　3-4 ①

2-1. 흙의 모관성, 투수성, 동상

핵심이론 01 │ 흙의 모관성

① 흙의 모세관현상

  ㉠ 모세관현상은 물의 표면장력 때문에 발생한다.

  ㉡ 모관상승고는 점토, 실트, 모래, 자갈의 순으로 점점 작아진다.

  ㉢ 모관 상승이 있는 부분은 (−)의 간극수압이 발생하여 유효응력이 증가한다.

  ㉣ 흙의 모관상승고는 간극비와 유효입경에 반비례한다.

② 모관상승고

$$h_c = \frac{4T\cos\alpha}{\gamma D} = \frac{C}{eD_{10}}$$

  여기서, T : 표면장력(g/cm)

  α : 액면접촉각(°)

  γ : 액체의 비중량(g/cm³)

  D : 관의 지름

  C : 상수(10~50)

  e : 간극비

  D_{10} : 유효입경(mm)

10년간 자주 출제된 문제

1-1. 모세관의 안지름이 0.10mm인 유리관 속을 증류수가 상승하는 높이는?(단, 표면장력 $T = 0.075$g/cm, 접촉각을 0으로 한다)

① 30cm   ② 3.0cm

③ 1.5cm   ④ 15cm

1-2. 흙의 모세관현상에 대한 설명으로 옳지 않은 것은?

① 모세관현상은 물의 표면장력 때문에 발생한다.

② 흙의 유효입경이 크면 모관상승고는 커진다.

③ 모관 상승영역에서 간극수압은 부압, 즉 (−)압력이 발생된다.

④ 간극비가 크면 모관상승고는 작아진다.

│해설│

1-1

모관상승고

$$h_c = \frac{4T\cos\alpha}{\gamma D}$$

표준온도(15℃)에서 표면장력 $T=0.075$g/cm이고, 접촉각 $\alpha=0°$이면 $\cos 0°=1$이므로

$$h_c = \frac{0.3}{D} = \frac{0.3}{0.01} = 30\text{cm}$$

정답 1-1 ① 1-2 ②

① 투수계수의 영향(Taylor 제안식)

$$K = D_s^2 \frac{\gamma_w}{\mu} \frac{e^3}{1+e} C$$

여기서, D_s : 입경

　　　　γ_w : 물의 단위중량

　　　　μ : 물의 점성계수

　　　　e : 간극비

　　　　C : 형상계수

※ 투수계수 측정은 포화 상태에서 실시하므로 포화도(S)와 관계가 있다. 포화도가 증가하면 투수계수는 증가한다.

② 투수계수 측정방법

㉠ 정수위 투수시험 : 작은 자갈 또는 모래와 같이 투수계수($K = 10^{-2} \sim 10^{-3}$cm/sec)가 비교적 큰 조립토에 적합한 투수시험

• $K = \dfrac{QL}{hAt} = \dfrac{Q}{iAt}$

여기서, K : 투수계수(cm/sec)

　　　　Q : 침투수량(cm^3)

　　　　L : 시료의 길이(cm)

　　　　h : 수두차(cm)

　　　　A : 시료의 단면적(cm^2)

　　　　t : 측정시간(sec)

　　　　i : 동수경사

㉡ 변수위 투수시험 : 비교적 투수계수($K = 10^{-3} \sim 10^{-6}$cm/sec)가 낮은 미세한 모래나 실트질 흙에 적합한 시험

• $K = 2.3 \dfrac{aL}{At} \log \dfrac{H_1}{H_2}$

여기서, a : 스탠드 파이프의 내부 단면적

　　　　L : 시료의 길이(cm)

　　　　A : 시료의 단면적(cm^2)

　　　　t : 측정시간($= t_2 - t_1$, sec)

　　　　H_1 : t_1에서 수위(cm)

　　　　H_2 : t_2에서 수위(cm)

㉢ 압밀시험 : $K = 10^{-7}$cm/sec 이하의 불투수성 흙에 적용

• $K = C_v m_v \gamma_\omega$

여기서, C_v : 압밀계수(cm^2/sec)

　　　　m_v : 체적변화계수(cm^2/kg)

　　　　γ_ω : 물의 단위중량

③ 투수계수의 특징

㉠ 투수계수는 온도에 비례하고 점성에 반비례한다.

㉡ 투수계수는 수두차에 반비례한다.

㉢ 투수계수는 흙의 입자, 간극비가 클수록 크다.

㉣ 흙을 다지면 투수성이 감소한다.

㉤ 투수계수는 최적함수비 근처에서 거의 최솟값을 나타낸다.

㉥ 점토를 최적함수비보다 약간 습윤측에서 다지면 투수계수는 감소한다.

㉦ 흙이 포화되지 않았다면 포화된 경우보다 투수계수는 낮게 측정된다.

※ 흙 속으로 물이 흐를 때, Darcy 법칙에 의한 유속(v)과 실제유속(v_s) 사이의 관계 : $v < v_s$

※ 흙 속의 침투수량은 Darcy 법칙, 유선망, 침투해석프로그램 등에 의해 구할 수 있다.

Darcy 법칙 $Q = -K \dfrac{(h_1 - h_2)}{L} A = KiA$

여기서, Q : 침투유량, i : 동수경사, A : 단면적

2-1. 흙 지반의 투수계수에 영향을 미치는 요소로 옳지 않은 것은?

① 물의 점성 　　　　② 유효입경
③ 간극비 　　　　　　④ 흙의 비중

2-2. 투수계수(K)의 단위로 옳은 것은?

① cm^2/sec 　　　　② cm^3/min
③ cm/sec^2 　　　　④ cm/sec

2-3. 투수계수에 관한 설명으로 잘못된 것은?

① 투수계수는 수두차에 반비례한다.
② 수온이 상승하면 투수계수는 증가한다.
③ 투수계수는 일반적으로 흙의 입자가 작을수록 작은 값을 나타낸다.
④ 같은 종류의 흙에서 간극비가 증가하면 투수계수는 작아진다.

2-4. 다음의 토질시험 중 투수계수를 구하는 시험이 아닌 것은?

① 다짐시험
② 변수두 투수시험
③ 압밀시험
④ 정수두 투수시험

2-5. 투수계수가 비교적 큰 조립토(자갈, 모래)에 가장 적당한 실내 투수시험 방법은?

① 정수위 투수시험
② 변수위 투수시험
③ 압밀시험
④ 다짐시험

2-6. 흙의 투수계수를 구하는 시험방법에서 비교적 투수계수가 낮은 미세한 모래나 실트질 흙에 적합한 시험은?

① 정수위 투수시험
② 변수위 투수시험
③ 압밀시험
④ 양수시험

정답 2-1 ④　2-2 ④　2-3 ④　2-4 ①　2-5 ①　2-6 ②

핵심이론 03 | 유선망

① 유선망(Flow Net)의 개요
　㉠ 제체(제방 또는 댐의 본체) 및 투수성 지반에서 침투수류의 방향과 등위선을 그림으로 나타낸 것이다.
　㉡ 목적 : 침투수량 산정, 간극수압을 알기 위해 유선망을 작도한다.

② 용어
　㉠ 유선(Flow Line) : 흙 속에서 물 입자가 움직이는 경로이다.
　㉡ 유로(Flow Channel) : 인접한 두 유선 사이의 통로이다.
　㉢ 등수두선(Equipotential Line) : 유선에서 전수두가 같은 점을 연결한 선, 즉 손실수두가 서로 같은 점을 연결한 선으로 동일 선상의 모든 점에서 전수두가 같다.
　㉣ 등수두면(Equipotential of Area) : 인접한 두 등수두선 사이의 공간이다.
　㉤ 유선망 : 유선과 등수두선의 조합으로 이루어지는 그림이다.

③ 유선망의 특징
　㉠ 유선망은 유선과 등수두선(等水頭線)으로 구성되어 있다.
　㉡ 유선과 등수두선은 서로 직교한다.
　㉢ 침투속도 및 동수경사는 유선망의 폭에 반비례한다.
$$v = Ki = K\frac{h}{L}$$
　㉣ 유선망이 되는 사각형은 이론상 정사각형이므로 유선망의 폭과 길이는 같다. 즉, 유선망의 각 사각형은 한 원에 접한다(내접원을 형성한다).
　㉤ 인접한 2개의 유선 사이를 흐르는 침투수량은 같다.
　㉥ 인접한 2개의 등수두선 사이의 손실수두(전수두)는 서로 같다.
　㉦ 유선은 다른 유선과 교차하지 않는다.

◎ 유선망은 경계조건을 만족하여야 한다.

※ 동수경사가 가장 큰 곳 : 정사각형이 가장 작은 곳

④ 침투수량 $Q = KH \dfrac{N_f}{N_d}$

여기서, K : 투수계수, H : 상하류의 수두차

N_f : 유로의 수, N_d : 등수두면의 수

10년간 자주 출제된 문제

3-1. 유선망을 작도하는 주된 이유는?

① 전단강도를 알기 위하여
② 침하량과 침하속도를 알기 위하여
③ 침투유량과 간극수압을 알기 위하여
④ 지지력을 알기 위하여

3-2. 유선망을 이용하여 구할 수 없는 것은?

① 간극수압　　　　　② 침투수량
③ 동수경사　　　　　④ 투수계수

3-3. 다음 중 유선망(Flow Net)의 특징이 아닌 것은?

① 유선과 등수두선은 서로 직교한다.
② 침투속도와 동수경사는 유선망의 폭에 비례한다.
③ 유선망으로 이루어진 사각형은 이론상 정사각형이다.
④ 인접한 2개의 유선 사이를 흐르는 침투수량은 같다.

3-4. 흙댐의 유선망도에서 상하류면의 수두차(H)가 6m, 등수두면의 수(N_d)가 10개, 유로의 수(N_f)가 6개일 때 침투수량은 얼마인가?(단, 투수층의 투수계수는 2.0×10^{-4}m/s이다)

① $1.2 \times 10^{-4}\mathrm{m^3/s}$　　② $3.6 \times 10^{-4}\mathrm{m^3/s}$
③ $6.0 \times 10^{-4}\mathrm{m^3/s}$　　④ $7.2 \times 10^{-4}\mathrm{m^3/s}$

|해설|

3-4
침투수량

$Q = KH \dfrac{N_f}{N_d}$

$= 2 \times 10^{-4} \times 6 \times \dfrac{6}{10}$

$= 7.2 \times 10^{-4}\mathrm{m^3/s}$

정답 3-1 ③　3-2 ④　3-3 ②　3-4 ④

핵심이론 04 | 흙의 동상

① 개 요

　㉠ 흙 속의 물이 얼어서 부피가 팽창하여 지표면이 부풀어 오르는 현상이다. 즉, 흙 속의 온도가 빙점 이하로 내려가서 지표면 아래 흙 속의 물이 얼어붙어 부풀어 오르는 현상이다.

　㉡ 토질에 따른 동해의 피해 크기 순 : 실트 > 점토 > 모래 > 자갈

② 흙이 동상을 일으키기 위한 조건

　㉠ 빙층(Ice Lens)을 형성하기 위한 충분한 물의 공급이 있을 것

　㉡ 지하수위가 지표면 가까이 있을 것

　㉢ 0℃ 이하의 온도가 오랫동안 지속될 것

　㉣ 동상이 일어나기 쉬운 토질일 것(모관고가 높은 흙 : 실트질)

③ 흙의 동상의 대책

　㉠ 배수구를 설치하여 지하수위를 저하시킨다.

　㉡ 모래질 흙을 넣어 모세관현상을 차단시킨다.

　㉢ 동결심도 상부의 흙을 비동결성 흙(자갈, 쇄석, 석탄재)으로 치환한다.

　㉣ 흙 속에 단열재료(석탄재, 코크스)를 넣는다.

　㉤ 지표의 흙을 화학약품처리($CaCl_2$, $NaCl$, $MgCl_2$)하여 동결온도를 저하시킨다.

　※ 연화현상 : 동결된 지반이 해빙기에 융해되어 흙 속에 과잉 수분이 존재하여 함수비가 증가하고, 지반이 연약화되어 전단강도가 떨어지는 현상

4-1. 흙 속의 물이 얼어서 빙층(Ice Lens)이 형성되어 지표면이 떠오르는 현상은?

① 연화현상
② 동상현상
③ 분사현상
④ 다이러턴시(Dilatancy)

4-2. 흙이 동상을 일으키기 위한 조건으로 가장 거리가 먼 것은?

① 아이스 렌즈를 형성하기 위한 충분한 물의 공급이 있을 것
② 양(+)이온을 다량 함유할 것
③ 0℃ 이하의 온도가 오랫동안 지속될 것
④ 동상이 일어나기 쉬운 토질일 것

4-3. 흙의 동상 방지대책을 설명한 것 중 옳지 않은 것은?

① 배수구를 설치하여 지하수위를 높인다.
② 동결심도 상부의 흙을 비동결성 흙(자갈, 쇄석, 석탄재)으로 치환한다.
③ 흙 속에 단열재료(석탄재, 코크스)를 넣는다.
④ 지표의 흙을 화학약품처리하여 동상을 방지한다.

4-4. 다음 중 동상(凍上)현상이 가장 잘 일어날 수 있는 흙은?

① 자 갈
② 모 래
③ 실 트
④ 점 토

4-5. 동상현상을 방지하기 위한 조치로서 틀린 것은?

① 모래질 흙을 넣어 모세관현상을 차단시킨다.
② 배수구를 설치하여 지하수면을 낮춘다.
③ 동결 깊이 상부 흙 속에 단열재, 화학약품을 넣는다.
④ 실트질 흙을 넣어 모세관현상을 촉진시킨다.

|해설|

4-3
배수구를 설치하여 지하수면을 낮춘다.

4-5
동상을 가장 받기 쉬운 흙은 실트이다.

정답 4-1 ② 4-2 ② 4-3 ① 4-4 ③ 4-5 ④

2-2. 분사현상 및 파이핑

핵심이론 01 | 흙의 분사현상 및 파이핑

① 흙의 분사현상(Quick Sand)

  ㉠ 사질토 지반에서 유출수량이 급격하게 증대되면서 모래가 분출되는 현상이다.

  ㉡ 침투수압에 의해 토립자가 물과 함께 유출되는 현상으로 사질지반에서 일어난다.

  ㉢ 흙 속에 물이 흐를 때 수두차가 커져 한계동수경사에 이르면 분사현상이 발생한다.

② 파이핑(Piping)

  ㉠ 분사현상이 더 일어나면 보일링(Boiling)현상이 발생하고, 보일링현상이 계속 일어나면 흙 속에 관이 생기는데 이것을 파이핑(Piping)현상이라고 한다.

  ㉡ 하천 제방이나 댐, 저수지 등에서는 내부의 물이 제방 내부로 스며들어 외부로 유출되는 누수와 함께 제방을 구성하는 토입자를 함께 쓸고 나가는 현상으로, 제방에 구멍이 생긴다고 해서 '관공작용(貫孔作用)'이라고도 한다.

③ 동수경사(동수구배)

$$i = \frac{h}{L}$$

※ 동수경사(i)의 차원은 무차원이다.

④ 침투수에 대한 안전성 검토(한계동수경사에 의한 방법)

분사현상을 일으키는 한계동수경사는 테르자기(Terzaghi)의 식으로 계산한다.

$$i_c = \frac{h}{D} = \frac{G_s - 1}{1 + e} = (1 - n)(G_s - 1)$$

여기서, i_c : 한계동수경사

  h : 저수지 전수두(m)

  D : 분사지점의 수두(m)

  G_s : 토립자의 비중

  e : 흙의 간극비

  n : 흙의 간극률

⑤ 분사현상(Quick Sand)에 대한 안전율 계산

  ⊙ 분사현상에 대한 안전율(Fs)은 한계동수경사(i_c)를 동수경사(i)로 나누어 계산한다.

$$Ⓛ\ Fs = \frac{i_c}{i} = \frac{\dfrac{G_s - 1}{1 + e}}{\dfrac{h}{L}}$$

  여기서, Fs : 분사현상에 대한 안전율

          i_c : 한계동수경사

          i : 동수경사

          G_s : 흙 입자의 비중

          e : 간극비

          h : 수두차

          L : 투수거리

  • h와 L의 단위를 동일하게 사용한다($i = h/L$).

  • $Fs > 1$ 이면, 분사현상이 일어나지 않는다.

1-1. 사질토 지반에서 유출 수량이 급격하게 증대되면서 모래가 분출되는 현상은?

① 침투현상   ② 배수현상

③ 분사현상   ④ 동상현상

1-2. 모래 지반의 물막이 널말뚝에서 침투수두(h)가 6.0m, 한계동수경사(i_c)가 1.2일 때 분사현상을 방지하려면 널말뚝을 얼마 깊이(D)로 박아야 하는가?

① $D \leq 5.0$m   ② $D > 5.0$m

③ $D \leq 7.2$m   ④ $D > 7.2$m

1-3. 비중(G_s)이 2.65이고, 간극비(e)가 0.65인 지반의 한계동수경사(i_c)는 얼마인가?

① 1.0   ② 1.7

③ 2.0   ④ 2.2

1-4. 비중이 2.7인 모래의 간극률이 36%일 때 한계동수경사(i_c)는?

① 0.728   ② 0.895

③ 0.973   ④ 1.088

|해설|

1-2

$$i_c = \frac{h}{D}$$

$$1.2 = \frac{6}{D}$$

$$D = 5$$

1-3

$$i_c = \frac{G_s - 1}{1 + e} = \frac{2.65 - 1}{1 + 0.65} = 1$$

1-4

$$i_c = (1 - n)(G_s - 1)$$
$$= (1 - 0.36)(2.7 - 1)$$
$$= 1.088$$

정답 1-1 ③ 1-2 ② 1-3 ① 1-4 ④

2-3. 흙의 압축성과 압밀

핵심이론 01 | 지반 내의 응력

① 흙의 지중응력

　　㉠ 연직응력　$\sigma_v = \gamma Z$

　　㉡ 수평응력　$\sigma_h = K_0 \sigma_v = K_0 \gamma Z$

　　　여기서, γ : 흙의 단위 중량

　　　　　　Z : 깊이

　　　　　　K_0 : 토압계수

② 2:1 분포법 : 지표면에 등분포하중이 재하될 때 지중에 응력이 2:1 분포($\tan\alpha = 1/2$)로 분포된다는 가정하에 지중응력을 구한 것이다.

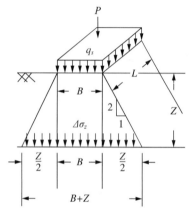

　　㉠ 장방형 기초(B, L) – 장방형에 등분포하중 작용시 지중응력

$$P = q_s BL = \triangle\sigma_z (B+Z)(L+Z)$$

$$\triangle\sigma_z = \frac{P}{(B+Z)(L+Z)} = \frac{q_s BL}{(B+Z)(L+Z)}$$

　　㉡ 정방형 기초(B = L) – 정방형에 등분포하중 작용시 지중응력

$$\triangle\sigma_z = \frac{q_s B^2}{(B+Z)^2}$$

③ 접지압과 침하량 분포

　　㉠ 접지압

　　　• 유연성 기초에서는 일정하다.

　　　• 강성 기초에서는

　　　　– 점토 지반은 기초의 양단부(모서리)에서 접지압이 최대가 된다.

　　　　– 사질토 지반은 기초의 중앙부에서 접지압이 최대가 된다.

　　㉡ 침하량

　　　• 강성 기초에서는 일정하다.

　　　• 유연성 기초에서는

　　　　– 점토지반은 중앙에서 최대의 침하가 발생한다.

　　　　– 사질토 지반은 양단부에서 최대의 침하가 발생한다.

　　※ 접지압과 침하량의 분포도

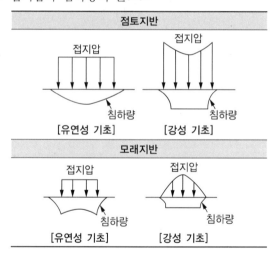

1-1. 어떤 지반 내의 한 점에서 연직응력이 8.0ton/m²이고, 토압계수가 0.4일 때 수평응력(σ_h)은?

① 2.2t/m²
② 1.6t/m²
③ 3.2t/m²
④ 4.0t/m²

1-2. 지표면에 있는 정사각형 하중면 10m × 10m의 기초 위에 10t/m²의 등분포하중이 작용했을 때 지표면으로부터 10m 깊이에서 발생하는 수직응력의 증가량은 얼마인가?(단, 2 : 1 분포법을 사용한다)

① 1.0t/m²
② 1.5t/m²
③ 2.3t/m²
④ 2.5t/m²

1-3. 사질 지반에 있어서 강성 기초의 접지압 분포에 관한 설명 중 옳은 것은?

① 기초 밑면에서의 응력은 토질에 상관없이 일정하다.
② 기초의 밑면에서는 어느 부분이나 동일하다.
③ 기초의 모서리 부분에서 최대 응력이 발생한다.
④ 기초의 중앙부에서 최대 응력이 발생한다.

1-4. 접지압의 분포가 기초의 중앙 부분에 최대응력이 발생하는 기초형식과 지반은 어느 것인가?

① 연성 기초, 점성 지반
② 연성 기초, 사질 지반
③ 강성 기초, 점성 지반
④ 강성 기초, 사질 기반

1-5. 다음 그림과 같은 접지압(지반반력)이 되는 경우의 Footing과 기초 지반 흙은?

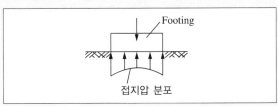

접지압 분포

① 연성 Footing일 때의 모래 지반
② 강성 Footing일 때의 모래 지반
③ 연성 Footing일 때의 점토 지반
④ 강성 Footing일 때의 점토 지반

|해설|

1-1

수평응력 = 연직응력 × 토압계수
$$= 8 \times 0.4$$
$$= 3.2\text{t/m}^2$$

1-2

$$\triangle\sigma_z = \frac{q_s B^2}{(B+Z)^2}$$
$$= \frac{10(10)^2}{(10+10)^2} = 2.5\text{ton/m}^2$$

정답 1-1 ③ 1-2 ④ 1-3 ④ 1-4 ④ 1-5 ④

핵심이론 02 │ 유효응력

① 응력의 개념

　㉠ 전응력 : 전체 흙이 받는 응력

　㉡ 간극수압(공극수압) : 간극을 채우고 있는 물이 받는 압력

　㉢ 유효응력

　　• 토립자만 통해서 전달되는 연직응력

　　• 전체 응력에서 간극수압을 뺀 값

　　• 지반 내에서 흙의 파괴, 체적 변화(침하), 강도를 지배한다.

② 유효응력의 특징

　㉠ 내부 마찰을 발생시킬 수 있다.

　㉡ 점토 지반의 압밀에 관계되는 응력이다.

　㉢ 건조한 지반에서는 전응력과 같은 값으로 본다.

　㉣ 유효응력만이 흙덩이의 변형과 전단에 관계된다.

　㉤ 땅속의 물이 아래로 흐르는 경우 유효응력이 증가한다.

　㉥ 모관 상승이 있는 부분은 (−)의 간극수압이 발생하여 유효응력이 증가한다.

　※ 응력경로(Stress Path)

　　• 응력경로를 이용하면 시료가 받는 응력의 변화 과정을 연속적으로 파악할 수 있다.

　　• 응력경로에는 전응력으로 나타내는 전응력경로와 유효응력으로 나타내는 유효응력경로가 있다.

　　• 응력경로는 Mohr의 응력원에서 전단응력이 최대인 점을 연결하여 구한다.

　※ 지반 내 응력 계산에 이용하는 기본적인 탄성이론 해

　　• 집중하중이 지반 표면의 연직에 작용하는 부시네스크(Boussinesq)의 해

　　• 수평으로 작용하는 세루티(Cerruti)의 해

　　• 단단한 지반 내부에 집중하중이 연직 또는 수평 방향으로 작용하는 민들린(Mindlin)의 제1해와 제2해

10년간 자주 출제된 문제

2-1. 다음 중 유효응력을 설명한 것으로 가장 적합한 것은?

① 토립자(土粒子) 간에 작용하는 압력과 간극수압을 합한 압력

② 간극수(間隙水)가 받는 압력

③ 전체 응력에서 간극수압을 뺀 값

④ 하중을 받고 있는 흙의 압력

2-2. 다음의 경우 중 유효응력이 증가하는 것은?

① 땅속의 물이 정지해 있는 경우

② 땅속의 물이 아래로 흐르는 경우

③ 땅속의 물이 위로 흐르는 경우

④ 분사현상이 일어나는 경우

2-3. 지반 내 연직응력의 상호관계식을 표시한 것으로 옳은 것은?(단, σ' = 유효응력, σ = 전응력, u = 간극수압)

① $u = \sigma + \sigma'$　　　　② $\sigma' = \sigma \div u$

③ $\sigma' = \sigma - u$　　　　④ $\sigma' = \sigma \times u$

|해설|

2-1

유효응력 = 전응력 − 간극수압

2-2

물이 지속적으로 흐르는 경우에는 침투수압이 토립자에 작용하지만, 모세관현상이 일어나는 경우에는 토립자에 침투수압이 작용하지 않는다.

정답 2-1 ③　2-2 ②　2-3 ③

핵심이론 03 | 히빙현상, 보일링현상

① 히빙(Heaving)현상
- ㉠ 연약한 점토 지반을 굴착할 때 하중이 지반의 지지력보다 크면 지반 내의 흙이 소성 평형 상태가 되어 활동면에 따라 소성 유동을 일으켜 배면의 흙이 안쪽으로 이동하면서 굴착 부분의 흙이 부풀어 올라오는 현상이다.
- ㉡ 굴착 저면이 솟아오르고 배면의 토사가 붕괴되고, 널말뚝(지보공)이 파괴된다.
- ㉢ 대 책
  - 굴착 주변의 표토를 제거하여 하중을 작게 한다.
  - 강성이 높고 강력한 흙막이벽의 관입 깊이를 깊게 한다.
  - 양질의 재료로 지반을 개량한다.

② 보일링(Boiling)현상
- ㉠ 지하수위가 높은 사질토 지반 굴착 시 수두차에 의해 삼투압이 생겨 흙막이벽 근입 부분을 침수하는 동시에 모래가 액상화되어 솟아오르는 현상
- ㉡ 저면에 액상화현상 발생 및 침투압 발생
- ㉢ 대 책
  - 주변 수위를 저하시킨다(웰포인트 공법에 의하여 물의 압력 감소).
  - 널말뚝을 불투수성 점토질 지층까지 깊게 박는다.
  - 굴착토의 원상매립 및 작업을 중지한다.

10년간 자주 출제된 문제

10년간 자주 출제된 문제

연약한 점토 지반을 굴착할 때 하중이 지반의 지지력보다 크면 지반 내의 흙이 소성 평형 상태가 되어 활동면에 따라 소성 유동을 일으켜 배면의 흙이 안쪽으로 이동하면서 굴착 부분의 흙이 부풀어 올라오는 현상은?

① 파이핑(Piping)현상
② 히빙(Heaving)현상
③ 크리프(Creep)현상
④ 분사(Quick sand)현상

정답 ②

핵심이론 04 | 테르자기의 압밀이론

① 테르자기(Terzaghi)의 1차 압밀
- ㉠ 압밀방정식은 점토 내에 발생하는 과잉 간극수압의 변화를 시간과 배수거리에 따라 나타낸 것이다.
- ㉡ 압밀방정식을 풀면 압밀도를 시간계수의 함수로 나타낼 수 있다.
- ㉢ 평균 압밀도는 시간에 따른 압밀침하량을 최종 압밀침하량으로 나누면 구할 수 있다.
- ㉣ 압밀도는 배수층에 가까울수록 크다.

② 테르자기의 압밀이론 가정
- ㉠ 흙은 균질하다.
- ㉡ 흙 속의 간극은 물로 완전히 포화되어 있다.
- ㉢ 흙 입자와 물의 압축성은 무시할 수 있을 만큼 작다.
- ㉣ 흙의 성질과 투수계수는 압력의 크기에 관계없이 일정하다.
- ㉤ 유효압력과 간극비는 선형적 비례관계를 갖는다.
- ㉥ 물의 흐름도 수직 방향으로 방생하며 횡 방향변위는 구속되어 있다.
- ㉦ 흙 내부의 물의 이동은 다르시(Darcy)의 법칙이 성립한다.
- ㉧ 흙의 압축은 1차원 수직 방향으로만 일어난다.
- ㉨ 변형이 작다.
- ㉩ 유효응력의 법칙을 따른다.
- ㉪ 토체는 에너지 불변의 법칙을 따른다.
- ㉫ 흙의 압밀 특성은 압밀하중의 크기와 무관하게 일정하다.
- ㉬ 미소 흙요소의 거동은 큰 토체의 거동과 비슷하다.

테르자기의 압밀이론에 관한 가정 중 틀린 것은?

① 흙은 균질하고, 흙 속의 간극은 물로 완전히 포화되어 있다.
② 흙층의 압축도 일축적으로 일어난다.
③ 간극비와 압력과의 관계는 곡선이다.
④ 흙의 성질은 압력의 크기에 관계없이 일정하다.

|해설|

압밀곡선을 보면 선행압밀압력을 넘으면서 그 곡선은 대략 직선 형태를 보이는데 이 직선 부분의 기울기를 압축지수라고 한다.

정답 ③

2-4. 압밀시험의 정리와 이용

핵심이론 01 | 압밀시험 결과의 정리

① 용 어
  ㉠ 선행 압밀하중
    • 현재 지반 중에서 과거에 받았던 최대의 압밀하중이다.
    • 주로 압밀시험으로부터 작도한 $e-\log P$ 곡선을 이용하여 구한다.
    • 현재의 지반 응력 상태를 평가할 수 있는 과압밀비 산정 시 이용된다.
  ㉡ 과압밀 : 현재 받고 있는 유효연직압력이 선행 압밀하중보다 작은 상태
  ㉢ 정규압밀 : 현재 받고 있는 유효연직압력이 선행 압밀하중인 상태

② 압밀시험
  ㉠ 압밀시험 : 흙의 표면을 구속하고 축 방향으로 배수를 허용하면서 재하할 때의 압축량과 압축속도를 구하는 시험
  ㉡ 압밀시험 성과표에 따라 구하는 계수
    • 시간-침하량 곡선 : 압밀계수, 1차 압밀비, 체적변화계수, 투수계수
    • $e-\log P$ 곡선 : 압축계수, 압축지수, 선행 압밀하중
  ㉢ 압밀계수

$$C_v(cm^2/s) = \frac{K}{m_v \gamma_w} = \frac{K(1+e)}{a_v \gamma_w} = \frac{T_v H^2}{t}$$

여기서, C_v : 압밀계수(cm^2/s)

K : 투수계수(cm/s)

m_v : 체적변화계수(cm^2/g)

γ_w : 물의 단위중량(kN/m^3)

e : 공극비, a_v : 압축계수(cm^2/g)

T_v : 시간계수, H : 배수거리

t : 압밀시간

ⓔ 압축계수

$$a_v = \frac{e_1 - e_2}{P_2 - P_1}$$

여기서, a_v : 압축계수

$e_1 \rightarrow e_2$: 간극비의 변화

$P_1 \rightarrow P_2$: 하중강도의 변화

10년간 자주 출제된 문제

1-1. 압밀이론에서 선행 압밀하중이란?

① 과거에 받았던 최대 압밀하중
② 현재 받고 있는 압밀하중
③ 앞으로 받을 수 있는 최대 압밀하중
④ 현재 받고 있는 최대 압밀하중

1-2. 압밀시험으로부터 얻을 수 없는 것은?

① 투수계수
② 압축지수
③ 체적변화계수
④ 연경지수

1-3. 압밀시험에 있어서 공시체의 높이가 2cm이고, 배수가 양면배수일 때 배수거리는?

① 0.2cm
② 1cm
③ 2cm
④ 4cm

|해설|

1-2
압밀시험
흙 시료에 하중을 가함으로써 하중 변화에 대한 간극비, 압밀계수, 체적압축계수의 관계를 파악하고 지반의 침하량과 침하시간을 구하기 위한 계수(압축지수, 시간계수, 선행 압밀하중) 등을 알 수 있는 시험이다.
※ 물의 흐름은 Darcy의 법칙이 적용되고 압밀이 되어도 투수계수는 일정하다.

1-3
배수거리
• 일면배수 : 점토층의 두께와 같다.
• 양면배수 : 점토층의 두께의 반이다. 2 ÷ 2 = 1cm

정답 1-1 ① 1-2 ④ 1-3 ②

핵심이론 02 | 부등침하

① **부등침하(부동침하)** : 구조물의 기초 지반이 침하함에 따라 구조물의 여러 부분에서 불균등하게 침하를 일으키는 현상이다.

② **부등침하의 원인**

㉠ 구조물 하부 지반이 연약한 경우 : 구조물 중량이 일정하게 분포되어 있어도 중앙부의 지중응력이 크기 때문에 발생한다.

㉡ 연약지반의 두께가 다른 경우 : 압축량의 차이로 발생한다.

㉢ 구조물 기초를 지하수위의 부분적 변화가 일어나는 지역에 축조 : 기초의 저면적이 달라 재하량이 다르기 때문에 발생한다.

㉣ 구조물이 서로 다른 지반에 걸쳐 축조된 경우 : 압축량의 차이로 발생한다.

㉤ 구조물의 자중이 일정하지 않은 경우 : 지중응력의 분포 차이로 발생한다.

㉥ 구조물에 인접하여 터파기할 경우 : 지하수위 저하 및 지반의 이동으로 침하가 발생한다.

㉦ 구조물이 지중에 공동과 매설물이 있는 지역에 축조된 경우 : 침하량의 차이로 발생한다.

㉧ 인접 구조물에 의한 경우 : 지중응력분포가 중복되어 국부적으로 압축량이 크기 때문에 발생한다.

㉨ 기초형식이나 기초의 크기가 현저히 다른 경우 : 지하수위 강하로 인한 유효응력 증대로 발생한다.

㉩ 옹벽, 석축이 사면 등의 상부지역에 축조된 경우 : 구조물의 중량에 의해 사면이동하여 변형이 발생한다.

㉪ 구조물이 다른 종류의 기초형식으로 축조된 경우 : 기초형식별, 지중응력분포와 응력 전달의 차이로 발생한다.

㉫ 지진 등의 동적하중에 의한 사질토 지반의 액성화에 의한 침하

ⓟ 기초시공이 불량한 경우

ⓗ 상부 구조물에 의한 연약층의 측방 유동

③ 침하의 종류

　ⓗ 침하 = 탄성침하(즉시침하) + 압밀침하(1차 침하)
　　　　　＋ 크리프침하(2차 침하)

　ⓛ 탄성침하 : 사질토에서 발생하고 체적이 변화하지
　　　 않고 하중이 가해지면 옆으로 퍼지면서 침하현상
　　　 이 일어나고, 하중이 제거되면 원상태로 돌아간다.

　ⓒ 압밀침하 : 점성토에서 발생하고 하중이 가해지면
　　　 공극에서 물이 빠지면서 과잉간극수압이 소산되
　　　 면서 체적이 감소하고 침하가 발생된다.

　ⓔ 크리프침하(2차 침하) : 압밀침하 후 하중의 증가
　　　 없이도 시간의 경과에 따라 계속되는 침하

④ 부등침하의 대책

상부구조	하부구조
• 건물의 경량화 • 강성을 높일 것 • 인접 건물과의 거리를 멀게 할 것 • 건물의 평면 길이를 짧게 할 것 • 건물의 중량 분배를 고려할 것 • 신축 조인트 설치	• 지반개량공법으로 지반의 지 　지력 확보 • 기초형식 선정 적정 – 온통기 　초로 시공할 것 • 경질 지반에 지지시킬 것 • 지하실 설치 배토중량에 의한 　유효중량 감소 • 기초 상호간을 연결할 것 • 마찰말뚝을 사용할 것

핵심이론 01 전단강도 시험

① 전단강도 측정시험

　㉠ 실내시험

　　• 직접전단시험 : 점착력, 내부마찰각 측정

　　• 간접전단시험

　　　– 일축압축시험 : 일축압축강도, 예민비, 흙의

　　　　변형계수 측정

　　　– 삼축압축시험 : 점착력, 내부마찰각, 간극수압

　　　　측정

　㉡ 현장시험

　　• 현장베인시험 : 연약 지반의 점착력 측정

　　• 표준관입시험(SPT) : N치 측정

　　• 콘관입시험(CPT) : 콘 지지력 측정

　　• 지내력시험 : 평판재하시험, 말뚝재하시험

② 전단강도 시험의 목적

　㉠ 지반 지내력 파악과 기초 형식의 결정

　㉡ 흙막이 형식과 활동 여부의 결정

　㉢ 기초의 심도 및 흙막이 밑둥넣기 심도 결정

　㉣ 지하층의 층수 결정

③ 흙의 전단강도 특성

　㉠ 전단시험이란 흙의 전단강도 및 흙이 내부마찰

　　각과 점토력을 결정하기 위한 시험이다.

　㉡ 흙의 전단강도와 압축강도는 밀접한 관계가 있다.

　㉢ 일반적으로 외력을 가하여 변형할 때 흙의 내부에

　　전단변형에 대한 응력을 일으킨다.

　㉣ 사질토는 내부마찰각이 크고 점토질은 점착력이

　　크다.

　㉤ 외력이 증가하면 전단력에 의해 내부에 있는 어느

　　면에 따라 미끄럼이 일어나 파괴된다.

　㉥ 예민비가 큰 흙을 Quick Clay라고 한다.

　㉦ Mohr-Coulomb의 파괴기준에 의하면 포화점토

의 비압밀 비배수 상태의 내부마찰각은 0이다.

※ 직접전단시험

　• 1면 전단시험 : $¥ = S/A$

　• 2면 전단시험 : $¥ = S/2A$

　　여기서, $¥$: 전단응력, S : 전단력, A : 단면적

　• 흙의 전단응력은 내부마찰각과 점착력의 두 성

　　분으로 이루어진다.

10년간 자주 출제된 문제

1-1. 흙의 전단강도를 구하기 위한 실내시험은?

① 직접전단시험　　　　② 표준관입시험

③ 콘관입시험　　　　　④ 베인시험

1-2. 흙의 전단강도를 구하기 위한 전단시험법 중 현장시험에 해당하는 것은?

① 일축압축시험　　　　② 삼축압축시험

③ 베인(Vane)전단시험　④ 직접전단시험

1-3. 흙의 전단강도에 관한 설명 중 틀린 것은?

① 흙의 전단강도와 압축강도는 밀접한 관계가 있다.

② 일반적으로 외력을 가하여 변형할 때 흙의 내부에 전단변형에 대한 응력이 발생한다.

③ 일반적으로 사질토는 내부 마찰각이 작고 점토질은 점착력이 작다.

④ 외력이 증가하면 전단력에 의해 내부에 있는 어느 면에 따라 미끄럼이 일어나 파괴된다.

1-4. 흙의 1면 전단시험에서 전단응력을 구하려면 다음의 어느 식이 적용되는가?(단, $¥$는 전단응력, S는 전단력, A는 단면적이다)

① $¥ = S/A$　　　　　② $¥ = S/2A$

③ $¥ = 2A/S$　　　　　④ $¥ = 2S/A$

정답 1-1 ① 1-2 ③ 1-3 ③ 1-4 ①

핵심이론 02 | 흙의 일축압축시험

① 흙의 일축압축시험 개요

  ㉠ 원통형 공시체를 제작하여 축 방향으로 압축시킴 으로써 파괴하는 형식의 시험이다.

  ㉡ 점성이 없는 사질토의 경우는 시료 자립이 어렵 고, 배수 상태를 파악할 수 없어 주로 점성토에 사용된다.

  ㉢ 간접전단시험의 일종으로 예민비, 전단강도, 응력 과 변형계수 등을 파악할 수 있다.

  ㉣ 압축 중 최대 축응력을 일축압축강도라 한다.

  ㉤ Mohr원이 하나밖에 그려지지 않으므로, ϕ를 결정 하지 못한다.

  ㉥ 축 방향으로만 압축하여 흙을 파괴시키는 것, σ_3 =0일 때의 삼축압축시험이라고 할 수 있다.

  ㉦ 흙의 내부마찰각 ϕ는 공시체 파괴면과 최대 주응 력면 사이에 이루는 각 θ를 측정하여 구한다.

  ※ 내부마찰각(전단저항각)

    흙 입자에 작용하는 수직응력(σ)과 전단응력(τ)의 관계 직선이 수직응력축과 이루는 각도

    수직응력 $\sigma = \dfrac{P}{A}$

    여기서, σ : 수직응력($\mathrm{kg/cm^2}$)

      P : 수직하중(kg)

      A : 시료의 단면적($\mathrm{cm^2}$)

② 일축압축시험 결과

  ㉠ 점착력(C)

    $C = \dfrac{q_u\,(\text{일축압축강도})}{2\tan\left(45° + \dfrac{\phi}{2}\right)}$

  ㉡ 파괴면과 최대 주응력면과의 각

    • 파괴면과 최대 주응력면(수평면)의 각

    $\theta = 45° + \dfrac{\phi}{2}$

    • 파괴면과 최소 주응력면(연직면)의 각

    $\theta = 45° - \dfrac{\phi}{2}$

10년간 자주 출제된 문제

2-1. 다음 중 예민비를 결정하는 데 사용되는 시험은?

① 압밀시험 ② 직접전단시험

③ 일축압축시험 ④ 다짐시험

2-2. 흙의 일축압축시험에 관한 설명 중 틀린 것은?

① 내부마찰각이 작은 점토질의 흙에 주로 적용된다.

② 축 방향으로만 압축하여 흙을 파괴시키는 것이며, $\sigma_3=0$일 때의 삼축압축시험이라고 할 수 있다.

③ 압밀비배수(CU)시험 조건이므로 시험이 비교적 간단하다.

④ 흙의 내부마찰각 ϕ는 공시체 파괴면과 최대 주응력면 사이에 이루는 각 θ를 측정하여 구한다.

2-3. 내부마찰각이 0°인 연약 점토를 일축압축시험하여 일축 압축강도가 2.45kg/cm² 을 얻었다. 이 흙의 점착력은?

① $0.849\mathrm{kg/cm^2}$ ② $0.955\mathrm{kg/cm^2}$

③ $1.225\mathrm{kg/cm^2}$ ④ $1.649\mathrm{kg/cm^2}$

|해설|

2-1
일축압축시험
흙의 일축압축(토질시험)강도 및 예민비를 결정하는 시험

2-3

$C = \dfrac{q_u}{2\tan\left(45° + \dfrac{\phi}{2}\right)}$

$= \dfrac{2.45}{2} = 1.225\mathrm{kg/cm^2}$

정답 2-1 ③ 2-2 ③ 2-3 ③

① 흙의 예민비

　㉠ 자연적으로 퇴적된 점토를 함수비의 변화 없이 재성형하면 일축압축강도가 크게 감소하는 경향이 있다. 이러한 성질을 파악하기 위해 사용되는 것을 예민비라 한다.

　㉡ 예민비는 흙의 흐트러지지 않은 시료의 일축압축강도와 이겨 성형한 시료의 일축압축강도의 비를 의미한다. 예민비가 클수록 공학적으로 불량한 토질이다.

　　예민비 $S_t = \dfrac{q_u}{q_{ur}}$

　　여기서, q_u : 자연 시료의 일축압축강도

　　　　　　q_{ur} : 흐트러진 시료의 일축압축강도

② 기타 점성토의 특징

　㉠ 점성토에서는 내부마찰각이 작고, 사질토에서는 점착력이 작다.

　㉡ 틱소트로피 : 흐트러진 시료가 시간이 지남에 따라 손실된 강도의 일부분을 회복하는데, 흐트러 놓으면 강도가 감소되고 시간이 지나면 강도가 회복되는 현상이다.

　㉢ 흐트러진 흙 : 흐트러진 흙은 자연 상태의 흙에 비해서 투수성과 압축성이 크고, 밀도와 전단강도가 낮다.

3-1. 자연 시료의 일축압축강도와 흐트러진 시료로 다시 공시체를 만든 되비빔한 시료의 일축압축강도와의 비는?

① 압축변형률　　　　　② 틱소트로피
③ 보정단면적　　　　　④ 예민비

3-2. 다음 중 흐트러진 흙에 대한 설명으로 옳은 것은?

① 자연 상태의 흙에 비하여 투수성이 작다.
② 자연 상태의 흙에 비하여 압축성이 크다.
③ 자연 상태의 흙에 비하여 밀도가 높다.
④ 자연 상태의 흙에 비하여 전단강도가 크다.

3-3. 교란되지 않은 점토 시료에 대하여 일축압축시험을 한 결과 일축압축강도가 5kg/cm²였다. 이 시료를 재성형하여 시험한 결과 일축압축강도가 2.5kg/cm²였다면 이 점토의 예민비는 얼마인가?

① 1　　　　　　　　　② 2
③ 3　　　　　　　　　④ 4

3-4. 점성토에 대하여 일축압축시험을 한 결과 자연 상태의 압축강도가 1.57kg/cm²이고, 되비빔한 경우의 압축강도가 0.28kg/cm²이었다. 이 흙의 예민비는 얼마인가?

① 1.3　　　　　　　　② 1.9
③ 5.6　　　　　　　　④ 17.8

|해설|

3-3

$$S_t = \frac{q_u}{q_{ur}} = \frac{5}{2.5} = 2$$

3-4

$$S_t = \frac{q_u}{q_{ur}} = \frac{1.57}{0.28} = 5.6$$

정답 3-1 ④　3-2 ②　3-3 ②　3-4 ③

핵심이론 **04** | 삼축압축 전단강도

① 흙의 삼축압축시험의 개요

   ㉠ 삼축압축시험은 직접전단시험이나 일축압축시험과 유사하게 흙을 전단파괴시켜 전단강도 정수를 구하는 것이 목적이다.

   ㉡ 일반적으로 비압밀비배수시험을 통하여 비배수 전단강도를 구한다.

   ㉢ 시험 시 파괴가 뚜렷하지 않더라고 축 방향 변형률 15% 이상까지 계속 재하하여야 한다.

   ㉣ 삼축압축시험은 응력조건과 배수조건을 임의로 조절할 수 있어서 실제 현장 지반의 응력 상태나 배수 상태를 재현하여 시험할 수 있다.

② 삼축압축시험의 종류(배수방법에 따른)와 적용 예

비압밀 비배수 시험(UU)	• 시공 중인 점성토 지반의 안정과 지지력 등을 구하는 단기적 설계(즉, 점토 지반에 급속한 성토제방을 쌓거나 기초를 설계할 때의 초기의 안정 해석이나 지지력 계산 시) • 대규모 흙댐의 코어를 함수비 변화 없이 성토할 경우의 안정 검토 시
압밀 비배수 시험(CU)	• 수위 급강하 시 흙댐의 안전 문제 • 자연 성토 사면에서의 빠른 성토 • 연약 지반 위에 성토되어 있는 상태에서 재성토하는 경우 • 샌드 드레인 공법 등에서 압밀 후의 지반강도 예측 시
압밀 배수 시험(CD)	• 간극수압의 측정이 어려운 경우나 중요한 공사에 대한 시험 • 연약 점토층 및 견고한 점토층의 사면이나 굴착사면의 안정 해석

※ Mohr-Coulomb의 파괴포락선

   • 보통 흙의 전단강도 $\tau = c + \sigma\tan\phi$

   • 사질토의 전단강도 $\tau = \sigma\tan\phi$

   • 점토의 전단강도 $\tau = c$

    여기서, τ : 전단강도(kg/cm^2)

           c : 점착력(kg/cm^2)

           σ : 수직응력(kg/cm^2)

           ϕ : 내부마찰각(°)

4-1. 삼축압축시험은 응력조건과 배수조건을 임의로 조절할 수 있어서 실제 현장 지반의 응력 상태나 배수 상태를 재현하여 시험할 수 있다. 다음 중 삼축압축시험의 종류가 아닌 것은?

① UD test(비압밀배수시험)

② UU test(비압밀비배수시험)

③ CU test(압밀비배수시험)

④ CD test(압밀배수시험)

4-2. 연약 지반 개량공사에서 성토하중에 의해 압밀된 후 다시 추가 하중을 재하한 직후의 안정 검토를 할 경우 삼축압축시험 중 어떠한 시험이 가장 좋은가?

① CD시험   ② UU시험

③ CU시험   ④ 급속전단시험

4-3. 어떤 흙의 전단시험 결과 점착력 $C = 0.5kg/cm^2$, 흙 입자에 작용하는 수직응력 $\sigma = 5.0kg/cm^2$, 내부마찰각 $\phi = 30°$일 때 전단강도는?

① $2.3kg/cm^2$ ② $3.4kg/cm^2$

③ $4.5kg/cm^2$ ④ $5.6kg/cm^2$

4-4. 점착력이 0인 건조 모래의 직접전단실험에서 수직응력이 $5kgf/cm^2$일 때 전단강도가 $3kgf/cm^2$이었다. 이 모래의 내부마찰각은?

① 5°   ② 10°

③ 20°   ④ 31°

|해설|

4-3

$\tau = c + \sigma\tan\phi$

$\quad = 0.5 + 5 \times \tan30° \simeq 3.4kg/cm^2$

4-4

사질토의 전단강도

$\tau = \sigma\tan\phi$

$3 = 5\tan\phi$

$\therefore \phi = 31°$

정답 4-1 ①   4-2 ③   4-3 ②   4-4 ④

핵심이론 05 | 현장시험

① 표준관입시험(SPT)

　㉠ 표준관입 시험방법은 표준관입 시험장치를 사용하여 원위치에서의 지반의 단단한 정도와 다져진 정도 또는 흙 층의 구성을 판정하기 위한 N값을 구함과 동시에 시료를 채취하는 관입 시험방법이다.

　㉡ 사질토, 점성토를 측정한다.

　㉢ 63.5kg의 해머를 76±1cm 높이에서 자유낙하시켜 샘플러를 30cm 관입시키는 데 소요된 낙하 횟수를 N값이라 한다.

　㉣ N값으로 모래 지반의 상대밀도, 점토 지반의 연경도를 추정할 수 있다.

　㉤ 점토의 일축압축강도(q_u)와 N치의 관계 : $q_u = \dfrac{N}{8}$

② 베인(Vane) 전단시험

　㉠ 십자형의 베인(Vane)을 땅속에 압입한 후, 회전모멘트를 가해서 흙이 원통형으로 전단파괴될 때 저항모멘트를 구함으로써 비배수 전단강도를 측정한다.

　㉡ 연약한 점토나 예민한 점토 지반의 전단강도를 구하는 현장시험법이다.

　㉢ 점토지반의 비배수 전단강도(비배수점착력)를 구하는 현장 전단시험 중의 하나이다.

③ 콘관입시험(CPT) : 로드(Rod) 선단에 콘 관입하여 저항치를 측정하는 시험으로 연약 점토 지반 특성분석에 효과적이다.

④ 평판재하 시험(지내력시험) : 지반면의 허용지내력을 구하는 시험이다.

10년간 자주 출제된 문제

5-1. 다음 중 흙에 관한 전단시험의 종류가 아닌 것은?

① 베인시험
② 일축압축시험
③ 삼축압축시험
④ CBR시험

5-2. 흙의 전단강도를 구하기 위한 전단시험법 중 현장시험에 해당하는 것은?

① 일축압축시험
② 삼축압축시험
③ 직접전단시험
④ 베인(Vane)전단시험

5-3. 토질시험의 종류 중 점성토 비배수 강도(c)를 결정하는 데 필요한 현장시험은?

① 현장투수시험
② 평판재하시험
③ 현장단위중량시험
④ 베인시험

5-4. 점성토의 비배수 전단강도를 구하는 시험으로 가장 적합하지 않은 것은?

① 일축압축시험
② 비압밀비배수 삼축압축시험(UU)
③ 베인시험
④ 직접전단강도시험

|해설|

5-1

CBR 시험 : 노상토의 공학적 특성을 파악하기 위한 시험으로서 도로의 포장 두께를 정하는 데 많이 시행된다.

정답 5-1 ④ 5-2 ④ 5-3 ④ 5-4 ④

4-1. 실내다짐

핵심이론 01 | 흙의 다짐

① 다짐 : 느슨한 상태의 흙에 기계 등의 힘을 이용하여 전압, 충격, 진동 등의 하중을 가하여 흙 속에 있는 공기를 빼내는 것

② 흙 다짐의 효과
- ㉠ 흙의 단위중량, 전단강도, 부착력, 지반의 지지력, 밀도 증가
- ㉡ 지반의 압축성, 흡수성, 투수성 감소
- ㉢ 동상, 팽창, 건조, 수축의 감소
- ㉣ 침하나 파괴의 방지

③ 흙의 다짐 정도를 판정하는 시험법
- ㉠ 흙의 다짐 시험방법
- ㉡ 모래치환법(현장에서 모래치환법에 의한 흙의 단위중량 시험방법)
- ㉢ 도로의 평판재하시험방법
- ㉣ 노상토 지지력비(CBR) 시험방법
- ㉤ 비점성토의 상대밀도 시험방법
- ㉥ 벤켈만 빔에 의한 변형량 시험방법

1-1. 느슨한 상태의 흙에 기계 등의 힘을 이용하여 전압, 충격, 진동 등의 하중을 가하여 흙 속에 있는 공기를 빼내는 것을 무엇이라 하는가?

① 압 밀   ② 투 수

③ 전 단   ④ 다 짐

1-2. 흙의 다짐효과에 대한 설명 중 틀린 것은?

① 흙의 단위중량 증가

② 투수계수 감소

③ 전단강도 저하

④ 지반의 지지력 증가

1-3. 다짐효과에 대한 설명 중 옳지 않은 것은?

① 지지력이 감소한다.

② 투수성이 감소한다.

③ 압축성이 작아진다.

④ 흡수성이 감소한다.

1-4. 흙의 다짐 정도를 판정하는 시험법과 거리가 먼 것은?

① 평판재하시험

② 베인(Vane)시험

③ 노상토 지지력비 시험

④ 현장 흙의 단위무게시험

|해설|

1-3
지지력이 증가한다.

정답 1-1 ④   1-2 ③   1-3 ①   1-4 ②

핵심이론 02 | 다짐시험(KS F 2312)

① 개 요

　　㉠ 37.5mm 체를 통과한 흙의 건조밀도-함수비 곡선, 최대 건조밀도 및 최적함수비를 구하기 위한 방법으로써 래머에 의한 흙의 다짐 시험방법이다.

　　㉡ 최적함수비(OMC) : 다짐곡선에서 최대 건조단위중량에 대응하는 함수비로 즉, 최대 건조단위중량이 얻어지는 함수비이다.

② 다짐방법의 종류

다짐 방법의 호칭명	래머 질량 (kg)	몰드 안지름 (cm)	다짐 층수	1층당 다짐 횟수	허용 최대 입자지름 (mm)
A	2.5	10	3	25	19
B	2.5	15	3	55	37.5
C	4.5	10	5	25	19
D	4.5	15	5	55	19
E	4.5	15	3	92	37.5

③ 흙의 다짐시험에 필요한 기구

　　㉠ 원통형 금속제 몰드(Mold), 칼라, 밑판 및 스페이서 디스크

　　㉡ 래머(Rammer), 시료 추출기(Sample Extruder)

　　㉢ 기타 기구 : 저울, 체, 함수비 측정기구, 혼합기구, 곧은 날, 거름종이

④ 토질에 따른 다짐곡선의 변화

　　㉠ 최적함수비와 최대 건조중량

　　　• 건조 단위무게가 가장 클 때의 함수비를 최적함수비(OMC)라 한다.

　　　• 최적함수비는 흙의 종류와 다짐방법에 따라 다르다.

　　　• 최적함수비가 높은 흙일수록 최대 건조단위중량은 작다.

　　　• 최적함수비가 낮은 흙일수록 최대 건조단위중량($\gamma_{d.max}$)은 크다.

　　㉡ 입도분포

　　　• 입도분포가 좋은 흙일수록 최대 건조단위중량이 크고 최적함수비가 작다.

　　　• 최대 건조단위중량은 사질토에서 크고, 점성토일수록 작다.

　　　• 점성토의 최적함수비는 사질토의 최적함수비보다 크다.

　　　• 점토를 최적함수비보다 작은 건조측 다짐을 하면 흙구조가 면모구조로, 습윤측 다짐을 하면 이산구조가 된다.

　　　• 조립토는 세립토보다 최대 건조단위중량이 크고, 최적함수비가 작다.

　　　• 세립토의 비율이 클수록 최적함수비는 증가한다.

　　　• 양입도일수록 최대 건조단위중량은 커지고, 최적함수비는 작아진다.

　　㉢ 곡선의 형태

　　　• 조립토일수록 급경사를 나타내며 세립토일수록 완경사를 나타낸다.

　　　• 입도가 좋은 모래질 흙은 다짐곡선이 예민하다.

　　　• 실트나 점토 등의 세립토는 다짐곡선이 완만하다.

　　㉣ 다짐에너지

　　　• 동일한 다짐에너지에 대해서는 건조측이 습윤측보다 더 큰 강도를 보인다.

　　　• 다짐에너지를 증가시키면 최적함수비는 감소하고 최대 건조밀도는 증가한다.

　　　• 동일한 흙에서 다짐에너지가 클수록 다짐효과는 증대한다.

　　　• 다짐에너지를 증가시키면 간극률은 감소한다.

　　　• 다짐에너지가 같으면 최적함수비에서 다짐효과가 가장 좋다.

　　　• 흙의 투수성 감소가 요구될 때에는 최적함수비의 습윤측에서 다짐을 실시한다.

2-1. 최적함수비(OMC)를 구하려 한다. 다음 중 어떤 시험을 실시하여야 구할 수 있는가?

① CBR시험　　　　　② 다짐시험
③ 일축압축시험　　　④ 직접전단시험

2-2. 다짐곡선에서 최대 건조 단위 무게에 대응하는 함수비는?

① 적정함수비　　　　② 최대함수비
③ 최소함수비　　　　④ 최적함수비

2-3. 다음 중 다짐곡선에서 구할 수 없는 것은?

① 최대건조밀도　　　② 최적함수비
③ 다짐에너지　　　　④ 현장시공 함수비

2-4. 흙의 다짐시험에서 A다짐의 허용최대입경은?

① 37.5mm　　　　　② 25.5mm
③ 22mm　　　　　　④ 19mm

2-5. 다음 중 흙의 실내다짐시험을 할 때 필요하지 않는 기구는?

① 몰 드　　　　　　② 다이얼게이지
③ 래 머　　　　　　④ 시료 추출기

2-6. 흙의 다짐 특성에 대한 설명으로 틀린 것은?

① 입도가 좋은 모래질 흙은 다짐곡선이 예민하다.
② 실트나 점토 등의 세립토는 다짐곡선이 완만하다.
③ 최적함수비가 높은 흙일수록 최대 건조단위무게가 크다.
④ 입도가 좋은 모래질 흙은 점토보다 최대 건조단위무게가 크다.

2-7. 다음은 흙의 다짐에 대해 설명이다. 옳게 설명한 것을 모두 고른 것은?

┌─────────────────────────────────────┐
│ ㉠ 사질토에서 다짐에너지가 클수록 최대 건조단위중량은 커지
│ 　 고 최적함수비는 줄어든다.
│ ㉡ 입도분포가 좋은 사질토가 입도분포가 균등한 사질토보다
│ 　 더 잘 다져진다.
│ ㉢ 다짐곡선은 반드시 영공기 간극곡선의 왼쪽에 그려진다.
│ ㉣ 양족롤러(Sheepsfoot Roller)는 점성토를 다져지는 데 적합
│ 　 하다.
│ ㉤ 점성토에서 흙은 최적함수비보다 큰 함수비로 다지면 면모구
│ 　 조를 보이고 작은 함수비로 다지면 이산구조를 보인다.
└─────────────────────────────────────┘

① ㉠, ㉡, ㉢, ㉣　　　② ㉠, ㉡, ㉢, ㉤
③ ㉠, ㉣, ㉤　　　　　④ ㉡, ㉣, ㉤

|해설|

2-2

최적함수비(OMC) : 최대 건조단위무게가 얻어지는 함수비

2-3

다짐곡선을 그려서 최대 건조밀도와 최적함수비를 구해서 다짐할 때 다짐효과가 좋은 시공함수비를 구해서 토공현장에 적용한다.

2-5

다이얼게이지는 현장다짐시험에 사용된다.

2-6

최적함수비가 높은 흙일수록 최대 건조단위중량은 작다.

정답 2-1 ② 　2-2 ④ 　2-3 ③ 　2-4 ④ 　2-5 ② 　2-6 ③ 　2-7 ①

① 다짐에너지(E_c)

$$E_c(\text{kg} \cdot \text{cm}/\text{cm}^3) = \frac{W_g \cdot H \cdot N_B \cdot N_L}{V}$$

여기서, W_g : 래머 무게(kg), H : 낙하고(cm)

N_B : 다짐 횟수, N_L : 다짐층수

V : 몰드의 체적(cm^3)

② 다짐도(C_d, %) $= \dfrac{\gamma_d}{\gamma_{d.\max}} \times 100 = \dfrac{\rho_d}{\rho_{d.\max}} \times 100$

여기서, γ_d : 현장다짐에 의한 건조단위중량

$\gamma_{d.\max}$: 표준다짐에 의한 최대 건조단위중량

ρ_d : 현장다짐에 의한 건조밀도

$\rho_{d.\max}$: 표준다짐에 의한 최대 건조밀도

※ $\gamma_d = \dfrac{W_s}{V} = \dfrac{G_s \gamma_w}{(1+e)} = \dfrac{\gamma_t}{(1+w)}$

여기서, γ_d : 흙의 건조단위중량(t/m^3)

W_s : 흙 입자의 무게(ton)

V : 흙의 부피(m^3), G_s : 흙 입자의 비중

γ_w : 물의 비중량(t/m^3), e : 흙의 간극비

γ_t : 흙의 습윤 상태의 단위중량(t/m^3)

w : 흙의 함수비

※ 영공기 간극곡선의 특징

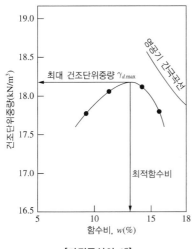

[다짐곡선의 예]

- 간극이 완전히 물로 포화된 포화도 100%일 때의 건조단위중량과 함수비 관계곡선이다.
- 공기가 차지하는 간극이 0일 때 얻어지는 이론상의 최대 단위무게를 나타내는 곡선이다.
- 다짐곡선과 평행을 이룬다.
- 다짐곡선의 하향곡선과 거의 나란하다.
- 포화도가 100%일 때 나타나는 포화건조단위무게 곡선이다.

$$\rho_{d.\text{sat}} = \frac{\rho_w}{\dfrac{\rho_w}{\rho_s} + \dfrac{w}{100}}$$

여기서, $\rho_{d.\text{sat}}$: 영공기 간극 상태의 건조밀도(g/cm^3)

ρ_w : 물의 밀도(g/cm^3)

ρ_s : 흙 입자의 밀도(g/cm^3)

w : 함수비

10년간 자주 출제된 문제

3-1. 어느 흙의 현장 건조단위무게가 $1.552\text{g}/\text{m}^3$이고, 실내다짐시험에 의한 최적함수비가 72%일 때 최대 건조단위중량이 $1.682\text{g}/\text{m}^3$를 얻었다. 이 흙의 다짐도는?

① 79.36%   ② 86.21%

③ 92.27%   ④ 98.31%

3-2. 현장도로공사에서 습윤단위무게가 $1.56\text{g}/\text{cm}^3$이고, 함수비는 18.2%이었다. 이 흙의 토질시험 결과 실험실에서 최대 건조밀도는 $1.46\text{g}/\text{cm}^3$일 때 다짐도를 구하면?

① 76.8%   ② 82.3%

③ 90.4%   ④ 110.6%

3-3. 실험실에서 측정된 최대 건조단위무게가 $1.64\text{g}/\text{cm}^3$이었다. 현장 다짐도를 95%로 하는 경우 현장 건조단위중량의 최소치는?

① $1.73\text{g}/\text{cm}^3$ ② $1.62\text{g}/\text{cm}^3$

③ $1.56\text{g}/\text{cm}^3$ ④ $1.45\text{g}/\text{cm}^3$

3-4. 간극이 완전히 물로 포화된 포화도 100%일 때의 건조단위 중량과 함수비 관계곡선은?

① 다짐곡선
② 유동곡선
③ 입도곡선
④ 영공기 간극곡선

|해설|

3-1

$$다짐도(C_d) = \frac{\gamma_d}{\gamma_{d.max}} \times 100$$

$$= \frac{1.552}{1.682} \times 100 = 92.27\%$$

3-2

$$\gamma_d = \frac{\gamma_t}{(1+w)}$$

$$= \frac{1.56}{(1+0.182)} = 1.32$$

$$다짐도(C_d) = \frac{\gamma_d}{\gamma_{d.max}} \times 100$$

$$= \frac{1.32}{1.56} \times 100 = 90.4\%$$

3-3

$$다짐도(C_d) = \frac{\gamma_d}{\gamma_{d.max}} \times 100$$

$$\gamma_d = \frac{C_d \times \gamma_{d.max}}{100} = \frac{95 \times 1.64}{100} = 1.56\text{g/cm}^3$$

3-4

영공기 간극곡선(零空氣間隙曲線)

포화된 공극(孔隙)에 공기가 전혀 없는 흙의 건조단위중량(γ_d)과 함수비(w) 사이의 관계를 나타내는 곡선으로, 보통 다짐곡선과 함께 표기하는 포화곡선이다.

정답 3-1 ③ 3-2 ③ 3-3 ③ 3-4 ④

4-2. 모래치환에 의한 현장밀도시험

핵심이론 01 모래치환법에 의한 흙의 밀도 시험방법

① 현장다짐을 할 때 현장 흙의 단위무게를 측정하는 방법 : 현장의 밀도 측정은 모래치환법, 고무막법, 방사선 동위원소법, 코어절삭법 등의 방법이 있으나, 일반적으로 밀도 측정은 모래치환법에 의하여 구한다.

② 모래치환법

   ○ 모래치환법은 다짐을 실시한 지반에 구멍을 판 다음 시험 구멍의 체적(부피)을 모래로 치환하여 구하는 방법이다.

   ○ 이렇게 구한 체적과 구멍에서 파낸 흙의 무게를 이용하여 현장 지반의 밀도를 구한다.

   ※ 모래치환법에 의한 흙의 단위무게시험에서 모래를 사용하는 이유 : 시료를 파낸 구멍의 부피를 알기 위해서

③ 현장에서 모래치환법에 의한 흙의 단위무게 시험을 할 때의 유의사항

   ○ 측정병의 부피를 구하기 위하여 측정병에 물을 채울 때에 기포가 남지 않도록 한다.

   ○ 측정병에 눈금을 표시하여 병과 연결부와의 접촉 위치를 검정할 때와 같게 한다.

   ○ 측정병에 모래를 부어 넣는 동안 깔때기 속의 모래가 항상 반 이상이 되도록 일정한 높이를 유지시켜 준다.

   ○ 측정병에 모래를 넣을 때에 병을 흔들어서 모래에 진동을 주어서는 안 된다.

④ 시험 구멍의 부피(체적)

$$V_0 = \frac{m_9 - m_6}{\rho_{ds}} = \frac{m_{10}}{\rho_{ds}}$$

여기서, V_0 : 시험 구멍의 체적(cm^3)

        m_9 : 시험 구멍 및 깔때기에 들어간 모래의 질량(g)

        m_6 : 깔때기를 채우는 데 필요한 모래의 질량(g)

m_{10} : 시험 구멍을 채우는 데 필요한 모래의 질량(g)

ρ_{ds} : 시험용 모래의 단위중량(g/cm^3)

1-1. 다음 중 현장 흙의 단위무게를 구하기 위한 시험방법이 아닌 것은?

① 모래치환법   ② 고무막법
③ 방사선 동위원소법   ④ 공내재하법

1-2. 모래치환법에 의한 흙의 현장 단위무게 시험에 있어서 모래는 무엇을 구하기 위하여 쓰이는가?

① 시험 구멍에서 파낸 흙의 중량
② 시험 구멍의 체적
③ 시험 구멍에서 파낸 흙의 함수 상태
④ 시험 구멍의 밑면부의 지지력

1-3. 현장에서 모래치환법에 의한 흙의 단위무게 시험을 할 때의 유의사항 중 옳지 않은 것은?

① 측정병의 부피를 구하기 위하여 측정병에 물을 채울 때 기포가 남지 않도록 한다.
② 측정병에 눈금을 표시하여 병과 연결부와의 접촉 위치를 검정할 때와 같게 한다.
③ 측정병에 모래를 부어 넣는 동안 깔대기 속의 모래가 항상 반 이상이 되도록 일정한 높이를 유지시켜 준다.
④ 측정병에 모래를 넣을 때에 병을 흔들어서 가득 담을 수 있도록 한다.

|해설|

1-3
측정기 안에 시험용 모래를 채울 때 모래에 진동을 주면 안 된다. 모래에 진동을 주면 모래가 치밀해져서 모래의 밀도가 커지고, 그 결과 구하는 흙의 밀도도 커진다.

정답 1-1 ④   1-2 ②   1-3 ④

핵심이론 02 | 도로의 평판재하 시험방법(PBT) (KS F 2310)

① 도로의 평판재하시험 개요
  ㉠ 도로의 노상과 노반의 지반반력계수를 구하기 위한 평판 재하 시험방법이다.
  ㉡ 현장에서 평판을 놓고 그 위에 하중을 걸어 하중강도와 침하량을 측정함으로써 기초 지반의 지지력을 추정하는 시험이다.

② 재하판
  ㉠ 재하판은 두께 25mm 이상, 지름 300mm, 400mm, 750mm인 강재 원판을 표준으로 하고, 등치면적의 정사각형 철판으로 해도 된다.
  ㉡ 재하판을 안정시키기 위하여 미리 하중강도 35kN/m^2(0.35kgf/cm^2) 상당의 하중을 가한 후 제거하여 하중을 0으로 조정한 후 변위계의 눈금을 읽고 침하의 원점으로 한다.
  ㉢ 평판재하시험에서 재하판의 크기에 의한 영향(Scale Effect)
    • 점토 지반의 지지력은 재하판의 폭과 무관하다.
    • 사질토 지반의 지지력은 재하판의 폭에 비례한다.
    • 점토 지반의 침하량은 재하판의 폭에 비례한다.
    • 사질토 지반의 침하량은 재하판의 폭이 커지면 약간 커지지만 비례하지는 않는다.
    • 지반이 포화된 곳에 시험하면 흙의 유효밀도와 강도(지지력)가 50% 정도 저하되고, 강도(지지력)가 1/2 정도 감소한다.

③ 평판재하시험을 끝낼 수 있는 조건
  ㉠ 침하량이 15mm에 달할 때
  ㉡ 하중강도가 그 지반의 항복점을 넘을 때
  ㉢ 하중강도가 현장에서 예상되는 최대 접지압력을 초과할 때

④ 지반반력계수

　　㉠ 지반반력계수(kg/cm^3) $K_s = \dfrac{P}{S}$

　　　여기서, P : 하중강도(kg/cm^2), S : 침하량(cm)

　　㉡ 지반반력계수를 산정하는 침하량

도 로	철 도	공항 활주로	탱크 기초
1.25mm	1.25mm	1.25mm	5mm

　※ 일반적으로 지지력계수는 지름 30cm의 원형 재하판
　　을 쓰고, 침하량은 0.125cm일 때의 값을 사용한다.

⑤ 평판재하시험에 의한 지반의 허용지지력

　　㉠ 지반의 장기 허용지지력

$$Lq_a = q_t + \frac{1}{3}N_q\gamma_2 D_f \,(\text{ton/m}^2)$$

　　㉡ 지반의 단기 허용지지력

$$sq_a = 2q_t + \frac{1}{3}N_q\gamma_2 D_f \,(\text{ton/m}^2)$$

　　　여기서, q_a : 지반의 허용지지력

　　　　　　　q_t : 재하시험에 의한 항복하중도 혹은 최
　　　　　　　　　　대시험하중의 1/2 또는 극한 지지력
　　　　　　　　　　하중의 1/3 중에서 작은 것

　　　　　　　N_q : 기초저면에서 아래쪽에 있는 지반의
　　　　　　　　　　토질로 정하는 계수

　　　　　　　γ_2 : 기초저면에서 위쪽에 있는 지반은
　　　　　　　　　　평균 단위체적중량(t/m^3)

　　　　　　　　　※ 지하수위 아랫부분에 대해서는
　　　　　　　　　　　수중 단위체적중량을 적용한다.

　　　　　　　D_f : 기초의 근입 깊이(m)

　※ 재하시험 결과에 의해서 허용지지력(q_t)을 구할 때
　　는 다음 각 조항을 만족하는 최솟값을 택하게 된다.

　　• 항복하중 × 1/2

　　• 극한하중 × 1/3

2-1. 현장에서 지지력을 구하는 방식으로 평판 위에 하중을 걸어 하중강도와 침하량을 구하는 시험은?

① CBR 시험
② 말뚝재하시험
③ 평판재하시험
④ 표준관입시험

2-2. 평판재하시험에서 규정된 재하판의 지름 치수가 아닌 것은?

① 30cm
② 40cm
③ 50cm
④ 75cm

2-3. 평판재하시험에서 단계적으로 하중을 증가시키는 데 1단계 하중강도의 값은?

① 15kN/m^2
② 25kN/m^2
③ 35kN/m^2
④ 45kN/m^2

2-4. 도로의 평판재하시험이 끝나는 조건에 대한 설명으로 옳지 않은 것은?

① 침하가 완전히 멈출 때
② 침하량이 15mm에 달할 때
③ 하중강도가 그 지반의 항복점을 넣을 때
④ 하중강도가 현장에서 예상되는 최대 접지압력을 초과할 때

2-5. 평판재하시험에서 1.25mm 침하량에 해당하는 하중강도가 1.25kg/cm^{2}일 때 지지력계수(K)는 얼마인가?

① K = 5kg/cm^3
② K = 15kg/cm^3
③ K = 20kg/cm^3
④ K = 10kg/cm^3

2-6. 도로의 평판재하시험에서 침하량은 몇 cm를 표준으로 하는가?

① 0.125cm
② 0.250cm
③ 0.500cm
④ 0.725cm

2-7. 평판재하시험 결과 극한 하중강도가 P_u, 항복 하중강도가 P_y라면 허용 지지력을 구하는 올바른 방법은?

① P_u나 P_y 중 큰 값 사용
② P_u나 P_y 중 작은 값 사용
③ P_u/3 및 P_y/2 중 작은 값 사용
④ P_u/2 및 P_y/3 중 작은 값 사용

2-1

평판재하시험은 도로 및 활주로 등의 강성포장의 구조나 치수를 설계하기 위하여 지반지지력계수 K를 결정하는 시험방법이다.

지반지지력계수 $K = \dfrac{하중강도}{침하량}$

2-2

재하판의 지름치수(cm) : 30, 40, 75

2-5

$K = \dfrac{P}{S} = \dfrac{1.25}{0.125} = 10\,\text{kg/cm}^3$

여기서, P : 하중강도(kg/cm^2), S : 침하량(cm)

정답 2-1 ③ 2-2 ③ 2-3 ③ 2-4 ① 2-5 ④ 2-6 ① 2-7 ③

4-3. 노상토 지지력비(CBR) 시험

핵심이론 01 | 노상토 지지력비(CBR) 시험방법

① 개 요

    ㉠ 흐트러진 시료, 흐트러지지 않은 시료 및 현장의 흙에 대하여 관입법으로 노상토 지지력비(CBR)를 결정하는 시험방법이다.

    ㉡ CBR : 관입시험 시 어떤 관입량에서의 표준 하중강도에 대한 시험 하중강도의 백분율로 통상 관입량 2.5mm에서의 값이다.

    ㉢ 도로 포장 두께나 표층, 기층, 노반의 두께 결정 및 재료의 설계에 이용한다.

    ㉣ 노상토의 강도, 압축성, 팽창, 수축 등의 특성 확인이 필요할 때 이용한다.

② CBR : 지지력비(%)

$$CBR = \dfrac{Q}{Q_0} \times 100$$

여기서, Q : 관입량에 따른 하중(kN)

          Q_0 : 관입량에 따른 표준하중(kN)

※ 표준 하중강도 및 표준 하중의 값

관입량(mm)	표준 하중강도(MN/m^2)	표준 하중(kN)
2.5	6.9	13.4
5.0	10.3	19.9

1-1. 도로포장 설계에서 포장 두께를 결정하는 시험은?

① 직접전단시험　　　② 일축압축시험
③ 투수계수시험　　　④ CBR시험

1-2. 아스팔트 포장과 같이 가요성 포장의 두께를 결정하는 데 주로 쓰이는 값은?

① 압밀계수(Cv)값
② 지지력비(CBR)값
③ 콘지지력(qc)값
④ 일축압축강도(qu)값

1-3. 노반토의 CBR값의 단위를 옳게 표시한 것은?

① %　　　　　　　　② kgf/cm^2
③ kgf · cm　　　　　④ kgf/cm^3

|해설|

1-1
CBR시험
도로나 활주로 등의 포장 두께를 결정하기 위하여 지지하는 노상토의 강도, 압축성, 팽창성 및 수축성 등을 결정하는 시험이다.

정답 1-1 ④　1-2 ②　1-3 ①

핵심이론 02 | 토 압

① 토압(Earth Pressure)의 특징

　㉠ 토압의 종류로는 주동토압, 수동토압, 정지토압이 있다.

　㉡ 토압 크기의 순서 : 수동토압 > 정지토압 > 주동토압

　㉢ 주동토압에서 배면토가 점착력이 있으면 없는 경우보다 토압이 작아진다.

　㉣ 일반적으로 주동토압계수는 1보다 작고, 수동토압계수는 1보다 크다.

　㉤ 어떤 지반의 정지토압계수가 1.75라면, 이 흙은 과압밀 상태에 있다.

　㉥ 옹벽, 흙막이 벽체, 널말뚝 중 토압분포가 삼각형 분포에 가장 가까운 것은 옹벽이다.

　㉦ 쿨롱(Coulomb)의 토압론은 강체역학에 기초를 둔 흙쐐기 이론이다.

　㉧ 랭킨(Rankine)의 토압론은 소성이론에 의한 것이다.

② 랭킨 토압이론의 기본 가정

　㉠ 흙은 비압축성이고 균질의 입자이다.

　㉡ 지표면은 무한히 넓게 존재한다.

　㉢ 토압은 지표면에 평행하게 작용한다.

　㉣ 흙은 입자 간의 마찰에 의하여 평형조건을 유지한다.

　㉤ 지표면에 하중이 작용한다면 등분포하중이다.

　㉥ 흙 중 임의 요소가 소성평형 상태에 있다.

2-1. 주동토압을 PA, 수동토압을 PP' 정지토압을 PO라고 할 때 크기의 순서는?

① $PA > PP' > PO$
② $PP' > PO > PA$
③ $PP' > PA > PO$
④ $PO > PA > PP'$

2-2. 랭킨 토압론의 가정으로 틀린 것은?

① 흙은 비압축성이고 균질이다.
② 지표면은 무한히 넓다.
③ 흙은 입자 간의 마찰에 의하여 평형조건을 유지한다.
④ 토압은 지표면에 수직으로 작용한다.

정답 2-1 ② 2-2 ④

핵심이론 03 | 옹벽의 안정(Stability of Retaining Wall)

① 옹벽의 외적 안정조건

    ㉠ 전도에 대한 안정

    ㉡ 기초 지반의 지지력에 대한 안정

    ㉢ 활동에 대한 안정

    ㉣ 원호활동에 대한 안정

    ㉤ 부력에 의한 안정

② 옹벽의 안정성 검토 및 확보

내 적	• 콘크리트 : 균열, 열화, 철근 배근 • 지반 : 세굴, 파이핑(Piping)
외 적	• 전도($F_s \geqq 2.0$) : 저판 확대 • 지지력($q_a > q_{max}$) : 기초지반 개량, 말뚝 기초 • 활동($F_s \geqq 1.5$) : 저판 확대, Shear key 설치, 말뚝 기초 • 원호활동($F_s \geqq 1.5$) : 저판 근입 깊이 증대 • 침 하

옹벽 구조물의 안정을 위해 검토하는 안정조건 중 가장 거리가 먼 것은?

① 전도에 대한 안정
② 기초 지반의 지지력에 대한 안정
③ 활동에 대한 안정
④ 벽체 강도에 대한 안정

|해설|

옹벽의 안정조건
• 전도에 대한 안정 : 전도에 대한 저항모멘트는 횡토압에 의한 전도모멘트의 2.0배 이상이어야 한다.
• 지반지지력에 대한 안정 : 지반에 유발되는 최대지반반력은 지반의 허용지지력을 초과할 수 없다.
• 활동에 대한 안정 : 활동에 대한 저항력은 옹벽에 작용하는 수평력의 1.5배 이상이어야 한다.
• 전체 안정 : 옹벽구조체 전체를 포함한 토체의 파괴에 대한 비탈면 안정 검토를 수행한다.

정답 ④

① 사면파괴의 원인

    ㉠ 흙이 가지는 전단응력의 증가와 전단강도의 감소

      • 전단응력 상승의 원인 : 외력의 작용, 흙의 단위 중량 증가, 수압의 증가 등

      • 전단강도 감소의 원인 : 흡수로 인한 점토의 팽창, 공극수압의 작용, 수축

    ㉡ 흙의 수축과 팽창에 의한 균열

    ㉢ 함수량 증가에 따른 점토의 연약화, 과잉 간극수압의 증가

    ㉣ 굴착에 따른 구속력의 감소

    ㉤ 지진에 의한 수평 방향력의 증가

    ※ 사면의 붕괴는 수위가 급격히 내려갈 때 간극수압의 증가로 가장 파괴되기 쉽다.

    ※ 흙의 인장균열 깊이

$$Zc = \frac{2C\tan\left(45° + \dfrac{\phi}{2}\right)}{\gamma_t}$$

    여기서, Zc : 인장균열 깊이(m)

           C : 흙의 점착력(ton/m^2)

           ϕ : 흙의 내부마찰각(°)

           γ_t : 흙의 단위체적중량(ton/m^3)

② 사면의 안정 해석

    ㉠ 절편법

      • 활동면 위에 있는 흙을 몇 개의 절편으로 분할하여 해석하는 방법이다.

      • 절편의 바닥면은 직선이라고 가정한다.

      • 일반적으로 예상 활동파괴면을 원호라고 가정한다.

      • 흙 속에 간극수압이 존재하는 경우에도 적용이 가능하다.

      • 가장 먼저 결정되어야 할 사항은 가상활동면이다.

    ㉡ 비숍(Bishop)의 방법

      • 흙의 장기 안정 해석에 유효하게 쓰인다.

      • 간편 비숍법은 절편의 양쪽에 작용하는 연직 방향의 합력은 0(Zero)이라고 가정한다.

      • 간편 비숍법은 안전율을 시행착오법으로 구한다.

    ㉢ 마찰원법(질량법) : 점착력과 마찰각을 동시에 갖고 있는 균질한 지반에 적용된다.

    ㉣ 펠레니우스(Fellenius) 방법 : 절편의 양측에 작용하는 힘의 합력은 0이라고 가정한다.

    ㉤ 일체법 : 활동면 위에 있는 흙덩어리를 하나의 물체로 보고 해석하는 방법이다.

③ 사면의 안정에 관한 주요사항

    ㉠ 임계 활동면이란 안전율이 가장 작게 나타나는 활동면이다.

    ㉡ 안전율이 최소로 되는 활동면을 이루는 원을 임계원이라 한다.

    ㉢ 활동면에 발생하는 전단응력이 흙의 전단강도를 초과할 때 활동이 일어난다.

    ㉣ 활동면은 일반적으로 원형활동면으로 가정한다.

    ㉤ 사면 안정을 보통 사면의 단위 길이를 취하여 2차원 해석을 하는 가장 중요한 이유는 길이 방향의 변형도(Strain)를 무시할 수 있다고 보기 때문이다.

    ㉥ 흙댐에서 상류면 사면의 활동에 대한 안전율이 가장 저하되는 경우는 만수된 물의 수위가 갑자기 저하할 때이다.

    ㉦ 흙댐 하류에 필터층을 설치하는 목적 : 세굴을 방지하기 위해

4-1. 사면파괴의 원인이 아닌 것은?

① 흙의 수축과 팽창에 의한 균열
② 흙이 가지는 전단저항력의 증가
③ 함수량의 증가에 따른 점토의 연약화, 간극수압의 증가
④ 공사 시 흙의 굴착, 이동, 지진 및 수압의 작용

4-2. 사면파괴가 일어날 수 있는 원인으로 옳지 않은 것은?

① 흙 중의 수분 증가
② 과잉 간극수압의 감소
③ 굴착에 따른 구속력의 감소
④ 지진에 의한 수평 방향력의 증가

4-3. 내부마찰각이 0, 점착력이 0.85tf/m², 단위무게가 1.7tf/m³ 인 흙에서 발생하는 인장균열의 깊이는?

① 1.0m   ② 1.5m
③ 2.0m   ④ 2.5m

4-4. 다음 중 사면의 안정 해석방법이 아닌 것은?

① 마찰원법
② 비숍(Bishop)의 방법
③ 펠레니우스(Fellenius) 방법
④ 테르자기(Terzaghi)의 방법

4-5. 절편법에 의한 사면의 안정 해석 시 가장 먼저 결정되어야 할 사항은?

① 가상활동면   ② 절편의 중량
③ 활동면상의 점착력   ④ 활동면상의 내부마찰각

4-6. 사면의 안정에 관한 다음 설명 중 옳지 않은 것은?

① 임계 활동면이란 안전율이 가장 크게 나타나는 활동면이다.
② 안전율이 최소로 되는 활동면을 이루는 원을 임계원이라 한다.
③ 활동면에 발생하는 전단응력이 흙의 전단강도를 초과할 경우 활동이 일어난다.
④ 활동면은 일반적으로 원형활동면으로 가정한다.

4-7. 흙댐 하류에 필터층을 설치하는 목적은?

① 침투압을 증가시키기 위해
② 세굴을 방지하기 위해
③ 등수두선을 없애기 위해
④ 유선을 길게 하기 위해

|해설|

4-1

흙에 작용하는 외력에 의해 생기는 전단응력이 흙의 전단저항력 보다 커져서 흙이 파괴된다.

4-3
흙의 인장균열 깊이

$$Z_C = \cfrac{2C\tan\left(45° + \cfrac{\phi}{2}\right)}{\gamma_t}$$

$$= \cfrac{2 \times 0.85 \times \tan\left(45° + \cfrac{0}{2}\right)}{1.7} = 1.0\text{m}$$

4-7

수중에 설치되는 시설(교량, 보 등)은 빠른 유속에 의해 기초 부분 주변의 토사가 세굴돼 구조물이 쓰러지거나 침하가 발생할 수 있다. 따라서 돌망태, 사석 등으로 호안(護岸)·수제(水制)·바닥 굳히기와 같은 공사를 해 시설의 기초 부분 주변을 세굴로부터 보호한다.

정답 **4-1** ②   **4-2** ②   **4-3** ①   **4-4** ④   **4-5** ①   **4-6** ①   **4-7** ②

5-1. 기초공사

핵심이론 01 토질조사

① 토질조사
  ㉠ 토질조사는 지층의 상태, 흙의 성질, 내력, 지하수의 상황을 살펴서 설계, 시공의 자료로 하는 조사이다.
  ㉡ 예비조사, 현지조사, 본조사 순으로 시행한다.
② 현장시험(원위치시험)
  ㉠ 현장에서 흙의 역학적, 물리적 특성을 파악하기 위하여 실시하는 시험이다.
  ㉡ 분류 : 물리 탐사, Sounding, Boring, Sampling 등
    • 물리 탐사
      – 전기 탐사 : 전기비저항 탐사, 유도분극 탐사, BDR(시추공방위비저항) 탐사
      – 전자 탐사 : CSAMT 탐사, EM 탐사
      – 탄성파 탐사 : 굴절법 탐사, 반사법 탐사, MASW 탐사, VSP(수직탄성파) 탐사, 하향식 탐사
      – 레이더 탐사 : 지표레이더 탐사(GPR), 시추공 레이더 탐사
    • 사운딩(Sounding)
      – 지중에 저항체를 삽입하여 토층의 성상을 파악하는 현장시험이다.
      – 로드(Rod)에 붙인 어떤 저항체를 지중에 넣어 관입, 인발 및 회전에 의해 흙의 전단강도를 측정하는 원위치시험이다.
      – 사운딩의 종류
        ⓐ 동적 사운딩 : 표준관입시험, 동적 원추관입시험
        ⓑ 정적 사운딩 : 베인시험, 휴대용 원추관입시험, 콘관입시험 등

• 보링(Boring, 시추)
  – 목적 : 시료 채취, 지하수위 파악, 원위치시험 실시
  – 시추방식 : 오거식(인력), 변위식, 수세식, 충격식(코어 채취 불가능), 회전식(모든 지반에 적용, 시료채취가 가능하며 능률적)
• 샘플링
  – 교란시료 채취 : 토성시험
  – 불교란시료 채취 : 전단강도, 압축강도, 투수시험
• 지내력시험 : 평판재하시험(PBT), 말뚝재하시험
※ 말뚝재하시험의 종류
  – 압축재하시험 : 정적 재하시험, 동적재하시험
  – 인발재하시험
  – 수평재하시험
• 지지력시험 : 다짐시험, CBR 시험
③ 실내시험
  ㉠ 목적 : 채취된 교란 및 불교란 흙 시료를 이용하여 흙의 물리적·역학적 특성을 파악하여 설계정수를 결정하기 위하여 실내 토질 시험을 수행한다.
  ㉡ 물리적 시험 : 단위중량시험, 함수비시험, 비중시험, 입도시험, 액성한계시험, 소성한계시험
  ㉢ 역학적 시험 : 직접전단시험, 일축압축시험, 삼축압축시험, 압밀시험, 투수시험 등
  ㉣ 화학적 시험 : pH, 염화물량, 유기물의 함유량

<table>
<tr><td colspan="2" style="background:#888;color:#fff;text-align:center">10년간 자주 출제된 문제</td></tr>
</table>

1-1. 다음 중 토질조사시험에서 지지력 조사를 위한 시험이 아닌 것은?

① 표준관입시험(SPT)
② 전단시험
③ 콘관입시험
④ 투수시험

1-2. 토질조사에서 실내시험 중 역학시험에 해당하지 않는 것은?

① 투수시험
② 일축압축시험
③ 소성한계시험
④ 압밀시험

|해설|

1-1
투수시험 : 토양에서 물이 빠지는 정도를 알기 위하여 흙의 투수계수를 측정하는 시험

정답 1-1 ④ 1-2 ③

| 핵심이론 02 | 기초의 구비조건과 분류 |

① 기초의 구비조건

　㉠ 기초는 시공이 가능하고 경제적으로 만족해야 한다.

　㉡ 기초는 침하가 허용치를 넘으면 안 된다.

　㉢ 기초는 시공 가능한 것이어야 한다.

　㉣ 동결, 세굴 등에 안전하도록 최소의 근입 깊이를 가져야 한다.

　㉤ 하중을 안전하게 지지해야 한다.

　㉥ 지지력에 대해 안정해야 한다.

② 기초의 분류

　㉠ 얕은 기초(직접 기초) : $\dfrac{D_f}{B} \leq 1{\sim}4$

　　여기서, D_f : 근입 깊이, B : 기초의 폭

　　• 푸팅 기초 : 독립푸팅 기초, 복합푸팅 기초, 캔틸레버푸팅 기초, 연속푸팅 기초

　　• 전면 기초(온통 기초, 매트 기초) : 기초 바닥 면적이 시공 면적의 2/3 이상인 경우이며, 연약 지반에 많이 사용한다. 지지력이 약한 지반에서 가장 적합한 기초형식이다.

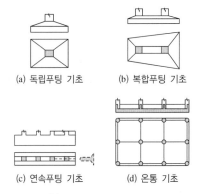

(a) 독립푸팅 기초　　(b) 복합푸팅 기초

(c) 연속푸팅 기초　　(d) 온통 기초

　㉡ 깊은 기초 : $\dfrac{D_f}{B} > 1{\sim}4$

　　• 말뚝 기초 : 현장콘크리트 말뚝, 기성말뚝

　　• 피어 기초 : Chicago 공법, Gow 공법, Benoto 공법, Earth Drill 공법

　　• 케이슨 기초 : 우물통 기초, 공기 케이슨 기초, 박스 케이슨 기초

2-1. 기초의 구비조건에 대한 설명 중 옳지 않은 것은?

① 기초는 최소 근입 깊이를 확보하여야 한다.
② 하중을 안전하게 지지해야 한다.
③ 기초는 침하가 전혀 없어야 한다.
④ 기초는 시공 가능한 것이어야 한다.

2-2. 다음 중 직접 기초에 해당하는 것은?

① Footing 기초
② 말뚝 기초
③ 피어 기초
④ 케이슨 기초

2-3. 얕은 기초의 종류가 아닌 것은?

① 독립푸팅 기초
② 복합푸팅 기초
③ 전면 기초
④ 우물통 기초

2-4. 기초의 폭이 B, 근입 깊이가 D_f일 때 얕은 기초가 되는 조건은?

① $\dfrac{D_f}{B} < 1$
② $\dfrac{D_f}{B} > 1$
③ $\dfrac{D_f}{B} > 6$
④ $\dfrac{D_f}{B} < 6$

|해설|

2-1
기초는 침하가 허용치를 넘으면 안 된다.

2-2
기초의 분류
• 직접 기초(얕은 기초) : 푸팅 기초(확대 기초 종류 : 독립푸팅 기초, 복합푸팅 기초, 연속푸팅 기초, 캔틸레버 기초), 전면 기초(매트 기초)
• 깊은 기초 : 말뚝 기초, 피어 기초, 케이슨 기초

2-4
• 얕은 기초(직접 기초) : $\dfrac{D_f}{B} \leq 1\sim4$
• 깊은 기초 : $\dfrac{D_f}{B} > 1\sim4$

정답 2-1 ③ 2-2 ① 2-3 ④ 2-4 ①

핵심이론 03 | 얕은 기초에서 지지력 산정

① 허용지지력 = $\dfrac{\text{총허용하중}}{\text{기초의 크기}}$ = $\dfrac{\text{극한 지지력}}{\text{안전율}}$

② 테르자기의 수정 극한 지지력 공식

$$q_u = \alpha C N_c + \beta\gamma_1 qBN_r + \gamma_2 D_f N_q$$

여기서, α, β : 기초의 형상계수
C : 점착력(t/m^2)
N_c, N_r, N_q : 지지력계수[ϕ(내부마찰각)에 의해 결정됨]
γ_1 : 기초 바닥 아래 흙의 단위중량(ton/m^3)
γ_2 : 근입 깊이 흙의 단위중량(ton/m^3)
B : 기초의 폭(m)
D_f : 기초의 근입 깊이(m)

③ 얕은 기초의 지지력 계산에 적용하는 테르자기의 극한 지지력 공식에 대한 설명
㉠ 기초의 근입 깊이가 증가하면 지지력도 증가한다.
㉡ 기초의 폭이 증가하면 지지력도 증가한다.
㉢ 기초 지반이 지하수에 의해 포화되면 지지력은 감소한다.
㉣ 기초의 형상에 따라 형상계수를 고려한다.
㉤ 지지력계수 N_c, N_r, N_q는 내부마찰각에 의해 결정된다.
㉥ 계수 α, β를 형상계수라 하며 기초의 모양에 따라 결정된다.
㉦ γ_1, γ_2는 흙의 단위중량이며 지하수위 아래에서는 수중단위중량을 써야 한다.
㉧ 원형 기초에는 B는 원의 직경이다.
㉨ 정사각형 기초에서 α의 값은 1.3이다.
㉩ 연속기초에서 α=1.0이고, 원형기초에서 α=1.3의 값을 가진다.

3-1. 점토와 모래가 섞여 있는 지반의 극한 지지력이 60ton/m^2이라면 이 지반의 허용지지력은?(단, 안전율은 3이다)

① 20ton/m^2
② 30ton/m^2
③ 40ton/m^2
④ 60ton/m^2

3-2. 테르자기에 의해 제안된 다음과 같은 극한 지지력 공식에서 각 기호에 대한 설명으로 잘못된 것은?

$$q_u = \alpha C N_c + \beta \gamma_1 q B N_r + \gamma_2 D_f N_q$$

① B : 기초 폭
② C : 내부마찰각
③ D_f : 기초의 근입 깊이
④ α, β : 기초의 형상계수

3-3. 테르자기의 극한 지지력 공식에 대한 설명으로 틀린 것은?

① 기초의 형상에 따라 형상계수를 고려하고 있다.
② 지지력계수 N_c, N_q, N_r는 내부마찰각에 의해 결정된다.
③ 점성토에서의 극한 지지력은 기초의 근입 깊이가 깊어지면 증가된다.
④ 극한 지지력은 기초의 폭에 관계없이 기초 하부의 흙에 의해 결정된다.

| 해설 |

3-1

$$\text{허용지지력} = \frac{\text{총허용하중}}{\text{기초의 크기}} = \frac{\text{극한 지지력}}{\text{안전율}}$$

$$= \frac{60}{3} = 20\text{ton/}m^2$$

정답 3-1 ① 3-2 ② 3-3 ④

핵심이론 04 | 깊은 기초 ; 말뚝 기초(1)

① 말뚝 기초의 분류
　㉠ 시공법에 따라 : 항타공법, 매입공법, 현장타설공법
　㉡ 재질에 따라 : 나무말뚝, 기성콘크리트말뚝, 현장타설말뚝, 강재말뚝
　㉢ 시공 시 발생하는 횡변위량의 크기에 따라 : 큰 변위말뚝, 작은 변위말뚝, 무변위말뚝
　㉣ 말뚝에 작용하는 하중 방향에 따라 : 연직압축말뚝, 수평말뚝, 인장말뚝 등
　㉤ 지지방법에 따라 : 선단지지말뚝, 하부지반지지말뚝, 마찰말뚝, 다짐말뚝, 흙막이말뚝, 경사말뚝 등

② 주요 말뚝의 특징
　㉠ 경사말뚝 : 횡 방향에서 오는 하중을 지지하기 위한 말뚝
　㉡ 다짐말뚝(Compaction Pile)
　　• 말뚝을 박을 때 지반의 다짐효과에 의해 주면 마찰력을 향상시킨다.
　　• 항타 시 발생하는 진동에너지로 말뚝 주변의 느슨한 모래층을 다지는 효과를 얻도록 설계하는 말뚝이다.
　㉢ 마찰말뚝 : 강성이 큰 지지층이 매우 깊은 곳에 위치하여 말뚝의 길이 연장에 문제가 있는 경우 하중의 대부분을 말뚝의 주면마찰력으로 견디도록 설계하는 말뚝이다.
　　※ 말뚝 기초의 부주면마찰력
　　• 말뚝 주위의 흙이 말뚝을 아랫 방향으로 끄는 힘이다.
　　• 연약 지반에 말뚝을 박고 그 위에 성토하였을 때 발생한다.
　　• 말뚝 선단부에 큰 압력 부담을 준다.
　㉣ 선단지지말뚝 : 현장에서의 암반층이 적절한 깊이 내에 위치할 경우 상부 구조물의 하중을 연약한 지반을 통해 암반으로 전달시키는 기능을 가진 말뚝이다.

ⓜ 인장말뚝 : 상향력에 저항하도록 박히며, 지하수위 아래에 있는 구조물의 양압력에 저항하도록 한다.

ⓗ 흙막이말뚝 : 흙의 활동을 방지할 목적으로 박는 활동방지말뚝이다.

ⓢ 하부 지반 지지말뚝 : 하부에 있는 굳은 지반에 어느 정도 관입시켜 관입된 부분의 마찰력과 선단 지지력에 의하여 지지한다.

ⓞ 강널말뚝 : 토압이나 수압을 지지하는 강철제 널말뚝이다.
  • 때려박기와 빼내기가 쉽다.
  • 수밀성이 커서 물막이에 적합하다.
  • 단면의 휨모멘트와 수평저항력이 크다.
  • 말뚝이음에 대한 신뢰성이 크고 길이 조절이 쉽다.
  • 시공이 빠르고 간단하며, 공사비용도 적게 든다.
  • 약한 지반에도 적용할 수 있으며, 내진구조로 할 수도 있다.

10년간 자주 출제된 문제

4-1. 상부구조물에서 오는 하중을 연약한 지반을 통해 견고한 지층으로 전달시키는 기능을 가진 말뚝은?
① 마찰말뚝
② 인장말뚝
③ 선단지지말뚝
④ 경사말뚝

4-2. 강널말뚝의 특징에 대한 설명으로 틀린 것은?
① 때려박기와 빼내기가 쉽다.
② 수밀성이 커서 물막이에 적합하다.
③ 단면의 휨모멘트와 수평저항력이 작다.
④ 말뚝이음에 대한 신뢰성이 크고 길이 조절이 쉽다.

|해설|
4-1
선단지지말뚝 : 현장에서의 암반층이 적절한 깊이 내에 위치할 경우에 사용되며, 상부 구조물의 하중을 연약한 지반을 통해 암반으로 전달시키는 기능을 가진 말뚝

정답 4-1 ③ 4-2 ③

핵심이론 05 | 깊은 기초 ; 말뚝 기초(2)

① 말뚝의 지지력을 구하는 방법
  ㉠ 정재하시험에 의한 방법
  ㉡ 정역학적 공식에 의한 방법
    • Meyerhof 공식　　• Terzaghi 공식
    • Dorr 공식　　　　• Dunham 공식
  ㉢ 동역학적 공식에 의한 방법
    • Hiley 공식
    • Engineering-news 공식
    • Sander 공식
    • Weisbach 공식

② 말뚝의 동역학적 지지력
  ㉠ Sander 공식 : 안전율 8

$$R_a = \frac{W_r \cdot H}{8S}$$

여기서, R_a : 말뚝의 허용지지력(kg)
　　　　W_r : 해머의 중량(kg)
　　　　H : 해머의 낙하 높이(m)
　　　　8 : 안전율
　　　　S : 1회 타격으로 인한 말뚝의 침하량(m)

  ㉡ Engineering-news 공식 : 안전율 6
    • 드롭해머, 단동식 증기해머 $R_a = \dfrac{W_r \cdot H}{F_s(S+2.54)}$

    • 복동식 해머 $R_a = \dfrac{(W_r + A \cdot P)H}{F_s(S+2.54)}$

여기서, R_a : 말뚝의 허용지지력(kg)
　　　　W_r : 해머의 중량(kg)
　　　　H : 해머의 낙하 높이(cm)
　　　　F_s : 안전율
　　　　S : 말뚝의 평균 관입량(cm)
　　　　A : 피스톤의 유효 면적(cm^2)
　　　　P : 피스톤의 유효 압력(kg/cm^2)

③ 군항의 허용지지력

$$R_{a \cdot g} = EN_t R_a$$

여기서, E : 군말뚝의 효율

N_t : 말뚝의 총개수

R_a : 말뚝 1개의 허용지지력

10년간 자주 출제된 문제

5-1. 다음 중 말뚝의 지지력을 구하는 방법이 아닌 것은?

① 동역학적 지지력 공식 이용방법
② 정역학적인 정재하 시험방법
③ 정역학적 지지력 공식 이용방법
④ 평판재하시험에 의한 방법

5-2. 말뚝의 지지력을 구하는 지지력 공식 중에서 정역학적 지지력 공식에 속하는 것은?

① 마이어호프(Meyerhof) 공식
② 힐리(Hiley) 공식
③ 엔지니어링뉴스(Engineering-news) 공식
④ 샌더(Sander) 공식

5-3. 말뚝의 지지력 계산 시 Engineering news 공식의 안전율은 얼마를 사용하는가?

① 10 　　　　　　　　② 8
③ 6 　　　　　　　　④ 2

정답 5-1 ④　5-2 ①　5-3 ③

---

① 피어 기초(Pier Foundation)

　㉠ 구조물의 하중을 굳은 지반에 전달하기 위하여 수직공을 굴착하여 그 속에 현장콘크리트를 채운 기초로 시공법의 차이로 말뚝 기초와 구별된다.

　㉡ 큰 직경의 구조물이 되므로 지지력도 크고 수평력에 대한 휨모멘트의 저항성이 크다.

　㉢ 진동이나 소음이 생기지 않으므로 도회지의 공사에 적합하다.

　㉣ 지반에서 팽창작용이나 분사현상이 일어나지 않는다.

　㉤ 인력 굴착 시에는 선단 지반의 토질 상태를 직접 조사할 수 있고, 재하실험도 할 수 있다.

　㉥ 말뚝으로서는 뚫기 힘든 토층도 잘 관통시킬 수 있다.

　㉦ 알맞은 지반 상태에서는 말뚝 기초보다 경제적이다.

② 케이슨 기초(Caisson Foundation)

　㉠ 연약한 지반을 관통하여 설치된 케이슨을 통해 주로 무거운 상부 구조물로부터 전달되는 큰 하중을 그 아래의 큰 지지력을 갖는 층까지 전달하는 공법이다.

　㉡ 케이슨은 깊은 기초 중 지지력과 수평저항력이 가장 큰 기초형식이다.

구조물의 하중을 굳은 지반에 전달하기 위하여 수직공을 굴착하여 그 속에 현장 콘크리트를 채운 기초는?

① 피어 기초
② 말뚝 기초
③ 오픈 케이슨
④ 뉴메틱 케이슨

|해설|

② 말뚝 기초 : 기초의 밑면에 접하는 토층이 적당한 지내력을 갖지 못해 푸팅이나 전면 기초와 같은 얕은 기초로 할 수 없거나 공사비 계산의 결과 다른 공법보다 구조물을 말뚝으로 지지하는 것이 경제적일 때 이러한 기초를 말뚝 기초라 한다.
③ 오픈 케이슨 : 중공 대형의 통을 그 바닥면 지반을 굴착시키면서 가라앉혀 소정의 지지 기반에 정착시키는 기초이다.
④ 뉴매틱 케이슨 : 케이슨 선단부의 작업실에 압축공기를 보내고, 고압의 상태에서 작업실 내의 물을 배제하여 저면 하의 토사를 굴착, 배제할 수 있도록 한 케이슨 공법으로 구축한 기초 구조이다.

정답 ①

핵심이론 07 | 점성토 및 사질토의 지반개량공법

점성토 개량공법		사질토 개량공법		일시적인 개량공법
개량원리	종류	개량원리	종류	
탈수방법	• Sand Drain • Paper Drain • Preloading • 침투압 공법 • 생석회 말뚝공법	다짐방법	• 다짐말뚝공법 • Compozer 공법 (다짐모래말뚝공법, Sand Compaction Pile 공법) • Vibroflotation 공법 • 전기충격식 공법 • 폭파다짐공법	• Well Point 공법 • Deep Well 공법 • 동결공법 • 대기압공법 • 전기침투 공법
치환공법	• 굴착치환공법 • 폭파치환공법 • 강제치환공법	배수방법	Well Point 공법	
		고결방법	약액주입공법	

7-1. 점성토 지반의 개량공법으로 적합하지 않은 것은?

① 샌드 드레인 공법
② 바이브로 플로테이션 공법
③ 치환공법
④ 프리로딩 공법

7-2. 기초의 지지력을 보강하기 위한 방법이 아닌 것은?

① 샌드 드레인 공법
② 페이퍼 드레인 공법
③ 파일공법
④ 전기탐사법

정답 7-1 ② 7-2 ④

교육이란 사람이 학교에서 배운 것을 잊어버린 후에 남은 것을 말한다.

– 알버트 아인슈타인 –

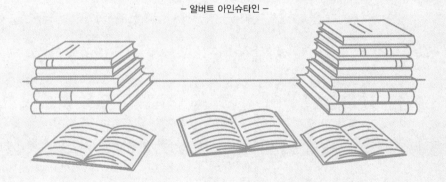

PART 02

과년도+최근 기출복원문제

#기출유형 확인   #상세한 해설   #최종점검 테스트

01 목재의 특성에 대한 설명으로 틀린 것은?

① 비중에 비하여 강도가 크다.
② 함수율의 변화에도 팽창이나 수축이 작다.
③ 충격, 진동 등을 잘 흡수한다.
④ 열팽창계수가 작고 온도에 대한 신축이 작다.

해설
목재는 함수율에 따른 변형과 팽창, 수축이 크다.

02 잔골재의 실적률이 75%이고, 표건밀도가 2.65g/cm^3 일 때 공극률은 얼마인가?

① 28%   ② 25%
③ 35%   ④ 14%

해설
100 = 실적률 + 공극률
공극률 = 100 − 75 = 25%

03 포졸란의 종류 중 인공산에 속하는 것은?

① 플라이 애시
② 규산백토
③ 규조토
④ 화산재

해설
포졸란
• 천연산 : 화산재, 규조토, 규산백토 등
• 인공산 : 플라이 애시, 고로슬래그, 실리카 퓸, 실리카 겔, 소성
  혈암 등

04 굳지 않은 콘크리트의 공기량에 대한 설명으로 틀린 것은?

① 콘크리트의 온도가 높을수록 공기량은 줄어든다.
② 시멘트의 분말도가 높을수록 공기량은 많아진다.
③ 단위 시멘트량이 많을수록 공기량은 줄어든다.
④ 잔골재량이 많을수록 공기량은 많아진다.

해설
시멘트의 분말도가 높을수록 공기량은 감소한다.

05 시멘트를 저장할 때 주의해야 할 사항으로 잘못된 것은?

① 통풍이 잘되는 창고에 저장하는 것이 좋다.
② 방습적인 구조의 저장소에 저장하는 것이 좋다.
③ 저장기간이 길어질 우려가 있는 경우는 7포 이상 쌓아올리지 않도록 한다.
④ 포대 시멘트가 저장 중에 지면으로부터 습기를 받지 않도록 저장해야 한다.

해설
시멘트 사이로 통풍되지 않도록 저장하며, 입하된 순서대로 사용하는 것이 좋다.

1 ② 2 ② 3 ① 4 ② 5 ① **정답**

06 금속재료의 시험의 종류에 해당하지 않는 것은?

① 굴곡시험
② 인장시험
③ 경도시험
④ 오토클레이브 팽창시험

해설
오토클레이브 팽창시험은 시멘트 안정성시험의 일종이다.

08 다음 중 콘크리트의 워커빌리티 개선에 영향을 미치지 않는 것은?

① AE제   ② 감수제
③ 포졸란   ④ 응결경화촉진제

해설
응결경화촉진제는 시멘트의 응결을 촉진하여 콘크리트의 조기강도를 증대하기 위하여 콘크리트에 첨가하는 물질이다.

09 굳은 콘크리트의 건조수축에 대한 설명으로 옳지 않은 것은?

① 물-시멘트비가 클수록 건조수축이 커진다.
② 골재의 입자가 작을수록 건조수축이 커진다.
③ 공기 중 건조 상태에서는 수축한다.
④ 온도가 낮은 경우 건조수축이 커진다.

해설
온도가 높은 경우 건조수축이 커진다.

07 고로 슬래그 시멘트에 대한 설명으로 옳은 것은?

① 보통 포틀랜드 시멘트에 비하여 응결속도가 빠르다.
② 보통 포틀랜드 시멘트보다 조기강도가 크다.
③ 보통 포틀랜드 시멘트에 비해 발열량이 적어 균열의 발생이 적다.
④ 긴급공사나 보수공사에 용이하다.

해설
① 보통 포틀랜드 시멘트에 비해 응결시간이 느리다.
② 조기강도는 작으나 장기강도가 크다.
④ 댐과 같은 단면이 큰 콘크리트 공사에도 이용된다.

10 스트레이트 아스팔트를 가열하여 고온의 공기를 불어 넣어 아스팔트 성분의 화학 변화를 일으켜 만든 것으로서, 주로 방수재료, 접착제, 방식 도장용 등에 사용되는 것은?

① 레이크 아스팔트
② 컷백 아스팔트
③ 블론 아스팔트
④ 록 아스팔트

해설
블론 아스팔트는 연화점이 높고 방수공사용으로 많이 사용되는 석유계 아스팔트이다.

11 콘크리트용 골재가 갖추어야 할 성질에 대한 설명으로 옳지 않은 것은?

① 동일한 입경을 가질 것
② 깨끗하고 강하며 내구성이 있을 것
③ 연한 석편이나 가느다란 석편을 함유하지 않을 것
④ 먼지나 흙, 유기불순물, 염화물과 같은 유해물을 함유하지 않을 것

해설
콘크리트용 골재는 크고 작은 입자의 혼합 상태가 적절해야 한다.

12 물-시멘트비 60%의 콘크리트를 제작할 경우 시멘트 1포당 필요한 물의 양은 몇 kg인가?(단, 시멘트 1포의 무게는 40kg이다)

① 18kg ② 24kg
③ 35kg ④ 47kg

해설
단위수량 = 단위 시멘트량 × 물 – 시멘트비
= 40 × 0.6 = 24kg

13 스트레이트 아스팔트에 천연고무, 합성고무 등을 넣어 성질을 개선한 아스팔트는?

① 유화 아스팔트
② 플라스틱 아스팔트
③ 고무화 아스팔트
④ 컷백 아스팔트

해설
고무화 아스팔트 : 고무를 아스팔트에 혼합 용해한 것이다. 고무는 분말 액상 또는 세편상으로 첨가한다. 또한 아스팔트에 미리 첨가하는 것과 혼합물을 혼합할 때 골재 등과 동시에 첨가하는 것이 있다. 일반적으로 고무화 아스팔트는 감온성이 작고 골재와 접착이 좋은 효과가 있다.

14 보크사이트와 석회석을 혼합하여 만든 시멘트로서 조기강도가 커서 긴급공사나 한중콘크리트 공사에 알맞으며 내화학성이 우수하여 해수공사에도 적합한 시멘트는?

① 팽창 시멘트
② 중용열 포틀랜드 시멘트
③ 알루미나 시멘트
④ 내황산염 포틀랜드 시멘트

해설
알루미나 시멘트는 해중공사 또는 한중콘크리트 공사용 시멘트로 적당하다.

15 암석의 분류방법 중 성인에 의한 분류 내용에 속하지 않는 것은?

① 화성암 ② 퇴적암
③ 변성암 ④ 성층암

해설
암석의 성인에 의한 분류

암석 분류	성 인
화성암	마그마(용융체)로부터 굳어져서
퇴적암	알갱이가 쌓여서(퇴적되어서)
변성암	기존의 암석이 변하여서

16 아스팔트 침입도시험에서 표준 침의 침입량이 16.9 mm일 때 침입도는?

① 1.69　　　　　　② 16.9

③ 169　　　　　　④ 1690

해설

100g의 추에 5초 동안 침의 관입량이 0.1mm일 때 침입도 1이라 한다. 16.9mm 관입했다면 16.9 ÷ 0.1 = 169로, 침입도는 1690이다.

17 콘크리트 압축강도시험에 대한 설명으로 옳지 않은 것은?

① 시험체 지름은 굵은 골재 최대 치수의 3배 이상이어야 한다.

② 공시체의 양생온도는 20±2℃로 한다.

③ 공시체가 급격히 변형하기 시작한 후에는 하중을 가하는 속도의 조정을 중지하고 하중을 계속 가한다.

④ 공시체의 양생이 끝난 후 충분히 건조시켜 마른 상태에서 시험한다.

해설

공시체는 양생을 끝낸 직후 상태(습윤 상태)에서 시험하여야 한다.

18 시멘트 비중시험의 결과가 다음과 같을 때 이 시멘트의 비중은?

- 처음 광유의 눈금 읽음 : 0.40mL
- 시료와 광유 눈금 읽음 : 20.80mL
- 시료의 무게 : 64g

① 3.02　　　　　　② 3.12

③ 3.14　　　　　　④ 3.18

해설

$$시멘트의\ 밀도(비중) = \frac{시료의\ 무게}{눈금차}$$

$$= \frac{64}{20.8 - 4} = 3.137$$

19 흙과 관련된 시험에서 입경가적곡선을 그릴 수 있는 시험으로 옳은 것은?

① 흙의 입도시험

② 흙의 함수비시험

③ 흙의 비중시험

④ 흙의 연경도시험

해설

흙의 입도분석에 의한 결과를 이용하여 입경가적곡선을 작도한다.

20 콘크리트의 압축강도시험 결과 최대 하중이 519.43 kN이고, 공시체의 지름이 152mm일 때 공시체의 압축강도는?

① 2.86MPa　　　　② 2.94MPa

③ 28.6MPa　　　　④ 29.4MPa

해설

$$압축강도(f) = \frac{P}{A} = \frac{519,430}{\frac{\pi \times 152^2}{4}} \approx 28.63MPa$$

21 용기의 무게가 15g일 때 용기에 흙 시료를 넣어 총 무게를 측정하였더니 475g이었고, 절대건조시킨 후 무게가 422g이었다. 이때 함수비는 얼마인가?

① 6.85%

② 10.37%

③ 13.02%

④ 19.33%

$$w = \frac{W_w}{W_s} \times 100$$

$$= \frac{475 - 422}{422 - 15} \times 100$$

$$\simeq 13.022$$

여기서, w : 함수비

　　　　W_w : 총시료의 무게에서 절대건조시킨 시료의 무게를 뺀 값

　　　　W_s : 총시료의 무게에서 용기의 무게를 뺀 값

22 흙의 함수비 시험에 사용되는 기계나 기구가 아닌 것은?

① 원뿔형 몰드

② 저 울

③ 데시케이터

④ 항온건조로

흙의 함수비 시험에 사용되는 기계나 기구 : 용기, 항온건조로, 저울, 데시케이터

※ 원뿔형 몰드는 잔골재의 밀도 및 흡수율 시험에 사용된다.

23 흙의 수축한계를 결정하기 위한 수축접시 1개를 만드는 시료의 양으로 적당한 것은?

① 15g

② 30g

③ 35g

④ 100g

흙의 수축한계시험에서는 공기건조한 시료를 425μm로 체질하여 통과한 흙의 약 30g과 수은 55mL를 준비한다.

24 콘크리트 배합 설계 시 단위수량이 160kg/m³, 단위 시멘트량이 320kg/m³일 때 물-시멘트비는 얼마인가?

① 30%

② 35%

③ 50%

④ 70%

물-시멘트비 $= \dfrac{W}{C} = \dfrac{160}{320} \times 100 = 50\%$

25 액성한계가 42.8%, 소성한계가 32.2%일 때 소성지수를 구하면?

① 10.6

② 15.5

③ 30.2

④ 45.8

소성지수(PI) = 액성한계 - 소성한계

　　　　　　 = 42.8 - 32.2

　　　　　　 = 10.6

26 시멘트 입자의 가는 정도를 알기 위해서 실시하는 시험은?

① 시멘트 압축강도시험
② 시멘트 인장강도시험
③ 시멘트 팽창도시험
④ 시멘트 분말도시험

시멘트의 분말도는 시멘트 입자의 굵고 가는 정도로 일반적으로 비표면적으로 표시한다. 단위는 cm²/g이다.

28 잔골재의 밀도 및 흡수율시험의 결과가 다음과 같을 때 이 골재의 표면건조포화상태의 밀도는?

- 플라스크 + 물의 질량 : 720g
- 플라스크 + 물 + 시료의 질량 : 1,082.5g
- 표면건조포화상태 시료의 질량 : 500.5g
- 절대건조 시료의 질량 : 489.5g
- 시험온도에서의 물의 밀도 : 1g/cm³

① 3.63g/cm³   ② 3.42g/cm³
③ 3.39g/cm³   ④ 3.08g/cm³

잔골재 표면건조포화상태의 밀도

$$d_s = \frac{m}{B+m-C} \times \rho_w$$

$$= \frac{500.5}{720+500.5-1,082.5} \times 1$$

$$\simeq 3.63 \text{g/cm}^3$$

여기서, d_s : 표면건조포화상태의 밀도(g/cm³)
  B : 검정된 용량을 나타낸 눈금까지 물을 채운 플라스크의 질량(g)
  m : 표면건조포화상태의 시료 질량(g)
  C : 시료와 물로 검정된 용량을 나타낸 눈금까지 채운 플라스크의 질량(g)
  ρ_w : 시험온도에서의 물의 밀도(g/cm³)

29 골재의 수정계수가 1.25%이고, 콘크리트의 겉보기 공기량이 6.75%일 때 콘크리트의 공기량은 얼마인가?

① 8.33%   ② 4.25%
③ 5.50%   ④ 8.00%

콘크리트의 공기량
$A = A_1 - G$
  $= 6.75 - 1.25 = 5.50\%$
여기서, A : 콘크리트의 공기량(%)
  A_1 : 콘크리트의 겉보기 공기량(%)
  G : 골재의 수정계수(%)

27 굵은 골재의 체가름시험에서 굵은 골재 최대 치수가 20mm 정도일 때 사용하는 시료의 최소 건조질량은?

① 1kg   ② 2kg
③ 4kg   ④ 6kg

굵은 골재는 최대 치수의 0.2배를 한 정수를 최소 건조질량(kg)으로 하므로, 20 × 0.2 = 4kg이다.

30 액성한계시험을 하고자 할 때 황동접시와 경질 고무 받침대 사이에 게이지를 끼우고 황동접시의 낙하 높이가 얼마가 되도록 낙하장치를 조절하는가?

① 10±0.1mm

② 15±0.1mm

③ 20±0.5mm

④ 20±0.3mm

해설
황동접시의 낙하 높이가 10±0.1mm가 되도록 낙하장치를 조정한다.

31 아스팔트가 늘어나는 정도를 측정하는 시험은?

① 비중시험

② 인화점시험

③ 침입도시험

④ 신도시험

32 슬럼프시험에서 다짐대로 몇 층을 각각 몇 번씩 다지는가?

① 2층, 25회

② 3층, 25회

③ 3층, 35회

④ 2층, 15회

해설
슬럼프콘은 수평으로 설치하였을 때 수밀성이 있는 평판 위에 놓고 누른 후, 거의 같은 양의 시료를 3층으로 나눠서 채운다. 각 층은 다짐봉으로 고르게 한 후 25회씩 다진다.

33 모래의 유기불순물 시험에서 시료와 수산화나트륨 용액을 넣고 병마개를 닫고 잘 흔든 다음 얼마 동안 가만히 놓아 둔 후 색도를 비교하는가?

① 1시간

② 8시간

③ 24시간

④ 30시간

해설
색도의 측정 : 시료에 수산화나트륨 용액을 가한 유리용기와 표준색 용액을 넣은 유리용기를 24시간 정치한 후 잔골재 상부의 용액 색이 표준색 용액보다 연한지, 진한지 또는 같은지를 육안으로 비교한다.

34 굵은 골재의 밀도 및 흡수율시험에서 철망태와 시료를 물속에서 꺼내어 물기를 제거한 후 시료가 일정한 질량이 될 때까지 얼마의 온도로 건조시키는가?

① 100±10℃

② 105±5℃

③ 110±10℃

④ 115±5℃

해설
105±5℃에서 질량 변화가 없을 때까지 건조시키고 실온까지 냉각시켜 절대건조상태의 질량을 측정한다.

35 흙의 소성한계시험에 대한 설명으로 틀린 것은?

① 불투명 유리판을 사용하여 흙의 소성한계시험을 실시한다.

② 1초 동안 2회의 비율로 황동접시를 낙하시킨다.

③ 끈 모양으로 만들어진 흙의 지름이 3mm가 된 단계에서 끊어졌을 때의 함수비를 소성한계라 한다.

④ 시료는 0.425mm 체를 통과한 것으로 준비한다.

해설
②는 액성한계시험 내용이다.
소성한계시험 : 반죽한 시료 덩어리를 손바닥과 불투명 유리판 사이에서 굴리면서 둥근 봉에 맞춰 지름 3mm의 실 모양으로 만든다. 이것을 다시 덩어리로 만들고 이 과정을 반복한다.

36 콘크리트 $1m^3$를 만드는 데 필요한 골재의 절대부피가 $0.72m^3$이고, 잔골재율이 30%일 때 단위 잔골재량은 약 얼마인가?(단, 잔골재의 밀도는 $2.50g/cm^3$이다)

① $526kg/m^3$
② $540kg/m^3$
③ $584kg/m^3$
④ $593kg/m^3$

해설
단위 잔골재량
= 잔골재의 밀도 × 단위 잔골재량의 절대부피 × 1,000
= 2.5 × (0.72 × 0.3) × 1,000 = 540kg/m³

37 아스팔트의 신도시험에서 시험기에 물을 채우고, 물의 온도를 어느 정도로 유지해야 하는가?

① 20±0.5℃
② 21±0.5℃
③ 25±0.5℃
④ 28±0.5℃

해설
물의 온도를 25±0.5℃로 유지한다.

38 콘크리트의 반죽 질기를 측정하는 것으로 워커빌리티를 판단하는 하나의 수단으로 사용되는 시험은?

① 콘크리트 슬럼프시험
② 콘크리트 공기량시험
③ 콘크리트 압축강도시험
④ 콘크리트 휨강도시험

해설
슬럼프시험은 굳지 않은 콘크리트의 반죽 질기 정도를 측정하는 시험이다.

39 콘크리트 압축강도시험의 기록이 없는 현장에서 설계기준 압축강도가 20MPa인 콘크리트를 배합하기 위한 배합강도를 구하면?

① 23MPa
② 27MPa
③ 29MPa
④ 35MPa

해설
콘크리트 압축강도의 표준편차를 모르거나 압축강도의 시험 횟수가 14회 이하인 경우 콘크리트의 배합강도는 다음 표와 같이 정한다.

설계기준강도 f_{ck}(MPa)	배합강도 f_{cr}(MPa)
21 미만	$f_{ck}+7$
21 이상 35 이하	$f_{ck}+8.5$
35 초과	$1.1f_{ck}+5$

$f_{cr} = 20 + 7 = 27MPa$

40 콘크리트 압축강도시험에서 공시체에 하중을 가하는 속도에 대한 설명으로 옳은 것은?

① 압축응력도의 증가율이 매초 6±0.4MPa가 되도록 한다.

② 압축응력도의 증가율이 매초 0.6±0.4MPa가 되도록 한다.

③ 압축응력도의 증가율이 매초 0.6±0.04MPa가 되도록 한다.

④ 압축응력도의 증가율이 매초 6±4MPa가 되도록 한다.

해설

공시체에 충격을 주지 않도록 일정한 속도로 하중을 가한다. 하중을 가하는 속도는 원칙적으로 압축응력도의 증가가 매초 0.6±0.2MPa이 되도록 한다.

※ KS F 2405 개정으로 정답 없음

41 길이 10cm, 지름 5cm인 강봉을 인장시켰더니 길이가 11.5cm이고, 지름은 4.8cm가 되었다. 푸아송비는?

① 0.27 ② 0.38

③ 3.51 ④ 13.63

해설

$$\text{푸아송비} = \frac{\text{횡 방향 변형률}}{\text{종 방향 변형률}} = \frac{1}{m}$$

$$= \frac{\frac{0.2}{5}}{\frac{1.5}{10}} \approx 0.27$$

여기서, m : 푸아송수 = 푸아송비의 역수

42 잔골재의 밀도시험은 두 번 실시하여 평균값을 잔골재의 밀도값으로 결정한다. 이때 각각의 시험값은 평균과의 차이가 얼마 이하이어야 하는가?

① 0.5g/cm^3

② 0.05g/cm^3

③ 0.1g/cm^3

④ 0.01g/cm^3

해설

정밀도 : 시험값과 평균값의 차이는 밀도의 경우 0.01g/cm^3 이하, 흡수율의 경우 0.05% 이하여야 한다.

43 흙의 시험 중 수은이 필요한 시험으로 옳은 것은?

① 액성한계시험

② 수축한계시험

③ 소성한계시험

④ 비중시험

해설

수축한계시험에서 수은을 쓰는 이유는 노건조 시료의 체적(부피)을 구하기 위해서이다.

44 흙의 비중시험에서 흙을 끓이는 이유로 가장 적절한 것은?

① 부피를 축소하기 위함이다.

② 빨리 시험하기 위함이다.

③ 시료에 열을 가하기 위함이다.

④ 기포를 제거하기 위함이다.

해설
일반적인 흙의 경우, 흙 입자 속에 있는 기포를 완전히 제거하기 위해서 피크노미터에 시료와 증류수를 채우고 10분 이상 끓여야 한다.

45 다음 보기에 해당하는 기구로 수행 가능한 시험은 무엇인가?

> • 비카침 장치
> • 길모어 침 장치
> • 모르타르 혼합기

① 시멘트 비중시험

② 시멘트 분말도시험

③ 시멘트 안정성시험

④ 시멘트 응결시험

해설
시멘트의 응결시간 측정시험에 사용하는 기구 : 저울, 메스실린더, 길모어 침, 혼합기, 습기함, 눈금이 있는 실린더나 뷰렛, 유리판 등
※ 초결과 종결을 구분하는 데는 비카(Vicat) 시험장치 또는 길모어(Gilmore) 침을 이용한다.

46 점성토 지반의 개량공법으로 적절하지 않은 것은?

① 샌드 드레인 공법

② 바이브로플로테이션 공법

③ 치환공법

④ 프리로딩 공법

해설
점성토 및 사질토의 개량공법

점성토 개량공법		사질토 개량공법		일시적인 개량공법
개량 원리	종 류	개량 원리	종 류	
탈수 방법	• Sand Drain • Paper Drain • Preloading • 침투압 공법 • 생석회 말뚝공법	다짐 방법	• 다짐말뚝공법 • Compozer 공법 (다짐모래말뚝공법, sand Compaction Pile 공법) • Vibroflotation 공법 • 전기충격식 공법 • 폭파다짐공법	• Well Point 공법 • Deep Well 공법 • 동결공법 • 대기압공법 • 전기침투 공법
치환 공법	• 굴착치환공법 • 폭파치환공법 • 강제치환공법	배수 방법	Well Point 공법	
		고결 방법	약액주입공법	

47 상부 구조물에서 오는 하중을 연약한 지반을 통해 견고한 지층으로 전달시키는 기능을 가진 말뚝은?

① 선단지지말뚝

② 인장말뚝

③ 마찰말뚝

④ 경사말뚝

해설
선단지지말뚝은 말뚝의 선단이 비교적 강성이 큰 지반이나 암반에 도달하여 상부로부터 오는 하중의 대부분을 선단의 지지층으로 전달하도록 설계한 것이다.

48 모래층의 깊이 5m 되는 점의 수직응력이 8ton/m², 전단저항각 ϕ=30°일 때 전단강도는 얼마인가?(단, c = 0이다)

① 3.90ton/m³

② 4.05ton/m³

③ 4.62ton/m³

④ 6.87ton/m³

해설

모래의 전단강도

$\gamma = \sigma \tan\phi$

$= 8 \times \tan30°$

$\simeq 4.62$

49 점토와 모래가 섞여 있는 지반의 극한 지지력이 90t/m³이라면 이 지반의 허용지지력은?(단, 안전율은 3이다)

① 20ton/m²

② 30ton/m²

③ 35ton/m²

④ 50ton/m²

해설

허용지지력 = $\dfrac{\text{극한 지지력}}{\text{안전율}} = \dfrac{90}{3} = 30\text{ton/m}^2$

50 암석이 풍화된 후 물, 중력, 바람, 빙하 등에 의해 다른 장소로 운반되어 쌓인 흙을 무엇이라고 하는가?

① 퇴적토

② 풍화토

③ 유기질토

④ 잔류토

해설

① 퇴적토(운적토) : 물, 바람, 얼음 등의 작용으로 멀리까지 운반되어 퇴적된 흙

② 풍화토 : 바람에 의해 퇴적된 흙

③ 유기질토 : 동식물이 부패되어 형성된 흙

④ 잔류토 : 풍화되어 제 위치에 있는 흙

51 Terzaghi의 압밀이론의 가정으로 옳지 않은 것은?

① 흙은 균질하다.

② 흙은 포화되어 있다.

③ 흙 입자와 물은 비압축성이다.

④ 흙의 투수계수는 압력의 크기에 비례한다.

해설

흙의 성질과 투수계수는 압력의 크기에 관계없이 일정하다.

52 다음 중 N값과 직접적 관계가 있는 시험은?

① Vane시험

② 직접전단시험

③ 표준관입시험

④ 평판재하시험

표준관입시험은 시추공에 원통형 샘플러를 넣고 동일한 에너지로 타격을 가해 흙의 저항력을 측정하는 값을 N값으로 표시한다.

53 도로나 활주로 등의 포장 두께를 결정하기 위해 노상토의 강도, 압축성, 팽창성 등을 결정하는 시험방법은?

① CBR시험

② 다짐시험

③ 압밀시험

④ 콘관입시험

CBR시험 : 주로 아스팔트와 같은 가요성(연성) 포장의 지지력을 결정하기 위한 시험방법, 즉 도로나 활주로 등의 포장 두께를 결정하기 위하여 지지하는 노상토의 강도, 압축성, 팽창성 및 수축성 등을 결정하는 시험이다.

54 간극률이 40%인 흙의 간극비는?

① 0.36

② 0.58

③ 0.67

④ 0.91

$$e = \frac{n}{100-n} = \frac{40}{100-40} \simeq 0.67$$

55 통일 분류법의 기호 중 입도분포가 좋은 자갈을 나타내는 것은?

① GW

② GP

③ CH

④ SW

② GP : 입도분포가 불량한 자갈

③ CH : 압축성이 높은 점토

④ SW : 입도분포가 양호한 모래

56 다음 중 모세관 상승 높이가 가장 높은 흙은?

① 자 갈

② 가는 모래

③ 굵은 모래

④ 점 토

점토는 모관상승고가 가장 크지만, 투수성이 낮기 때문에 수분 공급이 원활하지 않아 동상은 미미하다.

57 다음 중 흙에 관한 전단시험의 종류가 아닌 것은?

① Vane시험

② CBR시험

③ 삼축압축시험

④ 일축압축시험

해설

CBR시험은 도로포장 설계 시 포장 두께를 결정하는 시험이다.

58 다음 기초의 종류 중 깊은 기초에 해당하는 것은?

① 전면 기초

② 연속푸팅 기초

③ 복합푸팅 기초

④ 케이슨 기초

해설

기초의 분류

• 직접 기초(얕은 기초)

  – 푸팅 기초(확대 기초) : 독립푸팅 기초, 복합푸팅 기초, 연속푸팅 기초, 캔틸레버 기초

  – 전면 기초 : 매트 기초

• 깊은 기초 : 말뚝 기초, 피어 기초, 케이슨 기초

59 어떤 흙의 함수비는 20%, 비중이 2.68, 간극비가 0.72일 때 이 흙의 포화도는?

① 57.4%

② 67.2%

③ 74.4%

④ 83.6%

해설

$S \cdot e = w \cdot G_s$

$S = \dfrac{G_s \cdot w}{e} = \dfrac{2.68 \times 20}{0.72} \simeq 74.444 \simeq 74.4\%$

여기서, G_s : 비중

　　　　w : 함수비

　　　　e : 간극비

60 어떤 흙의 구성 성분이 다음과 같을 때 간극률은?

구성 성분	부피(cm³)	무게(g)
공기	$V_a = 5$	$W_a = 0$
물	$V_w = 15$	$W_w = 15$
흙 입자	$V_s = 80$	$W_s = 165$

① 5%　　　　　② 13%

③ 20%　　　　④ 26%

해설

간극률

$n = \dfrac{V_v}{V}$

$= \dfrac{5+15}{5+15+80} = 0.2$

여기서, V_v : 공극의 부피, V : 겉보기 부피

01 다음 중 석유 아스팔트에 포함되지 않는 것은?

① 블론 아스팔트
② 록 아스팔트
③ 스트레이트 아스팔트
④ 용제 추출 아스팔트

해설
아스팔트의 종류
• 천연 아스팔트 : 레이크 아스팔트, 록 아스팔트, 샌드 아스팔트, 아스팔타이트
• 석유 아스팔트 : 스트레이트 아스팔트, 컷백 아스팔트, 유화 아스팔트, 블론 아스팔트, 개질 아스팔트

02 다음에서 콘크리트의 워커빌리티에 영향을 주는 요소가 아닌 것은?

① 양생기간
② 물의 사용량
③ 온도와 혼합시간
④ 시멘트의 사용량

해설
워커빌리티에 영향을 끼치는 요소
• 시멘트 : 시멘트양, 분말도, 시멘트 종류
• 혼화재료 : 혼화재료의 종류와 양
• 골재 : 골재입도, 골재 최대 치수, 표면조직과 흡수량 등
• 물-시멘트비, 공기량, 배합 비율, 시간과 온도 등

03 고무를 아스팔트에 혼입하여 아스팔트의 성질을 개선한 것을 고무혼입 아스팔트라고 한다. 고무혼입 아스팔트의 장점을 설명한 것으로 옳지 않은 것은?

① 응집성 및 부착력이 크다.
② 탄성 및 충격저항이 크다.
③ 마찰계수가 크다.
④ 감온성이 크다.

해설
고무혼입 아스팔트는 감온성이 작다.

04 시멘트를 분류할 때 특수 시멘트에 속하지 않는 것은?

① 알루미나 시멘트
② 팽창 시멘트
③ 플라이 애시 시멘트
④ 초속경 시멘트

해설
플라이 애시 시멘트는 혼합 시멘트에 속한다.
특수 시멘트 : 백색 시멘트, 팽창질석을 사용한 단열 시멘트, 팽창성 수경 시멘트, 메이슨리 시멘트, 초조강 시멘트, 초속경 시멘트, 알루미나 시멘트, 방통 시멘트, 유정 시멘트

05 알루미늄 또는 아연 가루와 같은 혼화제의 특징으로 옳은 것은?

① 염분에 의한 철근의 녹을 방지한다.
② 시멘트의 응결을 빠르게 한다.
③ 콘크리트가 동결되지 않도록 한다.
④ 콘크리트 속에 아주 작은 기포를 발생시킨다.

해설
기포제 : 콘크리트 속에 많은 거품을 일으켜 부재의 경량화나 단열성을 목적으로 사용하는 혼화제이다.

06 목재의 압축강도와 함수율의 관계를 나타낸 것 중 옳은 것은?(단, 목재의 함수율은 섬유포화점 이하인 경우이다)

① 함수율이 증가하면 압축강도가 증가한다.
② 함수율과 압축강도는 상관관계가 없다.
③ 섬유포화점에서 압축강도는 가장 크다.
④ 함수율이 증가하면 압축강도는 감소한다.

> **해설**
> 목재의 함수율과 강도는 반비례한다.

07 화강암의 성질에 대한 설명으로 틀린 것은?

① 내화성이 커서 고열을 받는 곳에 적합하다.
② 조직이 균일하고 내구성 및 강도가 크다.
③ 균열이 작기 때문에 큰 재료를 채취할 수 있다.
④ 외관이 아름다워 장식재로 사용할 수 있다.

> **해설**
> 화강암은 내화성이 작아 고열을 받는 곳에는 적합하지 않다.

08 콘크리트 작업 중에 발생하는 재료분리현상을 증가시키는 요인이 아닌 것은?

① 굵은 골재의 최대 치수가 너무 큰 경우
② 잔골재율을 크게 한 경우
③ 입자가 거친 잔골재를 이용한 경우
④ 단위수량이 지나치게 많은 경우

> **해설**
> **콘크리트 작업 중에 발생하는 재료분리현상을 증가시키는 요인**
> • 굵은 골재의 최대 치수가 너무 큰 경우
> • 잔골재율을 작게 한 경우
> • 입자가 거친 잔골재를 이용한 경우
> • 단위수량이 너무 많은 경우
> • 단위골재량이 너무 많은 경우
> • 배합이 적절하지 않은 콘크리트의 경우

09 플라이 애시를 사용한 콘크리트의 특징으로 옳지 않은 것은?

① 건조수축이 감소한다.
② 수밀성이 개선된다.
③ 조기강도가 증가한다.
④ 워커빌리티가 향상된다.

> **해설**
> 플라이 애시는 조기강도는 작지만, 포졸란반응에 의하여 장기강도의 발현성이 좋다.

10 거푸집에 쉽게 다져 넣을 수 있고 거푸집을 제거하면 천천히 모양이 변화하지만 허물어지거나 재료가 분리하는 일이 없는 굳지 않은 콘크리트의 성질은?

① 피니셔빌리티(Finishability)
② 워커빌리티(Workability)
③ 반죽 질기(Consistency)
④ 성형성(Plasticity)

> **해설**
> ① 피니셔빌리티(마무리성) : 굵은 골재의 최대 치수, 잔골재율, 잔골재의 입도, 반죽 질기 등에 따른 콘크리트 표면의 마무리하기 쉬운 정도를 나타내는 성질
> ② 워커빌리티(시공연도) : 반죽 질기에 따른 작업의 어렵고 쉬운 정도 및 재료의 분리에 저항하는 정도를 나타내는 굳지 않은 콘크리트의 성질
> ③ 반죽 질기 : 주로 수량의 다소에 따른 반죽의 되고, 진 정도를 나타내는 것으로, 콘크리트 반죽의 유연성을 나타내는 성질

11 콘크리트의 경화를 촉진시키는 방법으로 적당하지 않은 것은?

① 혼화재료인 경화촉진제를 사용한다.
② 증기양생을 한다.
③ 시멘트의 양을 늘리고 물-시멘트비를 크게 한다.
④ 조강 포틀랜드 시멘트를 사용한다.

해설
시멘트량을 늘리고 물-시멘트비를 크게 하면 경화가 늦어진다.

12 강의 경도, 강도를 증가시키기 위해 오스테나이트 (Austenite) 영역까지 가열한 다음 급랭하여 마텐자이트(Martensite) 조직을 얻는 열처리는 무엇인가?

① 담금질   ② 불 림
③ 풀 림   ④ 뜨 임

해설
① 담금질 : 가열된 강(鋼)을 찬물이나 더운물 혹은 기름 속에서 급히 식히는 방법으로, 경도와 강도가 증대되며 물리적 성질이 변한다. 탄소 함량이 클수록 효과적이다.
② 불림 : 강을 800~1,000℃로 가열한 후 공기 중에 냉각시키는 방법으로, 가열된 강이 식으면 결정립자가 미세해져 변형이 제거되고 조직이 균질화된다.
③ 풀림 : 높은 온도에서 가열된 강을 용광로 속에서 천천히 식히는 방법으로, 강의 결정이 미세화되며, 연화(軟化)된다.
④ 뜨임 : 담금질한 강은 너무 경도가 커서 내부에 변형을 일으킬 수 있으므로, 다시 200~600℃ 정도로 가열한 다음 공기 중에서 서서히 식혀 변형을 없앤다.

13 콘크리트용 골재로서 필요한 성질에 관한 설명으로 부적합한 것은?

① 깨끗하고 유해물을 함유하지 않을 것
② 화학적, 물리적으로 안정적이고 내구성이 클 것
③ 크기가 비슷한 것이 고르게 혼입되어 있을 것
④ 단단하며 마모에 대한 저항성이 클 것

해설
크고 작은 입자의 혼합 상태가 콘크리트용 골재로서 적절하다.

14 중용열 포틀랜드 시멘트의 특징을 설명한 것 중 옳지 않은 것은?

① 수화작용을 할 때 발열량이 적다.
② 한중콘크리트 시공에 적합하다.
③ 건조수축이 작다.
④ 댐 콘크리트에 주로 쓰인다.

해설
중용열 포틀랜드 시멘트는 단면이 큰 콘크리트용으로 알맞으며, 서중콘크리트 공사에 사용된다.
※ 알루미나 시멘트는 해중공사 또는 한중콘크리트 공사용 시멘트로 적당하다.

15 콘크리트 반죽에 사용될 잔골재에 표면수가 많이 존재한다면 콘크리트 배합 시 어떤 조치를 취해야 하는가?

① 단위수량을 줄인다.
② 단위 시멘트량을 증가시킨다.
③ 혼화재료를 반드시 사용한다.
④ 단위 굵은 골재량을 줄인다.

해설
콘크리트 배합 시 반죽에 사용될 잔골재에 표면수가 많이 존재하면 단위수량을 줄여야 한다.

16 슬럼프시험에서 슬럼프콘에 콘크리트를 채우기 시작하고 나서 슬럼프콘의 들어올리기를 종료할 때까지의 시간은 최대 얼마 이내로 해야 하는가?

① 3분   ② 5분

③ 7분   ④ 8분 30초

해설
슬럼프콘에 콘크리트를 채우기 시작하고 슬럼프콘의 들어올리기를 종료할 때까지의 시간은 3분 이내로 한다.

17 콘크리트의 블리딩시험에서 시험 중 온도로 가장 적합한 것은?

① 17±3℃

② 20±3℃

③ 25±3℃

④ 30±3℃

해설
블리딩시험 중에는 실온 20±3℃로 한다.

18 흙의 밀도시험에서 가장 큰 오차의 원인은?

① 흙에 내포된 공기

② 흙의 성질

③ 흙의 습윤단위무게

④ 흙의 건조단위무게

해설
흙 입자의 밀도 측정에서 가장 큰 오차의 원인은 잔존 공기에 의한 것으로, 끓여서 공기를 제거한다.

19 표준체에 의한 시멘트 분말도시험을 할 경우 사용되는 체의 호칭치수는?

① $22\mu m$ ② $28\mu m$

③ $45\mu m$ ④ $60\mu m$

해설
표준체에 의한 방법(KS L 5112)은 표준체 $45\mu m$로 쳐서 남는 잔사량을 계량하여 분말도를 구한다.

20 흙의 공학적 분류에서 0.075mm 체 통과량이 몇 % 이하이면 조립토로 분류하는가?

① 50%   ② 60%

③ 70%   ④ 80%

해설
흙의 공학적 분류
• 조립토 : 0.075mm($75\mu m$) 체 통과량이 50% 이하
• 세립토 : 0.075mm($75\mu m$) 체 통과량이 50% 이상

16 ①   17 ②   18 ①   19 ③   20 ①   **정답**

21 흙의 밀도시험에서 피크노미터에 흙 시료를 넣고 기포를 제거하기 위해 시료를 가열하는데, 이때 흙의 종류에 따른 끓이는 시간으로 옳은 것은?

① 고유기질토에서 약 5분 정도 끓인다.
② 화산재 흙에서 약 20분 정도 끓인다.
③ 일반적 흙에서 10분 이상 끓인다.
④ 모래질 흙에서 3시간 이상 끓인다.

해설
흙의 비중 측정 시 기포 제거를 위하여 끓이는 시간 : 일반적인 흙에서는 10분 이상, 고유기질토에서는 약 40분, 화산재 흙에서는 2시간 이상 끓여야 한다.

22 흙의 수축한계시험에서 공기건조한 흙을 $425\mu m$ 체로 체질하여 통과한 흙 약 몇 g을 시료로 준비하는가?

① 100g   ② 70g
③ 40g   ④ 30g

해설
액성한계시험용 시료의 양은 약 200g, 소성한계시험용 시료의 양은 약 30g으로 한다(KS F 2303).

23 골재의 함수 상태 중 표면건조포화상태란?

① 골재알의 속이 물로 차 있고 표면에도 물기가 있는 상태이다.
② 골재알 속의 일부에만 물기가 있는 상태이다.
③ 골재알의 표면에는 물기가 없고 골재알 속은 물로 차 있는 상태이다.
④ 골재 안과 밖에 물기가 전혀 없는 상태이다.

해설
표면건조포화상태 : 골재의 표면은 건조하고 골재 내부의 공극이 완전히 물로 차 있는 상태

24 시멘트의 비중시험에 사용되는 시험기구는?

① 콤퍼레이터
② 오토클레이브
③ 고무 스크레이퍼
④ 르샤틀리에 비중병

해설
시멘트 비중시험에 필요한 기구
• 르샤틀리에 플라스크
• 광유 : 온도 23±2℃에서 비중 약 0.73 이상인 완전히 탈수된 등유나 나프타를 사용한다.
• 천 칭
• 철사 및 마른 걸레
• 항온수조

25 아스팔트의 침입도시험 측정 후 시험마다 침에 붙어 있는 시료는 무엇으로 닦아 내는가?

① 삼염화에탄
② 메틸알코올
③ 가성소다
④ 그리스

해설
시험 시마다 삼염화에탄 등의 적당한 용제에 적신 거즈 등으로 침을 세척하고, 건조한 거즈로 침을 위에서 아래로 닦아 침 지지장치에 부착한다.

26 흙의 함수비시험에서 시료를 항온건조기에서 건조시켜야 하는데 이때의 온도는 어느 정도인가?

① 110±5℃　　　② 90±5℃

③ 95±5℃　　　④ 80±5℃

해설

항온건조기 : 온도를 110±5℃로 유지할 수 있는 것

27 점토질 흙의 함수량이 증가함에 따른 상태의 변화로 옳은 것은?

① 액성 → 소성 → 고체 상태 → 반고체

② 액성 → 고체 상태 → 소성 → 반고체

③ 고체 상태 → 소성 → 반고체 → 액성

④ 고체 상태 → 반고체 → 소성 → 액성

해설

흙의 함수량에 따른 단계는 고체 → 반고체 → 소성 → 액성 상태로 변화하며, 고체에서 반고체로 가는 한계를 수축한계, 반고체에서 소성 상태로 가는 한계를 소성한계, 소성에서 액성으로 가는 한계를 액성한계라고 한다.

28 블레인 공기투과장치를 이용한 시험에서 구한 비표면적으로 얻을 수 있는 것은?

① 시멘트의 분말도

② 시멘트의 침입도

③ 시멘트의 블리딩

④ 시멘트의 레이턴스

해설

비표면적이란 시멘트 1g 입자의 전 표면적을 cm^2로 나타낸 것으로 시멘트의 분말도를 나타낸다.

29 골재의 체가름시험에서 체가름할 골재의 시료 채취방법으로 옳은 것은?

① 2분법　　　② 4분법

③ 6분법　　　④ 8분법

해설

시료는 4분법 또는 시료분취기에 의해 일정 분량이 되도록 축분한다.

30 콘크리트의 압축강도시험의 기록이 없는 현장에서 설계기준 압축강도가 18MPa인 경우 배합강도는 얼마인가?

① 18MPa　　　② 20MPa

③ 25MPa　　　④ 26.5MPa

해설

콘크리트 압축강도의 표준편차를 모르거나 압축강도의 시험 횟수가 14회 이하인 경우 콘크리트의 배합강도는 다음 표와 같이 정할 수 있다.

설계기준강도 f_{ck}(MPa)	배합강도 f_{cr}(MPa)
21 미만	$f_{ck}+7$
21 이상 35 이하	$f_{ck}+8.5$
35 초과	$1.1f_{ck}+5$

$f_{cr} = 18+7 = 25\text{MPa}$

31 애터버그 한계시험에서 흙 시료를 유리판 위에 놓고 손바닥으로 굴려 지름 약 3mm의 막대가 끊어져 부슬부슬한 상태가 될 때의 함수비를 무엇이라고 하는가?

① 액성한계   ② 소성한계
③ 수축한계   ④ 유동한계

해설
소성한계 : 흙을 국수 모양으로 밀어 지름이 약 3mm 굵기에서 부스러질 때의 함수비

32 굵은 골재의 밀도를 알기 위한 시험결과가 다음과 같을 경우 절대건조상태의 밀도는?

> • 표면건조포화상태 시료의 질량 : 2,090g
> • 절대건조상태 시료의 질량 : 2,000g
> • 시료의 수중 질량 : 1,290g
> • 시험온도에서의 물의 밀도 : 1g/cm³

① 2.50g/cm^3
② 2.65g/cm^3
③ 2.70g/cm^3
④ 2.95g/cm^3

해설
절대건조상태의 밀도 : 골재 내부 빈틈에 포함되어 있는 물이 전부 제거된 상태인 골재 입자의 겉보기 밀도로서, 골재의 절대건조상태 질량을 골재의 절대용적으로 나눈 값

$$D_d = \frac{A}{B-C} \times \rho_w$$

$$= \frac{2,000}{2,090-1,290} \times 1 = 2.5\text{g/cm}^3$$

여기서, D_d : 절대건조상태의 밀도(g/cm³)
  A : 절대건조상태의 시료 질량(g)
  B : 표면건조포화상태의 시료 질량(g)
  C : 침지된 시료의 수중 질량(g)
  ρ_w : 시험온도에서의 물의 밀도(g/cm³)

33 역청 혼합물의 소성 흐름에 대한 저항력시험에서 가장 많이 사용되는 시험기는?

① 로스앤젤레스시험기
② 박막가열장치
③ 마셜시험기
④ 앵글로점도시험기

해설
아스팔트 혼합물의 마셜 안정도 및 흐름값 시험방법은 마셜시험기를 사용한다.

34 어떤 콘크리트의 배합 설계에서 단위골재량의 절대부피가 0.715m³이고, 최종 보정된 잔골재율이 38%일 경우 단위 굵은 골재량의 절대부피는 얼마인가?

① 0.393m^3
② 0.443m^3
③ 0.537m^3
④ 0.709m^3

해설
단위 굵은 골재량의 절대부피
= 단위 골재량의 절대부피 – 단위 잔골재량의 절대부피
= 0.715 – (0.715 × 0.38) ≃ 0.443m³

35 콘크리트용 모래에 포함되어 있는 유기불순물 시험에 사용되지 않는 것은?

① 알코올 용액
② 탄산암모늄 용액
③ 타닌산 용액
④ 수산화나트륨 용액

해설
유기불순물 시험에 사용되는 용액 : 타닌산, 알코올, 수산화나트륨

36 다음 그림에서 E점을 무엇이라고 하는가?

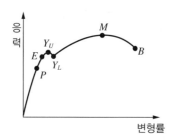

① 탄성한도　　　　② 소성한도
③ 비례한도　　　　④ 하항복점

탄성한도 : 하중을 제거하면 본래의 형태로 복원되는 한계점이다.

37 지름이 100mm이고, 길이가 200mm인 원주형 공시체에 대한 쪼갬 인장강도시험 결과 최대 하중이 120,000N이라고 할 때 이 공시체의 쪼갬 인장강도는?

① 2.87MPa　　　　② 3.82MPa
③ 4.03MPa　　　　④ 5.87MPa

쪼갬 인장강도 $= \dfrac{2P}{\pi dl} = \dfrac{2 \times 120,000}{\pi \times 100 \times 200} \simeq 3.82\text{MPa}$

여기서, P : 하중(N), d : 공시체의 지름(mm)
　　　　l : 공시체의 길이(mm)

38 슬럼프시험의 목적으로 옳은 것은?

① 콘크리트의 압축강도 측정
② 콘크리트의 마모저항 측정
③ 콘크리트의 인장강도 측정
④ 콘크리트의 반죽 질기 측정

슬럼프시험은 굳지 않은 콘크리트의 반죽 질기 정도를 측정하는 시험이다.

39 굳지 않은 콘크리트의 컨시스턴시를 측정하는 방법이 아닌 것은?

① 슬럼프시험
② 흐름시험
③ 블리딩시험
④ 리몰딩시험

리몰딩시험은 굳지 않은 콘크리트의 유동성 정도나 그러한 콘크리트를 다루는 작업들의 난이도를 측정하는 시험이다.

40 다음 그림과 같은 흙의 시험장치는?

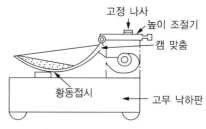

① 수축한계측정기
② 소성한계측정기
③ 입도측정기
④ 액성한계측정기

액성한계시험 시 황동접시와 경질 고무 받침대 사이에 게이지를 끼우고 황동접시의 낙하 높이가 10±0.1mm 가 되도록 낙하장치를 조정한다.

41 흙의 수축한계시험을 할 때 수은을 사용하는 주된 이유는?

① 수축접시에 부착이 잘되지 않으므로
② 수은의 응집력이 크기 때문에
③ 건조시료의 부피를 측정하기 위하여
④ 수은의 무게가 무겁기 때문에

해설
흙의 수축한계시험에서 수은을 사용하는 주된 이유는 건조시료의 부피를 측정하기 위해서이다.

42 어떤 시료의 함수비가 20%, 포화도가 80%, 간극비는 0.7일 때 이 흙의 비중값은 얼마인가?

① 2.50　　　　　② 2.65
③ 2.80　　　　　④ 2.95

해설
$S \cdot e = w \cdot G_s$

$G_s = \dfrac{S \times e}{w}$

$= \dfrac{80 \times 0.7}{20} = 2.8$

여기서, S : 포화도, e : 간극비, w : 함수비, G_s : 비중

43 골재의 체가름시험에서 조립률을 구할 때 사용되지 않는 체는 어느 것인가?

① 10mm　　　　② 20mm
③ 30mm　　　　④ 40mm

해설
조립률(골재) : 75mm, 40mm, 20mm, 10mm, 5mm, 2.5mm, 1.2mm, 0.6mm, 0.3mm, 0.15mm 체 등 10개의 체를 1조로 하여 체가름시험을 하였을 때 각 체에 남은 누계량의 전체 시료에 대한 질량 백분율의 합을 100으로 나눈 값

44 콘크리트 공기량 시험에서 겉보기 공기량이 7.65%, 골재의 수정계수가 1.25%일 때 콘크리트의 공기량은 얼마인가?

① 3.5%　　　　　② 4.7%
③ 5.4%　　　　　④ 6.4%

해설
콘크리트의 공기량
$A = A_1 - G$
$= 7.65 - 1.25 = 6.4\%$
여기서, A : 콘크리트의 공기량(%)
　　　　A_1 : 콘크리트의 겉보기 공기량(%)
　　　　G : 골재의 수정계수(%)

45 아스팔트의 늘어나는 정도를 파악하기 위해 신도시험을 한다. 신도의 측정 단위는 무엇인가?

① ℃　　　　　　② %
③ L　　　　　　④ cm

해설
신도는 시료의 양 끝을 규정온도(25±0.5℃) 및 속도(매분 5±0.25cm)로 잡아당겼을 때 시료가 끊어질 때까지 늘어난 길이로, 단위는 cm이다.

46 포화 상태의 흙의 간극률이 52%이고, 비중이 2.7일 때 습윤단위무게는 얼마인가?

① 1.53ton/m^3　　② 1.62ton/m^3

③ 1.75ton/m^3　　④ 1.82ton/m^3

해설

간극비 $e = \dfrac{n}{100-n} = \dfrac{52}{100-52} = 1.08$

습윤단위무게(γ_t)

$$\gamma_t = \dfrac{G_s + \dfrac{Se}{100}}{1+e} \times \gamma_w$$

$$= \dfrac{2.7 + \dfrac{100 \times 1.08}{100}}{1+1.08} \times 1 = \dfrac{2.7 + 1.08}{2.08} = 1.817$$

$$\simeq 1.82\text{ton/m}^3$$

47 사질토는 느슨한 상태로 존재하느냐 또는 촘촘한 상태로 존재하느냐에 따라서 성질이 매우 달라진다. 이러한 상태를 알기 위해 사용되는 것은?

① 원심함수당량　　② 상대밀도

③ 예민비　　　　　④ 비 중

해설

상대밀도(Relative Density) : 사질토가 느슨한 상태에 있는가, 조밀한 상태에 있는가를 나타내는 것으로 액상화 발생 여부 추정 및 내부마찰각의 추정이 가능하다.

48 어떤 흙의 포화 단위무게를 측정하였더니 1.98g/cm^3이었다. 이 흙의 수중 단위무게는?

① 0.05g/cm^3　　② 0.98g/cm^3

③ 1.52g/cm^3　　④ 1.98g/cm^3

해설

수중 단위무게 = 포화 단위무게 $- \gamma_w$

$$= 1.98 - 1 = 0.98\text{g/cm}^3$$

※ 특별한 언급이 없는 경우, γ_w는 1로 한다.

49 유선망에서 수두차 $H = 3\text{m}$, 투수계수 $k = 1.36 \times 10^{-3}\text{m/s}$, 등수두면의 수는 7, 유로의 수가 4일 때 침투수량은?

① $1.24 \times 10^{-3}\text{m}^3/\text{s}$

② $2.33 \times 10^{-3}\text{m}^3/\text{s}$

③ $5.77 \times 10^{-3}\text{m}^3/\text{s}$

④ $10.15 \times 10^{-3}\text{m}^3/\text{s}$

해설

침투수량 $Q = KH\dfrac{N_f}{N_d}$

$$= 1.36 \times 10^{-3} \times 3 \times \dfrac{4}{7} \simeq 2.33 \times 10^{-3}$$

여기서, K : 투수계수, H : 상하류의 수두차

N_f : 유로의 수, N_d : 등수두면의 수

50 어떤 흙의 전단시험 결과 점착력은 2kg/cm^2, 내부마찰각은 $35°$, 토립자에 작용하는 수직응력은 5.5kg/cm^2일 때 전단강도는 얼마인가?

① 4.89kg/cm^2

② 5.35kg/cm^2

③ 5.85kg/cm^2

④ 6.24kg/cm^2

해설

$\tau = c + \sigma\tan\phi$

$$= 2 + 5.5 \times \tan35° \simeq 5.85$$

여기서, τ : 전단강도(kg/cm^2), c : 점착력(kg/cm^2)

σ : 수직응력(kg/cm^2), ϕ : 내부마찰각(°)

51 흐트러지지 않은 점토 시료의 일축압축강도가 4.6 kg/cm²이었다. 같은 시료를 되비빔하여 시험한 일축압축강도가 2.5kg/cm²이었을 때, 이 흙의 예민비는?

① 0.52
② 0.63
③ 1.84
④ 2.37

$$S_t = \frac{q_u}{q_{ur}} = \frac{4.6}{2.5} = 1.84$$

여기서, q_u : 자연 시료의 일축압축강도

q_{ur} : 흐트러진 시료의 일축압축강도

52 도로나 활주로 등의 포장 두께를 결정하기 위하여 포장을 지지하는 노상토의 강도, 압축성, 팽창성 등을 결정하는 시험은?

① CBR시험
② 다짐시험
③ 평판재하시험
④ 일축압축시험

CBR시험 : 주로 아스팔트와 같은 가요성(연성) 포장의 지지력을 결정하기 위한 시험방법, 즉 도로나 활주로 등의 포장 두께를 결정하기 위하여 지지하는 노상토의 강도, 압축성, 팽창성 및 수축성 등을 결정하는 시험이다.

53 말뚝의 지지력에 관한 설명 중 옳지 않은 것은?

① Sander 공식은 간단하나 정도는 낮다.
② 동역학적 공식은 총타격에너지와 총에너지 손실을 합한 것이 말뚝에 가해지는 에너지이다.
③ 말뚝에 부의 주면마찰이 일어나면 지지력은 증가한다.
④ 말뚝을 박을 때의 탄성변형량으로는 말뚝, 지반 및 캡의 탄성변형량이 있다.

부마찰력은 마찰력과 반대로 작용하므로 지지력을 감소시킨다.

54 모관현상과 투수성이 커서 동상이 잘 일어나는 흙은?

① 실트질 흙
② 점토질 흙
③ 모래질 흙
④ 자갈질 흙

• 실트질 흙 : 모관 상승고와 투수성이 비교적 커서 동상이 현저하다.
• 점토질 흙 : 모관 상승고는 가장 크지만, 투수성이 낮아 수분 공급이 잘되지 않아 동상은 미미하다.

55 표준관입시험에 대한 설명으로 옳지 않은 것은?

① 63.5kg의 해머를 75cm 높이에서 자유낙하시켜 샘플러를 30cm 관입시키는 데 소요된 낙하 횟수를 N값이라 한다.
② 표준관입시험으로부터 흐트러지지 않은 시료를 채취할 수 있다.
③ N값으로부터 점토 지반의 연경도 및 일축압축강도를 추정할 수 있다.
④ 시험결과로부터 흙의 내부마찰각 등 공학적 성질을 추정할 수 있다.

표준관입 시험방법은 표준관입 시험장치를 사용하여 원위치에서의 지반의 단단한 정도와 다져진 정도 또는 흙층의 구성을 판정하기 위한 N값을 구함과 동시에 시료를 채취하는 관입시험방법이다.

56 현장에서 다짐을 실시하는 목적이 아닌 것은?

① 흙의 전단강도 증가

② 흙의 압축성 감소

③ 흙의 단위중량 증가

④ 흙의 투수계수 증가

해설
흙의 다짐 실시 목적 및 효과
• 흙의 전단강도가 증가한다.
• 흙의 단위중량이 증가한다.
• 지반의 지지력이 증가한다.
• 부착성이 양호해진다.
• 압축성이 작아진다.
• 투수성이 감소한다.
• 흡수성이 감소한다.

57 테르자기의 지지력 공식에서 기초의 지지력계수 N_c, N_r, N_q에 공통적으로 관여된 항목은?

① 점착력   ② 기초의 폭

③ 기초의 깊이   ④ 내부마찰각

해설
N_c, N_r, N_q는 내부마찰각에 의해 구해지는 지지력계수이다.

58 다음 중 다짐시험과 관련이 없는 것은?

① 최적함수비

② 영공기 간극곡선

③ 최대 건조단위무게

④ 입경가적곡선

해설
입경가적곡선은 흙의 입도분석 시험결과이다.

59 다음 중 얕은 기초에 속하는 것은?

① 확대 기초

② 말뚝 기초

③ 피어 기초

④ 우물통 기초

해설
기초의 분류
• 직접 기초(얕은 기초)
  – 푸팅 기초(확대 기초) : 독립푸팅 기초, 복합푸팅 기초, 연속푸팅 기초, 캔틸레버 기초
  – 전면 기초 : 매트 기초
• 깊은 기초 : 말뚝 기초, 피어 기초, 케이슨 기초

60 흙의 연경도에서 소성한계와 액성한계 사이에 있는 흙은 어떤 상태에 있는가?

① 고체 상태

② 반고체 상태

③ 소성 상태

④ 액체 상태

해설
흙의 연경도

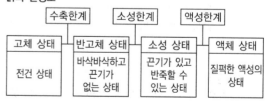

01 콘크리트 슬럼프시험을 할 때 슬럼프콘에 시료를 채우고 벗길 때까지의 전 작업시간은 얼마 이내로 하여야 하는가?

① 5초

② 30초

③ 1분

④ 3분

해설

슬럼프콘에 콘크리트를 채우기 시작하고 슬럼프콘의 들어올리기를 종료할 때까지의 시간은 3분 이내로 한다.

02 분말도에 대한 설명으로 틀린 것은?

① 분말도가 높으면 수화작용이 빠르다.

② 분말도가 높으면 조기강도가 커진다.

③ 비표면적을 나타낸다.

④ 입자가 굵을수록 분말도가 높다.

해설

분말도는 시멘트 입자의 고운 정도를 나타내는 것으로, 시멘트 입자가 작을수록 분말도가 높다.

03 두꺼운 불투명 유리판 위에 시료를 손바닥으로 굴리면서 늘였을 때 지름 3mm에서 부스러질 때의 함수비를 무엇이라 하는가?

① 수축한계

② 액성한계

③ 유동한계

④ 소성한계

해설

소성한계 : 흙을 지름 3mm의 원통 모양으로 늘여 토막토막 끊어지려고 할 때의 함수비

04 시멘트의 응결에 관한 다음 설명 중 옳지 않은 것은?

① 물의 양이 많은 경우나 시멘트가 풍화되었을 경우 일반적으로 응결이 늦어진다.

② 분말도가 높으면 응결이 늦어진다.

③ 응결시간 측정법에는 길모어 침에 의한 방법이 있다.

④ 온도가 높고 습도가 낮으면 응결이 빨라진다.

해설

분말도가 높을수록, 알루미나분이 많은 시멘트일수록 응결이 빨라진다.

05 콘크리트 인장강도시험에서 공시체의 습윤양생온도는 어느 정도로 하면 적당한가?

① 17±2℃

② 20±2℃

③ 23±3℃

④ 30±5℃

해설

공시체 양생온도는 20±2℃로 한다.

06 콘크리트 압축강도용 표준공시체의 파괴최대하중이 371,000N일 때 콘크리트의 압축강도는 약 얼마인가?(단, 표준공시체는 150×300mm이다)

① 53MPa   ② 10.5MPa

③ 15.5MPa   ④ 21MPa

해설

압축강도$(f) = \dfrac{P}{A} = \dfrac{371,000}{\dfrac{\pi \times 150^2}{4}} \simeq 21\text{MPa}$

07 굳지 않은 콘크리트의 공기 함유량 시험에서 공기량, 겉보기 공기량, 골재의 수정계수는 각각 콘크리트 용적에 대한 백분율을 %로 나타낸 것이다. 압력계의 공기량 눈금 측정 결과 겉보기 공기량이 6.70, 골재의 수정계수가 1.20이었을 때 콘크리트의 공기량은 얼마인가?

① 1.20%   ② 5.50%

③ 6.70%   ④ 7.90%

해설

콘크리트의 공기량

$A = A_1 - G$

   $= 6.70 - 1.20 = 5.50\%$

여기서, A : 콘크리트의 공기량(%)

          A_1 : 콘크리트의 겉보기 공기량(%)

          G : 골재의 수정계수(%)

08 흙의 함수비 시험에서 데시케이터 안에 넣는 제습제는?

① 염화나트륨   ② 염화칼슘

③ 황산나트륨   ④ 황산마그네슘

해설

데시케이터 : KS L 2302에 규정하는 것 또는 이와 동등한 기능을 가진 용기로 실리카 겔, 염화칼슘 등의 흡습제를 넣은 것

09 강널말뚝의 특징에 대한 설명으로 옳지 않은 것은?

① 때려박기와 빼내기가 쉽다.

② 수밀성이 커서 물막이에 적합하다.

③ 단면의 휨모멘트와 수평저항력이 작다.

④ 말뚝 이음에 대한 신뢰성이 크고 길이 조절이 쉽다.

해설

강널말뚝(Steel Sheet Pile) : 토압이나 수압을 지지하는 강철제 널말뚝으로 단면의 휨모멘트와 수평저항력이 크다.

10 용기의 무게가 15gf일 때 용기에 시료를 넣어 총무게를 측정하였더니 475gf이었고, 절대건조시킨 후 무게가 422gf이었다. 이때 함수비는?

① 8.67%   ② 10.75%

③ 13.02%   ④ 25.44%

해설

함수비

$w = \dfrac{W_w}{W_s} \times 100$

   $= \dfrac{475 - 422}{422 - 15} \times 100 = 13.02\%$

여기서, W_w : 자연 상태 시료와 용기의 무게에서 절대건조 시료와 용기의 무게를 뺀 값

         W_s : 절대건조 시료와 용기의 무게에서 용기의 무게를 뺀 값

11 일반적으로 콘크리트의 강도라 하면 어느 강도를 말하는가?

① 압축강도

② 인장강도

③ 휨강도

④ 전단강도

해설
일반적으로 콘크리트의 강도는 압축강도를 의미한다.

12 아스팔트의 침입도시험에서 표준 침이 관입하는 깊이가 20mm일 때 침입도의 표시로 옳은 것은?

① 2   ② 20

③ 200   ④ 2,000

해설
5초 동안 100g의 추의 낙하에 의한 침의 관입량이 0.1mm일 때 침입도 1이라 한다. 20mm 관입했다면 20 ÷ 0.1 = 200으로 침입도는 200이다.

13 시멘트 제조 시 석고를 첨가하는 목적은?

① 알칼리 골재반응을 막기 위해

② 수화작용을 조절하기 위해

③ 시멘트의 응결시간을 조절하기 위해

④ 수축성과 발열성을 조절하기 위해

해설
석고는 응결지연제로, 시멘트의 수화반응을 늦추어 응결과 경화시간을 길게 할 목적으로 사용한다.

14 슬럼프시험에서 다짐대로 몇 층에 각각 몇 번씩 다지는가?

① 2층, 25회

② 3층, 25회

③ 3층, 45회

④ 2층, 57회

해설
슬럼프콘은 수평으로 설치하였을 때 수밀성이 있는 평판 위에 놓고 누르고, 거의 같은 양의 시료를 3층으로 나눠서 채운다. 각 층은 다짐봉으로 고르게 한 후 25회씩 다진다.

15 점착력이 0인 건조모래의 직접전단시험에서 수직응력이 5kgf/cm² 일 때 전단강도가 3kgf/cm²이었다. 이 모래의 내부마찰각은?

① 7°   ② 13°

③ 20°   ④ 31°

해설
사질토의 전단강도 $\tau = \sigma \tan\phi$

$3 = 5 \times \tan\phi$

$\tan\phi = \dfrac{3}{5}$

$\phi = \tan^{-1}\dfrac{3}{5} = 31°$

여기서, τ : 전단강도(kg/cm²)

σ : 수직응력(kg/cm²)

ϕ : 내부마찰각(°)

정답   11 ①   12 ③   13 ③   14 ②   15 ④

16 골재 단위무게 측정시험 시 충격을 이용하는 경우 용기 한쪽을 들어 올렸다가 떨어뜨리는 높이는 약 몇 cm인가?

① 5cm ② 10cm
③ 25cm ④ 40cm

해설
골재 단위무게 측정시험 시 충격을 이용하는 경우 용기를 콘크리트 바닥과 같은 튼튼하고 수평인 바닥 위에 놓고 거의 같은 양의 시료를 3층으로 나누어 채운다. 각 층마다 용기의 한쪽을 약 50mm 들어 올려서 바닥을 두드리듯이 낙하시킨다. 다음으로 반대쪽을 약 50mm 들어 올려 낙하시키고 각각을 교대로 25회, 전체적으로 50회 낙하시켜서 다진다.

17 굵은 골재의 절대건조 무게가 1,000g, 표면건조포화상태의 무게가 1,100g, 수중 무게가 650g일 때 흡수율은?

① 10.0% ② 28.6%
③ 15.4% ④ 35.0%

해설
$$흡수율 = \frac{(표건질량 - 절건질량)}{절건질량} \times 100$$
$$= \frac{(1,100 - 1,000)}{1,000} \times 100 = 10.0\%$$

18 아직 굳지 않은 콘크리트 표면에 떠올라서 가라앉은 미세한 물질을 무엇이라고 하는가?

① 블리딩
② 반죽 질기
③ 워커빌리티
④ 레이턴스

해설
레이턴스 : 굳지 않은 콘크리트에서 골재 및 시멘트 입자의 침강으로 물이 분리되어 상승하는 현상으로 인하여 콘크리트나 모르타르의 표면에 떠올라서 가라앉은 물질이다.

19 신도시험으로 파악하는 아스팔트의 성질은?

① 온 도 ② 증발량
③ 굳기 정도 ④ 연 성

해설
신도는 아스팔트의 늘어나는 성질로, 연성의 기준이 된다.

20 흙의 비중시험에서 흙 시료가 내포한 공기를 없애기 위해 전열기로 끓이는데, 일반적인 흙은 얼마 이상 끓여야 하는가?

① 1분 ② 3분
③ 5분 ④ 10분

해설
흙 시료가 내포한 공기를 없애기 위해 일반적인 흙에서는 10분 이상, 고유기질토에서는 약 40분, 화산재 흙에서는 2시간 이상 전열기로 끓여야 한다.

21 흙의 소성한계시험에 사용되는 기계 및 기구가 아닌 것은?

① 둥근 봉
② 항온건조기
③ 불투명 유리판
④ 홈파기 날

홈파기 날은 액성한계시험에 사용된다.
흙의 소성한계 시험기구 : 항온건조기, 불투명 유리판, 둥근 봉, 함수비 측정기구, 유리판, 주걱 또는 스패튤러, 증류수

22 골재에 포함된 잔입자 시험결과 다음과 같은 자료를 구하였다. 여기서 0.08mm 체를 통과하는 잔입 자량을 구하면?

> • 씻기 전 시료의 건조 무게 : 500g
> • 씻은 후 시료의 건조 무게 : 488.5g

① 1.7%　　　　② 2.0%
③ 2.1%　　　　④ 2.3%

0.08mm 체를 통과하는 잔입자량(%)

$$= \frac{(\text{씻기 전의 건조질량} - \text{씻은 후의 건조질량})}{\text{씻기 전의 건조질량}} \times 100$$

$$= \frac{(500 - 488.5)}{500} \times 100$$

$$= 2.3\%$$

23 아스팔트 신도시험에서 시험기를 가동하여 매분 어느 정도의 속도로 시료를 잡아당기는가?

① 2±0.25cm
② 3±0.25cm
③ 4±0.25cm
④ 5±0.25cm

아스팔트 신도시험 시 매분 5±0.25cm의 속도로 시료를 잡아당긴다.

24 다음 중 현장 흙의 단위무게를 구하기 위한 시험방 법의 종류가 아닌 것은?

① 모래치환법
② 고무막법
③ 방사선 동위원소법
④ 공내재하법

현장의 밀도 측정은 모래치환법, 고무막법, 방사선 동위원소법, 코어절삭법 등의 방법이 있으나, 일반적으로 밀도 측정은 모래치환법으로 구한다.

25 포졸란을 사용한 콘크리트의 특징으로 적당하지 않은 것은?

① 블리딩 및 재료의 분리가 적다.
② 발열량이 증가한다.
③ 수밀성이 증가한다.
④ 장기강도가 커진다.

포졸란을 사용하면 발열량이 감소하므로 단면이 큰 콘크리트에 적합하다.

26 다음 토목공사용 석재 중 압축강도가 가장 큰 것은?

① 대리석   ② 응회암

③ 사 암   ④ 화강암

해설
석재의 압축강도
화강암 > 대리석 > 안산암 > 사암 > 응회암 > 부석

27 흙의 입도시험을 하기 위하여 40%의 과산화수소 용액 100g을 6%의 과산화수소 용액으로 만들려고 한다. 물의 양은 어느 정도 넣으면 되는가?

① 567g   ② 325g

③ 258g   ④ 126g

해설
$$\frac{40}{100} \times 100 = \frac{6}{100}(100 + x)$$
$$40 = 0.06(100 + x)$$
$$x = 567g$$

28 아스팔트의 인화점이란 무엇인가?

① 아스팔트 시료를 가열하여 휘발 성분에 불이 붙어 약 10초간 불이 붙어 있을 때의 최고 온도를 말한다.

② 아스팔트 시료를 가열하여 휘발 성분에 불이 붙을 때의 최저 온도를 말한다.

③ 아스팔트의 시료를 가열하면 기포가 발생하는데 이때의 최고 온도를 말한다.

④ 아스팔트 시료를 잡아당길 때 늘어나다 끊어진 길이를 말한다.

해설
인화점은 시료를 가열하면서 시험불꽃을 대었을 때, 시료의 증기에 불이 붙는 최저온도이다.

29 흙의 연경도에서 소성한계와 액성한계 사이에 있는 흙은 어떤 상태에 있는가?

① 고체 상태

② 반고체 상태

③ 소성 상태

④ 액체 상태

해설
흙의 연경도

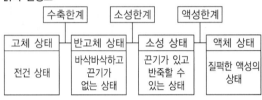

30 일축압축시험에서 파괴면과 최대 주응력이 이루는 각을 구하는 식으로 옳은 것은?

① $45° + \dfrac{\phi}{2}$

② $45° + \dfrac{\phi}{5}$

③ $45° + \dfrac{\phi}{7}$

④ $45° + \dfrac{\phi}{10}$

해설
물체가 전단파괴될 때 파괴면은 주응력면과 $45° + \dfrac{\phi}{2}$ 각도를 이루므로 일축압축시험을 하여 주응력면과 파괴면의 각도를 측정하면 전단저항각을 결정할 수 있다.

26 ④   27 ①   28 ②   29 ③   30 ①   **정답**

31 흙의 입도분석시험에서 입자 지름이 고른 흙의 균등계수의 값에 관한 설명으로 옳은 것은?

① 0에 가깝다.
② 1에 가깝다.
③ 0.5에 가깝다.
④ 10에 가깝다.

해설
흙의 입도분석시험에서 입자 지름이 고른 흙의 균등계수값은 1에 가깝다.

32 콘크리트의 쪼갬 인장강도시험을 한 결과 최대 하중이 162.5kN이었다. 이때 콘크리트의 인장강도는 약 얼마인가?(단, 사용한 공시체는 $\phi 150 \times 300mm$ 이다)

① 2.3MPa
② 2.5MPa
③ 2.7MPa
④ 2.9MPa

해설
쪼갬 인장강도 $= \dfrac{2P}{\pi dl} = \dfrac{2 \times 162,500}{\pi \times 150 \times 300} \approx 2.3MPa$

여기서, P : 하중(N), d : 공시체의 지름(mm)
$\qquad\quad l$: 공시체의 길이(mm)

33 다짐의 효과에 대한 설명으로 옳지 않은 것은?

① 단위중량이 증가한다.
② 압축성이 작아진다.
③ 투수성이 감소한다.
④ 전단강도가 감소한다.

해설
흙의 다짐 실시 목적 및 효과
• 흙의 전단강도가 증가한다.
• 흙의 단위중량이 증가한다.
• 지반의 지지력이 증가한다.
• 부착성이 양호해진다.
• 압축성이 작아진다.
• 투수성이 감소한다.
• 흡수성이 감소한다.

34 굵은 골재의 절대건조상태의 질량이 1,000g, 표면 건조 포화상태의 질량이 1,100g, 수중 질량이 650g 일 때 흡수율은 몇 %인가?(단, 시험온도에서의 물의 밀도는 1g/cm³이다)

① 10.0%
② 15.7%
③ 22.8%
④ 27.3%

해설
흡수율 $= \dfrac{(표건질량 - 절건질량)}{절건질량} \times 100$

$\qquad = \dfrac{(1,100 - 1,000)}{1,000} \times 100 = 10.0\%$

35 액성한계가 42.8%이고, 소성한계가 32.2%일 때 소성지수는 얼마인가?

① 10.6
② 12.8
③ 26.3
④ 42.8

해설
소성지수(PI) = 액성한계 - 소성한계
$\qquad\qquad\quad = 42.8 - 32.2$
$\qquad\qquad\quad = 10.6\%$

36 토질시험 중 N값을 구하기 위한 시험은?

① 베인전단시험

② 일축압축시험

③ 평판재하시험

④ 표준관입시험

해설

표준관입 시험방법은 표준관입 시험장치를 사용하여 원위치에서의 지반의 단단한 정도와 다져진 정도 또는 흙층의 구성을 판정하기 위한 N값을 구함과 동시에 시료를 채취하는 관입시험 방법이다.

37 굵은 골재의 밀도시험 결과가 다음 표와 같을 때 이 골재의 표면건조포화상태의 밀도는?

- 절대건조 시료의 질량(g) : 3,800
- 표면건조포화상태 시료의 질량(g) : 4,000
- 시료의 수중 질량(g) : 2,491.1
- 시험온도에서의 물의 밀도 : 1g/cm^3

① 2.455

② 2.651

③ 2.683

④ 2.726

해설

표면건조포화상태의 밀도 : 골재의 표면은 건조하고 골재 내부의 공극이 완전히 물로 차 있는 상태의 골재의 질량을 같은 체적의 물의 질량으로 나눈 값으로 골재의 함수 상태를 나타내는 기준

$$D_s = \frac{B}{B-C} \times \rho_w$$

$$= \frac{4,000}{4,000 - 2,491.1} \times 1 = 2.651\text{g/cm}^3$$

여기서, D_s : 표면건조포화상태의 밀도(g/cm^3)

B : 표면건조포화상태의 시료 질량(g)

C : 침지된 시료의 수중 질량(g)

ρ_w : 시험온도에서의 물의 밀도(g/cm^3)

38 흙의 비중 2.5, 함수비 30%, 간극비 0.92일 때 포화도는 약 얼마인가?

① 73%

② 82%

③ 87%

④ 91%

해설

$$S \cdot e = w \cdot G_s$$

$$S = \frac{G_s \cdot w}{e} = \frac{2.5 \times 30}{0.92} = 81.52\%$$

39 다음 중 도로포장용으로 가장 많이 사용되는 아스팔트는?

① 스트레이트 아스팔트

② 블론 아스팔트

③ 아스팔나이트

④ 샌드 아스팔트

해설

스트레이트 아스팔트는 점성, 접착성, 내후성 및 감온성이 우수하여 주로 도로포장용으로 직접 사용되기 때문에 도로포장용 아스팔트 또는 스트레이트 아스팔트라고 한다.

40 콘크리트용 굵은 골재의 최대 치수에 관한 다음 표의 설명에서 ( ) 안에 들어갈 적당한 수치는?

질량비로 ( )% 이상을 통과시키는 체 중에서 최소 치수의 체눈의 호칭 치수로 나타낸 굵은 골재의 치수

① 50

② 65

③ 80

④ 90

해설

굵은 골재의 최대 치수 : 질량으로 90% 이상 통과한 체 중 최소 치수의 체의 치수로 나타낸 굵은 골재의 치수

36 ④ 37 ② 38 ② 39 ① 40 ④ **정답**

41 분말로 된 흑색 화약을 실이나 종이로 감아 도료를 사용하여 방수시킨 줄로서 뇌관을 점화시키기 위하여 사용하는 것은?

① 도화선
② 다이너마이트
③ 도폭선
④ 기폭제

도화선 : 흑색 분화약을 심약으로 하고, 이것을 피복한 것으로 연소속도는 저장, 취급 등의 정도에 따라 다르다. 때로는 이상현상을 유발하므로 특히 흡습에 주의하여야 한다.

42 다음 표를 보고 잔골재의 조립률을 구하면?

체의 호칭(mm)	잔골재	
	체에 남는 양(%)	체에 남는 양의 누계(%)
10	0	0
5	4	4
2.5	8	12
1.2	15	27
0.6	43	70
0.3	20	90
0.15	9	99
접 시	1	100

① 3.02
② 4.05
③ 5.14
④ 2.73

$$조립률 = \frac{각\ 체의\ 누적\ 잔류율의\ 합}{100}$$
$$= \frac{4+12+27+70+90+99}{100} = 3.02$$

43 기초의 구비 조건에 대한 설명으로 옳지 않은 것은?

① 기초는 최소 근입 깊이를 확보하여야 한다.
② 하중을 안전하게 지지해야 한다.
③ 기초는 침하가 전혀 없어야 한다.
④ 기초는 시공이 가능한 것이어야 한다.

기초는 침하가 허용치를 넘으면 안 된다.

44 군지수(Group Index)를 구하는 데 필요하지 않은 것은?

① 0.075mm 체 통과율
② 유동지수
③ 액성한계
④ 소성지수

군지수 $GI = 0.2a + 0.005ac + 0.01bd$
여기서, a : 0.075mm(No.200) 체 통과량−35(0~40)
b : 0.075mm(No.200) 체 통과량−15(0~40)
c : 액성한계(LL)−40(0~20)
d : 소성지수(PI)−10(0~20)

45 콘크리트의 휨강도시험용 공시체의 길이에 대한 설명으로 옳은 것은?

① 단면 한 변의 길이의 3배보다 8cm 이상 더 커야 한다.

② 굵은 골재의 최대 치수의 5배 이상이며 20cm 이상으로 한다.

③ 단면 한 변의 길이의 5배보다 3cm 이상 더 커야 한다.

④ 굵은 골재의 최대 치수의 3배 이상이며 5cm 이상으로 한다.

> **해설**
> **휨강도 공시체의 치수** : 공시체는 단면이 정사각형인 각주로 하고, 그 한 변의 길이는 굵은 골재의 최대 치수의 4배 이상이며 100mm 이상으로 한다. 공시체의 길이는 단면의 한 변의 길이의 3배보다 80mm 이상 길어야 한다. 공시체의 표면 단면 치수는 100mm×100mm 또는 150mm×150mm이다.

46 콘크리트 휨강도시험용 공시체를 제작할 때 150 × 150 × 530mm의 몰드를 사용할 경우 각 층의 다짐 횟수로 옳은 것은?

① 25번 ② 70번
③ 80번 ④ 100번

> **해설**
> 콘크리트 휨강도시험용 공시체를 제작할 때 콘크리트는 몰드에 2층으로 나누어 채우고 각 층은 적어도 1,000mm²에 1회의 비율로 다짐한다.
> 몰드의 단면적 = 150 × 530 = 79,500mm²
> 다짐 횟수 = 79,500 ÷ 1,000 = 79.5 ≒ 80번

47 어떤 현장에서 모래치환법에 의한 현장단위무게를 측정한 결과가 다음과 같다. 파낸 구멍의 부피는 얼마인가?

> • 파낸 구멍을 채우는 데 필요한 모래 무게 : 2,000g
> • 모래의 단위무게 : 1.054g/cm³

① 2,000cm³
② 1,942cm³
③ 1,898cm³
④ 1,054cm³

> **해설**
> **시험 구멍의 부피**
> $$V_0 = \frac{m_{10}}{\rho_{ds}}$$
> $$= \frac{2,000}{1.054} = 1,897.53 \simeq 1,898 \text{cm}^3$$
> 여기서, m_{10} : 시험 구멍을 채우는 데 필요한 모래의 질량
> ρ_{ds} : 시험용 모래의 단위무게

48 AE제를 사용한 콘크리트에 대한 설명으로 옳지 않은 것은?

① AE 공기는 볼 베어링과 같은 작용을 함으로써 콘크리트의 워커빌리티를 개선한다.

② 물-시멘트비가 일정할 경우 AE제의 사용량이 많을수록 콘크리트의 압축강도가 증가한다.

③ 블리딩이 작아진다.

④ 콘크리트의 동결융해에 대한 내구성을 증가시킨다.

> **해설**
> AE제의 사용량이 많을수록 콘크리트의 강도는 감소한다.

49 시멘트 모르타르의 인장강도를 시험하기 위한 모르타르 만들기에서 시멘트와 표준 모래의 무게비는?

① 1 : 2.45 ② 1 : 2
③ 1 : 3 ④ 1 : 1

해설
표준 모르타르의 배합비
시멘트 : 모래 = 1 : 3

50 보일(Boyle)의 법칙에 의하여 일정한 압력하에서 공기량으로 인하여 콘크리트의 체적이 감소한다는 이론으로 공기량을 측정하는 방법은?

① 무게에 의한 방법
② 체적에 의한 방법
③ 공기실 압력법
④ 통계법

해설
공기실 압력법 : 워싱턴형 공기량측정기는 굳지 않은 콘크리트의 공기함유량을 압력의 감소를 이용해 측정하는 방법으로, 보일의 법칙을 적용한 것이다.

51 흙의 함수비시험에 사용되는 시험기구가 아닌 것은?

① 데시케이터
② 저 울
③ 항온건조로
④ 피크노미터

해설
피크노미터는 흙의 비중시험에 사용되는 시험기구이다.
흙의 함수비 시험에 사용되는 시험기구 : 용기, 저울, 데시케이터, 항온건조로

52 어떤 재료의 변형률에 대한 응력의 비를 표현한 것은?

① 변형량
② 훅의 법칙
③ 푸아송비
④ 탄성계수

해설
푸아송비 : 탄성체에 인장력이나 압축력이 작용하면, 그 응력의 방향과 이에 수직인 횡 방향에 변형이 생기는데 이들 두 변형률의 비를 푸아송비라고 한다.

$$푸아송비 = \frac{횡\ 방향\ 변형률}{종\ 방향\ 변형률}$$

53 다음 중 합판의 특징으로 옳지 않은 것은?

① 수축, 팽창 등으로 변형이 거의 생기지 않는다.
② 섬유 방향에 따라 강도 차이가 크다.
③ 폭이 넓은 판을 얻기가 쉽다.
④ 외관이 아름다운 나뭇결로 나타난다.

해설
합판은 섬유 방향에 따라 강도 차이가 작다.

54 콘크리트 공장 제품에 대한 설명으로 옳지 않은 것은?

① 사용하기 전에 품질의 확인이 가능하다.
② 양생의 기간이 필요 없어 공사기간을 단축할 수 있다.
③ 기후조건에 영향을 많이 받는다.
④ 현장에서 거푸집이나 동바리를 사용할 필요가 없다.

해설
콘크리트 공장 제품은 기후조건에 영향을 받지 않는다.

55 콘크리트 압축강도시험에서 공시체에 하중을 가하는 압축응력도의 증가율은 매초 얼마인가?

① 0.06±0.04MPa ② 0.6±0.4MPa
③ 0.06±0.4MPa ④ 6±0.4MPa

해설
공시체에 하중을 가하는 속도는 원칙적으로 압축응력도의 증가가 매초 0.6±0.2MPa이 되도록 한다.
※ KS F 2405 개정으로 정답 없음

56 시멘트 비중시험에 대한 설명으로 옳지 않은 것은?

① 동일한 시험자가 동일한 재료에 대해 2회 측정한 비중의 결과가 ±0.3 이내이어야 한다.
② 광유의 눈금 읽음은 오목한 최저면을 읽는다.
③ 광유는 온도 23±2℃에서 비중이 약 0.73 이상인 완전히 달수된 등유나 나프타를 사용한다.
④ 보통 포틀랜드 시멘트 64g을 사용한다.

해설
시멘트 비중시험의 정밀도 및 편차 : 동일한 시험자가 동일한 재료에 대하여 2회 측정한 결과가 ±0.03 이내이어야 한다.

57 어떤 흙의 입경가적곡선에서 D_{10} = 0.0045cm이고, 이 흙의 e = 0.85이다. 모관 상승고는 얼마인가?(단, C의 범위는 0.1~0.5이다)

① 26.14~130.72cm ② 34.25~110.51cm
③ 38.50~116.43cm ④ 45.61~125.75cm

해설
모관 상승고

$$h_e = \frac{C}{eD_{10}} = \frac{0.1 \sim 0.5}{0.85 \times 0.0045} = \frac{0.1 \sim 0.5}{0.003825}$$

· 최솟값 : $\frac{0.1}{0.003825} \fallingdotseq 26.14$

· 최댓값 : $\frac{0.5}{0.003825} \fallingdotseq 130.72$

∴ 모관 상승고는 26.14~130.72cm이다.

58 두께 2cm의 점토 시료를 압밀시험한 결과 90% 압밀에 1시간이 걸렸다. 같은 조건에서 4m의 점토층이 90% 압밀되는 데 소요되는 시간은?

① 200시간 ② 5,000시간
③ 30,000시간 ④ 40,000시간

해설
$t_1 : H_1^2 = t_2 : H_2^2$
$1 : 2^2 = t_2 : 400^2$
$t_2 = 40,000$시간

59 지반이 약한 곳에 가장 적합한 기초는?

① 연속 기초 ② 전면 기초
③ 복합 기초 ④ 독립 기초

해설
전면 기초(매트 기초) : 접지면적을 넓히기 위해 여러 개의 기둥 기초를 하나의 기초 슬래브로 시공하는 기초로 물이 무겁거나 지반이 약한 곳, 즉 지반이 구조물을 지지하여 견디는 힘이 작을 때 사용된다.

60 흙의 입경가적곡선에 대한 설명으로 옳지 않은 것은?

① 흙의 입경이 균등한 흙은 입도가 양호한 흙이다.
② 가로축은 흙의 입경을 나타낸다.
③ 세로축은 흙의 중량 통과 백분율을 나타낸다.
④ 반대수 용지를 사용한다.

해설
흙의 입경이 균등한 흙은 입도가 불량하다.

01 시멘트의 강도에 영향을 주는 사항으로 옳지 않은 것은?

① 분말도가 높으면 조기강도가 커진다.
② 30℃ 이내에서 온도가 높을수록 강도가 커지고 재령에 따라 강도가 증가한다.
③ 물의 양이 적으면 강도가 커지나 반죽이 어렵다.
④ 풍화된 시멘트는 강도가 작아지고, 특히 장기강도가 현저히 떨어진다.

해설
풍화된 시멘트는 강도가 작아지는데, 특히 조기강도가 현저히 떨어진다.

02 흑색 화약에 관한 설명으로 옳지 않은 것은?

① 대리석이나 화강암 같은 큰 석재의 채취에 사용된다.
② 취급이 안전하고 좁은 장소에서 사용된다.
③ 수분이 많으면 발화하지 않는다.
④ 발열량이 많으며 폭발력이 매우 강하다.

해설
흑색 화약의 폭발력은 다른 화약보다 약하다.

03 역청재료의 물리적 성질에 관한 설명 중 옳지 않은 것은?

① 직류 아스팔트는 침입도가 작을수록 밀도가 증가한다.
② 블론 아스팔트의 신도는 크지만 직류 아스팔트의 신도는 작다.
③ 침입도는 플라스틱한 역청재의 반죽 질기를 물리적으로 표시하는 방법의 하나이다.
④ 감온성이 높은 재료는 저온에서 취약하고 고온에서 연약하다.

해설
블론 아스팔트의 신도보다 직류(스트레이트) 아스팔트의 신도가 크다.

04 다음 조건은 굵은 골재 마모시험의 결괏값이다. 다음 중 옳은 것은?

┌ 조건 ┐
(1) 시험 전 시료의 질량 : 10,000g
(2) 시험 후 1.7mm 체에 남은 질량 : 6,700g

① 마모율 : 33%
② 마모율 : 57%
③ 마모율 : 65%
④ 마모율 : 21%

해설
마모율(%)

$$= \frac{(\text{시험 전 시료 질량} - \text{시험 후 1.7mm 체에 남은 질량})}{\text{시험 전 시료 질량}} \times 100$$

$$= \frac{(10,000 - 6,700)}{10,000} \times 100 = 33\%$$

05 흙의 비중시험에 사용되는 시험기구가 아닌 것은?

① 피크노미터

② 데시케이터

③ 항온수조

④ 다이얼게이지

해설

흙의 비중시험에 사용하는 기계 및 기구

• 비중병(피크노미터, 용량 100mL 이상의 게이뤼삭형 비중병 또는 용량 100mL 이상의 용량 플라스크 등)

• 저울 : 0.001g까지 측정할 수 있는 것

• 온도계 : 눈금 0.1℃까지 읽을 수 있어야 하며, 0.5℃의 최대허용 오차를 가진 것

• 항온건조로 : 온도를 110±5℃로 유지할 수 있는 것

• 데시케이터 : 실리카 겔, 염화칼슘 등의 흡습제를 넣은 것

• 흙 입자의 분리기구 또는 흙의 파쇄기구

• 끓이는 기구 : 비중병 내에 넣은 물을 끓일 수 있는 것

• 증류수 : 끓이기 또는 감압에 의해 충분히 탈기한 것

06 연소점은 인화점 측정 후 다시 가열을 계속하여 시료가 적어도 몇 초 동안 연소를 계속한 최저 온도를 말하는가?

① 5초   ② 10초

③ 15초   ④ 20초

해설

연소점은 인화점을 측정한 뒤 계속 가열하면서 시료가 최소 5초 동안 연소를 계속한 최저온도이다.

07 콘크리트의 경화촉진제로 염화칼슘을 사용했을 때의 설명으로 옳지 않은 것은?

① 황산염에 대한 저항성이 작아지며 알칼리 골재반응을 촉진한다.

② 철근콘크리트 구조물에서 철근의 부식을 촉진한다.

③ 건습에 의한 팽창·수축과 건조에 의한 수분의 감소가 적다.

④ 응결이 촉진되고 콘크리트의 슬럼프가 빨리 감소한다.

해설

콘크리트 경화촉진제로 염화칼슘을 사용하면 건습에 따른 팽창·수축이 커지고 수분을 흡수하는 능력이 뛰어나다.

08 천연 아스팔트의 종류가 아닌 것은?

① 레이크 아스팔트(Lake Asphalt)

② 록 아스팔트(Rock Asphalt)

③ 샌드 아스팔트(Sand Asphalt)

④ 블론 아스팔트(Blown Asphalt)

해설

아스팔트의 종류

• 천연 아스팔트 : 레이크 아스팔트, 록 아스팔트, 샌드 아스팔트, 아스팔타이트

• 석유 아스팔트 : 스트레이트 아스팔트, 컷백 아스팔트, 유화 아스팔트, 블론 아스팔트, 개질 아스팔트

09 골재의 표면수는 없고 골재알 속의 빈틈이 물로 차 있는 상태는?

① 절대건조상태

② 기건상태

③ 습윤상태

④ 표면건조포화상태

해설
골재의 함수상태
- 절대건조상태(노건조상태) : 110℃ 정도의 온도에서 24시간 이상 건조시킨 상태
- 공기 중 건조상태(기건상태) : 습기가 없는 실내에서 자연건조시킨 것으로 골재알 속의 빈틈 일부가 물로 가득 차 있는 상태
- 습윤상태 : 내부에 물이 채워져 있고, 표면에도 물이 부착되어 있는 상태
- 표면건조포화상태 : 표면에 물은 없지만, 내부 공극에 물이 꽉 찬 상태

10 단위수량이 160kg/m³이고, 물−시멘트비가 50%일 경우 단위 시멘트량은 몇 kg/m³인가?

① 80

② 320

③ 450

④ 505

해설

물−시멘트비 $= \dfrac{W}{C}$

$50\% = \dfrac{160}{x}$

$x = 320 kg/m^3$

11 액성한계시험 시 유동곡선에서 낙하 횟수 몇 회에 해당하는 함수비를 액성한계라 하는가?

① 10회

② 12회

③ 18회

④ 25회

해설
액성한계시험으로부터 구한 유동곡선에서 낙하 횟수 25회에 해당하는 함수비를 액성한계라 한다.

12 현장에서 모래치환법에 의한 흙의 단위무게 시험을 할 때 모래를 사용하는 이유는?

① 실험 구멍 내 시료 입자의 지름을 알기 위하여

② 실험 구멍 내 시료의 무게를 알기 위하여

③ 실험 구멍 내 시료의 공극률을 알기 위하여

④ 실험 구멍 내 시료의 부피를 파악하기 위하여

해설
모래치환법은 다짐을 실시한 지반에 구멍을 판 다음 시험 구멍의 체적을 모래로 치환하여 구하는 방법이다.

13 점토 시료를 수축한계시험한 결과의 값이 표와 같을 때 수축지수를 구하면?

• 수축한계 : 24.5% • 소성한계 : 30.3%

① 2.3%

② 2.8%

③ 3.3%

④ 5.8%

해설
수축지수 = 소성한계 − 수축한계
= 30.3 − 24.5
= 5.8%

14 아스팔트의 연화점시험에서 시료가 연화해서 늘어나기 시작하여 얼마만큼 떨어진 밑판에 닿는 순간의 온도계의 눈금을 읽어 기록하는가?

① 10.0mm
② 16.0mm
③ 20.1mm
④ 25.4mm

해설
연화점 : 시료를 규정조건에서 가열하였을 때 시료가 연화되기 시작하여 규정된 거리(25mm)까지 내려갈 때의 온도이다.
※ KS M 2250 개정으로 정답 없음

15 포화도에 대한 설명 중 옳지 않은 것은?

① 간극 속의 물 부피와 간극 전체의 부피의 비를 백분율로 표시한 것을 말한다.
② 포화도가 100%이면 공극 속에 물이 완전히 채워지고 공기는 존재하지 않는다.
③ 간극 속에 물이 차 있는 정도를 나타낸다.
④ 지하수위 아래의 흙은 포화도가 0이다.

해설
지하수위 아래의 흙 속 간극에 물이 가득 찬 경우, $V_a = 0$, $V_v = V_w$이므로 포화도 S=100%이다.

16 흙의 전단강도를 구하기 위한 실내시험은?

① 직접전단시험
② 표준관입시험
③ 콘관입시험
④ 베인시험

해설
전단강도 측정시험
• 실내시험
 - 직접전단시험
 - 간접전단시험 : 일축압축시험, 삼축압축시험
• 현장시험
 - 현장베인시험
 - 표준 관입시험
 - 콘 관입시험
 - 평판재하시험

17 목재의 장점에 관한 다음 설명 중 잘못된 것은?

① 재질과 강도가 균일하다.
② 온도에 대한 수축, 팽창이 비교적 작다.
③ 충격과 진동 등을 잘 흡수한다.
④ 가볍고 취급 및 가공이 쉽다.

해설
목재는 재질과 강도가 균일하지 않고 크기에 제한이 있다.

18 2μm 이하의 점토 함유율에 대한 소성지수와의 비를 무엇이라 하는가?

① 부피 변화
② 선수축
③ 활성도
④ 군지수

해설
활성도 : 흙의 팽창성을 판단하는 기준으로서 활주로, 도로 등의 건설재료를 결정하는 데 사용된다.

활성도 $A = \dfrac{\text{소성지수}}{2\mu\text{m보다 작은 입자의 중량 백분율(\%)}}$

$= \dfrac{\text{소성지수(\%)}}{\text{점토 함유율(\%)}}$

19 골재에 포함된 잔입자에 대한 설명으로 틀린 것은?

① 골재에 들어 있는 잔입자는 점토, 실트, 운모질 등이다.

② 골재에 잔입자가 많이 들어 있으면 콘크리트의 혼합수량이 많아지고 건조수축에 의하여 콘크리트에 균열이 생기기 쉽다.

③ 골재에 잔입자가 들어 있으면 블리딩현상으로 인하여 레이턴스가 많이 생기게 된다.

④ 골재알의 표면에 점토, 실트 등이 붙어 있으면 시멘트 풀과 골재의 부착력이 커서 강도와 내구성이 커진다.

해설
골재알의 표면에 점토, 실트 등이 붙어 있으면, 골재와 시멘트 풀 사이의 부착력이 약해져서 콘크리트의 강도와 내구성이 작아진다.

20 내부마찰각이 30°인 흙에 수직응력 18kg/cm²를 가하였을 때 전단응력은 얼마인가?(단, 점착력은 0.12kg/cm²이다)

① 6.65kg/cm²

② 8.34kg/cm²

③ 10.51kg/cm²

④ 16.50kg/cm²

해설
$\tau = c + \sigma\tan\phi$
　　$= 0.12 + 18 \times \tan30° \simeq 10.51\text{kg/cm}^2$
여기서, τ : 전단강도(kg/cm²), c : 점착력(kg/cm²)
　　　　σ : 수직응력(kg/cm²), ϕ : 내부마찰각(°)

21 콘크리트 배합 설계에서 잔골재의 조립률은 어느 정도가 좋은가?

① 2.3~3.1

② 3.2~4.9

③ 5.0~6.0

④ 6.0~8.0

해설
일반적으로 골재의 조립률은 잔골재의 경우 2.3~3.1, 굵은 골재의 경우 6~8 정도가 좋다.

22 다음 중 깊은 기초의 종류가 아닌 것은?

① 말뚝 기초

② 피어 기초

③ 케이슨 기초

④ 푸팅 기초

해설
기초의 분류
• 직접 기초(얕은 기초)
　– 푸팅 기초(확대기초) : 독립푸팅 기초, 복합푸팅 기초, 연속푸팅 기초, 캔틸레버 기초
　– 전면 기초(매트 기초)
• 깊은 기초 : 말뚝 기초, 피어 기초, 케이슨 기초

23 흙의 입도분석 시험결과 입경가적곡선에서 $D_{10} = 0.022$mm, $D_{60} = 0.13$mm, $D_{30} = 0.038$mm일 때, 균등계수는 얼마인가?

① 4.80　　② 5.63

③ 5.91　　④ 6.84

해설
균등계수 $C_u = \dfrac{D_{60}}{D_{10}} = \dfrac{0.13}{0.022} \simeq 5.91$

24 반죽 질기에 따른 작업의 어렵고 쉬운 정도 및 재료의 분리에 저항하는 정도를 나타내는 굳지 않은 콘크리트의 성질을 무엇이라고 하는가?

① 트래피커빌리티
② 워커빌리티
③ 성형성
④ 피니셔빌리티

해설
① 트래피커빌리티 : 차량 통행을 지지하는 흙의 능력
③ 성형성(Plasticity) : 거푸집에 쉽게 다져 넣을 수 있고 거푸집을 제거하면 천천히 그 형상이 변하지만 허물어지거나 재료가 분리되지 않는 성질
④ 피니셔빌리티(Finishability, 마무리성) : 굵은 골재의 최대 치수, 잔골재율, 잔골재의 입도, 반죽 질기 등에 따른 콘크리트 표면의 마무리하기 쉬운 정도를 나타내는 성질

25 콘크리트용 모래에 포함되어 있는 유기불순물 시험에 사용되지 않는 것은?

① 알코올 용액
② 탄산암모늄 용액
③ 타닌산 용액
④ 수산화나트륨 용액

해설
유기불순물 시험에 사용되는 용액 : 타닌산 용액, 알코올 용액, 수산화나트륨 용액

26 평판재하시험에서 규정된 재하판의 지름 치수가 아닌 것은?

① 30cm　　　② 40cm
③ 50cm　　　④ 75cm

해설
재하판은 두께 25mm 이상, 지름 300mm, 400mm, 750mm인 강재 원판을 표준으로 하고, 등치면적의 정사각형 철판으로 해도 된다.

27 사질토 지반에서 유출수량이 급격하게 증대되면서 모래가 분출되는 현상을 무엇이라고 하는가?

① 침투현상
② 배수현상
③ 분사현상
④ 동상현상

해설
분사현상(Quick Sand) : 사질토가 물로 채워지고 외부로부터 힘을 받으면, 물이 압력을 가져 모래 입자를 움직이기 쉽게 한다. 이때 사질토는 물에 뜬 것과 같은 상태가 되는데 이 현상을 분사현상이라 한다.

28 콘크리트 속에 많은 거품을 일으켜 부재의 경량화나 단열성을 목적으로 사용하는 혼화제는?

① 지연제　　　② 기포제
③ 급결제　　　④ 감수제

해설
기포제는 콘크리트 속에 많은 거품을 일으켜 부재의 경량화나 단열성을 목적으로 사용하는 혼화제이다(예 알루미늄 또는 아연 가루, 카세인 등).

29 콘크리트의 블리딩시험에서 처음 60분 동안 몇 분 간격으로 표면에 생긴 블리딩 물을 피펫으로 빨아 내는가?

① 1분 ② 5분

③ 10분 ④ 30분

해설
블리딩시험 시 최초로 기록한 시각부터 60분 동안 10분마다 콘크리트 표면에서 스며 나온 물을 빨아낸다. 그 후에는 블리딩이 정지할 때까지 30분마다 물을 빨아낸다.

30 모래 치환에 의한 현장 단위무게 시험에서 구멍에서 파낸 젖은 흙의 무게가 2,340g이었다. 이 흙의 함수비가 15%일 때 건조 흙의 무게는 얼마인가?

① 1,850.3g ② 1,936.2g

③ 2,034.8g ④ 2,148.7g

해설
건조 흙의 무게

$$W_s = \frac{100 \times W}{100 + w}$$

$$= \frac{100 \times 2,340}{100 + 15} \simeq 2,034.8g$$

여기서, W : 구멍에서 파낸 젖은 흙의 무게, w : 흙의 함수비

31 흙의 다짐시험에서 다짐에너지에 관한 설명으로 옳지 않은 것은?

① 래머의 중량에 비례한다.

② 래머의 낙하 높이에 비례한다.

③ 래머의 낙하 횟수에 반비례한다.

④ 시료의 부피에 반비례한다.

해설
다짐에너지는 래머의 낙하 횟수(다짐 횟수)에 비례한다.

다짐에너지 $E_c(\text{kg} \cdot \text{cm/cm}^3) = \frac{W_g \cdot H \cdot N_B \cdot N_L}{V}$

여기서, W_g : 래머 무게(kg), H : 낙하고(cm)
N_B : 다짐 횟수, N_L : 다짐층수, V : 몰드의 체적(cm³)

32 흙의 함수비 시험결과가 다음 표와 같을 때 이 흙의 함수비는?

- 자연 상태 시료와 용기의 무게(g) : 125
- 노건조 시료와 용기의 무게(g) : 105
- 용기의 무게(g) : 55

① 30% ② 40%

③ 50% ④ 60%

해설
흙의 함수비

$$w = \frac{W_w}{W_s} \times 100$$

$$= \frac{125 - 105}{105 - 55} \times 100 = 40\%$$

여기서, W_w : 자연 상태 시료와 용기의 무게에서 절대건조 시료와 용기의 무게를 뺀 값
W_s : 절대건조 시료와 용기의 무게에서 용기의 무게를 뺀 값

33 시멘트를 만드는 과정에서 석고를 첨가하는 목적은?

① 수밀성을 증대시키기 위하여

② 경화를 촉진하기 위하여

③ 응결시간을 조절하기 위하여

④ 조기강도를 증가시키기 위하여

해설
석고는 응결지연제로 시멘트의 수화반응을 늦추어 응결시간과 경화시간을 길게 할 목적으로 사용한다.

34 아스팔트의 늘어나는 능력을 측정하는 시험은?

① 아스팔트 비중시험

② 아스팔트 침입도시험

③ 아스팔트 인화점시험

④ 아스팔트 신도시험

해설
신도는 아스팔트의 늘어나는 성질로, 연성의 기준이 된다.

35 어떤 흙의 체가름시험으로부터 구한 입경가적곡선에서 $D_{10} = 0.04$mm, $D_{30} = 0.07$mm, $D_{60} = 0.14$mm 이었다. 곡률계수는?

① 0.875 ② 1.142

③ 3.523 ④ 1.251

해설
곡률계수

$$C_g = \frac{(D_{30})^2}{D_{10} \times D_{60}} = \frac{(0.07)^2}{0.04 \times 0.14} = 0.875$$

36 압밀에서 선행 압밀하중이란 무엇을 의미하는가?

① 과거에 받았던 최대 압밀하중

② 현재 받고 있는 압밀하중

③ 앞으로 받을 수 있는 최대 압밀하중

④ 침하를 일으키지 않는 최대 압밀하중

해설
선행 압밀하중 : 지금까지 흙이 받았던 최대 유효 압밀하중
• 과압밀 : 현재 받고 있는 유효 연직압력이 선행 압밀하중보다 작은 상태
• 정규압밀 : 현재 받고 있는 유효 연직압력이 선행 압밀하중인 상태

37 콘크리트에 AE제를 사용하였을 때 장점에 해당되지 않는 것은?

① 워커빌리티가 좋다.

② 동결융해에 대한 저항성이 크다.

③ 강도가 커지며 철근과의 부착강도가 크다.

④ 단위수량을 줄일 수 있다.

해설
AE제의 사용량이 많을수록 콘크리트의 강도가 작아지며, 철근과의 부착강도도 감소한다.

38 콘크리트의 압축강도시험용 공시체의 지름은 굵은 골재 최대 치수의 최소 몇 배 이상으로 하여야 하는가?

① 2배 ② 3배

③ 4배 ④ 5배

해설
콘크리트 압축강도시험용 공시체의 지름 : 굵은 골재 최대 치수의 3배 이상 및 100mm 이상으로 하고, 높이는 공시체 지름의 2배 이상으로 한다.

39 다음 중 작은 변형에도 쉽게 파괴되는 재료의 성질은?

① 인 성　　　② 전 성

③ 연 성　　　④ 취 성

취성 : 재료가 외력을 받을 때 조금만 변형되어도 파괴되는 성질

41 강재의 인장시험에 있어서 응력–변형률 곡선에 관계되는 사항이 아닌 것은?

① 비례한도

② 탄성한도

③ 파괴점

④ 인성한도

응력–변형률 곡선

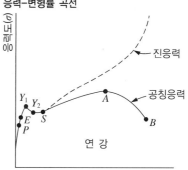

여기서, P점 : 비례한계점, E점 : 탄성한계점
Y_1점 : 상항복점, Y_2점 : 하항복점
S점 : 항복이 끝나고 응력이 다시 상승하기 시작하는 점
A점 : 극한강도점, B점 : 파괴점

40 골재의 안정성시험에 대한 설명으로 틀린 것은?

① 잔골재를 시험하는 경우 시료는 대표적인 것 약 2kg을 채취한다.

② 시료의 무게가 일정하게 될 때까지 100~110℃의 온도에서 건조시킨다.

③ 황산나트륨 용액 속에 24~48시간 동안 담가 둔다.

④ 안정성시험을 통하여 골재의 손실질량 백분율을 구할 수 있다.

골재의 안정성시험 시 시료는 황산나트륨 용액에 16~18시간 담가 둔다.

42 다음 중 Stokes'의 법칙에 의하여 흙 입자의 크기를 알아내는 것은?

① 체 분석법

② 침강 분석법

③ MIT 분석법

④ Casagrande 분석법

스토크스(Stokes')의 법칙에 의해 흙 입자가 물속에서 침강하는 속도로부터 입경을 계산한다.

43 사면의 파괴와 관계가 없는 것은?

① 흙의 함수량 증가에 의한 간극수압 증가 및 점토의 연약화
② 흙의 수압작용, 지진, 공사에 의한 굴착 및 이동
③ 흙의 전단강도 증가
④ 흙의 팽창 및 수축에 의한 균열

해설
사면 내부의 전단응력이 사면 토질이 갖고 있는 전단강도보다 크면 사면파괴가 생긴다. 흙의 전단강도가 증가하면 사면이 안전하다.

44 사질 지반에 놓여 있는 강성 기초의 접지압 분포에 관한 설명으로 옳은 것은?

① 기초 밑면에서의 응력은 토질에 상관없이 일정하다.
② 기초의 밑면에서는 어느 부분이나 동일하다.
③ 기초의 모서리 부분에서 최대 응력이 발생한다.
④ 기초의 중앙부에서 최대 응력이 발생한다.

해설
강성 기초에서 점토 지반은 양단부에서 접지압이 최대가 되고, 사질토지반은 중앙부에서 접지압이 최대가 된다.

45 콘크리트 슬럼프시험의 적용범위에 대한 다음 표의 ( ) 안에 공통으로 들어갈 알맞은 수치는?

굵은 골재 최대 치수가 ( )mm를 넘는 콘크리트의 경우에는 ( )mm를 넘는 굵은 골재를 제거한다.

① 30　　　　　② 40
③ 60　　　　　④ 80

해설
굵은 골재의 최대 치수가 40mm를 넘는 콘크리트의 경우 40mm를 넘는 굵은 골재를 제거한다. 이 시험은 비소성이나 비점성인 콘크리트에는 적합지 않으며, 콘크리트 중 40mm 이상의 굵은 골재를 상당량 함유하고 있는 경우에도 이 방법을 적용할 수 없다.

46 다음 중 시멘트 분말도시험에 사용되는 재료 또는 기계나 기구가 아닌 것은?

① 다이얼게이지
② 수 은
③ 거름종이
④ 다공 금속판

해설
블레인 공기투과장치에 의한 시멘트 분말도시험을 할 때 필요한 것 : 표준시멘트, 거름종이, 수은, 셀, 플런저 및 유공금속판, 마노미터액 등

47 보크사이트와 석회석을 혼합하여 만든 시멘트로 조기강도가 커서 긴급공사나 한중콘크리트 공사에 적합하며, 내화학성이 우수하여 해수공사에도 알맞은 시멘트는 무엇인가?

① 중용열 포틀랜드 시멘트
② 내황산염 포틀랜드 시멘트
③ 알루미나 시멘트
④ 팽창 시멘트

해설
알루미나 시멘트는 산화알루미늄을 원료로 하는 특수 시멘트로 일반 시멘트가 완전히 굳는 데 28일이 걸리는 데 비해 하루면 굳고, 이때 높은 열(최고 100℃)을 발생하므로 추운 겨울철 공사나 터널공사·긴급공사 등에 적합하다.

48 콘크리트의 압축강도시험에 대한 설명으로 틀린 것은?

① 시험체 지름은 굵은 골재 최대 치수의 3배 이상으로 한다.
② 공시체의 양생온도는 18~22℃로 한다.
③ 공시체가 급격히 변형을 시작한 후에는 하중을 가하는 속도의 조정을 중지하고 하중을 계속적으로 가한다.
④ 공시체의 양생이 끝난 뒤 충분히 건조시켜 마른 상태에서 시험한다.

해설
콘크리트의 강도는 공시체의 건조 상태나 온도에 따라 크게 변화하는 경우도 있으므로, 양생을 끝낸 직후 상태(습윤 상태)에서 시험을 하여야 한다.

49 잔골재의 밀도시험은 두 번 실시하여 평균값을 잔골재의 밀도값으로 결정한다. 이때 각각의 시험값은 평균과의 차이가 얼마 이하이어야 하는가?

① 0.5g/cm^3
② 0.1g/cm^3
③ 0.3g/cm^3
④ 0.01g/cm^3

해설
시험값은 평균과의 차이가 밀도의 경우 0.01g/cm^3 이하, 흡수율의 경우 0.05% 이하여야 한다.

50 흙의 공학적 분류에서 0.075mm 체 통과량이 몇 % 이하이면 조립토로 분류하는가?

① 50% ② 60%
③ 70% ④ 80%

해설
흙의 공학적 분류
• 조립토 : 0.075mm(75μm) 체 통과량이 50% 이하
• 세립토 : 0.075mm(75μm) 체 통과량이 50% 이상

51 일반적으로 콘크리트의 강도는 어떤 강도를 의미하는가?

① 인장강도
② 휨강도
③ 압축강도
④ 전단강도

일반적으로 콘크리트의 강도는 압축강도를 의미한다.

52 불연속 짧은 강섬유를 콘크리트 속에 혼입하여 인장강도, 균열저항성, 인성 등을 증대시킨 콘크리트는 무엇인가?

① 폴리머 시멘트 콘크리트
② 순환 골재 콘크리트
③ 고강도 콘크리트
④ 섬유보강 콘크리트

섬유보강 콘크리트(Fiber Reinforced Concrete) : 보강용 섬유를 혼입하여 주로 인성, 균열 억제, 내충격성 및 내마모성 등을 높인 콘크리트

53 입도가 양호한 골재를 사용한 콘크리트의 특징으로 옳지 않은 것은?

① 건조수축이 작다.
② 단위 시멘트량이나 단위수량이 적다.
③ 재료 분리가 적다.
④ 워커빌리티가 감소한다.

입도가 양호한 골재를 사용하면 콘크리트의 워커빌리티가 증대된다.

54 시멘트 강도 시험방법으로 공시체를 제작할 경우 물-시멘트비는 어느 정도가 적당한가?

① 30% ② 35%
③ 45% ④ 50%

시멘트 강도 시험방법(KS L ISO 679) : 모르타르의 배합은 시멘트 1, 표준사 3, 물-시멘트비 0.50이다.

55 흙의 입도시험을 할 때 사용되지 않는 것은?

① 황산나트륨
② 증류수
③ 헥사메타인산 나트륨
④ 과산화수소

흙의 입도시험에 사용되는 시약
• 과산화수소는 6% 용액이어야 한다.
• 분산제는 헥사메타인산 나트륨의 포화용액이어야 한다. 헥사메타인산 나트륨 대신에 피로 인산 나트륨 포화용액, 트리폴리 인산 나트륨의 포화용액 등을 사용하여도 좋다.
• 헥사메타인산 나트륨의 포화용액 : 헥사메타인산 나트륨 약 20g을 20℃의 증류수 100mL에 충분히 녹이고, 결정의 일부가 용기 바닥에 남아 있는 상태의 용액을 사용한다.

56 콘크리트의 인장강도는 압축강도의 어느 정도인가?

① 1/10~1/13

② 1/13~1/15

③ 1/18~1/22

④ 1/23~1/30

콘크리트의 인장강도는 압축강도의 1/10~1/13 정도이다.

57 콘크리트의 압축강도시험의 재령일에 해당되지 않는 것은?

① 7일　　　　② 14일

③ 28일　　　　④ 90일

압축강도시험을 하는 공시체의 재령은 7일, 28일, 90일 또는 그 중 하나로 한다.

58 가장 단순한 토립자의 배열로 자갈, 모래 등의 구조는?

① 단립구조

② 면모구조

③ 봉소구조

④ 벌집구조

흙의 구조
- 비점성토
  - 단립구조 : 가장 단순한 토립자의 배열로서 자갈, 모래, 실트 등의 조립재료에서 볼 수 있는 대표적인 구조
  - 봉소구조(벌집구조) : 실트나 점토와 같은 세립토가 정수중을 침강하여 쌓이면 단립구조일 때의 최대공극비가 보다 훨씬 높은 공극비를 갖는 구조(예 황토, 점토)
- 점성토 : 분산구조(이산구조), 면모구조

59 통일 분류법으로 곡률계수가 1~3에 해당하고 균등계수가 4 이상인 경우의 자갈 분류는?

① GW　　　　② GP

③ GM　　　　④ GC

분류방법
- GW : 균등계수 4 이상, 곡률계수 1~3의 조건을 모두 만족해야 한다.
- GP : 곡률계수 1~3, 균등계수 4 이상의 조건 중에서 하나라도 만족하지 못할 경우
- GM : 소성도 A선 아래 또는 $PI < 4$
- GC : 소성도에서 A선 또는 위이거나 $PI > 7$

60 콘크리트 압축강도 시험방법에 대한 설명으로 옳지 않은 것은?

① 공시체는 습윤 상태에서 시험을 한다.

② 공시체의 지름은 0.5mm까지 측정한다.

③ 모양이 다르면 크기가 작은 공시체의 압축강도가 높게 측정된다.

④ 재하속도가 빠를수록 압축강도는 높게 측정된다.

공시체의 지름은 0.1mm, 높이는 1mm까지 측정한다.

01 KS F 2449에 규정된 굳지 않은 콘크리트 용적에 의한 공기량 시험방법은 굵은 골재 최대 치수 얼마 이하의 것을 적용하는가?

① 25mm　　　　② 30mm

③ 40mm　　　　④ 50mm

02 콘크리트의 건조수축에 가장 큰 영향을 주는 것은?

① 단위 시멘트량

② 단위 잔골재량

③ 단위수량

④ 단위 굵은 골재량

해설
건조수축은 콘크리트의 단위수량에 거의 비례한다.

03 긴급공사나 한중콘크리트 공사에 알맞은 혼화재료는?

① 발포제　　　　② 촉진제

③ 지연제　　　　④ AE제

해설
응결촉진제는 한중콘크리트에 있어서 동결이 시작되기 전에 미리 동결에 저항하기 위한 강도를 조기에 얻기 위한 용도로 많이 사용한다.

04 다음 중 강의 경도와 강도를 좌우하는 것은?

① 황　　　　② 인

③ 탄 소　　　　④ 실리카

해설
강철은 일반적으로 탄소 함량에 따라 강도가 달라지는데, 탄소 성분이 많을수록 강철의 강도와 경도는 높아지지만, 탄력성과 신장률은 감소한다. 탄소 함량이 낮으면 강도가 약해 쉽게 구부러진다.

05 피크노미터를 100mL보다 큰 것을 사용하여 흙의 비중시험을 할 경우 1회 측정에 필요한 노건조 시료는 최소 얼마인가?

① 15g　　　　② 20g

③ 25g　　　　④ 35g

해설
시료의 최소량
• 4.75mm 체를 통과한 시료를 사용한다.
• 용량 100mL 이하의 비중병을 사용할 경우 : 노건조 질량 10g 이상
• 용량 100mL 초과의 비중병을 사용할 경우 : 노건조 질량 25g 이상

06 시멘트 시험과 관계되는 기구로 옳지 않은 연결은?

① 시멘트 분말도시험 – 마노미터
② 시멘트 비중시험 – 르샤틀리에 병
③ 시멘트 응결시험 – 비카침
④ 시멘트 팽창도시험 – 길모어 침

해설
• 시멘트의 팽창도시험 – 오토 클레이브
• 시멘트 응결시험 – 길모어 침

07 설계 기준 압축강도가 21MPa이고, 30회 이상의 압축강도 시험으로부터 구한 콘크리트 압축강도 표준편차가 3MPa이다. 배합강도는 얼마인가?

① 24.49MPa
② 25.02MPa
③ 25.89MPa
④ 27.48MPa

해설
배합강도
배합강도(f_{cr})는 설계 기준 압축강도(f_{ck})가 35MPa 이하의 경우 식 ⓐ 및 식 ⓑ에 의한 값 중 큰 값으로, 35MPa 초과의 경우 식 ⓒ 및 식 ⓓ에 의한 값 중 큰 값으로 정하여야 한다.
• $f_{ck} \leq$ 35MPa인 경우
$f_{cr} = f_{ck} + 1.34s \text{(MPa)} \cdots ⓐ$
$f_{cr} = (f_{ck} - 3.5) + 2.33s \text{(MPa)} \cdots ⓑ$
• $f_{ck} >$ 35MPa인 경우
$f_{cr} = f_{ck} + 1.34s \text{(MPa)} \cdots ⓒ$
$f_{cr} = 0.9f_{ck} + 2.33s \text{(MPa)} \cdots ⓓ$
여기서, s : 압축강도의 표준편차(MPa)
• $f_{ck} \leq$ 35MPa이므로
$f_{cr} = f_{ck} + 1.34s = 21 + 1.34 \times 3 = 25.02\text{MPa}$
$f_{cr} = (f_{ck} - 3.5) + 2.33s = (21 - 3.5) + 2.33 \times 3 = 24.49\text{MPa}$
∴ 배합강도(f_{cr})는 큰 값인 25.02MPa로 정하여야 한다.

08 부시네스크(Boussinesq)의 해를 이용하여 구할 수 있는 것은?

① 내부마찰각
② 전단강도
③ 예민비
④ 연직응력

해설
지반 내 응력의 계산에 이용하는 기본적인 탄성이론 해
• 집중하중이 지반 표면의 연직에 작용하는 부시네스크(Boussinesq)의 해
• 수평으로 작용하는 세루티(Cerruti)의 해
• 단단한 지반 내부에 집중하중이 연직 또는 수평 방향으로 작용하는 민들린(Mindlin)의 제1해와 제2해

09 콘크리트 압축강도시험용 공시체의 표면을 캐핑하기 위한 시멘트풀의 물–시멘트비는 어느 정도가 적합한가?

① 17~26%
② 27~30%
③ 31~36%
④ 37~43%

해설
물–시멘트비를 27~30%로 하여 사용하기 약 2시간 전에 반죽하고, 사용하기 전 물을 가하지 않고 다시 반죽한다.

10 다음 중 잔골재의 밀도는 얼마인가?

① 2.0~2.5g/cm^3
② 2.5~2.65g/cm^3
③ 2.55~2.7g/cm^3
④ 2.75~2.9g/cm^3

해설
일반적으로 잔골재의 표건밀도는 2.50~2.65g/cm^3이다.

11 질량 113kg의 목재를 절대건조시켜서 100kg으로 되었다면 함수율은?

① 3.50% ② 3.70%

③ 5.83% ④ 13.00%

해설

함수율 $= \dfrac{113-100}{100} \times 100 = 13\%$

12 AE 콘크리트의 장점이 아닌 것은?

① 물-시멘트비를 작게 할 수 있고, 수밀성이 감소된다.

② 응결경화 시 발열량이 적다.

③ 워커빌리티가 좋고 블리딩의 발생이 적다.

④ 동결융해에 대한 저항성이 크다.

해설

물-시멘트비를 작게 하여 동일한 강도를 내고, 수밀성은 향상된다.

13 단면적이 80mm²인 강봉을 인장시험하여 항복점하중 2,560kgf, 최대 하중 3,680kgf을 얻었을 때 인장강도는 얼마인가?

① 35kgf/mm²

② 46kgf/mm²

③ 51kgf/mm²

④ 18kgf/mm²

해설

인장강도 $= \dfrac{3,680}{80} = 46\text{kgf/mm}^2$

14 액성한계시험 시 유동곡선에서 낙하 횟수 몇 회에 해당하는 함수비를 액성한계라 하는가?

① 10회 ② 15회

③ 20회 ④ 25회

해설

액성한계시험으로부터 구한 유동곡선에서 낙하 횟수 25회에 해당하는 함수비를 액성한계라 한다.

15 역청제의 연화점을 알기 위하여 일반적으로 사용하는 방법은?

① 환구법

② 웬트라이너법

③ 우벨로데법

④ 육면체법

16 다음 중 수은을 사용하는 시험방법은?

① 액성한계시험

② 소성한계시험

③ 흙의 밀도시험

④ 수축한계시험

해설

수축한계시험에서 수은을 쓰는 이유는 노건조 시료의 체적(부피)을 구하기 위해서이다.

17 아스팔트의 연화점시험에서 시료가 연화해서 늘어나기 시작하여 얼마만큼 떨어진 밑판에 닿는 순간의 온도계의 눈금을 읽어 기록하는가?

① 11.0mm ② 15.4mm

③ 21.7mm ④ 25.4mm

환구법을 사용하는 아스팔트 연화점시험에서 시료를 규정조건에서 가열하였을 때 시료가 연화되기 시작 하여 규정된 거리(25mm)까지 내려갈 때의 온도를 연화점이라 한다.
※ KS M 2250 개정으로 정답 없음

18 두께 35m의 점토 시료를 채취하여 압밀시험한 결과 하중강도가 2kgf/cm²에서 4kgf/cm²로 증가할 때 간극비는 1.8에서 1.2로 감소하였다. 이때 압축계수는?

① 0.3cm²/kgf

② 1.2cm²/kgf

③ 2.2cm²/kgf

④ 3.3cm²/kgf

압축계수 $a_v = \dfrac{간극비의\ 변화}{하중의\ 변화} = \dfrac{e_1 - e_2}{P_2 - P_1}$

$= \dfrac{1.8 - 1.2}{4 - 2} = 0.3\text{cm}^2/\text{kgf}$

19 포졸란을 사용한 콘크리트의 영향 중 옳지 않은 것은?

① 시멘트가 절약된다.

② 해수에 대한 저항성이 커진다.

③ 작업이 용이하고 발열량이 커진다.

④ 콘크리트의 수밀성이 증대된다.

포졸란은 워커빌리티를 개선시키고 발열량을 줄인다.

20 나이트로글리세린을 주성분으로 하여 이것을 여러 가지의 고체에 흡수시킨 폭약은?

① 칼 릿

② 초유 폭약

③ 다이너마이트

④ 슬러리 폭약

다이너마이트는 나이트로글리세린을 주성분으로 하여 초산, 나이트로 화합물을 첨가한 폭약이다.

21 굵은 골재의 마모시험에 사용되는 기계나 기구가 아닌 것은?

① 데시케이터
② 1.7mm 체
③ 로스앤젤레스시험기
④ 건조기

해설
로스앤젤레스시험기에 의한 굵은 골재의 마모 시험방법의 장치 및 기구 : 로스앤젤레스시험기, 구, 저울, 체(1.7mm, 2.5mm, 5mm, 10mm, 15mm, 20mm, 25mm, 40mm, 50mm, 65mm, 75mm의 망체), 건조기

22 골재의 안정성시험에 사용되는 용액으로 알맞은 것은?

① 황산나트륨 용액
② 황산마그네슘 용액
③ 염화칼슘 용액
④ 가성소다 용액

해설
골재의 안정성시험은 골재의 내구성을 알기 위하여 황산나트륨 포화용액으로 인한 골재의 부서짐 작용에 대한 저항성을 시험한다.

23 2μm 이하의 점토 함유율에 대한 소성지수와의 비를 무엇이라 하는가?

① 부피 변화   ② 선수축
③ 활성도   ④ 군지수

해설
활성도 : 흙의 팽창성을 판단하는 기준으로 활주로, 도로 등의 건설재료를 결정하는 데 사용된다.

$$활성도\ A = \frac{소성지수}{2\mu m보다\ 작은\ 입자의\ 중량\ 백분율(\%)}$$

$$= \frac{소성지수(\%)}{점토\ 함유율(\%)}$$

24 골재에 포함된 잔입자에 대한 설명으로 틀린 것은?

① 골재에 들어 있는 잔입자에는 점토, 실트, 운모질 등이 있다.
② 골재에 잔입자가 들어 있으면 블리딩현상으로 인하여 레이턴스가 많이 생기게 된다.
③ 골재에 잔입자가 많이 들어 있으면 콘크리트의 혼합수량이 많아지고 건조수축에 의하여 콘크리트에 균열이 생기기 쉽다.
④ 골재알의 표면에 점토, 실트 등이 붙어 있으면 시멘트 풀과 골재의 부착력이 커서 강도와 내구성이 커진다.

해설
골재알의 표면에 점토, 실트 등이 붙어 있으면, 골재와 시멘트 풀의 부착력이 약해져서 콘크리트의 강도와 내구성이 작아진다.

25 흙의 비중시험에서 흙 시료가 내포한 공기를 없애기 위해 전열기로 끓이는데 일반적인 흙은 얼마 이상 끓여야 하는가?

① 2분   ② 5분
③ 7분   ④ 10분

해설
흙의 비중시험에서 기포 제거를 위하여 끓이는 시간 : 일반적인 흙에서는 10분 이상, 고유기질토에서는 약 40분, 화산재 흙에서는 2시간 이상 끓인다.

26 시멘트 64g, 처음 광유 눈금 읽기가 0mL, 시멘트를 넣고 기포를 제거한 후 눈금 읽기가 21mL일 때 시멘트의 비중은 얼마인가?

① 3.05

② 3.15

③ 3.37

④ 3.50

해설

시멘트의 비중

$\dfrac{\text{시멘트의 질량}}{\text{비중병의 부피}} = \dfrac{64}{21-0} \approx 3.05$

27 일축압축시험을 한 결과, 흐트러지지 않은 점성토의 압축강도가 2.0kg/cm²이고, 다시 이겨 성형한 시료의 일축압축강도가 0.4kg/cm²일 때 이 흙의 예민비는 얼마인가?

① 0.2

② 2.0

③ 0.5

④ 5.0

해설

$S_t = \dfrac{q_u}{q_{ur}} = \dfrac{2.0}{0.4} = 5$

여기서, q_u : 자연 시료의 일축압축강도

q_{ur} : 흐트러진 시료의 일축압축강도

28 도로포장 설계에 있어 포장 두께를 결정하는 시험은?

① 직접전단시험

② 일축압축시험

③ 평판재하시험

④ CBR시험

해설

CBR시험 : 주로 아스팔트와 같은 가요성(연성) 포장의 지지력을 결정하기 위한 시험방법, 즉 도로나 활주로 등의 포장 두께를 결정하기 위하여 지지하는 노상토의 강도, 압축성, 팽창성 및 수축성 등을 결정하는 시험이다.

29 다음 중 직접 기초에 해당하는 것은?

① Footing 기초

② 말뚝 기초

③ 피어 기초

④ 케이슨 기초

해설

기초의 분류

• 직접 기초(얕은 기초)

   – 푸팅(Footing) 기초(확대 기초) : 독립푸팅 기초, 복합푸팅 기초, 연속푸팅 기초, 캔틸레버 기초

   – 전면 기초(매트 기초)

• 깊은 기초 : 말뚝 기초, 피어 기초, 케이슨 기초

30 연약한 점토 지반에서 전단강도를 구하기 위하여 실시하는 현장시험법은?

① Vane시험

② 현장 CBR시험

③ 직접전단시험

④ 압밀시험

해설

베인전단시험은 연약한 포화 점토 지반에 대해서 현장에서 직접 실시하여 점토 지반의 비배수강도(비배수 점착력)를 구하는 현장 전단시험 중의 하나이다.

31 흙의 다짐시험에 필요한 기구가 아닌 것은?

① 샌드 콘(Sand Cone)

② 시료 추출기(Sample Extruder)

③ 래머(Rammer)

④ 원통형 금속제 몰드(Mold)

해설
실내다짐 시험기구
• 몰드, 칼라, 밑판 및 스페이서 디스크, 래머
• 기타 기구 : 저울, 체, 함수비 측정기구, 혼합기구, 곧은 날, 시료 추출기, 거름종이

32 화약 취급상 주의사항 중 옳지 않은 것은?

① 다이너마이트는 햇볕의 직사를 피하고 화기가 있는 곳에 두지 않는다.

② 뇌관과 폭약은 사용이 편리하도록 한곳에 보관하도록 한다.

③ 화기와 충격에 대하여 각별히 주의한다.

④ 장기간 보존으로 인한 흡습이나 동결에 주의하고 온도와 습도에 의한 품질의 변화가 발생하지 않도록 한다.

해설
뇌관과 폭약은 분리하여 각각 다른 장소에 저장한다.

33 액성한계 시험방법에 대한 설명 중 틀린 것은?

① 0.425mm 체로 쳐서 통과한 시료 약 200g 정도를 준비한다.

② 황동접시의 낙하 높이가 10±1mm가 되도록 낙하장치를 조정한다.

③ 액성한계시험으로부터 구한 유동곡선에서 낙하 횟수 25회에 해당하는 함수비를 액성한계라 한다.

④ 크랭크를 1초에 2회전의 속도로 접시를 낙하시키며, 시료가 10mm 접촉할 때까지 회전시켜 낙하 횟수를 기록한다.

해설
황동접시를 낙하장치에 부착하고 낙하장치에 의해 1초 동안 2회의 비율로 황동접시를 들어 올렸다가 떨어뜨리고 홈의 바닥부의 흙이 길이 약 1.3cm 맞닿을 때까지 계속한다.

34 골재의 조립률을 구할 때 사용되는 체가 아닌 것은?

① 40mm 체   ② 25mm 체

③ 10mm 체   ④ 0.15mm 체

해설
조립률(골재) : 75mm, 40mm, 20mm, 10mm, 5mm, 2.5mm, 1.2mm, 0.6mm, 0.3mm, 0.15mm 체 등 10개의 체를 1조로 하여 체가름시험을 하였을 때, 각 체에 남은 누계량의 전체 시료에 대한 질량 백분율의 합을 100으로 나눈 값

35 평판재하시험에서 1.25mm 침하량에 해당하는 하중강도가 1.25kg/cm²일 때 지지력 계수는 얼마인가?

① 5kg/cm³   ② 15kg/cm³

③ 20kg/cm³   ④ 10kg/cm³

해설
$$K = \frac{P(하중강도)}{S(침하량)} = \frac{1.25}{0.125} = 10kg/cm^3$$

36 시멘트의 수화열을 적게 하고 조기강도는 작으나 장기강도가 크고 체적의 변화가 작아 댐 축조 등에 사용되는 시멘트는?

① 조강 포틀랜드 시멘트
② 알루미나 시멘트
③ 팽창 시멘트
④ 중용열 포틀랜드 시멘트

해설

중용열 포틀랜드 시멘트 : 빨리 굳어져야 하는 공사에는 규산 3석회의 양이 많은 조강 시멘트가 필요하고, 댐이나 고층 아파트와 같이 압력을 많이 받는 콘크리트 구조물에 쓰이는 시멘트에는 알루민산 3석회(C_3A)나 규산 3석회(C_3S)의 양이 제한된다.

37 흙의 비중시험에서 가장 큰 오차의 원인은 무엇인가?

① 흙의 성질
② 흙의 건조밀도
③ 흙의 습윤밀도
④ 흙이 내포한 공기

해설

흙 입자의 밀도 측정에서 가장 큰 오차의 원인은 잔존 공기에 의한 것으로 끓여서 공기를 제거한다.

38 아스팔트의 침입도시험에서 침입도 1이란 침이 시료 속에 몇 mm 깊이로 들어갔을 경우인가?

① 1/10mm
② 1/20mm
③ 1/30mm
④ 1/40mm

해설

100g의 추에 5초 동안 침의 관입량이 0.1mm일 때를 침입도 1이라 한다.

39 시멘트 분말도에 관한 설명으로 잘못된 것은?

① 시멘트 입자의 가는 정도를 나타내는 것을 분말도라 한다.
② 시멘트 입자가 가늘수록 분말도가 높다.
③ 분말도가 높으면 수화 발열이 작다.
④ 시멘트의 분말도는 비표면적으로 나타낼 수 있다.

해설

시멘트 분말도가 높으면 수화 발열이 크다.

40 액성한계가 42.8%이고, 소성한계가 32.2%일 때 소성지수를 구하면?

① 10.6
② 12.8
③ 21.2
④ 42.4

해설

$$\text{소성지수}(PI) = \text{액성한계} - \text{소성한계}$$
$$= 42.8 - 32.2$$
$$= 10.6$$

41 흙의 함수비시험에서 시료의 최대 입자 지름이 19mm일 때 시료의 최소 무게로 적당한 것은?

① 100g 　　　② 300g

③ 500g 　　　④ 700g

> **해설**
> **함수비 측정에 필요한 시료의 최소 무게**
>
> | 시료의 최대 입자 지름(mm) | 최소 눈금값 |
> |---|---|
> | 75 | 5~30kg |
> | 37.5 | 1~5kg |
> | 19 | 150~300g |
> | 4.75 | 30~100g |
> | 2 | 10~30g |
> | 0.425 | 5~10g |

42 어떤 현장 시료의 습윤단위무게가 1.56g/cm^3, 포화단위무게가 1.74g/cm^3이고, 함수비가 25%이었다. 수중단위무게는 얼마인가?

① 1.25g/cm^3

② 1.48g/cm^3

③ 1.63g/cm^3

④ 0.74g/cm^3

> **해설**
> 수중단위무게 = 포화단위무게 − 물의 단위무게
> $$= 1.74 - 1$$
> $$= 0.74\text{g/cm}^3$$

43 콘크리트를 친 후 시멘트와 골재알이 가라앉으면서 물이 올라와 콘크리트의 표면에 떠오르는 현상을 무엇이라 하는가?

① 블리딩

② 레이턴스

③ 워커빌리티

④ 반죽질기

> **해설**
> 블리딩 : 굳지 않은 콘크리트에서 고체재료의 침강 또는 분리에 의하여 콘크리트가 경화하는 동안에 물과 시멘트 혹은 혼화재의 일부가 콘크리트 윗면으로 상승하는 현상

44 콘크리트의 슬럼프값은 콘크리트가 중앙부에서 내려앉은 길이를 어느 정도의 정밀도로 표시하는가?

① 0.5mm 　　　② 1mm

③ 5mm 　　　④ 10mm

> **해설**
> 콘크리트의 중앙부와 옆에 놓인 슬럼프콘 상단과의 높이차를 5mm 단위로 측정하여 이것을 슬럼프값으로 한다.

45 흙 속의 물이 얼어서 부피가 팽창하여 지표면이 부풀어 오르는 현상을 무엇이라 하는가?

① 동상현상

② 모세관현상

③ 포화현상

④ 팽창현상

> **해설**
> 흙 속의 온도가 빙점 이하로 내려가서 지표면 아래 흙 속의 물이 얼어붙어 부풀어 오르는 현상을 동상이라고 한다.

46 어느 현장 흙의 습윤단위무게가 1.82g/cm³이고, 함수비가 20%일 때 이 흙의 건조단위무게는 얼마인가?

① 1.52g/cm³   ② 1.75g/cm³

③ 1.83g/cm³   ④ 1.90g/cm³

해설

건조단위무게

$$\gamma_d = \frac{\gamma_t}{1 + \frac{w}{100}} = \frac{1.82}{1 + \frac{20}{100}} \approx 1.52\,\text{g/cm}^3$$

47 흙의 통일 분류 기호 중 '입도분포가 나쁜 모래'를 나타내는 것은?

① GP   ② SP

③ GC   ④ SC

해설

입도분포에 따른 모래, 자갈의 분류 기호

입도분포	모래(S)	자갈(G)
좋음(W)	SW	GW
나쁨(P)	SP	GP

48 골재의 안정성시험에 대한 설명으로 잘못된 것은?

① 시험용 용액으로는 황산나트륨 포화용액이 사용된다.

② 시약용 용액의 골재에 대한 잔류 유무를 조사하기 위해 염화바륨 용액이 사용된다.

③ 로스앤젤레스시험기로 시험한다.

④ 기상작용에 대한 골재의 내구성을 파악하기 위한 시험이다.

해설

로스앤젤레스시험기는 굵은 골재 마모시험에서 가장 많이 사용한다.

49 재료가 일정한 하중 아래 시간의 경과에 따라 변형량이 증가하는 현상을 무엇이라 하는가?

① 크리프

② 피로한계

③ 길소나이트

④ 릴랙세이션

해설

크리프(Creep) : 응력을 작용시킨 상태에서 탄성 변형 및 건조수축 변형을 제외시킨 변형으로 시간과 더불어 증가되는 현상

50 석재의 성질에 대한 일반적인 설명으로 옳지 않은 것은?

① 석재는 비중이 클수록 흡수율이 작고, 압축강도가 크다.

② 석재의 공극률은 일반적으로 석재에 포함된 전체 공극과 겉보기 부피의 비로 나타낸다.

③ 석재의 강도는 인장강도가 특히 크고 압축강도는 작기 때문에 석재를 구조용으로 사용하는 경우 주로 인장력을 받는 부분에 많이 사용된다.

④ 석재의 흡수율은 풍화나 파괴, 내구성 등과 관련이 있고, 흡수율이 큰 것은 빈틈이 많아 동해를 받기 쉽다.

해설

석재의 강도 중에서 압축강도가 매우 크고, 인장강도는 압축강도의 1/10~1/30 정도 밖에 되지 않는다. 휨강도나 전단강도는 압축강도에 비하여 매우 작다. 석재를 구조용으로 사용할 경우 압축력을 받는 부분에만 사용해야 한다.

51 물–시멘트비 60%의 콘크리트를 제작할 경우 시멘트 1포당 필요한 물의 양은 몇 kg인가?(단, 시멘트 1포의 무게는 40kg이다)

① 15kg   ② 24kg

③ 37kg   ④ 44kg

해설

$$물-시멘트비 = \frac{W}{C}$$

$$= \frac{x}{40} = 0.6$$

$x = 24kg$

52 보일(Boyle)의 법칙을 적용하여 일정한 압력하에서 공기량으로 인해 콘크리트의 체적이 감소한다는 원리로 공기량을 측정하는 방법은?

① 무게에 의한 방법

② 체적에 의한 방법

③ 공기실 압력법

④ 통계법

해설

공기실 압력법 : 워싱턴형 공기량측정기는 굳지 않은 콘크리트의 공기 함유량을 압력의 감소를 이용해 측정하는 방법으로 보일(Boyle)의 법칙을 적용한 것이다.

53 흙의 다짐 특성에 대한 설명으로 틀린 것은?

① 입도가 좋은 모래질 흙에서는 최대 건조단위무게가 크다.

② 최적함수비가 낮은 흙일수록 최대 건조단위무게는 크다.

③ 다짐에너지가 커지면 최적함수비도 커진다.

④ 동일한 흙에서 다짐 횟수를 증가시키면 다짐곡선은 위로 이동한다.

해설

다짐에너지가 클수록 최적함수비는 감소하고, 최대 건조단위중량은 증가한다.

54 입경가적곡선에서 유효입경이라 함은 가적통과율 몇 %에 해당하는 입경을 의미하는가?

① 50%   ② 45%

③ 20%   ④ 10%

해설

D_{10}은 유효입경 또는 유효입자지름이라고도 하며, 투수계수 추정 등에 이용된다.

55 말뚝의 지지력 계산 시 Engineering News 공식의 안전율은 얼마를 사용하는가?

① 10   ② 8

③ 6   ④ 2

해설

말뚝의 지지력 계산 시 안전율

• Engineering News 공식 : 6

• Sander 공식 : 8

56 슬럼프시험에서 다짐대로 몇 층에 각각 몇 번씩 다지는가?

① 2층, 25회

② 3층, 25회

③ 3층, 60회

④ 2층, 45회

해설
슬럼프콘은 수평으로 설치하였을 때 수밀성이 있는 평판 위에 놓고 누르고, 거의 같은 양의 시료를 3층으로 나눠서 채운다. 각 층은 다짐봉으로 고르게 한 후 25회씩 다진다.

57 콘크리트 압축강도시험에서 공시체에 하중을 가하는 속도에 대한 설명으로 옳은 것은?

① 압축응력도의 증가율이 매초 $6\pm0.4MPa$가 되도록 한다.

② 압축응력도의 증가율이 매초 $0.6\pm0.4MPa$가 되도록 한다.

③ 압축응력도의 증가율이 매초 $0.6\pm0.04MPa$가 되도록 한다.

④ 압축응력도의 증가율이 매초 $6\pm4MPa$가 되도록 한다.

해설
공시체에 충격을 주지 않도록 일정한 속도로 하중을 가한다. 하중을 가하는 속도는 원칙적으로 압축응력도의 증가가 매초 $0.6\pm0.2MPa$이 되도록 한다.
※ KS F 2405 개정으로 정답 없음

58 잔골재의 밀도시험은 두 번 실시하여 평균값을 잔골재의 밀도값으로 결정한다. 이때 각각의 시험값은 평균과의 차이가 얼마 이하이어야 하는가?

① $0.5g/cm^3$

② $1g/cm^3$

③ $0.05g/cm^3$

④ $0.01g/cm^3$

해설
시험값은 평균값과의 차이가 밀도의 경우 $0.01g/cm^3$ 이하, 흡수율의 경우 0.05% 이하여야 한다.

59 시멘트 비중시험에 대한 설명으로 틀린 것은?

① 동일한 시험자가 동일한 재료에 대해 2회 측정한 비중의 결과가 ±0.3 이내이어야 한다.

② 광유는 온도 $23\pm2℃$에서 비중이 약 0.73 이상인 완전히 탈수된 등유나 나프타를 사용한다.

③ 광유의 눈금을 읽을 때는 오목한 최저면을 읽는다.

④ 보통 포틀랜드 시멘트 64g을 사용한다.

해설
시멘트 비중시험의 정밀도 및 편차 : 동일한 시험자가 동일한 재료에 대하여 2회 측정한 결과가 ±0.03 이내이어야 한다.

60 콘크리트의 배합을 정하는 경우에 목표로 하는 강도이며, 보통 재령 28일 압축강도를 기준으로 하는 것은?

① 설계기준강도

② 배합강도

③ 압축강도

④ 현장배합

01 흙의 동상에 대한 설명으로 옳지 않은 것은?

① 실트질 흙은 모관 상승이 크고 투수성도 커서 동상현상이 크다.

② 흙은 모관성과 투수성이 클 때 동상현상이 현저하게 커진다.

③ 점토는 모관 상승이 높아 동상현상이 가장 크다.

④ 오랫동안 빙점 이하의 온도가 지속되면 동상현상이 잘 일어난다.

해설
점토는 모관 상승고가 가장 크지만, 투수성이 낮기 때문에 수분 공급이 잘되지 않아 동상현상은 낮다.

02 흙의 함수비와 연경도에 대한 설명 중 옳지 않은 것은?

① 소성한계는 소성범위에서 최소 함수비이다.

② 소성지수는 소성한계에서 수축한계를 뺀 값이다.

③ 액성한계는 소성범위에서 최대 함수비이다.

④ 수축한계는 함수량이 감소해도 체적이 감소하지 않을 때의 함수량이다.

해설
소성지수는 액성한계에서 소성한계를 뺀 값이다.

03 흙이 3mm 국수 모양으로 되지 않을 경우 소성한계 성과표에 표시하는 기호는?

① IP ② NO

③ NP ④ PT

해설
비소성(NP ; Non Plastic)
• 점성이 없는 사질토와 같이 액성한계와 소성한계를 구할 수 없는 경우의 흙
• 소성한계가 액성한계보다 크거나 같은 경우의 흙

04 흙의 체가름 시험결과 20mm 체의 잔류율이 32%, 가적잔류율이 6.5%일 때 그 체의 가적통과율은?

① 96.8%

② 93.5%

③ 90.3%

④ 87.0%

해설
가적통과율 = 100 − 가적잔류율
= 100 − 6.5 = 93.5%

05 블론 아스팔트에 대한 설명으로 옳은 것은?

① 탄력성이 풍부하고 연화점이 높으며 감온성이 작다.

② 천연 아스팔트에 속한다.

③ 방수성, 신장성, 점착성 등이 매우 좋다.

④ 석유가 암석 사이에 침투되어 휘발성 물질이 증발하여 생성된 아스팔트이다.

06 특정한 입도를 가진 굵은 골재를 거푸집 속에 채워 넣고, 그 공극 속에 특수한 모르타르를 적당한 압력으로 주입하여 만든 콘크리트를 무엇이라 하는가?

① 숏크리트

② 프리플레이스트 콘크리트

③ 레디 믹스트 콘크리트

④ 프리스트레스트 콘크리트

07 30회 이상의 시험 실적으로부터 구한 콘크리트 압축강도의 표준편차가 2.5MPa이고, 콘크리트의 설계기준 압축강도가 30MPa일 때 콘크리트의 배합강도는?

① 32.3MPa

② 33.4MPa

③ 34.2MPa

④ 35.3MPa

08 압력법에 의한 굳지 않은 콘크리트의 공기량시험 중 물을 붓고 시험하는 경우의 공기량측정기 용량은 최소 얼마 이상으로 해야 하는가?

① 3L

② 5L

③ 6L

④ 9L

09 반죽 질기에 따른 작업의 어렵고 쉬운 정도 및 재료의 분리에 저항하는 정도를 나타내는 굳지 않은 콘크리트의 성질을 무엇이라고 하는가?

① 트래피커빌리티
② 워커빌리티
③ 성형성
④ 피니셔빌리티

해설
워커빌리티(작업성) : 반죽 질기에 의한 작업의 난이한 정도와 균일한 질의 콘크리트를 만들기 위하여 필요한 재료의 분리에 저항하는 정도를 나타내는 굳지 않은 콘크리트의 성질

11 다음 그림은 강의 응력과 변형률의 관계를 나타낸 곡선이다. 영구 변형을 일으키지 않는 탄성한도를 나타내는 점은?

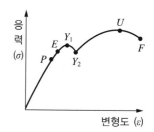

① P
② E
③ Y_1
④ U

해설
탄성한도 : 하중을 제거하면 본래의 형태로 복원되는 한계점이다.

10 골재의 안정성시험에 사용되는 용액으로 알맞은 것은?

① 황산나트륨 용액
② 황산마그네슘 용액
③ 염화칼슘 용액
④ 가성소다 용액

해설
골재의 안정성시험은 골재의 내구성을 알기 위하여 황산나트륨 포화용액으로 인한 골재의 부서짐 작용에 대한 저항성을 시험한다.

12 골재의 조립률을 구할 때 사용되는 체가 아닌 것은?

① 40mm 체
② 25mm 체
③ 10mm 체
④ 0.15mm 체

해설
조립률(골재) : 75mm, 40mm, 20mm, 10mm, 5mm, 2.5mm, 1.2mm, 0.6mm, 0.3mm, 0.15mm 체 등 10개의 체를 1조로 하여 체가름시험을 하였을 때, 각 체에 남은 누계량의 전체 시료에 대한 질량 백분율의 합을 100으로 나눈 값

13 시멘트의 수화열을 적게 하고 조기강도는 작으나 장기강도가 크고 체적의 변화가 적어 댐 축조 등에 사용되는 시멘트는?

① 알루미나 시멘트
② 조강 포틀랜드 시멘트
③ 팽창 시멘트
④ 중용열 포틀랜드 시멘트

해설
중용열 포틀랜드 시멘트 : 수화열을 적게 하기 위하여 규산 3석회와 알루민산 3석회의 양을 제한해서 만든 것으로, 건조수축이 작아 단면이 큰 콘크리트용으로 알맞은 시멘트이다.

14 폭약 중 뇌산수은, 질화납 등과 같이 점화만으로도 쉽게 폭발하여 그 폭발에 의해서 인접하는 다른 화약류의 폭발을 유발하는 것을 무엇이라 하는가?

① 칼 릿
② 다이너마이트
③ 기폭약
④ 질산암모늄 유제폭약

해설
기폭약은 점화 자체로 자신이 폭발하여 다른 화약류의 폭발을 유도한다. 종류에는 뇌홍(뇌산수은), 질화납, DDNP 등이 있다.

15 도로 지반의 평판재하시험에서 1.25mm가 침하될 때 하중강도는 $3.5kg/cm^2$이었다. 지지력계수는?

① $5.5kg/cm^3$
② $10kg/cm^3$
③ $25kg/cm^3$
④ $28kg/cm^3$

해설
$$지지력계수 = \frac{하중강도}{침하량} = \frac{3.5}{0.125} = 28kg/cm^3$$

16 표준체에 의한 시멘트 분말도시험을 하기 위한 기구 중 사용되지 않는 것은?

① 표준체
② 스프레이 노즐
③ 압력계
④ 플런저

해설
플런저는 블레인 공기투과장치에 의한 시멘트 분말도시험을 할 때 필요한 기구이다.

17 골재의 잔입자시험에서 몇 mm 체를 통과하는 것을 잔입자로 하는가?

① 1.7mm   ② 1.0mm
③ 0.15mm   ④ 0.08mm

해설
골재에 포함된 잔입자시험은 골재에 포함된 0.08mm 체를 통과하는 잔입자의 양을 측정하는 방법이다.

18 흙의 함수비를 측정할 때 항온건조로의 온도범위로 가장 적합한 것은?

① 80±5℃

② 95±5℃

③ 110±5℃

④ 120±5℃

항온건조로 : 온도를 110±5℃로 유지할 수 있는 것

19 석회암이 지열을 받아 변성된 석재로 주성분이 탄산칼슘인 석재는?

① 화강암 ② 점판암

③ 대리석 ④ 응회암

해설
대리석은 탄산칼슘이 주성분인 암석이다. 산성용액은 탄산칼슘을 녹이기 때문에 산성비가 내리면 대리석 조각들은 녹아내린다.

20 액성한계시험에서 황동접시를 1cm 높이에서 1초에 몇 회 속도로 자유낙하시키는가?

① 2회 ② 5회

③ 7회 ④ 10회

해설
크랭크를 초당 2회의 속도로 황동접시를 낙하시킨다.

21 도로포장 설계에서 포장 두께를 결정하는 시험은?

① 직접전단시험

② 일축압축시험

③ 투수계수시험

④ CBR시험

해설
CBR시험 : 주로 아스팔트와 같은 가요성(연성) 포장의 지지력을 결정하기 위한 시험방법, 즉 도로나 활주로 등의 포장 두께를 결정하기 위하여 지지하는 노상토의 강도, 압축성, 팽창성 및 수축성 등을 결정하는 시험이다.

22 흙의 통일 분류기호 중 '입도분포가 나쁜 모래'를 나타내는 것은?

① GP ② SP

③ GC ④ SC

해설
① GP : 입도분포가 나쁜 자갈
③ GC : 점토질 자갈
④ SC : 점토질 모래
입도분포에 따른 모래, 자갈의 분류기호

입도분포	모래(S)	자갈(G)
좋음(W)	SW	GW
나쁨(P)	SP	GP

23 시멘트 분말도가 모르타르 및 콘크리트의 성질에 미치는 영향에 대하여 설명한 것이다. 옳지 않은 것은?

① 분말도가 클수록 콘크리트의 균열이 작아지므로 내구성이 증가한다.
② 분말도가 클수록 조기강도가 크며 강도 증진율이 높다.
③ 분말도가 클수록 워커빌리티가 좋은 콘크리트를 얻을 수 있다.
④ 분말도가 클수록 풍화하기 쉽다.

해설
분말도가 클수록 건조수축이 커져서 균열이 발생하기 쉽다.

24 시멘트를 만드는 과정에서 석고를 첨가하는 목적은?

① 수밀성 증대
② 경화 촉진
③ 응결시간 조절
④ 조기강도 증진

해설
석고는 응결지연제로 시멘트의 수화반응을 늦추어 응결시간과 경화시간을 길게 할 목적으로 사용한다.

25 블리딩시험의 결과 마지막까지 누계한 블리딩에 따른 물의 부피는 76cm³, 콘크리트의 윗면적은 490cm²일 때 블리딩량은?

① $1.13 \text{cm}^3/\text{cm}^2$
② $0.12 \text{cm}^3/\text{cm}^2$
③ $0.16 \text{cm}^3/\text{cm}^2$
④ $0.19 \text{cm}^3/\text{cm}^2$

해설
$$\text{블리딩량}(\text{cm}^3/\text{cm}^2) = V/A$$
$$= 76/490$$
$$\simeq 0.16 \text{cm}^3/\text{cm}^2$$

26 아스팔트의 신도시험에서 신도를 결정하는 방법으로 옳은 것은?

① 3회의 측정값의 평균을 1cm의 단위로 끝맺음한 것을 신도로 한다.
② 3회의 측정값의 평균을 0.5cm의 단위로 끝맺음한 것을 신도로 한다.
③ 2회의 측정값의 평균을 0.5cm의 단위로 끝맺음한 것을 신도로 한다.
④ 2회의 측정값의 평균을 0.1cm의 단위로 끝맺음한 것을 신도로 한다.

해설
3회 측정의 평균값을 1cm 단위로 끝맺음하고 신도로 보고한다.

27 어떤 흙의 체가름시험으로부터 구한 입경가적곡선에서 $D_{10} = 0.04\text{mm}$, $D_{30} = 0.07\text{mm}$, $D_{60} = 0.14\text{mm}$ 이었다. 곡률계수는?

① 0.875
② 1.142
③ 3.375
④ 7.250

해설
$$\text{곡률계수} \ C_g = \frac{(D_{30})^2}{D_{10} \times D_{60}} = \frac{(0.07)^2}{0.04 \times 0.14} = 0.875$$

28 일반적으로 목재의 비중은 어느 상태의 비중을 말하는가?

① 기건상태
② 습윤상태
③ 절대건조상태
④ 표건상태

해설
일반적으로 사용하는 목재의 비중은 기건비중(공기건조 중의 비중)이다.

29 흙의 전단강도를 구하기 위한 전단시험법 중 현장시험에 해당하는 것은?

① 일축압축시험
② 삼축압축시험
③ 베인시험
④ 직접전단시험

해설
베인전단시험은 연약한 포화 점토 지반에 대해서 현장에서 직접 실시하여 점토 지반의 비배수강도(비배수 점착력)를 구하는 현장 전단 시험 중의 하나이다.

30 금속의 경도 시험방법의 종류가 아닌 것은?

① 비커스식
② 로크웰식
③ 브리넬식
④ 슬라이딩식

해설
금속의 경도시험
- 비커스식 : 압입자(대면각 136°의 사각추)에 하중을 걸어서 대각선 길이로 측정
- 로크웰식 : 압입자에 하중(기본하중 10kg)을 걸어서 홈 깊이로 측정
- 브리넬식 : 압입자에 하중을 걸어서 자국의 크기로 경도 측정
- 쇼어식 : 강구를 일정 높이에서 낙하시켜 반발 높이로 측정

31 콘크리트 강도시험용 공시체의 양생온도로 가장 적합한 것은?

① 10±2°C
② 15±3°C
③ 20±2°C
④ 25±2°C

해설
공시체 양생온도는 20±2°C로 한다.

32 구조물의 하중을 굳은 지반에 전달하기 위하여 수직공을 굴착하여 그 속에 현장 콘크리트를 채운 기초는?

① 피어 기초
② 전면 기초
③ 오픈 케이슨
④ 뉴매틱 케이슨

해설
① 피어 기초 : 견고한 지반까지 직경 75cm 이상의 수직공을 굴착한 뒤 현장에서 콘크리트를 타설하여 구조물의 하중을 지지층에 전달하도록 하는 기초 공법으로 말뚝 기초, 케이슨 기초(우물통 기초)와 더불어 깊은 기초에 속한다.
② 전면 기초(매트 기초, 온통 기초) : 건축물의 전체 바닥면 또는 바닥면 이상으로 넓게 걸쳐서 기초 슬래브를 설치하는 기초이다.
③ 오픈 케이슨 : 중공 대형의 통을 그 바닥면 지반을 굴착시키면서 가라 앉혀 소정의 지지 기반에 정착시키는 기초이다.
④ 뉴매틱 케이슨 : 케이슨 선단부의 작업실에 압축공기를 보내고, 고압의 상태에서 작업실 내의 물을 배제하여 저면하의 토사를 굴착, 배제할 수 있도록 한 케이슨 공법으로 구축한 기초구조이다.

33 간극비가 0.2인 모래의 간극률은 얼마인가?

① 17% ② 20%

③ 25% ④ 32%

$$n = \frac{e}{1+e} \times 100(\%)$$

$$= \frac{0.2}{1+0.2} \times 100 \approx 16.7\%$$

34 다음 중 다짐한 흙의 효과를 잘못 나타낸 것은?

① 지반의 지지력 증가

② 흙의 단위중량 증가

③ 지반의 압축성 증가

④ 전단강도 증가

흙 다짐의 목적 및 효과

• 흙의 전단강도가 증가한다.

• 흙의 단위중량이 증가한다.

• 지반의 지지력이 증가한다.

• 부착성이 양호해진다.

• 압축성이 작아진다.

• 투수성이 감소한다.

• 흡수성이 감소한다.

35 흙의 입도 시험방법에 규정된 시험용 기구 중 필요 없는 것은?

① 다짐봉 ② 저 울

③ 분산장치 ④ 비중계

흙의 입도 시험기구 : 비중계, 분산장치, 메스실린더, 온도계, 항온수조, 비커, 저울, 버니어캘리퍼스, 함수비 측정기구

36 골재의 단위용적질량을 구하는 방법 중 충격을 이용해서 구하는 방법은 용기 한쪽 면을 몇 cm가량 올렸다가 떨어뜨리는가?

① 2cm ② 5cm

③ 10cm ④ 15cm

골재 단위무게 측정시험 시 충격을 이용하는 경우 용기를 콘크리트 바닥과 같은 튼튼하고 수평인 바닥 위에 놓고 거의 같은 양의 시료를 3층으로 나누어 채운다. 각 층마다 용기의 한쪽을 약 50mm 들어 올려서 바닥을 두드리듯이 낙하시킨다. 다음으로 반대쪽을 약 50mm 들어 올려 낙하시키고 각각을 교대로 25회, 전체적으로 50회 낙하시켜서 다진다.

37 콘크리트용 혼화재료 중 워커빌리티를 개선하는 데 영향을 미치지 않는 것은?

① AE제

② 응결경화촉진제

③ 시멘트 분산제

④ 감수제

응결경화촉진제는 시멘트의 응결을 촉진하여 콘크리트의 조기강도를 증대시키기 위해 콘크리트에 첨가하는 물질이다.

38 아스팔트 침입도시험에서 침이 시료 속으로 0.1 mm 들어갔을 때의 침입도는?

① 0.1   ② 1

③ 10   ④ 100

해설
소정의 온도(25℃), 하중(100g), 시간(5초) 조건하에 규정된 침이 수직으로 관입한 길이로 0.1mm 관입 시 침입도는 1로 규정한다.

39 콘크리트의 슬럼프시험에 사용되는 다짐대의 크기로 옳은 것은?

① 지름 16mm, 길이 500~600mm

② 지름 21mm, 길이 700~800mm

③ 지름 23mm, 길이 500~600mm

④ 지름 27mm, 길이 700~800mm

해설
다짐봉 : 지름 16mm, 길이 500~600mm의 강 또는 금속제 원형봉으로 그 앞끝은 반구 모양으로 한다.

40 흙의 액성한계시험에서 구할 수 있는 유동곡선에서 낙하 횟수 몇 회에 상당하는 함수비를 액성한계라고 하는가?

① 23회   ② 24회

③ 25회   ④ 27회

해설
액성한계시험으로 구한 유동곡선에서 낙하 횟수 25회에 해당하는 함수비를 액성한계라 한다.

41 흙의 액성한계시험에서 사용하는 시료는 어느 것인가?

① 4.7mm 체 통과 시료

② 8mm 체 통과 시료

③ 17mm 체 통과 시료

④ 0.425mm 체 통과 시료

해설
흙의 액성한계시험과 소성한계시험에서 사용하는 시료 : 자연 함수비 상태의 흙을 사용하여 425μm(0.425mm) 체를 통과한 흙을 시료로 한다.

42 흙의 다짐 특성 및 효과에 대한 설명으로 틀린 것은?

① 최적함수비가 낮은 흙일수록 최대 건조단위무게는 크다.

② 입도가 좋은 모래질에서는 최대 건조단위무게는 작고 다짐곡선은 예민하다.

③ 느슨한 흙에 다짐을 하면 흙의 투수성과 압축성이 감소한다.

④ 세립토에서 최대 건조단위무게는 작고 다짐곡선도 완만하다.

해설
입도가 좋은 모래질 흙은 점토보다 최대 건조단위무게가 크고, 다짐곡선이 예민하다.

38 ②   39 ①   40 ③   41 ④   42 ②   **정답**

43 모래치환법에 의한 현장 흙의 단위무게 시험에서 시험 구멍의 부피는 2,000cm³, 구멍에서 파낸 흙의 무게는 3,000g이었다. 이때 파낸 흙의 함수비가 10%라면 건조단위무게는 얼마인가?

① 1.36g/cm³　　　② 2.07g/cm³

③ 2.75g/cm³　　　④ 2.94g/cm³

해설

• 습윤단위무게

$$\gamma_t = \frac{W}{V} = \frac{3,000}{2,000} = 1.5\text{g/cm}^3$$

여기서, W : 구멍에서 파낸 흙의 무게, V : 시험 구멍의 부피

• 건조단위무게

$$\gamma_d = \frac{\gamma_t}{1 + \dfrac{\omega}{100}}$$

$$= \frac{1.5}{1 + \dfrac{10}{100}} = \frac{1.5}{1.1} \approx 1.36\text{g/cm}^3$$

여기서, ω : 파낸 흙의 함수비

44 조립률 2.55인 모래와 5.85의 자갈을 중량비 1 : 2의 비율로 혼합했을 때 조립률은?

① 4.75　　　　　② 5.05

③ 5.95　　　　　④ 6.30

해설

혼합골재의 조립률

$$f_a = \frac{m}{m+n}f_s + \frac{n}{m+n}f_g$$

$$= \frac{1}{1+2} \times 2.55 + \frac{2}{1+2} \times 5.85 = \frac{2.55 + 11.7}{3}$$

$$= \frac{14.25}{3} = 4.75$$

여기서, m : 잔골재 중량비, n : 굵은 골재 중량비
　　　　 f_s : 잔골재 조립률, f_g : 굵은 골재 조립률

45 콘크리트의 크리프(Creep)에 대한 설명으로 틀린 것은?

① 콘크리트의 재령이 짧을수록 크게 일어난다.

② 부재의 치수가 작을수록 크게 일어난다.

③ 물-시멘트비가 작을수록 크게 일어난다.

④ 작용하는 응력이 클수록 크게 일어난다.

해설

콘크리트 크리프현상은 물-시멘트비가 클수록 크게 일어난다.

46 시멘트 강도시험에서 시험용 모르타르를 제작할 때 시멘트 450g을 사용한 경우 표준사의 양으로 옳은 것은?

① 1,150g

② 1,275g

③ 1,310g

④ 1,350g

해설

시멘트와 표준모래를 1 : 3의 무게비로 배합한다.
450 × 3 = 1,350g

47 흙의 침강 분석시험에 대한 내용으로 옳지 않은 것은?

① Stokes'의 법칙을 적용한다.

② 시험 후 메스실린더의 내용물은 0.075mm 체에 붓고 물로 세척한다.

③ 침강 측정 시 메스실린더 내에 비중계를 띄우고 소수 부분의 눈금을 메니스커스 위 끝에서 0.0005까지 읽는다.

④ 침강 분석시험에 사용되는 메스실린더의 용량은 200mL를 사용한다.

> **해설**
> 침강 분석시험에 사용되는 메스실린더의 용량은 250mL 및 1,000mL를 사용한다.

48 다음 중 굵은 골재의 밀도 및 흡수율시험에 사용되는 기구가 아닌 것은?

① 저 울

② 철망태

③ 건조기

④ 다짐대

> **해설**
> **굵은 골재의 밀도 및 흡수율시험용 기구** : 저울, 철망태, 물탱크, 흡수 천, 건조기, 체, 시료분취기

49 아스팔트의 침입도시험에서 표준침의 침입량이 16.9mm일 때 침입도는?

① 1.89 ② 18.9

③ 169 ④ 1690

> **해설**
> 100g의 추에 5초 동안 침의 관입량이 0.1mm일 때 침입도 1이라 한다. 16.9mm 관입했다면, 16.9 ÷ 0.1 = 169으로 침입도는 169 이다.

50 콘크리트의 반죽 질기를 측정하는 것으로, 워커빌리티를 판단하는 하나의 수단으로 사용되는 시험은?

① 슬럼프시험

② 공기량시험

③ 블리딩시험

④ 압축강도시험

> **해설**
> 슬럼프시험은 워커빌리티와 밀접한 관계가 있는 반죽 질기를 측정하는 방법으로 가장 널리 쓰인다.

51 상부 구조물에서 오는 하중을 연약한 지반을 통해 견고한 지층으로 전달시키는 기능을 가진 말뚝을 무엇이라고 하는가?

① 선단지지 말뚝

② 인장 말뚝

③ 마찰 말뚝

④ 경사 말뚝

> **해설**
> 선단지지 말뚝은 말뚝의 선단이 비교적 강성이 큰 지반이나 암반에 도달하여 상부로부터 오는 하중의 대부분을 선단의 지지층으로 전달하도록 설계되었다.

52 흙의 수축한계시험에서 공기건조한 흙을 $425\mu m$ 체로 체질하여 통과한 흙 약 몇 g을 시료로 준비하는가?

① 100g   ② 80g

③ 55g   ④ 30g

해설

흙의 수축한계시험에서 공기건조한 흙을 0.425mm 체로 체질하여 통과한 흙 약 30g을 시료로 준비한다.

53 어떤 콘크리트의 배합 설계에서 단위 골재량의 절대부피가 0.715m³이고, 최종 보정된 잔골재율이 38%일 경우 단위 굵은 골재량의 절대부피는 얼마인가?

① $0.393m^3$

② $0.443m^3$

③ $0.658m^3$

④ $0.705m^3$

해설

단위 굵은 골재량의 절대부피
= 단위 골재량의 절대부피 − 단위 잔골재량의 절대부피
$= 0.715 - 0.715 \times 0.38$
$\simeq 0.443m^3$

54 어떤 시료의 함수비가 20%, 포화도가 80%, 간극비는 0.7일 때 이 흙의 비중값은 얼마인가?

① 2.30   ② 2.50

③ 2.80   ④ 2.90

해설

$S \cdot e = w \cdot G_s$

$G_s = \dfrac{S \times e}{w}$

$\quad = \dfrac{80 \times 0.7}{20} = 2.8$

여기서, S : 포화도
        e : 간극비
        w : 함수비
        G_s : 비중

55 콘크리트 슬럼프시험을 할 때 슬럼프콘에 시료를 채우고 벗길 때까지의 전 작업시간은 얼마 이내로 해야 하는가?

① 5초   ② 50초

③ 1분 30초   ④ 3분

해설

슬럼프콘에 콘크리트를 채우기 시작하고 슬럼프콘의 들어올리기를 종료할 때까지의 시간은 3분 이내로 한다.

56 굳지 않은 콘크리트의 공기 함유량 시험에서 공기량, 겉보기 공기량, 골재 수정계수는 각각 콘크리트 용적에 대한 백분율을 %로 나타낸 것이다. 압력계의 공기량 눈금 측정 결과 겉보기 공기량이 6.70, 골재의 수정계수가 1.20이었다면 콘크리트의 공기량은 얼마인가?

① 6.70% ② 5.50%

③ 1.20% ④ 7.90%

해설

콘크리트의 공기량

$A = A_1 - G$

$= 6.70 - 1.20 = 5.50$

여기서, A : 콘크리트의 공기량(%)

A_1 : 콘크리트의 겉보기 공기량(%)

G : 골재의 수정계수(%)

57 점착력이 0인 건조 모래의 직접전단시험에서 수직응력이 5kgf/cm²일 때 전단강도가 3kgf/cm²이었다. 이 모래의 내부마찰각은?

① 5° ② 17°

③ 23° ④ 31°

해설

사질토의 전단강도 $\tau = \sigma \tan\phi$

$3 = 5 \times \tan\phi$

$\tan\phi = \dfrac{3}{5}$

$\phi = \tan^{-1}\dfrac{3}{5} \approx 31°$

여기서, τ : 전단강도(kg/cm²)

σ : 수직응력(kg/cm²)

ϕ : 내부마찰각(°)

58 아직 굳지 않은 콘크리트 표면에 떠올라서 가라앉은 미세한 물질을 무엇이라고 하는가?

① 블리딩 ② 반죽질기

③ 워커빌리티 ④ 레이턴스

해설

레이턴스 : 굳지 않은 콘크리트에서 골재 및 시멘트 입자의 침강으로 물이 분리되어 상승하는 현상으로 인하여 콘크리트나 모르타르의 표면에 떠올라서 가라앉은 물질이다.

59 콘크리트의 휨강도시험용 공시체를 제작할 때 150×150×530mm의 몰드를 사용할 경우 각 층의 다짐 횟수로 옳은 것은?

① 25번 ② 50번

③ 80번 ④ 97번

해설

콘크리트 휨강도시험용 공시체를 제작할 때 콘크리트는 몰드에 2층으로 나누어 채우고 각 층은 적어도 1,000mm²에 1회의 비율로 다짐한다.

몰드의 단면적 = 150 × 530 = 79,500mm²

다짐횟수 = 79,500 ÷ 1,000 = 79.5 ≒ 80번

60 콘크리트의 건조수축을 크게 하는 요인이 아닌 것은?

① 높은 온도

② 흡수량이 적은 골재를 사용

③ 낮은 습도

④ 작은 단면 치수

56 ② 57 ④ 58 ④ 59 ③ 60 ② **정답**

01 재료를 얇게 두드려 펼 수 있는 성질을 무엇이라 하는가?

① 인 성　　　　② 연 성
③ 취 성　　　　④ 전 성

해설
① 인성 : 외력에 의해 파괴되기 어렵고 강한 충격에 잘 견디는 재료의 성질
② 연성 : 재료에 인장력을 주어 가늘고 길게 늘일 수 있는 성질
③ 취성 : 재료가 외력을 받을 때 조금만 변형되어도 파괴되는 성질

03 골재 입자의 표면에 묻어 있는 물의 양을 말하는 것으로 함수량에서 흡수량을 뺀 값은?

① 유효흡수량　　　② 절대건조상태
③ 표면수량　　　　④ 표면건조포화상태

해설
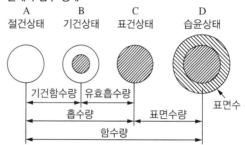
골재의 함수 상태

04 콘크리트의 강도 중 가장 큰 것은?

① 인장강도　　　　② 휨강도
③ 전단강도　　　　④ 압축강도

해설
석재의 강도 중에서 압축강도가 가장 크며 인장, 휨 및 전단강도는 압축강도에 비하여 매우 작다.

02 AE 콘크리트의 공기량에 대한 설명으로 틀린 것은?

① 시멘트의 분말도가 높을수록 공기량은 감소한다.
② 공기량이 많을수록 소요 단위수량도 많아진다.
③ 콘크리트의 온도가 낮을수록 공기량은 증가한다.
④ 단위 시멘트량이 많을수록 공기량은 감소한다.

해설
공기량이 많을수록 소요 단위수량은 감소한다.

05 조립률과 관계있는 것은?

① 골재의 입도
② 시멘트의 분말도
③ 시멘트와 물의 질량비
④ 골재와 시멘트의 질량비

해설
조립률은 콘크리트에 사용되는 골재의 입도 정도를 표시하는 지표이다.

06 원유를 증류할 때 얻어지는 석유 아스팔트로 옳은 것은?

① 아스팔타이트
② 블론 아스팔트
③ 샌드 아스팔트
④ 레이크 아스팔트

해설
블론 아스팔트는 스트레이트 아스팔트를 건류(저농 증류)하여 윤활유를 뽑아낸 잔류이다.

08 실리카질의 가루이며 워커빌리티를 좋게 하고 수밀성과 내구성을 크게 하는 혼화재는?

① AE제   ② 폴리머
③ 포졸란   ④ 팽창제

해설
포졸란 : 천연산(화산재, 규조토, 규산백토 등)과 인공산(플라이애시, 고로슬래그, 실리카 퓸, 실리카 겔, 소성 혈암)이 있으며 콘크리트의 워커빌리티를 좋게 하고 수밀성과 내구성 등을 크게 할 목적으로 사용되는 혼화재이다.

09 석재의 일반적인 성질에 대한 설명으로 틀린 것은?

① 화강암은 내화성이 낮다.
② 흡수율이 클수록 강도가 작고 동해를 받기 쉽다.
③ 비중이 클수록 압축강도가 크다.
④ 석재의 인장강도는 압축강도에 비해 매우 크다.

해설
석재의 강도 중에서 압축강도가 가장 크며 인장, 휨 및 전단강도는 압축강도에 비하여 매우 작다.

07 시멘트 분말도가 모르타르 및 콘크리트의 성질에 미치는 영향에 대하여 설명한 것이다. 틀린 것은?

① 분말도가 클수록 콘크리트의 균열이 작아지므로 내구성이 증진된다.
② 분말도가 클수록 초기강도가 크게 되며 강도증진율이 높다.
③ 분말도가 클수록 워커빌리티가 좋은 콘크리트를 얻을 수 있다.
④ 분말도가 클수록 풍화하기 쉽다.

해설
분말도가 클수록 건조수축이 커져서 균열이 발생하기 쉽다.

10 목재의 특징에 대한 설명으로 틀린 것은?

① 경량이고 취급 및 가동이 쉬우며 외관이 아름답다.
② 함수율에 따른 변형과 팽창, 수축이 작다.
③ 부식이 쉽고 충해를 받는다.
④ 가연성이므로 내화성이 작다.

해설
목재의 함수량은 수축, 팽창 등에 큰 영향을 미친다.

11 굳지 않은 콘크리트에 요구되는 성질로서 틀린 것은?

① 거푸집에 부어 넣은 후 많은 블리딩이 생길 것
② 균등질이고 재료의 분리가 일어나지 않을 것
③ 운반, 다지기 및 마무리하기가 용이할 것
④ 작업에 적합한 워커빌리티를 가질 것

해설
굳지 않은 콘크리트는 거푸집에 타설 후 블리딩, 균열 등이 발생하지 않아야 한다.

12 1g의 시멘트가 가지고 있는 전체 입자의 총표면적을 무엇이라고 하는가?

① 비표면적
② 단위 표면적
③ 단위당 표면적
④ 비단위 표면적

해설
비표면적은 입자 단위당 표면적을 의미한다.

13 아스팔트의 경도를 나타내는 것으로 아스팔트의 컨시스턴시를 침의 관입저항으로 평가할 수 있는 아스팔트의 성질은?

① 비 중
② 침입도
③ 신 도
④ 연화점

해설
침입도 : 아스팔트의 경도를 표시한 값으로 소정의 온도(25℃), 하중(100g), 시간(5초) 조건에서 규정된 침이 수직으로 관입한 길이로 0.1mm 관입 시 침입도는 1로 규정한다.

14 다음 중 혼합 시멘트가 아닌 것은?

① 고로 슬래그 시멘트
② 플라이 애시 시멘트
③ 알루미나 시멘트
④ 포틀랜드 포졸란 시멘트

해설
알루미나 시멘트는 특수 시멘트이다.
혼합시멘트 : 고로 슬래그 시멘트, 플라이 애시 시멘트, 포틀랜드 포졸란(실리카) 시멘트

15 다음의 포졸란 중 천연산 포졸란에 속하는 것은?

① 고로 슬래그
② 소성혈암
③ 화산재
④ 플라이 애시

해설
포졸란
• 천연산 : 화산재, 규조토, 규산백토 등
• 인공산 : 플라이 애시, 고로 슬래그, 실리카 퓸, 실리카 겔, 소성혈암

16 골재의 실적률 시험에서 공극률 40%을 얻었을 때 실적률은?

① 20%　　　　② 40%

③ 60%　　　　④ 80%

해설
실적률 + 공극률 = 100%
$x + 40 = 100$
$x = 60\%$

17 굵은 골재의 밀도 및 흡수율시험과 관련이 없는 시험기계 및 기구는?

① 시료분취기
② 항온건조기
③ 원뿔형 몰드
④ 저 울

해설
원뿔형 몰드는 잔골재의 밀도 및 흡수율시험에 사용된다.
굵은 골재의 밀도 및 흡수율 시험용 기구 : 저울, 철망태, 물탱크, 흡수 천, 건조기, 체, 시료분취기

18 흙의 입도시험에서 구한 유효입자지름(D_{10})이 사용되는 것은?

① 사질토의 투수계수 추정
② 전단강도 정수의 추정
③ 흙의 내부마찰각 추정
④ 지지력계수의 추정

해설
D_{10}은 유효입경 또는 유효입자지름이라고도 하며, 투수계수 추정 등에 이용한다.

19 액성한계시험에서 공기건조한 시료에 증류수를 가하여 반죽한 후 흙과 증류수가 잘 혼합되도록 방치하는 적당한 시간은?

① 1시간 정도
② 2시간 정도
③ 5시간 정도
④ 10시간 정도

해설
공기 건조한 경우 증류수를 가하여 충분히 반죽한 후 흙과 물이 잘 혼합되도록 하기 위하여 수분이 증발되지 않도록 해서 10시간 이상 방치한다.

20 골재의 단위용적질량 시험에서 시료를 채우는 방법에 포함되는 것은?

① 충격을 이용하는 방법
② 흐름대를 사용하는 방법
③ 깔때기를 이용하는 방법
④ 진동대를 이용하는 방법

해설
골재의 단위용적중량 시험방법
• 다짐봉을 이용하는 경우 : 골재의 최대 치수가 40mm 이하인 경우
• 충격을 이용하는 경우 : 골재의 최대 치수가 40mm 이상 100mm 이하인 경우
• 삽을 이용하는 경우 : 골재의 최대 치수가 100mm 이하인 경우

16 ③　17 ③　18 ①　19 ④　20 ① **정답**

21 환구법에 의한 아스팔트의 연화점시험에 대한 다음의 ( )에 알맞은 것은?

> 시료를 규정 조건에서 가열하였을 때, 시료가 연화되기 시작하여 규정된 거리인 ( )mm로 처졌을 때의 온도를 연화점이라고 한다.

① 20 ② 25.4
③ 45.8 ④ 50

해설
환구법을 사용하는 아스팔트 연화점시험에서 시료를 규정조건에서 가열하였을 때 시료가 연화되기 시작 하여 규정된 거리(25mm)까지 내려갈 때의 온도를 연화점이라 한다.
※ KS M 2250 개정으로 정답 없음

22 흙의 침강 분석시험에서 사용하는 분산제가 아닌 것은?

① 과산화수소의 포화용액
② 피로 인산 나트륨의 포화용액
③ 헥사메타인산 나트륨의 포화용액
④ 트리폴리 인산 나트륨의 포화용액

해설
시 약
• 과산화수소는 6% 용액이어야 한다.
• 분산제는 헥사메타인산 나트륨의 포화용액이어야 한다. 헥사메타인산 나트륨 대신에 피로 인산 나트륨, 트리폴리 인산 나트륨의 포화용액 등을 사용하여도 좋다.

23 골재의 안정성시험에 사용하는 시약은?

① 황산나트륨 ② 수산화칼륨
③ 염화나트륨 ④ 황산알루미늄

해설
시험용 용액은 황산나트륨 포화용액으로 한다.

24 콘크리트 압축강도의 시험기록이 없는 현장에서 설계기준 압축강도가 21MPa인 경우 배합강도는?

① 28MPa ② 29.5MPa
③ 31MPa ④ 33.5MPa

해설
콘크리트 압축강도의 표준편차를 알지 못할 때 또는 압축강도의 시험횟수가 14회 이하인 경우 콘크리트의 배합강도는 다음 표와 같이 정할 수 있다.

설계기준강도 f_{ck}(MPa)	배합강도 f_{cr}(MPa)
21 미만	$f_{ck} + 7$
21 이상 35 이하	$f_{ck} + 8.5$
35 초과	$1.1f_{ck} + 5$

$f_{cr} = 21 + 8.5 = 29.5\text{MPa}$

25 콘크리트 배합 설계는 골재의 어떤 함수 상태를 기준으로 하는가?

① 절대건조상태
② 공기 중 건조상태
③ 표면건조포화상태
④ 습윤상태

해설
콘크리트 시방에서 골재의 상태는 표면건조포화상태로 하며, 현장 배합은 현장에 따른 재료의 함수 상태에 따라 배합을 조절한다.

26 콘크리트 휨강도 시험에서 최대 하중이 450kN, 지간의 길이가 450mm, 파괴 단면의 평균 너비가 150mm, 파괴 단면의 평균 높이가 150mm일 때 휨강도는 얼마인가?

① 50MPa ② 55MPa

③ 60MPa ④ 65MPa

해설

$$휨강도 = \frac{Pl}{bd^2}$$

$$= \frac{450 \times 450,000}{150 \times 150^2} = 60\text{N/mm}^2 = 60\text{MPa}$$

27 천연 아스팔트의 신도시험에서 시료를 고리에 걸고 시료의 양끝을 잡아당길 때의 규정속도는 분당 얼마가 이상적인가?

① 2.5cm/min

② 5cm/min

③ 7.5cm/min

④ 10cm/min

해설

별도 규정이 없는 한 온도는 25±0.5℃, 속도는 5±0.25cm/min로 시험한다.

28 콘크리트 인장강도를 측정하기 위한 간접시험방법으로 가장 적당한 시험은?

① 탄성종파시험

② 직접전단시험

③ 비파괴시험

④ 할렬시험

해설

콘크리트의 인장강도시험

• 직접인장강도시험 : 시험과정에서 인장부에 미끄러짐과 지압파괴가 발생될 우려가 있어 현장 적용이 어렵다.

• 할렬인장강도시험 : 일종의 간접시험방법으로 공사현장에서 간단하게 측정할 수 있으며, 비교적 오차도 작은 편이다.

29 흙의 비중을 측정하는데 기포 제거를 위하여 끓이는 시간이 적은 것부터 나열된 것은?

① 일반적인 흙 → 고유기질토 → 화산재 흙

② 일반적인 흙 → 화산재 흙 → 고유기질토

③ 고유기질토 → 화산재 흙 → 일반적인 흙

④ 화산재 흙 → 일반적인 흙 → 고유기질토

해설

기포 제거를 위해 일반적인 흙에서는 10분 이상, 고유기질토에서는 약 40분, 화산재 흙에서는 2시간 이상 끓여야 한다.

30 다음 중 콘크리트의 워커빌리티 측정방법이 아닌 것은?

① 슬럼프시험

② 플로시험

③ 켈리볼관입시험

④ 슈미트 해머 시험

해설

콘크리트 시험

굳지 않은 콘크리트 관련 시험	경화 콘크리트 관련 시험
• 워커빌리티 시험 & 컨시스턴시 시험 　– 슬럼프시험(워커빌리티 측정) 　– 흐름시험 　– 리몰딩시험 　– 관입시험[이리바렌 시험, 켈리볼(구관입시험)] 　– 다짐계수시험 　– 비비시험(진동대식 컨시스턴시 시험) 　– 고유동콘크리트의 컨시스턴시 평가 시험방법 • 블리딩시험 • 공기량시험 　– 질량법 　– 용적법 　– 공기실 압력법	• 압축강도 • 인장강도 • 휨강도 • 전단강도 • 길이 변화시험 • 슈미트 해머 시험(비파괴 시험) • 초음파시험(비파괴시험) • 인발법(비파괴시험)

31 다음 중 수은을 사용하는 시험은?

① 흙의 액성한계시험

② 흙의 소성한계시험

③ 흙의 수축한계시험

④ 흙의 입도시험

해설
수축한계시험에서 수은을 쓰는 이유는 노건조 시료의 체적(부피)을 구하기 위해서이다.

32 시멘트 비중시험에서 포틀랜드 시멘트 64g으로 시험한 결과 처음 광유를 넣은 후 표면을 읽은 값이 0.5mL, 시멘트 시료를 넣은 후 표면을 읽은 값이 20.8mL이었다. 이때 시멘트 비중은?

① 3.06

② 3.09

③ 3.12

④ 3.15

해설
$$시멘트의 밀도(비중) = \frac{시료의 질량}{눈금 차}$$
$$= \frac{64}{20.8 - 0.5} \approx 3.15$$

33 어느 흙을 수축한계시험하여 수축비가 1.6이고 수축한계가 25.0%일 때 이 흙의 비중은?

① 1.89

② 2.47

③ 2.67

④ 2.79

해설
$$W_s = \left(\frac{1}{R} - \frac{1}{G_s}\right) \times 100$$
$$25 = \left(\frac{1}{1.6} - \frac{1}{G_s}\right) \times 100$$
$$G_s \approx 2.67$$

34 잔골재의 표면수시험에 대한 설명으로 틀린 것은?

① 시험방법으로는 질량법과 용적법이 있다.

② 시험은 동시에 채취한 시료에 대하여 2회 실시하고 그 결과는 평균값으로 나타낸다.

③ 시험의 정밀도는 평균값에서의 차가 0.3% 이하이어야 한다.

④ 시험하는 동안 용기 및 그 내용물의 온도는 10~15℃로 유지하여야 한다.

해설
시험하는 동안 용기 및 그 내용물의 온도는 15~25℃의 범위 내에서 가능한 한 일정하게 유지한다.

35 잔골재의 표면수시험에서 준비하여야 하는 시료에 대한 설명으로 옳은 것은?

① 시료는 대표적인 것을 100g 이상 채취하여 가능한 한 함수율의 변화가 없도록 주의하여 2분하고 각각을 1회의 시험의 시료로 한다.

② 시료는 대표적인 것을 400g 이상 채취하여 가능한 한 함수율의 변화가 없도록 주의하여 2분하고 각각을 1회의 시험의 시료로 한다.

③ 시료는 대표적인 것을 500g 이상 채취하여 가능한 한 함수율의 변화가 없도록 주의하여 4분하고 각각을 1회의 시험의 시료로 한다.

④ 시료는 대표적인 것을 1,000g 이상 채취하여 가능한 한 함수율의 변화가 없도록 주의하여 2분하고 각각을 1회의 시험의 시료로 한다.

해설
시 료
• 시료는 대표적인 것을 400g 이상 채취한다.
• 채취한 시료는 가능한 한 함수율의 변화가 없도록 주의하여 2분하고 각각을 1회의 시험의 시료로 한다.
• 2회째의 시험에 사용하는 시료는 시험을 할 때까지 함수량이 변화하지 않도록 주의한다.

36 압력법에 의한 굳지 않은 콘크리트의 공기량 시험 방법에 대한 설명으로 틀린 것은?

① 시험의 원리는 보일의 법칙을 기초로 한 것이다.

② 최대 치수 40mm 이하의 인공 경량 골재를 사용한 콘크리트에 적합하다.

③ 물을 붓고 시험하는 경우(주수법)와 물을 붓지 않고 시험하는 경우(무주수법)가 있다.

④ 굳지 않은 콘크리트의 공기 함유량을 공기실의 압력 감소에 의해 구하는 시험방법이다.

해설
이 시험방법은 굵은 골재 최대 치수 40mm 이하의 보통 골재를 사용한 콘크리트에 적당하지만 골재 수정계수가 정확히 구해지지 않는 인공 경량 골재와 같은 다공질 골재를 사용한 콘크리트에는 적당하지 않다.

37 흙의 액성한계시험에서 시료는 몇 μm 체를 통과하는 것으로 준비하여야 하는가?

① 225μm   ② 425μm

③ 825μm   ④ 925μm

해설
자연 함수비 상태의 흙을 사용하여 425μm 체를 통과한 것을 시료로 한다.

38 소성한계에 대한 설명으로 옳은 것은?

① 소성 상태를 나타내는 최대 함수비

② 액성 상태를 나타내는 최소 함수비

③ 자중으로 인하여 유동할 때의 최소 함수비

④ 반고체 상태를 나타내는 최대 함수비

해설
소성한계(PL) : 흙이 소성 상태에서 반고체 상태로 바뀔 때의 함수비

39 시멘트 비중시험에 대한 주의사항으로 틀린 것은?

① 광유 표면의 눈금을 읽을 때에는 가장 윗면의 눈금을 읽도록 한다.

② 르샤틀리에(Le Chatelier) 비중병은 목 부분이 부러지기 쉬우므로 조심하여 다루도록 한다.

③ 광유는 휘발성 물질이므로 불에 조심하여야 한다.

④ 시멘트, 광유, 수조의 물, 비중병은 미리 실온과 일치 시켜 놓고 사용하도록 한다.

해설
광유 표면의 눈금을 읽을 때 액체면은 곡면이므로 가장 밑면의 눈금을 읽는다.

40 흙의 액성한계시험에서 낙하장치에 의해 1초 동안 2회의 비율로 황동접시를 들어 올렸다가 떨어뜨리고, 홈의 바닥부의 흙이 길이 약 몇 cm 합류할 때까지 계속하는가?

① 0.5cm   ② 1.3cm

③ 2.5cm   ④ 3.5cm

41 다음 중 시멘트 분말도 측정방법은?

① 표준체(Sieve)에 의한 방법

② 르샤틀리에(Le Chatelier) 비중병에 의한 방법

③ 비카(Vicat)장치에 의한 방법

④ 길모어(Gilmore) 침에 의한 방법

해설
분말도시험법에는 체가름(표준체)시험법과 비표면적(블레인)시험법이 있다.

42 콘크리트의 슬럼프시험은 콘크리트를 몇 층으로 투입하고 각 층을 몇 회씩 다져야 하는가?

① 2층, 25회

② 2층, 20회

③ 3층, 25회

④ 3층, 20회

해설
슬럼프콘은 수평으로 설치하였을 때 수밀성이 있는 평판 위에 놓고 누르고, 거의 같은 양의 시료를 3층으로 나눠서 채운다. 각 층은 다짐봉으로 고르게 한 후 25회씩 다진다.

43 굳지 않은 콘크리트의 공기량 시험결과 겉보기 공기량이 7.5%이고, 골재의 수정계수가 1.3%일 때 공기량은?

① 9.75%   ② 8.8%

③ 6.2%   ④ 5.77%

해설
콘크리트의 공기량 = 겉보기 공기량 − 골재 수정계수
= 7.5 − 1.3
= 6.2%

44 콘크리트 휨강도시험용 공시체의 제작에서 다짐봉을 사용하는 경우 다짐 횟수는 표면적 약 몇 mm^2당 1회의 비율로 다지는가?

① $500mm^2$

② $1,000mm^2$

③ $1,500mm^2$

④ $2,000mm^2$

해설
콘크리트 휨강도시험용 공시체를 제작할 때 콘크리트는 몰드에 2층으로 나누어 채우고 각 층은 적어도 $1,000mm^2$에 1회의 비율로 다짐한다.

45 슬럼프시험에 대한 설명으로 틀린 것은?

① 슬럼프콘을 들어 올리는 시간은 높이 300mm에서 2~3초로 한다.

② 슬럼프콘은 윗면의 안지름이 100mm, 밑면의 안지름이 200mm, 높이 300mm인 금속제이다.

③ 굵은 골재의 최대 치수가 40mm를 넘는 콘크리트의 경우에는 40mm를 넘는 굵은 골재를 제거한다.

④ 슬럼프콘에 콘크리트를 채우기 시작하고 나서 슬럼프콘의 들어올리기를 종료할 때까지의 시간은 5분 이내로 한다.

해설
① 슬럼프콘을 들어 올리는 시간은 높이 300mm에서 3.5±1.5초로 한다.
④ 슬럼프콘에 콘크리트를 채우기 시작하고 슬럼프콘의 들어올리기를 종료할 때까지의 시간은 3분 이내로 한다.
※ KS F 2402 개정으로 정답은 ①, ④

46 연약한 점토 지반에서 전단강도를 구하기 위해 실시하는 현장시험방법은?

① 베인(Vane)전단시험
② 직접전단시험
③ 일축압축시험
④ 삼축압축시험

해설
베인전단시험은 연약한 포화 점토 지반에 대해서 현장에서 직접 실시하여 점토 지반의 비배수강도(비배수점착력)를 구하는 현장 전단시험 중의 하나이다.

47 말뚝의 지지력 계산 시 Engineering News 공식의 안전율은 얼마를 사용하는가?

① 10   ② 8
③ 6   ④ 2

해설
말뚝의 지지력 계산 시 안전율
• Engineering News 공식 : 6
• Sander 공식 : 8

48 간극률이 50%일 때 간극비의 값으로 옳은 것은?

① 0.5   ② 1.0
③ 2.0   ④ 3.0

해설
$$e = \frac{n}{100-n}$$
$$= \frac{50}{100-50} = 1.0$$

49 점착력이 0.1kg/cm², 내부마찰각이 30°인 흙에 수직응력 25kg/cm²을 가하였을 때 전단응력은?

① 18.5kg/cm^2
② 14.5kg/cm^2
③ 13.9kg/cm^2
④ 13.6kg/cm^2

해설
$\tau = c + \sigma \tan\phi$
$\quad = 0.1 + 25 \times \tan 30°$
$\quad \simeq 14.5 \text{kg/cm}^2$
여기서, τ : 전단강도(kg/cm²), c : 점착력(kg/cm²)
$\quad\quad\quad \sigma$: 수직응력(kg/cm²), ϕ : 내부마찰각(°)

50 액성한계와 소성한계의 차이로 나타내는 것은?

① 액성지수
② 소성지수
③ 유동지수
④ 터프니스지수

해설
소성지수(PI) = 액성한계(LL) − 소성한계(PL)

51 다음 중 깊은 기초의 종류가 아닌 것은?

① 말뚝 기초

② 피어 기초

③ 케이슨 기초

④ 푸팅 기초

해설

푸팅 기초는 얕은 기초에 속한다.

52 지표에 하중을 가하면 침하현상이 일어나고, 하중이 제거되면 원상태로 돌아가는 침하는?

① 압밀침하

② 소성침하

③ 탄성침하

④ 파괴침하

해설

탄성침하는 재하와 동시에 일어나며 하중 제거 시 원상태로 돌아오며 모래지반에는 압밀침하가 없으므로 탄성침하만 존재한다.

53 소성한계시험에서 흙 시료를 끈 모양으로 밀어서 지름이 약 몇 mm에서 부서질 때의 함수비를 소성한계라 하는가?

① 1mm

② 3mm

③ 5mm

④ 7mm

해설

소성한계 : 흙을 지름 3mm의 줄 모양으로 늘여 토막토막 끊어지려고 할 때의 함수비

54 도로포장 설계에서 포장 두께를 결정하는 시험은?

① 직접전단 시험

② 일축압축시험

③ 투수계수시험

④ CBR시험

해설

CBR시험 : 주로 아스팔트와 같은 가요성(연성) 포장의 지지력을 결정하기 위한 시험방법, 즉 도로나 활주로 등의 포장 두께를 결정하기 위하여 지지하는 노상토의 강도, 압축성, 팽창성 및 수축성 등을 결정하는 시험이다.

55 다짐곡선에서 최대 건조단위무게에 대응하는 함수비를 무엇이라 하는가?

① 적합 함수비

② 최대 함수비

③ 최소 함수비

④ 최적 함수비

해설

최적 함수비(OMC) : 최대 건조단위무게가 얻어지는 함수비

56 투수계수가 비교적 큰 조립토(자갈, 모래)에 가장 적당한 실내 누수 시험방법은?

① 정수위 투수시험
② 변수위 투수시험
③ 압밀시험
④ 다짐시험

해설
투수계수 결정방법
• 정수위 투수 시험 : 작은 자갈 또는 모래와 같이 투수계수(K= $10^{-3} \sim 10^{-2}$cm/sec)가 비교적 큰 조립토에 적합한 투수시험
• 변수위 투수시험 : 비교적 투수계수(K=$10^{-6} \sim 10^{-3}$cm/sec)가 낮은 미세한 모래나 실트질 흙에 적합한 시험
• 압밀시험 : K=10^{-7}cm/sec 이하의 불투수성 흙에 적용

57 현장에서 지지력을 구하는 방식으로 평판 위에 하중을 걸어 하중강도와 침하량을 구하는 시험은?

① CBR시험
② 말뚝재하시험
③ 평판재하시험
④ 표준관입시험

해설
평판재하시험은 도로 및 활주로 등의 강성 포장의 구조나 치수를 설계하기 위하여 지반 지지력계수 K를 결정하는 시험방법이다.

지반 지지력계수 $K = \dfrac{\text{하중강도}}{\text{침하량}}$

58 사질토의 조밀한 정도를 나타내는 것은?

① 상대밀도
② 흙의 연경도
③ 소성지수
④ 유동지수

해설
상대밀도(Relative Density) : 사질토가 느슨한 상태에 있는가 조밀한 상태에 있는가를 나타내는 것으로, 액상화 발생 여부 추정 및 내부마찰각의 추정이 가능하다.

59 흙의 다짐 특성에 대한 설명으로 틀린 것은?

① 최적함수비가 낮은 흙일수록 최대 건조단위무게는 크다.
② 입도분포가 좋은 흙일수록 최대 건조단위무게가 크고 최적함수비가 작다.
③ 일반적으로 다짐에너지가 커지면 최적함수비도 커진다.
④ 동일한 흙에서 다짐 횟수를 증가시키면 다짐곡선은 위로 이동한다.

해설
다짐에너지가 클수록 최적함수비는 감소하고 최대 건조단위중량은 증가한다.

60 동상현상을 방지하기 위한 조치로서 틀린 것은?

① 모래질 흙을 넣어 모세관현상을 차단한다.
② 배수구를 설치하여 지하수면을 낮춘다.
③ 동결 깊이 상부 흙에 단열재, 화학약품을 넣는다.
④ 실트질 흙을 넣어 모세관현상을 촉진시킨다.

해설
동상을 가장 받기 쉬운 흙은 실트이다.

01 화력발전소에서 미분탄을 완전연소시켰을 때 전기집진기로 잡은 작은 미립자로서 냉각되면 구형(球形)이 되고 표면이 미끄러워져서 이를 콘크리트에 혼입하면 반죽 질기가 좋아지는 것은?

① 광재(Slag)

② 실리카

③ 플라이 애시

④ 염화칼슘

해설

플라이 애시는 화력발전소에서 미분탄을 보일러 내에서 완전히 연소했을 때 그 폐가스 중에 함유된 용융 상태의 실리카질 미분입자를 전기집진기로 모은 것으로, 콘크리트용 혼화재로 사용된다.

02 경량골재에 속하는 것은?

① 강자갈

② 화산자갈

③ 산자갈

④ 바다자갈

해설

골재의 종류

• 잔골재(모래) : 5mm 체에 중량비 85% 이상 통과하는 골재
• 굵은 골재(자갈) : 5mm 체에 중량비 85% 이상 남는 콘크리트용 골재
• 경량골재
  – 천연 경량골재 : 화산자갈, 응회암, 부석, 용암(현무암) 등
  – 인공 경량골재 : 팽창성 혈암, 팽창성 점토, 플라이 애시 등
  – 비구조용 경량골재 : 소성 규조토, 팽창 진주암(펄라이트)
  – 기타 : 질석, 신더, 고로 슬래그 등

03 블리딩이 심할 경우 콘크리트에 발생하는 현상에 대한 설명으로 옳은 것은?

① 강도가 증가한다.

② 수밀성이 커진다.

③ 내구성이 증가한다.

④ 굵은 골재가 모르타르로부터 분리된다.

해설

블리딩이 심하면 콘크리트의 윗부분이 다공질이 되며 강도, 수밀성, 내구성 등이 작아진다. 블리딩이 크면 굵은 골재가 모르타르로부터 분리되는 경향이 커진다.

04 석재의 분류에서 화성암에 속하는 것은?

① 응회암   ② 석회암

③ 점판암   ④ 안산암

해설

석재의 분류

화성암	심성암	화강암, 섬록암, 반려암, 감람암 등
	반심성암	화강반암, 휘록암 등
	화산암	석영조면암(유문암), 안산암, 현무암 등
퇴적암(수성암)		역암, 사암, 혈암, 점판암, 응회암, 석회암 등
변성암		대리석, 편마암, 사문암, 천매암(편암) 등

05 목재의 강도에 대한 일반적인 설명으로 틀린 것은?

① 섬유에 평행 방향의 인장강도는 압축강도보다 작다.
② 일반적으로 밀도가 크면 압축강도도 크다.
③ 목재의 함수율과 강도는 반비례한다.
④ 휨강도는 전단강도보다 크다.

해설
목재의 강도
• 인장강도 > 휨강도 > 압축강도 > 전단강도
• 섬유 평행 방향의 인장강도 > 섬유의 직각 방향의 압축강도

06 감수제의 특징을 설명한 것 중 옳지 않은 것은?

① 시멘트 풀의 유동성을 증가시킨다.
② 수화작용이 느리고 강도가 감소된다.
③ 콘크리트가 굳은 뒤에는 내구성이 커진다.
④ 워커빌리티를 좋게 하고 단위수량을 줄일 수 있다.

해설
감수제(Water-reducing Admixture) : 혼화제의 일종으로, 시멘트 분말을 분산시켜서 콘크리트의 워커빌리티를 좋게 하고 단위수량을 감소시키는 것을 주목적으로 한 재료

07 채석장, 노천 굴착, 대발파, 수중발파에 가장 알맞은 폭약은?

① 칼 릿
② 흑색 화약
③ 나이트로글리세린
④ 규조토 다이너마이트

해설
칼릿 : 과염소산 암모늄을 주성분으로 하고 다이너마이트에 비해 충격에 둔하므로 취급상 위험이 작은 폭약이다.

08 다음 중 기폭용품에 속하지 않는 것은?

① 도화선
② 도폭선
③ 뇌 관
④ 다이너마이트

해설
기폭용품의 종류 : 도화선, 뇌관(공업뇌관, 전기뇌관, 비전기식 뇌관), 도폭선, 콘크리트파쇄기, 건설용 타정총용 공포 등

09 굳지 않은 콘크리트에 포함된 공기량에 영향을 미치는 요소에 대한 설명으로 틀린 것은?

① 시멘트의 분말도가 높을수록 공기량은 감소하는 경향이 있다.
② AE제의 사용량이 증가하면 공기량은 감소하는 경향이 있다.
③ 잔골재량이 많을수록 공기량이 증가한다.
④ 콘크리트의 온도가 낮을수록 공기량은 증가한다.

해설
공기량은 AE제의 사용량에 비례하여 증가한다.

10 콘크리트 부재의 크리프(Creep)에 대한 설명 중 옳지 않은 것은?

① 물-시멘트비가 작을수록 크리프는 크게 일어난다.
② 하중 재하 시 콘크리트의 재령이 작을수록 크리프는 크게 일어난다.
③ 부재의 치수가 작을수록 크리프는 크게 일어난다.
④ 작용하는 응력이 클수록 크리프는 크게 일어난다.

해설
물-시멘트비가 클수록 크리프는 크게 일어난다.

11 다음 중 콘크리트의 압축강도에 가장 큰 영향을 미치는 요인은?

① 골재와 시멘트의 중량
② 물-시멘트비
③ 물과 골재의 중량비
③ 굵은 골재와 잔골재의 비

해설
콘크리트의 압축강도는 물-시멘트비 및 물-결합재비에 크게 영향을 받는다.

12 공기 단축을 할 수 있고 한중콘크리트와 수중콘크리트를 시공하기 적합한 시멘트는?

① 조강 포틀랜드 시멘트
② 중용열 시멘트
③ 보통 포틀랜드 시멘트
④ 고로 시멘트

해설
조강 포틀랜드 시멘트 : 조기에 고강도를 나타낼 수 있도록 한 시멘트로, 콘크리트의 수밀성이 높고 구조물의 내구성도 우수하며 보통 시멘트 7일 강도를 3일 만에 발현한다.
• 주용도 : 한중공사, 긴급공사, 콘크리트 2차 제품

13 시멘트를 분류할 때 혼합 시멘트에 속하지 않는 것은?

① 포졸란 시멘트
② 고로 슬래그 시멘트
③ 알루미나 시멘트
④ 플라이 애시 시멘트

해설
알루미나 시멘트는 특수 시멘트에 속한다.

14 골재의 입도에 대한 설명으로 적합한 것은?

① 1m³의 골재의 질량
② 골재에서 물을 포함하고 있는 상태
③ 골재를 용기 속에 채워 넣을 때 골재 사이에 존재하는 공극
④ 골재의 크고 작은 입자의 혼합된 정도

해설
골재의 입도란 크고 작은 골재 입자의 혼합된 정도로, 이를 알기 위해서 KS의 골재 체가름 시험방법에 의한 체가름을 실시한다.

15 콘크리트용 골재로서 필요한 조건을 설명한 것으로 옳지 않은 것은?

① 깨끗하고 유해물을 함유하지 않을 것
② 마모에 대한 저항성이 클 것
③ 입도분포가 균등할 것
④ 모양은 입방체 또는 둥근형에 가까울 것

16 흙의 비중시험에 사용되는 시료로 적당한 것은?

① 9.5mm 체 통과 시료

② 19mm 체 통과 시료

③ 37.5mm 체 통과 시료

④ 53mm 체 통과 시료

해설
흙의 비중시험의 시료는 KS F 2301에서 규정하는 방법에 따라 9.5mm 체를 통과한 것을 사용한다.

17 흙의 비중시험에 사용되는 시험기구가 아닌 것은?

① 피크노미터

② 데시케이터

③ 온도계

④ 다이얼게이지

해설
다이얼게이지는 현장다짐시험 등에 사용된다.
흙의 비중시험에 사용하는 기계 및 기구
• 비중병(피크노미터, 용량 100mL 이상의 게이뤼삭형 비중병 또는 용량 100mL 이상의 용량 플라스크 등)
• 저울 : 0.001g까지 측정할 수 있는 것
• 온도계 : 눈금 0.1℃까지 읽을 수 있어야 하며 0.5℃의 최대 허용오차를 가진 것
• 항온건조로 : 온도를 110±5℃로 유지할 수 있는 것
• 데시케이터 : 실리카 겔, 염화칼슘 등의 흡습제를 넣은 것
• 흙 입자의 분리기구 또는 흙의 파쇄기구
• 끓이는 기구 : 비중병 내에 넣은 물을 끓일 수 있는 것
• 증류수 : 끓이기 또는 감압에 의해 충분히 탈기한 것

18 액성한계가 42.8%이고 소성한계는 32.2%일 때 소성지수를 구하면?

① 10.6 ② 12.8

③ 21.2 ④ 42.4

해설
소성지수(PI) = 액성한계 − 소성한계
$\qquad$ = 42.8 − 32.2
$\qquad$ = 10.6%

19 흙의 함수비 측정에서 항온건조로의 온도는 몇 ℃로 유지하여야 하는가?

① 80±3℃

② 90±5℃

③ 100±5℃

④ 110±5℃

해설
시료를 용기별로 항온건조로에 넣고 110±5℃에서 일정 질량이 될 때까지 노건조한다.

20 워싱턴형 공기량측정기를 사용하는 시험에 대한 설명으로 옳은 것은?

① 주수법과 무주수법이 있다.

② 부피법과 무부피법이 있다.

③ 압력법과 무압력법이 있다.

④ 질량법과 무질량법이 있다.

해설
워싱턴형 공기량측정기는 굳지 않은 콘크리트의 공기 함유량을 공기실의 압력 감소에 의해 구하는 시험방법으로, 주수법과 무주수법이 있다.

21 굳지 않은 콘크리트의 슬럼프시험에서 슬럼프는 어느 정도의 정밀도로 측정하여야 하는가?

① 1mm   ② 5mm

③ 1cm   ④ 5cm

해설
콘크리트의 중앙부와 옆에 높인 슬럼프콘 상단과의 높이차를 5mm 단위로 측정하여 이것을 슬럼프값으로 한다.

22 흙의 함수량시험에 사용되는 시험기구가 아닌 것은?

① 데시케이터

② 저 울

③ 항온건조로

④ 르샤틀리에 비중병

해설
르샤틀리에 비중병은 시멘트 비중시험에서 사용한다.

23 시멘트 비중시험에 사용하는 시료로서 포틀랜드 시멘트는 1회분 시험으로 약 몇 g이 필요한가?

① 56g   ② 64g

③ 75g   ④ 83g

해설
일정한 양의 시멘트(포틀랜드 시멘트는 약 64g)를 0.05g까지 달아 광유와 동일한 온도에서 조금씩 넣는다.

24 흙의 시험 중 수은을 사용하는 시험은?

① 수축한계시험

② 액성한계시험

③ 비중시험

④ 체가름시험

해설
수축한계시험에서 수은을 쓰는 이유는 노건조 시료의 체적(부피)을 구하기 위해서이다.

25 콘크리트 슬럼프시험에서 슬럼프콘에 시료를 채울 때 각 층의 다짐 횟수는?

① 20회   ② 25회

③ 30회   ④ 35회

해설
슬럼프콘은 수평으로 설치하였을 때 수밀성이 있는 평판 위에 놓고 누르고, 거의 같은 양의 시료를 3층으로 나눠서 채운다. 각 층은 다짐봉으로 고르게 한 후 25회씩 다진다.

26 콘크리트의 블리딩에 관한 설명 중 옳지 않은 것은?

① 묽은 반죽의 콘크리트에서 타설 높이가 높으면 블리딩이 많이 생긴다.

② 블리딩량이 많으면 철근과 콘크리트의 부착력이 떨어진다.

③ 블리딩량이 많으면 수밀성이 좋아진다.

④ 블리딩량이 많으면 레이턴스도 크다.

해설
블리딩이 심하면 콘크리트의 수밀성이 떨어진다.

27 아스팔트 침입도시험에 대한 설명으로 옳은 것은?

① 100g의 추에 5초 동안 침의 관입량이 0.1mm일 때를 침입도 1이라 한다.

② 100g의 추에 5초 동안 침의 관입량이 1mm일 때를 침입도 1이라 한다.

③ 100g의 추에 10초 동안 침의 관입량이 0.1mm일 때를 침입도 1이라 한다.

④ 100g의 추에 10초 동안 침의 관입량이 1mm일 때를 침입도 1이라 한다.

해설
소정의 온도(25℃), 하중(100g), 시간(5초)에 규정된 침이 수직으로 관입한 길이로 0.1mm 관입 시 침입도는 1로 규정한다.

28 골재의 체가름시험에서 조립률(FM)을 구할 때 사용되지 않는 체는?

① 10mm　　　　② 20mm

③ 30mm　　　　④ 40mm

해설
조립률(골재) : 75mm, 40mm, 20mm, 10mm, 5mm, 2.5mm, 1.2mm, 0.6mm, 0.3mm, 0.15mm 체 등 10개의 체를 1조로 하여 체가름시험을 하였을 때, 각 체에 남은 누계량의 전체 시료에 대한 질량 백분율의 합을 100으로 나눈 값

29 반죽된 흙의 함수비를 달리하여 각 함수비에 대한 황동 접시의 낙하 횟수와의 관계를 반대수 모눈종이에 직선으로 나타낸 그래프를 무엇이라 하는가?

① 유동곡선

② 단위무게곡선

③ 소성도곡선

④ 액성한계곡선

해설
유동곡선은 흙의 액성한계 시험결과로 작성하는 그래프이다.

30 콘크리트 배합 설계 시 단위수량이 171kg/m³, 물-시멘트비가 50%일 때 단위 시멘트량은?

① $100kg/m^3$

② $171kg/m^3$

③ $342kg/m^3$

④ $400kg/m^3$

해설
물-시멘트비 $= \dfrac{W}{C}$

$50\% = \dfrac{171}{x}$

$x = 342kg/m^3$

31 흙의 비중시험에서 비중병에 시료와 증류수를 넣고 10분 이상 끓이는 이유로 가장 타당한 것은?

① 흙 입자의 무게를 정확히 알기 위하여
② 흙 입자 속에 있는 기포를 완전히 제거하기 위하여
③ 증류수와 흙이 잘 섞이게 하기 위하여
④ 비중병을 검정하기 위하여

해설
흙 입자 속에 있는 기포를 완전히 제거하기 위해서 피크노미터에 시료와 증류수를 채우고 일반적인 흙의 경우 10분 이상 끓인다.

32 콘크리트의 쪼갬 인장강도시험에 사용되는 공시체의 규격에 대한 다음 표의 설명에서 (   )에 들어갈 수치로 알맞은 것은?

> 공시체는 원기둥 모양으로 지름은 굵은 골재 최대 치수의 (㉠)배 이상이며 (㉡)mm 이상으로 한다.

① ㉠ 2, ㉡ 100
② ㉠ 3, ㉡ 100
③ ㉠ 4, ㉡ 150
④ ㉠ 5, ㉡ 150

해설
공시체는 원기둥 모양으로 지름은 굵은 골재 최대 치수의 4배 이상이며 150mm 이상으로 하며, 길이는 공시체 지름의 1배 이상, 2배 이하로 한다.

33 굳지 않은 콘크리트 블리딩시험에서 시료의 블리딩 물의 총량이 25g이고, 시료에 함유된 물의 총무게가 400g일 때 블리딩률(%)을 구한 값은?

① 3.15%   ② 3.75%
③ 4.25%   ④ 6.25%

해설

$$블리딩률(\%) = \frac{시료의\ 블리딩\ 물의\ 총량}{시료에\ 함유된\ 물의\ 총중량} \times 100$$

$$= \frac{25}{400} \times 100 = 6.25\%$$

34 굵은 골재의 마모시험에 사용되는 가장 중요한 시험기는?

① 지깅 시험기
② 로스앤젤레스시험기
③ 표준침
④ 원심분리시험기

해설
로스앤젤레스시험기는 철구를 사용하여 굵은 골재(부서진 돌, 깨진 광재, 자갈 등)의 마모에 대한 저항을 시험하는 데 사용한다.

35 시멘트 비중시험에 사용되는 재료로 옳은 것은?

① 수 은   ② 광 유
③ 경 유   ④ 알코올

해설
광유 : 온도 23±2℃에서 비중 약 0.73 이상인 완전히 탈수된 등유나 나프타를 사용한다.

36 다짐봉을 사용하여 콘크리트 휨강도시험용 공시체를 제작하는 경우 다짐 횟수는 표면적 약 몇 mm^2당 1회의 비율로 다지는가?

① $2,000mm^2$

② $1,500mm^2$

③ $1,000mm^2$

④ $500mm^2$

해설
콘크리트 휨강도시험용 공시체 제작 시 콘크리트는 몰드에 2층으로 나누어 채우고 각 층은 적어도 $1,000mm^2$에 1회의 비율로 다짐한다.

37 콘크리트 배합설계에 사용하는 골재의 밀도는 어떤 상태의 밀도인가?

① 습윤상태

② 절대건조상태

③ 공기 중 건조상태

④ 표면건조포화상태

해설
콘크리트 배합 설계에 사용하는 골재의 밀도는 표면건조포화상태의 밀도이다.

38 아스팔트(Asphalt) 침입도시험을 시행하는 목적은?

① 아스팔트 신도 측정

② 아스팔트 굳기 정도 측정

③ 아스팔트 비중 측정

④ 아스팔트 입도 측정

해설
침입도 시험목적 : 아스팔트의 굳기 정도, 경도, 감온성, 적용성 등을 결정하기 위해 실시한다.

39 골재의 체가름시험에서 체가름 작업은 언제까지 하는가?

① 1분간 각 체를 통과하는 것이 전 시료 질량의 0.1% 이하로 될 때까지 작업을 한다.

② 1분간 각 체를 통과하는 것이 전 시료 질량의 0.2% 미만으로 될 때까지 작업을 한다.

③ 2분간 각 체를 통과하는 것이 전 시료 질량의 1% 이하로 될 때까지 작업을 한다.

④ 2분간 각 체를 통과하는 것이 전 시료 질량의 2% 미만으로 될 때까지 작업을 한다.

해설
체가름시험은 수동 또는 기계를 사용하여 체 위에서 골재가 끊임없이 상하운동 및 수평운동이 되도록 하여 시료가 균등하게 운동하도록 하고, 1분마다 각 체를 통과하는 것이 전 시료 질량의 0.1% 이하가 될 때까지 반복한다.

40 봉 다지기에 의한 골재의 단위용적질량 시험을 할 때 사용하는 다짐봉의 지름은 몇 mm인가?

① 8mm

② 10mm

③ 16mm

④ 20mm

해설
다짐봉은 지름 16mm, 길이 500~600mm의 원형 강으로 하고, 그 앞 끝이 반구 모양인 것을 사용한다.

41 콘크리트 슬럼프시험을 할 때 콘크리트를 처음 넣는 양은 슬럼프시험용 콘 부피의 얼마까지 넣는가?

① 1/2 　　　② 1/3

③ 1/4 　　　④ 1/5

콘크리트 슬럼프시험을 할 때 처음 넣는 콘크리트 양은 슬럼프시험용 몰드 용적의 1/3까지 넣는다.

42 다음 중 시멘트 분말도 단위로 옳은 것은?

① N 　　　② g

③ cm^2 　　　④ cm^2/g

시멘트 분말도시험에서 시멘트 분말도의 단위로 비표면적(cm^2/g)을 사용한다.

43 액성한계시험 시 황동접시를 대에 설치하여 크랭크를 회전시켜서 1초 동안에 2회의 비율로 대 위에 떨어뜨린 후 홈의 밑부분에 흙의 약 몇 cm가 접촉되도록 이 작업을 계속하는가?

① 0.5cm 　　　② 1.0cm

③ 1.3cm 　　　④ 1.8cm

홈 바닥부의 흙이 길이 약 1.3cm 맞닿을 때까지 계속한다.

44 잔골재의 체가름시험용 시료 채취방법으로 옳은 것은?

① 2분법 　　　② 3분법

③ 4분법 　　　④ 5분법

시료는 대표적인 것을 채취하여 4분법 또는 시료분취기에 의해 일정 분량이 되도록 축분한다.

45 금이나 납 등을 두드릴 때 얇게 펴지는 것과 같은 성질을 무엇이라 하는가?

① 연 성 　　　② 전 성

③ 취 성 　　　④ 인 성

① 연성 : 재료가 탄성한계 이상의 힘을 받아도 파괴되지 않고 가늘고 길게 늘어나는 성질
③ 취성 : 재료가 외력을 받을 때 조금만 변형되어도 파괴되는 성질
④ 인성 : 잡아당기는 힘에 견디는 성질

46 도로 지반의 평판재하시험에서 1.25mm가 침하될 때 하중 강도는 4.0kg/cm²이었다. 지지력계수는?

① 20kg/cm³

② 24kg/cm³

③ 28kg/cm³

④ 32kg/cm³

해설

$$K = \frac{P}{S} = \frac{4}{0.125} = 32\text{kg/cm}^3$$

47 점성토에 대한 일축압축 시험결과 자연시료의 일축압축강도 $q_u = 1.25$kg/cm², 흐트러진 시료의 일축압축강도 $q_{ur} = 0.25$kg/cm²일 때 이 흙의 예민비는?

① 2.0　　　　② 3.0

③ 4.0　　　　④ 5.0

해설

$$S_t = \frac{q_u}{q_{ur}} = \frac{1.25}{0.25} = 5$$

48 투수계수(K)의 단위로 옳은 것은?

① cm²/sec

② cm³/min

③ cm/sec²

④ cm/sec

해설

K : 투수계수(cm/sec)

49 유선망을 작도하는 주된 이유는?

① 전단강도를 알기 위하여

② 침하량과 침하속도를 알기 위하여

③ 침투유량과 간극수압을 알기 위하여

④ 지지력을 알기 위하여

해설

유선망 작도의 목적
• 침투유량 산정
• 임의의 지점에서 간극수압 측정

50 자연함수비가 액성한계보다 크다면 그 흙은?

① 고체 상태에 있다.

② 소성 상태에 있다.

③ 액체 상태에 있다.

④ 반고체 상태에 있다.

해설

함수량이 많으면 액체상이 된다.

51 말뚝의 지지력을 구하는 지지력 공식 중에서 정역학적 지지력 공식에 속하는 것은?

① 마이어호프(Meyerhof) 공식

② 힐리(Hiley) 공식

③ 엔지니어링뉴스(Engineering News) 공식

④ 샌더(Sander) 공식

해설
정역학적 지지력 공식
- Meyerhof 공식
- Terzaghi 공식
- Dorr 공식
- Dunham 공식

52 어떤 흙의 비중이 2.0, 간극비가 1.0일 때 이 흙의 수중 단위 무게는?

① 0.5g/cm^3 ② 0.7g/cm^3

③ 1.0g/cm^3 ④ 1.5g/cm^3

해설
$$\gamma_{s.sub} = \frac{G_s - 1}{1+e}\,\gamma_w = \frac{2-1}{1+1} = 0.5\text{g/cm}^3$$

53 아스팔트 포장과 같이 가요성 포장의 두께를 결정하는 데 주로 쓰이는 값은?

① 압밀계수(C_v)값

② 지지력비(CBR)값

③ 콘지지력(q_c)값

④ 일축압축강도(q_u)값

해설
CBR이란 아스팔트 포장의 두께를 결정하는 경우에 사용되는 노상토의 CBR을 의미한다.

54 현장다짐을 할 때에 현장 흙의 단위무게를 측정하는 방법으로 옳지 않은 것은?

① 절삭법

② 아스팔트치환법

③ 고무막법

④ 모래치환법

해설
현장의 밀도 측정은 모래치환법, 고무막법, 방사선 동위원소법, 코어절삭법 등의 방법을 이용하는데, 일반적으로 밀도 측정은 모래치환법으로 구한다.

55 지름 50mm, 높이 125mm인 용기에 현장 습윤 상태의 흙 시료를 채취하여 시료의 무게를 측정하였더니 시료의 무게가 466g이었다. 이 흙의 습윤단위 무게는?

① 1.2g/cm^3

② 1.5g/cm^3

③ 1.9g/cm^3

④ 2.0g/cm^3

해설
$$\gamma_t = \frac{W}{V} = \frac{W}{\pi r^2 h}$$
$$= \frac{466}{\pi \times 2.5^2 \times 12.5} = 1.9\text{g/cm}^3$$

56 흙의 다짐에 대한 설명으로 틀린 것은?

① 조립토일수록 최대 건조단위중량은 작아진다.
② 조립토일수록 최적함수비는 작아진다.
③ 양입도일수록 최적함수비는 작아진다.
④ 양입도일수록 최대 건조단위중량은 커진다.

해설
조립토일수록 최대 건조단위중량은 커지고, 최적함수비는 작아진다.

57 통일 분류법 및 AASHTO 분류법으로 흙을 분류할 때 필요한 요소가 아닌 것은?

① 액성한계
② 수축한계
③ 소성지수
④ 흙의 입도

해설
흙을 분류할 때 필요한 요소는 흙의 입도, 액성한계, 소성지수, 군지수 등이다.

58 다음의 기초 중 얕은 기초에 해당되는 것은?

① 말뚝 기초
② 피어 기초
③ 우물통 기초
④ 전면 기초

해설
기초의 분류
• 직접 기초(얕은 기초)
  - 푸팅 기초(확대 기초) : 독립 푸팅 기초, 복합 푸팅 기초, 연속 푸팅 기초, 캔틸레버 기초
  - 전면 기초(매트 기초)
• 깊은 기초 : 말뚝 기초, 피어 기초, 케이슨 기초

59 연약한 점토 지반에서 전단강도를 구하기 위하여 실시하는 현장시험법은?

① Vane시험
② 현장CBR시험
③ 직접전단시험
④ 압밀시험

해설
베인전단시험은 연약한 포화 점토 지반에 대해서 현장에서 직접 실시하여 점토 지반의 비배수강도(비배수 점착력)를 구하는 현장 전단시험 중의 하나이다.

60 흙의 다짐효과에 대한 설명으로 옳지 않은 것은?

① 압축성이 작아진다.
② 흙의 역학적 강도와 지지력이 감소한다.
③ 부착성이 양호해지고 흡수성이 감소한다.
④ 투수성이 감소한다.

해설
다짐효과
• 흙의 단위중량 증가
• 전단강도, 부착력 증가
• 지반의 지지력 증가
• 지반의 압축성, 투수성 감소
• 침하나 파괴 방지
• 동상, 팽창, 건조, 수축의 감소

01 다음 시멘트 중 조기강도가 가장 큰 것은?

① 고로 시멘트
② 실리카 시멘트
③ 알루미나 시멘트
④ 조강 포틀랜드 시멘트

해설
알루미나 시멘트는 조기강도가 커서 보통 포틀랜드 시멘트의 28일 강도를 24시간만에 발현한다.

02 AE 콘크리트의 공기량에 영향이 미치는 요인에 대한 설명으로 틀린 것은?

① 시멘트의 분말도가 높을수록 공기량은 감소한다.
② 잔골재 속에 0.4~0.6mm의 세립분이 증가하면 공기량은 증가한다.
③ 진동다짐시간이 길면 공기량은 감소한다.
④ 콘크리트의 온도가 높을수록 공기량은 증가한다.

해설
콘크리트의 온도가 낮을수록 공기량은 증가한다.

03 온도에 따라 아스팔트의 경도, 점도 등이 변화하는 성질은?

① 감온성   ② 방수성
③ 신장성   ④ 점착성

해설
감온성은 외부 온도 변화에 따라 아스팔트의 경도 및 점도 등이 변화하는 성질이다.

04 골재의 체가름시험으로 결정할 수 없는 것은?

① 입 도
② 조립률
③ 굵은 골재의 최대 치수
④ 실적률

해설
골재의 체가름시험으로 골재의 입도 상태를 결정하고 골재의 입도, 조립률, 굵은 골재의 최대 치수를 구한다. 골재의 적당한 비율을 결정하고, 콘크리트의 배합설계, 골재의 품질관리에 필요하다.

05 폭약을 다룰 때 주의할 사항으로 옳지 않은 것은?

① 뇌관과 폭약은 함께 저장한다.
② 운반 중에 충격을 주어서는 안 된다.
③ 다이너마이트는 햇빛을 직접 쬐지 않도록 해야 한다.
④ 장기간 보존으로 인한 흡습, 동결이 되지 않도록 조치해야 한다.

해설
뇌관과 폭약은 분리하여 각각 다른 장소에 저장한다.

06 분말도가 큰 시멘트에 대한 설명으로 옳은 것은?

① 풍화하기 쉽다.

② 블리딩이 커진다.

③ 초기강도가 작다.

④ 물과의 접촉 표면적이 작다.

시멘트 분말도에 따른 특징

구 분	분말도가 큰 시멘트	분말도가 작은 시멘트
입자 크기	시멘트 입자의 크기가 가늘어 면적이 넓어진다.	시멘트 입자가 크므로 면적이 작아진다.
수화 반응	수화열이 많아지고 응결이 빠르다.	수화열이 낮고 응결속도가 느리다.
강 도	건조수축이 커지므로 균열이 발생하기 쉬우며 풍화하기 쉽고 조기강도가 크다.	건조수축, 균열 적고 장기강도가 크다.
적용 대상	한중콘크리트	중량콘크리트, 서중콘크리트

07 다음 시멘트 중 혼합 시멘트에 속하는 것은?

① 고로 시멘트

② 중용열 포틀랜드 시멘트

③ 알루미나 시멘트

④ 백색 포틀랜드 시멘트

혼합 시멘트 : 고로 슬래그 시멘트, 플라이 애시 시멘트, 포틀랜드 포졸란(실리카) 시멘트

08 강의 경도, 강도를 증가시키기 위하여 오스테나이트(Austenite) 영역까지 가열한 다음 급랭하여 마텐자이트(Martensite)조직을 얻는 열처리는?

① 담금질 　　　② 불 림

③ 풀 림 　　　④ 뜨 임

① 담금질 : 가열된 강(鋼)을 찬물이나 더운물 혹은 기름 속에서 급히 식히는 방법으로, 경도와 강도가 증대되며 물리적 성질이 변한다. 탄소 함량이 클수록 효과적이다.

② 불림 : 강을 800∼1,000℃로 가열한 후, 공기 중에 냉각시키는 방법으로, 가열된 강이 식으면 결정립자가 미세해져 변형이 제거되고 조직이 균질화된다.

③ 풀림 : 높은 온도에서 가열된 강을 용광로 속에서 천천히 식히는 방법으로, 강의 결정이 미세화되며, 연화(軟化)된다.

④ 뜨임 : 담금질한 강은 너무 경도가 커서 내부에 변형을 일으킬 수 있으므로, 다시 200∼600℃ 정도로 가열한 다음 공기 중에서 서서히 식혀 변형을 없앤다.

09 골재 입자의 표면수는 없고, 입자 내부의 빈틈은 물로 포화된 상태는?

① 노건조상태

② 공기 중 건조상태

③ 습윤상태

④ 표면건조포화상태

골재의 함수상태

• 절대건조상태(노건조상태) : 110℃ 정도의 온도에서 24시간 이상 건조시킨 상태

• 공기 중 건조상태(기건상태) : 습기가 없는 실내에서 자연건조시킨 것으로 골재알 속의 빈틈 일부가 물로 가득 차 있는 상태

• 습윤상태 : 내부에 물이 채워져 있고, 표면에도 물이 부착되어 있는 상태

• 표면건조포화상태 : 표면에 물은 없지만, 내부 공극에 물이 꽉 찬 상태

10 시멘트의 응결을 상당히 빠르게 하기 위하여 사용하는 혼화제로서 뿜어 붙이기 콘크리트, 콘크리트 그라우트 등에 사용하는 혼화제는?

① 감수제   ② 급결제

③ 지연제   ④ 발포제

해설
급결제(Quick Setting Admixture) : 터널 등의 숏크리트에 첨가하여 뿜어 붙인 콘크리트의 응결 및 조기의 강도를 증진시키기 위해 사용되는 혼화제

11 콘크리트에 일정한 하중을 지속적으로 재하하면 응력의 변화가 없어도 변형은 시간에 따라 증가한다. 이와 같은 변형을 무엇이라 하는가?

① 건조수축

② 릴랙세이션

③ 크리프

④ 플라스틱 균열

해설
크리프(Creep) : 응력을 작용시킨 상태에서 탄성 변형 및 건조수축 변형을 제외시킨 변형으로 시간과 더불어 증가되는 현상

12 콘크리트가 굳어 가는 도중에 부피를 늘어나게 하여 콘크리트의 건조수축에 의한 균열을 막아 주는 혼화재는?

① 포졸란

② 플라이 애시

③ 팽창재

④ 고로 슬래그 분말

해설
팽창재 : 콘크리트를 팽창시키는 작용을 하여 콘크리트 중의 미세 공극을 충전시키는 혼화재로서, 콘크리트 내구성에 영향을 미치는 균열과 탄산화와 염분의 침투에 기인한 철근의 부식 그리고 블리딩과 건조수축 저감 등 제반 결점을 개선하기 위해 사용한다.

13 기건상태에서 목재 함수율의 일반적인 범위로 적합한 것은?

① 6~11%

② 12~18%

③ 19~25%

④ 26~32%

해설
기건 함수율 : 통상 대기의 온도와 평형을 이루는 목재의 함수율로, 일반적인 범위는 12~18%이다.

14 콘크리트의 워커빌리티를 개선하기 위한 방법으로 옳지 않은 것은?

① 분말도가 높은 시멘트를 사용한다.

② AE제, 감수제, AE 감수제를 사용한다.

③ 시멘트의 양에 비해 골재의 양을 많게 한다.

④ 고로 슬래그 미분말 등의 혼화재를 사용한다.

해설
단위 시멘트량이 많아질수록 워커빌리티가 향상되고, 굵은 골재가 많을수록 워커빌리티가 나빠진다.

15 도로 포장용 콘크리트의 품질 결정에 사용되는 콘크리트의 강도는?

① 압축강도
② 휨강도
③ 인장강도
④ 전단강도

해설
휨강도는 도로, 공항 등 콘크리트 포장 두께의 설계나 배합 설계를 위한 자료로 이용된다.

16 흙의 밀도시험에 사용되는 기계 및 기구가 아닌 것은?

① 피크노미터
② 데시케이터
③ 체진동기
④ 온도계

해설
체진동기는 골재의 체가름시험에 사용한다.

17 굳지 않은 콘크리트의 공기 함유량시험에서 워싱턴형 공기량측정기를 사용하는 공기량 측정법은 어느 것인가?

① 무게법
② 부피법
③ 공기실 압력법
④ 공기 계산법

해설
워싱턴형 공기량측정기는 굳지 않은 콘크리트의 공기 함유량을 압력의 감소를 이용해 측정하는 방법으로, 보일의 법칙을 적용한 것이다.

18 다음 중 콘크리트의 워커빌리티 시험이 아닌 것은?

① 슬럼프시험
② 구관입시험
③ 리몰딩시험
④ 마셜 안정도시험

해설
마셜 안정도시험은 아스팔트 혼합물의 안정도시험이다.

19 시멘트 비중시험에서 비중병을 실온으로 일정하게 되어 있는 물 중탕에 넣어 광유의 온도차가 얼마 이내로 되었을 때 광유의 표면 눈금을 읽는가?

① 0.2℃   ② 1.2℃
③ 2.2℃   ④ 3.2℃

해설
비중병을 실온으로 일정하게 되어 있는 물 중탕에 넣어 광유의 온도차가 0.2℃ 이내로 되었을 때의 눈금을 읽어 기록한다.

20 흙의 액성한계시험에서 유동곡선을 그릴 때 세로축 항목으로 옳은 것은?

① 입 경
② 함수비
③ 체의 크기
④ 가적 통과율

해설
반로그 그래프용지의 가로축은 로그 눈금에 낙하 횟수, 세로축은 산술 눈금에 함수비로 하여 측정값을 표시한다.

21 콘크리트의 인장강도를 측정하기 위한 간접시험방법으로 적당한 것은?

① 비파괴시험
② 할렬시험
③ 탄성종파시험
④ 직접전단시험

해설
콘크리트의 인장강도시험
• 직접 인장강도시험 : 시험과정에서 인장부에 미끄러짐과 지압파괴가 발생될 우려가 있어 현장 적용이 어렵다.
• 할렬인장강도시험 : 일종의 간접시험방법으로 공사현장에서 간단하게 측정할 수 있으며, 비교적 오차도 작은 편이다.

22 콘크리트 블리딩은 보통 몇 시간이면 거의 끝나는가?

① 2~4시간
② 4~6시간
③ 6~8시간
④ 8시간 이상

해설
블리딩이 종료되는 시간은 일반적으로 20℃에서 콘크리트 믹싱 후 2~4시간 정도이지만, 이보다 낮은 저온에서는 블리딩이 장시간 계속된다.

23 콘크리트 휨강도시험에 사용할 공시체의 규격이 150×150×530mm일 경우 각층당 다짐 횟수로 가장 적합한 것은?

① 70회 ② 80회
③ 90회 ④ 100회

해설
콘크리트 휨강도시험용 공시체 제작 시 콘크리트는 몰드에 2층으로 나누어 채우고 각 층은 적어도 1,000mm^{2}에 1회의 비율로 다짐한다.
몰드의 단면적 = 150×530 = 79,500mm^2
다짐 횟수 = 79,500 ÷ 1,000 = 79.5 ≒ 80회

24 골재시험 중 시험용 기구로서 철망태가 사용되는 것은?

① 잔골재의 표면수시험
② 잔골재의 밀도시험
③ 굵은 골재의 밀도시험
④ 굵은 골재의 마모시험

해설
굵은 골재의 밀도 및 흡수율 시험용 기구 : 저울, 철망태, 물탱크, 흡수천, 건조기, 체, 시료분취기

25 아스팔트가 늘어나는 정도를 측정하는 시험은?

① 비중시험

② 인화점시험

③ 침입도시험

④ 신도시험

해설
신도는 아스팔트의 늘어나는 정도로, 연성의 기준이 된다.

26 흙의 소성한계시험을 실시하고자 할 때 1회 시험에 사용할 시료의 양으로 가장 적합한 것은?(단, 자연함수비 상태의 흙으로서 425μm 체를 통과한 흙)

① 10g

② 30g

③ 100g

④ 300g

해설
시료의 양은 액성한계시험용으로는 약 200g, 소성한계시험용으로는 약 30g으로 한다.

27 흙의 침강분석시험(입도분석시험)에 대한 내용 중 옳지 않은 것은?

① Stokes'의 법칙을 적용한다.

② 시험 후 매스실린더의 내용물은 0.075mm 체에 붓고 물로 세척한다.

③ 침강 측정 시 메스실린더 내에 비중계를 띄우고 소수 부분의 눈금을 메니스커스 위 끝에서 0.0005까지 읽는다.

④ 침강분석시험에 사용되는 메스실린더의 용량은 500mL를 사용한다.

해설
침강분석시험에 사용되는 메스실린더의 용량은 250mL 및 1,000mL를 사용한다.

28 콘크리트 블리딩시험에서 콘크리트를 용기에 3층으로 나누어 넣고 각 층을 다짐대로 몇 회씩 고르게 다지는가?

① 10회

② 15회

③ 20회

④ 25회

해설
콘크리트 블리딩시험에서 콘크리트를 용기에 3층으로 나누어 넣고 각 층을 다짐대로 25회씩 고르게 다진다.

29 시멘트 시료의 무게가 64g이고, 처음 광유의 읽음값이 0.3mL, 시료를 넣고 광유의 눈금을 읽으니 20.6mL이었다. 이 시멘트의 비중은?

① 3.12

② 3.15

③ 3.17

④ 3.19

해설
$$시멘트의\ 밀도(비중) = \frac{시료의\ 무게}{눈금차}$$

$$= \frac{64}{20.6 - 0.3} \simeq 3.15$$

30 콘크리트의 슬럼프시험에서 슬럼프콘에 콘크리트를 채우기 시작하고 나서 슬럼프콘의 들어올리기를 종료할 때까지의 시간으로 옳은 것은?

① 3분 이내로 한다.
② 4분 이내로 한다.
③ 5분 이내로 한다.
④ 6분 이내로 한다.

해설
슬럼프콘에 콘크리트를 채우기 시작하고 슬럼프콘의 들어올리기를 종료할 때까지의 시간은 3분 이내로 한다.

31 시멘트 입자의 가는 정도를 알기 위한 시험으로 옳은 것은?

① 시멘트 비중시험
② 시멘트 응결시험
③ 시멘트 분말도시험
④ 시멘트 팽창성시험

해설
분말도는 시멘트 입자의 표면적을 중량으로 나눈 값으로, 시멘트 입자의 가는 정도를 나타낸다.

32 잔골재의 체가름시험에 사용하는 시료의 최소 건조질량으로 옳은 것은?(단, 잔골재가 1.2mm 체에 질량비로 5% 이상 남는 경우)

① 5kg   ② 1kg
③ 500g   ④ 100g

해설
잔골재는 1.2mm 체를 95%(질량비) 이상 통과하는 것에 대한 최소 건조질량을 100g으로 하고, 1.2mm 체에 5%(질량비) 이상 남는 것에 대한 최소 건조질량을 500g으로 한다. 다만, 구조용 경량 골재에서는 최소 건조질량을 잔골재의 1/2로 한다.

33 잔골재의 표면수 측정방법으로 옳은 것은?

① 질량에 의한 방법
② 빈틈률에 의한 측정법
③ 안정성에 의한 측정법
④ 잔입자에 의한 측정법

해설
잔골재의 표면수 측정은 질량법 또는 용적법 중 하나의 방법으로 한다.

34 강재의 인장시험 결과로부터 구할 수 없는 것은?

① 비례한도

② 극한강도

③ 상대 동탄성계수

④ 파단 연신율

해설

인장시험으로 재료의 비례한도, 탄성한도, 내력, 항복점, 인장강도, 연신율, 단면 수축률, 응력 변형률 곡선 등을 측정할 수 있다.

35 아스팔트의 연화점은 시료를 규정한 조건에서 가열하였을 때 시료가 연화되기 시작하여 거리가 몇 mm로 처졌을 때의 온도를 말하는가?

① 20.4mm

② 25.4mm

③ 27.4mm

④ 29.4mm

해설

환구법을 사용하는 아스팔트 연화점시험에서 시료를 규정조건에서 가열하였을 때 시료가 연화되기 시작 하여 규정된 거리(25mm)까지 내려갈 때의 온도를 연화점이라 한다.

※ KS M 2250 개정으로 정답 없음

36 로스앤젤레스시험기에 의한 굵은 골재의 마모시험에서, 시험기에서 시료를 꺼낸 후 다음 중 어떤 체로 체가름하는가?

① 1.7mm

② 2.5mm

③ 5.0mm

④ 10mm

해설

시료를 시험기에서 꺼내서 1.7mm의 망체로 친다.

37 흙의 밀도시험에서 피크노미터에 시료와 증류수를 채우고 끓일 때 일반적인 흙의 경우 몇 분 이상 끓여야 하는가?

① 1분   ② 5분

③ 10분   ④ 30분

해설

흙의 밀도시험 시 일반적인 흙에서는 10분 이상, 고유기질토에서는 약 40분, 화산재 흙에서는 2시간 이상 끓인다.

38 흙의 액성한계시험에서 황동접시를 1cm 높이에서 1초에 몇 회의 속도로 자유낙하시키는가?

① 2회   ② 3회

③ 4회   ④ 5회

해설

황동접시를 1cm 높이에서 1초에 2회의 비율로 자유낙하시킨다.

39 시멘트 비중시험의 정밀도 및 편차에 대한 설명으로 옳은 것은?

① 동일 시험자가 동일 재료에 대하여 3회 측정한 결과가 ±0.05 이내이어야 한다.

② 동일 시험자가 동일 재료에 대하여 2회 측정한 결과가 ±0.03 이내이어야 한다.

③ 다른 시험자가 동일 재료에 대하여 2회 측정한 결과가 ±0.02 이내이어야 한다.

④ 다른 시험자가 동일 재료에 대하여 3회 측정한 결과가 ±0.05 이내이어야 한다.

해설
시멘트 비중시험의 정밀도 및 편차 : 동일한 시험자가 동일한 재료에 대하여 2회 측정한 결과가 ±0.03 이내이어야 한다.

41 모래에 포함되어 있는 유기 불순물 시험에서 사용되는 시약으로 틀린 것은?

① 황 산
② 타닌산
③ 알코올
④ 수산화나트륨

해설
시약과 식별용 표준색 용액
• 수산화나트륨 용액(3%) : 물 97에 수산화나트륨 3의 질량비로 용해시킨 것이다.
• 식별용 표준색 용액 : 식별용 표준색 용액은 10%의 알코올 용액으로 2% 타닌산 용액을 만들고, 그 2.5mL를 3%의 수산화나트륨 용액 97.5mL에 가하여 유리병에 넣어 마개를 닫고 잘 흔든다. 이것을 표준색 용액으로 한다.

40 흙을 가늘게 국수 모양으로 밀어 지름이 약 3mm 굵기에서 부스러질 때의 함수비를 무엇이라 하는가?

① 액성한계
② 수축한계
③ 소성한계
④ 자연한계

해설
소성한계 : 흙을 지름 3mm의 줄 모양으로 늘여 토막토막 끊어지려고 할 때의 함수비

42 액성한계시험에서 낙하 횟수 몇 회에 상당하는 함수비를 액성한계라 하는가?

① 10회　　　　② 15회
③ 20회　　　　④ 25회

해설
액성한계시험으로부터 구한 유동곡선에서 낙하 횟수 25회에 해당하는 함수비를 액성한계라 한다.

43 액성한계시험은 황동접시를 경질 고무받침대에 낙하시켜 홈의 바닥부의 흙이 길이 약 몇 cm 합류할 때까지 계속하게 되는가?

① 0.5cm　　　② 1cm

③ 1.2cm　　　④ 1.3cm

> **해설**
> 홈의 바닥부의 흙이 길이 약 1.3cm 합류할 때까지 계속한다.

44 아스팔트 침입도시험에서 침이 시료 속으로 0.1mm 들어갔을 때 침입도는?

① 0.1　　　② 1

③ 10　　　④ 100

> **해설**
> 100g의 추에 5초 동안 침의 관입량이 0.1mm일 때를 침입도 1이라 한다.

45 콘크리트 압축강도용 표준 공시체의 파괴시험에서 파괴하중이 360kN일 때 콘크리트의 압축강도는? (단, 지름 150mm인 몰드를 사용)

① 20.4MPa

② 21.4MPa

③ 21.9MPa

④ 22.9MPa

> **해설**
> $$압축강도(f) = \frac{P}{A} = \frac{360 \times 10^3}{\frac{\pi \times 150^2}{4}} \approx 20.4\text{MPa}$$

46 다음 중 얕은 기초에 속하지 않는 것은?

① 독립 푸팅 기초

② 복합 푸팅 기초

③ 전면 기초

④ 우물통 기초

> **해설**
> **기초의 분류**
>
> | 직접 기초
(얕은 기초) | 푸팅 기초(확대기초) : 독립 푸팅 기초, 복합 푸팅 기초, 연속 푸팅 기초, 캔틸레버 기초 |
> |---|---|
> | | 전면 기초(매트 기초) |
> | 깊은 기초 | 말뚝 기초, 피어 기초, 케이슨 기초 |

47 점성토 지반의 개량공법으로 적합하지 않은 것은?

① 샌드 드레인 공법

② 바이브로플로테이션 공법

③ 치환공법

④ 프리로딩 공법

점성토 및 사질토의 개량공법

점성토 개량공법		사질토개량공법		일시적인 개량공법
개량 원리	종 류	개량 원리	종 류	
탈수 방법	• Sand Drain • Paper Drain • Preloading • 침투압 공법 • 생석회 말뚝공법	다짐 방법	• 다짐말뚝공법 • Compozer 공법 (다짐모래말뚝공법, Sand Compaction Pile 공법) • Vibroflotation 공법 • 전기충격식 공법 • 폭파다짐공법	• Well Point 공법 • Deep Well 공법 • 동결공법 • 대기압공법 • 전기침투 공법
치환 공법	• 굴착치환공법 • 폭파치환공법 • 강제치환공법	배수 방법	Well Point 공법	
		고결 방법	약액주입공법	

49 지표면에 있는 정사각형 하중면 10m×10m의 기초 위에 10ton/m²의 등분포 하중이 작용했을 때 지표면으로부터 10m 깊이에서 발생하는 수직응력의 증가량은 얼마인가?(단, 2 : 1 분포법을 사용한다)

① 1.0ton/m²

② 1.5ton/m²

③ 2.3ton/m²

④ 2.5ton/m²

$$\triangle \sigma_z = \frac{q_s B^2}{(B+Z)^2}$$
$$= \frac{10(10)^2}{(10+10)^2} = 2.5 \text{ton/m}^2$$

48 흙의 투수계수에 영향을 미치는 요소로 가장 거리가 먼 것은?

① 간극비　　　　② 흙의 비중

③ 물의 단위중량　④ 형상계수

투수계수(Taylor 제안식)

$$K = D_s^2 \frac{\gamma_w}{\mu} \frac{e^3}{1+e} C$$

여기서, D_s : 입경, γ_w : 물의 단위중량, μ : 물의 점성계수
　　　e : 간극비, C : 형상계수

50 흙의 다짐 특성에 대한 설명으로 틀린 것은?

① 입도가 좋은 모래질 흙은 다짐곡선이 예민하다.

② 실트나 점토 등의 세립토는 다짐곡선이 완만하다.

③ 최적함수비가 높은 흙일수록 최대 건조단위무게가 크다.

④ 입도가 좋은 모래질 흙은 점토보다 최대 건조단위무게가 크다.

최적함수비가 높은 흙일수록 최대 건조단위무게가 작다.

51 토질시험의 종류 중 점성토 비배수강도(c)를 결정하는 데 필요한 현장시험은?

① 현장투수시험
② 평판재하시험
③ 현장단위중량시험
④ 베인시험

베인전단시험은 연약한 포화 점토 지반에 대해서 현장에서 직접 실시하여 점토 지반의 비배수강도(비배수 점착력)를 구하는 현장 전단시험 중의 하나이다.

52 예민비를 결정하고자 하는 데 필요한 시험은?

① 일축압축시험
② 직접전단시험
③ 다짐시험
④ 압밀시험

일축압축시험 : 흙의 일축압축(토질시험)강도 및 예민비를 결정하는 시험

53 도로의 평판재하시험에 사용하는 원형 재하판은 그 종류가 3개이다. 3개의 지름(cm)으로 옳은 것은?

① 30, 40, 50
② 35, 45, 75
③ 30, 40, 60
④ 30, 40, 75

재하판은 두께 25mm 이상, 지름 300mm, 400mm, 750mm인 강재 원판을 표준으로 하고, 등치면적의 정사각형 철판으로 해도 된다.

54 흙의 입도 시험결과 어떤 흙이 D_{60} = 3mm, D_{10} = 0.42mm이면 균등계수(C_u)는?

① 6.14
② 6.84
③ 7.14
④ 7.84

균등계수 $C_u = \dfrac{D_{60}}{D_{10}}$

$$= \frac{3}{0.42} = 7.14$$

55 자연 상태에 있는 조립토의 조밀한 정도를 백분율로 나타내는 것은?

① 상대밀도
② 포화도
③ 다짐도
④ 다짐곡선

상대밀도(Relative Density) : 사질토가 느슨한 상태에 있는가 조밀한 상태에 있는가를 나타내는 것으로, 액상화 발생 여부 추정 및 내부마찰각의 추정이 가능하다.

56 동상의 피해를 방지하기 위한 방법에 해당되지 않는 것은?

① 지하수면을 낮추는 방법

② 비동결성 흙으로 치환하는 방법

③ 실트질 흙을 넣어 모세관현상을 차단하는 방법

④ 화학약품을 넣어 동결온도를 낮추는 방법

해설

동상을 가장 받기 쉬운 흙은 실트이다.

57 어떤 흙의 함수비를 구하기 위해 용기와 습윤토의 무게를 측정한 결과 60.5g, 용기와 노건조 흙의 무게는 58.2g, 용기의 무게는 16.3g이다. 이 흙의 함수비는?

① 5.49%

② 6.85%

③ 10.64%

④ 24.38%

해설

함수비 $= \dfrac{60.5-58.2}{58.25-16.3} \times 100 \approx 5.49\%$

58 간극비가 0.71인 흙의 간극률은?

① 29.0%

② 35.0%

③ 41.5%

④ 54.3%

해설

$n = \dfrac{e}{1+e} \times 100(\%)$

$\quad = \dfrac{0.71}{1+0.71} \times 100 = 41.5\%$

59 흙 입자가 물속에서 침강하는 속도로부터 입경을 계산할 수 있는 법칙은?

① 콜로이드(Colloid)의 법칙

② 스토크스(Stokes')의 법칙

③ 테르자기(Terzaghi)의 법칙

④ 애터버그(Atterberg)의 법칙

해설

흙의 침강분석시험(입도분석시험)은 스토크스의 법칙을 적용한다.

60 자연 상태의 모래 지반을 다져 e 가 $e_{\min}$ 에 이르도록 했다면 이 지반의 상대밀도(%)는?

① 200%　　　　② 100%

③ 50%　　　　④ 0%

해설

상대밀도(D_r)

$D_r = \dfrac{e_{\max}-e}{e_{\max}-e_{\min}} \times 100\%$

$\quad = \dfrac{e_{\max}-e_{\min}}{e_{\max}-e_{\min}} \times 100 = 1$

01 아스팔트 침입도는 표준침의 관입저항으로 측정하는 것인데, 시료 중에 관입하는 깊이를 얼마 단위로 나타내는가?

① 1/10mm   ② 5/10mm

③ 1/100mm   ④ 1mm

해설
침입도는 규정된 굵기와 무게를 갖는 바늘이 아스팔트 속으로 관입하는 깊이로 표시한다. 시험중량은 100g, 시험온도는 25℃, 관입시간은 5초를 표준으로 하고 관입량 0.1mm를 침입도 1로 표시한다.

02 다음 중 천연 아스팔트에 속하지 않는 것은?

① 레이크 아스팔트

② 스트레이트 아스팔트

③ 샌드 아스팔트

④ 록 아스팔트

해설
아스팔트의 종류
• 천연 아스팔트 : 레이크 아스팔트, 록 아스팔트, 샌드 아스팔트, 아스팔타이트
• 석유 아스팔트 : 스트레이트 아스팔트, 컷백 아스팔트, 유화 아스팔트, 블론 아스팔트, 개질 아스팔트

03 흙의 비중이 2.65이고, 간극비는 1.0인 흙의 함수비가 15.0%일 때 포화도는?

① 39.75%   ② 42.73%

③ 53.65%   ④ 62.83%

해설
$S \cdot e = w \cdot G_s$

$S = \dfrac{G_s \cdot w}{e} = \dfrac{2.65 \times 15}{1} = 39.75\%$

04 흙의 액성한계시험에서 홈파기 날로 2등분한 시료가 어떤 상태로 될 때까지 조작을 되풀이하여야 하는가?

① 홈의 바닥부의 흙이 길이 약 2.0cm 합류할 때까지 계속한다.

② 홈의 바닥부의 흙이 길이 약 1.3cm 합류할 때까지 계속한다.

③ 홈의 바닥부의 흙이 길이 약 0.5cm 합류할 때까지 계속한다.

④ 홈의 바닥부의 흙이 길이 약 2.5cm 합류할 때까지 계속한다.

해설
흙의 액성한계시험에서 낙하장치에 의해 1초 동안에 2회의 비율로 황동접시를 들어 올렸다가 떨어뜨리고, 홈의 바닥부의 흙이 길이 약 1.3cm 합류할 때까지 계속한다.

05 어떤 흙의 체가름시험으로부터 구한 입경가적곡선에서 $D_{10} = 0.04$mm, $D_{30} = 0.07$mm, $D_{60} = 0.14$mm 이었다. 곡률계수는?

① 0.875   ② 1.142

③ 3.523   ④ 1.251

해설
곡률계수

$C_g = \dfrac{(D_{30})^2}{D_{10} \times D_{60}} = \dfrac{(0.07)^2}{0.04 \times 0.14} = 0.875$

06 실험실에서 측정된 최대 건조단위무게가 1.64g/cm^{3}이었다. 현장 다짐도를 95%로 하는 경우 현장 건조단위무게의 최소치는?

① 1.73g/cm^3

② 1.62g/cm^3

③ 1.56g/cm^3

④ 1.45g/cm^3

해설

다짐도 $(C_d^{'}) = \dfrac{\gamma_d}{\gamma_{d.\max}} \times 100$

$95\% = \dfrac{\gamma_d}{1.64} \times 100$

건조단위무게 $\gamma_d = \dfrac{95 \times 1.64}{100} \simeq 1.56 \text{g/cm}^3$

07 콘크리트 AE제를 사용하였을 때 장점에 해당되지 않는 것은?

① 워커빌리티가 좋다.

② 동결, 융해에 대한 저항성이 크다.

③ 강도가 커지며 철근과의 부착강도가 크다.

④ 단위수량을 줄일 수 있다.

해설

AE제는 계면활성효과로 골재 간의 마찰력도 작아져서 시공연도가 개선되기 때문에 철근과 콘크리트의 부착력도 작아진다.

08 흙의 일축압축시험에서 파괴면이 수평면과 이루는 각도가 60°일 때 이 흙의 내부마찰각은?

① 60°

② 45°

③ 30°

④ 15°

해설

$\theta = 45° + \dfrac{\phi}{2}$

$60° = 45° + \dfrac{\phi}{2}$

$\phi = 30°$

09 사질토 지반에서 유출 수량이 급격하게 증대되면서 모래가 분출되는 현상을 무엇이라고 하는가?

① 침투현상

② 배수현상

③ 분사현상

④ 동상현상

해설

분사현상은 이론적으로는 입경과 무관하지만, 실제 균등한 모래에서 많이 발생하며 분사현상 중인 모래는 지지력이 전혀 없다.

10 흙의 다짐시험에서 다짐에너지에 관한 설명으로 옳지 않은 것은?

① 다짐에너지는 래머의 중량에 비례한다.

② 다짐에너지는 래머의 낙하 높이에 비례한다.

③ 다짐에너지는 래머의 낙하 횟수에 비례한다.

④ 다짐에너지는 시료의 부피에 비례한다.

해설

다짐에너지는 시료의 부피에 반비례한다.

다짐에너지 $E_c(\text{kg} \cdot \text{cm/cm}^3) = \dfrac{W_g \cdot H \cdot N_B \cdot N_L}{V}$

여기서, W_g : 래머 무게(kg), H : 낙하고(cm), N_B : 다짐 횟수

N_L : 다짐층수, V : 몰드의 체적(cm^3)

11 콘크리트 압축강도시험에 대한 설명으로 옳은 것은?

① 시험체의 지름은 굵은 골재 최대 치수의 5배 이상
   이어야 한다.
② 시험체 몰드를 떼기 전에 캐핑을 하는 경우 된반
   죽 콘크리트에서는 콘크리트를 채운 후 2~6시간
   정도 후에 캐핑을 실시한다.
③ 시험체를 만든 후 5~15시간 안에 몰드를 떼어
   낸다.
④ 시험체에 하중을 가하는 속도는 완급을 규칙적으
   로 하여 시험체에 충격을 가하여야 한다.

해설
① 시험체의 지름은 굵은 골재 최대 치수의 3배 이상이어야 한다.
③ 몰드에 콘크리트를 채운 후 16시간 이상, 3일 이내에 몰드를
   떼어내야 한다.
④ 공시체에 충격을 주지 않도록 일정한 속도로 하중을 가한다.
   하중을 가하는 속도는 원칙적으로 압축응력도의 증가가 매초
   0.6±0.2MPa이 되도록 한다.

12 깊은 기초의 종류가 아닌 것은?

① 말뚝 기초
② 피어 기초
③ 전면 기초
④ 우물통 기초

해설
기초의 분류
• 직접 기초(얕은 기초)
  – 푸팅 기초(확대 기초) : 독립 푸팅 기초, 복합 푸팅 기초, 연속
    푸팅 기초, 캔틸레버 기초
  – 전면 기초(매트 기초)
• 깊은 기초 : 말뚝 기초, 피어 기초, 케이슨 기초

13 토립자의 비중이 2.60인 흙의 습윤단위무게가 2.0g/cm³이고, 함수비가 20%일 때 이 흙의 건조단위무게는 얼마인가?

① 1.67g/cm^3 ② 2.12g/cm^3
③ 0.98g/cm^3 ④ 5.20g/cm^3

해설
건조단위무게

$$\gamma_d = \frac{\gamma_t}{1+\dfrac{w}{100}} = \frac{2.0}{1+\dfrac{20}{100}} \simeq 1.67\text{g/cm}^3$$

14 단위무게 1.59ton/m³, 비중 2.60인 잔골재의 공극률은?

① 35.85%   ② 38.85%
③ 41.85%   ④ 44.85%

해설

$$공극률 = \left(1 - \frac{단위용적중량}{골재비중}\right) \times 100\%$$
$$= \left(1 - \frac{1.59}{2.6}\right) \times 100$$
$$= 38.85\%$$

15 감수제의 사용효과에 대한 설명으로 옳은 것은?

① 시멘트 풀의 유동성을 감소시킬 수 있다.
② 단위수량을 감소시킬 수 있다.
③ 블리딩이나 재료 분리가 크다.
④ 강도, 수밀성, 내구성이 떨어진다.

해설
감수제 : 혼화제의 일종으로, 시멘트 분말을 분산시켜서 콘크리트
의 워커빌리티를 얻기에 필요한 단위수량을 감소시키는 것을 주목
적으로 한 재료

16 시멘트의 분말도에 대한 설명으로 옳은 것은?

① 시멘트의 입자가 굵을수록 분말도가 높다.

② 분말도가 높으면 수화작용이 빠르다.

③ 분말도가 높으면 조기강도가 작다.

④ 분말도가 낮으면 수화열이 많다.

해설
① 시멘트의 입자가 가늘수록 분말도가 높다.
③ 분말도가 높으면 조기강도가 크다.
④ 분말도가 낮으면 수화열이 낮다.

17 흙의 액성한계시험에서 사용하는 시료는 어느 것인가?

① 4.5mm 체 통과 시료

② 0.1mm 체 통과 시료

③ 15mm 체 통과 시료

④ 0.425mm 체 통과 시료

해설
0.425mm 체로 쳐서 통과한 시료 약 200g 정도를 준비한다(소성한계시험용 약 30g).

18 굳지 않은 콘크리트의 공기 함유량시험에서 공기량, 겉보기 공기량, 골재 수정계수는 각각 콘크리트 용적에 대한 백분율을 %로 나타낸 것이다. 압력계의 공기량 눈금 측정 결과 겉보기 공기량이 6.70, 골재의 수정계수가 1.20이었을 때 콘크리트의 공기량은 얼마인가?

① 1.2%   ② 5.5%

③ 6.7%   ④ 7.9%

해설
콘크리트의 공기량
$A = A_1 - G$
$\quad = 6.70 - 1.20 = 5.50\%$
여기서, A : 콘크리트의 공기량(%)
$\qquad A_1$: 콘크리트의 겉보기 공기량(%)
$\qquad G$: 골재의 수정계수(%)

19 실험실에서 측정된 최대 건조단위무게가 1.64g/cm³이었다. 현장 다짐도를 95%로 하는 경우 현장 건조단위무게의 최소치는?

① 1.73g/cm³

② 1.62g/cm³

③ 1.56g/cm³

④ 1.45g/cm³

해설
다짐도$(C_d) = \dfrac{\gamma_d}{\gamma_{d.\max}} \times 100$

$95\% = \dfrac{\gamma_d}{1.64} \times 100$

건조단위무게 $\gamma_d = \dfrac{95 \times 1.64}{100} \simeq 1.56\text{g/cm}^3$

20 연약한 점성토 지반의 원위치 전단강도를 현장에서 측정하는 시험은?

① 직접전단시험

② 일축압축시험

③ 베인시험

④ 삼축압축시험

해설
베인시험은 토질시험의 종류 중 점성토 비배수강도를 결정하는 데 필요한 현장시험이다.

21 콘크리트의 블리딩(Bleeding)에 관한 설명으로 옳지 않은 것은?

① 블리딩이 커지면 수밀성이 감소한다.
② 블리딩을 적게 하기 위해 단위수량을 감소시키는 것이 좋다.
③ 콘크리트 타설 후 시멘트와 골재알이 가라앉으면서 물이 위로 올라오는 현상이다.
④ 블리딩이 커지면 콘크리트 윗부분의 강도가 커진다.

해설
블리딩이 커지면 콘크리트의 강도는 감소한다.

22 중용열 포틀랜드 시멘트의 특징을 설명한 것 중 옳지 않은 것은?

① 수화작용을 할 때 발열량이 적다.
② 한중콘크리트 시공에 알맞다.
③ 건조수축이 작다.
④ 댐 콘크리트 등에 쓰인다.

해설
중용열 포틀랜드 시멘트 : 수화열을 적게 하기 위하여 규산 3석회와 알루민산 3석회의 양을 제한해서 만든 것으로, 건조수축이 작아 단면이 큰 콘크리트용으로 알맞은 시멘트이다.
※ 알루미나 시멘트 : 해중공사 또는 한중콘크리트 공사용 시멘트

23 블론 아스팔트와 비교하였을 경우 스트레이트 아스팔트의 특성에 관한 설명으로 옳지 않은 것은?

① 방수성이 뛰어나다.
② 신도가 크다.
③ 감온성이 크다.
④ 내후성이 우수하다.

해설
스트레이트 아스팔트는 접착성, 신장성, 흡·투수가 우수하므로 지하방수공사에 사용한다. 블론 아스팔트는 온도에 둔감하여 내후성이 크므로, 온도 변화와 내후성·노화에 중점을 두는 지붕공사에 사용한다.

24 아스팔트 연화점시험에서 시료가 강구와 함께 시료대에서 얼마 정도 떨어진 밑단에 닿는 순간의 온도를 연화점으로 하는가?

① 12.5mm   ② 25.4mm
③ 34.5mm   ④ 45.4mm

해설
환구법을 사용하는 아스팔트 연화점시험에서 시료를 규정조건에서 가열하였을 때 시료가 연화되기 시작 하여 규정된 거리(25mm)까지 내려갈 때의 온도를 연화점이라 한다.
※ KS M 2250 개정으로 정답 없음

25 어느 흙을 수축한계시험하여 수축비가 1.6이고, 수축한계가 25.0%일 때 이 흙의 비중은?

① 1.89   ② 2.47
③ 2.67   ④ 2.79

해설
$$W_s = \left(\frac{1}{R} - \frac{1}{G_s} \right) \times 100$$
$$25 = \left(\frac{1}{1.6} - \frac{1}{G_s} \right) \times 100$$
$$G_s \simeq 2.67$$

21 ④   22 ②   23 ④   24 정답 없음   25 ③   **정답**

26 콘크리트의 압축강도에 대한 설명으로 옳지 않은 것은?

① 골재의 입도가 크고 작은 것이 알맞게 혼합되어 있는 콘크리트의 강도가 크다.

② 콘크리트의 강도에 영향을 미치는 요인 중 가장 크게 영향을 미치는 것은 물-시멘트비이다.

③ 물-시멘트비가 일정할 때 공기량이 많이 포함된 콘크리트일수록 압축강도가 크다.

④ 초기 재령에서 습윤양생을 실시한 콘크리트는 양생을 실시하지 않은 콘크리트보다 강도가 크다.

해설
공기량이 많이 포함될수록 콘크리트의 압축강도는 작다.

27 골재의 체가름시험으로 결정할 수 없는 것은?

① 입 도
② 조립률
③ 굵은 골재의 최대 치수
④ 실적률

해설
골재의 체가름시험으로 결정할 수 있는 것은 골재의 입도, 조립률, 굵은 골재의 최대 치수 등이다.

28 입경가적곡선에서 유효입경이라 함은 가적통과율 몇 %에 해당하는 입경을 의미하는가?

① 40%
② 35%
③ 20%
④ 10%

해설
D_{10}은 가적통과율 10%에 해당하는 입경으로, 유효입경 또는 유효입자지름이라고도 하며 투수계수 추정 등에 이용된다.

29 어느 흙의 시험결과 소성한계가 42%, 수축한계가 24%일 때 수축지수는 얼마인가?

① 18%
② 24%
③ 42%
④ 66%

해설
수축지수 = 소성한계 − 수축한계
= 42 − 24 = 18%

30 콘크리트 압축강도시험의 기록이 없는 현장에서 설계기준 압축강도가 20MPa인 콘크리트를 배합하기 위한 배합강도를 구하면?

① 23MPa
② 27MPa
③ 29MPa
④ 35MPa

해설
콘크리트 압축강도의 표준편차를 알지 못할 때 또는 압축강도의 시험 횟수가 14회 이하인 경우 콘크리트의 배합강도는 다음 표에 따라 정할 수 있다.

설계기준강도 f_{ck}(MPa)	배합강도 f_{cr}(MPa)
21 미만	f_{ck} + 7
21 이상 35 이하	f_{ck} + 8.5
35 초과	$1.1f_{ck}$ + 5

$f_{cr} = 20 + 7 = 27$MPa

31 굵은 골재의 밀도시험 결과가 다음 표와 같을 때 이 골재의 표면건조포화상태의 밀도는?

- 노건조 시료의 질량(g) : 3,800
- 표면건조포화상태의 시료 질량(g) : 4,000
- 시료의 수중 질량(g) : 2,491.1
- 시험온도에서의 물의 밀도 : 1g/cm³

① 2.518g/cm^3

② 2.651g/cm^3

③ 2.683g/cm^3

④ 2.726g/cm^3

해설

표면건조포화상태의 밀도 : 골재의 표면은 건조하고 골재 내부의 공극이 완전히 물로 차 있는 상태의 골재의 질량을 같은 체적의 물의 질량으로 나눈 값으로 골재의 함수 상태를 나타내는 기준

$$D_s = \frac{B}{B-C} \times \rho_w$$

$$= \frac{4,000}{4,000-2,491.1} \times 1 = 2.651\text{g/cm}^3$$

여기서, D_s : 표면건조포화상태의 밀도(g/cm³)

B : 표면건조포화상태의 시료 질량(g)

C : 침지된 시료의 수중 질량(g)

ρ_w : 시험온도에서의 물의 밀도(g/cm³)

32 드롭해머를 사용한 말뚝 타입 시 말뚝의 극한 지지력을 구한 값은?(단, 엔지니어링 뉴스 공식을 사용하며, 해머의 중량(W_H)=1.7ton, 낙하고(h)=30cm, 타격당 말뚝의 평균 관입량(S)=2.0cm이다)

① 54.38ton

② 37.89ton

③ 25.41ton

④ 11.23ton

해설

$$Q_u = \frac{W_h H}{S + 2.54}$$

$$= \frac{1.7 \times 30}{2 + 2.54} \approx 11.23\text{ton}$$

33 연약한 점토 지반을 굴착할 때 하중이 지반의 지지력보다 크면 지반 내의 흙이 소성 평형 상태가 되어 활동면에 따라 소성 유동을 일으켜 배면의 흙이 안쪽으로 이동하면서 굴착 부분의 흙이 부풀어 올라오는 현상을 무엇이라고 하는가?

① 파이핑(Piping)현상

② 히빙(Heaving)현상

③ 크리프(Creep)현상

④ 분사(Quick Sand)현상

해설

히빙현상 : 연약한 점토질 지반을 굴착할 때 흙막이벽 전후의 흙의 중량 차이 때문에 굴착 저면이 부풀어 오르는 현상이다.

34 흙의 다짐시험에 필요한 기구가 아닌 것은?

① 샌드콘(Sand Cone)

② 원통형 금속제 몰드(Mold)

③ 래머(Rammer)

④ 시료추출기(Sample Extruder)

해설

실내다짐 시험기구

- 몰드, 칼라, 밑판 및 스페이서 디스크, 래머
- 기타 기구 : 저울, 체, 함수비 측정기구, 혼합기구, 곧은 날, 시료 추출기, 거름종이

35 현장치기 콘크리트에 비해 콘크리트 공장 제품에 대한 설명으로 옳지 않은 것은?

① 사용하기 전에 품질의 확인이 가능하다.

② 양생의 기간이 필요 없어 공사기간을 단축할 수 있다.

③ 기후 조건에 영향을 많이 받는다.

④ 현장에서 거푸집이나 동바리를 사용할 필요가 없다.

해설

콘크리트 공장 제품은 기후 조건에 영향을 받지 않는다.

36 콘크리트의 휨강도시험에서 지간이 55cm이고, 시험기에 나타난 최대 하중이 3ton이었다. 또한 공시체 지간의 3등분 중앙부에서 파괴되었다. 휨강도는 약 얼마인가?

① 40kg/cm² ② 49kg/cm²

③ 54kg/cm² ④ 58kg/cm²

해설

$$휨강도 = \frac{Pl}{bd^2} = \frac{3,000 \times 55}{15 \times 15^2} \simeq 49kg/cm^2$$

37 콘크리트 배합 설계를 할 때 골재의 기준이 되는 상태는?

① 습윤상태

② 표면건조포화상태

③ 공기 중 건조상태

④ 절대건조상태

해설

• 콘크리트 배합설계를 할 때 골재의 기준이 되는 상태는 표면건조포화상태이다.

• 시방배합은 표면건조포화상태의 골재를 기준으로 한다.

38 석재를 모양에 따라 분류할 때 두께가 15cm 미만이고, 너비가 두께의 3배 이상인 것은 무엇인가?

① 각 석 ② 판 석

③ 견치석 ④ 사고석

해설

① 각석 : 너비가 두께의 3배 미만이며, 일정한 길이를 가지고 있는 것

③ 견치석 : 면이 원칙적으로 거의 사각형에 가까운 것으로, 길이는 4면을 쪼개어 면에 직각으로 잰 길이는 면의 최소 변에 1.5배 이상인 석재

④ 사고석 : 면이 원칙적으로 거의 사각형에 가까운 것으로, 길이는 2면을 쪼개어 면에 직각으로 잰 길이는 면의 최소 변에 1.2배 이상인 석재

39 흙의 비중시험에서 비중병을 넣고 전열기로 끓이는 이유는?

① 비중병 속 물의 온도를 일정하게 하기 위해서

② 비중병 속 흙의 온도를 일정하게 하기 위해서

③ 비중병 속 흙 시료에 내포된 공기를 제거하기 위해서

④ 비중병 속 흙을 물에 급히 침투시키기 위해서

해설

흙 입자 속에 있는 기포를 완전히 제거하기 위해서 피크노미터에 시료와 증류수를 채우고 일반적인 흙의 경우 10분 이상 끓여야 한다.

40 잔골재 비중시험할 때 시료의 준비 및 시험방법을 설명한 것으로 틀린 것은?

① 시료는 시료분취기 또는 4분법에 따라 채취한다.

② 시료를 24±4시간 동안 물속에 담근다.

③ 시료를 시료용기에 담아 무게가 일정하게 될 때까지 105±5℃의 온도로 건조시킨다.

④ 다짐대로 시료의 표면을 가볍게 55회 다진다.

해설

잔골재를 다지는 일이 없이 원뿔형 몰드에 서서히 넣은 다음, 윗면을 평평하게 한 후 힘을 가하지 않고 다짐봉으로 25회 가볍게 다진다.

41 콘크리트용 골재의 함수량에 대한 사항 중 옳은 것은?

① 비중이 큰 골재는 흡수량도 크다.

② 굵은 골재는 잔골재보다 흡수량이 크다.

③ 콘크리트의 배합을 나타낼 때는 골재가 표면건조 포화상태에 있는 것을 기준으로 한다.

④ 표면수량은 흡수량에서 함수량을 뺀 값이다.

42 목재의 수분, 습기의 변화에 따른 팽창·수축을 완전히 방지하기는 곤란하지만 팽창·수축을 줄이기 위한 방법으로 틀린 것은?

① 고온처리된 목재를 사용한다.

② 가능한 한 무늬결 목재를 사용한다.

③ 사용하기 전에 충분히 건조시켜 균일한 함수율이 된 것을 사용한다.

④ 변형의 크기, 방향을 고려하여 그 영향을 가능한 한 적게 받도록 배치한다.

43 시멘트 분말도에 관한 설명으로 옳지 않은 것은?

① 분말도는 시멘트 입자의 고운 정도를 나타낸다.

② 분말도가 높은 시멘트는 수화작용이 느리고 조기 강도가 크다.

③ 분말도가 높으면 풍화되기 쉽고 수화작용에 의한 발열이 크다.

④ 분말도 시험법에는 블레인(Blaine)법과 표준체에 의한 방법 등이 있다.

44 골재의 체가름시험에 대한 설명으로 틀린 것은?

① 1분간 각 체를 통과하는 것이 전 시료 질량의 0.1% 이하로 될 때까지 작업을 한다.

② 체 눈에 끼인 골재알은 부서지지 않도록 빼내고 체에 남은 시료로 간주한다.

③ 각 체에 남은 시료를 전 시료 질량의 0.1%까지 측정한다.

④ 시료를 85±5℃의 온도로 일정한 질량이 될 때까지 건조시킨다.

45 콘크리트의 배합 설계에서 단위수량이 150kg/m³, 단위시멘트량이 300kg/m³일 때 물-시멘트비는 얼마인가?

① 30% ② 40%

③ 50% ④ 55%

46 굳지 않은 콘크리트의 슬럼프시험에 대한 설명으로 옳지 않은 것은?

① 슬럼프콘을 들어 올리는 시간은 2~3초로 한다.
② 슬럼프콘에 시료를 채우고 벗길 때까지의 전 작업시간은 3분 이내로 한다.
③ 시료를 슬럼프콘 부피의 약 1/3이 되도록 3층으로 나누어 넣고 각 층을 25회씩 다진다.
④ 콘크리트가 내려앉은 길이를 제외한 콘크리트의 남은 높이를 0.5mm의 정밀도로 측정하여 슬럼프값으로 한다.

해설
① 슬럼프콘을 들어 올리는 시간은 높이 300mm에서 3.5±1.5초로 한다.
④ 콘크리트의 중앙부와 옆에 놓인 슬럼프콘 상단과의 높이차를 5mm 단위로 측정하여 이것을 슬럼프값으로 한다.
※ KS F 2402 개정으로 정답은 ①, ④

47 시멘트의 안정성시험법과 관계있는 것은?

① 블레인 공기투과장치에 의한 시험
② 비카 장치에 의한 시험
③ 길모어 장치에 의한 시험
④ 오토클레이브 팽창도시험

해설
시멘트의 오토클레이브 팽창도 시험방법(KS L 5107) : 시멘트 안정성시험은 표준주도의 시멘트 풀로 만든 시험체(25.4×25.4×254mm)를 증기압 2±0.07MPa인 오토클레이브 속에 3시간 둔 뒤, 20℃로 15분간 냉각시켜 길이의 변화를 측정하는 것이다.
① 시멘트의 분말도시험 : 블레인 공기투과장치에 의한 시험
②, ③ 시멘트의 응결시험 : 비카장치에 의한 시험, 길모어 장치에 의한 시험

48 콘크리트 내구성에 가장 큰 영향을 주는 것은?

① 블리딩량
② 물–결합재비
③ 골재의 밀도
④ 콘크리트의 온도

해설
물–결합재비의 특성
• 콘크리트의 강도 및 내구성을 결정하는 중요 요인
• 물–결합재비 1%의 변화는 콘크리트 1m^{3}에 대한 물의 양 3~4L이다.
• 물–결합재비가 커지면 강도, 내구성, 수밀성은 떨어진다.
• 적당한 시공연도 내에서 가능한 한 적게 한다.

49 골재의 유기 불순물 시험에 관한 내용 중 옳지 않은 것은?

① 시험용액의 색깔이 표준색 용액보다 진할 때에는 그 모래는 합격으로 한다.
② 표준색 용액은 2%의 타닌산 용액과 3%의 수산화나트륨 용액을 섞어 만든다.
③ 표준색 용액과 시험용액을 비교하여 판정한다.
④ 시료는 4분법 또는 시료분취기를 사용하여 가장 대표적인 것 약 450g를 취한다.

해설
시험용액이 표준색보다 연할 경우 합격으로 한다.

50 흙의 통일 분류기호 중 '입도분포가 나쁜 모래'를 나타내는 것은?

① GP ② SP
③ GC ④ SC

해설
① GP : 입도분포가 나쁜 자갈
③ GC : 점토질 자갈
④ SC : 점토질 모래

51 굵은 골재의 체가름시험에서 시료의 최소건조질량에 관한 설명으로 옳은 것은?

① 골재의 최대 치수(mm)의 0.6배를 시료의 최소건조질량(kg)으로 한다.

② 골재의 최대 치수(mm)의 0.5배를 시료의 최소건조질량(kg)으로 한다.

③ 골재의 최대 치수(mm)의 0.3배를 시료의 최소건조질량(kg)으로 한다.

④ 골재의 최대 치수(mm)의 0.2배를 시료의 최소건조질량(kg)으로 한다.

해설
굵은 골재는 최대 치수의 0.2배를 한 정수를 최소건조질량(kg)으로 한다.

52 흙의 액성한계시험에 대한 다음 설명 중 옳지 않은 것은?

① 흙이 소성 상태에서 액체 상태로 바뀔 때의 함수비를 구하기 위한 시험이다.

② 황동접시와 경질 고무대와의 간격이 1cm가 되도록 한다.

③ 크랭크를 초당 2회 정도로 회전시킨다.

④ 2등분되었던 흙이 타격으로 인하여 10mm 정도 합쳐질 때의 낙하 횟수를 구한다.

해설
홈의 바닥부의 흙이 길이 약 1.3cm 맞닿을 때까지 계속한다.

53 어떤 흙의 흙 입자만의 부피가 100cm³이고, 간극의 부피는 20cm³일 때 간극비는 얼마인가?

① 0.20 ② 0.25
③ 0.30 ④ 0.35

해설
$$e = \frac{\text{공극의 체적}}{\text{흙 입자만의 체적}} = \frac{V_v}{V_s} = \frac{20}{100} = 0.2$$

54 압밀시험에서 구할 수 없는 것은?

① 선행압밀하중
② 부피변화계수
③ 투수계수
④ 곡률계수

해설
압밀시험의 목적 : 흙을 1차원적으로 단계 재하에 의해 배수를 허용하면서 압밀하여 압축성과 압밀속도에 관한 상수를 구하는 시험방법이다. 시간과 압축량을 기록한 뒤 간극비-압력 곡선을 이용하여 압축계수, 체적변화계수, 압축지수, 팽창지수, 선행압밀응력, 압밀계수, 투수계수, 2차 압축지수 및 압밀비 등을 구해서 기초 지반의 압밀 침하량과 시간관계를 추정한다.

55 흙의 액성한계시험에 사용되는 기계 및 기구가 아닌 것은?

① 불투명 유리판
② 홈파기 날
③ 증발접시
④ 항온건조기

해설
불투명 유리판은 소성한계 시험에 사용된다.
액성한계 시험기구 : 액성한계측정기, 홈파기 날 및 게이지, 함수비 측정기구, 유리판, 주걱 또는 스패튤러, 증류수

56 아스팔트의 신도시험에서 시험기에 물을 채우고, 물의 온도를 얼마로 유지해야 하는가?

① 23±0.5℃

② 24±0.5℃

③ 25±0.5℃

④ 26±0.5℃

별도의 규정이 없는 한 온도는 25±0.5℃, 속도는 5±0.25cm/min로 시험을 한다.

57 길이 $L = 10$cm, 폭 $b = 5$cm인 강봉을 인장시켰더니 길이가 11.5cm이고, 폭은 4.8cm가 되었다. 푸아송비는?

① 0.27 ② 0.35

③ 11.50 ④ 0.96

$$\text{푸아송비} = \frac{\text{횡 방향 변형률}}{\text{종 방향 변형률}} = \frac{1}{m}$$

$$= \frac{\dfrac{0.2}{5}}{\dfrac{1.5}{10}} \simeq 0.27$$

여기서, m : 푸아송수 = 푸아송비의 역수

58 흙의 전단응력을 추정하는 데 있어 점토 지반의 장기간 안정을 검토하기 위한 시험방법은?

① 압밀 배수시험 ② 압밀 비배수시험

③ 비압밀 비배수시험 ④ 비압밀 배수시험

압밀 배수시험
사질토 지반의 지지력과 안정 또는 점성토 지반의 장기적 안정 문제 등을 알 수 있으나 시험에 너무 긴 시간이 소요된다.
3축 시험의 조건

비압밀 비배수시험	• 시공 중인 점성토 지반의 안정과 지지력 등을 구하는 단기적 설계 • 대규모 흙댐의 코어를 함수비 변화 없이 성토할 경우의 안정 검토 시
압밀 비배수시험	• 수위 급강하 시의 흙댐의 안정 문제 • 자연 성토사면에서의 빠른 성토 • 샌드 드레인 공법 등에서 압밀 후의 지반강도 예측 시
압밀 배수시험	• 간극수압의 측정이 어려운 경우나 중요한 공사에 대한 시험 • 연약 점토층 및 점토층의 사면이나 굴착사면의 안정 해석

59 포화된 흙의 비중이 2.52이고, 함수비가 85%일 경우 간극비는?

① 2.1 ② 2.5

③ 2.8 ④ 3.0

$$S \cdot e = w \cdot G_s$$

$$e = \frac{G_s \cdot w}{S} = \frac{2.52 \times 85}{100} \simeq 2.1$$

60 수축한계를 결정하기 위한 수축접시 1개를 만드는 시료의 양으로 적당한 것은?

① 15g ② 30g

③ 50g ④ 150g

액성한계시험용 시료의 양은 약 200g, 소성한계시험용 시료의 양은 약 30g으로 한다(KS F 2303).

01 다음 중 공기량 측정법에 속하지 않는 것은?

① 양생법
② 무게법
③ 부피법
④ 공기실 압력법

해설
공기량의 측정법에는 질량법(중량법, 무게법), 용적법(부피법), 공기실 압력법(주수법과 무주수법)이 있다.

02 골재의 내구성을 알기 위하여 황산나트륨 포화용액으로 인한 골재의 부서짐 작용에 대한 저항성을 시험하는 것은?

① 골재의 안정성시험
② 골재의 닳음시험
③ 골재의 단위무게시험
④ 골재의 유기불순물 시험

해설
골재의 내구성 파악방법 중 황산나트륨의 결정압에 의한 파괴작용에 대한 저항성을 기준으로 하는 골재의 안정성시험이 있다. 다만, 인공 경량 골재는 제외한다.

03 아스팔트의 연화점시험에서 시료가 연화해서 늘어나기 시작하여 얼마만큼 떨어진 밑판에 닿는 순간의 온도계의 눈금을 읽어 기록하는가?

① 10.0mm
② 16.0mm
③ 20.1mm
④ 25.4mm

해설
환구법을 사용하는 아스팔트 연화점시험에서 시료를 규정조건에서 가열하였을 때 시료가 연화되기 시작 하여 규정된 거리(25mm)까지 내려갈 때의 온도를 연화점이라 한다.
※ KS M 2250 개정으로 정답 없음

04 KS F 2414에 규정된 콘크리트의 블리딩시험은 굵은 골재의 최대 치수가 얼마 이하인 경우에 적용하는 그 기준은?

① 25mm
② 40mm
③ 60mm
④ 80mm

해설
블리딩시험은 굵은 골재의 최대치수가 40mm 이하인 경우에 적용한다.

05 압밀에서 선행 압밀하중이란 무엇을 의미하는가?

① 과거에 받았던 최대 압밀하중
② 현재 받고 있는 압밀하중
③ 앞으로 받을 수 있는 최대 압밀하중
④ 침하를 일으키지 않는 최대 압밀하중

해설
• 선행 압밀하중 : 지금까지 흙이 받았던 최대 유효 압밀하중
• 과압밀 : 현재 받고 있는 유효 연직압력이 선행 압밀하중보다 작은 상태
• 정규압밀 : 현재 받고 있는 유효 연직압력이 선행 압밀하중인 상태

06 다음 중 흙에 관한 전단시험의 종류가 아닌 것은?

① 베인시험
② 일축압축시험
③ 삼축압축시험
④ CBR시험

해설
노상토 지지력비(CBR) 시험방법은 도로 포장층의 본 바닥이나 포장재료의 지지력을 측정하여 표준재료 지지력과의 비를 구하여 흙의 전단강도를 간접적으로 측정하는 방법이다.

07 흙의 다짐 특성 및 효과에 대한 설명으로 옳지 않은 것은?

① 최적함수비가 낮은 흙일수록 최대 건조단위무게는 크다.
② 입도가 좋은 모래질에서는 최대 건조단위무게는 작고, 다짐곡선은 예민하다.
③ 느슨한 흙에 다짐을 하면 흙의 투수성과 압축성이 감소한다.
④ 세립토에서 최대 건조단위무게는 작고, 다짐곡선도 완만하다.

해설
입도가 좋은 모래질에서는 최대 건조단위무게가 크고, 다짐곡선은 예민하다.

08 목재의 건조방법 중 자연건조법에 속하는 것은?

① 끓임법
② 수침법
③ 열기건조법
④ 증기건조법

해설
목재의 건조방법
• 자연건조방법 : 공기건조법, 침수법(수침법)
• 인공건조법 : 끓임법, 열기건조법, 증기건조법 등

09 다음은 시멘트 분말도시험에 대한 관계 지식이다. 설명이 잘못된 것은?

① 시멘트 입자의 가는 정도를 나타내는 것을 분말도라 한다.
② 시멘트 입자가 가늘수록 분말도가 높다.
③ 분말도가 높으면 수화발열이 작다.
④ 시멘트의 분말도는 비표면적으로 나타낸다.

해설
분말도가 과도하게 크면 풍화되기 쉽고, 수화열(시멘트의 수화반응 또는 발열반응에서 발생하는 열)이 매우 커진다.

10 간극이 완전히 물로 포화된 포화도 100%일 때의 건조단위무게와 함수비 관계곡선을 무엇이라 하는가?

① 다짐곡선
② 유동곡선
③ 입도곡선
④ 영 공기 간극곡선

해설
영 공기 간극곡선(零空氣間隙曲線)
포화된 공극(孔隙)에 공기가 전혀 없는 흙의 건조단위중량(γ_d)과 함수비(w) 사이의 관계를 나타내는 곡선으로, 보통 다짐 곡선과 함께 표기하는 포화곡선이다.

11 현장도로공사에서 습윤단위무게가 1.56g/cm^3이고, 함수비는 18.2%이었다. 이 흙의 토질시험 결과 실험실에서 최대건조밀도가 1.46g/cm^3일 때 다짐도를 구하면?

① 76.8%

② 82.3%

③ 90.4%

④ 110.6%

$$\gamma_d = \frac{\gamma_t}{(1+w)}$$

$$= \frac{1.56}{(1+0.182)} \simeq 1.32$$

여기서, γ_d : 흙의 건조단위중량 (g/cm^3)

γ_t : 흙의 습윤 상태의 단위중량 (g/cm^3)

w : 흙의 함수비

다짐도$(C_d) = \dfrac{\gamma_d}{\gamma_{d.\max}} \times 100 = \dfrac{1.32}{1.46} \times 100 = 90.4\%$

12 다음 중 말뚝의 지지력을 구하는 방법이 아닌 것은?

① 동역학적 지지력 공식 이용방법

② 정역학적인 정재하 시험방법

③ 정역학적 지지력 공식 이용방법

④ 평판재하시험에 의한 방법

말뚝의 지지력을 구하는 방법

• 정재하시험에 의한 방법

• 정역학적 공식에 의한 방법

 – Meyerhof 공식

 – Terzaghi 공식

 – Dorr 공식

 – Dunham 공식

• 동역학적 공식에 의한 방법

 – Hiley 공식

 – Engineering-news 공식

 – Sander 공식

 – Weisbach 공식

13 조암광물의 조성 상태에 의해서 생기는 암석조직 상의 금을 무엇이라 하는가?

① 벽 개

② 석 리

③ 돌 눈

④ 절 리

② 석리 : 암석을 구성하고 있는 조암광물의 집합 상태에 따라 생기는 눈 모양. 석재 표면의 구성조직

① 벽개 : 광물이나 암석이 특정 방향의 평탄한 면을 따라 규칙적으로 쪼개지는 성질

③ 돌눈(석목) : 암석이 가장 쪼개지기 쉬운 면

④ 절리 : 천연적으로 갈라진 틈(화성암에 많음), 채석에 영향을 줌

14 콘크리트 압축강도용 표준공시체의 파괴 최대 하중이 37,100kg일 때 콘크리트의 압축강도는 약 얼마인가?(단, 표준공시체는 $\phi 15 \times 30\text{cm}$임)

① 52.5kg/cm^2

② 105kg/cm^2

③ 155kg/cm^2

④ 210kg/cm^2

압축강도$(f) = \dfrac{P}{A} = \dfrac{37,100}{\dfrac{\pi \times 15^2}{4}} = 210\text{kg/cm}^2$

15 시멘트 비중시험에 사용되는 액체는?

① 소금물

② 알코올

③ 황 산

④ 광 유

광유 : 온도 23±2℃에서 비중 약 0.73 이상인 완전히 탈수된 등유나 나프타를 사용한다.

16 슬럼프시험에 관한 내용 중 옳은 것은?

① 슬럼프콘에 시료를 채우고 벗길 때까지의 시간은 5분이다.

② 슬럼프콘만을 벗기는 시간은 10초이다.

③ 슬럼프콘의 높이는 30cm이다.

④ 물을 많이 넣을수록 슬럼프값은 작아진다.

해설
③ 슬럼프콘은 윗면의 안지름이 100±2mm, 밑면의 안지름이 200±2mm, 높이 300±2mm인 금속제이다.
① 콘크리트를 채우기 시작하고 나서 종료 시 시간은 3분이다.
② 슬럼프콘을 들어 올리는 시간은 높이 300mm에서 3.5±1.5초로 한다.
④ 물을 많이 넣을수록 슬럼프값은 커진다.

17 간극률 25%인 모래의 간극비는?

① 0.25　　　　② 0.33

③ 0.37　　　　④ 0.42

해설
$$e = \frac{n}{100-n}$$
$$= \frac{25}{100-25} = 0.33$$

18 재료의 역학적 성질 중 재료를 두들길 때 얇게 펴지는 성질을 무엇이라 하는가?

① 강 성　　　　② 전 성

③ 인 성　　　　④ 연 성

해설
② 전성 : 압축력에 의해 물체가 넓고 얇은 형태로 소성 변형을 하는 성질
① 강성 : 외력에 의해 파괴되기 어렵고 강한 충격에 잘 견디는 재료의 성질
③ 인성 : 잡아당기는 힘에 견디는 성질
④ 연성 : 재료가 탄성한계 이상의 힘을 받아도 파괴되지 않고 가늘고 길게 늘어나는 성질

19 재료가 일정한 하중 아래에서 시간의 경과에 따라 변형량이 증가되는 현상을 무엇이라 하는가?

① 크리프

② 피로한계

③ 길소나이트

④ 릴랙세이션

해설
크리프(Creep) : 응력을 작용시킨 상태에서 탄성 변형 및 건조수축 변형을 제외시킨 변형으로 시간과 더불어 증가되는 현상

20 콘크리트의 휨강도시험을 위한 공시체를 제작할 때 콘크리트는 몰드에 2층으로 나누어 채우고, 각 층은 몇 번씩 다져야 하는가?(단, 15×15×53cm의 공시체를 사용)

① 25회　　　　② 50회

③ 65회　　　　④ 80회

해설
각 층은 적어도 1,000mm²에 1회의 비율로 다짐을 한다.
몰드의 단면적 = 150 × 530 = 79,500mm²
다짐 횟수 = 79,500 ÷ 1,000 = 79.5 ≒ 80회

21 어느 흙 시료에 대하여 입도분석 시험결과 입경가적 곡선에서 $D_{10} = 0.005\text{mm}$, $D_{30} = 0.040\text{mm}$, $D_{60} = 0.330\text{mm}$ 를 얻었다. 균등계수(C_u)는 얼마인가?

① 33   ② 66

③ 99   ④ 132

해설

균등계수 $C_u = \dfrac{D_{60}}{D_{10}} = \dfrac{0.33}{0.005} = 66$

22 시멘트 비중시험 결과 처음 광유 눈금을 읽었더니 0.2mL이고, 시멘트 64g을 넣고 최종적으로 눈금을 읽었더니 20.5mL이었다. 이 시멘트의 비중은?

① 3.05   ② 3.15

③ 3.17   ④ 3.18

해설

시멘트의 밀도(비중) $= \dfrac{\text{시료의 질량}}{\text{눈금차}}$

$= \dfrac{64}{20.6 - 0.3} = 3.15$

23 다음 기초의 종류 중에서 직접 기초가 아닌 것은?

① 복합 기초

② 연속 기초

③ 말뚝 기초

④ 독립 기초

해설

기초의 분류

• 직접 기초(얕은 기초)
  – 푸팅 기초(확대기초) : 독립 푸팅 기초, 복합 푸팅 기초, 연속 푸팅 기초, 캔틸레버 기초
  – 전면 기초(매트 기초)

• 깊은 기초 : 말뚝 기초, 피어 기초, 케이슨 기초

24 유분이 지표의 낮은 곳에 괴어 생긴 것으로서 불순물이 섞여 있는 아스팔트는?

① 레이크 아스팔트

② 록 아스팔트

③ 샌드 아스팔트

④ 석유 아스팔트

해설

레이크(Lake) 아스팔트 : 땅속에서 뿜어져 나온 천연 아스팔트가 암석 사이에 침투되지 않고 지표면에 호수 모양으로 퇴적되어 있는 천연 아스팔트이다.

25 반죽 질기에 따른 작업의 어렵고 쉬운 정도 및 재료의 분리에 저항하는 정도를 나타내는 굳지 않은 콘크리트의 성질을 무엇이라고 하는가?

① 반죽 질기(Consistency)

② 워커빌리티(Workability)

③ 성형성(Plasticity)

④ 피니셔빌리티(Finishability)

해설

굳지 않은 콘크리트의 성질

• 반죽 질기(Consistency) : 단위수량에 의해 변화하는 콘크리트 유동성의 정도, 혼합물의 묽기 정도

• 시공연도(워커빌리티, Workability) : 컨시스턴시에 의한 이어붓기 난이도 정도 및 재료 분리에 저항하는 정도, 시공 난이 정도

• 성형성(Plasticity) : 거푸집 등의 형상에 순응하여 채우기 쉽고, 재료 분리가 일어나지 않은 성질

• 마무리성(피니셔빌리티, Finishability) : 골재의 최대 치수에 따르는 표면 정리의 난이 정도, 마감작업의 용이성 등

26 다음 중 슬럼프시험의 목적은?

① 콘크리트 내구성 측정

② 콘크리트 수밀성 측정

③ 콘크리트 강도 측정

④ 콘크리트 반죽 질기 측정

해설

슬럼프시험의 목적 : 굳지 않은 콘크리트의 반죽 질기를 측정하는 것으로, 워커빌리티를 판단하는 하나의 수단으로 사용한다.

27 흙의 전단강도를 구하기 위한 전단시험법 중 현장 시험에 해당하는 것은?

① 일축압축시험

② 삼축압축시험

③ 베인(Vane)전단시험

④ 직접전단시험

해설

전단강도 측정시험

• 실내시험

 – 직접전단시험

 – 간접전단시험 : 일축압축시험, 삼축압축시험

• 현장시험

 – 현장베인시험

 – 표준관입시험

 – 콘관입시험

 – 평판재하시험

28 스트레이트 아스팔트에 비해 고무화 아스팔트 이점을 설명한 것 중 옳지 않은 것은?

① 내후성 및 마찰계수가 크다.

② 탄성 및 충격저항이 크다.

③ 응집력과 부착력이 크다.

④ 감온성이 크다.

해설

고무화 아스팔트는 감온성이 작고 골재와 접착이 좋은 효과가 있다.

29 알루미나 시멘트에 대한 설명 중 옳지 않은 것은?

① 보크사이트와 석회석을 혼합하여 분말로 만든 시멘트이다.

② 재령 7일에 보통 포틀랜드 시멘트의 재령 28일에 해당하는 강도를 나타낸다.

③ 화학작용에 대한 저항성이 크다.

④ 내화용 콘크리트에 적합하다.

해설

알루미나 시멘트 : 산화알루미늄을 원료로 하는 특수 시멘트로 일반 시멘트가 완전히 굳는 데 28일이 걸리는 데 비해 하루면 굳고 이때 높은 열(최고 100℃)을 발생하므로 추운 겨울철 공사나 터널공사·긴급공사 등에 적합하다. 최고 1,800℃의 고온에서도 형태를 유지하므로 내화용으로 많이 쓰인다.

30 콘크리트의 압축강도시험을 위한 공시체의 제작이 끝나 몰드를 떼어낸 후 습윤양생을 한다. 이때 가장 적당한 수온은?

① 15±3℃ ② 20±2℃

③ 25±3℃ ④ 30±3℃

해설

공시체 양생온도는 20±2℃로 한다.

31 아스팔트의 연화점시험은 시료를 규정조건에서 가열하여 얼마의 규정거리로 쳐졌을 때의 온도를 연화점으로 하는가?

① 15.4mm

② 25.4mm

③ 35.4mm

④ 45.4mm

> **해설**
> 환구법에 의한 아스팔트 연화점 시험에서 시료를 규정조건에서 가열하였을 때, 시료가 연화되기 시작하여 규정된 거리(25mm)까지 내려갈 때의 온도를 연화점이라 한다.

32 아스팔트 침입도시험의 시험온도로 가장 적합한 것은?

① 20℃ ② 25℃

③ 30℃ ④ 35℃

> **해설**
> **침입도 시험의 측정조건** : 시료의 온도 25℃에서 100g의 하중을 5초 동안 가하는 것을 표준으로 한다.

33 흙의 입도분석 시험결과 입경가적곡선에서 $D_{10} = 0.05$mm, $D_{30} = 0.10$mm, $D_{60} = 0.15$mm일 때 곡률계수(C_g)는?

① 4.16 ② 3.12

③ 2.85 ④ 1.33

> **해설**
> 곡률계수 $C_g = \dfrac{(D_{30})^2}{D_{10} \times D_{60}} = \dfrac{0.10^2}{0.05 \times 0.15} = 1.33$

34 굳지 않은 콘크리트의 공기 함유량시험에서 워싱턴형 공기량 측정기를 사용하는 공기량 측정법은 어느 것인가?

① 무게법

② 공기실 압력법

③ 부피법

④ 공기 계산법

> **해설**
> 워싱턴형 공기량 측정기는 굳지 않은 콘크리트의 공기 함유량을 압력의 감소를 이용해 측정하는 방법으로, 보일의 법칙을 적용한 것이다.

35 다음 중 워커빌리티 측정방법이 아닌 것은?

① 슬럼프 테스트

② 비파괴시험

③ 켈리볼 관입시험

④ 플로 테스트

> **해설**
> 비파괴시험은 경화콘크리트 관련 시험방법이다.
> **워커빌리티 및 컨시스턴시의 측정방법** : 슬럼프시험, 다짐계수 시험, 비비시험, 흐름시험, 리몰딩시험, 관입시험(이리바렌 시험, 켈리볼 시험) 등

36 잔골재의 실적률이 75%이고, 표건밀도가 2.65g/cm³일 때 공극률은?

① 28% ② 25%

③ 35% ④ 14%

해설
100 = 실적률 + 공극률
공극률 = 100 − 75 = 25%

37 입경가적곡선의 기울기가 매우 급한 흙의 일반적인 성질로 적당하지 않은 것은?

① 밀도가 좋다.
② 투수성이 좋다.
③ 균등계수가 작다.
④ 간극비가 크다.

해설
균등계수는 입경가적곡선의 기울기를 나타낸다.
• 균등계수가 크면 입경가적곡선의 기울기가 완만하다. 즉, 입도분포가 양호하다.
• 균등계수가 작으면 입경가적곡선의 기울기가 급하다. 즉, 입도분포가 불량하다.

38 현장에서의 암반층이 적절한 깊이 내에 위치할 경우 상부 구조물의 하중을 연약한 지반을 통해 암반으로 전달시키는 기능을 가진 말뚝은?

① 마찰 말뚝
② 다짐 말뚝
③ 인장 말뚝
④ 선단지지 말뚝

해설
① 마찰 말뚝 : 강성이 큰 지지층이 매우 깊은 곳에 위치하여 말뚝의 길이 연장에 문제가 있는 경우 하중의 대부분을 말뚝의 주면마찰력으로 견디도록 설계되는 말뚝이다.
② 다짐 말뚝 : 항타 시 발생하는 진동에너지로 말뚝 주변의 느슨한 모래층을 다지는 효과를 얻도록 설계되는 말뚝이다.
③ 인장 말뚝 : 인발하중을 지지한다.

39 Terzaghi의 압밀이론 가정에 대한 설명으로 잘못된 것은?

① 흙은 균질하다.
② 흙은 포화되어 있다.
③ 흙 입자와 물은 비압축성이다.
④ 압밀이 진행되면 투수계수는 감소한다.

해설
흙 내부의 물의 이동은 다르시(Darcy)의 법칙을 따르며 투수계수와 압밀계수는 시간에 관계없이 일정하다.

40 흙의 시험 중 수은을 사용하는 시험은?

① 수축한계시험
② 액성한계시험
③ 비중시험
④ 체가름시험

해설
수축한계시험에서 수은을 쓰는 이유는 노건조 시료의 체적(부피)을 구하기 위해서이다.

41 일축압축시험을 한 결과, 흐트러지지 않은 점성토의 압축강도가 2.0kg/cm²이고, 다시 이겨 성형한 시료의 일축압축강도가 0.4kg/cm²일 때 이 흙의 예민비는 얼마인가?

① 2.0 ② 3.0

③ 4.0 ④ 5.0

해설

$$S_t = \frac{q_u}{q_{ur}} = \frac{2}{0.4} = 5$$

42 구조물의 하중을 굳은 지반에 전달하기 위하여 수직공을 굴착하여 그 속에 현장 콘크리트를 채운 기초는?

① 피어 기초

② 말뚝 기초

③ 오픈 케이슨

④ 뉴매틱 케이슨

해설

② 말뚝 기초 : 기초의 밑면에 접하는 토층이 적당한 지내력을 갖지 못하여 푸팅이나 전면 기초와 같은 얕은 기초로 할 수 없거나 공사비 계산의 결과, 다른 공법보다 구조물을 말뚝으로 지지하는 것이 경제적인 기초를 말뚝 기초라 한다.

③ 오픈 케이슨 : 중공 대형의 통을 그 바닥면 지반을 굴착시키면서 가라 앉혀 소정의 지지 기반에 정착시키는 기초이다.

④ 뉴매틱 케이슨 : 케이슨 선단부의 작업실에 압축공기를 보내고, 고압의 상태에서 작업실 내의 물을 배제하여 저면하의 토사를 굴착, 배제할 수 있도록 한 케이슨 공법으로 구축한 기초 구조이다.

43 시멘트 비중시험에서 1회 시험에 사용하는 시멘트의 양은 어느 정도 필요한가?

① 35g ② 46g

③ 58g ④ 64g

해설

일정한 양의 시멘트(포틀랜드 시멘트는 약 64g)를 0.05g까지 달아 광유와 동일한 온도에서 조금씩 넣는다.

44 흙의 함수비시험에서 데시케이터 안에 넣는 제습제는?

① 염화나트륨

② 염화칼슘

③ 황산나트륨

④ 황산칼슘

해설

데시케이터 : KS L 2302에 규정하는 것 또는 이와 동등한 기능을 가진 용기로 실리카 겔, 염화칼슘 등의 흡습제를 넣은 것

45 A골재의 조립률이 1.75, B골재의 조립률이 3.5인 두 골재를 무게비 4 : 6의 비율로 혼합할 때 혼합 골재의 조립률을 구하면?

① 2.8 ② 3.8

③ 4.8 ④ 5.8

해설

혼합 골재의 조립률 $= \dfrac{1.75 \times 4 + 3.5 \times 6}{4 + 6} = 2.8$

46 폭 15cm, 두께 15cm, 지간 길이 50cm의 콘크리트 공시체를 표준 조건에서 제작 양생한 다음 휨강도 시험을 실시한 결과 공시체의 중앙부가 파괴되었을 때 시험기의 최대 하중은 4,050kg이었다. 이 공시체의 휨강도는?

① 60kg/cm² ② 55kg/cm²

③ 50kg/cm² ④ 45kg/cm²

해설

휨강도 $= \dfrac{Pl}{bd^2} = \dfrac{4,050 \times 50}{15 \times 15^2} = 60\text{kg/cm}^2$

47 어떤 흙을 공학적으로 이용하기 위해 시험을 한 결과 포화단위중량이 $1.85g/cm^3$이었다. 그렇다면 이 흙의 수중단위중량은 얼마가 되는가?

① $2.85g/cm^3$

② $1.05g/cm^3$

③ $0.85g/cm^3$

④ $1.00g/cm^3$

해설
수중단위무게 = 포화단위무게 $- \gamma_w$
$= 1.85 - 1 = 0.85g/cm^3$
※ 특별한 언급이 없는 경우 γ_w 는 1로 한다.

48 콘크리트 잔골재에 유해물 함유량 한도 중 점토 덩어리 함유량의 한도는?

① 1%   ② 2%

③ 3%   ④ 4%

해설
잔골재의 유해물 함유량 한도(질량 백분율)

종 류	최댓값
점토 덩어리	1.0[주]
0.08mm 체 통과량 콘크리트의 표면이 마모작용을 받는 경우 기타의 경우	3.0 5.0
석탄, 갈탄 등으로 밀도 0.002g/mm³의 액체에 뜨는 것 콘크리트의 외관이 중요한 경우 기타의 경우	0.5 1.0
염화물(NaCl 환산량)	0.02

주) 시료는 KS F 2511에 의한 0.08mm 체 통과량의 시험을 실시한 후에 체에 남는 것
※ 점토 덩어리 시험은 KS F 2512, 0.08mm 체 통과량 시험은 KS F 2511, 석탄, 갈탄 등 밀도 0.002g/mm³의 액체에 뜨는 것에 대한 시험은 KS F 2513에 따른다. 또 염화물 함유량의 시험은 KS F 2515에 따른다.

49 혼화재료를 저장할 때의 주의사항 중 옳지 않은 것은?

① 혼화재는 항상 습기가 많은 곳에 보관한다.

② 혼화재는 날리지 않도록 주의해서 다룬다.

③ 액상의 혼화제는 분리하거나 변질하지 않도록 한다.

④ 장기간 저장한 혼화재는 사용하기에 앞서 시험하여 품질을 확인한다.

해설
혼화재는 습기를 흡수하는 성질 때문에 덩어리가 생기거나 그 성능이 저하되는 경우가 있으므로 방습 사일로 또는 창고 등에 저장하고 입고된 순서대로 사용한다.

50 내부마찰각이 0°인 연약 점토를 일축압축시험하여 일축압축강도가 $2.45kg/cm^2$을 얻었다. 이 흙의 점착력은?

① $0.849kg/cm^2$

② $0.955kg/cm^2$

③ $1.225kg/cm^2$

④ $1.649kg/cm^2$

해설
$$C = \frac{q_u}{2\tan\left(45° + \frac{\phi}{2}\right)}$$
$$= \frac{2.45}{2} = 1.225kg/cm^2$$

51 흙을 지름 3mm의 줄 모양으로 늘여 토막토막 끊어지려고 할 때의 함수비를 무엇이라 하는가?

① 수축한계
② 액성한계
③ 소성한계
④ 액성지수

해설
소성한계 : 흙을 국수 모양으로 밀어 지름이 약 3mm 굵기에서 부스러질 때의 함수비

52 흙의 입도분석시험에서 입자 지름이 고른 흙의 균등계수의 값에 관한 설명으로 옳은 것은?

① 0에 가깝다.
② 1에 가깝다.
③ 0.5에 가깝다.
④ 10에 가깝다.

해설
흙의 입도분석시험에서 입자 지름이 고른 흙의 균등계수의 값은 1에 가깝다.

53 스켐톤(Skempton)에 의한 압축지수의 추정식을 이용하여 흐트러지지 않은 시료의 액성한계값이 35%일 때 압축지수의 값은 얼마인가?

① 0.05   ② 0.13
③ 0.23   ④ 0.37

해설
흐트러지지 않은 시료의 압축지수 $= 0.009(w_L - 10)$
$\qquad\qquad = 0.009(35 - 10)$
$\qquad\qquad = 0.009 \times 25$
$\qquad\qquad = 0.225$
여기서, w_L : 시료의 액성한계값

54 흙의 함수량시험에서 시료를 건조로에서 건조하는 온도는 얼마인가?

① 100±5℃
② 110±5℃
③ 150±5℃
④ 200±5℃

해설
시료를 용기별로 항온건조로에 넣고 110±5℃에서 일정 질량이 될 때까지 노건조한다.

55 블리딩시험을 한 결과 마지막까지 누계한 블리딩에 따른 물의 용적 $V = 76\text{cm}^3$, 콘크리트 윗면의 면적 $A = 490\text{cm}^2$일 때 블리딩량을 구하면?

① $1.13\text{cm}^3/\text{cm}^2$
② $0.14\text{cm}^3/\text{cm}^2$
③ $0.16\text{cm}^3/\text{cm}^2$
④ $0.18\text{cm}^3/\text{cm}^2$

해설
블리딩량$(\text{cm}^3/\text{cm}^2) = V \div A$
$\qquad\qquad = 76 \div 490$
$\qquad\qquad \simeq 0.16\text{cm}^3/\text{cm}^2$
여기서, V = 규정된 측정시간 동안에 생긴 블리딩 물의 양(cm^3)
$\qquad\quad A$ = 콘크리트 상면의 면적(cm^2)

56 압축강도시험용 공시체의 치수는 굵은 골재의 최대 치수가 50mm 이하인 경우 원칙적으로 지름과 높이는 몇 cm로 하는가?

① $\phi 10 \times 30$cm

② $\phi 15 \times 30$cm

③ $\phi 20 \times 35$cm

④ $\phi 25 \times 40$cm

해설
압축강도 공시체의 치수 : 공시체의 지름은 굵은 골재 최대 치수의 3배 이상 및 100mm 이상으로 하고, 높이는 공시체 지름의 2배 이상으로 한다.
$\phi = 5$cm $\times 3 = 15$cm
$h = 15$cm $\times 2 = 30$cm

57 골재의 절대부피가 0.674m³이고, 잔골재율이 41%이고, 잔골재의 비중이 2.60일 때 잔골재량(kg)은 약 얼마인가?

① 528

② 562

③ 624

④ 718

해설
잔골재량 = $(0.674 \times 0.41) \times 2.6 \times 10^3 = 718$kg

58 젖은 흙의 중량이 70g이고, 흙은 노건조 후 칭량하니 60g이었다. 흙의 함수비는?

① 14.4%

② 16.7%

③ 18.2%

④ 19.4%

해설
함수비 $= \dfrac{70-60}{60} \times 100 = 16.7\%$

59 로스앤젤레스시험기에 의한 굵은 골재의 마모시험에서 시험기를 회전시킨 후 시료를 꺼내어 몇 mm 체로 체가름 하는가?

① 0.5mm

② 1.2mm

③ 1.7mm

④ 2.8mm

해설
로스앤젤레스시험기에 의한 굵은 골재의 마모시험방법의 장치 및 기구 : 로스앤젤레스시험기, 구, 저울, 체(1.7, 2.5, 5, 10, 15, 20, 25, 40, 50, 65, 75mm의 망체), 건조기

60 아스팔트 신도시험에 관한 설명 중 틀린 것은?

① 신도의 단위는 cm로 나타낸다.

② 아스팔트 신도는 전성의 기준이 된다.

③ 신도는 늘어나는 능력을 나타낸다.

④ 시험할 때 규정온도는 25±0.5℃이다.

해설
아스팔트 신도는 연성의 기준이 된다.

01 시멘트의 분말도시험에서 시멘트 비표면적의 단위로 맞는 것은?

① cm/g
② mm/g
③ cm^3/g
④ cm^2/g

해설
비표면적 단위는 cm^2/g으로 표시한다.

02 콘크리트가 굳어 가는 도중에 부피를 늘어나게 하여 콘크리트의 건조수축에 의한 균열을 막아 주는 혼화재는?

① 포졸란
② 플라이 애시
③ 팽창재
④ 고로 슬래그 미분말

해설
팽창재는 콘크리트를 팽창시키는 작용을 하여 콘크리트 중의 미세 공극을 충전시키는 혼화재로서, 콘크리트 내구성에 영향을 미치는 균열과 탄산화와 염분의 침투에 기인한 철근의 부식 그리고 블리딩과 건조수축 저감 등 제반 결점을 개선하기 위해 사용한다.

03 다음 중 작은 변형에도 쉽게 파괴되는 재료의 성질은?

① 인 성
② 전 성
③ 연 성
④ 취 성

해설
① 인성 : 잡아당기는 힘에 견디는 성질
② 전성 : 재료를 얇게 두드려 펼 수 있는 성질
③ 연성 : 재료가 탄성한계 이상의 힘을 받아도 파괴되지 않고 가늘고 길게 늘어나는 성질

04 콘크리트용 혼화재료 중에서 워커빌리티를 개선하는 데 영향을 미치지 않는 것은?

① AE제
② 응결경화촉진제
③ 감수제
④ 시멘트분산제

해설
응결경화촉진제는 시멘트의 응결을 촉진하여 콘크리트의 조기강도를 증대하기 위하여 콘크리트에 첨가하는 물질이다.

05 다음 화강암의 장점에 대한 설명으로 옳지 않은 것은?

① 석질이 견고하여 풍화나 마멸에 잘 견딜 수 있다.
② 내화성이 크며 세밀한 조각 등에 적합하다.
③ 균열이 작기 때문에 큰 재료를 채취할 수 있다.
④ 외관이 아름답기 때문에 장식재로 쓸 수 있다.

해설
화강암 : 석질이 견고하고 풍화작용이나 마멸에 강하다. 외관이 수려하며 절리의 거리가 비교적 커서 큰 판재를 생산할 수 있는 장점이 있으나, 내화성이 약하고 너무 단단하여 세밀한 조각 등에 부적합하다.

1 ④ 2 ③ 3 ④ 4 ② 5 ② **정답**

06 목재의 장점에 관한 다음 설명 중 잘못된 것은?

① 재질과 강도가 균일하다.
② 온도에 대한 수축, 팽창이 비교적 작다.
③ 충격과 진동 등을 잘 흡수한다.
④ 가볍고 취급 및 가공이 쉽다.

해설
재질과 강도가 균질하지 못하여 크기에 제한이 있다.

07 굳지 않은 콘크리트나 모르타르 표면에 떠올라 가라앉은 물질은?

① 레이턴스   ② 블리딩
③ 반죽질기   ④ 성형성

해설
레이턴스 : 굳지 않은 콘크리트에서 골재 및 시멘트 입자의 침강으로 물이 분리되어 상승하는 현상으로 인하여 콘크리트나 모르타르의 표면에 떠올라서 가라앉은 물질이다.

08 골재의 밀도라고 하면 일반적으로 골재가 어떤 상태일 때의 밀도를 기준으로 하는가?

① 노건조상태
② 공기 중 건조상태
③ 표면건조포화상태
④ 습윤상태

해설
콘크리트 배합 설계에 사용하는 골재의 밀도는 표면건조포화상태의 밀도이다.

09 AE 콘크리트의 공기량에 영향을 미치는 요인에 대한 설명으로 옳지 않은 것은?

① 시멘트의 분말도가 높을수록 공기량은 감소한다.
② 잔골재 속에 0.4~0.6mm의 세립분이 증가하면 공기량은 증가한다.
③ 콘크리트의 온도가 높을수록 공기량은 증가한다.
④ 진동다짐시간이 길면 공기량은 감소한다.

해설
콘크리트의 온도가 높을수록 공기량은 줄어든다.

10 일반적으로 침입도 60~120 정도의 비교적 연한 스트레이트 아스팔트에 적당한 휘발성 용제를 가하여 점도를 저하시켜 유동성을 좋게 한 아스팔트는?

① 에멀션화 아스팔트
② 컷백 아스팔트
③ 블론 아스팔트
④ 아스팔타이트

해설
컷백(Cutback) 아스팔트 : 석유 아스팔트를 용제(플럭스)에 녹여 작업에 적합한 점도를 갖게 한 액상의 아스팔트이다.

11 다음 중 석유 아스팔트에 포함되지 않는 것은?

① 블론 아스팔트
② 레이크 아스팔트
③ 스트레이트 아스팔트
④ 용제 추출 아스팔트

해설

아스팔트의 종류
• 천연 아스팔트 : 레이크 아스팔트, 록 아스팔트, 샌드 아스팔트, 아스팔타이트
• 석유 아스팔트 : 스트레이트 아스팔트, 컷백 아스팔트, 유화 아스팔트, 블론 아스팔트, 개질 아스팔트

12 일반적으로 공기 중 건조상태에서 목재의 함수율은?

① 5%   ② 15%
③ 25%   ④ 35%

해설

공기 중 건조상태에서 목재의 함수율은 일반적으로 12~18% 정도가 적당하다.

13 분말로 된 흑색 화약을 실이나 종이로 감아 도료를 사용하여 방수시킨 줄로서 뇌관을 점화시키기 위한 것을 무엇이라 하는가?

① 도화선   ② 뇌 관
③ 도폭선   ④ 기폭제

해설

도화선 : 흑색 분말화약을 심약으로 하고, 이것을 피복한 것으로 연소속도는 저장·취급 등의 정도에 따라 다르다. 때로는 이상현상을 유발하므로 특히 흡습에 주의하여야 한다.

14 시멘트의 저장에 관한 다음 내용 중 틀린 것은?

① 포대 시멘트를 장기간 저장할 때에는 15포대 이하로 쌓아야 한다.
② 시멘트는 방습적인 구조로 된 사일로 또는 창고에 품종별로 구분하여 저장하여야 한다.
③ 포대 시멘트를 현장에서 목조 창고에 저장하고자 할 때 창고의 마룻바닥과 지면 사이에 0.3m 정도의 거리를 두는 것이 좋다.
④ 저장 중에 약간이라도 굳은 시멘트는 공사에 사용하지 않아야 한다.

해설

포대 시멘트는 13포 이상 쌓아 저장해서는 안 된다.

15 다음 중 다이너마이트의 주성분은?

① 질산암모니아
② 나이트로글리세린
③ AN-FO
④ 초 산

해설

다이너마이트는 나이트로글리세린을 주성분으로 하여 초산, 나이트로 화합물을 첨가한 폭약이다.

16 흙의 액성한계는 유동곡선을 그려서 낙하 횟수 몇 회의 함수비에 해당하는가?

① 20회   ② 25회

③ 30회   ④ 35회

해설
액성한계시험으로부터 구한 유동곡선에서 낙하 횟수 25회에 해당하는 함수비를 액성한계라 한다.

17 강재의 굽힘시험에서 감아 굽히는 방법으로 굽힘 각도는?

① 90°   ② 135°

③ 160°   ④ 180°

해설
굽힘각도는 일반적으로 180°까지 실시한다.

18 콘크리트의 배합 설계와 관련된 시멘트 시험은?

① 시멘트 비중시험

② 시멘트 응결시험

③ 시멘트 분말도시험

④ 시멘트 팽창도시험

해설
시멘트 비중시험을 하는 이유
- 콘크리트 배합 설계 시 시멘트가 차지하는 부피(용적)를 계산하기 위해서
- 비중의 시험치에 의해 시멘트 풍화의 정도, 시멘트의 품종, 혼합 시멘트에 있어서 혼합하는 재료의 함유 비율 추정
- 혼합 시멘트의 분말도(브레인)시험 시 시료의 양을 결정하는 데 비중의 실측치 이용

19 다음 시험 중 시험과정에서 수은이 사용되는 경우는 어느 시험인가?

① 흙의 비중시험

② 흙의 소성한계시험

③ 흙의 수축한계시험

④ 흙의 입도시험

해설
수축한계시험에서 수은을 쓰는 이유는 노건조 시료의 체적(부피)을 구하기 위해서이다.

20 어느 흙을 체가름시험한 입경가적곡선에서 $D_{10} = 0.095$mm, $D_{30} = 0.14$mm, $D_{60} = 0.16$mm를 얻었다. 이 흙의 균등계수는 얼마인가?

① 0.62   ② 1.68

③ 2.67   ④ 4.65

해설
균등계수
$$C_u = \frac{D_{60}}{D_{10}} = \frac{0.16}{0.095} \simeq 1.68$$

21 용기의 무게가 15g일 때 용기에 시료를 넣어 총무게를 측정하여 475g이었고, 노건조시킨 다음 무게가 422g이었다. 이때의 함수비는?

① 8.67% ② 10.45%

③ 13.02% ④ 25.42%

해설

함수비 $= \dfrac{475-422}{422-15} \times 100 = 13.02\%$

22 콘크리트 압축강도용 표준 공시체의 파괴시험에서 파괴하중이 36t일 때 콘크리트의 압축강도는?(단, 지름 15cm인 몰드를 사용)

① $204\text{kg}/\text{cm}^2$

② $214\text{kg}/\text{cm}^2$

③ $219\text{kg}/\text{cm}^2$

④ $229\text{kg}/\text{cm}^2$

해설

압축강도$(f) = \dfrac{P}{A} = \dfrac{36,000}{\dfrac{\pi \times 15^2}{4}} \simeq 204\text{kg}/\text{cm}^2$

23 흙의 함수량시험에 사용되는 시험기구가 아닌 것은?

① 데시케이터

② 저 울

③ 항온건조로

④ 르샤틀리에 비중병

해설

르샤틀리에 비중병은 시멘트 비중시험 도구이다.

24 다짐봉을 사용하여 콘크리트 휨강도시험용 공시체를 제작하는 경우 다짐 횟수는 표면적 약 몇 cm²당 1회의 비율로 다지는가?

① 14cm^2 ② 10cm^2

③ 8cm^2 ④ 7cm^2

해설

콘크리트 휨강도시험용 공시체 제작 시 콘크리트는 몰드에 2층으로 나누어 채우고, 각 층은 적어도 $1,000\text{mm}^2$에 1회의 비율로 다짐을 한다.

25 대기 중 표면건조포화상태의 시료의 질량이 4,000g, 물속 철망태의 질량이 870g, 물속 시료의 질량이 2,492g, 대기 중 절대건조상태의 시료의 질량이 3,890g일 때 흡수율은 얼마인가?

① 2.83% ② 3.57%

③ 5.68% ④ 6.90%

해설

흡수율

$Q = \dfrac{B-A}{A} \times 100\%$

$= \dfrac{4,000-3,890}{3,890} \times 100 \simeq 2.83\%$

여기서, B : 표면건조포화상태 시료의 질량

A : 절대건조상태 시료의 질량

26 콘크리트의 강도시험용 공시체를 제작할 경우 공시체 양생 중 온도는 어느 정도로 유지해야 하는가?

① 5±2℃   ② 10±2℃

③ 20±2℃   ④ 28±2℃

해설
공시체 양생온도는 20±2℃로 한다.

27 작은 자갈 또는 모래와 같이 투수성이 비교적 큰 조립토에 적합한 투수시험은?

① 정수위투수시험
② 변수위투수시험
③ 양수에 의한 투수시험
④ 현장투수시험

해설
실내에서 투수계수 측정방법 : 투수계수의 범위에 따라 투수계수 측정방법을 결정한다.
• 정수위투수시험 : 투수성이 높은 사질토에 적용,
 10^{-3}cm/sec ≤ K일 때 적용
• 변수위투수시험 : 투수성이 작은 세사나 실트 적용,
 10^{-6}cm/sec ≤ K ≤ 10^{-3}cm/sec일 때 적용
• 압밀시험 : 투수성이 매우 낮은 불투수성 점토,
 K < 10^{-7}cm/sec일 때 적용

28 소성한계시험은 흙덩이를 유리판 위에 굴려서 지름이 어느 정도로 해서 끊어질 때의 함수비를 말하는가?

① 1mm   ② 2mm

③ 3mm   ④ 4mm

해설
소성한계 : 흙을 지름 3mm의 줄 모양으로 늘여 토막토막 끊어지려고 할 때의 함수비

29 콘크리트 배합에서 단위 잔골재량이 700kg/m³, 단위 굵은 골재량이 1,300kg/m³일 때 절대 잔골재율(S/a)은?(단, 잔골재 및 굵은 골재의 비중은 2.60이다)

① 35%   ② 45%

③ 55%   ④ 65%

해설

$$잔골재율(S/a) = \frac{V_S}{V_S + V_G} \times 100(\%)$$
$$= \frac{700 \div 2.6}{700 \div 2.6 + 1,300 \div 2.6} \times 100 = 35(\%)$$

여기서, V_S : 단위 잔골재량의 절대부피
        V_G : 단위 굵은 골재량의 절대부피

30 압력법에 의한 굳지 않은 콘크리트의 공기량 시험 결과 콘크리트의 겉보기 공기량은 6.80%, 골재의 수정계수는 1.20%일 때 콘크리트의 공기량은?

① 1.20%
② 5.60%
③ 6.80%
④ 8.16%

해설
콘크리트의 공기량
$A = A_1 - G$
   $= 6.80 - 1.20 = 5.60$
여기서, A : 콘크리트의 공기량(%)
        A_1 : 콘크리트의 겉보기 공기량(%)
        G : 골재의 수정계수(%)

31 흙의 액성한계시험에 사용되는 흙은 몇 μm 체를 통과한 것을 시료로 사용하는가?

① 850μm 체   ② 425μm 체

③ 250μm 체   ④ 75μm 체

해설
425μm(0.425mm) 체로 쳐서 통과한 시료 약 200g 정도를 준비한다.

32 콘크리트 휨강도시험에서 몰드의 크기가 15×15×53cm일 때 다짐대로 몇 층, 각각 몇 번을 다지면 되는가?

① 3층, 42회   ② 2층, 58회

③ 2층, 80회   ④ 3층, 90회

해설
콘크리트 휨강도시험용 공시체 제작 시 콘크리트는 몰드에 2층으로 나누어 채우고, 각 층은 적어도 1,000mm^{2}에 1회의 비율로 다짐을 한다.
몰드의 단면적 = 150×530 = 79,500mm^2
다짐 횟수 = 79,500 ÷ 1,000 = 79.5 ≒ 80회

33 콘크리트의 인장강도를 측정하기 위한 간접시험방법으로 적당한 것은?

① 비파괴시험   ② 할렬시험

③ 직접전단시험   ④ 탄성종파시험

해설
콘크리트의 인장강도시험
• 직접인장강도시험 : 시험과정에서 인장부에 미끄러짐과 지압파괴가 발생될 우려가 있어 현장적용이 어렵다.
• 할렬인장강도시험 : 일종의 간접시험방법으로 공사현장에서 간단하게 측정할 수 있으며, 비교적 오차도 작은 편이다.

34 아스팔트 신도시험에서 시험기를 가동하여 매분 어느 정도의 속도로 시료를 잡아당기는가?

① 2±0.25cm   ② 3±0.25cm

③ 4±0.25cm   ④ 5±0.25cm

해설
매분 5±0.25cm의 속도로 시료를 잡아당긴다.

35 콘크리트용 모래에 포함되어 있는 유기 불순물 시험에서 시약으로 사용되는 것은 무엇인가?

① 황 산   ② 질 산

③ 메틸알코올   ④ 생석회

해설
시약과 식별용 표준색 용액
• 수산화나트륨 용액(3%) : 물 97에 수산화나트륨 3의 질량비로 용해시킨 것이다.
• 식별용 표준색 용액 : 식별용 표준색 용액은 10%의 알코올 용액으로 2% 타닌산 용액을 만들고, 그 2.5mL를 3%의 수산화나트륨 용액 97.5mL에 가하여 유리병에 넣어 마개를 닫고 잘 흔든다. 이것을 표준색 용액으로 한다.

36 흙의 액성한계시험에서 낙하장치에 의해 1초 동안 2회의 비율로 황동접시를 들어 올렸다가 떨어뜨리고, 홈의 바닥부의 흙이 길이 약 몇 cm 합류할 때까지 계속하는가?

① 0.5cm ② 1.3cm
③ 2.5cm ④ 3.5cm

해설
홈의 바닥부의 흙이 길이 약 1.3cm 합류할 때까지 계속한다.

37 시멘트 비중시험에서 비중병을 실온으로 일정하게 되어 있는 항온수조 속에 넣고 광유의 온도차가 최대 얼마 이내로 되었을 때 광유 표면의 눈금을 읽어 기록하는가?

① 1℃ ② 0.5℃
③ 0.2℃ ④ 0.05℃

해설
비중병을 실온으로 일정하게 되어 있는 물중탕에 넣어 광유의 온도차가 0.2℃ 이내로 되었을 때의 눈금을 읽어 기록한다.

38 굳지 않은 콘크리트의 블리딩에 관한 설명으로 옳지 않은 것은?

① 블리딩이란 굳지 않은 콘크리트 또는 모르타르에서 물이 분리되어 위로 올라오는 현상을 말한다.
② 블리딩이 심하면 레이턴스가 크고, 콘크리트의 강도나 수밀성, 내구성 등이 작아진다.
③ 블리딩이 크면 굵은 골재가 모르타르로부터 분리되는 경향이 있다.
④ 블리딩 현상을 감소시키기 위해 응결촉진제를 사용하고 단위수량을 늘려야 한다.

해설
블리딩 현상을 감소시키기 위해 AE제, 감수제 등을 사용하고, 단위수량을 줄여야 한다.

39 콘크리트 슬럼프시험의 가장 중요한 목적은?

① 비중 측정
② 워커빌리티 측정
③ 강도 측정
④ 입도 측정

해설
슬럼프시험의 목적 : 굳지 않은 콘크리트의 반죽 질기를 측정하는 것으로, 워커빌리티를 판단하는 하나의 수단으로 사용한다.

40 아스팔트 연화점에 대한 설명으로 옳지 않은 것은?

① 시료가 연화되기 시작하여 규정거리 25.4mm로 처졌을 때의 온도를 말한다.
② 아스팔트의 종류에 따라 연화점이 다르다.
③ 온도가 높아지면 연화되고 반고체에서 액체로 변한다.
④ 시료를 환에 넣고 10시간 안에 시험을 끝내야 한다.

해설
① 시료가 연화되기 시작하여 규정거리 25mm까지 내려갈 때의 온도를 말한다.
④ 환구법을 사용하는 아스팔트 연화점시험은 시료를 환에 주입하고 4시간 이내에 시험을 종료하여야 한다.
※ KS M 2252 개정으로 정답은 ①, ④

41 63.5kg의 해머로 76cm의 높이에서 타격을 가해 샘플러가 30cm 관입할 때 요구되는 타격 횟수를 무엇이라고 하는가?

① CBR값
② 베인값
③ N값
④ 노상토 지지력계수

표준관입시험은 원통형 샘플러를 시추공에 넣고 동일한 에너지로 타격을 가해 흙의 저항력을 측정하는 값을 N값으로 표시한다. N값은 63.5kg의 해머를 76±1cm 높이에서 자유낙하시켜 로드 선단 샘플러를 지반에 30cm 박아 넣는 데 필요한 타격 횟수로, N값이 0~4는 매우 느슨, 10~30은 중간, 50 이상은 조밀함을 나타낸다.

42 흙의 다짐 정도를 판정하는 시험법과 거리가 먼 것은?

① 평판재하시험
② 베인(Vane)시험
③ 노상토 지지력비시험
④ 현장 흙의 단위무게시험

베인시험은 연약한 점토나 예민한 점토 지반의 전단강도를 구하는 현장시험법이다.

43 흙의 직접전단시험에서 수직응력이 10kg/cm²일 때 전단저항이 5kg/cm²이었고, 수직응력을 20kg/cm²로 증가시켰더니 전단저항이 8kg/cm²이었다. 이 흙의 점착력은?

① 2kg/cm²
② 3kg/cm²
③ 8kg/cm²
④ 10kg/cm²

$\tau = c + \sigma \tan\phi$
여기서, τ : 전단강도(kg/cm²), c : 점착력(kg/cm²)
σ : 수직응력(kg/cm²), ϕ : 내부마찰각(°)
$5 = c + 10\tan\phi$
$8 = c + 20\tan\phi$
$10 = 2c + 20\tan\phi$
$8 = c + 20\tan\phi$
$c = 2$

44 흙의 통일 분류법에서 입도분포가 양호한 자갈을 표시한 것은?

① GP
② SM
③ Pt
④ GW

분류기호
분류는 문자의 조합으로 나타내며 기호의 의미는 다음과 같다.

구 분	제1문자		제2문자	
	기 호	흙의 종류	기 호	흙의 상태
조립토	G S	자 갈 모 래	W P M C	입도분포가 양호한 입도분포가 불량한 실트를 함유한 점토를 함유한
세립토	M C O	실 트 점 토 유기질토	H L	소성 및 압축성이 높은 소성 및 압축성이 낮은
고유 기질토	Pt	이 탄	–	–

45 기초의 구비 조건에 대한 설명으로 옳지 않은 것은?

① 기초는 최소 근입 깊이를 확보하여야 한다.
② 하중을 안전하게 지지해야 한다.
③ 기초는 침하가 전혀 없어야 한다.
④ 기초는 시공이 가능한 것이어야 한다.

기초는 침하가 허용치를 넘으면 안 된다.

46 연약한 점토 지반에서 전단강도를 구하기 위해 실시하는 현장시험방법은 무엇인가?

① 베인(Vane)시험

② 직접전단시험

③ 일축압축시험

④ 투수계수시험

해설

베인전단시험은 연약한 포화 점토 지반에 대해서 현장에서 직접 실시하여 점토 지반의 비배수강도(비배수점착력)를 구하는 현장 전단시험 중의 하나이다.

47 다음 중 깊은 기초의 종류가 아닌 것은?

① 말뚝 기초

② 피어 기초

③ 케이슨 기초

④ 푸팅 기초

해설

기초의 분류

• 직접 기초(얕은 기초)

 − 푸팅 기초(확대 기초) : 독립 푸팅 기초, 복합 푸팅 기초, 연속 푸팅 기초, 캔틸레버 기초

 − 전면 기초(매트 기초)

• 깊은 기초 : 말뚝 기초, 피어 기초, 케이슨 기초

48 어떤 지반의 최종 침하량이 200cm이고, 현재 침하량이 140cm이다. 이때 압밀도는 얼마인가?

① 50%   ② 60%

③ 70%   ④ 85%

해설

압밀도 $= \dfrac{\text{현재 침하량}}{\text{최종 침하량}} = \dfrac{140}{200} = 0.7$

∴ 압밀도는 70%이다.

49 말뚝이 20개인 군항 기초에 있어서 효율이 0.8, 단항으로 계산한 말뚝 한 개의 허용지지력이 15ton일 때 군항의 허용지지력은?

① 220ton

② 230ton

③ 240ton

④ 250ton

해설

$Q_{ag} = EN_t Q_a$

$\quad = 0.8 \times 20 \times 15 = 240\text{ton}$

여기서, E : 군말뚝의 효율

$\qquad N_t$: 말뚝의 총개수

$\qquad Q_a$: 말뚝 1개의 허용지지력

50 어떤 흙의 함수비가 20%, 비중이 2.6, 간극비가 1.3이었을 때 포화도는?

① 20%   ② 35%

③ 40%   ④ 65%

해설

포화도

$S = \dfrac{G_s \times w}{e} = \dfrac{2.6 \times 20}{1.3} = \dfrac{52}{1.3} = 40$

여기서, G_s : 비중, w : 함수비, e : 간극비

51 콘크리트에 상하운동을 주어서 변형저항을 측정하는 방법으로 시험 후에 콘크리트의 분리가 일어나는 결점이 있는 굳지 않은 콘크리트의 워커빌리티 측정방법은?

① 슬럼프시험
② 공기량시험
③ 흐름시험
④ 로스앤젤레스시험

해설
흐름시험은 콘크리트의 연도를 측정하기 위한 시험으로 플로 테이블에 상하진동을 주어 면의 확산을 흐름값으로 나타낸다.

52 골재의 체가름 시험결과를 계산하는 과정으로 잘못된 것은?

① 유동곡선을 그린다.
② 골재의 최대 치수와 조립률을 구한다.
③ 무게비의 표시는 이것에 가장 가까운 정수로 한다.
④ 각 체에 남는 시료의 무게를 전체 무게에 대한 무게비(%)로 나타낸다.

해설
횡축에 체눈의 크기를, 종축에는 각체에 남은 시료의 중량(%)값으로 입도분포곡선을 그린다.

53 흙의 침강분석시험에서 사용하는 분산제가 아닌 것은?

① 과산화수소의 포화용액
② 피로 인산 나트륨의 포화용액
③ 헥사메타인산 나트륨의 포화용액
④ 트리폴리인산 나트륨의 포화용액

해설
분산제는 헥사메타인산 나트륨의 포화용액이어야 한다. 헥사메타인산 나트륨 대신에 피로 인산 나트륨 포화용액, 트리폴리 인산 나트륨의 포화용액 등을 사용하여도 좋다.

54 흙덩어리를 손으로 밀어 지름 3mm의 국수 모양으로 만들어 부슬부슬해질 때의 함수비는?

① 소성도
② 수축한계
③ 소성한계
④ 액성지수

해설
소성한계 : 흙을 지름 3mm의 줄 모양으로 늘여 토막토막 끊어지려고 할 때의 함수비

55 아스팔트 침입도시험에서 침이 시료 속으로 0.1mm 들어갔을 때의 침입도는?

① 0.1
② 1
③ 10
④ 100

해설
소정의 온도(25℃), 하중(100g), 시간(5초)으로 침을 수직으로 관입한 결과, 관입 길이 0.1mm마다 침입도 1로 정하여 침입도를 측정한다.

56 실험실에서 측정된 최대 건조단위무게가 1.64g/cm³이었다. 현장 다짐도를 95%로 하는 경우 현장 건조단위무게의 최소치는 약 얼마인가?

① 1.73g/cm³

② 1.62g/cm³

③ 1.56g/cm³

④ 1.45g/cm³

해설

다짐도$(C_d) = \dfrac{\gamma_d}{\gamma_{d.\max}} \times 100$

건조단위무게 $\gamma_d = \dfrac{C_d \times \gamma_{d.\max}}{100} = \dfrac{95 \times 1.64}{100} \simeq 1.56\text{g/cm}^3$

57 도로 지반의 평판재하시험에서 1.25mm 침하될 때 하중강도가 2.5kgf/cm²일 때 지지력계수 K는?

① 2kgf/cm³

② 10kgf/cm³

③ 20kgf/cm³

④ 100kgf/cm³

해설

$K = \dfrac{P}{S} = \dfrac{2.5}{0.125} = 20\text{kgf/cm}^3$

58 모래가 느슨한 상태에 있는지 조밀한 상태에 있는지를 판별하는 데 사용되는 개념은 무엇인가?

① 간극률   ② 간극비

③ 포화도   ④ 상대밀도

해설

상대밀도(Relative Density) : 사질토가 느슨한 상태에 있는가 조밀한 상태에 있는가를 나타내는 것으로 액상화 발생 여부 추정 및 내부마찰각의 추정이 가능하다.

59 흙 속의 온도가 빙점 이하로 내려가서 지표면 아래 흙 속의 물이 얼어붙어 부풀어 오르는 현상을 동상이라고 한다. 다음 중 동상의 피해가 가장 큰 것부터 작은 것의 순으로 올바르게 나열한 것은?

① 실트 – 자갈 – 모래 – 점토

② 자갈 – 모래 – 실트 – 점토

③ 실트 – 점토 – 모래 – 자갈

④ 자갈 – 실트 – 모래 – 점토

해설

토질에 따른 동해의 피해 크기 : 실트 > 점토 > 모래 > 자갈

60 군지수(GI)를 결정하는 데 다음 중 필요 없는 것은?

① 0.425mm 체 통과량

② 소성지수

③ 액성한계

④ 0.075mm 체 통과량

해설

군지수 $GI = 0.2a + 0.005ac + 0.01bd$

여기서, a : 0.075mm(No.200) 체 통과량 – 35(0~40)

b : 0.075mm(No.200) 체 통과량 – 15(0~40)

c : 액성한계(LL) – 40(0~20)

d : 소성한계(PL) – 10(0~20)

※ 2017년부터는 CBT(컴퓨터 기반 시험)로 진행되어 수험자의 기억에 의해 문제를 복원하였습니다. 실제 시행문제와 일부 상이할 수 있음을 알려드립니다.

01 콘크리트 부재의 크리프(Creep)에 대한 설명 중 옳지 않은 것은?

① 하중 재하 시 콘크리트의 재령이 작을수록 크리프는 크게 일어난다.

② 부재의 치수가 클수록 크리프는 크게 일어난다.

③ 물-시멘트비가 클수록 크리프는 크게 일어난다.

④ 작용하는 응력이 클수록 크리프는 크게 일어난다.

해설
콘크리트 부재의 치수가 작을수록 크리프는 크게 일어난다.

02 분말로 된 흑색 화약을 실이나 종이로 감아 도료를 사용하여 방수시킨 줄로서 뇌관을 점화시키기 위하여 사용하는 것은?

① 도화선   ② 다이너마이트

③ 도폭선   ④ 기폭제

해설
도화선 : 흑색 분화약을 심약으로 하고, 이것을 피복한 것으로, 연소속도는 저장·취급 등의 정도에 따라 다르다. 때로는 이상현상을 유발하므로 특히 흡습에 주의하여야 한다.

03 시멘트 저장에 관한 사항을 열거한 것 중 잘못된 것은?

① 입하순으로 저장한다.

② 방습적인 창고여야 한다.

③ 포대 시멘트는 되도록 많이 쌓는다.

④ 검사에 편리하게 배치한다.

해설
저장기간이 길어질 우려가 있는 경우에는 7포 이상 쌓아 올리지 않는 것이 좋다.

04 목재의 건조방법 중 인공건조법에 속하지 않는 것은?

① 끓임법

② 수침법

③ 열기건조법

④ 증기건조법

해설
목재의 건조방법
• 자연건조방법 : 공기건조법, 침수법(수침법)
• 인공건조법 : 끓임법, 열기건조법, 증기건조법 등

05 목재의 강도에 대한 설명으로 옳지 않은 것은?

① 밀도가 클수록 강도가 크다.

② 섬유 방향의 인장강도는 목재의 모든 강도 중에서 가장 크다.

③ 섬유 포화점 이하에서는 함수율이 작을수록 강도가 크다.

④ 목재의 압축강도는 섬유에 직각 방향으로 하중이 작용할 때 가장 크다.

해설
목재의 강도 : 섬유에 직각 방향의 압축강도는 나이테와 방사조직의 방향에 따라 변하기에 명확한 최대 응력을 파악하기 어렵다.

1 ②   2 ①   3 ③   4 ②   5 ④   **정답**

06 아스팔트에 대한 설명으로 옳지 않은 것은?

① 일반적으로 아스팔트의 밀도는 25℃의 온도에서 1.6~2.1g/cm³ 정도이다.

② 아스팔트는 온도에 의한 반죽 질기가 현저하게 변화하며 이러한 변화가 일어나기 쉬운 정도를 감온성이라 한다.

③ 아스팔트는 연성을 가지며 이 연성을 나타내는 값을 신도라고 한다.

④ 아스팔트의 반죽 질기를 물리적으로 나타내는 것을 침입도라 한다.

해설

일반적으로 아스팔트의 밀도는 25℃의 온도에서 1.01~1.10g/cm³ 정도이다.

07 다음 중 천연 아스팔트가 아닌 것은?

① 레이크 아스팔트
② 록 아스팔트
③ 스트레이트 아스팔트
④ 샌드 아스팔트

해설

아스팔트의 종류
• 천연 아스팔트 : 레이크 아스팔트, 록 아스팔트, 샌드 아스팔트, 아스팔타이트
• 석유 아스팔트 : 스트레이트 아스팔트, 컷백 아스팔트, 유화 아스팔트, 블론 아스팔트, 개질 아스팔트

08 블리딩이 큰 콘크리트의 성질로 옳은 것은?

① 압축강도가 증가한다.
② 콘크리트의 수밀성이 증가한다.
③ 콘크리트가 다공질로 된다.
④ 내구성이 증가한다.

해설

블리딩현상에 의한 영향
• 침하 균열과 같은 초기 균열을 발생시키고 콘크리트 상부 표면을 다공질로 만든다.
• 콘크리트의 품질 및 수밀성, 내구성을 저하시킨다.
• 레이턴스를 유발하여 시멘트 풀과의 부착을 저해한다.

09 시멘트를 분류할 때 특수 시멘트에 속하지 않는 것은?

① 알루미나 시멘트
② 팽창 시멘트
③ 플라이 애시 시멘트
④ 초속경 시멘트

해설

플라이 애시 시멘트는 혼합 시멘트에 속한다.
특수 시멘트 : 백색 시멘트, 팽창질석을 사용한 단열 시멘트, 팽창성 수경 시멘트, 메이슨리 시멘트, 초조강 시멘트, 초속경 시멘트, 알루미나 시멘트, 방통 시멘트, 유정 시멘트

10 블론 아스팔트와 비교한 스트레이트 아스팔트의 특징으로 잘못된 것은?

① 방수성이 좋다.
② 신장성이 좋다.
③ 감온성이 크다.
④ 연화점이 높다.

해설

스트레이트 아스팔트는 연화점이 비교적 낮고 감온성이 크다.

11 다음 토목공사용 석재 중 압축강도가 가장 큰 것은?

① 점판암
② 응회암
③ 사 암
④ 화강암

해설
석재의 압축강도
화강암 > 대리석 > 안산암 > 사암 > 응회암 > 부석

12 석재의 성질에 대한 일반적인 설명으로 잘못된 것은?

① 석재는 비중이 클수록 흡수율이 작고, 압축강도가 크다.
② 석재의 흡수율은 풍화, 파괴, 내구성 등과 관계가 있고, 흡수율이 큰 것은 빈틈이 많으므로 동해를 받기 쉽다.
③ 석재의 강도는 인장강도가 특히 크고, 압축강도는 매우 작으므로 석재를 구조용으로 사용하는 경우에는 주로 인장력을 받는 부분에 많이 사용된다.
④ 석재의 공극률은 일반적으로 석재에 포함된 전체 공극과 겉보기 부피의 비로서 나타낸다.

해설
석재는 압축강도가 매우 크고, 인장강도는 압축강도의 1/10~1/30 정도 밖에 되지 않는다. 휨이나 전단강도는 압축강도에 비하여 매우 작다. 따라서 석재를 구조용으로 사용할 경우 압축력을 받는 부분에만 사용해야 한다.

13 콘크리트에 공기연행제를 사용하였을 때 장점에 해당되지 않는 것은?

① 워커빌리티가 좋다.
② 동결융해에 대한 저항성이 크다.
③ 강도가 커지며 철근과의 부착강도가 크다.
④ 단위수량이 줄고 수밀성이 크다.

해설
AE제(공기연행제, 동결융해 저항제) 사용 시 압축강도가 감소하며 철근과의 부착강도가 작다.

14 콘크리트 속에 많은 거품을 일으켜 부재의 경량화나 단열성을 목적으로 사용하는 혼화제는?

① 지연제
② 기포제
③ 급결제
④ 감수제

해설
콘크리트에 기포제 사용 시 경량성, 단열성, 내화성이 향상된다.

15 물-시멘트비 60%의 콘크리트를 제작할 경우 시멘트 1포당 필요한 물의 양은 몇 kg인가?(단, 시멘트 1포의 무게는 40kg이다)

① 15kg
② 24kg
③ 40kg
④ 60kg

해설
$$물-시멘트비 = \frac{W}{C}$$
$$= \frac{W}{40} = 0.6$$
$$W = 24kg$$

16 아스팔트 침입도시험에서 표준침의 관입시간으로 옳은 것은?

① 1초 　　　　　 ② 3초

③ 5초 　　　　　 ④ 8초

침입도시험의 측정 조건 : 소정의 온도(25℃), 하중(100g), 시간(5초)에 규정된 침이 수직으로 관입한 길이로 0.1mm 관입 시 침입도는 1로 규정한다.

17 콘크리트의 압축강도시험에서 시험체의 가압면에는 일정한 크기 이상의 흠이 있어서는 안 된다. 이를 방지하기 위하여 하는 작업을 무엇이라 하는가?

① 몰 딩 　　　　　 ② 캐 핑

③ 리몰딩 　　　　　 ④ 코 팅

콘크리트의 압축강도시험에서 시험체의 가압면에는 0.05mm 이상의 흠이 있어서는 안 된다. 이를 방지하기 위하여 하는 작업을 캐핑이라 한다.

18 콘크리트의 휨강도시험을 위한 공시체의 제작이 끝나 몰드를 떼어낸 후 습윤양생을 하려고 한다. 이때 가장 적당한 양생온도는?

① 15±3℃

② 20±2℃

③ 25±3℃

④ 30±3℃

공시체의 양생온도는 20±2℃로 한다.

19 슬럼프시험에 관한 내용 중 옳지 않은 것은?

① 콘크리트를 채우기 시작하고 나서 종료 시까지 2분 30초를 규정하고 있었지만 ISO와 일치시키기 위하여 시험을 종료할 때까지의 시간을 3분으로 변경하였다.

② 슬럼프콘을 들어 올리는 시간은 높이 300mm에서 2~5초로 한다.

③ 슬럼프콘의 높이는 20cm이다.

④ 물을 많이 넣을수록 슬럼프값은 커진다.

슬럼프콘은 윗면의 안지름이 100±2mm, 밑면의 안지름이 200±2mm, 높이 300±2mm인 금속제이다.

20 조립률이 3.11인 잔골재와 조립률이 7.41인 굵은 골재를 1 : 1.5로 섞을 때, 혼합 골재의 조립률을 구하면?

① 3.69 　　　　　 ② 4.69

③ 5.69 　　　　　 ④ 6.69

혼합 골재의 조립률 $=\dfrac{3.11 \times 1 + 7.41 \times 1.5}{1 + 1.5} = 5.69$

21 유동곡선에서 타격 횟수 몇 회에 해당하는 함수비를 액성한계로 하는가?

① 15회　　　　　② 20회

③ 25회　　　　　④ 30회

해설
액성한계시험으로 구한 유동곡선에서 낙하 횟수 25회에 해당하는 함수비를 액성한계라 한다.

22 1.2mm 체에 질량비로 5% 이상 남는 잔골재를 사용하여 체가름시험을 할 때 사용할 시료의 최소 건조질량으로 옳은 것은?

① 100g　　　　　② 500g

③ 1,000g　　　　④ 1,200g

해설
잔골재는 1.2mm 체를 95%(질량비) 이상 통과하는 것에 대한 최소 건조질량을 100g으로 하고, 1.2mm 체에 5%(질량비) 이상 남는 것에 대한 최소 건조질량을 500g으로 한다.

23 흙의 함수비 시험에 사용되는 시험기구가 아닌 것은?

① 데시케이터

② 저 울

③ 항온건조로

④ 피크노미터

해설
피크노미터는 흙의 비중시험에 사용되는 시험기구이다.

24 시멘트 모르타르의 압축강도시험에 의하여 압축강도를 결정할 때 같은 시료, 같은 시간에 시험한 전 시험체의 평균값을 구하여 사용하는데, 이때 평균값보다 몇 % 이상의 강도차가 있는 시험체는 압축강도의 계산에 사용하지 않는가?

① ±5%　　　　　② ±10%

③ ±15%　　　　　④ ±20%

해설
6개의 측정값 중에서 1개의 결과가 6개의 평균값보다 ±10% 이상 벗어나는 경우에는 이 결과를 버리고 나머지 5개의 평균으로 계산한다. 이들 5개의 측정값 중에서 또다시 하나의 결과가 그 평균값보다 ±10% 이상이 벗어나면 결과값 전체를 버려야 한다.

25 콘크리트의 압축강도시험용 공시체의 지름은 굵은 골재 최대 치수의 최소 몇 배 이상으로 하여야 하는가?

① 2배　　　　　② 3배

③ 4배　　　　　④ 5배

해설
압축강도시험용 공시체의 지름은 굵은 골재 최대 치수의 3배 이상 및 100mm 이상으로 하고, 높이는 공시체 지름의 2배 이상으로 한다.

26 다음 중 잔골재의 표면수 측정법을 바르게 묶은 것은 어느 것인가?

① 부피에 의한 방법, 충격을 이용하는 방법
② 충격을 이용하는 방법, 질량에 의한 방법
③ 다짐대를 사용하는 방법, 삽을 이용하는 방법
④ 질량에 의한 방법, 부피에 의한 방법

해설
잔골재 표면수 측정은 질량법 또는 용적법 중 하나의 방법으로 한다.

27 콘크리트 휨강도시험용 공시체의 제작에서 다짐봉을 사용하는 경우 다짐 횟수는 표면적 약 몇 mm²당 1회의 비율로 다지는가?

① 500mm²
② 1,000mm²
③ 1,500mm²
④ 2,000mm²

해설
콘크리트 휨강도시험용 공시체 제작 시 콘크리트는 몰드에 2층으로 나누어 채우고, 각 층은 적어도 1,000mm²에 1회의 비율로 다짐한다.

28 콘크리트의 슬럼프시험에 사용되는 다짐대의 크기로 옳은 것은?

① 지름 : 16mm, 길이 : 500~600mm
② 지름 : 20mm, 길이 : 500~600mm
③ 지름 : 23mm, 길이 : 700~800mm
④ 지름 : 27mm, 길이 : 700~800mm

해설
다짐봉 : 지름 16mm, 길이 500~600mm의 강 또는 금속재 원형봉으로 그 앞끝은 반구 모양으로 한다.

29 시멘트 비중시험에 대한 주의사항으로 옳지 않은 것은?

① 광유 표면의 눈금을 읽을 때에는 가장 윗면의 눈금을 읽어야 한다.
② 광유는 휘발성 물질이므로 불에 조심하여야 한다.
③ 르샤틀리에(Le Chatelier) 비중병은 목 부분이 부러지기 쉬우므로 조심히 다루어야 한다.
④ 시멘트, 광유, 수조의 물, 비중병은 미리 실온과 일치시켜 놓고 사용한다.

해설
광유 표면의 눈금을 읽을 때, 액체면은 곡면[메니스커스(Meniscus)]이 있으므로 가장 밑면의 눈금을 읽는다.

30 흙의 비중시험에 사용되는 시료로 적당한 것은?

① 9.5mm 체 통과시료
② 19mm 체 통과시료
③ 37.5mm 체 통과시료
④ 53mm 체 통과시료

해설
시료는 KS F 2301에 규정하는 방법에 따라 얻어진 9.5mm 체를 통과한 시료를 사용한다.

31 다음 중 아스팔트의 굳기 정도를 측정하는 시험은?

① 신도 시험

② 인화점 시험

③ 침입도 시험

④ 마셜 시험

해설

침입도 시험의 목적 : 아스팔트의 굳기 정도, 경도, 감온성, 적용성 등을 결정하기 위해 실시한다.

32 다음 표를 보고 잔골재 조립률을 구하면?

체의 호칭(mm)	잔골재	
	체에 남는 양(%)	체에 남는 양의 누계(%)
10	0	0
5	4	4
2.5	8	12
1.2	15	27
0.6	43	70
0.3	20	90
0.15	9	99
접 시	1	100

① 3.02

② 4.02

③ 2.03

④ 1.13

해설

$$조립률 = \frac{각\ 체의\ 누적\ 잔류율의\ 합}{100}$$

$$= \frac{4+12+27+70+90+99}{100} = 3.02$$

33 굳지 않은 콘크리트의 공기량 측정법 중 워싱턴형 공기량측정기를 사용하는 것은 다음 중 어느 방법에 속하는가?

① 무게에 의한 방법에 속한다.

② 면적에 의한 방법에 속한다.

③ 부피에 의한 방법에 속한다.

④ 공기실 압력법에 속한다.

해설

워싱턴형 공기량측정기는 굳지 않은 콘크리트의 공기 함유량을 압력의 감소를 이용해 측정하는 방법으로 보일의 법칙을 적용한 것이다.

34 지름이 100mm이고, 길이가 200mm인 원주형 공시체에 대한 쪼갬 인장강도 시험결과 최대 하중이 120,000N이라고 할 때 이 공시체의 쪼갬 인장강도는?

① 2.87MPa

② 3.82MPa

③ 4.03MPa

④ 5.87MPa

해설

$$인장강도 = \frac{2P}{\pi dl} = \frac{2 \times 120,000}{\pi \times 100 \times 200} \simeq 3.82\text{MPa}$$

여기서, P : 하중(N)

$\quad\quad\quad d$: 공시체의 지름(mm)

$\quad\quad\quad l$: 공시체의 길이(mm)

35 콘크리트 1m^3를 만드는 데 필요한 골재의 절대부피가 0.72m^3이고, 잔골재율(S/a)이 30%일 때 단위 잔골재량은 약 얼마인가?(단, 잔골재의 비중은 2.50이다)

① 526kg/m^3

② 540kg/m^3

③ 574kg/m^3

④ 595kg/m^3

해설

단위 잔골재량 $= (0.72 \times 1,000) \times 0.3 \times 2.5 = 540\text{kg/m}^3$

36 시멘트 비중시험의 결과가 다음과 같을 때 이 시멘트의 비중값은?

> • 처음 광유의 눈금 읽음값 : 0.48mL
> • 시료의 무게 : 64g
> • 시료와 광유의 눈금 읽음값 : 20.80mL

① 3.12 ② 3.15
③ 3.17 ④ 3.19

해설

시멘트의 밀도(비중) $= \dfrac{\text{시료의 무게}}{\text{눈금차}}$

$= \dfrac{64}{20.8 - 0.48} = 3.15$

37 흙의 비중시험에서 데시케이터에 넣어서 사용되는 흡습제로 적합한 것은?

① 염화나트륨
② 실리카 겔
③ 산화마그네슘
④ 이산화탄소

해설

데시케이터 : KS L 2302에 규정하는 것 또는 이와 동등한 기능을 가진 용기로 실리카 겔, 염화칼슘 등의 흡습제를 넣은 것

38 흙의 액성한계시험에 대한 다음 설명 중 옳지 않은 것은?

① 흙이 소성 상태에서 액체 상태로 바뀔 때의 함수비를 구하기 위한 시험이다.
② 황동접시와 경질 고무대의 간격이 1cm가 되도록 한다.
③ 크랭크를 초당 2회 정도로 회전시킨다.
④ 2등분 되었던 흙이 타격으로 인하여 10mm 정도 합쳐질 때의 낙하 횟수를 구한다.

해설

홈의 바닥부의 흙이 길이 약 1.3cm 합류할 때까지 계속한다.

39 외력을 받아서 변형된 재료가 외력을 제거해도 원형으로 되돌아가지 않고 변형된 그대로 있는 성질은?

① 탄 성 ② 소 성
③ 응 력 ④ 강 도

해설

① 탄성 : 재료가 외력을 받아서 변형을 일으킨 뒤 외력을 제거하면 다시 원형으로 돌아가는 성질이다.
③ 응력 : 재료에 압축, 인장, 비틀림 등의 하중이 가해졌을 때 그에 대응하여 재료 내부에 저항력이 발생하는데, 이를 응력이라고 한다.
④ 강도 : 재료가 파괴에 견디는 정도이다.

40 길이 10cm, 지름 5cm인 강봉을 인장시켰더니 길이가 11.5cm이고, 지름은 4.8cm가 되었다. 푸아송비는?

① 0.27 ② 0.35
③ 11.50 ④ 13.96

해설

푸아송비 $= \dfrac{\text{횡 방향 변형률}}{\text{종 방향 변형률}} = \dfrac{1}{m}$

$= \dfrac{\dfrac{0.2}{5}}{\dfrac{1.5}{10}} \simeq 0.27$

여기서, m : 푸아송수 = 푸아송비의 역수

41 표준체 45μm에 의한 시멘트 분말도시험에서 보정된 잔사가 7.6%일 때 시멘트 분말도(F)는 얼마인가?

① 82.4%

② 92.4%

③ 96.4%

④ 98.4%

$$\text{분말도} = \frac{\text{체에 남은 시멘트 무게}}{\text{시료 전체 무게}}$$
$$= \frac{100 - 7.6}{100} \times 100 = 92.4\%$$

42 흙의 수축한계시험을 할 때 수은을 사용하는 주된 이유는?

① 수축접시에 부착이 잘되지 않으므로

② 수은의 응집력이 크기 때문에

③ 건조 시료의 부피를 측정하기 위하여

④ 수은의 무게가 무겁기 때문에

흙의 수축한계시험에서 수은을 사용하는 주된 이유는 건조 시료의 부피를 측정하기 위해서이다.

43 스트레이트 아스팔트 침입도시험에서 무게 100g의 표준침이 5초 동안에 3mm 관입했다면 이 재료의 침입도는 얼마인가?

① 3

② 15

③ 30

④ 300

소정의 온도(25℃), 하중(100g), 시간(5초)으로 침을 수직으로 관입한 결과, 관입 길이 0.1mm마다 침입도 1로 정하여 침입도를 측정한다. 3mm 관입했다면, 3 ÷ 0.1 = 30으로 침입도는 30이다.

44 일반콘크리트용 굵은 골재 마모율의 허용값은 얼마 이하이어야 하는가?

① 25%

② 35%

③ 40%

④ 50%

일반 콘크리트용 굵은 골재 마모율의 허용값은 40% 이하이어야 한다.

45 어느 흙의 시험결과 소성한계 42%, 수축한계 24%일 때 수축지수는 얼마인가?

① 18%

② 24%

③ 42%

④ 66%

수축지수 = 소성한계와 수축한계의 차
= 42−24
= 18%

41 ② 42 ③ 43 ③ 44 ③ 45 ① **정답**

46 삼축압축시험은 응력 조건과 배수 조건을 임의로 조절할 수 있어서 실제 현장 지반의 응력 상태나 배수 상태를 재현하여 시험할 수 있다. 다음 중 삼축압축시험의 종류가 아닌 것은?

① UD Test(비압밀 배수시험)

② UU Test(비압밀 비배수시험)

③ CU Test(압밀 비배수시험)

④ CD Test(압밀 배수시험)

삼축압축시험의 종류
• 비압밀 비배수전단시험(UU)
• 압밀 비배수전단시험(CU)
• 압밀 배수전단시험(CD)

47 다음 중 얕은 기초에 해당되는 것은?

① 말뚝 기초

② 피어 기초

③ 우물통 기초

④ 전면 기초

기초의 분류
• 직접 기초(얕은 기초)
  – 푸팅 기초(확대 기초) : 독립 푸팅 기초, 복합 푸팅 기초, 연속 푸팅 기초, 캔틸레버 기초
  – 전면 기초(매트 기초)
• 깊은 기초 : 말뚝 기초, 피어 기초, 케이슨 기초

48 동상의 피해를 방지하기 위한 방법에 해당되지 않는 것은?

① 지하수면을 낮추는 방법

② 비동결성 흙으로 치환하는 방법

③ 실트질 흙을 넣어 모세관현상을 차단하는 방법

④ 화학약품을 넣어 동결온도를 낮추는 방법

동상의 대책
• 배수구를 설치하여 지하수위를 저하시킨다.
• 동결심도 상부의 흙을 동결하기 어려운 조립토로 치환한다.
• 모관수 상승을 방지하기 위해 지하수위 위에 조립의 차단층을 설치한다.
• 지표의 흙을 화학약품 처리($CaCl_2$, $NaCl$, $MgCl_2$)하여 동결온도를 저하시킨다.
• 지표면 근처에 단열재료(석탄재, 코크스)를 넣는다.

49 도로의 평판재하시험에서 사용하는 시험장치에 대한 다음 표의 설명에서 (   ) 안에 들어갈 숫자로 옳은 것은?

> 지지력 장치는 자동차 또는 트레일러와 같은 소요 지지력을 얻을 수 있는 장치로, 그 지지점을 재하판의 바깥쪽 끝에서 (   )m 이상 떨어져 설치할 수 있는 것으로 한다.

① 1   ② 2

③ 3   ④ 4

50 점토와 모래가 섞여 있는 지반의 극한 지지력이 60ton/m²이라면 이 지반의 허용지지력은?(단, 안전율은 3이다)

① 20ton/m^2 ② 30ton/m^2

③ 40ton/m^2 ④ 60ton/m^2

$$허용지지력 = \frac{총허용하중}{기초의 크기} = \frac{극한지지력}{안전율} = \frac{60}{3} = 20\text{ton/m}^2$$

51 현장에서 모래치환법에 의해 흙의 단위무게를 측정할 때 모래(표준사)를 사용하는 주된 이유는?

① 시료의 무게를 구하기 위하여

② 시료의 간극비를 구하기 위하여

③ 시료의 함수비를 알기 위하여

④ 파낸 구멍의 부피를 알기 위하여

해설

모래치환법은 다짐을 실시한 지반에 구멍을 판 다음 시험 구멍의 체적을 모래로 치환하여 구하는 방법이다.

52 느슨한 상태의 흙에 기계 등의 힘을 이용하여 전압, 충격, 진동 등의 하중을 가하여 흙 속에 있는 공기를 빼내는 작업은?

① 압 밀

② 투 수

③ 전 단

④ 다 짐

해설

다짐 : 래머를 자유낙하시켜 흙을 다지는 작업

53 흙의 입도시험으로부터 균등계수의 값을 구하고자 할 때 식으로 옳은 것은?(단, D_{10} : 입경가적곡선으로부터 얻은 10% 입경, D_{30} : 입경가적곡선으로부터 얻은 30% 입경, D_{60} : 입경가적곡선으로부터 얻은 60% 입경)

① $\dfrac{(D_{30})^2}{D_{10} \times D_{60}}$

② $\dfrac{D_{30}}{D_{10} \times D_{60}}$

③ $\dfrac{D_{30}}{D_{10}}$

④ $\dfrac{D_{60}}{D_{10}}$

해설

균등계수 $C_u = \dfrac{D_{60}}{D_{10}}$, 곡률계수 C_c or $C_g = \dfrac{(D_{30})^2}{D_{10} \times D_{60}}$

54 어느 흙의 자연 함수비가 그 흙의 액성한계보다 높다면 그 흙의 상태는?

① 소성 상태에 있다.

② 고체 상태에 있다.

③ 반고체 상태에 있다.

④ 액성 상태에 있다.

해설

함수량이 많으면 액체 상태가 된다.

55 비중이 2.7인 모래의 간극률이 36%일 때 한계동수경사는?

① 0.728

② 0.895

③ 0.973

④ 1.088

해설

한계동수경사 $= (1-n)(G_s - 1)$
$= (1-0.36)(2.7-1)$
$= 1.088$

56 기초의 구비 조건에 대한 설명 중 옳지 않은 것은?

① 기초는 최소 근입 깊이를 확보하여야 한다.

② 하중을 안전하게 지지해야 한다.

③ 기초는 침하가 전혀 없어야 한다.

④ 기초는 시공 가능한 것이어야 한다.

해설
기초는 침하가 허용치를 넘으면 안 된다.

57 흙의 다짐에서 영 공기 간극곡선에 대한 설명으로 옳지 않은 것은?

① 다짐곡선보다 위쪽에 위치하며 다짐곡선과 교차하는 경우가 많다.

② 다짐곡선의 하향곡선과 거의 나란하다.

③ 공기가 차지하는 간극이 0일 때 얻어지는 이론상의 최대 단위무게를 나타내는 곡선이다.

④ 포화도가 100%일 때 나타나는 포화건조 단위무게 곡선이다.

해설
영 공기 간극곡선은 다짐곡선과 평행을 이룬다.

58 흙입자의 비중 G_s = 2.5, 간극비 e = 1, 포화도 S = 100%일 때 함수비의 값은?

① 25% ② 40%

③ 125% ④ 50%

해설
$$S \cdot e = w \cdot G_s$$
$$w = \frac{S \cdot e}{G_s} = \frac{100 \times 1.0}{2.5} = 40\%$$

59 다음 토질 조사시험에서 지지력 조사를 위한 시험으로 볼 수 없는 것은?

① 표준관입시험

② 콘관입시험

③ 전단시험

④ 투수시험

해설
투수시험은 흙의 투수계수를 결정하는 시험이다.

60 흙의 일축압축시험에서 파괴면이 수평면과 이루는 각도가 60°일 때 이 흙의 내부마찰각은?

① 60° ② 45°

③ 30° ④ 15°

해설
$$\theta = 45° + \frac{\phi}{2}$$
$$60° = 45° + \frac{\phi}{2}$$
$$\phi = 30°$$

01 금이나 납 등을 두드릴 때 얇게 펴지는 것과 같은 성질을 무엇이라 하는가?

① 연 성   ② 전 성

③ 취 성   ④ 인 성

해설

② 전성 : 압축력에 의해 물체가 넓고 얇은 형태로 소성 변형을 하는 성질
① 연성 : 재료가 탄성한계 이상의 힘을 받아도 파괴되지 않고 가늘고 길게 늘어나는 성질
③ 취성 : 재료가 외력을 받을 때 조금만 변형되어도 파괴되는 성질
④ 인성 : 잡아당기는 힘을 견디는 성질

02 석재의 일반적인 성질에 대한 설명으로 틀린 것은?

① 석재의 인장강도는 압축강도에 비해 매우 크다.

② 흡수율이 클수록 강도가 작고, 동해를 받기 쉽다.

③ 비중이 클수록 압축강도가 크다.

④ 화강암은 내화성이 낮다.

해설

석재는 압축강도가 가장 크며 인장, 휨 및 전단강도는 압축강도에 비하여 매우 작다.

03 콘크리트의 워커빌리티에 영향을 주는 요소에 대한 설명으로 틀린 것은?

① 적당한 입도를 갖는 둥근 모양의 자갈을 사용하면 워커빌리티가 좋아진다.

② 단위수량이 많아지면 콘크리트가 묽어지며, 재료의 분리가 일어나기 쉽다.

③ 온도가 높으면 슬럼프값이 작아진다.

④ 비표면적이 작은 시멘트를 사용하면 워커빌리티가 향상된다.

해설

비표면적이 작다는 것은 분말도가 작음을 의미한다. 분말도가 작은 콘크리트의 워커빌리티는 상대적으로 낮다.

04 포졸란의 종류 중 인공산에 속하는 것은?

① 규조토   ② 규산백토

③ 플라이 애시   ④ 화산재

해설

포졸란
• 천연산 : 화산재, 규조토, 규산백토 등
• 인공산 : 플라이 애시, 고로 슬래그, 실리카 퓸, 실리카 겔, 소성 혈암 등

05 골재의 잔입자시험에서 몇 mm 체를 통과하는 것을 잔입자로 하는가?

① 1.7mm   ② 1.0mm

③ 0.15mm   ④ 0.08mm

해설

골재에 포함된 잔입자시험은 골재에 포함된 0.08mm 체를 통과하는 잔입자의 양을 측정하는 방법이다.

06 아스팔트에 대한 설명으로 옳지 않은 것은?

① 아스팔트를 인화점 이상으로 가열하여 인화한 불꽃이 곧 꺼지지 않고 계속 탈 때의 최저 온도를 연소점이라 한다.

② 아스팔트가 연해져서 점도가 일정한 값에 도달하였을 때의 온도를 연화점이라 한다.

③ 아스팔트의 늘어나는 정도를 신도라 한다.

④ 침입도의 값이 클수록 아스팔트는 단단하다.

해설
침입도의 값이 클수록 아스팔트는 연하다.

07 다음 중 혼합 시멘트에 해당하지 않는 것은?

① 고로 슬래그 시멘트

② 포틀랜드 포졸란 시멘트

③ 알루미나 시멘트

④ 플라이 애시 시멘트

해설
알루미나 시멘트는 특수 시멘트에 속한다.

08 다음 중 경화촉진제로 사용되는 것은?

① 염화칼슘

② AE제

③ 알루미늄

④ 플라이 애시

해설
경화촉진제로 염화칼슘을 사용하면 건습에 따른 팽창·수축이 커지고, 수분을 흡수하는 능력이 뛰어나다.

09 굵은 골재의 최대 치수에 대한 정의로 옳은 것은?

① 질량비로 80% 이상을 통과시키는 체 중에서 최소 치수인 체의 호칭치수로 나타낸 굵은 골재의 치수

② 질량비로 90% 이상을 통과시키는 체 중에서 최소 치수인 체의 호칭치수로 나타낸 굵은 골재의 치수

③ 부피비로 80% 이상을 통과시키는 체 중에서 최소 치수인 체의 호칭치수로 나타낸 굵은 골재의 치수

④ 부피비로 90% 이상을 통과시키는 체 중에서 최소 치수인 체의 호칭치수로 나타낸 굵은 골재의 치수

10 댐과 같은 큰 토목구조물에 주로 사용하며 조기강도는 작으나 장기강도가 큰 시멘트는?

① 조강 포틀랜드 시멘트

② 중용열 포틀랜드 시멘트

③ 보통 포틀랜드 시멘트

④ 백색 포틀랜드 시멘트

해설
중용열 포틀랜드 시멘트 : 수화열을 적게 하기 위하여 규산 3석회와 알루민산 3석회의 양을 제한해서 만든 것으로, 건조수축이 작고 장기강도가 큰 특징을 지녀 댐이나 고층 아파트와 같이 압력을 많이 받는 콘크리트 구조물에 사용한다.

11 블론 아스팔트와 비교하였을 때 스트레이트 아스팔트의 특성에 관한 설명으로 옳지 않은 것은?

① 신도가 크다.
② 방수성이 뛰어나다.
③ 감온성이 크다.
④ 내후성이 우수하다.

스트레이트 아스팔트는 접착성, 신장성, 흡·투수가 우수하여 지하 방수공사에 사용한다. 블론 아스팔트는 온도에 둔감하여 내후성이 크므로, 온도 변화와 내후성·노화에 중점을 두는 지붕공사에 사용한다.

12 아스팔트의 연화점시험에서 시료가 연화해서 늘어나기 시작하여 얼마만큼 떨어진 밑판에 닿는 순간의 온도계의 눈금을 읽어 기록하는가?

① 10.0mm   ② 16.0mm
③ 20.1mm   ④ 25mm

환구법을 사용하는 아스팔트 연화점시험에서 시료를 규정 조건으로 가열하였을 때, 시료가 연화되기 시작하여 규정된 거리(25mm)까지 내려갈 때의 온도를 연화점이라 한다.

13 콘크리트의 크리프에 대한 설명으로 옳지 않은 것은?

① 하중을 재하할 때 콘크리트의 재령이 작을수록 크리프가 크게 나타난다.
② 콘크리트에 일정한 하중을 지속적으로 재하하면 응력의 변화가 없어도 변형은 시간에 따라 증가하는데, 이와 같은 현상을 크리프라 한다.
③ 콘크리트 부재의 치수가 작을수록 크리프가 작게 발생한다.
④ 조강 시멘트를 사용한 콘크리트는 보통 시멘트를 사용한 콘크리트보다 크리프가 작다.

콘크리트 부재의 치수가 작을수록 크리프는 크게 일어난다.

14 콘크리트 압축강도시험에 대한 설명으로 옳은 것은?

① 시험체의 지름은 굵은 골재 최대 치수의 5배 이상이어야 한다.
② 시험체 몰드를 떼기 전에 캐핑을 하는 경우 된반죽 콘크리트에서는 콘크리트를 채운 후 2~6시간 정도 후에 캐핑을 실시한다.
③ 시험체를 만든 후 5~15시간 안에 몰드를 떼어낸다.
④ 시험체에 하중을 가하는 속도는 완급을 규칙적으로 하여 시험체에 충격을 가하여야 한다.

① 시험체의 지름은 굵은 골재 최대 치수의 3배 이상이어야 한다.
③ 몰드에 콘크리트를 채운 후 16시간 이상, 3일 이내에 몰드를 떼어내야 한다.
④ 공시체에 충격을 주지 않도록 일정한 속도로 하중을 가한다. 하중을 가하는 속도는 원칙적으로 압축응력도의 증가가 매초 0.6±0.2MPa이 되도록 한다.

15 목재의 일반적인 성질에 대한 설명으로 잘못된 것은?

① 함수량은 수축, 팽창 등에 큰 영향을 미친다.
② 금속, 석재, 콘크리트 등에 비해 열, 소리의 전도율이 크다.
③ 무게에 비해서 강도와 탄성이 크다.
④ 재질이 고르지 못하고 크기에 제한이 있다.

목재는 금속, 석재, 콘크리트 등에 비해 열전도율과 열팽창률이 작다.

16 역청재료의 연화점을 알기 위해 일반적으로 사용하는 방법은?

① 환구법
② 공기투과법
③ 표준체에 의한 방법
④ 전극법

해설
환구법을 사용하는 아스팔트 연화점시험에서 시료를 규정조건에서 가열하였을 때, 시료가 연화되기 시작하여 규정된 거리(25mm)까지 내려갈 때의 온도를 연화점이라 한다.

17 잔골재의 밀도시험에 사용되는 플라스크 용량으로 가장 적당한 것은?

① 250mL
② 500mL
③ 600mL
④ 12,000mL

해설
잔골재의 밀도시험에 사용되는 플라스크는 500mL 용량이 적당하다.

18 골재의 조립률에 대한 설명으로 옳지 않은 것은?

① 골재의 조립률은 골재알의 지름이 클수록 크다.
② 잔골재의 조립률은 2.3~3.1이 적당하다.
③ 골재의 조립률은 체가름시험으로 구할 수 있다.
④ 조립률이 큰 골재를 사용하면 좋은 품질의 콘크리트를 만들 수 있다.

해설
적당한 입도(조립률)을 가진 골재를 사용해야 양질의 콘크리트를 만들 수 있다.

19 골재의 입도란?

① 굵은 골재가 섞여 있는 정도
② 잔골재가 섞여 있는 정도
③ 골재의 크고 작은 알이 섞여 있는 정도
④ 골재가 가지고 있는 성질

해설
골재의 입도란 크고 작은 골재 입자의 혼합된 정도로, 이를 알기 위해서 KS의 골재 체가름 시험방법에 의한 체가름을 실시한다.

20 다음 중 수은을 사용하는 시험은?

① 흙의 소성한계시험
② 흙의 액성한계시험
③ 흙의 수축한계시험
④ 흙의 입도시험

해설
흙의 수축한계시험에서 수은을 사용하는 주된 이유는 건조 시료의 부피를 측정하기 위해서이다.

21 다음 중 시멘트의 응결시간 측정시험에 사용하는 기구는?

① 다이얼게이지

② 압력계

③ 길모어 침

④ 표준체

초결과 종결을 구분하는 데는 비카 시험장치 또는 길모어 침을 이용한다.

22 잔골재의 밀도 및 흡수율시험의 1회 시험을 위한 시료량으로 옳은 것은?

① 원뿔형 몰드를 이용하여 제작한 표면건조포화상태의 잔골재를 100g 이상 채취하고, 그 질량을 1g까지 측정한 시료

② 원뿔형 몰드를 이용하여 제작한 표면건조포화상태의 잔골재를 200g 이상 채취하고, 그 질량을 1g까지 측정한 시료

③ 원뿔형 몰드를 이용하여 제작한 표면건조포화상태의 잔골재를 200g 이상 채취하고, 그 질량을 0.1g까지 측정한 시료

④ 원뿔형 몰드를 이용하여 제작한 표면건조포화상태의 잔골재를 500g 이상 채취하고, 그 질량을 0.1g까지 측정한 시료

23 콘크리트 슬럼프시험에서 슬럼프값은 콘크리트가 내려앉은 길이를 얼마의 정밀도로 측정하는가?

① 0.5cm   ② 0.2cm

③ 0.1cm   ④ 1cm

콘크리트의 중앙부와 옆에 놓인 슬럼프콘 상단과의 높이차를 5mm 단위로 측정하여 이것을 슬럼프값으로 한다.

24 압력법에 의한 굳지 않은 콘크리트의 공기량 시험 결과 콘크리트의 겉보기 공기량은 6.80%, 골재의 수정계수는 1.20%일 때 콘크리트의 공기량은?

① 1.20%   ② 5.60%

③ 6.80%   ④ 8.16%

콘크리트의 공기량
$A = A_1 - G$
$\quad = 6.80 - 1.20 = 5.60\%$
여기서, A : 콘크리트의 공기량(%)
$\qquad\quad A_1$: 콘크리트의 겉보기 공기량(%)
$\qquad\quad G$: 골재의 수정계수(%)

25 콘크리트 압축강도의 시험 기록이 없는 현장에서 설계기준 압축강도가 20MPa인 경우 배합강도는?

① 27MPa   ② 28.5MPa

③ 30MPa   ④ 32.5MPa

콘크리트 압축강도의 표준편차를 알지 못할 때 또는 압축강도의 시험 횟수가 14회 이하인 경우 콘크리트의 배합강도는 다음 표와 같이 정할 수 있다.

설계기준강도 f_{ck}(MPa)	배합강도 f_{cr}(MPa)
21 미만	$f_{ck} + 7$
21 이상 35 이하	$f_{ck} + 8.5$
35 초과	$1.1 f_{ck} + 5$

$f_{cr} = 20 + 7 = 27\text{MPa}$

26 로스앤젤레스시험기에 의한 굵은 골재의 마모시험에서 시료를 시험기에서 꺼내 체가름할 때 사용하는 체로 옳은 것은?

① 10mm 체

② 5.4mm 체

③ 2.4mm 체

④ 1.7mm 체

해설
회전이 끝나면 시료를 시험기에서 꺼내서 1.7mm의 망체로 친다.

27 흙의 액성한계시험에서 구할 수 있는 유동곡선에서 낙하 횟수 몇 회에 상당하는 함수비를 액성한계라고 하는가?

① 23회   ② 24회

③ 25회   ④ 26회

해설
액성한계시험으로부터 구한 유동곡선에서 낙하 횟수 25회에 해당하는 함수비를 액성한계라 한다.

28 흙의 액성한계시험에 사용되는 흙은 몇 μm 체를 통과한 것을 시료로 사용하는가?

① 850μm 체

② 425μm 체

③ 250μm 체

④ 75μm 체

해설
425μm(0.425mm) 체로 쳐서 통과한 시료 약 200g 정도를 준비한다.

29 콘크리트 표면을 때려 그 반발로 콘크리트의 경도를 측정하여 압축강도를 추정할 때 사용되는 시험기는?

① 워싱턴형 시험기

② 슈미트 해머

③ 로스앤젤레스시험기

④ 블레인 공기투과장치

해설
슈미트 해머는 콘크리트 압축강도를 추정하기 위한 비파괴시험기이다.

30 시멘트 입자의 가는 정도를 알기 위한 시험으로 옳은 것은?

① 시멘트 비중시험

② 시멘트 응결시험

③ 시멘트 분말도시험

④ 시멘트 팽창성시험

해설
시멘트의 분말도는 일반적으로 비표면적으로 표시하며 시멘트 입자의 굵고 가는 정도로 단위는 cm²/g이다.

31 어느 흙의 습윤무게가 300g이고, 함수비가 20% 일 때 이 흙의 노건조 무게는?

① 60g　　　　　　② 150g

③ 200g　　　　　　④ 250g

함수비 $= \dfrac{(습윤상태의 \ 질량 - 건조상태의 \ 질량)}{건조상태의 \ 질량} \times 100$

$20 = \dfrac{(300-x)}{x} \times 100$

$x = 250g$

32 흙의 함수비시험에서 시료를 몇 ℃에서 일정 무게 가 될 때까지 건조시키는가?

① 70±5℃

② 85±5℃

③ 100±5℃

④ 110±5℃

시료를 용기별로 항온건조로에 넣고 110±5℃에서 일정 질량이 될 때까지 노건조한다.

33 골재의 잔입자시험에서 몇 mm 체를 통과하는 것 을 잔입자로 하는가?

① 1.7mm

② 1.0mm

③ 0.15mm

④ 0.08mm

골재에 포함된 잔입자시험은 골재에 포함된 0.08mm 체를 통과하는 잔입자의 양을 측정하는 방법이다.

34 아스팔트 침입도시험을 시행하는 목적은?

① 아스팔트 굳기 정도 측정

② 아스팔트의 신도 측정

③ 아스팔트 입도 측정

④ 아스팔트 분말도 측정

침입도시험의 목적 : 아스팔트의 굳기 정도, 경도, 감온성, 적용성 등을 결정하기 위해 실시한다.

35 아스팔트 침입도시험에서 표준침의 관입시간으로 옳은 것은?

① 1초　　　　　　② 3초

③ 5초　　　　　　④ 8초

침입도시험의 측정조건 : 소정의 온도(25℃), 하중(100g), 시간(5초)에 규정된 침이 수직으로 관입한 길이로 0.1mm 관입 시 침입도를 1로 규정한다.

36 현재 가장 많이 쓰이는 흙의 입도 분석법은?

① 비중계법
② 피펫법
③ 침전법
④ 원심력법

입도시험은 0.075mm 체에 남는 시료는 체분석법으로, 0.075mm 체의 통과분은 비중계법으로 측정한다.

37 콘크리트의 배합 설계에서 콘크리트 압축강도 표준편차는 실제 사용한 콘크리트의 몇 회 이상의 시험실적으로부터 결정하는 것을 원칙으로 하는가?

① 10   ② 20
③ 30   ④ 50

콘크리트의 배합 설계에서 콘크리트 압축강도 표준편차는 실제 사용한 콘크리트의 30회 이상의 시험실적으로부터 결정하는 것을 원칙으로 한다.

38 워싱턴형 공기량측정기를 사용하여 굳지 않은 콘크리트의 공기 함유량을 구하는 경우에 응용되는 법칙은?

① 보일(Boyle)의 법칙
② 스토크스(Stokes')의 법칙
③ 뉴턴(Newton)의 법칙
④ 다르시(Darcy)의 법칙

워싱턴형 공기량측정기는 굳지 않은 콘크리트의 공기 함유량을 압력의 감소를 이용해 측정하는 방법으로 보일의 법칙을 적용한 것이다.

39 흙의 비중시험을 할 때 비중병에 시료를 넣고 끓이는 이유는?

① 기포를 제거하기 위하여
② 증류수의 온도를 보정하기 위하여
③ 공기 중 건조 시료를 사용했기 때문에
④ 메니스커스에 의한 오차를 작게 하기 위하여

흙 입자 속에 있는 기포를 완전히 제거하기 위해서 피크노미터에 시료와 증류수를 채우고 일반적인 흙의 경우 10분 이상 끓여야 한다.

40 액성한계가 42.8%, 소성한계가 32.2%일 때 소성지수를 구하면?

① 10.6   ② 15.5
③ 30.2   ④ 45.8

소성지수(PI) = 액성한계 − 소성한계
$$= 42.8 - 32.2$$
$$= 10.6$$

41 다음 그림과 같은 3등분점 재하장치에 의한 휨강도 시험용 공시체에서 지지 롤러 사이의 거리의 크기로 옳은 것은?

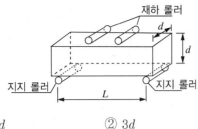

① 2d
② 3d
③ 4d
④ 5d

해설
3등분점 재하장치에 의한 휨강도 시험용 공시체에서 지지 롤러 사이의 거리의 크기는 3d로 표현할 수 있다.

42 시멘트 비중시험에서 비중병을 실온으로 일정하게 되어 있는 물 중탕에 넣어 광유의 온도차가 얼마 이내로 되었을 때 광유의 표면 눈금을 읽는가?

① 0.2℃
② 1.2℃
③ 2.2℃
④ 3.2℃

해설
비중병을 실온으로 일정하게 되어 있는 물 중탕에 넣어 광유의 온도차가 0.2℃ 이내로 되었을 때의 눈금을 읽어 기록한다.

43 아직 굳지 않은 콘크리트의 슬럼프 시험기구의 슬럼프콘의 크기로 옳은 것은?

① 밑면의 안지름 100mm, 윗면의 안지름 200mm, 높이 300mm
② 밑면의 안지름 200mm, 윗면의 안지름 100mm, 높이 300mm
③ 밑면의 안지름 200mm, 윗면의 안지름 200mm, 높이 300mm
④ 밑면의 안지름 300mm, 윗면의 안지름 100mm, 높이 200mm

해설
슬럼프콘은 밑면의 안지름이 200±2mm, 윗면의 안지름이 100±2mm, 높이 300±2mm인 금속제이다.

44 굳지 않은 콘크리트의 슬럼프시험에 대한 설명으로 틀린 것은?

① 층마다 다질 때 다짐봉의 다짐 깊이는 앞 층에 거의 도달할 정도로 다진다.
② 슬럼프콘에 콘크리트를 3층으로 채우고 층마다 20회씩 다진다.
③ 굵은 골재의 최대 치수가 40mm를 넘는 것은 제거한다.
④ 슬럼프콘 용적의 약 1/3씩 되게 3층으로 나눠 채운다.

해설
슬럼프콘에 콘크리트를 3층으로 채우고 층마다 25회씩 다진다.

45 액성한계시험에서 공기건조한 시료에 증류수를 가하여 반죽한 후 흙과 증류수가 잘 혼합되도록 방치하는 적당한 시간은?

① 1시간 이상
② 2시간 이상
③ 5시간 이상
④ 10시간 이상

해설
공기건조한 경우 증류수를 가하여 충분히 반죽한 후 흙과 물이 잘 혼합되도록 하기 위하여 수분이 증발되지 않도록 해서 10시간 이상 방치한다.

46 흙의 다짐곡선 특징에 대한 설명으로 잘못된 것은?

① 최적함수비가 낮은 흙일수록 최대 건조단위무게가 작다.
② 입도가 좋은 모래는 입도가 불량한 모래보다 최대 건조단위무게가 크다.
③ 다짐에너지가 클수록 최적함수비가 감소한다.
④ 점토질 세립토에서는 곡선형태가 완만한 양상을 보인다.

해설
최적함수비가 높은 흙일수록 최대 건조단위무게가 작다.

47 투수계수가 비교적 큰 조립토(자갈, 모래)에 가장 적합한 실내투수 시험방법은?

① 압밀시험
② 변수위투수시험
③ 정수위투수시험
④ 다짐시험

해설
실내에서 투수계수 측정방법
투수계수의 범위에 따라 투수계수 측정방법을 결정한다.
• 정수위투수시험 : 투수성이 높은 사질토에 적용,
  10^{-3}cm/sec $\leq K$일 때 적용
• 변수위투수시험 : 투수성이 작은 세사나 실트에 적용,
  10^{-6}cm/sec $\leq K \leq 10^{-3}$cm/sec일 때 적용
• 압밀시험 : 투수성이 매우 낮은 불투수성 점토,
  $K < 10^{-7}$cm/sec일 때 적용

48 다음 중 얕은 기초에 속하는 것은?

① 푸팅 기초
② 피어 기초
③ 말뚝 기초
④ 우물통 기초

해설
기초의 분류
• 직접 기초(얕은 기초)
  – 푸팅 기초(확대 기초) : 독립 푸팅 기초, 복합 푸팅 기초, 연속 푸팅 기초, 캔틸레버 기초
  – 전면 기초(매트 기초)
• 깊은 기초 : 말뚝 기초, 피어 기초, 케이슨 기초

49 압밀시험에서 공시체의 높이가 2cm이고, 배수가 양면 배수일 때 배수거리는 얼마인가?

① 0.5cm ② 1cm
③ 3cm ④ 5cm

해설
배수거리
- 일면 배수: 점토층의 두께와 같다.
- 양면 배수: 점토층의 두께의 반이다. 2÷2=1cm

50 다음 그림과 같은 접지압(지반반력)이 되는 경우의 Footing과 기초지반 흙은?

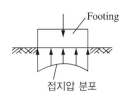

Footing
접지압 분포

① 연성 Footing일 때의 모래 지반
② 강성 Footing일 때의 모래 지반
③ 연성 Footing일 때의 점토 지반
④ 강성 Footing일 때의 점토 지반

해설
접지압과 침하량의 분포도

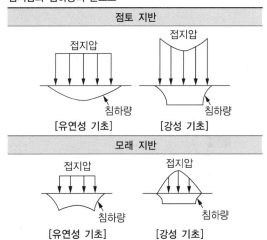

51 통일 분류법에 사용되는 기호 중 실트를 나타내는 제1문자는?

① G ② S
③ M ④ C

해설
분류기호
분류는 문자의 조합으로 나타내며 기호의 의미는 다음과 같다.

구 분	제1문자		제2문자	
	기 호	흙의 종류	기 호	흙의 상태
조립토	G S	자 갈 모 래	W P M C	입도분포가 양호한 입도분포가 불량한 실트를 함유한 점토를 함유한
세립토	M C O	실 트 점 토 유기질토	H L	압축성이 높은 압축성이 낮은
고유 기질토	Pt	이 탄	–	–

52 간극률 37%, 비중 2.66의 모래가 있다. 간극비는 얼마인가?

① 1.68 ② 0.59
③ 1.83 ④ 0.37

해설
$$e = \frac{n}{1-n}$$
$$= \frac{0.37}{1-0.37} \approx 0.59$$

53 모래의 내부마찰각이 30°, 수직응력이 10ton/m^3인 경우 전단강도는 얼마인가?(단, 점착력은 0이다)

① 1.85ton/m^2

② 3.02ton/m^2

③ 4.13ton/m^2

④ 5.77ton/m^2

$\tau = \sigma\tan\phi$
$\quad = 10 \times \tan30° = 10 \times 0.5773 \simeq 5.77$

54 간극이 완전히 물로 포화된 포화도 100%일 때의 건조단위무게와 함수비 관계곡선은?

① 다짐곡선

② 유동곡선

③ 입도곡선

④ 영 공기 간극곡선

영 공기 간극곡선(零空氣間隙曲線) : 포화된 공극(孔隙)에 공기가 전혀 없는 흙의 건조단위중량(γ_d)과 함수비(w) 사이의 관계를 나타내는 곡선으로, 보통 다짐곡선과 함께 표기하는 포화곡선이다.

$$\rho_{d.sat} = \dfrac{\rho_w}{\dfrac{\rho_w}{\rho_s} + \dfrac{w}{100}}$$

여기서, $\rho_{d.sat}$: 영 공기 간극 상태의 건조밀도(g/cm³)
$\qquad\quad \rho_w$: 물의 밀도(g/cm³)
$\qquad\quad \rho_s$: 흙 입자의 밀도(g/cm³)
$\qquad\quad w$: 함수비

55 모래치환법에 의한 현장 흙의 단위무게시험에서 시험 구멍의 부피는 $2,000\text{cm}^3$이며 구멍에서 파낸 흙의 무게는 $3,000\text{g}$이었다. 이때 파낸 흙의 함수비가 10%라면 건조단위무게는 얼마인가?

① 1.36g/cm^3

② 2.07g/cm^3

③ 2.85g/cm^3

④ 3.62g/cm^3

• 습윤단위무게

$$\gamma_t = \frac{W}{V} = \frac{3,000}{2,000} = 1.5$$

여기서, W : 구멍에서 파낸 흙의 무게
$\qquad\quad V$: 시험 구멍의 부피

• 건조단위무게

$$\gamma_d = \frac{\gamma_t}{1 + \dfrac{w}{100}}$$

$$= \frac{1.5}{1 + \dfrac{10}{100}} = \frac{1.5}{1.1} = 1.36$$

여기서, w : 파낸 흙의 함수비

56 연약한 점토 지반에서 전단강도를 구하기 위해 실시하는 현장 시험방법은 무엇인가?

① 베인(Vane)시험

② 직접전단시험

③ 일축압축시험

④ 삼축압축시험

베인전단시험은 연약한 포화 점토 지반에 대해서 현장에서 직접 실시하여 점토 지반의 비배수강도(비배수 점착력)를 구하는 현장 전단시험 중의 하나이다.

57 건조단위무게가 1.66t/m³이고, 간극비가 0.5인 흙의 비중은 얼마인가?

① 2.43 ② 2.46

③ 2.49 ④ 2.52

해설
흙의 밀도

$$\gamma_d = \frac{G_s}{1+e} \times \gamma_w$$

$$G_s = \frac{(1+e)}{\gamma_w} \gamma_d$$

$$= \frac{1+0.5}{1} \times 1.66 = 1.5 \times 1.66 = 2.49$$

여기서, e : 간극비
γ_d : 건조단위무게

58 군지수(Group Index)를 구하는 데 필요 없는 것은?

① 유동지수

② 0.075mm(No.200) 체 통과율

③ 액성한계

④ 소성지수

해설
군지수 $GI = 0.2a + 0.005ac + 0.01bd$
여기서, a : 0.075mm(No.200) 체 통과량-35(0~40)
b : 0.075mm(No.200) 체 통과량-15(0~40)
c : 액성한계(LL)-40(0~20)
d : 소성한계(Pl)-10(0~20)

59 다음의 식은 극한 지지력 산정방법 중 테르자기에 의해 제안된 공식이다. 여기서 D_f에 해당하는 것은?

$$q_u = \alpha CN_c + \gamma_1 D_f N_q + \beta \gamma_2 BN_r$$

① 기초의 근입 깊이

② 지지력계수

③ 기초의 폭

④ 지반의 극한 지지력

해설
테르자기의 극한 지지력 공식
$q_u = \alpha CN_c + \gamma_1 D_f N_q + \beta \gamma_2 BN_\gamma$
여기서, q_u : 지반의 극한 지지력, α, β : 기초의 형상계수
C : 기초 아래 흙의 점착력, N_c, N_q, N_r : 지지력계수
γ_1 : 근입깊이 흙의 단위중량, D_f : 기초의 근입 깊이
γ_2 : 기초 바닥 아래 흙의 단위중량, B : 기초 폭

60 흙의 액성한계시험에서 황동접시에 흙을 최대 두께가 몇 mm가 되도록 채우는가?

① 5 ② 10

③ 15 ④ 25

해설
주걱을 사용하여 시료를 황동접시에 최대 두께가 약 10mm가 되도록 넣고 모양을 정리한다.

01 콘크리트 배합 설계 시 단위수량이 160kg/m³, 단위 시멘트량이 320kg/m³일 때 물-시멘트비는 얼마인가?

① 30% ② 40%

③ 50% ④ 60%

해설

물-시멘트비 $= \dfrac{W}{C} = \dfrac{160}{320} = 0.5 = 50\%$

02 재료가 외력을 받아서 변형을 일으킨 뒤 외력을 제거하면 다시 원형으로 돌아가는 성질은?

① 탄 성 ② 소 성

③ 취 성 ④ 연 성

해설

② 소성 : 외력을 받아서 변형된 재료가 외력을 제거해도 원형으로 되돌아가지 않고 변형된 그대로 있는 성질

③ 취성 : 물질에 외력을 가했을 때 작은 변형에도 쉽게 파괴되는 성질

④ 연성 : 재료가 탄성한계 이상의 힘을 받아도 파괴되지 않고 가늘고 길게 늘어나는 성질

03 아스팔트 침입도에 대한 설명으로 옳지 않은 것은?

① 침입도의 값이 클수록 아스팔트는 연하다.

② 침입도는 온도가 높을수록 커진다.

③ 침입도가 작으면 비중이 작다.

④ 침입도는 아스팔트의 굳기 정도를 나타내는 것으로, 표준침의 관입저항을 측정하는 것이다.

해설

침입도가 작을수록 비중이 크다.

04 다음 중 시멘트의 응결시간을 측정하기 위한 시험 기구는?

① 플로 테이블

② 압축시험기

③ 비카장치

④ 진동기

해설

초결과 종결을 측정하기 위하여 비카장치를 사용한다.

05 다음 중 퇴적암에 속하지 않는 것은?

① 사 암 ② 혈 암

③ 응회암 ④ 안산암

해설

암석의 분류

화성암	심성암	화강암, 섬록암, 반려암, 감람암 등
	반심성암	화강반암, 휘록암 등
	화산암	석영조면암(유문암), 안산암, 현무암 등
퇴적암(수성암)		역암, 사암, 혈암, 점판암, 응회암, 석회암 등
변성암		대리석, 편마암, 사문암, 천매암(편암) 등

06 다이너마이트(Dynamite)의 종류 중 파괴력이 가장 강하고 수중에서도 폭발하는 것은?

① 교질 다이너마이트
② 분말상 다이너마이트
③ 규조토 다이너마이트
④ 스트레이트 다이너마이트

해설

다이너마이트의 종류
• 교질 다이너마이트 : 나이트로글리세린을 20% 정도 함유하고 있으며 찐득한 엿 형태로, 폭약 중 폭발력이 가장 강하고 수중에서도 사용이 가능한 폭약이다.
• 분말 다이너마이트 : 나이트로글리세린의 비율을 많이 줄이고 산화제나 가연물을 많이 넣어 만든다.
• 혼합(규조토) 다이너마이트 : 나이트로글리세린과 흡수제를 적절히 배합한 것으로, 영국에서 최초로 개발하였다.
• 스트레이트 다이너마이트 : $NaNO_3$(질산나트륨), 목탄분, 황, $CaCO_3$(탄산칼슘) 등이 함유되어 있다(미국식).

07 시멘트 저장에 관한 설명으로 잘못된 것은?

① 방습적인 구조로 된 사일로 또는 창고에 저장하여야 한다.
② 품종별로 구분하여 저장하여야 한다.
③ 저장량이 많을 경우 또는 저장기간이 길어질 경우 15포대 이상으로 쌓는다.
④ 저장 중에 약간이라도 굳은 시멘트는 공사에 사용하지 않아야 한다.

해설

저장기간이 길어질 우려가 있는 경우에는 7포 이상 쌓아 올리지 않는 것이 좋다.

08 시멘트 입자의 가는 정도를 분말도라 하는데 분말도가 높을 때의 현상으로 틀린 것은?

① 조기강도가 작아진다.
② 풍화하기 쉽다.
③ 콘크리트에 균열이 생기기 쉽다.
④ 건조수축이 커진다.

해설

분말도가 클수록 조기강도가 크고, 강도 증진율이 높다.

09 블론 아스팔트와 비교한 스트레이트 아스팔트의 특성에 대한 설명으로 틀린 것은?

① 탄성이 작다.
② 연화점이 비교적 낮다.
③ 감온비가 비교적 크다.
④ 내후성이 상당히 크다.

해설

스트레이트 아스팔트는 접착성, 신장성, 흡·투수가 우수하여 지하 방수공사에 사용한다. 블론 아스팔트는 온도에 둔감하여 내후성이 크므로, 온도 변화와 내후성·노화에 중점을 두는 지붕공사에 사용한다.

10 석회암이 지열을 받아 변성된 석재로 주성분이 탄산칼슘인 석재는?

① 화강암
② 응회암
③ 대리석
④ 점판암

해설

대리석은 탄산칼슘이 주성분인 암석이다. 산성용액은 탄산칼슘을 녹이기 때문에 산성비가 내리면 대리석 조각들은 녹아내린다.

11 KS F 2414에 규정된 콘크리트의 블리딩시험은 굵은 골재의 최대 치수가 얼마 이하인 경우에 적용하는가?

① 25mm ② 40mm

③ 60mm ④ 80mm

해설
블리딩시험은 굵은 골재의 최대 치수가 40mm 이하인 경우에 적용한다.

12 원목이나 제재한 목재를 공기가 잘 통하는 곳에 쌓아 두어 자연적으로 건조시키는 방법은?

① 열기건조법
② 훈연건조법
③ 침수법
④ 공기건조법

해설
자연건조법
• 공기건조법 : 야외에 높이 20cm 이상의 굄목을 놓고 목재를 쌓아 자연 상태에서 완전건조시키는 방법이다. 비용이 적게 들고 간단하여 특별한 기술이 필요하지 않다는 장점이 있는 반면, 넓은 장소와 시일이 필요하고 햇빛에 의해 변색이나 균열이 생기기 쉬운 단점이 있다.
• 침수법 : 건조 전에 목재를 3~4주간 물속에 담가 수액을 유출시킨 후 공기건조에 의해 건조시키는 방법으로, 공기건조의 기간 단축을 위해 보조적으로 이용하는 방법이다.

13 계면활성작용에 의하여 워커빌리티와 동결융해작용에 대한 내구성을 개선시키는 혼화제는?

① AE제, 감수제
② 촉진제, 지연제
③ 기포제, 발포제
④ 보수제, 접착제

해설
• 계면활성작용에 의하여 워커빌리티와 동결융해작용에 대한 내구성을 개선시키는 혼화제 : AE제, 감수제, 유동제
• 응결시간과 경화시간을 조절하는 것 : 촉진제, 지연제, 급결제

14 화력발전소에서 미분탄을 보일러 내에서 완전히 연소했을 때 그 폐가스 중에 함유된 용융 상태의 실리카질 미분입자를 전기집진기로 모은 것으로 콘크리트용 혼화재료 사용되는 것은?

① 플라이 애시
② 고로 슬래그 미분말
③ 팽창재
④ 감수제

해설
플라이 애시는 인공 포졸란이다.

15 일반적으로 목재의 비중으로 사용되는 것은?

① 생목비중
② 기건비중
③ 포수비중
④ 절대건조비중

해설
함수 상태에 의해 생목비중, 기건비중, 절대건조비중, 포수비중으로 나눈다.
기건비중 : 목재 성분 중에서 수분을 공기 중에서 제거한 상태의 비중으로, 구조 설계 시 참고자료로 사용된다.

16 흙의 함수비 시험결과가 다음 표와 같을 때 이 흙의 함수비는?

> - 자연 상태 시료와 용기의 무게(g) : 125
> - 노건조 시료와 용기의 무게(g) : 105
> - 용기의 무게(g) : 55

① 30% ② 40%

③ 50% ④ 60%

해설

함수비 = $\dfrac{125-105}{105-55} \times 100 = 40\%$

17 굳지 않은 콘크리트의 겉보기 공기량 측정시험에 대한 설명 중 옳지 않은 것은?

① 대표적인 시료를 용기에 3층으로 나누어 넣는다.
② 각 층에 넣은 용기 안의 시료는 다짐대로 25번씩 고르게 다진다.
③ 용기에 넣고 다져진 시료는 흐트러지므로 용기의 옆면을 두들겨선 안 된다.
④ 압력계의 지침이 안정되었을 때 압력계를 읽어 겉보기 공기량을 구한다.

해설

압력이 골고루 분포되도록 용기 측면을 나무망치로 두드린다.

18 액성한계시험에서 황동재 컵의 1회 낙하속도는 약 얼마인가?

① 0.5초 ② 0.25초

③ 1.0초 ④ 1.5초

해설

황동접시를 낙하장치에 부착하고 낙하장치에 의해 1초 동안에 2회의 비율(0.5초)로 황동접시를 들어 올렸다가 떨어뜨린다.

19 골재에 포함된 잔입자시험(KS F 2511)에서 잔입자란 골재를 물로 씻어서 몇 mm 체를 통과하는 입자인가?

① 0.08mm

② 0.16mm

③ 0.32mm

④ 0.64mm

해설

골재에 포함된 잔입자시험은 골재에 포함된 0.08mm 체를 통과하는 잔입자의 양을 측정하는 방법이다.

20 콘크리트의 압축강도시험에서 시험용 공시체는 시험 전까지 일정한 온도에서 습윤양생해야 한다. 다음 중 옳은 양생온도는?

① 17℃±3℃

② 19℃±2℃

③ 20℃±2℃

④ 27℃±2℃

해설

공시체 양생온도는 20±2℃로 한다.

21 어느 흙의 현장 건조단위무게가 1.552g/m^3이고, 실내다짐시험에 의한 최적함수비가 72%일 때 최대 건조단위무게가 1.682g/m^3를 얻었다. 이 흙의 다짐도는?

① 79.36%

② 86.21%

③ 92.27%

④ 98.31%

해설

다짐도$(C_d) = \dfrac{\gamma_d}{\gamma_{d.\max}} \times 100 = \dfrac{1.552}{1.682} \times 100 = 92.27\%$

22 시멘트 64g, 처음 광유 눈금 읽기가 0mL, 시멘트를 넣고 기포를 제거한 후 눈금 읽기가 21mL일 때 시멘트의 비중은 얼마인가?

① 3.05

② 3.10

③ 3.15

④ 3.20

해설

시멘트의 밀도(비중)$= \dfrac{\text{시료의 무게}}{\text{눈금차}}$

$= \dfrac{64}{21-0} = 3.05$

23 습윤상태의 중량이 112g인 모래를 건조시켜 표면 건조 포화상태에서 108g, 공기 중 건조상태에서 103g, 절대건조상태에서 101g일 때 표면수량은?

① 10.9%

② 4.9%

③ 3.7%

④ 3.1%

해설

표면수량$= \dfrac{\text{습윤상태 질량} - \text{표건질량}}{\text{표건질량}} \times 100$

$= \dfrac{112-108}{108} \times 100 = 3.7\%$

24 콘크리트의 압축강도시험 결과 최대 하중이 519.43 kN이고, 공시체의 지름이 152mm일 때 공시체의 압축강도는?

① 2.86MPa

② 2.94MPa

③ 28.6MPa

④ 29.4MPa

해설

압축강도$(f) = \dfrac{P}{A} = \dfrac{519,430}{\dfrac{\pi \times 152^2}{4}} \simeq 28.63\text{MPa}$

25 콘크리트의 슬럼프값은 콘크리트가 중앙부에서 내려앉은 길이를 어느 정도의 정밀도로 표시하는가?

① 0.5mm

② 1mm

③ 5mm

④ 10mm

해설

콘크리트의 중앙부와 옆에 놓인 슬럼프콘 상단과의 높이차를 5mm 단위로 측정하여 이것을 슬럼프값으로 한다.

26 토질시험에 의해서 액성한계를 결정하기 위해서는 액성한계 시험기구의 접시를 몇 cm 높이에서 낙하시키는가?

① 1cm   ② 2cm

③ 3cm   ④ 4cm

해설
황동접시와 경질 고무 받침대 사이에 게이지를 끼우고 황동접시의 낙하 높이가 10±0.1mm가 되도록 낙하장치를 조정한다.

27 골재의 수정계수가 1.4%이고, 콘크리트의 겉보기 공기량이 8.23% 일 때 콘크리트의 공기량은 얼마인가?

① 9.63%   ② 6.83%

③ 5.55%   ④ 5.43%

해설
콘크리트의 공기량 = 겉보기 공기량 − 골재 수정계수
$$= 8.23 - 1.4$$
$$= 6.83\%$$

28 흙의 입도분석 시험결과 입경가적곡선에서 D_{10} = 0.022mm, D_{30} = 0.038mm, D_{60} = 0.13mm일 때 균등계수는 얼마인가?

① 5.91   ② 5.63

③ 4.80   ④ 6.84

해설
균등계수 $C_u = \dfrac{D_{60}}{D_{10}} = \dfrac{0.13}{0.022} = 5.91$

29 시험체가 15cm × 15cm × 53cm인 콘크리트 휨강도 시험용 공시체를 제작할 때 다짐봉을 사용하는 경우 각 층을 몇 번씩 다지는가?

① 20번   ② 40번

③ 60번   ④ 80번

해설
콘크리트 휨강도 시험용 공시체는 제작할 때 콘크리트는 몰드에 2층으로 나누어 채우고 각 층은 적어도 1,000mm²에 1회의 비율로 다짐을 한다.
몰드의 단면적 = 150 × 530 = 79,500mm²
다짐횟수 = 79,500 ÷ 1,000 = 79.5 ≒ 80번

30 천연 아스팔트의 신도시험에서 시료를 고리에 걸고 시료의 양 끝을 잡아당길 때의 규정속도는 분당 얼마가 이상적인가?

① 8cm/min

② 5cm/min

③ 800cm/min

④ 500cm/min

해설
별도의 규정이 없는 한 온도는 25±0.5℃, 속도는 5±0.25cm/min로 시험을 한다.

31 굵은 골재의 밀도를 알기 위한 시험결과가 다음과 같을 경우 절대건조상태의 밀도는?

- 표면건조포화상태 시료의 질량 : 2,090g
- 절대건조상태 시료의 질량 : 2,000g
- 시료의 수중 질량 : 1,290g
- 시험온도에서의 물의 밀도 : 1g/cm^3

① 2.50g/cm^3

② 2.65g/cm^3

③ 2.70g/cm^3

④ 2.95g/cm^3

해설

절대건조상태의 밀도 : 골재 내부의 빈틈에 포함되어 있는 물이 전부 제거된 상태인 골재 입자의 겉보기 밀도로서, 골재의 절대건조상태 질량을 골재의 절대용적으로 나눈 값

$$D_d = \frac{A}{B-C} \times \rho_w$$

$$= \frac{2,000}{2,090-1,290} \times 1 = 2.5\text{g/cm}^3$$

여기서, D_d : 절대건조상태의 밀도(g/cm^3)

A : 절대건조상태의 시료 질량(g)

B : 표면건조포화상태의 시료 질량(g)

C : 침지된 시료의 수중 질량(g)

ρ_w : 시험온도에서의 물의 밀도(g/cm^3)

32 굵은 골재의 마모시험에 대한 설명으로 옳지 않은 것은?

① 시료를 시험기에서 꺼내 1.2mm 체로 체가름한다.

② 로스앤젤레스시험기를 사용한다.

③ 굵은 골재의 닳음에 대한 저항성을 알기 위해 시험한다.

④ 시험기를 매분 30~33회의 회전수로 500~1,000번 회전시킨다.

해설

굵은 골재의 마모시험 시 시료는 시험기에서 꺼내 1.7mm 체로 체가름한다.

33 내부마찰각이 0°인 연약 점토를 일축압축시험하여 일축압축강도가 2.45kg/cm^{2}을 얻었다. 이 흙의 점착력은?

① 0.849kg/cm^2

② 0.995kg/cm^2

③ 1.225kg/cm^2

④ 1.649kg/cm^2

해설

$$C = \frac{q_u}{2\tan\left(45° + \dfrac{\phi}{2}\right)}$$

$$= \frac{2.45}{2} = 1.225\text{kg/cm}^2$$

34 다음 중 시험과정에서 수은이 사용되는 시험은?

① 흙의 비중시험

② 흙의 소성한계시험

③ 흙의 수축한계시험

④ 흙의 입도시험

해설

수축한계시험에서 수은을 쓰는 이유는 노건조 시료의 체적(부피)을 구하기 위해서이다.

35 아스팔트 침입도시험에서 침입도의 단위는?

① 0.1mm   ② 1mm

③ 10mm   ④ 100mm

해설

침입도 : 아스팔트의 경도를 표시한 값으로 소정의 온도(25℃), 하중(100g), 시간(5초)에 규정된 침이 수직으로 관입한 길이로, 0.1mm 관입 시 침입도는 1로 규정한다.

36 액성한계시험에서 황동접시를 1cm 높이에서 1초에 몇 회의 속도로 자유낙하시키는가?

① 2회   ② 3회

③ 4회   ④ 5회

해설
크랭크를 1초에 2회전의 속도로 접시를 낙하시킨다.

37 강재의 인장시험 결과로부터 얻을 수 없는 것은?

① 항복점

② 인장강도

③ 상대 동탄성계수

④ 파단 연신율

해설
인장시험으로 재료의 비례한도, 탄성한도, 내력, 항복점, 인장강도, 연신율, 단면 수축률, 응력 변형률 곡선 등을 측정할 수 있다.

38 포장용 콘크리트 컨시스턴시 측정에 사용되면 가장 좋은 방법은?

① 리몰딩시험

② 진동대에 의한 컨시스턴시 시험

③ 슬럼프시험

④ 흐름시험

해설
비비시험 : 슬럼프시험으로 측정하기 어려운 된 비빔 콘크리트의 컨시스턴시(반죽 질기)를 측정하고 진동다짐의 난이 정도를 판정한다. 시험방법으로 진동대 위에 몰드를 놓고 채취한 시료를 몰드에 채운다.

39 콘크리트 슬럼프콘의 크기는?(단, 밑면 안지름 × 윗면 안지름 × 높이)

① 10 × 20 × 30cm

② 10 × 30 × 20cm

③ 20 × 10 × 30cm

④ 30 × 10 × 20cm

해설
슬럼프콘은 밑면의 안지름이 200±2mm, 윗면의 안지름이 100±2mm, 높이 300±2mm 및 두께 1.5mm 이상인 금속제로 하고, 적절한 위치에 발판과 슬럼프콘 높이의 2/3 지점에 두 개의 손잡이를 붙인다.

40 다음 중 시멘트의 응결시간 측정 시험에 사용하는 기구는?

① 다이얼게이지

② 압력계

③ 길모어 침

④ 표준체

해설
응결시간의 초결과 종결을 구분하는 데는 비카 시험장치 또는 길모어 침을 이용한다.

41 역청재료의 연화점을 알기 위해 일반적으로 사용하는 방법은?

① 환구법
② 공기투과법
③ 표준체에 의한 방법
④ 전극법

해설

환구법을 사용하는 아스팔트 연화점시험에서 시료를 규정조건에서 가열하였을 때, 시료가 연화되기 시작하여 규정된 거리(25mm)까지 내려갈 때의 온도를 연화점이라 한다.

42 흙의 비중시험에서 흙을 끓이는 이유로 가장 적합한 것은?

① 시료에 열을 가하기 위함이다.
② 빨리 시험하기 위함이다.
③ 부피를 축소하기 위함이다.
④ 기포를 제거하기 위함이다.

해설

흙 입자 속에 있는 기포를 완전히 제거하기 위해서 피크노미터에 시료와 증류수를 채우고 일반적인 흙의 경우 10분 이상 끓인다.

43 콘크리트용 모래에 포함되어 있는 유기 불순물 시험에 사용하는 식별용 표준색 용액 제조에 필요하지 않은 것은?

① 질산은
② 알코올
③ 수산화나트륨
④ 타닌산 분말

해설

시약과 식별용 표준색 용액
• 수산화나트륨 용액 (3%) : 물 97에 수산화나트륨 3의 질량비로 용해시킨 것이다.
• 식별용 표준색 용액 : 식별용 표준색 용액은 10%의 알코올 용액으로 2% 타닌산 용액을 만들고, 그 2.5mL를 3%의 수산화나트륨 용액 97.5mL에 가하여 유리병에 넣어 마개를 닫고 잘 흔든다. 이것을 표준색 용액으로 한다.

44 콘크리트 압축강도시험에 대한 내용으로 틀린 것은?

① 시험용 공시체의 지름은 굵은 골재의 최대 치수의 3배 이상, 10cm 이상으로 한다.
② 시험기의 가압판과 공시체의 끝면은 직접 밀착시키고, 그 사이에 쿠션재를 넣어서는 안 된다.
③ 시험기의 하중을 가할 경우 공시체에 충격을 주지 않도록 똑같은 속도로 하중을 가한다.
④ 시험체를 만든 다음 48~96시간 안에 몰드를 떼어낸다.

해설

몰드 제거 시기는 콘크리트를 채운 직후 16시간 이상, 3일 이내로 한다.

45 시멘트 비중시험에 필요한 기구는?

① 하버드 비중병
② 르샤틀리에 비중병
③ 플라스크
④ 비카장치

해설

시멘트 비중 시험에 필요한 기구
• 르샤틀리에 플라스크
• 광유 : 온도 23±2℃에서 비중 약 0.73 이상인 완전히 탈수된 등유나 나프타를 사용한다.
• 천 칭
• 철사 및 마른 걸레
• 항온수조

46 모래치환법에 의한 현장 흙의 단위무게시험에서 표준모래는 무엇을 구하기 위하여 쓰이는가?

① 시험 구멍에서 파낸 흙의 중량
② 시험 구멍의 부피
③ 시험 구멍에서 파낸 흙의 함수 상태
④ 시험 구멍 밑면부의 지지력

해설
모래치환법은 다짐을 실시한 지반에 구멍을 판 다음 시험 구멍의 체적을 모래로 치환하여 구하는 방법이다.

47 표준관입시험에 대한 설명으로 옳지 않은 것은?

① 63.5kg의 해머를 75cm 높이에서 자유낙하시켜 샘플러를 30cm 관입시키는 데 소요된 낙하 횟수를 N값이라 한다.
② 표준관입시험으로부터 흐트러지지 않은 시료를 채취할 수 있다.
③ N값으로부터 점토 지반의 연경도 및 일축압축 강도를 추정할 수 있다.
④ 시험결과로부터 흙의 내부마찰각 등 공학적 성질을 추정할 수 있다.

해설
표준관입 시험방법은 표준관입 시험장치를 사용하여 원위치에서의 지반의 단단한 정도와 다져진 정도 또는 흙층의 구성을 판정하기 위한 N값을 구함과 동시에 시료를 채취하는 관입 시험방법이다.

48 흙 속의 물이 얼어서 부피가 팽창하여 지표면이 부풀어 오르는 현상은?

① 동상현상
② 모세관현상
③ 포화현상
④ 팽창현상

해설
흙 속의 온도가 빙점 이하로 내려가서 지표면 아래 흙 속의 물이 얼어붙어 부풀어 오르는 현상을 동상이라고 한다.

49 Terzaghi의 압밀 이론의 가정으로 옳지 않은 것은?

① 흙은 균질하다.
② 흙은 포화되어 있다.
③ 흙 입자와 물은 비압축성이다.
④ 흙의 투수계수는 압력의 크기에 비례한다.

해설
흙의 성질과 투수계수는 압력의 크기에 관계없이 일정하다.

50 도로포장 설계에서 포장 두께를 결정하는 시험은?

① 직접전단시험
② 일축압축시험
③ 투수계수시험
④ CBR시험

해설
CBR시험 : 주로 아스팔트와 같은 가요성(연성) 포장의 지지력을 결정하기 위한 시험방법, 즉 도로나 활주로 등의 포장 두께를 결정하기 위하여 지지하는 노상토의 강도, 압축성, 팽창성 및 수축성 등을 결정하는 시험이다.

46 ② 47 ② 48 ① 49 ④ 50 ④ 정답

51 다음 중 얕은 기초에 속하지 않는 것은?

① 독립 푸팅 기초

② 복합 푸팅 기초

③ 전면 기초

④ 우물통 기초

해설

기초의 분류

얕은 기초 (직접 기초)	• 푸팅 기초(확대 기초) : 독립 푸팅 기초, 복합 푸팅 기초, 캔틸레버 푸팅 기초, 연속 푸팅 기초 • 전면 기초(매트 기초)
깊은 기초	• 말뚝 기초 • 피어 기초 • 케이슨 기초(우물통 기초)

52 군지수(GI)를 결정하는 데 필요 없는 것은?

① 소성지수

② 0.425mm(No.40) 체 통과량

③ 액성한계

④ 0.075mm(No.200) 체 통과량

해설

군지수 $GI = 0.2a + 0.005ac + 0.01bd$

여기서, a : 0.075mm(No.200) 체 통과량−35(0~40)

b : 0.075mm(No.200) 체 통과량−15(0~40)

c : 액성한계(LL)−40(0~20)

d : 소성한계(PI)−10(0~20)

53 흙의 비중 2.5, 함수비 30% 간극비 0.92일 때 포화도는 약 얼마인가?

① 75% ② 82%

③ 87% ④ 93%

해설

$S \cdot e = w \cdot G_s$

$S = \dfrac{G_s \cdot w}{e} = \dfrac{2.5 \times 30}{0.92} = 81.52\%$

54 점토와 모래가 섞여 있는 지반의 극한 지지력이 60t/m²라면 이 지반의 허용지지력은?(단, 안전율은 3이다)

① 20ton/m²

② 30ton/m²

③ 40ton/m²

④ 60ton/m²

해설

허용지지력 $= \dfrac{\text{극한 지지력}}{\text{안전율}} = \dfrac{60}{3} = 20\text{t/m}^2$

55 어떤 시료의 액성한계가 45%, 소성한계가 25%, 자연 함수비 40%일 때 액성지수는?

① 0.54 ② 0.65

③ 0.75 ④ 0.82

해설

액성지수(LI) $= \dfrac{w_n - PL}{PI} = \dfrac{40 - 25}{45 - 25} = 0.75$

여기서, w_n : 자연 함수비, PL : 소성한계

PI : 소성지수[액성한계(LL)와 소성한계(PL)의 차이]

56 다음 전단시험 중 실내전단시험이 아닌 것은?

① 직접전단시험
② 베인전단시험
③ 일축압축시험
④ 삼축압축시험

해설
전단강도 측정시험
• 실내시험
  – 직접전단시험
  – 간접전단시험 : 일축압축시험, 삼축압축시험
• 현장시험
  – 현장베인시험
  – 표준관입시험
  – 콘관입시험
  – 평판재하시험

57 실내다짐시험에서 최대 건조밀도가 1.75g/cm³일 때 다짐도 95%를 얻기 위한 현장 흙의 건조밀도는?

① 1.553g/cm³
② 1.663g/cm³
③ 1.723g/cm³
④ 1.743g/cm³

해설

다짐도$(C_d) = \dfrac{\gamma_d}{\gamma_{d.\max}} \times 100$

$\gamma_d = \dfrac{C_d \times \gamma_{d.\max}}{100} = \dfrac{95 \times 1.75}{100} \simeq 1.663\text{g/cm}^3$

58 어떤 흙의 흐트러지지 않은 시료의 일축압축강도와 다시 이겨 성형한 시료의 일축압축강도와의 비는?

① 수축비
② 컨시스턴시 지수
③ 예민비
④ 터프니스 지수

해설
예민비 : 자연시료의 일축압축강도(q_u)에 대한 흐트러진 시료의 일축압축강도(q_{ur})의 비 $\left(S_t = \dfrac{q_u}{q_{ur}}\right)$로, 예민비가 클수록 공학적으로 불량한 토질이다.

59 어느 현장 흙의 습윤단위무게가 1.82g/cm³, 함수비 20%일 때 이 흙의 건조단위무게는?

① 1.52g/cm³
② 1.63g/cm³
③ 1.72g/cm³
④ 1.80g/cm³

해설

$\gamma_d = \dfrac{\gamma_t}{1 + \dfrac{w}{100}} = \dfrac{1.82}{1 + \dfrac{20}{100}} = 1.52\text{g/cm}^3$

60 콘크리트 블리딩시험은 굵은 골재의 최대 치수가 얼마 이하인 경우 적용하는가?

① 10mm
② 20mm
③ 30mm
④ 40mm

해설
블리딩시험은 굵은 골재의 최대 치수가 40mm 이하인 경우에 적용한다.

01 재료가 외력을 받을 때 조금만 변형되어도 파괴되는 성질은?

① 취 성   ② 연 성
③ 전 성   ④ 인 성

해설
② 연성 : 재료가 탄성한계 이상의 힘을 받아도 파괴되지 않고 가늘고 길게 늘어나는 성질
③ 전성 : 재료를 두들길 때 얇게 펴지는 성질
④ 인성 : 잡아당기는 힘을 견디는 성질

02 컷백 아스팔트에서 RC, MC, SC로 나누는 기준은?

① 비중의 크기   ② 건조경화의 속도
③ 신도의 크기   ④ 침입도의 크기

해설
컷백 아스팔트에서 사용한 휘발성 용제의 증발속도의 차이, 즉 건조경화의 속도에 따라 RC, MC, SC로 나눈다. RC는 급속경화, MC는 중속경화, SC는 완속경화를 나타낸다.

03 습기가 없는 실내에서 자연건조시킨 것으로 골재 알 속의 빈틈 일부가 물로 가득 차 있는 골재의 함수 상태를 나타낸 것은?

① 습윤상태
② 표면건조포화상태
③ 공기 중 건조상태
④ 절대건조상태

해설
① 습윤상태 : 골재 속의 빈틈이 물로 차 있고, 표면에도 물기가 있는 상태
② 표면건조포화상태 : 골재의 표면수는 없고 골재알 속의 빈틈이 물로 차 있는 상태
④ 절대건조상태(노건조상태) : 건조로에서 110℃의 온도로 일정한 무게가 될 때까지 완전히 건조시킨 것

04 분말도가 높은 시멘트의 설명으로 옳지 않은 것은?

① 수화작용이 빠르다.
② 수화작용에 의한 균열이 생기기 쉽다.
③ 풍화하기 쉽다.
④ 조기강도가 작다.

해설
분말도가 높으면 조기강도가 커진다.

05 플라이 애시 시멘트에 관한 설명으로 옳지 않은 것은?

① 워커빌리티가 좋다.
② 장기강도가 크다.
③ 해수에 대한 화학저항성이 크다.
④ 수화열이 크다.

해설
플라이 애시 시멘트 : 포틀랜드 시멘트에 플라이 애시를 혼합하여 만든 시멘트
• 조기강도는 작으나 장기강도 증진이 크다.
• 화학저항성과 수밀성이 크고 워커빌리티가 좋아진다.
• 단위수량을 감소시키고 수화열과 건조수축을 저감시킬 수 있어 댐콘크리트나 매스콘크리트에 사용한다.

06 골재의 밀도가 2.70g/cm³이고, 단위용적질량이 1.95ton/m³일 때 골재의 공극률은?

① 1.4% ② 27.8%

③ 5.3% ④ 25.4%

해설

실적률$=\dfrac{\text{단위용적질량}}{\text{골재의 밀도}}\times 100 = \dfrac{1.95}{2.7}\times 100 = 72.2\%$

공극률$=100-\text{실적률}$
$\qquad = 100-72.2 = 27.8\%$

07 골재의 조립률을 구할 때 사용되는 체가 아닌 것은?

① 40mm 체

② 25mm 체

③ 10mm 체

④ 0.15mm 체

해설

조립률(골재) : 75mm, 40mm, 20mm, 10mm, 5mm, 2.5mm, 1.2mm, 0.6mm, 0.3mm, 0.15mm 체 등 10개의 체를 1조로 하여 체가름시험을 하였을 때, 각 체에 남은 누계량의 전체 시료에 대한 질량 백분율의 합을 100으로 나눈 값

08 포틀랜드 시멘트에 속하지 않는 것은?

① 조강 포틀랜드 시멘트

② 중용열 포틀랜드 시멘트

③ 보통 포틀랜드 시멘트

④ 포틀랜드 포졸란 시멘트

해설

포틀랜드 시멘트 : 특성 및 용도에 따라 5종류로 구분되며, 일반적으로 사용되는 시멘트는 1종 보통 포틀랜드 시멘트이다.
• 보통 포틀랜드 시멘트 1종
• 중용열 포틀랜드 시멘트 2종
• 조강 포틀랜드 시멘트 3종
• 저열 포틀랜드 시멘트 4종
• 내황산염 포틀랜드 시멘트 5종

09 다음 석재의 강도 중 가장 큰 것은?

① 압축강도 ② 인장강도

③ 전단강도 ④ 휨강도

해설

석재는 압축강도가 가장 크며 인장, 휨 및 전단강도는 압축강도에 비하여 매우 작다.

10 AE제의 종류에 해당하지 않는 것은?

① 다렉스(Darex)

② 포졸리스(Pozzolith)

③ 시메졸(Cemesol)

④ 빈졸레진(Vinsol Resin)

해설

AE제의 종류 : 다렉스(Darex), 포졸리스(Pozzolith), 빈졸레진(Vinsol Resin), 프로텍스(Protex), 스푸마(Spuma), 팬폼(Pan Foam) 등이 있다.

11 천연 아스팔트로서 토사 같은 것을 함유하지 않고, 성질과 용도가 블론 아스팔트와 같은 것은?

① 레이크 아스팔트

② 아스팔타이트

③ 샌드 아스팔트

④ 컷백 아스팔트

해설

아스팔타이트 : 미네랄 물질을 거의 함유하지 않은 고(高)융해점의 견고한 천연 아스팔트로 연화점이 높고, 방수·포장·절연재료 등의 원료로 사용한다.

12 다음 중 흑색 화약에 관한 설명으로 옳지 않은 것은?

① 발화가 간단하고 소규모 장소에서 사용할 수 있다.

② 값이 저렴하고 취급이 간편하다.

③ 물속에서도 폭발한다.

④ 폭파력은 크게 강력하지 않다.

해설

흑색 화약은 물에 매우 취약해서 비가 오면 사실상 사용이 불가능하다.

13 콘크리트가 굳어 가는 도중에 부피를 늘어나게 하여 콘크리트의 건조수축에 의한 균열을 막아 주는 혼합재는?

① 포졸란

② 플라이 애시

③ 팽창재

④ 고로 슬래그 분말

해설

팽창재는 콘크리트를 팽창시키는 작용을 하여 콘크리트 중의 미세 공극을 충전시키는 혼화재로서, 콘크리트 내구성에 영향을 미치는 균열과 탄산화와 염분의 침투에 기인한 철근의 부식 그리고 블리딩과 건조수축 저감 등 제반 결점을 개선하기 위해 사용한다.

14 다음의 합성수지 중 열경화성 수지가 아닌 것은?

① 폴리에틸렌 수지

② 요소 수지

③ 에폭시 수지

④ 실리콘 수지

해설

• 열가소성 수지 : 폴리염화비닐(PVC) 수지, 폴리에틸렌(PE) 수지, 폴리프로필렌(PP) 수지, 폴리스틸렌(PS) 수지, 아크릴 수지, 폴리아미드 수지(나일론), 플루오린 수지, 스티롤 수지, 초산비닐 수지, 메틸아크릴 수지, ABS 수지

• 열경화성 수지 : 페놀 수지, 요소 수지, 폴리에스테르 수지, 에폭시 수지, 멜라민 수지, 알키드 수지, 아미노 수지, 프란 수지, 실리콘 수지, 폴리우레탄

15 목재의 함수율을 구하는 식으로 옳은 것은?(단, u : 함수율, W_1 : 건조 전 중량, W_2 : 절대건조 후 중량)

① $u(\%) = \dfrac{W_1 - W_2}{W_2} \times 100$

② $u(\%) = \dfrac{W_2 - W_1}{W_2} \times 100$

③ $u(\%) = \dfrac{W_1 - W_2}{W_1} \times 100$

④ $u(\%) = \dfrac{W_2 - W_1}{W_1} \times 100$

해설

$$함수율 = \frac{(건조\ 전\ 중량 - 건조\ 후\ 중량)}{건조\ 후\ 중량} \times 100$$

16 슬럼프시험의 주목적은?

① 물-시멘트비의 측정
② 공기량의 측정
③ 반죽 질기의 측정
④ 강도 측정

> **해설**
> 슬럼프시험의 목적 : 굳지 않은 콘크리트의 반죽 질기를 측정하는 것으로, 워커빌리티를 판단하는 하나의 수단으로 사용한다.

17 내부마찰각이 0°인 연약 점토를 일축압축시험하여 일축압축강도가 2.45kg/cm²을 얻었다. 이 흙의 점착력은?

① 0.849kg/cm²
② 0.95kg/cm²
③ 1.225kg/cm²
④ 1.649kg/cm²

> **해설**
> $$C = \frac{q_u}{2\tan\left(45° + \dfrac{\phi}{2}\right)}$$
> $$= \frac{2.45}{2} = 1.225 \text{kg/cm}^2$$

18 아스팔트의 침입도시험에서 표준침의 침입량이 16.9mm일 때 침입도는?

① 1.69   ② 16.9
③ 169   ④ 1,690

> **해설**
> 소정의 온도(25℃), 하중(100g), 시간(5초)으로 침을 수직으로 관입한 결과, 관입 길이 0.1mm마다 침입도 1로 정하여 침입도를 측정한다. 16.9mm 관입했다면 16.9 ÷ 0.1 = 169로 침입도는 169 이다.

19 콘크리트 배합 설계에서 잔골재의 조립률은 어느 정도가 좋은가?

① 2.3~3.1
② 3.2~4.9
③ 5.0~6.0
④ 6.0~8.0

> **해설**
> 일반적으로 골재의 조립률은 잔골재는 2.3~3.1, 굵은 골재는 6~8 정도가 좋다.

20 다음 중 시멘트 응결시간 시험방법과 관계가 없는 것은?

① 플로 테이블(Flow Table)
② 비카(Vicat)장치
③ 길모어 침(Gilmour Needles)
④ 유리판(Pat Glass Plate)

> **해설**
> 플로 테이블은 콘크리트의 흐름시험의 시험기구이다.

21 반고체 상태에서 고체 상태로 변하는 경계의 함수비로서, 흙의 부피가 최소로 되어 함수비가 더 이상 감소되어도 부피는 일정할 때의 함수비는?

① 액성한계
② 수축한계
③ 소성한계
④ 최적함수비

> **해설**
> **수축한계** : 흙의 함수량을 일정 양 이하로 줄여도 그 체적이 감소하지 않는 상태의 함수비

22 흙의 다짐 정도를 판정하는 시험법과 거리가 먼 것은?

① 평판재하시험
② 베인(Vane)시험
③ 노상토 지지력비 시험
④ 현장 흙의 단위무게시험

> **해설**
> 베인시험은 연약한 점토나 예민한 점토 지반의 전단강도를 구하는 현장시험법이다.

23 흙의 비중시험에서 일반적인 흙은 10분 이상 끓여야 하는데 그 이유는?

① 비중병이 깨지지 않도록 하기 위해
② 흙의 입자가 작아지도록 하기 위해
③ 기포를 제거하기 위해
④ 흡수력을 향상시키기 위해

> **해설**
> 흙 입자 속에 있는 기포를 완전히 제거하기 위해서 피크노미터에 시료와 증류수를 채우고 일반적인 흙의 경우 10분 이상 끓인다.

24 골재의 조립률을 구하기 위한 10개의 표준체에 속하는 체만으로 짜여진 것은?

① 100mm, 80mm, 40mm
② 30mm, 20mm, 10mm
③ 2.5mm, 1.2mm, 0.6mm
④ 0.3mm, 0.15mm, 0.075mm

> **해설**
> **조립률(골재)** : 75mm, 40mm, 20mm, 10mm, 5mm, 2.5mm, 1.2mm, 0.6mm, 0.3mm, 0.15mm 체 등 10개의 체를 1조로 하여 체가름시험을 하였을 때, 각 체에 남은 누계량의 전체 시료에 대한 질량 백분율의 합을 100으로 나눈 값

25 굳지 않은 콘크리트에 대한 시험방법이 아닌 것은?

① 워커빌리티 시험
② 공기량시험
③ 슈미트해머 시험
④ 블리딩시험

> **해설**
> **콘크리트 시험**
>
> | 굳지 않은 콘크리트 관련 시험 | 경화 콘크리트 관련 시험 |
> |---|---|
> | • 워커빌리티 시험와 컨시스턴시 시험 | • 압축강도 |
> | – 슬럼프시험(워커빌리티 측정) | • 인장강도 |
> | – 흐름시험 | • 휨강도 |
> | – 리몰딩시험 | • 전단강도 |
> | – 관입시험[이리바렌 시험, 켈리볼(구관입시험)] | • 길이 변화시험 |
> | – 다짐계수시험 | • 슈미트해머 시험(비파괴시험) |
> | – 비비시험(진동대식 컨시스턴시 시험) | • 초음파 시험(비파괴시험) |
> | – 고유동콘크리트의 컨시스턴시 평가시험방법 | • 인발법(비파괴시험) |
> | • 블리딩시험 | |
> | • 공기량시험 | |
> | – 질량법 | |
> | – 용적법 | |
> | – 공기실 압력법 | |

26 흙의 소성한계시험에 사용되는 기계 및 기구가 아닌 것은?

① 둥근 봉
② 항온건조기
③ 불투명 유리판
④ 홈파기 날

해설
홈파기 날은 액성한계시험에 사용된다.
소성한계 시험기구
• 불투명 유리판 : 두께가 몇 mm 정도의 불투명 판유리
• 둥근 봉 : 지름 약 3mm인 것
• 기타 기구
  – 함수비 측정기구 : 함수비 측정기구는 KS F 2306(시험기구)에서 규정하는 것(용기, 항온건조로, 저울, 데시케이터)
  – 유리판 : 두께 몇 mm 정도의 판유리
  – 주걱 또는 스페튤러
  – 증류수

27 역청재료의 연화점을 알기 위해 일반적으로 사용하는 방법은?

① 환구법
② 공기투과법
③ 표준체에 의한 방법
④ 전극법

해설
환구법을 사용하는 아스팔트 연화점시험에서 시료를 규정조건에서 가열하였을 때, 시료가 연화되기 시작하여 규정된 거리(25mm)까지 내려갈 때의 온도를 연화점이라 한다.

28 골재의 체가름시험을 할 때 체를 놓는 순서로 옳은 것은?

① 체눈이 가는 체는 위로, 굵은 체는 밑으로 놓는다.
② 체눈이 굵은 체와 가는 체를 섞어 놓는다.
③ 체눈이 굵은 체는 위에, 가는 체눈은 밑에 놓는다.
④ 체눈의 크기에 관계없이 놓는다.

해설
체눈이 가는 체를 위에 놓으면 시료가 아래로 빠지지 않으므로 항상 체눈이 굵은 체는 위에, 가는 체는 밑에 놓는다.

29 다짐봉을 사용하여 콘크리트 휨강도 시험용 공시체를 제작하는 경우 다짐 횟수는 표면적 약 몇 cm^2 당 1회의 비율로 다지는가?

① $14cm^2$
② $10cm^2$
③ $8cm^2$
④ $7cm^2$

해설
콘크리트 휨강도 시험용 공시체 제작 시 콘크리트는 몰드에 2층으로 나누어 채우고, 각 층은 적어도 $1,000mm^2$에 1회의 비율로 다짐을 한다.

30 콘크리트 배합 설계에서 단위수량이 170kg/m^2이고, 단위 시멘트량이 340kg/m^2이면 물-시멘트비는 얼마인가?

① 100%
② 50%
③ 200%
④ 0%

해설
물-시멘트비 $= \dfrac{W}{C} = \dfrac{170}{340} = 0.5 = 50\%$

31 콘크리트의 압축강도에 대한 설명으로 틀린 것은?

① 콘크리트의 강도에 영향을 미치는 요인 중에서 가장 큰 영향을 미치는 것은 물-시멘트비이다.
② 골재의 입도가 크고 작은 것이 알맞게 섞여 있는 콘크리트는 강도가 크다.
③ 물-시멘트비가 일정할 때 공기량이 많이 포함된 콘크리트일수록 압축강도가 크다.
④ 초기 재령에서 습윤양생을 실시한 콘크리트는 양생을 실시하지 않은 콘크리트보다 강도가 크다.

해설
물-시멘트비가 일정할 때 공기량이 많이 포함될수록 콘크리트의 압축강도는 작다.

32 $2\mu\text{m}$ 이하의 점토 함유율에 대한 소성지수와의 비는?

① 부피 변화 ② 선수축
③ 활성도 ④ 군지수

해설
활성도 : 흙의 팽창성을 판단하는 기준으로서 활주로, 도로 등의 건설재료를 결정하는 데 사용된다.

$$\text{활성도 } A = \frac{\text{소성지수}}{2\mu\text{m보다 작은 입자의 중량 백분율(\%)}}$$

$$= \frac{\text{소성지수(\%)}}{\text{점토 함유율(\%)}}$$

33 골재의 단위무게를 구하는 방법 중 충격을 이용해서 구하는 방법은 용기의 한쪽 면을 몇 cm가량 올렸다가 떨어뜨리는가?

① 2cm ② 5cm
③ 10cm ④ 15cm

해설
골재 단위무게 측정시험 시 충격을 이용하는 경우 용기를 콘크리트 바닥과 같은 튼튼하고 수평인 바닥 위에 놓고 시료를 거의 같은 3층으로 나누어 채운다. 각 층마다 용기의 한 쪽을 약 50mm 들어 올려서 바닥을 두드리듯이 낙하시킨다. 다음으로 반대쪽을 약 50mm 들어 올려 낙하시키고 각각을 교대로 25회, 전체적으로 50회 낙하시켜서 다진다.

34 공시체를 4점 재하장치에 의해 휨강도시험을 하였더니 최대 하중이 30,000N이다. 지간의 3등분 중앙부에서 파괴되었다. 이때 휨강도는 얼마인가?(단, 공시체는 15×15×53cm이고, 지간은 45cm이다)

① 4MPa ② 4.4MPa
③ 4.6MPa ④ 4.7MPa

해설
$$\text{휨강도 } f_b = \frac{Pl}{bd^2} = \frac{30,000 \times 450}{150 \times 150^2} = 4\text{MPa}$$

여기서, f_b : 휨강도(N/mm² 또는 kg/cm²)
　　　　P : 시험기가 나타내는 최대하중(N 또는 kg)
　　　　l : 지간(mm 또는 cm)
　　　　b : 파괴 단면의 너비(mm 또는 cm)
　　　　d : 파괴 단면의 높이(mm 또는 cm)

35 르샤틀리에 비중병의 0.5mL 눈금까지 석유를 주입하고, 시료 64g(시멘트)을 가하여 눈금이 21mL로 증가되었을 때 시멘트 비중은 얼마인가?

① 1.75 ② 2.31
③ 2.84 ④ 3.12

해설
$$\text{시멘트의 밀도(비중)} = \frac{\text{시료의 무게}}{\text{눈금차}}$$

$$= \frac{64}{21 - 0.5} = 3.12$$

36 단면적이 80mm²인 강봉을 인장시험하여 항복점 하중 2,560kg, 최대 하중 3,680kg을 얻었을 때 인장강도는 얼마인가?

① 70kg/mm²

② 46kg/mm²

③ 32kg/mm²

④ 18kg/mm²

해설

인장강도 $= \dfrac{\text{최대 하중}}{\text{단면적}}$

$= \dfrac{3,680}{80} = 46\text{kg/mm}^2$

37 흙의 액성한계시험에서 황동접시를 측정기에 장치하고 크랭크를 1초에 몇 회 속도로 회전시키는가?

① 2회

② 4회

③ 6회

④ 8회

해설

크랭크를 초당 2회 정도 회전시킨다.

38 콘크리트용 굵은 골재의 최대 치수에 관한 다음의 설명에서 ( ) 안에 들어갈 적당한 수치는?

> 질량비로 ( )% 이상을 통과시키는 체 중에서 최소 치수의 체눈의 호칭 치수로 나타낸 굵은 골재의 치수

① 50

② 65

③ 80

④ 90

해설

굵은 골재의 최대 치수 : 질량으로 90% 이상이 통과한 체 중 최소 치수의 체눈의 호칭치수로 나타낸 굵은 골재의 치수

39 골재에 포함된 잔입자시험(KS F 2511) 결과, 다음과 같은 자료를 구하였다. 여기서 0.08mm 체를 통과하는 잔입자량(%)을 구하면?

> • 씻기 전의 시료의 건조무게 : 500g
> • 씻은 후의 시료의 건조무게 : 488.5g

① 1.6%

② 2.0%

③ 2.1%

④ 2.3%

해설

0.08mm 체를 통과하는 잔입자량(%)

$= \dfrac{(\text{씻기 전의 건조질량} - \text{씻기 후의 건조질량})}{\text{씻기 전의 건조질량}} \times 100$

$= \dfrac{(500 - 488.5)}{500} \times 100$

$= 2.3\%$

40 콘크리트의 슬럼프시험은 콘크리트를 몇 층으로 투입하고 각 층을 몇 회씩 다져야 하는가?

① 2층, 35회

② 2층, 20회

③ 3층, 25회

④ 3층, 20회

해설

슬럼프콘은 수평으로 설치하였을 때 수밀성이 있는 평판 위에 놓고 누르고, 거의 같은 양의 시료를 3층으로 나눠서 채운다. 각 층은 다짐봉으로 고르게 한 후 25회씩 다진다.

41 아스팔트의 신도시험에 대한 설명으로 옳은 것은?

① 아스팔트의 녹는 온도를 알기 위해서 시험한다.
② 아스팔트의 늘어나는 정도를 파악하기 위해 시험한다.
③ 다져진 아스팔트 혼합물의 비중을 파악하기 위해 시험한다.
④ 아스팔트 시료를 가열하여 휘발성분에 불이 붙을 때의 최저 온도를 파악하기 위해 시험한다.

해설
신도는 아스팔트의 늘어나는 정도로, 연성의 기준이 된다.

42 모르타르 압축강도시험 시에 사용되는 재료로서 시멘트 510g에 표준모래는 몇 g이 필요한가?

① 1,326g
② 1,275g
③ 약 1,250g
④ 약 1,530g

해설
시멘트 강도시험(KS L ISO 679) : 모르타르의 배합은 질량비로 시멘트 1, 표준사 3, 물-시멘트비 0.5이다.
표준모래량 = 510 × 3 = 1,530g

43 콘크리트의 압축강도 시험결과 공시체의 평균 지름은 151mm, 파괴하중이 450kN이었을 때 이 콘크리트의 압축강도는?

① 23.7MPa
② 25.1MPa
③ 26.4MPa
④ 27.8MPa

해설
$$압축강도(f) = \frac{P}{A} = \frac{450,000}{\frac{\pi \times 151^2}{4}} \simeq 25.1\text{MPa}$$

44 수축한계시험에서 수은을 사용하는 이유는 무엇을 구하기 위한 것인가?

① 젖은 흙의 무게
② 젖은 흙의 부피
③ 건조기에서 건조시킨 흙의 무게
④ 건조기에서 건조시킨 흙의 부피

해설
수축한계시험에서 수은을 쓰는 이유는 노건조 시료의 체적(부피)을 구하기 위해서이다.

45 함수비 10%인 흙이 2,100g이 있다. 이 흙의 함수비를 20%로 만들려면 물을 얼마나 가하여야 하는가?

① 381.8g
② 190.9g
③ 128.4g
④ 54.7g

해설
함수비 10%일 때 필요한 물의 양
$$W_w = \frac{w \cdot W}{100 + w} = \frac{10 \times 2,100}{100 + 10} = 190.9\text{g}$$
따라서 10%에서 20%로 함수비를 증가시키려면
$\frac{190.9}{10}$ = 함수비 1% 증가하는데 물의 양이 약 19.09g이 증가되므로 10% 증가분에 대한 물의 양을 계산하면 19.09 × 10 = 190.9g 이 된다.

46 어느 흙의 자연 함수비가 그 흙의 액성한계보다 높다면 그 흙의 상태는?

① 소성 상태에 있다.
② 고체 상태에 있다.
③ 반고체 상태에 있다.
④ 액성 상태에 있다.

함수량이 많으면 액체상이 된다.

47 유선망의 특징에 대한 설명으로 틀린 것은?

① 인접한 2개의 유선 사이를 흐르는 침투수량은 서로 같다.
② 인접한 2개의 등수두선 사이의 손실수두는 서로 같다.
③ 침투속도와 동수경사는 유선망의 요소 길이에 비례한다.
④ 유선과 등수두선은 서로 직교한다.

침투속도 및 동수경사는 유선망 폭의 반비례한다.

48 다짐곡선에서 최대 건조단위무게에 대응하는 함수비는?

① 적정함수비
② 최대함수비
③ 최소함수비
④ 최적함수비

최적함수비(OMC) : 최대 건조단위무게가 얻어지는 함수비

49 어떤 흙의 전단 시험결과 점착력 $C = 0.5 \text{kg/cm}^2$, 흙 입자에 작용하는 수직응력 $\sigma = 5.0 \text{kg/cm}^2$, 내부마찰각 $\phi = 30°$일 때 전단강도는?

① 2.3kg/cm^2
② 3.4kg/cm^2
③ 4.5kg/cm^2
④ 5.6kg/cm^2

$\tau = c + \sigma \tan\phi$
$\quad = 0.5 + 5 \times \tan 30° = 3.38675 \approx 3.4 \text{kg/cm}^2$
여기서, τ : 전단강도(kg/cm²), c : 점착력(kg/cm²)
$\qquad \sigma$: 수직응력(kg/cm²), ϕ : 내부마찰각(°)

50 도로나 활주로 등의 포장 두께를 결정하기 위하여 주로 실시하는 토질시험은?

① CBR시험
② 일축압축시험
③ 표준관입시험
④ 현장 단위무게시험

CBR시험 : 아스팔트와 같은 가요성(연성) 포장의 지지력을 결정하기 위한 시험방법, 즉 도로나 활주로 등의 포장 두께를 결정하기 위하여 지지하는 노상토의 강도, 압축성, 팽창성 및 수축성 등을 결정하는 시험이다.

51 연약한 점토 지반에서 전단강도를 구하기 위하여 실시하는 현장시험법은?

① Vane시험　　　② 현장 CBR시험

③ 직접전단시험　　④ 압밀시험

> **해설**
> 베인전단시험은 연약한 포화 점토 지반에 대해서 현장에서 직접 실시하여 점토 지반의 비배수강도(비배수 점착력)를 구하는 현장 전단시험 중의 하나이다.

52 다음 중 현장 흙의 단위무게를 구하기 위한 시험방법의 종류가 아닌 것은?

① 모래치환법　　　② 고무막법

③ 방사선 동위원소법　④ 공내재하법

> **해설**
> 현장의 밀도 측정은 모래치환법, 고무막법, 방사선 동위원소법, 코어절삭법 등의 방법을 이용하는데, 일반적으로 밀도 측정은 모래치환법으로 구한다.

53 흙의 삼상도에서 포화도에 대한 설명 중 잘못된 것은?

① 포화도가 0%라는 것은 간극 속에 물이 하나도 없음을 의미한다.

② 포화도가 0%라는 것은 이 흙이 완전건조상태에 있다고 말한다.

③ 포화도가 100%라는 것은 간극이 완전히 물로 채워져 있음을 의미한다.

④ 포화도가 50%라는 것은 이 흙의 절반이 물로 채워져 있음을 의미한다.

> **해설**
> 포화도(S) : 간극의 부피에 대한 간극 속에 있는 물의 부피의 비를 백분율로 표시한 것
> 포화도에 따른 흙의 상태
>
> | 포화도(S, %) | 흙의 상태 |
> |---|---|
> | $S = 0\%$ | 건조토 |
> | $0 < S < 100(\%)$ | 습윤토 |
> | $S = 100(\%)$ | 포화토 |

54 말뚝의 지지력에 관한 설명 중 옳지 않은 것은?

① Sander 공식은 간단하나 정도는 낮다.

② 동역학적 공식은 총타격에너지와 총에너지손실을 합한 것이 말뚝에 가해지는 에너지이다.

③ 말뚝에 부의 주면마찰이 일어나면 지지력은 증가한다.

④ 말뚝을 박을 때의 탄성 변형량으로는 말뚝, 지반 및 캡의 탄성 변형량이 있다.

> **해설**
> 부마찰력은 마찰력과 반대로 작용하므로 지지력을 감소시킨다.

55 기초의 종류를 구분할 때 근입 깊이와 기초 폭과의 비로 얕은 기초와 깊은 기초로 구분한다. 다음 중 깊은 기초에 해당하지 않는 것은?

① 말뚝 기초

② 피어 기초

③ 우물통(케이슨) 기초

④ 전면 기초(매트 기초)

> **해설**
> **기초의 분류**
> • 직접 기초(얕은 기초)
> – 푸팅 기초(확대 기초) : 독립 푸팅 기초, 복합 푸팅 기초, 연속 푸팅 기초, 캔틸레버 기초
> – 전면 기초(매트 기초)
> • 깊은 기초 : 말뚝 기초, 피어 기초, 케이슨 기초

56 흙의 입도분석시험에서 입자 지름이 고른 흙의 균등계수의 값에 관한 설명으로 옳은 것은?

① 0에 가깝다.

② 1에 가깝다.

③ 0.5에 가깝다.

④ 10에 가깝다.

흙의 입도분석시험에서 입자 지름이 고른 흙의 균등계수의 값은 1에 가깝다.

57 점성토에 대한 일축압축 시험결과 자연 시료의 일축압축강도 $q_u = 1.25\text{kg/cm}^2$, 흐트러진 시료의 일축압축강도 $q_{ur} = 0.25\text{kg/cm}^2$일 때 이 흙의 예민비는?

① 2.0   ② 3.0

③ 4.0   ④ 5.0

$S_t = \dfrac{q_u}{q_{ur}} = \dfrac{1.25}{0.25} = 5$

58 흙의 액성 및 소성한계시험용으로 사용되는 시료의 양은?

① 액성한계시험용 : 약 100g, 소성한계시험용 : 약 20g

② 액성한계시험용 : 약 200g, 소성한계시험용 : 약 30g

③ 액성한계시험용 : 약 300g, 소성한계시험용 : 약 40g

④ 액성한계시험용 : 약 400g, 소성한계시험용 : 약 50g

0.425mm 체로 쳐서 통과한 시료 약 200g 정도를 준비한다(소성한계시험용 약 30g).

59 다음 중 다짐시험과 관련이 없는 것은?

① 최적함수비

② 영 공기 간극곡선

③ 최대 건조단위무게

④ 입경가적곡선

입경가적곡선은 흙의 입도분석 시험결과이다.

60 어떤 흙의 비중이 2.0, 간극률이 50%인 흙의 포화상태의 함수비를 구한 것은?

① 45.2%   ② 47.3%

③ 50.0%   ④ 54.2%

간극비 $e = \dfrac{n}{100-n} = \dfrac{50}{100-50} = 1.0$

체적과 중량의 상관관계 $S \cdot e = w \cdot G_s$

$w = \dfrac{S \cdot e}{G_s} = \dfrac{100 \times 1.0}{2.0} = 50\%$

01 질량 113kg의 목재를 절대건조시켜서 100kg이 되었다면 함수율은?

① 0.13%　　　　② 0.30%

③ 3.00%　　　　④ 13.00%

해설

$$함수율 = \frac{(건조\ 전\ 중량 - 건조\ 후\ 중량)}{건조\ 후\ 중량} \times 100$$

$$= \frac{(113 - 100)}{100} \times 100 = 13\%$$

02 골재시험에서 '조립률이 작다.'는 의미는?

① 골재 입자가 크다.

② 골재 모양이 구형이다.

③ 골재 입자가 작다.

④ 골재 비중이 작다.

해설

골재의 조립률은 골재알의 지름이 클수록 크다.

03 콘크리트 경화촉진제로 염화칼슘을 사용했을 때의 설명 중 옳지 않은 것은?

① 황산염에 대한 저항성이 작아지며 알칼리 골재반응을 촉진한다.

② 철근콘크리트 구조물에서 철근의 부식을 촉진한다.

③ 건습에 의한 팽창·수축이 작고 건조에 의한 수분의 감소가 적다.

④ 응결이 촉진되고 콘크리트의 슬럼프가 빨리 감소한다.

해설

염화칼슘 사용 시 건습에 따른 팽창·수축이 커지고, 수분을 흡수하는 능력이 뛰어나다.

04 석재의 강도에 대한 설명 중 옳지 않은 것은?

① 인장강도가 압축강도보다 약간 크다.

② 강도와 밀도는 비례한다.

③ 압축강도시험 시 공시체의 크기는 5cm × 5cm × 5cm의 입방체로 사용하는 것이 일반적이다.

④ 석재의 밀도란 일반적으로 겉보기 밀도를 의미한다.

해설

인장강도는 압축강도의 1/10~1/20의 크기이다.

05 천연 아스팔트의 종류가 아닌 것은?

① 레이크 아스팔트(Lake Asphalt)

② 록 아스팔트(Rock Asphalt)

③ 샌드 아스팔트(Sand Asphalt)

④ 블론 아스팔트(Blown Asphalt)

해설

아스팔트의 종류

• 천연 아스팔트 : 레이크 아스팔트, 록 아스팔트, 샌드 아스팔트, 아스팔타이트

• 석유 아스팔트 : 스트레이트 아스팔트, 컷백 아스팔트, 유화 아스팔트, 블론 아스팔트, 개질 아스팔트

06 다음 중 혼합 시멘트에 해당하지 않는 것은?

① 고로 슬래그 시멘트

② 포틀랜드 포졸란 시멘트

③ 알루미나 시멘트

④ 플라이 애시 시멘트

해설
알루미나 시멘트는 특수 시멘트에 속한다.

07 골재의 표면수는 없고 골재알 속의 빈틈이 물로 차 있는 상태는?

① 절대건조상태

② 기건상태

③ 습윤상태

④ 표면건조포화상태

해설
① 절대건조상태 : 110℃ 정도의 온도에서 24시간 이상 건조시킨 상태

② 공기 중 건조상태(기건상태) : 습기가 없는 실내에서 자연 건조시킨 것으로 골재알 속의 빈틈 일부가 물로 가득 차 있는 골재의 함수 상태

③ 습윤상태 : 내부에 물이 채워져 있고, 표면에도 물이 부착되어 있는 상태

08 아스팔트의 침입도시험에 대한 설명 중 틀린 것은?

① 시험 시 표준온도는 25℃이다.

② 침에 가해지는 추의 무게는 100g이다.

③ 시험기의 고정쇠를 눌러 침이 10초간 시료 속으로 들어가게 한다.

④ 침입도는 침이 시료 속으로 들어간 깊이를 0.1mm 단위로 나타낸다.

해설
소정의 온도(25℃), 하중(100g), 시간(5초)으로 침을 수직으로 관입한 결과, 관입 길이 0.1mm마다 침입도 1로 정하여 침입도를 측정한다.

09 시멘트 화합물 중 수화열을 가장 많이 발생시키는 것은?

① C_3S　　　　　② C_3A

③ C_4AF　　　　④ C_2S

해설
수화열은 알루민산 3석회(C_3A)가 가장 크고, 그 다음이 규산 3석회(C_3S)이다.

10 콘크리트용 혼화재료 중에서 워커빌리티(workability)를 개선하는 데 영향을 미치지 않는 것은?

① AE제

② 응결경화촉진제

③ 감수제

④ 시멘트분산제

해설
응결경화촉진제는 시멘트의 응결을 촉진하여 콘크리트의 조기강도를 증대하기 위하여 콘크리트에 첨가하는 물질이다.

11 다음 중 열가소성 수지는?

① 페놀 수지

② 요소 수지

③ 염화비닐 수지

④ 멜라민 수지

해설

• 열가소성 수지 : 폴리염화비닐(PVC) 수지. 폴리에틸렌(PE) 수지, 폴리프로필렌(PP) 수지, 폴리스틸렌(PS) 수지, 아크릴 수지, 폴리아미드 수지(나일론), 플루오린 수지, 스티롤 수지, 초산비닐 수지, 메틸아크릴 수지, ABS 수지

• 열경화성 수지 : 페놀 수지, 요소 수지, 폴리에스테르 수지, 에폭시 수지, 멜라민 수지, 알키드 수지, 아미노 수지, 프란 수지, 실리콘 수지, 폴리우레탄

12 AE 콘크리트의 알맞은 공기량은 굵은 골재의 최대치수에 따라 정해지는데 일반적으로 콘크리트 부피의 얼마 정도가 가장 적당한가?

① 1~2%

② 2~3%

③ 4~7%

④ 8~10%

해설

적당량의 AE 공기를 갖고 있는 콘크리트는 기상작용에 대한 내구성이 매우 우수하므로, 심한 기상작용을 받는 경우에는 AE 콘크리트를 사용하는 것이 좋다. 심한 기상작용을 받는 경우에 적당한 공기량은 콘크리트를 친 후에 위와 같이 콘크리트 용적의 4~7% 정도의 값이 일반적인 표준이다.

13 단위수량이 160kg/m³이고, 물−시멘트비가 50%일 경우 단위 시멘트량은 몇 kg/m³인가?

① 80

② 320

③ 410

④ 515

해설

물−시멘트비$=\dfrac{W}{C}$

$50\%=\dfrac{160}{C}$

$C=320\text{kg/m}^3$

14 재료가 외력을 받을 때 조금만 변형되어도 파괴되는 성질은?

① 취 성

② 연 성

③ 전 성

④ 인 성

해설

② 연성 : 재료가 탄성한계 이상의 힘을 받아도 파괴되지 않고 가늘고 길게 늘어나는 성질

③ 전성: 재료를 두들길 때 얇게 펴지는 성질

④ 인성 : 잡아당기는 힘을 견디는 성질

15 폭약을 다룰 때 주의해야 할 사항 중 옳지 않은 것은?

① 뇌관과 폭약은 동일한 장소에 저장하여 사용하기 편리하게 한다.

② 운반 중 화기 및 충격에 대해서 세심한 주의를 한다.

③ 장기 보존에 의해 흡습·동결되지 않도록 주의한다.

④ 다이너마이트를 저장할 때 일광의 직사와 화기 있는 곳은 피한다.

해설

뇌관과 폭약은 분리하여 각각 다른 장소에 저장한다.

16 흙의 함수비와 관계없는 시험은?

① 소성한계시험

② 액성한계시험

③ 투수시험

④ 수축한계시험

해설

투수시험은 흙의 투수계수를 결정하는 시험이다.

※ 흙의 함수량에 따른 단계는 고체-반고체-소성-액성 상태로 변화하며, 고체에서 반고체로 가는 한계를 수축한계, 반고체에서 소성 상태로 가는 한계를 소성한계, 소성에서 액성으로 가는 한계를 액성한계로 표현한다.

18 콘크리트 블리딩시험에서 콘크리트를 용기에 3층으로 나누어 넣고 각 층을 다짐대로 몇 회씩 고르게 다지는가?

① 10회 ② 15회

③ 20회 ④ 25회

해설

콘크리트 블리딩시험에서 콘크리트를 용기에 3층으로 나누어 넣고, 각 층을 다짐대로 25회씩 고르게 다진다.

19 단면적이 80mm²인 강봉을 인장시험하여 항복점 하중 2,560kg, 최대 하중 3,680kg을 얻었을 때 인장강도는 얼마인가?

① 70kg/mm²

② 46kg/mm²

③ 32kg/mm²

④ 18kg/mm²

해설

$$인장강도 = \frac{최대\ 하중}{단면적}$$

$$= \frac{3,680}{80} = 46kg/mm^2$$

17 골재의 안정성시험에 사용되는 용액으로 알맞은 것은?

① 황산나트륨 용액

② 황산마그네슘 용액

③ 염화칼슘 용액

④ 가성소다 용액

해설

시험용 용액은 황산나트륨 포화용액으로 한다.

20 골재의 단위무게시험에서 골재의 최대 치수가 40mm 이하인 경우에 적용하는 시험방법은?

① 다짐대를 사용하는 방법

② 충격을 이용하는 방법

③ 삽을 이용하는 방법

④ 흐름시험기를 사용하는 방법

해설

골재의 단위용적중량 시험방법

• 다짐봉을 이용하는 경우 : 골재의 최대 치수가 40mm 이하인 경우

• 충격을 이용하는 경우 : 골재의 최대 치수가 40mm 이상 100mm 이하인 경우

• 삽을 이용하는 경우 : 골재의 최대 치수가 100mm 이하인 경우

21 콘크리트 슬럼프시험의 가장 중요한 목적은?

① 비중 측정

② 워커빌리티 측정

③ 강도 측정

④ 입도 측정

> **해설**
> **슬럼프시험의 목적** : 굳지 않은 콘크리트의 반죽 질기를 측정하는 것으로, 워커빌리티를 판단하는 하나의 수단으로 사용한다.

22 골재의 체가름시험 시 주의사항으로 옳지 않은 것은?

① 체눈에 막힌 알갱이는 파쇄되지 않도록 되밀어 체에 남은 시료로 간주한다.

② 1.2mm 체에 5%(무게비) 이상 남는 잔골재 시료의 최소 무게는 100g으로 한다.

③ 측정결과의 무게비(%) 표시는 이것에 가장 가까운 정수로 수정한다.

④ 체가름은 수동 또는 기계에 의해 체에 상하운동 및 수평운동을 주고 시료를 흔들어 시료가 끊임없이 체 면을 균등하게 운동하도록 한다.

> **해설**
> 잔골재는 1.2mm 체를 95%(질량비) 이상 통과하는 것에 대한 최소 건조질량을 100g으로 하고, 1.2mm 체에 5%(질량비) 이상 남는 것에 대한 최소 건조질량을 500g으로 한다. 다만, 구조용 경량 골재에서는 최소 건조질량을 1/2로 한다.

23 액성한계와 소성한계의 차이로 나타내는 것은?

① 액성지수

② 소성지수

③ 유동지수

④ 터프니스 지수

> **해설**
> 소성지수(PI) = 액성한계(LL) – 소성한계(PL)

24 모래의 유기 불순물 시험의 표준색 용액 만들기에서 식별용 표준색 용액을 시험용 무색 유리병에 넣어 마개를 닫고 잘 흔든 다음 몇 시간 동안 가만히 놓아두는가?

① 8시간

② 12시간

③ 20시간

④ 24시간

> **해설**
> 시료에 수산화나트륨 용액을 가한 유리용기와 표준색 용액을 넣은 유리용기를 24시간 정치한 후 잔골재 상부의 용액색이 표준색 용액보다 연한지, 진한지 또는 같은지를 육안으로 비교한다.

25 현장에서 모래치환법에 의한 흙의 단위무게시험을 할 때 유의사항으로 옳지 않은 것은?

① 측정병의 부피를 구하기 위하여 측정병에 물을 채울 때에 기포가 남지 않도록 한다.

② 측정병에 눈금을 표시하여 병과 연결부와의 접속 위치를 검정할 때와 같게 한다.

③ 모래를 부어 넣는 동안 깔대기 속의 모래가 항상 반 이상이 되도록 일정한 높이를 유지시켜 준다.

④ 병에 모래를 넣을 때에 병을 흔들어서 가득 담을 수 있도록 한다.

> **해설**
> 측정기 안에 시험용 모래를 채울 때 모래에 진동을 주면 안 된다. 모래에 진동을 주면 모래가 치밀해져서 모래의 밀도가 커지고, 그 결과 구하는 흙의 밀도도 커진다.

26 역청제의 연화점을 알기 위하여 일반적으로 사용하는 방법은?

① 환구법
② 웬트라이너법
③ 우벨로데법
④ 육면체법

> **해설**
> 환구법을 사용하는 아스팔트 연화점시험은 시료를 환에 주입하고 4시간 이내에 시험을 종료하여야 한다.

27 흙을 국수 모양으로 밀어 지름이 약 3mm 굵기에서 부스러질 때의 함수비는?

① 액성한계
② 수축한계
③ 소성한계
④ 자연한계

> **해설**
> 소성한계 : 흙을 지름 3mm의 줄 모양으로 늘여 토막토막 끊어지려고 할 때의 함수비

28 골재에 포함된 잔입자시험은 골재를 물로 씻어서 몇 mm 체를 통과하는 것을 잔입자로 하는가?

① 0.03mm
② 0.04mm
③ 0.06mm
④ 0.08mm

> **해설**
> 골재에 포함된 잔입자시험은 골재에 포함된 0.08mm 체를 통과하는 잔입자의 양을 측정하는 방법이다.

29 흙의 수축한계의 이용에 대한 설명으로 옳지 않은 것은?

① 흙의 동상에 대한 성질을 판정할 수 있다.
② 흙의 주요 성분을 판별할 수 있다.
③ 토공의 적정성을 판정할 수 있다.
④ 흙의 전단강도를 추정할 수 있다.

> **해설**
> **수축한계 이용의 예** : 수축정수(수축비, 선수축, 용적 변화), 비중 근사치 계산, 동상성 판정

30 점토시료를 수축한계시험한 결괏값이 다음과 같을 때 수축지수를 구하면?

• 수축한계 : 24.5% • 소성한계 : 30.3%

① 2.3%   ② 2.8%
③ 3.3%   ④ 5.8%

> **해설**
> 수축지수 = 소성한계 − 수축한계
> = 30.3 − 24.5
> = 5.8%

31 콘크리트 압축강도시험에 대한 내용으로 틀린 것은?

① 굵은 골재의 최대 치수가 50mm 이하인 경우 시험용 공시체의 지름은 15cm를 원칙으로 한다.

② 시험기의 가압판과 공시체의 끝면은 직접 밀착시키고 그 사이에 쿠션재를 넣어서는 안 된다.

③ 시험기의 하중을 가할 경우 공시체에 충격을 주지 않도록 똑같은 속도로 하중을 가한다.

④ 시험체를 만든 다음 48~56시간 안에 몰드를 떼어낸다.

해설
몰드 제거 시기는 콘크리트를 채운 직후 16시간 이상, 3일 이내로 한다.

32 흙의 비중시험에 사용되는 시험기구가 아닌 것은?

① 피크노미터
② 데시케이터
③ 항온수조
④ 다이얼게이지

해설
흙의 비중시험에 사용하는 기계 및 기구
• 비중병(피크노미터, 용량 100mL 이상의 게이뤼삭형 비중병 또는 용량 100mL 이상의 용량 플라스크 등)
• 저울 : 0.001g까지 측정할 수 있는 것
• 온도계 : 눈금 0.1℃까지 읽을 수 있어야 하며 0.5℃의 최대 허용 오차를 가진 것
• 항온건조로 : 온도를 110±5℃로 유지할 수 있는 것
• 데시케이터 : 실리카 겔, 염화칼슘 등의 흡습제를 넣은 것
• 흙 입자의 분리기구 또는 흙의 파쇄기구
• 끓이는 기구 : 비중병 내에 넣은 물을 끓일 수 있는 것
• 증류수 : 끓이기 또는 감압에 의해 충분히 탈기한 것

33 다음 중 수은을 사용하는 시험방법은?

① 액성한계시험
② 소성한계시험
③ 흙의밀도시험
④ 수축한계시험

해설
수축한계시험에서 수은을 쓰는 이유는 노건조 시료의 체적(부피)을 구하기 위해서이다.

34 다음 중 잔골재의 표면수 측정법끼리 바르게 짝지어진 것은?

① 부피에 의한 방법, 충격을 이용하는 방법
② 충격을 이용하는 방법, 질량에 의한 방법
③ 다짐대를 사용하는 방법, 삽을 이용하는 방법
④ 질량에 의한 방법, 부피에 의한 측정법

해설
잔골재의 표면수 측정은 질량법 또는 용적법 중 하나의 방법으로 한다.

35 시멘트 비중시험에서 비중병을 수조에 넣어 두고, 광유의 온도차가 몇 도 이내로 되었을 때 눈금을 읽는가?

① 0.2℃
② 1.2℃
③ 2.2℃
④ 3.2℃

해설
비중병을 실온으로 일정하게 되어 있는 물 중탕에 넣어 광유의 온도차가 0.2℃ 이내로 되었을 때의 눈금을 읽어 기록한다.

36 콘크리트 강도시험용 공시체의 표준 양생온도는?

① 15±3℃　　　　② 20±2℃

③ 25±3℃　　　　④ 30±3℃

해설
공시체 양생온도는 20±2℃로 한다.

37 아스팔트의 연화점은 시료를 규정한 조건에서 가열하였을 때 시료가 연화되기 시작하여 거리가 몇 mm까지 내려갈 때의 온도인가?

① 10.0mm　　　　② 16.0mm

③ 20.1mm　　　　④ 25mm

해설
연화점 : 시료를 규정조건에서 가열하였을 때, 시료가 연화되기 시작하여 규정된 거리(25mm)까지 내려갈 때의 온도이다.

38 카사그란데(Casagrande)가 고안한 흙의 통일 분류법에서 사용되는 제1문자로 옳지 않은 것은?

① C　　　　② M

③ W　　　　④ O

해설
분류기호
분류는 문자의 조합으로 나타내며 기호의 의미는 다음과 같다.

구 분	제1문자		제2문자	
	기 호	흙의 종류	기 호	흙의 상태
조립토	G S	자 갈 모 래	W P M C	입도분포가 양호한 입도분포가 불량한 실트를 함유한 점토를 함유한
세립토	M C O	실 트 점 토 유기질토	L H	압축성이 낮은 압축성이 높은
고유 기질토	Pt	이 탄	–	–

39 다음 중 콘크리트의 워커빌리티 증진에 도움이 되지 않는 것은?

① AE제

② 감수제

③ 포졸라나

④ 응결경화촉진제

해설
응결경화촉진제는 시멘트의 응결을 촉진하여 콘크리트의 조기강도를 증대하기 위하여 콘크리트에 첨가하는 물질이다.

40 골재의 절대부피가 0.674m³이고, 잔골재율이 41%이고, 잔골재의 비중이 2.60일 때 잔골재량(kg/m³)은 약 얼마인가?

① 528　　　　② 562

③ 624　　　　④ 718

해설
단위 잔골재량 = $(0.674 \times 0.41) \times 1,000 \times 2.6 \approx 718 kg/m^3$

41 흙의 입도시험으로부터 균등계수의 값을 구하고자 할 때 식으로 옳은 것은?(단, D_{10} : 입경가적곡선으로부터 얻은 10% 입경, D_{30} : 입경가적곡선으로부터 얻은 30% 입경, D_{60} : 입경가적곡선으로부터 얻은 60% 입경)

① $\dfrac{(D_{30})^2}{D_{10} \times D_{60}}$ ② $\dfrac{D_{30}}{D_{10} \times D_{60}}$

③ $\dfrac{D_{30}}{D_{10}}$ ④ $\dfrac{D_{60}}{D_{10}}$

해설

• 균등계수 $C_u = \dfrac{D_{60}}{D_{10}}$

• 곡률계수 C_c 또는 $C_g = \dfrac{(D_{30})^2}{D_{10} \times D_{60}}$

42 다음 중 콘크리트 휨강도시험용 시험체 몰드의 규격으로 적당한 것은?

① 지름 15cm, 높이 30cm
② 50mm 정육면체
③ 15×15×53cm의 각주형
④ 윗면 10cm, 밑면 20cm, 높이 30cm

해설

휨강도 시험체 몰드 : 15×15×53cm, 10×10×38cm의 각주형

43 아스팔트 신도시험에 대한 설명으로 틀린 것은?

① 신도는 3회의 시험결과의 평균값을 취한다.
② 신도는 아스팔트의 늘어나는 정도로, 연성의 기준이 된다.
③ 클립(Clip)의 구멍을 시험기의 핀 또는 훅(Hook)에 걸고 당겨서 시료가 끊어졌을 때의 거리를 mm로 기록한다.
④ 별도의 규정이 없는 한 온도는 25±0.5℃, 속도는 5±0.25cm/min로 시험을 한다.

해설

형틀과 함께 시료를 항온 물 중탕에서 꺼내어 형틀의 측벽 기구를 떼어내어 시료 유지기구의 구멍을 신도시험기의 지주에 걸고 지침을 0에 맞추어 전동기에 의해 5±0.25cm/min의 속도로 시료를 잡아당겨 시료가 끊어졌을 때의 지침의 눈금을 0.5cm 단위로 읽고 기록한다.

44 콘크리트의 인장강도시험에서 공시체를 성형 후 몇 시간 내에 몰드를 떼어내는가?

① 10~15시간   ② 16~23시간
③ 16~72시간   ④ 49~72시간

해설

몰드 제거 시기는 콘크리트를 채운 직후 16시간 이상, 3일 이내로 한다.

45 콘크리트 슬럼프시험을 할 때 슬럼프콘에 시료를 채우고 벗길 때까지의 전 작업시간은 얼마 이내로 하여야 하는가?

① 5초   ② 30초
③ 1분   ④ 3분

해설

슬럼프콘에 콘크리트를 채우기 시작하고 슬럼프콘의 들어올리기를 종료할 때까지의 시간은 3분 이내로 한다.

46 간극비가 0.2인 모래의 간극률은 얼마인가?

① 17% ② 20%

③ 25% ④ 32%

$$n = \frac{e}{1+e} \times 100(\%)$$

$$= \frac{0.2}{1+0.2} \times 100 \approx 17\%$$

47 유선망도에서 상·하류면의 수두차가 4m, 등수두면의 수가 12개, 유로의 수가 6개일 때 침투유량은 얼마인가?(단, 투수층의 투수계수는 2.0×10^{-4}m/sec이다)

① 8.0×10^{-4}m^3/sec

② 5.0×10^{-4}m^3/sec

③ 4.0×10^{-4}m^3/sec

④ 7.0×10^{-6}m^3/sec

침투수량 $Q = KH \dfrac{N_f}{N_d}$

$$= 2 \times 10^{-4} \times 4 \times \frac{6}{12} = 4 \times 10^{-4}\text{m}^3/\text{sec}$$

여기서, K : 투수계수, H : 상·하류의 수두차

N_f : 유로의 수, N_d : 등수두면의 수

48 포화도에 대한 설명 중 옳지 않은 것은?

① 간극 속의 물 부피와 간극 전체의 부피와의 비를 백분율로 표시한 것이다.

② 포화도가 100%이면 공극 속에 물이 완전히 채워지고 공기는 존재하지 않는다.

③ 간극 속에 물이 차 있는 정도를 나타낸다.

④ 지하수위 아래의 흙은 포화도가 0이다.

지하수위 아래 흙의 간극에 물이 가득 찬 경우, $V_a = 0$, $V_v = V_w$ 이므로 포화도 S=100%이다.

49 두꺼운 불투명 유리판 위에 시료를 손바닥으로 굴리면서 늘였을 때 지름 3mm에서 부스러질 때의 함수비는?

① 수축한계 ② 액성한계

③ 유동한계 ④ 소성한계

소성한계 : 흙을 지름 3mm의 줄 모양으로 늘여 토막토막 끊어지려고 할 때의 함수비

50 다음 토질조사시험에서 지지력 조사를 위한 시험이 아닌 것은?

① 표준관입시험(SPT)

② 전단시험

③ 콘관입시험

④ 투수시험

투수시험 : 흙의 투수계수를 결정하는 시험

51 다음 약호 중 최적함수비를 나타내는 것은?

① NP   ② SPT

③ OMC   ④ OPC

해설
최적함수비(OMC) : 최대 건조단위무게가 얻어지는 함수비

52 흙의 다짐효과에 대한 설명으로 옳은 것은?

① 투수성이 증가한다.

② 압축성이 커진다.

③ 흡수성이 증가한다.

④ 지지력이 증가한다.

해설
다짐효과
• 흙의 단위중량 증가
• 지반의 압축성, 투수성 감소
• 전단강도, 부착력 증가
• 동상, 팽창, 건조, 수축의 감소
• 지반의 지지력 증가
• 침하나 파괴 방지

53 두께 3.5m의 점토 시료를 채취하여 압밀시험한 결과, 하중강도가 2kg/cm^{2}에서 4kg/cm^{2}로 증가될 때 간극비는 1.8에서 1.2로 감소하였다. 압축계수(a_v)는?

① 0.3cm^2/kg

② 1.2cm^2/kg

③ 2.2cm^2/kg

④ 3.3cm^2/kg

해설
압축계수 $a_v = \dfrac{e_1 - e_2}{P_2 - P_1}$

$= \dfrac{1.8 - 1.2}{4 - 2} = 0.3$cm^2/kg

54 다음 중 부등침하를 일으키는 원인이 아닌 것은?

① 신축이음을 한 건물의 경우

② 연약층의 두께가 서로 다를 경우

③ 지하수위가 부분적으로 변화할 경우

④ 구조물이 서로 다른 지반에 걸쳐 있을 경우

해설
부등침하의 주원인은 압밀침하로 이는 구조물의 자중과 외력이 지반의 허용응력을 초과하여 발생한다. 부등침하의 대책으로 신축이음을 설치한다.

55 흙의 전단강도를 구하기 위한 실내시험은?

① 직접전단시험

② 표준관입시험

③ 콘관입시험

④ 베인시험

해설
전단강도 측정시험
• 실내시험
  – 직접전단시험
  – 간접전단시험 : 일축압축시험, 삼축압축시험
• 현장시험
  – 현장베인시험
  – 표준관입시험
  – 콘관입시험
  – 평판재하시험

56 흐트러진 시료가 시간이 지남에 따라 손실된 강도의 일부분을 회복하는데 흐트러 놓으면 강도가 감소되고, 시간이 지나면 강도가 회복되는 현상은?

① 틱소트로피
② 다일러턴시
③ 한계간극비
④ 액화현상

틱소트로피 현상(Thixotropy) : 흐트러진 점토지반이 함수비의 변화 없이 시간이 경과할수록 원상태로 강도가 회복되는 현상으로, 강도 회복시간은 약 3주 정도 걸린다. Time Effect 효과, Set Up 효과라고도 한다.

57 지표에 하중을 가하면 침하현상이 일어나고, 하중이 제거되면 원상태로 돌아가는 침하는?

① 압밀침하
② 소성침하
③ 탄성침하
④ 파괴침하

탄성침하는 재하와 동시에 일어나며 하중 제거 시 원상태로 돌아오며 모래 지반에는 압밀침하가 없으므로 탄성침하만 존재한다.

58 흙의 밀도 중 작은 것에서 큰 순서로 나열된 것은?

① 습윤밀도 < 포화밀도 < 수중밀도 < 건조밀도
② 건조밀도 < 습윤밀도 < 포화밀도 < 수중밀도
③ 수중밀도 < 건조밀도 < 습윤밀도 < 포화밀도
④ 포화밀도 < 수중밀도 < 건조밀도 < 습윤밀도

• 수중밀도 = 포화밀도 – 물의 단위중량
• 건조밀도 : 공극에 물이 하나도 없어 좀 더 가볍다.
• 습윤밀도 : 건조밀도보다 공극에 물이 조금 더 있어서 무게가 더 나간다.
• 포화밀도 : 공극에 물이 가득하여 물 무게가 더해져서 제일 무겁다.

59 흙의 1면 전단시험에서 전단응력을 구하려면 다음의 어느 식이 적용되는가?(단, $¥$는 전단응력, S는 전단력, A는 단면적이다)

① $¥ = S/A$
② $¥ = S/2A$
③ $¥ = 2A/S$
④ $¥ = 2S/A$

직접전단시험
1면 전단시험 $¥ = S/A$, 2면 전단시험 $¥ = S/2A$

60 평판재하시험에서 규정된 재하판의 지름 치수가 아닌 것은?

① 30cm
② 40cm
③ 50cm
④ 75cm

재하판은 두께 25mm 이상, 지름 300mm, 400mm, 750mm인 강재 원판을 표준으로 한다. 등치면적의 정사각형 철판으로 해도 된다.

01 나이트로셀룰로스에 나이트로글리세린을 넣어 콜로이드화하여 만든 가소성의 폭약은?

① 교질 다이너마이트
② 분말상 다이너마이트
③ 칼 릿
④ 질산에멀션폭약

해설
② 분말 다이너마이트 : 나이트로글리세린의 비율을 많이 줄이고 산화제나 가연물을 많이 넣어 만든다.
③ 칼릿 : 과염소산 암모늄을 주성분으로, 하고 다이너마이트에 비해 충격에 둔하여 취급상 위험이 작은 폭약이다.
④ 질산에멀션폭약 : 질산암모늄이 주재료로, 높은 폭발력과 높은 안정성 및 유해가스를 발생시키지 않는 것이 특징이다.

02 다음 중 열가소성 수지는?

① 페놀 수지
② 요소 수지
③ 염화비닐 수지
④ 멜라민 수지

해설
• 열가소성 수지 : 폴리염화비닐(PVC) 수지, 폴리에틸렌(PE) 수지, 폴리프로필렌(PP) 수지, 폴리스틸렌(PS) 수지, 아크릴 수지, 폴리아미드 수지(나일론), 플루오린 수지, 스티롤 수지, 초산비닐 수지, 메틸아크릴 수지, ABS 수지
• 열경화성 수지 : 페놀 수지, 요소 수지, 폴리에스테르 수지, 에폭시 수지, 멜라민 수지, 알키드 수지, 아미노 수지, 프란 수지, 실리콘 수지, 폴리우레탄

03 알루미나 시멘트에 관한 설명 중 옳은 것은?

① 화학작용에 대한 저항성이 작아 풍화되기 쉽다.
② 조기강도가 커서 긴급공사에 적합하다.
③ 해수공사에는 부적합하나 서중공사에는 적합하다.
④ 발열량이 적어 매스콘크리트에 적합하다.

해설
알루미나 시멘트는 산화알루미늄을 원료로 하는 특수 시멘트이다. 일반 시멘트가 완전히 굳는 데 28일이 걸리는 데 비해 하루면 굳고 이때 높은 열(최고 100℃)을 발생하므로, 추운 겨울철 공사나 터널공사 · 긴급공사 등에 적합하다.

04 골재의 함수 상태에 있어서 공기 중 건조상태에서 표면건조포화상태가 될 때까지 흡수되는 물의 양은?

① 함수량
② 흡수량
③ 표면수량
④ 유효 흡수량

해설
골재의 함수 상태
• 함수량 : 골재의 입자에 포함되어 있는 전체 수량
• 흡수량 : 표면건조포화상태에서 골재알에 포함되어 있는 전체 수량
• 표면수량 : 전 함수량으로부터 흡수량을 뺀 것
• 유효 흡수량 : 공기 중 건조상태로부터 표면건조포화상태가 되기에 필요한 수량

05 풍화된 시멘트에 대한 설명 중 옳지 않은 것은?

① 비중이 작아진다.
② 응결이 늦어진다.
③ 조기강도가 커진다.
④ 강열 감량이 커진다.

해설
풍화된 시멘트는 조기강도가 현저히 작아지고, 특히 압축강도에 큰 영향을 미친다.

06 댐과 같은 큰 토목구조물에 주로 사용하며 조기강도는 작으나 장기강도가 큰 시멘트는?

① 보통 포틀랜드 시멘트
② 중용열 포틀랜드 시멘트
③ 조강 포틀랜드 시멘트
④ 백색 포틀랜드 시멘트

해설
중용열 포틀랜드 시멘트 : 수화열을 적게 하기 위하여 규산 3석회와 알루민산 3석회의 양을 제한해서 만든 것으로, 건조수축이 작고 장기강도가 큰 특징을 지녀 댐이나 고층 아파트와 같이 압력을 많이 받는 콘크리트 구조물에 사용된다.

07 다음 중 목재의 기건비중에 대한 설명으로 옳은 것은?

① 수분을 완전히 건조시킨 상태에서의 비중
② 생목 또는 벌목 직후의 비중
③ 공기 중의 습도와 평형이 될 때까지 건조한 상태에서의 비중
④ 수중에서 포화된 상태에서의 비중

해설
기건비중 : 일반적으로 목재의 비중과 가장 관련이 있으며, 목재성분 중 수분을 공기 중에서 제거한 상태의 비중이다.

08 콘크리트 배합 설계 시 단위수량이 160kg/m³, 단위 시멘트량이 320kg/m³일 때 물-시멘트비는 얼마인가?

① 30%
② 40%
③ 50%
④ 60%

해설
물-시멘트비 $= \dfrac{W}{C} = \dfrac{160}{320} = 0.5 = 50\%$

09 천연 아스팔트의 종류가 아닌 것은?

① 레이크 아스팔트(Lake Asphalt)
② 록 아스팔트(Rock Asphalt)
③ 샌드 아스팔트(Sand Asphalt)
④ 블론 아스팔트(Blown Asphalt)

해설
아스팔트의 종류
• 천연 아스팔트 : 레이크 아스팔트, 록 아스팔트, 샌드 아스팔트, 아스팔타이트
• 석유 아스팔트 : 스트레이트 아스팔트, 컷백 아스팔트, 유화 아스팔트, 블론 아스팔트, 개질 아스팔트

10 석재의 비중 및 강도에 대한 설명 중 틀린 것은?

① 석재는 비중이 클수록 흡수율이 크고, 압축강도가 작다.

② 석재의 비중은 일반적으로 겉보기 비중을 의미한다.

③ 석재의 강도는 일반적으로 비중이 클수록, 빈틈률이 작을수록 크다.

④ 석재는 흡수율이 클수록 강도가 작다.

해설
석재는 비중이 클수록 석질의 조직이 치밀하므로 흡수율이 작고, 압축강도가 크다.

11 서중콘크리트 시공이나 레디믹스트 콘크리트에서 운반거리가 멀 경우 혼화제를 사용하고자 한다. 다음 중 어느 혼화제가 적당한가?

① 지연제　　　　② 촉진제

③ 급결제　　　　④ 방수제

해설
지연제는 콜드조인트를 방지하고 서중콘크리트 공사, 수화열 균열 방지에 이용한다.

12 염화칼슘을 사용한 콘크리트의 성질 중 옳은 것은?

① 워커빌리티가 감소하며 작업의 난이를 가져온다.

② 블리딩이 증가하여 시공에 주의해야 한다.

③ 건조수축이 작아지고 슬럼프가 증가한다.

④ 응결이 빠르며 다량 사용하면 급결한다.

해설
경화촉진제인 염화칼슘을 사용하면 응결이 촉진되고 조기강도가 증진된다.

13 강을 용도에 알맞은 성질로 개선시키기 위해 가열하여 냉각시키는 조작을 강의 열처리라 한다. 다음 중 이 조작과 관계없는 것은?

① 성 형　　　　② 담금질

③ 뜨 임　　　　④ 불 림

해설
열처리의 종류 : 담금질, 불림, 풀림, 뜨임 등

14 콘크리트의 배합 설계 계산상 그 양을 고려하여야 하는 혼화재료는?

① 플라이 애시

② 고성능 감수제

③ 기포제

④ AE제

해설
혼화재와 혼화제
• 혼화재 : 플라이 애시(Fly-ash), 고로 슬래그, 팽창재
• 혼화제 : AE제, 감수제, 유동화제, 지연제, 고성능 감수제, AE감수제, 기포제 등

15 스트레이트 아스팔트에 천연고무, 합성고무 등을 넣어서 성질을 좋게 한 아스팔트는?

① 유화 아스팔트

② 컷백 아스팔트

③ 고무화 아스팔트

④ 플라스틱 아스팔트

해설
고무화 아스팔트 : 고무를 아스팔트에 혼합 용해한 것으로, 고무는 분말 액상 또는 세편상으로 첨가한다. 또한 아스팔트에 미리 첨가하는 것과 혼합물을 혼합할 때 골재 등과 동시에 첨가하는 것이 있다. 일반적으로 고무화 아스팔트는 감온성이 작고 골재와 접착이 좋은 효과가 있다.

16 콘크리트용 굵은 골재의 최대 치수에 관한 다음의 설명에서 ( ) 안에 들어갈 적당한 수치는?

> 질량비로 ( )% 이상을 통과시키는 체 중에서 최소 치수의 체눈의 호칭 치수로 나타낸 굵은 골재의 치수

① 60
② 70
③ 80
④ 90

해설
굵은 골재의 최대 치수 : 질량으로 90% 이상이 통과한 체 중 최소 치수의 체눈의 호칭 치수로 나타낸 굵은 골재의 치수

17 국수 모양의 흙이 지름 몇 mm에서 부서질 때를 소성한계라 하는가?

① 1mm
② 3mm
③ 5mm
④ 7mm

해설
소성한계 : 흙을 지름 3mm의 줄 모양으로 늘여 토막토막 끊어지려고 할 때의 함수비

18 시멘트의 비중시험을 하기 위하여 쓰이는 기구 및 재료에 속하지 않는 것은?

① 르샤틀리에 비중병
② 광 유
③ 천 칭
④ 표준체

해설
시멘트 비중시험에 필요한 기구
· 르샤틀리에 플라스크
· 광유 : 온도 23±2℃에서 비중 약 0.73 이상인 완전히 탈수된 등유나 나프타를 사용한다.
· 천 칭
· 철사 및 마른 걸레
· 항온수조

19 콘크리트 블리딩시험(KS F 2414)은 굵은 골재의 최대치수가 얼마 이하인 경우 적용하는가?

① 20mm
② 30mm
③ 40mm
④ 50mm

해설
블리딩시험은 굵은 골재의 최대치수가 40mm 이하인 경우에 적용한다.

20 다음 중 시멘트의 분말도를 구하는 시험방법은?

① 블레인시험
② 비카시험
③ 오토클레이브 시험
④ 길모어 시험

해설
분말도 시험법에는 체가름(표준체) 시험법과 비표면적(블레인) 시험법이 있다.

21 슬럼프시험에 관한 내용 중 옳지 않은 것은?

① 슬럼프콘에 시료를 채우고 벗길 때까지의 시간은 5분이다.

② 슬럼프콘을 들어 올리는 시간은 높이 300mm에서 2~5초로 한다.

③ 슬럼프콘의 높이는 30cm이다.

④ 물을 많이 넣을수록 슬럼프값은 커진다.

해설
콘크리트를 채우기 시작하고 시험 종료까지의 시간은 3분이다.

22 일반적인 흙의 밀도시험에서 증류수와 시료를 채운 피크노미터를 전열기로 얼마 이상 끓이는가?

① 1분 ② 3분
③ 5분 ④ 10분

해설
흙 입자 속에 있는 기포를 완전히 제거하기 위해서 일반적인 흙에서는 10분 이상, 고유기질토에서는 약 40분, 화산재 흙에서는 2시간 이상 끓인다.

23 시멘트 모르타르 압축강도시험에서 시멘트를 510g 사용했을 때 표준모래의 양은 얼마나 되는가?

① 약 510g

② 약 638g

③ 약 1,250g

④ 약 1,530g

해설
시멘트 강도시험(KS L ISO 679) : 모르타르의 배합은 질량비로 시멘트 1, 표준사 3, 물-시멘트비 0.5이다.
표준모래량 = 510 × 3 = 1,530g

24 현장에서 모래치환법에 의한 흙의 단위무게시험을 할 때의 유의사항 중 옳지 않은 것은?

① 측정병의 부피를 구하기 위하여 측정병에 물을 채울 때에 기포가 남지 않도록 한다.

② 측정병에 눈금을 표시하여 병과 연결부의 접촉 위치를 검정할 때와 같게 한다.

③ 측정병에 모래를 부어 넣는 동안 깔때기 속의 모래가 항상 반 이상이 되도록 일정한 높이를 유지시켜 준다.

④ 측정병에 모래를 넣을 때에 병을 흔들어서 가득 담을 수 있도록 한다.

해설
측정기 안에 시험용 모래를 채울 때 모래에 진동을 주면 안 된다. 모래에 진동을 주면 모래가 치밀해져서 모래의 밀도가 커지고, 그 결과 구하는 흙의 밀도도 커진다.

25 콘크리트 강도시험용 공시체를 제작할 경우 공시체의 양생중의 온도는 어느 정도 유지해야 하는가?

① 5±2℃

② 10±2℃

③ 20±2℃

④ 27±2℃

해설
공시체 양생온도는 20±2℃ 정도 유지한다.

26 다음 중 골재의 체가름시험에서 골재의 조립률을 나타내는 데 적용되는 표준체의 규격이 아닌 것은?

① 50mm ② 20mm

③ 10mm ④ 1.2mm

해설

조립률(골재) : 75mm, 40mm, 20mm, 10mm, 5mm, 2.5mm, 1.2mm, 0.6mm, 0.3mm, 0.15mm 체 등 10개의 체를 1조로 하여 체가름시험을 하였을 때, 각 체에 남은 누계량의 전체 시료에 대한 질량백분율의 합을 100으로 나눈 값

27 굳지 않은 콘크리트의 반죽 질기를 시험하는 방법이 아닌 것은?

① 슬럼프시험

② 리몰딩시험

③ 길모어 침 시험

④ 켈리볼 관입시험

해설

길모어 침은 시멘트의 응결시간 측정에 사용한다.

28 다음 중 수은을 사용하는 시험은?

① 흙의 소성한계시험

② 흙의 액성한계시험

③ 흙의 수축한계시험

④ 흙의 입도시험

해설

흙의 수축한계시험에서 수은을 사용하는 주된 이유는 건조 시료의 부피를 측정하기 위해서이다.

29 흙의 함수비 시험에 사용되지 않는 기계 및 기구는?

① 저 울

② 항온건조로

③ 데시케이터

④ 피크노미터

해설

피크노미터는 흙의 비중시험에서 사용한다.

흙의 함수비를 측정하는 시험용 기구 : 용기, 항온건조로, 저울, 데시케이터

30 잔골재의 체가름시험에서 입도범위(조립률, FM)가 어느 범위 안에 들어야 콘크리트용 잔골재로서 알맞은가?

① 1.3~2.3

② 2.3~3.1

③ 5~6

④ 6~8

해설

일반적으로 골재의 조립률 범위는 잔골재는 2.3~3.1, 굵은 골재는 6~8 정도가 좋다.

31 신도시험으로 파악하는 아스팔트의 성질은?

① 온 도　　　　　② 증발량
③ 굳기 정도　　　　④ 연 성

신도시험은 아스팔트의 늘어나는 정도(연성)를 측정하는 시험
이다.

32 콘크리트의 압축강도시험에서 시험체의 가압면에
는 일정한 크기 이상의 홈이 있으면 안 된다. 이를
방지하기 위하여 하는 작업을 무엇이라 하는가?

① 몰 딩　　　　　② 캐 핑
③ 리몰딩　　　　　④ 코 팅

캐핑 : 콘크리트의 압축강도시험에서 시험체의 가압면에는 0.05mm
이상의 홈이 있으면 안 된다. 이를 방지하기 위하여 하는 작업을
캐핑이라 한다.

33 흙의 액성한계 시험결과를 반대수 용지에 작성하는 곡
선은?

① 다짐곡선
② 입도곡선
③ 유동곡선
④ 압밀곡선

유동곡선 : 액성한계 시험결과로 얻어진 함수비에 대한 낙하 횟수
와 관계를 반대수용지에 그린 곡선

34 공시체를 4점 재하장치에 의해 휨강도시험을 하였
더니 최대 하중이 30,000N이고, 지간의 3등분 중
앙부에서 파괴되었다. 이때 휨강도는 얼마인가?
(단, 공시체는 15 × 15 × 53cm이고, 지간은 45cm
이다)

① 4MPa　　　　　② 4.4MPa
③ 4.6MPa　　　　④ 4.7MPa

휨강도 $f_b = \dfrac{Pl}{bd^2} = \dfrac{30,000 \times 450}{150 \times 150^2} = 4\text{MPa}$

여기서, f_b : 휨강도(N/mm² 또는 kg/cm²)

　　　　P : 시험기가 나타내는 최대 하중(N 또는 kg)

　　　　l : 지간(mm 또는 cm)

　　　　b : 파괴 단면의 너비(mm 또는 cm)

　　　　d : 파괴 단면의 높이(mm 또는 cm)

35 골재에 포함된 잔입자시험(KS F 2511)은 골재를
물로 씻어서 몇 mm 체를 통과하는 것을 잔입자로
하는가?

① 0.03mm
② 0.04mm
③ 0.06mm
④ 0.08mm

골재에 포함된 잔입자시험은 골재에 포함된 0.08mm 체를 통과하
는 잔입자의 양을 측정하는 방법이다.

36 아스팔트 침입도시험에서 침입도의 단위는?

① 0.001mm

② 0.01mm

③ 0.1mm

④ 1.0mm

소정의 온도(25℃), 하중(100g), 시간(5초)으로 침을 수직으로 관입한 결과, 관입 길이 0.1mm마다 침입도 1로 정하여 침입도를 측정한다.

37 블리딩시험을 한 결과 마지막까지 누계한 블리딩에 따른 물의 부피 $V = 76cm^3$, 콘크리트 윗면의 면적 $A = 490cm^2$일 때 블리딩량은?

① $1.13cm^3/cm^2$

② $0.12cm^3/cm^2$

③ $0.16cm^3/cm^2$

④ $0.19cm^3/cm^2$

블리딩량$(cm^3/cm^2) = V/A$
$$= 76/490$$
$$\simeq 0.16cm^3/cm^2$$

여기서, V : 규정된 측정시간 동안에 생긴 블리딩 물의 양(cm^3)
A : 콘크리트 상면의 면적(cm^2)

38 흙의 액성한계시험 시 시료를 넣은 접시를 1cm의 높이에서 1초에 2회 비율로 몇 회 떨어뜨리는가?

① 15회   ② 20회

③ 25회   ④ 30회

액성한계시험으로 구한 유동곡선에서 낙하 횟수 25회에 해당하는 함수비를 액성한계라 한다.

39 지름이 100mm이고, 길이가 200mm인 원주형 공시체에 대한 쪼갬 인장강도 시험결과 최대 하중이 120,000N이라고 할 때 이 공시체의 쪼갬 인장강도는?

① 2.87MPa

② 3.82MPa

③ 4.03MPa

④ 5.87MPa

인장강도$= \dfrac{2P}{\pi dl} = \dfrac{2 \times 120,000}{\pi \times 100 \times 200} = 3.82MPa$

여기서, P : 하중(N)
d : 공시체의 지름(mm)
l : 공시체의 길이(mm)

40 잔골재 밀도 시험과정에서 원추형 몰드를 제거할 때 잔골재의 원뿔이 흘러내린다면, 이것은 (   )의 한도를 넘어서 건조된 것을 의미하는 것이다. (   ) 안에 알맞은 용어는?

① 절대건조상태

② 습윤상태

③ 공기 중 건조상태

④ 표면건조포화상태

최초의 시험에서 원추형 몰드를 제거할 때 잔골재의 원뿔이 흘러내린다면, 표면건조포화상태의 한도를 넘어서 건조된 것을 의미한다.

41 아스팔트(Asphalt) 침입도시험을 시행하는 목적은?

① 아스팔트 비중 측정
② 아스팔트 신도 측정
③ 아스팔트 굳기 정도 측정
④ 아스팔트 입도 측정

해설
침입도시험의 목적 : 아스팔트의 굳기 정도, 경도, 감온성, 적용성 등을 결정하기 위해 실시한다.

42 골재에 포함된 잔입자에 대한 설명으로 틀린 것은?

① 골재에 들어 있는 잔입자는 점토, 실트, 운모질 등이다.
② 골재에 잔입자가 많이 들어 있으면 콘크리트의 혼합수량이 많아지고 건조수축에 의하여 콘크리트에 균열이 생기기 쉽다.
③ 골재에 잔입자가 들어 있으면 블리딩현상으로 인하여 레이턴스가 많이 생긴다.
④ 골재 안의 표면에 점토, 실트 등이 붙어 있으면 시멘트 풀과 골재와의 부착력이 커서 강도와 내구성이 커진다.

해설
골재알의 표면에 점토, 실트 등이 붙어 있으면, 골재와 시멘트풀과의 부착력이 약해져서 콘크리트의 강도와 내구성이 작아진다.

43 비중계시험에서 사용한 흙의 공기 중 건조상태 시료의 무게가 55.64g이고, 이때 함수비가 6.42%일 때 노건조 시료의 무게(W_s)를 구한 값은?

① 50.28g　　② 51.82g
③ 52.28g　　④ 54.32g

해설
$$함수비 = \frac{(습윤상태의 질량 - 건조상태의 질량)}{건조상태의 질량} \times 100$$

$$6.42 = \frac{(55.64 - W_s)}{W_s} \times 100$$

$$W_s = 52.28g$$

44 액성한계시험과 소성한계시험을 할 때 시료 준비 방법으로 옳은 것은?

① 425μm 체에 잔유한 흙을 사용한다.
② 425μm 체에 통과한 흙을 사용한다.
③ 75μm 체에 잔유한 흙을 사용한다.
④ 75μm 체에 통과한 흙을 사용한다.

해설
자연 함수비 상태의 흙을 사용하여 425μm 체를 통과한 것을 시료로 한다.

45 흙의 다짐시험에서 A다짐의 허용최대입경은?

① 37.5mm　　② 25.5mm
③ 22mm　　　④ 19mm

해설
다짐방법의 종류

다짐 방법의 호칭명	래머 질량 (kg)	몰드 안지름 (cm)	다짐 층수	1층당 다짐 횟수	허용최대 입자 지름 (mm)
A	2.5	10	3	25	19
B	2.5	15	3	55	37.5
C	4.5	10	5	25	19
D	4.5	15	5	55	19
E	4.5	15	3	92	37.5

46 액성한계가 42.8%이고, 소성한계는 32.2%일 때 소성지수를 구하면?

① 10.6 ② 12.8
③ 21.2 ④ 42.4

소성지수(PI) = 액성한계 - 소성한계
= 42.8 - 32.2
= 10.6%

47 사면파괴의 원인이 아닌 것은?

① 흙의 수축과 팽창에 의한 균열
② 흙이 가지는 전단저항력의 증가
③ 함수량의 증가에 따른 점토의 연약화, 간극수 압의 증가
④ 공사 시 흙의 굴착, 이동, 지진 및 수압의 작용

흙에 작용하는 외력에 의해 생기는 전단응력이 흙의 전단저항력보다 커져서 흙이 파괴된다.

48 흙의 동상방지 대책으로 옳지 않은 것은?

① 배수구를 설치하여 지하수위를 높인다.
② 동결심도 상부의 흙을 비동결성 흙(자갈, 쇄석, 석탄재)으로 치환한다.
③ 흙 속에 단열재료(석탄재, 코크스)를 넣는다.
④ 지표의 흙을 화학약품처리하여 동상을 방지한다.

흙의 동상을 방지하려면 배수구를 설치하여 지하수위를 낮춘다.

49 모래치환법에 의한 현장 흙의 단위무게시험에서 모래는 어느 것을 구하기 위하여 쓰이는가?

① 시험 구멍에서 파낸 흙의 중량
② 시험 구멍의 부피
③ 시험 구멍에서 파낸 흙의 함수상태
④ 시험 구멍 밑면부의 지지력

모래치환법은 다짐을 실시한 지반에 구멍을 판 다음 시험 구멍의 체적을 모래로 치환하여 구하는 방법이다.

50 현장다짐을 할 때에 현장 흙의 단위무게를 측정하는 방법으로 옳지 않은 것은?

① 절삭법
② 모래치환법
③ 고무막법
④ 아스팔트 치환법

현장의 밀도 측정은 모래치환법, 고무막법, 방사선 동위원소법, 코어절삭법 등의 방법을 이용하는데, 일반적으로 밀도 측정은 모래치환법으로 구한다.

51 유선망도에서 상·하류면의 수두차가 4m, 등수두면의 수가 12개, 유로의 수가 6개일 때 단위길이당 침투수량은 얼마인가?(단, 투수층의 투수계수는 2.0×10^{-4}m/sec 이다)

① 8.0×10^{-4}m^3/sec

② 5.0×10^{-4}m^3/sec

③ 4.0×10^{-4}m^3/sec

④ 7.0×10^{-6}m^3/sec

해설

침투수량 $Q = KH\dfrac{N_f}{N_d}$

$\qquad = 2 \times 10^{-4} \times 4 \times \dfrac{6}{12}$

$\qquad = 4 \times 10^{-4}$m^3/sec

여기서, K : 투수계수, H : 상하류의 수두차
$\qquad\quad N_f$: 유로의 수, N_d : 등수두면의 수

52 어떤 지반 내의 한 점에서 연직응력이 8.0ton/m^{2}이고, 토압계수가 0.4일 때 수평응력(σ_h)은?

① 2.2ton/m^2 ② 1.6ton/m^2

③ 3.2ton/m^2 ④ 4.0ton/m^2

해설

수평응력 = 연직응력 × 토압계수
$\qquad\qquad = 8 \times 0.4$
$\qquad\qquad = 3.2$ton/m^2

53 다음 중 유효응력에 대한 설명으로 가장 적합한 것은?

① 토립자(土粒子) 간에 작용하는 압력과 간극수압을 합한 압력

② 간극수(間隙水)가 받는 압력

③ 전체 응력에서 간극수압을 뺀 값

④ 하중을 받고 있는 흙의 압력

해설

유효응력 : 흙 입자가 부담하는 응력으로 흙 입자의 접촉점에서 발생하는 단위 면적당 작용하는 힘이다.
유효응력 = 전응력 – 간극수압

54 최적함수비(OMC)에 대한 설명으로 올바른 것은?

① 최대 건조단위무게가 얻어지는 함수비

② 흙 속의 공기무게에 대한 흙 전체 무게의 비

③ 공기 함유율이 0인 상태

④ 흙 입자의 부피에 대한 간극의 부피비

해설

최적함수비(OMC) : 다짐곡선에서 최대 건조단위무게에 대응하는 함수비

55 액성한계시험에서 공기건조한 시료에 증류수를 가하여 반죽한 후 흙과 증류수가 잘 혼합되도록 방치하는 적당한 시간은?

① 1시간 이상

② 5시간 이상

③ 10시간 이상

④ 24시간 이상

해설

공기건조한 경우 증류수를 가하여 충분히 반죽한 후 흙과 물이 잘 혼합되도록 하기 위하여 수분이 증발되지 않도록 해서 10시간 이상 방치한다.

56 입도분포를 통해 흙의 공학적 성질을 파악하기 위해 입도시험을 한 결과 가적통과율 10%인 D_{10}이 0.095mm이고, 가적통과율 60%인 D_{60}이 0.16mm이며, 통과율 30%인 D_{30}이 0.13mm이면, 이 시료의 균등계수는 얼마인가?

① 1.62

② 1.68

③ 1.72

④ 1.75

해설

균등계수 $C_u = \dfrac{D_{60}}{D_{10}}$

$= \dfrac{0.16}{0.095} = 1.68$

57 다음 중 깊은 기초의 종류가 아닌 것은?

① 말뚝 기초

② 피어 기초

③ 케이슨 기초

④ 푸팅 기초

해설

푸팅 기초는 얕은 기초에 속한다.

58 젖은 흙의 중량이 50g이고, 흙을 노건조 후 칭량하니 40g이었다. 흙의 함수비는?

① 8%

② 10%

③ 15%

④ 25%

해설

함수비 $= \dfrac{(50-40)}{40} \times 100 = 25\%$

59 테르자기에 의해 제안된 다음과 같은 극한 지지력 공식에서 각 기호에 대한 설명으로 잘못된 것은?

$$q_u = \alpha C N_c + \beta \gamma_1 q B N_r + \gamma_2 D_f N_q$$

① B : 기초 폭

② c : 내부마찰각

③ D_f : 기초의 근입 깊이

④ $\alpha,\ \beta$: 기초의 형상계수

해설

Terzaghi의 수정 극한지지력 공식

$q_u = \alpha C N_c + \beta \gamma_1 q B N_r + \gamma_2 D_f N_q$

여기서, $\alpha,\ \beta$: 기초의 형상계수

c : 점착력(ton/m^2)

$N_c,\ N_r,\ N_q$: 지지력계수[ϕ(내부마찰각)에 의해 결정됨]

γ_1 : 기초 바닥 아래 흙의 단위중량(ton/m^3)

γ_2 : 근입 깊이 흙의 단위중량(ton/m^3)

B : 기초의 폭(m)

D_f : 기초의 근입 깊이(m)

60 도로나 활주로 등의 포장 두께를 결정하기 위하여 주로 실시하는 토질시험은?

① CBR시험

② 일축압축시험

③ 표준관입시험

④ 현장 단위무게시험

해설

CBR시험 : 주로 아스팔트와 같은 가요성(연성) 포장의 지지력을 결정하기 위한 시험방법, 즉 도로나 활주로 등의 포장 두께를 결정하기 위하여 지지하는 노상토의 강도, 압축성, 팽창성 및 수축성 등을 결정하는 시험이다.

01 알루미나 시멘트에 대한 설명 중 옳지 않은 것은?

① 보크사이트와 석회석을 혼합하여 분말로 만든 시멘트이다.

② 재령 7일에 보통 포틀랜드 시멘트의 재령 28일에 해당하는 강도를 나타낸다.

③ 화학작용에 대한 저항성이 크다.

④ 내화용 콘크리트에 적합하다.

해설
일반 시멘트가 완전히 굳는 데 28일이 걸리는 데 비해 알루미나 시멘트는 하루면 굳고, 이때 높은 열(최고 100℃)을 발생하므로 추운 겨울철 공사나 터널공사·긴급공사 등에 적합하다.

02 목재의 건조방법 중 자연 건조방법은?

① 끓임법
② 공기건조법
③ 증기건조법
④ 열기건조법

해설
자연건조법 : 공기건조법, 침수법 등

03 다음 내용에서 설명하는 물질은?

> 천연 또는 인공의 기체, 반고체 또는 고체상의 탄화수소화물 또는 이들의 비금속 유도체의 혼합물로 이황화탄소(CS_2)에 완전히 용해되는 물질

① 역 청
② 메 탄
③ 고 무
④ 글리세린

해설
역청이란 천연의 탄화수소 화합물, 인조 탄화수소 화합물, 양자의 혼합물 또는 이들의 비금속 유도체로서 기체상, 반고체상, 고체상으로 이황화탄소에 완전히 용해되는 물질이다.

04 다음 중 다이너마이트의 주성분은?

① 질산암모니아
② 나이트로글리세린
③ AN-FO
④ 초 산

해설
다이너마이트는 나이트로글리세린을 주성분으로 하여 초산, 나이트로 화합물을 첨가한 폭약이다.

05 석재의 일반적인 성질에 대한 설명으로 틀린 것은?

① 석재의 인장강도는 압축강도에 비해 매우 크다.
② 흡수율이 클수록 강도가 작고, 동해를 받기 쉽다.
③ 비중이 클수록 압축강도가 크다.
④ 화강암은 내화성이 낮다.

해설
석재는 압축강도가 가장 크며 인장, 휨 및 전단강도는 압축강도에 비하여 매우 작다.

06 시멘트를 저장할 때 주의해야 할 사항으로 잘못된 것은?

① 통풍이 잘되는 창고에 저장하는 것이 좋다.
② 저장소의 구조를 방습으로 한다.
③ 저장기간이 길어질 우려가 있는 경우에는 7포 이상 쌓아 올리지 않는 것이 좋다.
④ 포대 시멘트가 저장 중에 지면으로부터 습기를 받지 않도록 저장한다.

해설
시멘트 사이로 통풍이 되지 않도록 저장하며, 입하된 순서대로 사용하는 것이 좋다.

07 포졸란을 사용한 콘크리트의 특징으로 부적당한 것은?

① 블리딩 및 재료 분리가 적어진다.
② 발열량이 증가한다.
③ 장기강도가 크다.
④ 수밀성이 커진다.

해설
콘크리트에 포졸란을 사용하면 발열량이 적어진다.

08 아스팔트에 관한 설명 중 틀린 것은?

① 블론 아스팔트의 연화점은 대체로 스트레이트 아스팔트보다 낮다.
② 아스팔트는 도로의 포장재료 외에 흙의 안정재료, 방수재료 등으로도 사용한다.
③ 스트레이트 아스팔트의 신장성은 블론 아스팔트보다 우수하다.
④ 아스팔트의 신도는 시편을 규정된 속도로 당기어 끊어졌을 때 지침의 거리를 읽어 측정한다.

해설
일반적으로 블론 아스팔트의 연화점은 스트레이트 아스팔트보다 높다.

09 폭약을 다룰 때 주의할 사항으로 틀린 것은?

① 뇌관과 폭약은 같은 장소에 저장한다.
② 운반 중에 충격을 주어서는 안된다.
③ 다이너마이트는 햇볕을 직접 쬐지 않고, 화기가 있는 곳에 두지 않는다.
④ 흡습 동결되지 않도록 하고 온도와 습기로 인해 품질이 변하지 않도록 한다.

해설
뇌관과 폭약은 분리하여 각각 다른 장소에 보관한다.

10 콘크리트 부재의 크리프(Creep)에 대한 설명 중 옳지 않은 것은?

① 하중 재하 시 콘크리트의 재령이 작을수록 크리프는 크게 일어난다.
② 부재의 치수가 클수록 크리프는 크게 일어난다.
③ 물-시멘트비가 클수록 크리프는 크게 일어난다.
④ 작용하는 응력이 클수록 크리프는 크게 일어난다.

해설
콘크리트 부재의 치수가 작을수록 크리프는 크게 일어난다.

11 굵은 골재의 밀도시험 정밀도에서 밀도의 경우 시험값은 평균값의 차이가 얼마 이하이어야 하는가?

① 0.01
② 0.03
③ 0.04
④ 0.05

해설
정밀도 : 시험값은 평균값과의 차이가 밀도의 경우 0.01g/cm³ 이하, 흡수율의 경우는 0.03% 이하여야 한다.

12 다음 토목공사용 석재 중 압축강도가 가장 큰 것은?

① 대리석
② 응회암
③ 사 암
④ 화강암

해설
석재의 압축강도 : 화강암 > 대리석 > 안산암 > 사암 > 응회암 > 부석

13 다음 백주철을 열처리하여 연성과 인성을 크게 한 주철은?

① 가단주철
② 보통주철
③ 고급주철
④ 특수주철

해설
가단주철 : 백색주철을 700~1,000℃의 고온으로 오랜 시간 풀림하여 인성과 연성을 증가시켜 가공하기 쉽게 한 것으로, 단련하여 여러 가지 모양을 만들 수 있으므로 가스관 이음매나 밸브류, 창호철물 등 복잡하고 충격에 견디는 주물을 제작한다.

14 콘크리트용 혼화재료 중에서 워커빌리티(Workability)를 개선하는 데 영향을 미치지 않는 것은?

① AE제
② 응결경화촉진제
③ 감수제
④ 시멘트분산제

해설
응결경화촉진제는 시멘트의 응결을 촉진하여 콘크리트의 조기강도를 증대하기 위하여 콘크리트에 첨가하는 물질이다.

15 시멘트의 응결을 매우 빠르게 하기 위하여 사용하는 혼화제로서 뿜어 붙이기 콘크리트, 콘크리트 그라우트 등에 사용하는 혼화제는?

① 감수제
② 급결제
③ 지연제
④ 발포제

해설
급결제(Quick Setting Admixture) : 터널 등의 숏크리트에 첨가하여 뿜어 붙인 콘크리트의 응결 및 조기의 강도를 증진시키기 위해 사용되는 혼화제

16 콘크리트 압축강도용 공시체의 파괴 최대 하중이 37,100kg일 때 콘크리트의 압축강도는 약 얼마인가?(단, 공시체는 $\phi15\times30cm$이다)

① $53kg/cm^2$

② $105kg/cm^2$

③ $155kg/cm^2$

④ $210kg/cm^2$

해설

압축강도$(f) = \dfrac{P}{A} = \dfrac{37,100}{\dfrac{\pi \times 15^2}{4}} \simeq 210kg/cm^2$

17 흙의 입도시험을 하기 위하여 40%의 과산화수소 용액 100g을 6%의 과산화수소 용액으로 만들려고 한다. 물의 양은 약 얼마나 넣으면 되는가?

① 567g   ② 412g

③ 356g   ④ 127g

해설

$\dfrac{40}{100} \times 100 = \dfrac{6}{100}(100 + x)$

$40 = 0.06(100 + x)$

$x \simeq 567g$

18 굵은 골재의 마모시험에 사용되는 가장 중요한 시험기는?

① 지깅시험기

② 로스앤젤레스 시험기

③ 표준침

④ 원심분리시험기

해설

로스앤젤레스 시험기는 철구를 사용하여 굵은 골재(부서진 돌, 깨진 광재, 자갈 등)의 마모에 대한 저항을 시험하는 데 사용한다.

19 슬럼프시험에 대한 설명으로 옳지 않은 것은?

① 굵은 골재의 최대 치수가 40mm를 넘는 콘크리트의 경우 40mm를 넘는 굵은 골재를 제거한다.

② 슬럼프콘을 채우고 벗길 때까지의 전 작업시간은 3분 이내로 한다.

③ 콘크리트의 중앙부에서 공시체 높이와의 차를 1mm 단위로 측정한 것을 슬럼프값으로 한다.

④ 슬럼프콘을 벗기는 작업은 2~3초 이내로 해야 한다.

해설

콘크리트의 중앙부와 옆에 놓인 슬럼프콘 상단과의 높이차를 5mm 단위로 측정한 것을 슬럼프값으로 한다.

20 골재의 체가름시험에서 체눈에 막힌 알갱이는 어떻게 처리하는가?

① 파쇄되지 않도록 주의하면서 되밀어 체에 남은 시료로 간주한다.

② 손으로 힘주어 밀어 빼낸 후 통과된 시료로 간주한다.

③ 부서져도 상관없으므로 힘껏 빼낸다.

④ 전체 골재에서 제외하여 무효로 한다.

해설

체 눈에 막힌 알갱이는 파쇄되지 않도록 되밀어 체에 남은 시료로 간주한다.

21 역청재료의 연소점을 시험할 때 계속해서 매분 5.5 ±0.5℃의 속도로 가열하여 시료가 몇 초 동안 연소를 계속할 때의 최초의 온도인가?

① 5초   ② 10초
③ 15초   ④ 20초

해설
연소점은 인화점을 측정한 뒤 계속 가열하면서 시료가 최소 5초 동안 연소를 계속한 최저온도이다.

22 콘크리트 슬럼프시험을 할 때 콘크리트를 처음 넣는 양은 슬럼프 시험용 콘 부피의 얼마까지 넣는가?

① 3/4   ② 1/2
③ 1/3   ④ 1/5

해설
콘크리트 슬럼프시험할 때 콘크리트를 처음 넣는 양은 슬럼프 시험용 몰드 용적의 1/3까지 넣는다.

23 시멘트 모르타르 압축강도시험을 할 때 사용하는 표준 모르타르의 제작 시 시멘트와 표준모래의 무게비는?

① 1 : 2
② 1 : 2.25
③ 1 : 3
④ 1 : 3.45

해설
시멘트 강도시험(KS L ISO 679) : 모르타르의 배합은 질량비로 시멘트 1, 표준사 3, 물-시멘트비 0.50이다.

24 흙의 수축한계를 결정하기 위한 수축접시 1개를 만드는 시료의 양으로 적당한 것은?

① 15g   ② 30g
③ 50g   ④ 150g

해설
흙의 수축한계시험에서 공기건조한 흙을 0.425mm 체로 체질하여 통과한 흙 약 30g을 시료로 준비한다.

25 콘크리트를 친 후 시멘트와 골재알이 침하하면서 물이 올라와 콘크리트의 표면에 떠오르는 현상은?

① 블리딩
② 레이턴스
③ 워커빌리티
④ 반죽 질기

해설
블리딩 : 굳지 않은 콘크리트에서 고체재료의 침강 또는 분리에 의하여 콘크리트가 경화하는 동안에 물과 시멘트 혹은 혼화재의 일부가 콘크리트 윗면으로 상승하는 현상

26 흙의 함수비를 측정할 때 시료를 몇 ℃로 항온건조로에서 항량이 될 때까지 건조하는가?

① 100±5℃

② 110±5℃

③ 120±5℃

④ 130±5℃

> **해설**
> 시료를 용기별로 항온건조로에 넣고 110±5℃에서 일정 질량이 될 때까지 노건조한다.

27 잔골재의 비중 및 흡수량에 대한 설명으로 틀린 것은?

① 잔골재의 비중은 보통 2.50~2.65 정도이다.

② 잔골재의 흡수량은 보통 1~6% 정도이다.

③ 일반적인 잔골재의 비중은 기건상태의 골재알의 비중이다.

④ 비중이 큰 골재는 빈틈이 적어서 흡수량이 적고 강도와 내구성이 크다.

> **해설**
> **골재의 표건비중** : 표면건조포화상태에 있는 골재알의 비중으로, 일반적으로 골재의 비중은 골재의 표건비중을 의미한다.

28 반죽 질기에 따른 작업의 어렵고 쉬운 정도 및 재료의 분리에 저항하는 정도를 나타내는 굳지 않은 콘크리트의 성질은?

① 트래피커빌리티

② 워커빌리티

③ 성형성

④ 피니셔빌리티

> **해설**
> ① 트래피커빌리티 : 차량 통행을 지지하는 흙의 능력이며, 차량을 지지하는 흙의 지지력과 차량 주행을 가능하게 하는 견인능력이다.
> ③ 성형성(Plasticity) : 거푸집 등의 형상에 순응하여 채우기 쉽고, 재료 분리가 일어나지 않은 성질이다.
> ④ 마무리성(피니셔빌리티, Finishability) : 골재의 최대 치수에 따르는 표면 정리의 난이 정도, 마감작업의 용이성 등이다.

29 콘크리트 배합 설계에서 단위 시멘트량이 300kg/m³, 단위수량이 150kg/m³일 때 물-시멘트비는 얼마인가?

① 45%

② 50%

③ 52%

④ 55%

> **해설**
> 물-시멘트비 $= \dfrac{W}{C} = \dfrac{150}{300} = 0.5 = 50\%$

30 시멘트의 안정성시험법과 관계있는 것은?

① 길모어침법

② 오토클레이브 팽창도시험

③ 비카침법

④ 블레인법

> **해설**
> 시멘트 안정성시험은 표준주도의 시멘트 풀로 만든 시험체(25.4 × 25.4 × 254mm)를 증기압 2±0.07MPa인 오토클레이브 속에 3시간 둔 뒤, 23℃로 15분간 냉각시켜 길이의 변화를 측정하는 것이다.

31 어느 흙을 체가름시험한 입경가적곡선에서 $D_{10}=$ 0.095mm, $D_{30}=0.14$mm, $D_{60}=0.16$mm 얻었다. 이 흙의 균등계수는 얼마인가?

① 0.59　　　　　② 1.68

③ 2.69　　　　　④ 3.68

해설

균등계수 $C_u = \dfrac{D_{60}}{D_{10}} = \dfrac{0.16}{0.095} = 1.68$

32 액성한계 시험방법에 대한 설명 중 틀린 것은?

① 425μm 체로 쳐서 통과한 시료 약 200g 정도를 준비한다.
② 황동접시의 낙하 높이가 10±1mm가 되도록 낙하장치를 조정한다.
③ 액성한계시험으로부터 구한 유동곡선에서 낙하횟수 25회에 해당하는 함수비를 액성한계라 한다.
④ 크랭크를 1초에 2회전의 속도로 접시를 낙하시키며, 시료가 10mm 접촉할 때까지 회전시켜 낙하횟수를 기록한다.

해설

황동접시를 낙하장치에 부착하고 낙하장치에 의해 1초 동안에 2회의 비율로 황동접시를 들어 올렸다가 떨어뜨리고 홈의 바닥부의 흙이 길이 약 1.3cm 합류할 때까지 계속한다.

33 시험체의 단면적이 24cm²이고, 모르타르의 압축강도가 140.5kg/cm²이었다. 이때의 파괴하중(최대 하중)은 얼마인가?

① 584.5kg　　　② 1,405kg

③ 2,405kg　　　④ 3,372kg

해설

압축강도$(f) = \dfrac{P}{A}$

$140.5 = \dfrac{P}{24}$

$P = 3,372$kg

34 어떤 점토 시료의 수축한계시험한 결괏값이 다음과 같을 때 수축지수는 얼마인가?

| • 수축한계 값 : 24.5% |
| • 소성한계 값 : 30.3% |

① 2.3%　　　　② 2.8%

③ 3.3%　　　　④ 5.8%

해설

수축지수 = 소성한계 – 수축한계
= 30.3 – 24.5
= 5.8%

35 침입도시험의 측정조건으로 옳은 것은?

① 시료의 온도 25℃에서 100g의 하중을 5초 동안 가하는 것을 표준으로 한다.
② 시료의 온도 25℃에서 100g의 하중을 10초 동안 가하는 것을 표준으로 한다.
③ 시료의 온도 25℃에서 200g의 하중을 5초 동안 가하는 것을 표준으로 한다.
④ 시료의 온도 25℃에서 200g의 하중을 10초 동안 가하는 것을 표준으로 한다.

해설

소정의 온도(25℃), 하중(100g), 시간(5초)에 규정된 침이 수직으로 관입한 길이로 0.1mm 관입 시 침입도는 1로 규정한다.

36 콘크리트의 블리딩에 대한 설명 중 옳지 않은 것은?

① 콘크리트의 재료 분리 경향을 알 수 있다.

② 블리딩이 심하면 콘크리트의 수밀성이 떨어진다.

③ 분말도가 높은 시멘트를 사용하면 블리딩을 줄일 수 있다.

④ 일반적으로 콘크리트를 친 후 5시간이 경과하여야 블리딩 현상이 발생한다.

해설
콘크리트 타설 후 1~2시간 이후에 철근 상부나 바닥, 벽 등의 경계면에서 단속적으로 규칙성 있는 균열(콘크리트의 침하 및 블리딩)이 종종 발생한다.

37 콘크리트의 압축강도 시험을 위한 공시체의 제작이 끝나 몰드를 떼어낸 후 습윤양생을 한다. 이때 가장 적당한 양생온도는?

① 15±3℃   ② 20±2℃

③ 25±3℃   ④ 30±3℃

해설
공시체 양생온도는 20±2℃로 한다.

38 두꺼운 유리판 위에 시료를 손바닥으로 굴리면서 늘였을 때, 지름 약 몇 mm에서 부서질 때의 함수비를 소성한계라 하는가?

① 1   ② 3

③ 5   ④ 7

해설
소성한계 : 흙을 지름 3mm의 줄 모양으로 늘여 토막토막 끊어지려고 할 때의 함수비

39 콘크리트용 모래에 포함되어 있는 유기 불순물 시험에 사용되지 않는 것은?

① 알코올 용액

② 탄산암모늄 용액

③ 타닌산 용액

④ 수산화나트륨 용액

해설
시약과 식별용 표준색 용액
• 수산화나트륨 용액 (3%) : 물 97에 수산화나트륨 3의 질량비로 용해시킨 것이다.
• 식별용 표준색 용액 : 식별용 표준색 용액은 10%의 알코올 용액으로 2% 타닌산 용액을 만들고, 그 2.5mL를 3%의 수산화나트륨 용액 97.5mL에 가하여 유리병에 넣어 마개를 닫고 잘 흔든다. 이것을 표준색 용액으로 한다.

40 다음 그림은 강의 응력과 변형률의 관계를 표시한 곡선이다. 영구 변형을 일으키지 않는 탄성한도를 나타내는 점은?

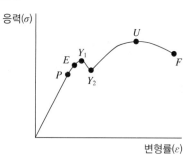

① F ② E

③ Y_1 ④ U

해설
탄성한도 : 하중을 제거하면 본래의 형태로 복원되는 한계점이다.

41 다음 중 시멘트의 시험법과 기구의 연결이 잘못된 것은?

① 시멘트의 분말도시험 – 블레인 공기투과장치
② 시멘트의 응결 측정 – 길모어 장치
③ 시멘트의 팽창도 시험 – 오토클레이브
④ 시멘트 비중시험 – 비카 침에 의한 방법

> **해설**
> 시멘트 비중시험 – 르샤틀리에 비중병

42 평판재하시험에서 규정된 재하판의 지름 치수가 아닌 것은?

① 30cm   ② 40cm
③ 50cm   ④ 75cm

> **해설**
> 재하판은 두께 25mm 이상, 지름 300mm, 400mm, 750mm인 강재 원판을 표준으로 한다. 등치면적의 정사각형 철판으로 해도 된다.

43 골재의 단위용적중량 시험방법이 아닌 것은?

① 충격을 이용한 시험
② 표준체에 의한 방법
③ 삽을 사용하는 시험
④ 봉다짐시험

> **해설**
> **골재의 단위용적중량 시험방법**
> • 다짐봉을 이용하는 경우 : 골재의 최대 치수가 40mm 이하인 경우
> • 충격을 이용하는 경우 : 골재의 최대 치수가 40mm 이상 100mm 이하인 경우
> • 삽을 이용하는 경우 : 골재의 최대 치수가 100mm 이하인 경우

44 아스팔트의 인화점과 연소점에 대한 설명으로 바르지 못한 것은?

① 인화점은 시료를 가열하면서 시험불꽃을 대었을 때, 시료의 증기에 불이 붙는 최저온도이다.
② 연소점은 인화점을 측정한 뒤 계속 가열하면서 시료가 최소 5초 동안 연소를 계속한 최저온도이다.
③ 연소점은 인화점보다 낮다.
④ 아스팔트를 가열할 때 표면에서 인화성 가스가 발생하여 불이 붙기가 쉬우므로 아스팔트의 인화점을 알아야 한다.

> **해설**
> 일반적으로 연소점이 인화점보다 5~10℃ 높다.
> 온도가 높은 순서 : 발화점 > 연소점 > 인화점

45 흙의 비중시험에 사용하는 기계 및 기구가 아닌 것은?

① 스페이서 디스크
② 항온건조로
③ 데시케이터
④ 피크노미터

> **해설**
> 스페이서 디스크는 흙의 다짐시험에 사용되는 시험기구이다.
> **흙의 비중시험에 사용하는 시험기구**
> • 비중병(피크노미터, 용량 100mL 이상의 게이뤼삭형 비중병 또는 용량 100mL 이상의 용량 플라스크 등)
> • 저울 : 0.001g까지 측정할 수 있는 것
> • 온도계 : 눈금 0.1℃까지 읽을 수 있어야 하며 0.5℃의 최대허용 오차를 가진 것
> • 항온건조로 : 온도를 110±5℃로 유지할 수 있는 것
> • 데시케이터 : 실리카 겔, 염화칼슘 등의 흡습제를 넣은 것
> • 흙 입자의 분리기구 또는 흙의 파쇄기구
> • 끓이는 기구 : 비중병 내에 넣은 물을 끓일 수 있는 것
> • 증류수 : 끓이기 또는 감압에 의해 충분히 탈기한 것

46 압밀시험으로 얻을 수 없는 것은?

① 투수계수   ② 압축지수

③ 체적변화계수   ④ 연경지수

> **해설**
> **압밀시험** : 흙 시료에 하중을 가함으로써 하중 변화에 대한 간극비, 압밀계수, 체적압축계수의 관계를 파악하고 지반의 침하량과 침하 시간을 구하기 위한 계수(압축지수, 시간계수, 선행압밀하중) 등을 알 수 있는 시험이다.
> ※ 물의 흐름은 Darcy의 법칙이 적용되고, 압밀이 되어도 투수계수는 일정하다.

47 흙의 연경도에서 소성한계와 액성한계 사이에 있는 흙의 상태는?

① 고체 상태   ② 반고체 상태

③ 소성 상태   ④ 액체 상태

> **해설**
> **흙의 연경도**
>
>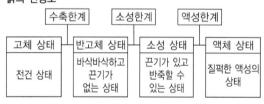

48 점성토에 대하여 일축압축시험을 한 결과 자연 상태의 압축강도가 1.57kg/cm²이고 되비빔한 경우의 압축강도가 0.28kg/cm²이었다. 이 흙의 예민비는 얼마인가?

① 1.3   ② 1.9

③ 5.6   ④ 17.8

> **해설**
> $$S_t = \frac{q_u}{q_{ur}} = \frac{1.57}{0.28} = 5.6$$

49 모래치환법에 의한 현장 흙의 단위무게 시험에서 시험 구멍의 부피는 1,000cm³, 구멍에서 파낸 흙의 무게는 2,500g, 흙의 함수비가 25%였을 때 현장 흙의 건조단위무게는?

① 1.0g/cm³

② 2.0g/cm³

③ 2.5g/cm³

④ 3.0g/cm³

> **해설**
> • 습윤단위무게
> $$\gamma_t = \frac{W}{V} = \frac{2,500}{1,000} = 2.5\text{g/cm}^3$$
> 여기서, W : 구멍에서 파낸 흙의 무게, V : 시험 구멍의 부피
> • 건조단위무게
> $$\gamma_d = \frac{\gamma_t}{1 + \dfrac{w}{100}}$$
> $$= \frac{2.5}{1 + \dfrac{25}{100}} = 2.0\text{g/cm}^3$$
> 여기서, w : 파낸 흙의 함수비

50 흙의 입자 크기가 큰 순서대로 나열된 것은?

① 자갈 > 모래 > 점토 > 실트

② 모래 > 자갈 > 실트 > 점토

③ 자갈 > 모래 > 실트 > 점토

④ 콜로이드 > 모래 > 점토 > 실트

> **해설**
> **흙의 입자 크기** : 굵은 자갈 > 중간 자갈 > 고운 자갈 > 굵은 모래 > 중간 모래 > 고운 모래 > 실트분 > 점토분

51 콘크리트 쪼갬 인장강도시험 시 지름이 10cm, 길이가 20cm인 공시체에 하중을 가하여 공시체가 15tonf에서 파괴되었다면 이때의 인장강도는 얼마인가?

① 47.75kgf/cm^2

② 61.42kgf/cm^2

③ 75.00kgf/cm^2

④ 150.0kgf/cm^2

해설

쪼갬 인장강도 $= \dfrac{2P}{\pi Dl} = \dfrac{2 \times 15,000}{\pi \times 10 \times 20} \simeq 47.75\text{kgf/cm}^2$

여기서, P : 하중(N), D : 직경(cm)

※ 1ton=1,000kg

52 흙의 예민비를 구할 수 있는 시험은?

① 일축압축시험

② 직접전단시험

③ 삼축압축시험

④ 베인전단시험

해설

일축압축시험 : 흙의 일축압축(토질시험)강도 및 예민비를 결정하는 시험

53 간극비 1.1, 건조단위무게가 1.205g/cm^3인 흙의 비중은 얼마인가?

① 0.890

② 1.865

③ 2.531

④ 2.651

해설

$$\gamma_d = \frac{G_s \times \gamma_w}{1+e}$$

$$1.205 = \frac{G_s}{1+1.1} \times 1$$

$$G_s \simeq 2.531$$

54 점토와 모래가 섞여 있는 지반의 극한 지지력이 60ton/m^2이라면, 이 지반의 허용지지력은?(단, 안전율은 3이다)

① 20ton/m^2

② 30ton/m^2

③ 40ton/m^2

④ 50ton/m^2

해설

허용지지력 $= \dfrac{\text{총허용하중}}{\text{기초의 크기}} = \dfrac{\text{극한 지지력}}{\text{안전율}} = \dfrac{60}{3} = 20\text{ton/m}^2$

55 흙 속의 간극수가 동결되어 얼음층이 형성되기 때문에 지표면이 떠오르는 현상은?

① 연화현상

② 분사현상

③ 동상현상

④ 포화현상

해설

흙 속의 온도가 빙점 이하로 내려가서 지표면 아래 흙 속의 물이 얼어붙어 부풀어 오르는 현상을 동상이라고 한다.

토질에 따른 동해의 피해 크기 : 실트 > 점토 > 모래 > 자갈

56 지름이 40mm, 높이 100mm인 용기에 현장 습윤 시료를 채취하여 시료의 무게를 측정했더니 250g이었다. 흙의 비중이 2.67일 때 습윤단위무게(γ_t)는 약 얼마인가?

① 1g/cm^3
② 2g/cm^3
③ 3g/cm^3
④ 4g/cm^3

해설

$$\gamma_t = \frac{W}{V} = \frac{W}{\pi d^2 h}$$

$$= \frac{250}{\pi \times 2^2 \times 10} = 2\text{g/cm}^3$$

57 최적함수비(OMC)는 어떤 시험을 실시하여야 구할 수 있는가?

① CBR시험
② 다짐시험
③ 일축압축시험
④ 직접전단시험

해설

다짐 시험은 다짐에너지, 함수비, 건조밀도 등의 관계로부터 다짐곡선을 구하여 최적함수비와 최대건조밀도를 구하기 위한 시험방법이다.

58 깊은 기초에 해당하는 것은?

① 전면 기초
② 말뚝 기초
③ 독립 푸팅 기초
④ 복합 푸팅 기초

해설

기초의 분류
• 직접 기초(얕은 기초)
 – 푸팅 기초(확대기초) : 독립 푸팅 기초, 복합 푸팅 기초, 연속 푸팅 기초, 캔틸레버 기초
 – 전면 기초(매트 기초)
• 깊은 기초 : 말뚝 기초, 피어 기초, 케이슨 기초

59 일축압축시험에서 파괴면과 최대 주응력이 이루는 각을 구하는 식으로 옳은 것은?

① $45° + \dfrac{\phi}{2}$
② $45° + \dfrac{\phi}{4}$
③ $45° + \dfrac{\phi}{6}$
④ $45° + \dfrac{\phi}{8}$

해설

물체가 전단파괴될 때에는 파괴면은 주응력면과 $45° + \dfrac{\phi}{2}$ 각도를 이루므로 일축압축시험을 하여 주응력면과 파괴면의 각도를 측정하면 전단저항각을 결정할 수 있다.

60 평판재하시험에서 1.25mm 침하량에 해당하는 하중강도가 1.25kg/cm²일 때 지지력 계수(K)는 얼마인가?

① $K = 5\text{kg/cm}^3$
② $K = 15\text{kg/cm}^3$
③ $K = 20\text{kg/cm}^3$
④ $K = 10\text{kg/cm}^3$

해설

$$K = \frac{P}{S} = \frac{1.25}{0.125} = 10\text{kg/cm}^3$$

여기서, P : 하중강도(kg/cm²), S : 침하량(cm)

01 다음 중 열경화성 수지가 아닌 것은?

① 페놀 수지
② 멜라민 수지
③ 요소 수지
④ 아크릴 수지

해설
- 열경화성 수지 : 페놀 수지, 요소 수지, 폴리에스테르 수지, 에폭시 수지, 멜라민 수지, 알키드 수지, 아미노 수지, 프란 수지, 실리콘 수지, 폴리우레탄
- 열가소성 수지 : 폴리염화비닐(PVC) 수지, 폴리에틸렌(PE) 수지, 폴리프로필렌(PP) 수지, 폴리스틸렌(PS) 수지, 아크릴 수지, 폴리아미드 수지(나일론), 플루오린 수지, 스티롤 수지, 초산비닐 수지, 메틸아크릴 수지, ABS 수지

02 골재의 체가름시험으로 알 수 없는 것은?

① 입 도
② 조립률
③ 굵은 골재의 최대 치수
④ 실적률

해설
골재의 체가름시험으로 골재의 입도 상태를 결정할 수 있고, 골재의 입도, 조립률, 굵은 골재의 최대 치수를 구한다. 골재의 적당한 비율을 결정하고, 콘크리트의 배합설계, 골재의 품질관리에 필요하다.

03 아스팔트에 대한 설명으로 옳지 않은 것은?

① 일반적으로 아스팔트의 밀도는 25℃의 온도에서 $1.6 \sim 2.1 \mathrm{g/cm^3}$ 정도이다.
② 아스팔트는 온도에 의한 반죽 질기가 현저하게 변화하며, 이러한 변화가 일어나기 쉬운 정도를 감온성이라 한다.
③ 아스팔트는 연성을 가지며 이 연성을 나타내는 값을 신도라고 한다.
④ 아스팔트의 반죽 질기를 물리적으로 나타내는 것을 침입도라 한다.

해설
일반적으로 아스팔트의 밀도는 25℃의 온도에서 $1.01 \sim 1.10 \mathrm{g/cm^3}$ 정도이다.

04 다음 중 합판의 특징으로 옳지 않은 것은?

① 곡면으로 된 판을 얻을 수 있다.
② 수축, 팽창 등으로 변형이 거의 생기지 않는다.
③ 내구성, 내습성이 작다.
④ 섬유 방향에 따른 강도 차이가 적다.

해설
합판은 내구성, 내습성이 크다.

05 다음 중 시멘트의 응결시간에 영향이 가장 작은 것은?

① 온 도
② 골재의 입도
③ 분말도
④ 수 량

해설
시멘트는 온도 및 분말도가 높으면 응결시간이 빨라지고, 수량이 많으면 응결시간이 늦어진다.

06 콘크리트 배합에 있어서 단위수량 160kg/m³, 단위 시멘트량 315kg/m³, 공기량 2%로 할 때 단위 골재량의 절대부피는?(단, 시멘트의 비중은 3.15이다)

① 0.72m³

② 0.74m³

③ 0.76m³

④ 0.78m³

해설

단위골재량의 절대부피(m³)

$$=1-\left(\frac{단위수량}{1,000}+\frac{단위\ 시멘트량}{시멘트의\ 비중\times1,000}+\frac{공기량}{100}\right)$$

$$=1-\left(\frac{160}{1,000}+\frac{315}{3.15\times1,000}+\frac{2.0}{100}\right)$$

$$=0.72m³$$

07 콘크리트에 상하운동을 주어서 변형저항을 측정하는 방법으로 시험 후에 콘크리트의 분리가 일어나는 결점이 있는 굳지 않은 콘크리트의 워커빌리티 측정방법은?

① 비비 반죽 질기 시험

② 리몰딩시험

③ 흐름시험

④ 다짐계수시험

해설

흐름시험은 콘크리트의 연도를 측정하기 위한 시험으로 플로 테이블에 상하진동을 주어 면의 확산을 흐름값으로 나타낸다.

08 시멘트 제조 시에 석고를 첨가하는 목적은?

① 알칼리 골재반응을 막기 위해

② 수화작용을 조절하기 위해

③ 시멘트의 응결시간을 조절하기 위해

④ 수축성과 발열성을 조절하기 위해

해설

석고는 응결지연제로 시멘트의 수화반응을 늦추어 응결시간과 경화시간을 길게 할 목적으로 사용한다.

09 비교적 연한 스트레이트 아스팔트에 적당한 휘발성 용제를 가하여 일시적으로 점도를 저하시켜 유동성을 좋게 한것은?

① 고무 아스팔트

② 컷백 아스팔트

③ 역청 줄눈재

④ 에멀션화 아스팔트

해설

컷백(Cutback) 아스팔트 : 석유 아스팔트를 용제(플럭스)에 녹여 작업에 적합한 점도를 갖게 한 액상의 아스팔트이다. 도로포장용 아스팔트인 아스팔트 시멘트는 상온에서 반고체 상태이므로 골재와 혼합하거나 살포 시는 가열하여 사용해야 하는 불편이 있는데 이를 개선한 것이 컷백 아스팔트이다.

10 강을 용도에 알맞은 성질로 개선시키기 위해 가열하여 냉각시키는 조작을 강의 열처리라 한다. 다음 중 이 조작과 관계없는 것은?

① 성 형   ② 담금질

③ 뜨 임   ④ 불 림

해설

열처리의 종류 : 담금질, 불림, 풀림, 뜨임 등

11 어떤 목재 700cm³를 건조 전의 무게를 측정하였더니 558.9g이었고, 절대건조상태에서 측정하였더니 500g이었다. 이 목재의 함수율은?

① 11.8%　　　　② 13.5%

③ 71.4%　　　　④ 81.1%

해설

$$함수율 = \frac{(건조 \; 전 \; 중량 - 건조 \; 후 \; 중량)}{건조 \; 후 \; 중량} \times 100$$

$$= \frac{558.9 - 500}{500} \times 100 \simeq 11.8\%$$

12 석재의 성질에 대한 설명으로 잘못된 것은?

① 석재의 비중은 2.65 정도이며 비중이 클수록 석재의 흡수율이 작고, 압축강도가 크다.

② 석재의 흡수율은 풍화, 파괴, 내구성 등과 관계가 있고, 흡수율이 큰 것은 빈틈이 많으므로 동해를 받기 쉽다.

③ 석재의 강도는 인장강도가 특히 크고 압축강도는 매우 작아 석재를 구조용으로 사용하는 경우에는 주로 인장력을 받는 부분에 많이 사용된다.

④ 석재의 공극률은 일반적으로 석재에 포함된 전체 공극과 겉보기 체적의 비로 나타낸다.

해설

석재는 압축강도가 매우 크며 인장강도는 압축강도의 1/10~1/30 정도 밖에 되지 않고, 휨이나 전단강도는 압축강도에 비하여 매우 작다. 석재를 구조용으로 사용할 경우 압축력을 받는 부분에만 사용해야 한다.

13 AE 콘크리트의 장점이 아닌 것은?

① 물-시멘트비를 작게 할 수 있고, 수밀성이 감소된다.

② 응결경화 시에 발열량이 적다.

③ 워커빌리티가 좋고 블리딩이 적다.

④ 동결융해에 대한 저항성이 크다.

해설

물-시멘트비를 적게 하여 동일 강도를 내고, 수밀성은 향상된다.

14 혼화재료의 저장에 대한 주의사항으로 틀린 것은?

① 포졸란은 비중이 커서 높이 쌓아야 한다.

② 혼화재 중 분말은 습기에 주의하고 액체 상태는 분리되지 않도록 한다.

③ 혼화재는 방습이 잘되는 창고에 저장하여야 한다.

④ 혼화재는 입하순으로 사용하여야 한다.

해설

혼화재는 일반적으로 미분말로 되어 있고 비중이 작아 포대를 푸는 곳이나 사일로의 출구에서는 공중으로 날려서 계기류 고장의 원인이 될 수 있고, 습도가 높은 시기에는 사일로나 수송설비 등의 벽에 붙게 된다. 따라서 혼화재는 날리지 않도록 취급에 주의해야 한다.

15 다음 중 천연 아스팔트가 아닌 것은?

① 레이크 아스팔트

② 록 아스팔트

③ 스트레이트 아스팔트

④ 아스팔타이트

해설

아스팔트의 종류

• 천연 아스팔트 : 레이크 아스팔트, 록 아스팔트, 샌드 아스팔트, 아스팔타이트

• 석유 아스팔트 : 스트레이트 아스팔트, 컷백 아스팔트, 유화 아스팔트, 블론 아스팔트, 개질 아스팔트

16 다음 중 Stokes'의 법칙에 의하여 흙 입자의 크기를 알아내는 것은?

① 체분석법　　　　② 침강분석법
③ MIT분석법　　　④ Casagrande분석법

해설
Stokes'의 법칙은 흙 입자가 물속에서 침강하는 속도로부터 입경을 계산할 수 있는 법칙이다.

17 시멘트 분말도에 대한 설명으로 옳은 것은?

① 시멘트 입자의 가는 정도를 나타내는 것을 분말도라 한다.
② 시멘트 입자가 가늘수록 분말도가 낮다.
③ 분말도가 높으면 시멘트의 표면적이 커서 수화작용이 늦다.
④ 분말도가 높으면 시멘트의 표면적이 커서 조기강도가 작아진다.

해설
분말도는 시멘트 입자의 표면적을 중량으로 나눈 값으로, 시멘트 입자의 가는 정도를 나타낸다.

18 잔골재의 밀도 및 흡수율 시험방법으로 틀린 것은?

① 500g 시료를 플라스크에 넣고 물을 용량의 90% 까지 채운 다음 교란시켜 기포를 모두 없앤다.
② 플라스크를 항온수조에 담가 규정의 온도로 조정 후 플라스크, 시료, 물의 질량을 측정한다.
③ 잔골재를 플라스크에서 꺼낸 다음 항량이 될 때까지 105±5℃에서 건조시키고 실온까지 식힌 후 무게를 단다.
④ 흡수율시험은 3회 이상으로 하며, 측정값은 그 차가 0.5% 이하여야 한다.

해설
흡수량시험은 2회 이상으로 하며, 흡수율의 경우 그 차가 0.05% 이하여야 한다.

19 콘크리트 슬럼프시험에서 시료를 슬럼프콘에 채워 넣을 때 약 1/3씩 되도록 3회에 나누어 채우는데 1/3이란 다음 어떤 것에 해당되는가?

① 콘 높이의 1/3이다.
② 약 10cm이다.
③ 슬럼프콘 용적의 1/3이다.
④ 처음 1/3은 바닥에서 5cm, 다음 1/3은 바닥에서 17cm 위치이다.

해설
콘크리트 슬럼프시험을 할 때 콘크리트를 처음 넣는 양은 슬럼프 시험용 몰드 용적의 1/3까지 넣는다.

20 굳지 않은 콘크리트의 워커빌리티에 대한 설명으로 옳은 것은?

① 굵은 골재의 최대 치수, 잔골재율, 잔골재의 입도, 반죽 질기 등에 따른 콘크리트 표면의 마무리하기 쉬운 정도를 나타내는 성질
② 거푸집에 쉽게 다져 넣을 수 있고 거푸집을 제거하면 천천히 그 형상이 변하지만, 허물어지거나 재료 분리가 발생하지 않는 성질
③ 반죽 질기의 여하에 따른 작업의 난이도 및 재료의 분리에 저항하는 정도를 나타내는 굳지 않는 콘크리트의 성질
④ 주로 수량의 다소에 따른 반죽의 되고 진 정도를 나타내는 것으로 콘크리트 반죽의 유연성을 나타내는 성질

해설
① 마무리성
② 성형성
④ 반죽 질기

21 천연 아스팔트의 신도시험에서 시료를 고리에 걸고 시료의 양 끝을 잡아당길 때의 규정속도는 분당 얼마가 이상적인가?

① 80mm/min

② 50mm/min

③ 80cm/min

④ 50cm/min

해설
별도의 규정이 없는 한 온도는 25±0.5℃, 속도는 5±0.25cm/min로 시험을 한다.

22 아스팔트의 침입도시험에서 표준 침이 관입하는 깊이가 20mm일 때 침입도의 표시로 옳은 것은?

① 2

② 20

③ 200

④ 2,000

해설
소정의 온도(25℃), 하중(100g), 시간(5초)으로 침을 수직으로 관입한 결과, 관입 길이 0.1mm마다 침입도 1로 정하여 침입도를 측정한다. 20mm 관입했다면 20 ÷ 0.1 = 200으로 침입도는 200이다.

23 콘크리트의 슬럼프 시험용 몰드의 크기는?(단, 밑면 안지름 × 윗면 안지름 × 높이)

① 10 × 20 × 30cm

② 10 × 30 × 20cm

③ 20 × 10 × 30cm

④ 30 × 10 × 20cm

해설
슬럼프콘의 크기 : 밑면의 안지름 20cm, 윗면의 안지름 10cm, 높이 30cm

24 질량법에 의한 굳지 않은 콘크리트의 공기 함유량 시험에 사용하는 다짐봉의 지름으로 가장 적절한 것은?

① 24mm   ② 23mm

③ 18mm   ④ 16mm

해설
다짐봉은 지름 16mm, 길이 500~600mm의 원형강으로 하고, 그 앞 끝이 반구 모양인 것을 사용한다.

25 입도(粒度)시험용 잔골재 시료는 다음 그림과 같은 4분법을 반복해서 필요량의 시료를 취한다. 다음의 시료 취하는 방식 중 옳은 것은?

① A + B   ② B + C

③ C + D   ④ D + B

해설
4분법 : 4등분한 시료 중 마주 보고 있는 두 곳의 시료를 채취한다.

26 콘크리트 압축강도시험용 원주형 공시체의 제작 시 캐핑(Capping)작업을 하는 이유는?

① 공시체 표면의 수분 침투를 막아 가급적 높은 강도를 얻기 위해
② 가급적 두꺼운 층을 갖는 캐핑으로 먼지 등의 오물 침투를 막기 위해
③ 공시체 표면의 불순물을 제거하여 청결을 유지하기 위해
④ 공시체의 표면을 다듬어 유용한 시험결과를 얻기 위해

해설
캐핑(Capping) : 압축강도시험용 공시체에 재하할 때 가압판과 공시체 재하면을 밀착시키고 평면으로 유지시키기 위해 공시체 상면을 마무리하는 작업이다.

27 콘크리트 포장은 평판재하시험의 결과를 이용하여 설계하며, 일반적으로 지지력계수는 지름 30cm의 원형 재하판을 쓰고, 침하량은 얼마일 때의 값을 사용하는가?

① 0.125cm   ② 1.5cm
③ 2.2cm   ④ 3.6cm

해설
지반반력계수를 산정하는 침하량

도 로	철 도	공항 활주로	탱크 기초
1.25mm	1.25mm	1.25mm	5mm

28 수축한계시험에서 수은을 사용하는 이유는 무엇을 구하기 위한 것인가?

① 젖은 흙의 무게
② 젖은 흙의 부피
③ 건조기에서 건조시킨 흙의 무게
④ 건조기에서 건조시킨 흙의 부피

해설
수축한계시험에서 수은을 쓰는 이유는 노건조 시료의 체적(부피)을 구하기 위해서이다.

29 흙의 함수비에 대한 설명으로 옳은 것은?

① 흙에 포함된 물의 무게와 흙에 포함된 물질의 전체 무게와의 비
② 흙 속에 포함된 물의 무게와 흙 입자만의 무게의 비
③ 흙 입자 공극의 부피와 흙 입자의 부피와의 비
④ 흙 입자 공극의 부피와 흙 전체의 부피에 대한 비

해설
함수비 $w(\%) = \dfrac{W_w}{W_s} \times 100 = \dfrac{\text{물의 질량(g)}}{\text{흙의 질량(g)}} \times 100$

30 흙의 비중시험에서 비중병에 시료와 증류수를 넣고 10분 이상 끓이는 이유로 가장 타당한 것은?

① 흙 입자의 무게를 정확히 알기 위하여
② 흙 입자 속에 있는 기포를 완전히 제거하기 위하여
③ 비중병의 무게를 정확히 알기 위하여
④ 비중병을 검정하기 위하여

해설
흙 입자 속에 있는 기포를 완전히 제거하기 위해서 피크노미터에 시료와 증류수를 채우고 일반적인 흙의 경우 10분 이상 끓인다.

31 흙의 함수비시험에서 시료의 최대 입자지름이 19mm
일 때 시료의 최소 무게로 적당한 것은?

① 100g　　　　② 300g

③ 500g　　　　④ 1,000g

해설

함수비 측정에 필요한 시료의 최소 질량의 기준

시료의 최대 입자지름(mm)	최소 눈금값(kg)	시료의 최대 입자지름(mm)	최소 눈금값(g)
75	5~30	4.75	30~100
37.5	1~5	2	10~30
19	0.15~0.3	0.425	5~10

32 흙의 함수비시험에서 시료를 항온건조로에서 항량
이 될 때까지 건조시켜야 하는데 이때의 온도는?

① 110±5℃

② 100±3℃

③ 80±5℃

④ 60±3℃

해설

시료를 용기별로 항온건조로에 넣고 110±5℃에서 일정 질량이
될 때까지 노건조한다.

33 시멘트 모르타르의 압축강도시험의 모르타르 제조
에서 시멘트와 표준모래의 무게비로서 적당한 것은?

① 1 : 1　　　　② 1 : 2

③ 1 : 3　　　　④ 1 : 4

해설

시멘트 강도시험(KS L ISO 679) : 모르타르의 배합은 질량비로
시멘트 1, 표준사 3, 물-시멘트비 0.5이다.

34 골재에 포함된 잔입자에 대한 설명으로 틀린 것은?

① 골재에 들어 있는 잔입자는 점토, 실트, 운모질
등이다.

② 골재에 잔입자가 많이 들어 있으면 콘크리트의
혼합수량이 많아지고 건조수축에 의하여 콘크리
트에 균열이 생기기 쉽다.

③ 골재에 잔입자가 들어 있으면 블리딩현상으로
인하여 레이턴스가 많이 생긴다.

④ 골재알의 표면에 점토, 실트 등이 붙어 있으면
시멘트 풀과 골재의 부착력이 커서 강도와 내구
성이 커진다.

해설

골재알의 표면에 점토, 실트 등이 붙어 있으면, 골재와 시멘트풀
사이의 부착력이 약해져서 콘크리트의 강도와 내구성이 작아진다.

35 콘크리트 인장강도를 측정하기 위한 간접시험방법
으로 가장 적당한 시험은?

① 탄성종파시험

② 직접전단시험

③ 비파괴시험

④ 할렬시험

해설

콘크리트의 인장강도시험

• 직접인장강도시험 : 시험과정에서 인장부에 미끄러짐과 지압파
괴가 발생될 우려가 있어 현장 적용이 어렵다.

• 할렬인장강도시험 : 일종의 간접시험방법으로 공사현장에서 간
단하게 측정할 수 있으며, 비교적 오차도 작은 편이다.

36 굵은 골재의 최대 치수는 무게비로서 몇 % 이상을 통과하는 체 중에서 가장 작은 치수의 체눈을 체의 호칭 치수로 하는가?

① 60%   ② 70%

③ 80%   ④ 90%

해설

굵은 골재의 **최대 치수** : 질량으로 90% 이상이 통과한 체 중 최소 치수의 체의 치수로 나타낸 굵은 골재의 치수

37 현장에서 모래치환법에 의한 흙의 단위무게시험을 할 때 유의사항 중 옳지 않은 것은?

① 측정병의 부피를 구하기 위하여 측정병에 물을 채울 때에 기포가 남지 않도록 한다.

② 측정병에 눈금을 표시하여 병과 연결부와의 접속 위치를 검정할 때와 같게 한다.

③ 모래를 부어 넣는 동안 깔때기 속의 모래가 항상 반 이상이 되도록 일정한 높이를 유지시켜 준다.

④ 병에 모래를 넣을 때에 병을 흔들어서 가득 담을 수 있도록 한다.

해설

측정기 안에 시험용 모래를 채울 때 모래에 진동을 주면 안 된다. 모래에 진동을 주면 모래가 치밀해져서 모래의 밀도가 커지고, 그 결과 구하는 흙의 밀도도 커진다.

38 평판재하시험에서 규정된 재하판의 지름 치수가 아닌 것은?

① 30cm   ② 40cm

③ 50cm   ④ 75cm

해설

재하판은 두께 25mm 이상, 지름 300mm, 400mm, 750mm인 강재 원판을 표준으로 한다. 등치면적의 정사각형 철판으로 해도 된다.

39 콘크리트의 블리딩에 대한 설명 중 옳지 않은 것은?

① 콘크리트의 재료 분리의 경향을 알 수 있다.

② 블리딩이 심하면 콘크리트의 수밀성이 떨어진다.

③ 분말도가 높은 시멘트를 사용하면 블리딩을 줄일 수 있다.

④ 일반적으로 콘크리트를 친 후 5시간이 경과하여 야 블리딩현상이 나타난다.

해설

콘크리트 타설 후 1~2시간 이후에 철근 상부나 바닥, 벽 등의 경계면에서 단속적으로 규칙성 있는 균열(콘크리트의 침하 및 블리딩)이 종종 발생한다.

40 어떤 흙을 일축압축시험을 하여 일축압축강도가 $1.2kg/cm^2$를 얻었다. 이때 시료의 파괴면은 수평에 대해 50°의 경사가 생겼다. 이 흙의 내부마찰각은?

① 10°   ② 20°

③ 30°   ④ 40°

해설

$$\theta = 45° + \frac{\phi}{2}$$

$$\phi = 2(\theta - 45°)$$

$$= 2(50° - 45°) = 10°$$

41 콘크리트용 모래에 포함되어 있는 유기 불순물 시험에 사용하는 식별용 표준색 용액 제조에 필요하지 않는 것은?

① 질산은
② 알코올
③ 수산화나트륨
④ 타닌산 가루

해설
시약과 식별용 표준색 용액
• 수산화나트륨 용액 (3%) : 물 97에 수산화나트륨 3의 질량비로 용해시킨 것이다.
• 식별용 표준색 용액 : 식별용 표준색 용액은 10%의 알코올 용액으로 2% 타닌산 용액을 만들고, 그 2.5mL를 3%의 수산화나트륨 용액 97.5mL에 가하여 유리병에 넣어 마개를 닫고 잘 흔든다. 이것을 표준색 용액으로 한다.

42 슬럼프 시험에서 다짐대로 몇 층에, 각각 몇 번씩 다지는가?

① 2층, 25회
② 3층, 25회
③ 3층, 59회
④ 2층, 59회

해설
슬럼프콘은 수평으로 설치하였을 때 수밀성이 있는 평판 위에 놓고 누르고, 거의 같은 양의 시료를 3층으로 나눠서 채운다. 각 층은 다짐봉으로 고르게 한 후 25회씩 다진다.

43 콘크리트를 블리딩용기에 넣고 30분 동안 블리딩 물의 양을 측정한 결과 78.5cm³이었다. 블리딩량은?(단, 블리딩용기의 안지름은 25cm, 안 높이는 30cm이다)

① 0.11cm³/cm²
② 0.16cm³/cm²
③ 0.92cm³/cm²
④ 2.35cm³/cm²

해설
$$\text{블리딩량}(cm^3/cm^2) = V \div A \left(A = \frac{\pi \times D^2}{4} \right)$$
$$= \frac{78.5}{\dfrac{3.14 \times 25^2}{4}}$$
$$\simeq 0.16 cm^3/cm^2$$
여기서, V : 규정된 측정시간 동안에 생긴 블리딩 물의 양(cm^3)
　　　A : 콘크리트 상면의 면적(cm^2)

44 표준체 45μm에 의한 시멘트 분말도시험에서 보정된 잔사가 7.6%일 때 시멘트 분말도(F)는 얼마인가?

① 82.4%
② 92.4%
③ 96.4%
④ 98.4%

해설
$$\text{분말도} = \frac{\text{체에 남은 시멘트 무게}}{\text{시료 전체 무게}}$$
$$= \frac{100 - 7.6}{100} \times 100 = 92.4\%$$

45 시멘트 비중시험 결과 처음 광유 눈금을 읽었더니 0.2mL이고, 시멘트 64g을 넣고 최종적으로 눈금을 읽었더니 20.5mL이었다. 이 시멘트의 비중은?

① 3.05
② 3.15
③ 3.17
④ 3.18

해설
$$\text{시멘트의 밀도(비중)} = \frac{\text{시료의 무게}}{\text{눈금차}}$$
$$= \frac{64}{20.5 - 0.3} = 3.15$$

46 흙의 입도분석시험 결과 입경가적곡선에서 $D_{10}=$ 0.020mm이고, $D_{30}=0.050$mm, $D_{60}=0.10$mm일 때 균등계수는?

① 2   ② 5

③ 10   ④ 20

해설

균등계수 $C_u = \dfrac{D_{60}}{D_{10}} = \dfrac{0.10}{0.020} = 5$

47 간극비가 0.54인 흙의 간극률은?

① 17%   ② 35%

③ 46%   ④ 54%

해설

$n = \dfrac{e}{1+e} \times 100(\%)$

$= \dfrac{0.54}{1+0.54} \times 100 = 35\%$

48 자연 시료의 일축압축강도와 흐트러진 시료로 다시 공시체를 만든 되비빔한 시료의 일축압축강도와의 비는?

① 압축변형률

② 틱소트로피

③ 보정단면적

④ 예민비

해설

예민비 : 자연시료의 일축압축강도(q_u)에 대한 흐트러진 시료의 일축압축강도(q_{ur})의 비 $\left(S_t = \dfrac{q_u}{q_{ur}}\right)$로, 예민비가 클수록 공학적으로 불량한 토질이다.

49 지름 50mm, 높이 125mm인 용기에 현장의 습윤시료를 채취하여, 시료의 무게를 측정했더니 446g이었다. 이때 습윤단위무게는 얼마인가?

① 1.58g/cm^3

② 1.82g/cm^3

③ 2.35g/cm^3

④ 2.76g/cm^3

해설

$\gamma_t = \dfrac{W}{V} = \dfrac{W}{\pi r^2 h}$

$= \dfrac{446}{\pi \times 2.5^2 \times 12.5} = 1.82\text{g/cm}^3$

50 다음 중 현장에서의 시험에 해당되지 않는 것은?

① 기초의 평판재하시험

② 말뚝의 지지력 시험

③ Vane전단시험

④ 직접전단시험(일면 전단시험)

해설

전단강도 측정시험
- 실내시험
  - 직접전단시험
  - 간접전단시험 : 일축압축시험, 삼축압축시험
- 현장시험
  - 현장베인시험
  - 표준관입시험
  - 콘관입시험
  - 평판재하시험

51 동상(凍上)에 대한 설명 중 옳지 않은 것은?

① 동상을 가장 받기 쉬운 흙은 실트이다.

② 아이스렌스를 형성할 수 있도록 물의 공급이 충분할 때 동상이 일어난다.

③ 지하수위가 지표면 가까이 있을 때 동해(凍害)가 심하다.

④ 모관수의 상승 방지를 위해 지하수위 아래에 차단층을 설치하면 동상을 방지할 수 있다.

해설
모관수 상승을 방지하기 위해 지하수위 위에 조립의 차단층을 설치한다.

52 흙의 시험에서 최적함수비(OMC)와 관계 깊은 것은?

① 입도시험

② 액성한계시험

③ 다짐시험

④ 투수시험

해설
다짐시험 : 37.5mm 체를 통과한 흙의 건조밀도-함수비 곡선, 최대 건조밀도 및 최적함수비를 구하기 위한 방법

53 지하수위가 지표면과 일치하면 기초의 지지력 계산에서 어떤 단위중량을 사용하여야 하는가?

① 습윤단위중량

② 건조단위중량

③ 포화단위중량

④ 수중단위중량

해설
기초저면에서 위쪽에 있는 지반은 평균 단위체적중량(ton/m³)을 지하수위 아랫부분에 대해서는 수중 단위체적중량을 적용한다.

54 지표면에 있는 정사각형 하중면 10m×10m의 기초 위에 10tonf/m²의 등분포 하중이 작용했을 때 지표면으로부터 10m 깊이에서 발생하는 수직응력의 증가량은 얼마인가?(단, 2 : 1 분포법을 사용한다)

① $1.0 tonf/m^2$

② $1.5 tonf/m^2$

③ $2.3 tonf/m^2$

④ $2.5 tonf/m^2$

해설
$$\triangle \sigma_z = \frac{q_s B^2}{(B+Z)^2}$$
$$= \frac{10(10)^2}{(10+10)^2} = 2.5 tonf/m^2$$

55 흙 입자의 비중 $G_s = 2.5$, 간극비 $e = 1$, 포화도 $s = 100\%$일 때 함수비의 값은?

① 25%

② 40%

③ 125%

④ 50%

해설
$$S \cdot e = w \cdot G_s$$
$$w = \frac{S \cdot e}{G_s} = \frac{100 \times 1.0}{2.5} = 40\%$$

56 흙 댐의 유선망도에서 상·하류면의 수두차(H)가 6m, 등수두면의 수(N_d)가 10개, 유로의 수(N_f)가 6개일 때 침투수량은 얼마인가?(단, 투수층의 투수계수는 2.0×10^{-4}m/s이다)

① $1.2 \times 10^{-4} \text{m}^3/\text{s}$

② $3.6 \times 10^{-4} \text{m}^3/\text{s}$

③ $6.0 \times 10^{-4} \text{m}^3/\text{s}$

④ $7.2 \times 10^{-4} \text{m}^3/\text{s}$

해설

침투유량 $Q = KH \dfrac{N_f}{N_d}$

$\qquad = 2 \times 10^{-4} \times 6 \times \dfrac{6}{10} = 7.2 \times 10^{-4} \text{m}^3/\text{s}$

여기서, K : 투수계수, H : 상·하류의 수두차
$\qquad N_f$: 유로의 수, N_d : 등수두면의 수

57 통일 분류법에서 입도분포가 양호한 자갈의 분류 기호는?

① GW ② ML
③ GM ④ SW

해설

② ML : 압축성이 낮은 실트
③ GM : 실트질 자갈
④ SW : 입도가 양호한 모래

58 테르자기(Terzaghi)의 압밀이론을 옳게 설명한 것은?

① 흙은 전부 균질하다.
② 흙 속의 간극은 물과 공기로 채워져 있다.
③ 흙 속의 물은 여러 방향으로 배수된다.
④ 압력과 간극비의 관계는 곡선적으로 변화한다.

해설

② 흙 속의 간극은 물로 완전히 포화되어 있다.
③ 흙 내부의 물의 이동은 다르시(Darcy)의 법칙을 따르며 투수계수와 압밀계수는 시간에 관계없이 일정하다.
④ 유효압력과 간극비는 선형적 비례관계를 갖는다.

59 모래 지반의 물막이 널말뚝에서 침투수두(h)가 6.0m, 한계동수경사(i_c)가 1.2일 때 분사현상을 방지하려면 널말뚝을 얼마의 깊이(D)로 박아야 하는가?

① $D \le 5.0\text{m}$ ② $D > 5.0\text{m}$
③ $D \le 7.2\text{m}$ ④ $D > 7.2\text{m}$

해설

$i_c = \dfrac{h}{D}$

$1.2 = \dfrac{6}{D}$

$D = 5$

60 강성포장의 구조나 치수를 설계하기 위하여 지반 지지력계수(K)를 결정하는 시험방법은?

① 다짐시험 ② CBR시험
③ 평판재하시험 ④ 전단시험

해설

노상토 지지력비(CBR) 시험방법은 도로포장층의 본 바닥이나 포장재료의 지지력을 측정하여 표준재료 지지력과의 비를 구하여 흙의 전단강도를 간접적으로 측정하는 방법이다.

01 목재에서 양분을 저장하고 수액의 이동과 전달을 하는 부분은?

① 심 재 ② 수 피

③ 형성층 ④ 변 재

해설

목재의 구조

- 나이테 : 수심을 둘러싼 여러 개의 동심원으로 춘재와 추재 한 쌍으로 구성된다.
- 변재 : 껍질에 가깝고 색이 옅은 부분이다. 물과 양분을 저장하고, 변형과 균열이 생긴다.
- 심재 : 수심에 가깝고 색이 진하며 단단한 부분이다. 나무의 질이 굳고 수분이 적어 변형이 작다.

02 퇴적암의 종류에 속하지 않는 것은?

① 사 암 ② 석회암

③ 응회암 ④ 안산암

해설

암석의 분류

화성암	심성암	화강암, 섬록암, 반려암, 감람암 등
	반심성암	화강반암, 휘록암 등
	화산암	석영조면암(유문암), 안산암, 현무암 등
퇴적암(수성암)		역암, 사암, 혈암, 점판암, 응회암, 석회암 등
변성암		대리석, 편마암, 사문암, 천매암(편암) 등

03 스트레이트 아스팔트의 특징으로 옳지 않은 것은?

① 내후성이 작다.

② 점착성, 연성이 크다.

③ 방수성이 작다.

④ 감온성이 크다.

해설

스트레이트 아스팔트는 점착성, 연성, 방수성, 감온성이 크고, 대부분 도로포장에 쓰인다.

04 석유 아스팔트의 설명 중 옳지 않은 것은?

① 스트레이트 아스팔트는 연화점이 비교적 낮고 감온성이 크다.

② 스트레이트 아스팔트는 점착성, 연성, 방수성이 크다.

③ 블론 아스팔트는 감온성이 작고 탄력성이 풍부하다.

④ 블론 아스팔트는 화학적으로 불안정하며 충격저항도 작다.

해설

블론 아스팔트는 융해점이 높고 감온비가 작으며 내구성, 내충격성이 크고, 플라스틱한 성질을 가지며 탄력성이 강한 아스팔트이다.

05 혼화재료에 대한 설명 중 잘못된 것은?

① 필요에 따라 콘크리트의 한 성분으로 가해진 재료이다.

② 콘크리트의 성질의 개선이나 공사비를 절약할 목적으로 사용한다.

③ 혼화재료를 사용하면 콘크리트의 배합, 시공이 복잡해진다.

④ 콘크리트의 배합 계산에 관계되는 것을 혼화제, 무시되는 것을 혼화재라 한다.

해설

혼화재는 비교적 사용량이 많아 그 자체의 부피가 콘크리트의 배합 계산에 관계되고, 혼화제는 사용량이 적어 그 자체의 부피가 콘크리트의 배합 계산에서 무시된다.

06 감수제를 사용했을 때 콘크리트의 성질로 잘못된 것은?

① 워커빌리티가 좋아진다.
② 내구성이 증대된다.
③ 수밀성 및 강도가 커진다.
④ 단위 시멘트의 양이 많아진다.

해설
감수제 : 혼화제의 일종으로, 시멘트 분말을 분산시켜서 콘크리트의 워커빌리티를 얻기에 필요한 단위수량을 감소시키는 것을 주목적으로 한 재료이다.

08 습윤 상태의 중량이 100g인 모래를 절대 노건조시킨 결과 90g이 되었다. 함수율(전함수율)은 얼마인가?

① 11.1%　　　② 12.8%
③ 19.2%　　　④ 21.6%

해설
$$함수율 = \frac{(100-90)}{90} \times 100 = 11.1\%$$

07 시험을 강구로 눌러서 영구 변형된 오목부를 만들었을 때의 하중을 오목부의 지름으로 구한 표면적으로 나눈 값으로 경도를 얻는 시험방법은?

① 비커스 경도 시험방법
② 브리넬 경도 시험방법
③ 로크웰 경도 시험방법
④ 쇼어 경도 시험방법

해설
경도시험
• 비커스 경도 시험방법 : 압입자(대면각 136°의 사각추)에 하중을 걸어서 대각선 길이로 측정한다.
• 브리넬 경도 시험방법 : 압입자에 하중을 걸어서 자국의 크기로 경도를 측정한다.
• 로크웰 경도 시험방법 : 압입자에 하중(기본하중 10kg)을 걸어서 홈 깊이로 측정한다.
• 쇼어 경도 시험방법 : 강구를 일정 높이에서 낙하시켜 반발 높이로 측정한다.

09 채석장, 노천굴착, 대발파, 수중발파에 가장 알맞은 폭약은?

① 칼릿(Carlit)
② 흑색 화약
③ 나이트로글리세린
④ 규조토 다이너마이트

해설
칼릿 : 과염소산 암모늄을 주성분으로 하고, 다이너마이트에 비해 충격에 둔해 취급상 위험이 적은 폭약으로 채석장에서 큰 돌을 채석하는 데 효과적이다.

10 다이너마이트(Dynamite)의 종류 중 파괴력이 가장 강하고 수중에서도 폭발하는 것은?

① 교질 다이너마이트
② 분말상 다이너마이트
③ 규조토 다이너마이트
④ 스트레이트 다이너마이트

해설
다이너마이트의 종류
• 교질 다이너마이트 : 나이트로글리세린을 20% 정도 함유하고 있으며 찐득한 엿 형태로 폭약 중 폭발력이 가장 강하고 수중에서도 사용이 가능하다.
• 분말 다이너마이트 : 나이트로글리세린의 비율을 많이 줄이고, 산화제나 가연물을 많이 넣어 만든다.
• 혼합(규조토) 다이너마이트 : 나이트로글리세린과 흡수제를 적절히 배합한 것으로, 영국에서 최초로 개발하였다.
• 스트레이트 다이너마이트 : $NaNO_3$(질산나트륨), 목탄분, 황, $CaCO_3$(탄산칼슘) 등이 함유되어 있다(미국식).

11 콘크리트의 재령 28일의 압축강도가 300kgf/cm² 일 때 실험식에 의한 물-시멘트비는 얼마인가?

① 53% ② 46%

③ 50% ④ 42%

혼화제를 사용하지 않은 포틀랜드 시멘트의 물-시멘트비와 압축 강도의 관계식

$$\sigma_{28} = -210 + 215 \times \frac{C}{W}$$

$$300 = -210 + 215 \times \frac{C}{W}$$

$$\frac{W}{C} = 215 \div (300 + 210) = 0.42 = 42\%$$

12 포졸란(Pozzolan)을 혼화재로 사용한 콘크리트의 특징으로 옳지 않은 것은?

① 내구성, 수밀성 및 해수에 대한 화학적 저항성이 크다.

② 블리딩(Bleeding) 및 재료 분리를 작게 한다.

③ 단위수량을 많이 필요로 하는 경우가 많으며, 특히 건조수축이 작다.

④ 워커빌리티(Workability)를 개선시키고 발열량을 줄인다.

포졸란
• 해수·화학적 저항성 증진
• 재료 분리, 블리딩 감소
• 단위수량 감소, 수화열 감소
• 플라이 애시에 비해 건조수축이 약간 증가
• 시공연도(워커빌리티) 개선효과
• 조기강도 감소, 장기강도는 증가
• 포졸란반응으로 수밀성 향상
• 인장강도 신장 능력 향상

13 시멘트 응결시간 측정시험의 주의사항 중 옳지 않은 것은?

① 실험실의 상대습도는 50% 이하가 되도록 한다.

② 습기함이나 습기실은 시험체를 50% 이상의 상대 습도에서 저장할 수 있는 구조이어야 한다.

③ 혼합하여 주는 물의 온도는 20±2℃의 범위에 있도록 한다.

④ 시험하는 동안에는 모든 장치를 움직이지 않도록 한다.

습기함이나 습기실은 시험체를 90% 이상의 상대습도에서 저장할 수 있는 구조이어야 한다.

14 수화열을 적게 하기 위하여 규산 3석회와 알루민산 3석회의 양을 제한해서 만든 것으로 건조수축이 작아 단면이 큰 콘크리트용으로 알맞는 시멘트는?

① 조강 포틀랜드 시멘트

② 고로 슬래그 시멘트

③ 백색 포틀랜드 시멘트

④ 중용열 포틀랜드 시멘트

중용열 포틀랜드 시멘트 : 빨리 굳어져야 하는 공사에는 규산 3석회의 양이 많은 조강 시멘트가 필요하고, 댐이나 고층 아파트와 같이 압력을 많이 받는 콘크리트 구조물에 쓰이는 시멘트에는 알루민산 3석회(C_3A)나 규산 3석회(C_3S)의 양이 제한된다.

15 다음 중 혼합 시멘트가 아닌 것은?

① 고로 슬래그 시멘트

② 알루미나 시멘트

③ 플라이 애시 시멘트

④ 포틀랜드 포졸란 시멘트

알루미나 시멘트는 특수시멘트에 속한다.
혼합 시멘트 : 고로 슬래그 시멘트, 플라이 애시 시멘트, 포틀랜드 포졸란(실리카) 시멘트

16 다음 중 시멘트 응결시간 시험방법과 관계가 없는 것은?

① 플로 테이블(Flow Table)
② 비카장치(Vicat)
③ 길모어 침(Gillmore Needles)
④ 유리판(Pat Glass Plate)

해설
플로 테이블은 콘크리트의 흐름시험의 시험기구이다.

17 골재의 절대부피가 $0.7m^3$, 잔골재율이 40%일 때 굵은 골재의 절대부피는?

① $0.28m^3$ ② $0.32m^3$
③ $0.38m^3$ ④ $0.42m^3$

해설
단위 굵은 골재량의 절대부피
= 단위 골재량의 절대부피 − 단위 잔골재량의 절대부피
= $0.7 - (0.7 \times 0.4) = 0.42m^3$

18 골재의 함수 상태에 있어서 표면건조포화상태에서 공기 중 건조상태까지 증발된 물의 양은?

① 함수량
② 흡수량
③ 표면수량
④ 유효흡수량

해설
골재의 흡수량
• 함수량 : 골재의 입자에 포함되어 있는 전체 수량
• 흡수량 : 표면건조포화상태에서 골재알에 포함되어 있는 전체 수량
• 표면수량 : 전 함수량으로부터 흡수량을 뺀 것
• 유효흡수량 : 공기 중 건조상태로부터 표면건조포화상태가 되기에 필요한 수량

19 골재의 함수 상태에서 골재알의 표면에는 물기가 없고 골재알 속에는 물로 차 있는 상태는?

① 습윤상태
② 절대건조상태
③ 공기 중 건조상태
④ 표면건조포화상태

해설
골재의 함수상태
• 절대건조상태(노건조상태) : 110℃ 정도의 온도에서 24시간 이상 건조시킨 상태
• 공기 중 건조상태(기건상태) : 습기가 없는 실내에서 자연건조시킨 것으로 골재알 속의 빈틈 일부가 물로 가득 차 있는 상태
• 표면건조포화상태 : 표면에 물은 없지만, 내부의 공극에 물이 꽉 찬 상태
• 습윤상태 : 내부에 물이 채워져 있고, 표면에도 물이 부착되어 있는 상태

20 강재의 굽힘시험에서 일반적인 시험온도로 가장 적합한 것은?

① 10~35℃
② 15~45℃
③ 20~55℃
④ 30~65℃

해설
강재의 굽힘 시험온도의 범위는 10~35℃가 적당하다.

21 굳지 않은 콘크리트의 반죽 질기를 시험하는 방법이 아닌 것은?

① 슬럼프시험

② 리몰딩시험

③ 길모어 침 시험

④ 켈리볼 관입 시험

해설
길모어 침에 의한 시멘트의 응결시간 시험방법이 있다.

22 AE 콘크리트의 알맞은 공기량은 굵은 골재의 최대 치수에 따라 정해지는데 일반적으로 콘크리트 부피의 얼마 정도가 가장 적당한가?

① 1~2% ② 2~3%

③ 4~7% ④ 8~10%

해설
적당량의 AE 공기를 갖고 있는 콘크리트는 기상작용에 대한 내구성이 매우 우수하므로 심한 기상작용을 받는 경우에는 AE 콘크리트를 사용하는 것이 좋다. 심한 기상작용을 받는 경우에 적당한 공기량은 콘크리트를 친 후에 위와 같이 콘크리트 용적의 4~7% 정도의 값이 일반적인 표준이다.

23 콘크리트의 비파괴시험에서 일정한 에너지의 타격을 콘크리트 표면에 주어 그 타격으로 생기는 반발력으로 콘크리트의 강도를 판정하는 방법은?

① 코어채취방법

② 볼트를 잡아당기는 방법

③ 표면경도방법

④ 음파측정방법

해설
굳은 콘크리트의 비파괴 시험방법 : 슈미트해머법(표면경도법, 반발경도법), 방사선법, 초음파법, 진동법, 인발법, 철근탐사법

24 굳지 않은 콘크리트의 공기 함유량에 대한 설명 중 틀린 것은?

① AE 공기량은 AE제나 감수제 등으로 인해 콘크리트 속에 생긴 공기 기포이다.

② AE 공기량이 4~7%일 경우 워커빌리티와 내구성이 가장 나쁘다.

③ 공기량의 측정법에는 공기실 압력법, 용적법, 무게법이 있다.

④ 갇힌 공기량은 혼화재료를 사용하지 않아도 콘크리트 속에 포함되어 있는 공기기포이다.

해설
AE 공기량이 4~7%일 경우 워커빌리티와 내구성이 가장 좋다.

25 다음 중 블레인 공기투과장치에 의하여 시멘트 분말도 시험을 할 때 필요 없는 것은?

① 표준 시멘트

② 거름종이

③ 수 은

④ 광유(완전 탈수된 것)

해설
블레인 공기투과장치에 의한 시멘트 분말도시험을 할 때 필요한 것 : 표준 시멘트, 거름종이, 수은, 셀, 플런저 및 유공 금속판, 마노미터액 등

※ 마노미터액은 다이부틸프탈레이트나 경질 광유와 같은 점도나 비중이 낮고, 비휘발성, 비흡습성인 액체를 사용한다.

26 시멘트 모르타르의 압축강도에 영향을 주는 요인에 대한 설명으로 잘못된 것은?

① 단위수량이 많을수록 강도는 떨어진다.
② 시멘트 분말도와 강도는 비례한다.
③ 시멘트가 풍화되면 강도는 감소한다.
④ 50℃까지는 양생온도가 높을수록 강도는 증가한다.

양생온도 30℃까지는 온도가 높을수록 강도가 증가한다.

27 골재의 유기 불순물 시험에 관한 내용 중 옳지 않은 것은?

① 시료는 4분법 또는 시료분취기를 사용하여 가장 대표적인 것 약 450g를 취한다.
② 2%의 타닌산 용액과 3%의 수산화나트륨 용액을 섞어 표준색 용액을 만든다.
③ 시험용액을 만들어 비교해서 표준색과 비교한다.
④ 시험용액이 표준색보다 진할 경우 합격으로 한다.

시험용액이 표준색보다 연할 경우 합격으로 한다.

28 다음 중 굵은 골재의 마모시험기 중에서 일반적으로 가장 많이 사용하는 시험기는?

① 데발시험기
② 로스앤젤레스 시험기
③ 흐름시험기
④ 굵기경도시험기

로스앤젤레스 시험기는 철구를 사용하여 굵은 골재(부서진 돌, 깨진 광재, 자갈 등)의 마모에 대한 저항을 시험하는 데 사용한다.

29 굳지 않은 콘크리트에 대한 시험방법이 아닌 것은?

① 워커빌리티 시험
② 공기량시험
③ 비파괴시험
④ 블리딩시험

콘크리트 시험

굳지 않은 콘크리트 관련 시험	경화 콘크리트 관련 시험

• 워커빌리티 시험과 컨시스턴시 시험
  – 슬럼프시험(워커빌리티 측정)
  – 흐름시험
  – 리몰딩시험
  – 관입시험[이리바렌 시험, 켈리볼(구관입 시험)]
  – 다짐계수시험
  – 비비시험(진동대식 컨시스턴시 시험)
  – 고유동 콘크리트의 컨시스턴시 평가 시험방법
• 블리딩시험
• 공기량시험
  – 질량법
  – 용적법
  – 공기실 압력법
	• 압축강도
	• 인장강도
	• 휨강도
	• 전단강도
	• 길이 변화시험
	• 슈미트해머 시험(비파괴시험)
	• 초음파 시험(비파괴시험)
	• 인발법(비파괴시험)

30 아스팔트 혼합물의 배합 설계와 현장에 따른 품질 관리를 위하여 행하는 시험은?

① 증발감량시험
② 용해도시험
③ 인화점시험
④ 안정도시험(마셜식)

마셜안정도시험은 아스팔트 혼합물의 안정도시험의 하나로, 혼합물의 배합 설계용으로 사용된다. 아스팔트 혼합물의 소성유동에 대한 저항성 측정에 적용한다.

31 역청재료의 침입도시험에서 질량 100g의 표준침이 5초 동안에 5mm 관입했다면, 이 재료의 침입도는 얼마인가?

① 10
② 25
③ 50
④ 100

해설
소정의 온도(25℃), 하중(100g), 시간(5초)으로 침을 수직으로 관입한 결과, 관입 길이 0.1mm마다 침입도 1로 정하여 침입도를 측정한다. 5mm 관입했다면 5 ÷ 0.1 = 50으로 침입도는 50이다.

32 시멘트 모르타르 인장강도시험에 대한 내용 중 틀린 것은?

① 시멘트와 표준모래를 1 : 3의 무게비로 배합한다.
② 모르타르를 두 손의 엄지손가락으로 8~10kg의 힘을 주어 12번씩 다진다.
③ 시험체를 클립에 고정 후 2,700±100N/min의 속도로 계속 하중을 부하한다.
④ 공시체 양생은 26±4℃의 수조에서 양생한다.

해설
공시체 양생온도는 20±2℃로 한다.

33 아스팔트 신도시험에 관한 설명 중 틀린 것은?

① 신도의 단위는 mm로 나타낸다.
② 아스팔트 신도는 연성의 기준이 된다.
③ 신도는 늘어나는 정도를 나타낸다.
④ 시험할 때 규정온도는 25±0.5℃이다.

해설
신도의 단위는 cm로 나타낸다.

34 블리딩시험에서 처음 60분 동안은 몇 분 간격으로 표면에 생긴 블리딩 물을 피펫으로 빨아내는가?

① 1분
② 5분
③ 10분
④ 30분

해설
블리딩 시험 시 최초로 기록한 시각에서부터 60분 동안 10분마다 콘크리트 표면에서 스며 나온 물을 빨아낸다. 그 후는 블리딩이 정지할 때까지 30분마다 물을 빨아낸다.

35 아스팔트의 인화점이란?

① 아스팔트 시료를 가열하여 휘발성분에 불이 붙어 약 10초간 불이 붙어 있을 때의 최고 온도이다.
② 아스팔트 시료를 가열하여 휘발성분에 불이 붙을 때의 최저 온도이다.
③ 아스팔트 시료를 가열하면 기포가 발생하는데 이때의 최고 온도이다.
④ 아스팔트 시료를 잡아당길 때 늘어나다 끊어진 길이이다.

해설
인화점은 시료를 가열하면서 시험불꽃을 대었을 때 시료의 증기에 불이 붙는 최저 온도이다.

36 도로나 활주로 등의 포장 두께를 결정하기 위해 주로 실시하는 토질시험은?

① 일축압축시험
② CBR시험
③ 표준관입시험
④ 현장 단위무게시험

CBR시험 : 아스팔트와 같은 가요성(연성) 포장의 지지력을 결정하기 위한 시험방법, 즉 도로나 활주로 등의 포장 두께를 결정하기 위하여 지지하는 노상토의 강도, 압축성, 팽창성 및 수축성 등을 결정하는 시험이다.

37 테르자기의 압밀이론에 관한 가정 중 틀린 것은?

① 흙은 균질하고 흙 속의 간극은 완전히 포화되어 있다.
② 흙층의 압축도 일축적으로 일어난다.
③ 간극비와 압력과의 관계는 곡선이다.
④ 흙의 성질은 압력의 크기에 관계없이 일정하다.

압밀곡선은 선행압밀압력을 넘으면서 그 곡선은 대략 직선 형태를 보이는데 이 직선 부분의 기울기를 압축지수라고 한다.

38 다음 흙 시험과정은 어떤 시험에 대한 내용인가?

- 시료의 용기 질량을 측정한다.
- 습윤 시료를 용기에 담아 질량을 측정한다.
- 항온건조기에서 건조시킨다.
- 데시케이터에서 식힌다.
- 용기에 담긴 노건조 시료의 질량을 측정한다.

① 흙의 입도시험
② 흙의 함수량시험
③ 흙의 밀도시험
④ 흙의 다짐시험

흙의 함수비를 측정하는 시험용 기구 : 용기, 항온건조기, 저울, 데시케이터

39 어떤 점성토에 있어서 액성한계 60%, 소성한계 40%, 수축한계 20%일 때 소성지수는?

① 10% ② 20%
③ 30% ④ 40%

소성지수(PI) = 액성한계 − 소성한계
$$= 60 - 40$$
$$= 20\%$$

40 흙의 비중을 측정하고자 한다. 100mL보다 큰 비중병을 사용할 경우 1회 측정에 필요한 시료는 최소 몇 g인가?(단, 노건조 시료를 기준으로 한다)

① 10g ② 15g
③ 20g ④ 25g

시료는 젖은 상태 그대로인 것, 공기건조한 것 또는 노건조한 것이어도 좋지만, 그 양은 용량 100mL 이하의 비중병을 사용할 노건조 질량 10g 이상, 용량 100mL 초과의 비중병을 사용할 때는 노건조 질량 25g 이상으로 한다.

41 흙의 입도시험을 하기 위하여 40%의 과산화수소 용액 100g을 8%의 과산화수소수로 만들려고 한다. 물의 양은 얼마나 넣으면 되는가?

① 400g　　　　　　② 300g

③ 200g　　　　　　④ 100g

해설

$$\frac{40}{100} \times 100 = \frac{8}{100}(100 + x)$$

$40 = 0.08(100 + x)$

$x = 400g$

42 어느 시료의 간극율이 40.47%이다. 이때 간극비는 얼마인가?

① 0.48　　　　　　② 0.68

③ 0.88　　　　　　④ 1.08

해설

$$e = \frac{n}{100-n} = \frac{40.47}{100-40.47} = 0.680$$

43 흙의 비중 2.60, 간극비 2.24, 함수비 94%인 점토질 실트가 있다. 이 흙의 수중단위무게는?

① $0.49g/cm^3$

② $0.80g/cm^3$

③ $1.24g/cm^3$

④ $1.73g/cm^3$

해설

수중단위중량(수중밀도)

$$\gamma_{s.sub} = \frac{G_s - 1}{1+e}\gamma_w = \frac{2.6-1}{1+2.24} \times 1 = 0.49g/cm^3$$

44 흙의 입도시험으로부터 곡률계수의 값을 구하고자 할 때 식으로 옳은 것은?(단, D_{10} : 입경가적곡선으로부터 얻은 10% 입경, D_{30} : 입경가적곡선으로부터 얻은 30% 입경, D_{60} : 입경가적곡선으로부터 얻은 60% 입경)

① $\dfrac{(D_{30})^2}{D_{10} \times D_{60}}$　　② $\dfrac{D_{30}}{D_{10} \times D_{60}}$

③ $\dfrac{D_{30}}{D_{10}}$　　　　④ $\dfrac{D_{60}}{D_{10}}$

해설

· 균등계수 $C_u = \dfrac{D_{60}}{D_{10}}$

· 곡률계수 C_c or $C_g = \dfrac{(D_{30})^2}{D_{10} \times D_{60}}$

45 최대 하중이 530kN이고, 시험체의 지름이 150mm, 높이가 300mm일 때 콘크리트의 압축강도는 약 얼마인가?

① 30MPa　　　　　② 35MPa

③ 40MPa　　　　　④ 45MPa

해설

압축강도$(f) = \dfrac{P}{A} = \dfrac{530,000}{\dfrac{\pi \times 150^2}{4}} = 30MPa$

46 유선망도에서 상·하류면의 수두차가 4m, 등수두면의 수가 12개, 유로의 수가 6개일 때 침투유량은 얼마인가?(단, 투수층의 투수계수는 2.0×10^{-4}m/sec이다)

① $8.0 \times 10^{-4} \mathrm{m}^3/\mathrm{sec}$

② $7.0 \times 10^{-4} \mathrm{m}^3/\mathrm{sec}$

③ $5.0 \times 10^{-4} \mathrm{m}^3/\mathrm{sec}$

④ $4.0 \times 10^{-4} \mathrm{m}^3/\mathrm{sec}$

해설

침투수량 $Q = KH\dfrac{N_f}{N_d}$

$\qquad = 2 \times 10^{-4} \times 4 \times \dfrac{6}{12} = 4 \times 10^{-4} \mathrm{m}^3/\mathrm{s}$

여기서, K : 투수계수, H : 상하류의 수두차

$\qquad N_f$: 유로의 수, N_d : 등수두면의 수

47 모래치환법에 의한 현장 단위무게 시험결과가 다음과 같을 때 시험 구멍의 부피는 얼마인가?

- 구덩이 속에서 파낸 흙 무게 : 1,697g
- 구덩이 속을 채운 표준모래 무게 : 1,466g
- 모래의 단위무게 : 1.45g/cm³
- 현장 흙의 비중 : 2.72

① $1,170.34 \mathrm{cm}^3$

② $1,011.03 \mathrm{cm}^3$

③ $623.90 \mathrm{cm}^3$

④ $539.0 \mathrm{cm}^3$

해설

시험 구멍의 체적

$V_0 = \dfrac{m_9 - m_6}{\rho_{ds}} = \dfrac{m_{10}}{\rho_{ds}} = \dfrac{1,466}{1.45} = 1,011.03 \mathrm{cm}^3$

여기서, V_0 : 시험 구멍의 체적(cm³)

$\qquad m_9$: 시험 구멍 및 깔때기에 들어간 모래의 질량(g)

$\qquad m_6$: 깔때기를 채우는 데 필요한 모래의 질량(g)

$\qquad m_{10}$: 시험 구멍을 채우는 데 필요한 모래의 질량(g)

$\qquad \rho_{ds}$: 시험용 모래의 단위중량(g/cm³)

48 굳지 않은 콘크리트를 흐름시험하여 콘크리트의 퍼진 지름을 각각 55.2cm, 54.0cm, 54.6cm로 정하였다. 이 때 콘크리트의 흐름값은 약 얼마인가? (단, 몰드의 밑지름은 25.4cm이다)

① 113% ② 115%

③ 118% ④ 123%

해설

흐름값(%) $= \dfrac{(55.2 + 54 + 54.6) \div 3 - 25.4}{25.4} \times 100$

$\qquad \simeq 115\%$

49 내부마찰각이 0°인 연약 점토를 일축압축시험하여 일축압축강도가 2.45kg/cm²을 얻었다. 이 흙의 점착력은?

① $0.849 \mathrm{kg/cm}^2$

② $0.955 \mathrm{kg/cm}^2$

③ $1.225 \mathrm{kg/cm}^2$

④ $1.649 \mathrm{kg/cm}^2$

해설

$C = \dfrac{q_u}{2\tan\left(45° + \dfrac{\phi}{2}\right)}$

$\quad = \dfrac{2.45}{2} = 1.225 \mathrm{kg/cm}^2$

50 도로 지반의 평판재하시험에서 1.25mm가 침하될 때 하중강도는 3.5kg/cm²이었다. 지지력계수는 얼마인가?

① $5.15 \mathrm{kg/cm}^3$

② $10 \mathrm{kg/cm}^3$

③ $25 \mathrm{kg/cm}^3$

④ $28 \mathrm{kg/cm}^3$

해설

$K = \dfrac{P}{S} = \dfrac{3.5}{0.125} = 28 \mathrm{kg/cm}^3$

여기서, P : 하중강도(kg/cm²), S : 침하량(cm)

51 흐트러지지 않은 점토 시료의 일축압축강도가 4.6kg/cm²이었다. 같은 시료를 되비빔하여 시험한 일축압축강도가 2.5kg/cm²이었을 때 이 흙의 예민비는?

① 0.52　　　　　② 0.63
③ 1.84　　　　　④ 2.37

해설

$$S_t = \frac{q_u}{q_{ur}} = \frac{4.6}{2.5} = 1.84$$

여기서, q_u : 자연 시료의 일축압축강도
　　　　q_{ur} : 흐트러진 시료의 일축압축강도

52 어떤 흙의 함수비 시험결과 물의 무게가 10g, 흙 입자만의 무게가 20g이었다. 이 시료의 함수비는 얼마인가?

① 20%　　　　　② 30%
③ 40%　　　　　④ 50%

해설

$$함수비 = \frac{물의 \ 질량(g)}{흙의 \ 질량(g)} \times 100$$

$$= \frac{10}{20} \times 100 = 50\%$$

53 다음 중 다짐곡선에서 구할 수 없는 것은?

① 최대 건조밀도
② 최적함수비
③ 다짐에너지
④ 현장 시공함수비

해설

다짐 시험방법은 다짐에너지, 함수비, 건조밀도 등의 관계로부터 다짐곡선을 구하여 최적함수비와 최대 건조밀도를 구하기 위한 시험이다.

54 흙의 다짐에 관한 사항이다. 옳지 않은 것은?

① 흙을 다짐하면 일반적으로 전단강도가 증가한다.
② 다짐에너지를 증가시키면 간극률도 증가한다.
③ 다짐에너지가 증가하면 최대 건조단위무게가 증가한다.
④ 다짐에너지가 같으면 최적함수비에서 다짐효과가 가장 좋다.

해설

다짐에너지가 커지면 간극률은 작아진다.

55 비중이 2.65, 공극비가 0.65인 모래 지반의 한계동수경사는 얼마인가?

① 1.0　　　　　② 1.5
③ 2.0　　　　　④ 2.5

해설

$$한계동수경사 = \frac{G_s - 1}{1 + e} = \frac{2.65 - 1}{1 + 0.65} = 1$$

56 흙의 투수계수를 구하는 시험방법에서 비교적 투수계수가 낮은 미세한 모래나 실트질 흙에 적합한 시험은?

① 정수위투수시험
② 변수위투수시험
③ 압밀시험
④ 양수시험

해설

실내에서 투수계수 측정방법
투수계수의 범위에 따라 투수계수 측정방법을 결정한다.
- 정수위투수시험 : 투수성이 높은 사질토에 적용,
  10^{-3}cm/sec ≤ K일 때 적용
- 변수위투수시험 : 투수성이 작은 세사나 실트 적용,
  10^{-6}cm/sec ≤ K ≤ 10^{-3}cm/sec일 때 적용
- 압밀시험 : 투수성이 매우 낮은 불투수성 점토,
  K < 10^{-7}cm/sec일 때 적용

57 흙의 통일 분류법에서 입도분포가 좋은 모래를 표시하는 약자는?

① SC
② SP
③ SW
④ SM

해설
① SC : 점토질 모래
② SP : 입도분포가 나쁜 모래
④ SM : 실트질의 모래

58 강널말뚝의 특징에 대한 설명으로 틀린 것은?

① 때려박기와 빼내기가 쉽다.
② 수밀성이 커서 물막이에 적합하다.
③ 단면의 휨모멘트와 수평저항력이 작다.
④ 말뚝 이음에 대한 신뢰성이 크고 길이 조절이 쉽다.

해설
강널말뚝은 토압이나 수압을 지지하는 강철제 널말뚝으로, 특수한 단면을 가지며, 서로 맞물려서 수밀성을 향상시킨다. 시공이 빠르고 간단하며, 공사비용도 적게 들고, 약한 지반에도 적용할 수 있으며, 내진구조로 할 수도 있다.

59 사질지반에 있어서 강성기초의 접지압 분포에 관한 설명 중 옳은 것은?

① 기초 밑면에서의 응력은 토질에 상관없이 일정하다.
② 기초의 밑면에서는 어느 부분이나 동일하다.
③ 기초의 모서리 부분에서 최대 응력이 발생한다.
④ 기초의 중앙부에서 최대 응력이 발생한다.

해설
접지압 : 유연성 기초에서는 일정하나 강성기초에서 점토 지반은 양단부에서 접지압이 최대가 되고, 사질토 지반은 중앙부에서 접지압이 최대가 된다.

60 침하량이 큰 지반인 경우의 대책으로 적절하지 못한 것은?

① 말뚝을 이용하여 굳은 층까지 하중이 전달되도록 기초를 설계한다.
② 기초저면을 작게 하여 하중강도를 줄인다.
③ 지반을 개량한다.
④ 피어 및 케이슨으로 굳은 층까지 하중을 전달시킨다.

해설
침하량이 큰 지반은 각 기초에 작용하는 하중을 균등하게 한다.

01 A골재의 조립률 1.75, B골재의 조립률이 3.5인 두 골재를 무게비 4 : 6의 비율로 혼합할 때의 혼합 골재의 조립률은?

① 2.8　　　　　② 3.8
③ 4.8　　　　　④ 5.8

해설
혼합 골재의 조립률 $= \dfrac{1.75 \times 4 + 3.5 \times 6}{4+6} = 2.8$

02 실적률이 큰 골재를 사용한 콘크리트에 대한 설명으로 틀린 것은?

① 시멘트 페이스트의 양이 적어도 경제적으로 소요의 강도를 얻을 수 있다.
② 콘크리트의 밀도가 증가한다.
③ 단위 시멘트량이 적어지므로 균열 발생의 위험이 증가한다.
④ 콘크리트의 수밀성이 증가한다.

해설
실적률이 큰 골재를 사용하면 균열 발생의 위험이 줄어든다.

03 시멘트가 응결할 때 화학적 반응에 의하여 수소가스를 발생시켜 콘크리트 속에 아주 작은 기포가 생기게 하는 혼화제는?

① 발포제　　　　② 방수제
③ AE제　　　　　④ 감수제

해설
발포제 : 알루미늄, 아연 분말 등을 모르타르에 넣으면 알칼리와 반응하여 수소가스가 발생한다. 과산화수소와 표백분을 혼입하면 산소가 발생하여 기포가 생긴다.

04 컷백 아스팔트에 대한 설명으로 옳지 않은 것은?

① 천연 아스팔트에 적당한 휘발성 용제를 가하여 유동성을 좋게 만든 아스팔트이다.
② 컷백 아스팔트는 아스팔트 유제와 마찬가지로 상온에서 시공된다는 장점이 있다.
③ 휘발성 용제로 주로 석유 추출물이 사용되고, 그 양은 컷백 아스팔트 무게의 10~45% 정도를 차지한다.
④ 컷백 아스팔트는 사용한 휘발성 용제의 증발속도의 차이에 따라 완속경화, 중속경화, 급속경화로 나눌 수 있다.

해설
컷백 아스팔트는 석유 아스팔트를 용제(플럭스)에 녹여 작업에 적합한 점도를 갖게 한 액상의 아스팔트이다.

05 굳지 않은 콘크리트의 공기 함유량에 대한 설명 중 틀린 것은?

① AE 공기량은 AE제나 감수제 등으로 인해 콘크리트 속에 생긴 공기기포이다.
② AE 공기량이 4~7%일 경우 워커빌리티와 내구성이 가장 나쁘다.
③ 공기량의 측정법에는 공기실 압력법, 용적법, 무게법이 있다.
④ 갇힌 공기량은 혼화재료를 사용하지 않아도 콘크리트 속에 포함되어 있는 공기기포이다.

해설
AE 공기량이 4~7%일 경우 워커빌리티와 내구성이 가장 좋다.

06 크리프(Creep)에 대한 설명 중 옳지 않은 것은?

① 콘크리트의 재령이 짧을수록 크리프는 크게 일어난다.

② 부재의 치수가 클수록 크리프는 크게 일어난다.

③ 물-시멘트비가 클수록 크리프는 크게 일어난다.

④ 작용하는 응력이 클수록 크리프는 크게 일어난다.

[해설]
부재의 치수가 작을수록 크리프는 크게 일어난다.

07 수화열이 적고, 건조수축이 작으며 장기강도가 커서 댐, 지하구조물, 도로포장용과 서중콘크리트 공사에 사용되는 시멘트는?

① 보통 포틀랜드 시멘트

② 중용열 포틀랜드 시멘트

③ 조강 포틀랜드 시멘트

④ 알루미나 시멘트

[해설]
중용열 포틀랜드 시멘트 : 수화열을 적게 하기 위하여 규산 3석회와 알루민산 3석회의 양을 제한해서 만든 것으로, 건조수축이 작아 단면이 큰 콘크리트용으로 알맞은 시멘트이다.

08 재료의 역학적 성질 중 재료를 두들길 때 얇게 펴지는 성질은?

① 강 성   ② 전 성

③ 인 성   ④ 연 성

[해설]
② 전성 : 압축력에 의해 물체가 넓고 얇은 형태로 소성 변형을 하는 성질
① 강성 : 외력에 의해 파괴되기 어려운 질기고 강한 충격에 잘 견디는 재료의 성질
③ 인성 : 잡아당기는 힘을 견디는 성질
④ 연성 : 재료가 탄성한계 이상의 힘을 받아도 파괴되지 않고 가늘고 길게 늘어나는 성질

09 계면활성작용에 의해 워커빌리티와 동결융해에 대한 내구성을 개선시키는 혼화제는?

① AE제, 감수제

② 촉진제, 기포제

③ 발포제, 급결제

④ 보수제, 접착제

[해설]
계면활성작용에 의하여 워커빌리티와 동결융해작용에 대한 내구성을 개선시키는 혼화제는 AE제, 감수제, 유동제가 있다.

10 굳지 않은 콘크리트의 워커빌리티에 대한 설명으로 옳은 것은?

① 굵은 골재의 최대 치수, 잔골재율, 잔골재의 입도, 반죽 질기 등에 따른 콘크리트 표면의 마무리하기 쉬운 정도를 나타내는 성질

② 거푸집에 쉽게 다져 넣을 수 있고 거푸집을 제거하면 천천히 그 형상이 변하지만, 허물어지거나 재료 분리가 발생하지 않는 성질

③ 반죽 질기 여하에 따른 작업의 난이도 및 재료의 분리에 저항하는 정도를 나타내는 굳지 않는 콘크리트의 성질

④ 주로 수량의 다소에 따른 반죽의 되고 진 정도를 나타내는 것으로 콘크리트 반죽의 유연성을 나타내는 성질

[해설]
① 마무리성
② 성형성
④ 반죽 질기

11 목재의 강도 중 가장 큰 것은?

① 섬유에 평행 방향의 압축강도

② 섬유에 직각 방향의 압축강도

③ 섬유에 평행 방향의 전단강도

④ 섬유에 평행 방향의 인장강도

해설

목재의 강도

• 인장강도 > 휨강도 > 압축강도 > 전단강도

• 섬유 평행 방향의 인장강도 > 섬유의 직각 방향의 압축강도

12 1g의 시멘트가 가지고 있는 전체 입자의 총표면적은?

① 비표면적

② 비단위표면적

③ 단위표면적

④ 단위당 표면적

해설

비표면적이란 시멘트 1g의 입자의 전 표면적을 cm^2로 나타낸 것으로, 시멘트의 분말도를 나타낸다. 단위는 cm^2/g이다.

13 원유를 증류할 때 얻어지는 아스팔트로 토목재료로 가장 많이 사용되는 것은?

① 블론 아스팔트

② 유화 아스팔트

③ 컷백 아스팔트

④ 고무화 아스팔트

해설

블론 아스팔트(Blown Asphalt) : 원유를 증류할 때 얻어지는 석유 아스팔트로, 융해점이 높고 감온비가 작으며 내구성과 내충격성이 크고, 플라스틱한 성질을 가지며 탄력성이 강한 아스팔트이다.

14 콘크리트는 인장강도가 작아 콘크리트 속에 미리 강재를 긴장시켜 콘크리트에 압축응력을 주어 하중으로 생기는 인장응력을 비기게 하거나 줄이도록 하는 콘크리트는?

① 프리스트레스트 콘크리트

② 레디믹스트 콘크리트

③ 폴리머 시멘트 콘크리트

④ 강섬유 콘크리트

해설

프리스트레스트 콘크리트 : 콘크리트의 인장응력이 생기는 부분에 PS강재를 긴장시켜 프리스트레스를 부여함으로써 콘크리트에 미리 압축력을 주어 인장강도를 증가시켜 휨저항을 크게 한 콘크리트이다.

15 다음 중 퇴적암에 속하지 않는 암석은?

① 사 암   ② 혈 암

③ 응회암   ④ 안산암

해설

암석의 분류

화성암	심성암	화강암, 섬록암, 반려암, 감람암 등
	반심성암	화강반암, 휘록암 등
	화산암	석영조면암(유문암), 안산암, 현무암 등
퇴적암(수성암)		역암, 사암, 혈암, 점판암, 응회암, 석회암 등
변성암		대리석, 편마암, 사문암, 천매암(편암) 등

16 굵은 골재의 노건조 무게(절대건조무게)가 1,000g, 표면건조포화상태의 무게가 1,100g, 수중무게가 650g일 때 흡수율은?

① 10.0%   ② 28.6%
③ 15.4%   ④ 35.0%

$$흡수율 = \frac{(표건질량 - 절건질량)}{절건질량} \times 100$$
$$= \frac{(1,100 - 1,000)}{1,000} \times 100 = 10.0\%$$

17 르샤틀리에 비중병의 광유 눈금이 0.8mL, 시멘트 64g을 넣고 기포를 제거한 후 눈금이 21.8mL일 때 시멘트의 비중은?

① 2.75   ② 3.05
③ 3.35   ④ 3.65

시멘트의 비중
$$\frac{시료의 무게}{눈금차} = \frac{64}{21.8 - 0.8} \approx 3.05$$

18 콘크리트의 배합에서 단위 잔골재량 700kg/m³, 단위 굵은 골재량이 1,300kg/m³일 때 절대 잔골재율은 몇 %인가?(단, 잔골재 및 굵은 골재의 비중은 2.60이다)

① 30%   ② 35%
③ 40%   ④ 45%

$$잔골재율(S/a) = \frac{V_S}{V_S + V_G} \times 100\%$$
$$= \frac{700 \times 2.6}{700 \times 2.6 + 1,300 \times 2.6} \times 100 = 35\%$$

여기서, V_S : 단위 잔골재량의 절대부피
V_G : 단위 굵은 골재량의 절대부피

19 액성한계시험에서 얻은 유동곡선에서 타격 횟수 몇 회에 해당하는 함수비를 액성한계라 하는가?

① 10회   ② 15회
③ 20회   ④ 25회

액성한계 : 액성한계시험으로부터 구한 유동곡선에서 낙하 횟수 25회에 해당하는 함수비

20 시멘트 강도시험에서 시험용 모르타르를 제작할 때 시멘트 450g을 사용한 경우의 표준사의 양은?

① 1,100g   ② 1,240g
③ 1,285g   ④ 1,350g

시멘트와 표준모래를 1 : 3의 무게비로 배합한다.
$450 \times 3 = 1,350g$

21 도로포장 두께나 표층, 기층, 노반의 두께 및 재료의 설계에 이용되는 시험은?

① 평판재하시험

② 삼축압축시험

③ CBR시험

④ 현장 흙의 단위무게시험

해설
CBR시험 : 주로 아스팔트와 같은 가요성(연성) 포장의 지지력을 결정하기 위한 시험방법, 즉 도로나 활주로 등의 포장 두께를 결정하기 위하여 지지하는 노상토의 강도, 압축성, 팽창성 및 수축성 등을 결정하는 시험이다.

22 최대 하중이 530kN이고 시험체의 지름이 150mm, 높이가 300mm일 때 콘크리트의 압축강도는 약 얼마인가?

① 30MPa

② 35MPa

③ 40MPa

④ 45MPa

해설

$$압축강도(f) = \frac{P}{A} = \frac{530,000}{\frac{\pi \times 150^2}{4}} \approx 30\text{MPa}$$

23 자연 상태 함수비가 42%인 점토에 대해 애터버그 한계시험을 실시하여 액성한계가 70.6%, 소성한계가 29.4%이었다면 액성지수는 얼마인가?

① 0.99

② 0.59

③ 0.41

④ 0.31

해설

$$액성지수 = \frac{자연\ 함수비 - 소성한계}{소성지수}$$

$$= \frac{42 - 29.4}{70.6 - 29.4} \approx 0.31$$

24 다음의 흙 시험과정은 어떤 시험에 대한 내용인가?

> 1. 시료의 용기 질량을 측정한다.
> 2. 습윤 시료를 용기에 담아 질량을 측정한다.
> 3. 항온건조기에서 건조시킨다.
> 4. 데시케이터에서 식힌다.
> 5. 용기에 담긴 노건조 시료의 질량을 측정한다.

① 흙의 입도시험

② 흙의 함수량시험

③ 흙의 밀도시험

④ 흙의 다짐시험

해설
흙의 함수비를 측정하는 시험용 기구 : 용기, 항온건조기, 저울, 데시케이터

25 로스앤젤레스시험기로 닳음(마모)시험을 할 때 E, F, G급 회전수를 표시한 것 중 옳은 것은?

① 매분 18~25번 1,000회

② 매분 30~33번 1,000회

③ 매분 30~33번 10,000회

④ 매분 36~40번 10,000회

해설
시료의 입도 구분에 따라 적합한 구를 고르고, 이것을 시료와 함께 원통에 넣어 덮개를 부착하고 매분 30~33번의 회전수로 A, B, C, D 및 H의 입도 구분의 경우는 500회, E, F, G의 경우는 1,000회 회전시킨다.

26 굳지 않은 콘크리트의 반죽 질기를 시험하는 방법이 아닌 것은?

① 슬럼프시험
② 리몰딩시험
③ 길모어 침 시험
④ 켈리볼 관입시험

길모어 침은 시멘트의 응결시간 측정에 사용한다.

27 아스팔트의 컨시스턴시를 알고자 할 때 어떤 시험을 실시해야 하는가?

① 침입도시험
② 인화점시험
③ 연화점시험
④ 신도시험

침입도시험의 목적 : 아스팔트의 굳기(컨시스턴시) 정도, 경도, 감온성, 적용성 등을 결정하기 위해 실시한다.

28 골재의 유기 불순물 시험에 관한 내용 중 옳지 않은 것은?

① 시료는 4분법 또는 시료분취기를 사용하여 가장 대표적인 것 약 450g를 취한다.
② 2%의 타닌산 용액과 3%의 수산화나트륨 용액을 섞어 표준색 용액을 만든다.
③ 시험용액을 만들어 비교해서 표준색과 비교한다.
④ 시험용액이 표준색보다 진할 경우 합격으로 한다.

시험용액이 표준색보다 연할 경우 합격으로 한다.

29 콘크리트 압축강도시험을 위한 공시체에 대한 설명으로 옳지 않은 것은?

① 공시체는 지름의 2배의 높이를 가진 원기둥형으로 한다.
② 공시체의 지름은 굵은 골재 최대치수의 3배 이상, 100mm 이상으로 한다.
③ 공시체의 몰드를 떼는 시기는 콘크리트 채우기가 끝난 후 3일 이상, 28일 이내로 한다.
④ 공시체의 양생온도는 20±2℃가 적절하다.

몰드 제거 시기는 콘크리트를 채운 직후 16시간 이상, 3일 이내로 한다.

30 시멘트 비중시험을 하는 이유로서 가장 타당한 것은?

① 비중을 알아야 응결시간을 알 수 있으므로
② 콘크리트 배합 설계 시 시멘트가 차지하는 부피를 계산하기 위해서
③ 시멘트의 압축강도를 알 수 있으므로
④ 시멘트의 분말도를 알 수 있으므로

시멘트 비중시험 적용범위 및 시험목적
• 콘크리트의 배합 설계에서 시멘트가 차지하는 용적을 계산하기 위하여 그 비중을 알아 둘 필요가 있다.
• 비중의 시험치에 의해 시멘트 풍화의 정도를 알 수 있다.
• 비중의 시험치에 의해 시멘트의 품종과 혼합 시멘트에 있어서 혼합하는 재료의 함유 비율을 추정할 수 있다.
• 혼합 시멘트의 분말도(브레인) 시험법을 행할 때 시료의 양을 결정하는 데 비중의 실측치가 이용된다.

31 흙을 지름 3mm의 국수 모양으로 늘여 토막토막 끊어질 때의 함수비는?

① 수축한계

② 액성한계

③ 소성한계

④ 액성지수

해설

소성한계 : 두꺼운 유리판 위에 시료를 손바닥으로 굴리면서 늘였을 때, 지름 약 3mm에서 부서질 때의 함수비

32 골재의 입도를 파악하기 위해 실시하는 시험은?

① 다짐시험

② 밀도시험

③ 체가름시험

④ 분말도시험

해설

체가름시험은 골재의 입도(크고 작은 알이 섞여 있는 정도)를 알기 위한 시험이다.

33 아스팔트 침입도는 표준침의 관입저항으로 측정하는 데, 시료 중에 관입하는 깊이를 얼마 단위로 나타낸 것을 침입도 1로 하는가?

① 1/10mm

② 3/10mm

③ 1/100mm

④ 1mm

해설

침입도 시험의 측정조건 : 소정의 온도(25℃), 하중(100g), 시간(5초)에 규정된 침이 수직으로 관입한 길이로 0.1mm 관입 시 침입도는 1로 규정한다.

34 콘크리트의 휨강도 시험용 공시체를 제작하는 경우 몰드의 규격이 $150 \times 150 \times 530$mm일 때 층당 다짐 횟수는?

① 15회 ② 25회

③ 80회 ④ 53회

해설

콘크리트 휨강도 시험용 공시체 제작 시 콘크리트는 몰드에 2층으로 나누어 채우고, 각 층은 적어도 1,000mm²에 1회의 비율로 다짐을 한다.
몰드의 단면적 = $150 \times 530 = 79,500$mm²
다짐 횟수 = $79,500 \div 1,000 = 79.5 ≒ 80$회

35 콘크리트의 경화촉진제로 염화칼슘을 사용했을 때의 설명으로 옳지 않은 것은?

① 황산염에 대한 저항성이 작아지며 알칼리 골재반응을 촉진한다.

② 철근 콘크리트 구조물에서 철근의 부식을 촉진한다.

③ 건습에 의한 팽창, 수축과 건조에 의한 수분의 감소가 적다.

④ 응결이 촉진되고 콘크리트의 슬럼프가 빨리 감소한다.

해설

건습에 따른 팽창, 수축이 커지고 수분을 흡수하는 능력이 뛰어나다.

36 굳지 않은 콘크리트의 슬럼프시험에서 콘크리트가 내려앉은 길이를 측정하는 정밀도는?

① 1mm ② 2mm

③ 5mm ④ 10mm

해설
콘크리트의 중앙부와 옆에 놓인 슬럼프콘 상단과의 높이차를 5mm 단위로 측정한 것을 슬럼프값으로 한다.

37 다음 중 시멘트 분말도시험에 사용되는 재료 또는 기계나 기구가 아닌 것은?

① 다이얼게이지

② 수 은

③ 거름종이

④ 다공 금속판

해설
다이얼게이지는 현장다짐시험에 사용된다.
※ 블레인 공기투과장치에 의한 시멘트 분말도 시험을 할 때 필요한 것 : 표준시멘트, 거름종이, 수은, 셀, 플런저 및 유공 금속판, 마노미터액 등

38 시멘트 모르타르의 압축강도나 인장강도의 시험체의 양생온도는?

① 27±2℃

② 23±2℃

③ 20±2℃

④ 15±3℃

해설
공시체를 성형하는 실험실은 20±2℃ 및 상대습도 50% 이상을 유지해야 한다.

39 잔골재의 밀도시험 시행 시 시료의 준비 및 시험방법을 설명한 것으로 옳지 않은 것은?

① 시료는 시료분취기 또는 4분법에 따라 채취한다.

② 시료를 용기에 담아 105±5℃의 온도로 일정한 양이 될 때까지 건조시킨다.

③ 일정한 양이 될 때까지 건조시킨 후 시료를 24±4시간 동안 물속에 담근다.

④ 시료를 원뿔형 몰드에 넣은 후 다짐대로 시료의 표면을 가볍게 55회 다진다.

해설
건조시킨 시료는 잔골재를 원뿔형 몰드에 다지는 일이 없이 서서히 넣은 후 윗면을 평평하게 한 후 힘을 가하지 않고 다짐봉으로 25회 가볍게 다진다.

40 강재의 인장시험 결과로 구할 수 없는 것은?

① 비례한도

② 파단연신율

③ 상대동탄성계수

④ 극한강도

해설
인장시험의 결과로 재료의 비례한도, 탄성한도, 내력, 항복점, 인장강도, 연신율, 단면 수축률, 응력 변형률 곡선 등을 측정할 수 있다.

41 아스팔트 연화점시험에서 시료가 강구와 함께 시료대에서 얼마 정도 떨어진 밑단에 닿는 순간의 온도를 연화점으로 하는가?

① 12.5mm

② 25mm

③ 34.5mm

④ 45.4mm

환구법을 사용하는 아스팔트 연화점시험에서 시료를 규정조건에서 가열하였을 때, 시료가 연화되기 시작하여 규정된 거리(25mm)까지 내려갈 때의 온도를 연화점이라 한다.

42 콘크리트 슬럼프시험을 할 때 콘크리트를 처음 넣는 양은 슬럼프시험용 콘 부피의 얼마까지 채워 넣는가?

① 1/2

② 1/3

③ 1/5

④ 1/7

콘크리트 슬럼프시험할 때 콘크리트 시료를 처음 넣는 양은 슬럼프 콘 용적의 1/3까지 넣는다.

43 콘크리트의 블리딩시험에서 처음 60분 동안은 몇 분 간격으로 표면에 생긴 블리딩 물을 피펫으로 빨아내는가?

① 2분

② 7분

③ 10분

④ 15분

콘크리트 블리딩시험에서 최초로 기록한 시각에서부터 60분 동안 10분마다 콘크리트 표면에서 스며 나온 물을 피펫 또는 스포이트를 사용하여 빨아낸다. 그 후는 블리딩이 정지할 때까지 30분마다 물을 빨아낸다.

44 골재의 체가름시험에 필요한 시험기구에 해당되지 않는 것은?

① 표준체

② 철망태

③ 시료분취기

④ 체진동기

철망태는 굵은 골재의 밀도 및 흡수율시험용 기구이다.
골재의 체가름시험에 필요한 시험기구 : 저울, 표준체, 건조기, 시료분취기, 체진동기, 삽 등

45 다음 중 아스팔트 혼합물의 배합 설계 시 필요하지 않은 시험은?

① 골재의 체가름시험

② 흐름값 측정

③ 응결시간 측정

④ 마셜 안정도시험

아스팔트 혼합물의 배합 설계 시 필요한 시험
• 골재의 체가름시험
• 흐름값 측정
• 마셜 안정도시험

46 통일 분류법에서 유기질이 매우 많은 흙을 나타내는 것은?

① Pt ② GC
③ GM ④ CL

① Pt : 이탄
② GC : 점토질 자갈
③ GM : 실트질 자갈
④ CL : 압축성이 낮은 점토

47 입경가적곡선에서 유효입경이란 가적통과율 몇 %에 해당하는 입경을 의미하는가?

① 40% ② 35%
③ 20% ④ 10%

D_{10}은 유효입경 또는 유효입자지름이라고도 하며, 투수계수 추정 등에 이용된다.

48 옹벽의 안정을 위해 검토하는 안정 조건으로 가장 거리가 먼 내용은?

① 전도에 대한 안정
② 기초 지반의 지지력에 대한 안정
③ 활동에 대한 안정
④ 벽체 강도에 대한 안정

옹벽의 안정 조건
• 전도에 대한 안정 : 전도에 대한 저항모멘트는 횡토압에 의한 전도 모멘트의 2.0배 이상이어야 한다.
• 지반 지지력에 대한 안정 : 지반에 유발되는 최대 지반반력은 지반의 허용지지력을 초과할 수 없다.
• 활동에 대한 안정 : 활동에 대한 저항력은 옹벽에 작용하는 수평력의 1.5배 이상이어야 한다.
• 전체 안정 : 옹벽구조체 전체를 포함한 토체의 파괴에 대한 비탈면 안정 검토를 수행한다.

49 흙의 다짐시험을 할 때 다짐에너지에 대한 설명으로 옳지 않은 것은?

① 다짐에너지가 커지면 공극률은 작아지는 것이 일반적이다.
② 다짐에너지는 래머의 무게와 높이에 반비례한다.
③ 다짐에너지는 다짐 횟수에 비례한다.
④ 다짐에너지는 몰드의 부피에 반비례하며 다짐층 수에 비례한다.

다짐에너지는 래머의 무게와 높이에 비례한다.

다짐에너지 $E_c (\mathrm{kg \cdot cm/cm^3}) = \dfrac{W_g \cdot H \cdot N_B \cdot N_L}{V}$

여기서, W_g : 래머 무게(kg), H : 낙하고(cm)
N_B : 다짐 횟수, N_L : 다짐층수
V : 몰드의 체적(cm³)

50 다음 중 다짐곡선에서 구할 수 없는 것은?

① 최대 건조밀도
② 최적함수비
③ 다짐에너지
④ 현장시공함수비

다짐시험방법은 다짐에너지, 함수비, 건조밀도 등의 관계로부터 다짐곡선을 구하여 최적함수비와 최대 건조밀도를 구하기 위한 시험이다.

51 흙의 비중 2.60, 간극비 2.24, 함수비 94%인 점토질 실트가 있다. 이 흙의 수중단위무게는?

① $0.49g/cm^3$ ② $0.80g/cm^3$

③ $1.24g/cm^3$ ④ $1.73g/cm^3$

해설

수중단위중량(수중밀도)

$$\gamma_{s.sub} = \frac{G_s - 1}{1 + e}\gamma_w = \frac{2.6 - 1}{1 + 2.24} \times 1 = 0.49g/cm^3$$

52 간극비-하중곡선은 어느 시험에서 구할 수 있는가?

① 압밀시험   ② 정수위투수시험

③ 일축압축시험   ④ 직접전단시험

해설

압밀시험의 목적 : 흙을 1차원적으로 단계 재하에 의해 배수를 허용하면서 압밀하여 압축성과 압밀속도에 관한 상수를 구하는 시험방법이다. 시간과 압축량을 기록한 뒤 간극비-압력곡선을 이용하여 압축계수, 체적변화계수, 압축지수, 팽창지수, 선행압밀응력, 압밀계수, 투수계수, 2차 압축지수 및 압밀비 등을 구해서 기초 지반의 압밀 침하량과 시간관계를 추정한다.

53 흙의 투수계수를 구하는 시험방법에서 비교적 투수계수가 낮은 미세한 모래나 실트질 흙에 적합한 시험은?

① 정수위투수시험   ② 변수위투수시험

③ 압밀시험   ④ 양수시험

해설

실내에서 투수계수 측정하는 방법

투수계수의 범위에 따라 투수계수 측정방법을 결정한다.

• 정수위투수시험 : 투수성이 높은 사질토에 적용,
 $10^{-3}cm/sec \le K$일 때 적용

• 변수위투수시험 : 투수성이 작은 세사나 실트 적용,
 $10^{-6}cm/sec \le K \le 10^{-3}cm/sec$일 때 적용

• 압밀시험 : 투수성이 매우 낮은 불투수성 점토,
 $K < 10^{-7}cm/sec$일 때 적용

54 기초의 종류 중 얕은 기초는?

① 전면 기초

② 말뚝 기초

③ 케이슨 기초

④ 피어 기초

해설

기초의 분류

• 직접 기초(얕은 기초)
 – 푸팅 기초(확대 기초) : 독립 푸팅 기초, 복합 푸팅 기초, 연속 푸팅 기초, 캔틸레버 기초
 – 전면 기초(매트 기초)

• 깊은 기초 : 말뚝 기초, 피어 기초, 케이슨 기초

55 내부마찰각 0°인 점토에 대하여 일축압축시험을 하여 일축압축강도 $3.6kg/cm^2$를 얻었다. 이 흙의 점착력은 얼마인가?

① $1.8kg/cm^2$

② $2.4kg/cm^2$

③ $3.0kg/cm^2$

④ $3.6kg/cm^2$

해설

$$C = \frac{q_u}{2\tan\left(45° + \frac{\phi}{2}\right)}$$

$$= \frac{3.6}{2} = 1.8kg/cm^2$$

56 점착력이 0.2kg/cm², 내부마찰각이 30°인 흙에 수직응력 20kg/cm²을 가하였을 때 전단응력은?

① 11.25kg/cm²

② 11.75kg/cm²

③ 12.08kg/cm²

④ 12.18kg/cm²

해설

$\tau = c + \sigma\tan\phi$

$= 0.2 + 20 \times \tan30° \simeq 11.75\text{kg/cm}^2$

여기서, τ : 전단강도(kg/cm²), c : 점착력(kg/cm²)

σ : 수직응력(kg/cm²), ϕ : 내부마찰각(°)

57 평판재하시험에서 0.125cm의 침하량에 해당하는 하중강도가 1.75kg/cm²일 때 지지력계수는?

① 7.1kg/cm³

② 12.5kg/cm³

③ 14.0kg/cm³

④ 19.5kg/cm³

해설

지지력계수 $= \dfrac{\text{하중강도}}{\text{침하량}} = \dfrac{1.75}{0.125} = 14.0\text{kg/cm}^3$

58 흙의 간극률이 40%일 때 간극비는?

① 0.43

② 0.67

③ 1.50

④ 1.85

해설

간극비

$e = \dfrac{n}{100-n} = \dfrac{40}{100-40} \simeq 0.67$

여기서, n : 간극률

59 단면적이 80mm²인 강봉을 인장시험하여 항복점 하중 2,560kg, 최대 하중 3,680kg을 얻었을 때 인장강도는 얼마인가?

① 70kg/mm²

② 46kg/mm²

③ 32kg/mm²

④ 18kg/mm²

해설

인장강도 $= \dfrac{\text{최대 하중}}{\text{단면적}} = \dfrac{3,680}{80} = 46\text{kg/mm}^2$

60 입경가적곡선에서 $D_{10} = 0.05$mm, $D_{30} = 0.09$mm, $D_{60} = 0.15$mm임을 알았다. 균등계수(C_u)와 곡률계수(C_g)는?

① C_u=1.08, C_g=3.0

② C_u=1.08, C_g=5.0

③ C_u=3.0, C_g=1.08

④ C_u=5.0, C_g=3.0

해설

• 균등계수 $C_u = \dfrac{D_{60}}{D_{10}} = \dfrac{0.15}{0.05} = 3$

• 곡률계수 $C_g = \dfrac{(D_{30})^2}{D_{10} \times D_{60}} = \dfrac{0.09^2}{0.05 \times 0.15} = 1.08$

01 목재의 특징에 대한 설명으로 틀린 것은?

① 경량이고 취급 및 가동이 쉬우며 외관이 아름답다.
② 함수율에 따른 변형과 팽창, 수축이 작다.
③ 부식이 쉽고 충해를 받는다.
④ 가연성이므로 내화성이 작다.

해설
목재의 함수량은 수축, 팽창 등에 큰 영향을 미친다.

02 석재의 분류에서 화성암에 속하는 것은?

① 응회암   ② 석회암
③ 점판암   ④ 안산암

해설
석재의 분류

화성암	심성암	화강암, 섬록암, 반려암, 감람암 등
	반심성암	화강반암, 휘록암 등
	화산암	석영조면암(유문암), 안산암, 현무암 등
퇴적암(수성암)		역암, 사암, 혈암, 점판암, 응회암, 석회암 등
변성암		대리석, 편마암, 사문암, 천매암(편암) 등

03 강을 용도에 알맞은 성질로 개선시키기 위해 가열하여 냉각시키는 조작을 강의 열처리라 한다. 다음 중 이 조작과 관계없는 것은?

① 성 형   ② 담금질
③ 뜨 임   ④ 불 림

해설
열처리의 종류 : 담금질, 불림, 풀림, 뜨임 등

04 다음 내용에서 설명하는 물질은?

천연 또는 인공의 기체, 반고체 또는 고체상의 탄화수소화물 또는 이들의 비금속 유도체의 혼합물로 이황화탄소(CS_2)에 완전히 용해되는 물질

① 역 청   ② 메 탄
③ 고 무   ④ 글리세린

해설
역청이란 천연의 탄화수소 화합물, 인조 탄화수소 화합물, 양자의 혼합물 또는 이들의 비금속 유도체로서 기체상, 반고체상, 고체상으로 이황화탄소에 완전히 용해되는 물질이다.

05 화약 취급상 주의사항 중 옳지 않은 것은?

① 다이너마이트는 햇볕의 직사를 피하고 화기가 있는 곳에 두지 않는다.
② 뇌관과 폭약은 사용이 편리하도록 한곳에 보관하도록 한다.
③ 화기와 충격에 대하여 각별히 주의한다.
④ 장기간 보존으로 인한 흡습이나 동결에 주의하고 온도와 습도에 의한 품질의 변화가 발생하지 않도록 한다.

해설
뇌관과 폭약은 분리하여 각각 다른 장소에 저장한다.

06 비교적 연한 스트레이트 아스팔트에 적당한 휘발성 용제를 가하여 일시적으로 점도를 저하시켜 유동성을 좋게 한 것은?

① 고무 아스팔트
② 컷백 아스팔트
③ 역청 줄눈재
④ 에멀션화 아스팔트

해설
컷백(Cutback) 아스팔트 : 석유 아스팔트를 용제(플럭스)에 녹여 작업에 적합한 점도를 갖게 한 액상의 아스팔트이다. 도로포장용 아스팔트인 아스팔트 시멘트는 상온에서 반고체 상태이므로 골재와 혼합하거나 살포 시는 가열하여 사용해야 하는 불편이 있는데 이를 개선한 것이 컷백 아스팔트이다.

07 잔골재의 실적률이 75%이고, 표건밀도가 2.65g/cm³일 때 공극률은 얼마인가?

① 28%
② 25%
③ 35%
④ 14%

해설
100 = 실적률 + 공극률
공극률 = 100 − 75 = 25%

08 골재의 절대부피가 0.7m³, 잔골재율이 40%일 때 굵은 골재의 절대부피는?

① 0.28m³
② 0.32m³
③ 0.38m³
④ 0.42m³

해설
단위 굵은 골재량의 절대부피
= 단위 골재량의 절대부피 − 단위 잔골재량의 절대부피
= 0.7 − (0.7 × 0.4) = 0.42m³

09 시멘트를 분류할 때 혼합 시멘트에 속하지 않는 것은?

① 포졸란 시멘트
② 고로 슬래그 시멘트
③ 알루미나 시멘트
④ 플라이 애시 시멘트

해설
알루미나 시멘트는 특수 시멘트에 속한다.

10 시멘트 분말도에 대한 설명으로 옳은 것은?

① 시멘트 입자의 가는 정도를 나타내는 것을 분말도라 한다.
② 시멘트 입자가 가늘수록 분말도가 낮다.
③ 분말도가 높으면 시멘트의 표면적이 커서 수화작용이 늦다.
④ 분말도가 높으면 시멘트의 표면적이 커서 조기강도가 작아진다.

해설
분말도는 시멘트 입자의 표면적을 중량으로 나눈 값으로, 시멘트 입자의 가는 정도를 나타낸다.

6 ② 7 ② 8 ④ 9 ③ 10 ① **정답**

11 혼화재료의 저장에 대한 주의사항으로 틀린 것은?

① 포졸란은 비중이 커서 높이 쌓아야 한다.

② 혼화재 중 분말은 습기에 주의하고 액체 상태는 분리되지 않도록 한다.

③ 혼화재는 방습이 잘되는 창고에 저장하여야 한다.

④ 혼화재는 입하순으로 사용하여야 한다.

해설

혼화재는 일반적으로 미분말로 되어 있고 비중이 작아 포대를 푸는 곳이나 사일로의 출구에서는 공중으로 날려서 계기류 고장의 원인이 될 수 있고, 습도가 높은 시기에는 사일로나 수송설비 등의 벽에 붙게 된다. 따라서 혼화재는 날리지 않도록 취급에 주의해야 한다.

12 콘크리트용 혼화재료 중에서 워커빌리티를 개선하는 데 영향을 미치지 않는 것은?

① AE제

② 응결경화촉진제

③ 감수제

④ 시멘트분산제

해설

응결경화촉진제는 시멘트의 응결을 촉진하여 콘크리트의 조기강도를 증대하기 위하여 콘크리트에 첨가하는 물질이다.

13 시멘트의 응결을 상당히 빠르게 하기 위하여 사용하는 혼화제로서 뿜어 붙이기 콘크리트, 콘크리트 그라우트 등에 사용하는 혼화제는?

① 감수제

② 급결제

③ 지연제

④ 발포제

해설

급결제(Quick Setting Admixture) : 터널 등의 숏크리트에 첨가하여 뿜어 붙인 콘크리트의 응결 및 조기의 강도를 증진시키기 위해 사용되는 혼화제

14 굳지 않은 콘크리트의 슬럼프시험에서 슬럼프는 어느 정도의 정밀도로 측정하여야 하는가?

① 1mm

② 5mm

③ 1cm

④ 5cm

해설

콘크리트의 중앙부와 옆에 놓인 슬럼프콘 상단과의 높이차를 5mm 단위로 측정하여 이것을 슬럼프값으로 한다.

15 점토질 흙의 함수량이 증가함에 따른 상태의 변화로 옳은 것은?

① 액성 → 소성 → 고체 → 반고체

② 액성 → 고체 → 소성 → 반고체

③ 고체 → 소성 → 반고체 → 액성

④ 고체 → 반고체 → 소성 → 액성

해설

흙의 함수량에 따른 단계는 고체 → 반고체 → 소성 → 액성 상태로 변화하며, 고체에서 반고체로 가는 한계를 수축한계, 반고체에서 소성상태로 가는 한계를 소성한계, 소성에서 액성으로 가는 한계를 액성한계라고 한다.

16 흙의 비중시험에서 일반적인 흙은 10분 이상 끓여야 하는데 그 이유는?

① 비중병이 깨지지 않도록 하기 위해
② 흙의 입자가 작아지도록 하기 위해
③ 기포를 제거하기 위해
④ 흡수력을 향상시키기 위해

해설
흙 입자 속에 있는 기포를 완전히 제거하기 위해서 피크노미터에 시료와 증류수를 채우고 일반적인 흙의 경우 10분 이상 끓인다.

17 군지수(GI)를 결정하는 데 다음 중 필요 없는 것은?

① 0.425mm 체 통과량 ② 소성지수
③ 액성한계   ④ 0.075mm 체 통과량

해설
군지수 $GI = 0.2a + 0.005ac + 0.01bd$
여기서, a : 0.075mm(No.200) 체 통과량 − 35(0~40)
　　　　 b : 0.075mm(No.200) 체 통과량 − 15(0~40)
　　　　 c : 액성한계(LL) − 40(0~20)
　　　　 d : 소성한계(PI) − 10(0~20)

18 액성한계 시험방법에 대한 설명 중 틀린 것은?

① 425μm 체로 쳐서 통과한 시료 약 200g 정도를 준비한다.
② 황동접시의 낙하 높이가 10±1mm가 되도록 낙하장치를 조정한다.
③ 액성한계시험으로부터 구한 유동곡선에서 낙하횟수 25회에 해당하는 함수비를 액성한계라 한다.
④ 크랭크를 1초에 2회전의 속도로 접시를 낙하시키며, 시료가 10mm 접촉할 때까지 회전시켜 낙하횟수를 기록한다.

해설
황동접시를 낙하장치에 부착하고 낙하장치에 의해 1초 동안에 2회의 비율로 황동접시를 들어 올렸다가 떨어뜨리고 홈의 바닥부의 흙이 길이 약 1.3cm 합류할 때까지 계속한다.

19 점토시료를 수축한계시험한 결괏값이 다음과 같을 때 수축지수를 구하면?

| • 수축한계 : 24.5% |
| • 소성한계 : 30.3% |

① 2.3%　　　　　　② 2.8%
③ 3.3%　　　　　　④ 5.8%

해설
수축지수 = 소성한계 − 수축한계
　　　　 = 30.3 − 24.5
　　　　 = 5.8%

20 흙의 입도시험으로부터 균등계수의 값을 구하고자 할 때, 식으로 옳은 것은?(단, D_{10} : 입경가적곡선으로부터 얻은 10% 입경, D_{30} : 입경가적곡선으로부터 얻은 30% 입경, D_{60} : 입경가적곡선으로부터 얻은 60% 입경)

① $\dfrac{(D_{30})^2}{D_{10} \times D_{60}}$ 　　　② $\dfrac{D_{30}}{D_{10} \times D_{60}}$

③ $\dfrac{D_{30}}{D_{10}}$ 　　　　　　④ $\dfrac{D_{60}}{D_{10}}$

해설
• 균등계수 $C_u = \dfrac{D_{60}}{D_{10}}$

• 곡률계수 C_c or $C_g = \dfrac{(D_{30})^2}{D_{10} \times D_{60}}$

21 시멘트 시료의 무게가 64g이고, 처음 광유의 읽음 값이 0.3mL, 시료를 넣고 광유의 눈금을 읽으니 20.6mL이었다. 이 시멘트의 비중은?

① 3.12   ② 3.15
③ 3.17   ④ 3.19

해설

시멘트의 밀도(비중) $= \dfrac{\text{시료의 무게}}{\text{눈금차}}$

$= \dfrac{64}{20.6 - 0.3} \simeq 3.15$

22 시멘트 응결시간 측정시험의 주의사항 중 옳지 않은 것은?

① 실험실의 상대습도는 50% 이하가 되도록 한다.
② 습기함이나 습기실은 시험체를 50% 이상의 상대 습도에서 저장할 수 있는 구조이어야 한다.
③ 혼합하여 주는 물의 온도는 20±2℃의 범위에 있도록 한다.
④ 시험하는 동안에는 모든 장치를 움직이지 않도록 한다.

해설

습기함이나 습기실은 시험체를 90% 이상의 상대습도에서 저장할 수 있는 구조이어야 한다.

23 시멘트 입자의 가는 정도를 알기 위한 시험으로 옳은 것은?

① 시멘트 비중시험
② 시멘트 응결시험
③ 시멘트 분말도시험
④ 시멘트 팽창성시험

해설

분말도는 시멘트 입자의 표면적을 중량으로 나눈 값으로, 시멘트 입자의 가는 정도를 나타낸다.

24 시멘트 모르타르 인장강도시험에 대한 내용 중 틀린 것은?

① 시멘트와 표준모래를 1 : 3의 무게비로 배합한다.
② 모르타르를 두 손의 엄지손가락으로 8~10kg의 힘을 주어 12번씩 다진다.
③ 시험체를 클립에 고정 후 2,700±100N/min의 속도로 계속 하중을 부하한다.
④ 공시체 양생은 26±4℃의 수조에서 양생한다.

해설

공시체 양생온도는 20±2℃로 한다.

25 표준체에 의한 시멘트 분말도시험을 할 경우 사용되는 체의 호칭치수는?

① $22\mu m$ ② $28\mu m$
③ $45\mu m$ ④ $60\mu m$

해설

표준체에 의한 방법(KS L 5112)은 표준체 $45\mu m$로 쳐서 남는 잔사량을 계량하여 분말도를 구한다.

26 잔골재의 체가름시험에 사용하는 시료의 최소 건조질량으로 옳은 것은?(단, 잔골재가 1.2mm 체에 질량비로 5% 이상 남는 경우)

① 5kg   ② 1kg

③ 500g   ④ 100g

해설
잔골재는 1.2mm 체를 95%(질량비) 이상 통과하는 것에 대한 최소 건조질량을 100g으로 하고, 1.2mm 체에 5%(질량비) 이상 남는 것에 대한 최소 건조질량을 500g으로 한다. 다만, 구조용 경량 골재에서는 최소 건조질량을 잔골재의 1/2로 한다.

27 잔골재 밀도 시험과정에서 원추형 몰드를 제거할 때 잔골재의 원뿔이 흘러내린다면, 이것은 ( )의 한도를 넘어서 건조된 것을 의미하는 것이다. ( ) 안에 알맞은 용어는?

① 절대건조상태

② 습윤상태

③ 공기 중 건조상태

④ 표면건조포화상태

해설
최초의 시험에서 원추형 몰드를 제거할 때 잔골재의 원뿔이 흘러내린다면, 표면건조포화상태의 한도를 넘어서 건조된 것을 의미한다.

28 잔골재의 표면수 측정방법으로 옳은 것은?

① 질량에 의한 방법

② 빈틈률에 의한 측정법

③ 안정성에 의한 측정법

④ 잔입자에 의한 측정법

해설
잔골재의 표면수 측정은 질량법 또는 용적법 중 하나의 방법으로 한다.

29 골재의 단위무게시험에서 골재의 최대 치수가 40mm 이하인 경우에 적용하는 시험방법은?

① 다짐봉을 사용하는 방법

② 충격을 이용하는 방법

③ 삽을 이용하는 방법

④ 흐름시험기를 사용하는 방법

해설
골재의 단위용적중량 시험방법
• 다짐봉을 이용하는 경우 : 골재의 최대 치수가 40mm 이하인 경우
• 충격을 이용하는 경우 : 골재의 최대 치수가 40mm 이상 100mm 이하인 경우
• 삽을 이용하는 경우 : 골재의 최대 치수가 100mm 이하인 경우

30 골재의 유기 불순물 시험에 관한 내용 중 옳지 않은 것은?

① 시험용액의 색깔이 표준색 용액보다 진할 때에는 그 모래는 합격으로 한다.

② 표준색 용액은 2%의 타닌산 용액과 3%의 수산화나트륨 용액을 섞어 만든다.

③ 표준색 용액과 시험용액을 비교하여 판정한다.

④ 시료는 4분법 또는 시료분취기를 사용하여 가장 대표적인 것 약 450g를 취한다.

해설
시험용액이 표준색보다 연할 경우 합격으로 한다.

31 골재의 잔입자시험에서 몇 mm 체를 통과하는 것을 잔입자로 하는가?

① 1.7mm   ② 1.0mm

③ 0.15mm   ④ 0.08mm

해설
골재에 포함된 잔입자시험은 골재에 포함된 0.08mm 체를 통과하는 잔입자의 양을 측정하는 방법이다.

32 골재의 안정성시험에 사용되는 용액으로 알맞은 것은?

① 황산나트륨 용액

② 황산마그네슘 용액

③ 염화칼슘 용액

④ 가성소다 용액

해설
시험용 용액은 황산나트륨 포화용액으로 한다.

33 굵은 골재의 마모시험에 대한 설명으로 옳지 않은 것은?

① 시료를 시험기에서 꺼내 1.2mm 체로 체가름한다.

② 로스앤젤레스시험기를 사용한다.

③ 굵은 골재의 닳음에 대한 저항성을 알기 위해 시험한다.

④ 시험기를 매분 30~33회의 회전수로 500~1,000번 회전시킨다.

해설
굵은 골재의 마모시험 시 시료는 시험기에서 꺼내 1.7mm 체로 체가름한다.

34 콘크리트의 인장강도를 측정하기 위한 간접 시험 방법으로 적당한 것은?

① 비파괴시험

② 할렬시험

③ 직접 전단시험

④ 탄성종파시험

해설
콘크리트의 인장강도시험
• 직접 인장강도시험 : 시험과정에서 인장부에 미끄러짐과 지압파괴가 발생될 우려가 있어 현장 적용이 어렵다.
• 할렬인장강도시험 : 일종의 간접 시험방법으로 공사현장에서 간단하게 측정할 수 있으며, 비교적 오차도 작은 편이다.

35 폭 15cm, 두께 15cm, 지간 길이 50cm의 콘크리트 공시체를 표준 조건에서 제작 양생한 다음 휨강도 시험을 실시한 결과 공시체의 중앙부가 파괴되었을 때 시험기의 최대 하중은 4,050kg이었다. 이 공시체의 휨강도는?

① 60kg/cm^2 ② 55kg/cm^2

③ 50kg/cm^2 ④ 45kg/cm^2

해설
$$휨강도 = \frac{Pl}{bd^2} = \frac{4,050 \times 50}{15 \times 15^2} = 60\text{kg/cm}^2$$

36 보일(Boyle)의 법칙에 의하여 일정한 압력하에서 공기량으로 인하여 콘크리트의 체적이 감소한다는 이론으로 공기량을 측정하는 방법은?

① 무게에 의한 방법

② 체적에 의한 방법

③ 공기실 압력법

④ 통계법

해설
공기실 압력법 : 워싱턴형 공기량측정기는 굳지 않은 콘크리트의 공기 함유량을 압력의 감소를 이용해 측정하는 방법으로, 보일의 법칙을 적용한 것이다.

37 슬럼프시험의 주목적은?

① 물−시멘트비의 측정

② 공기량의 측정

③ 반죽 질기의 측정

④ 강도 측정

해설
슬럼프시험의 목적 : 굳지 않은 콘크리트의 반죽 질기를 측정하는 것으로, 워커빌리티를 판단하는 하나의 수단으로 사용한다.

38 콘크리트 블리딩시험에서 콘크리트를 용기에 3층으로 나누어 넣고 각 층을 다짐대로 몇 회씩 고르게 다지는가?

① 10회 　　　② 15회

③ 20회 　　　④ 25회

해설
콘크리트 블리딩시험에서 콘크리트를 용기에 3층으로 나누어 넣고, 각 층을 다짐대로 25회씩 고르게 다진다.

39 콘크리트 배합 설계는 골재의 어떤 함수 상태를 기준으로 하는가?

① 절대건조상태

② 공기 중 건조상태

③ 표면건조포화상태

④ 습윤상태

해설
콘크리트 시방에서 골재의 상태는 표면건조포화상태로 하며, 현장 배합은 현장에 따른 재료의 함수 상태에 따라 배합을 조절한다.

40 아스팔트의 컨시스턴시를 알고자 할 때 어떤 시험을 실시해야 하는가?

① 침입도시험

② 인화점시험

③ 연화점시험

④ 신도시험

해설
침입도시험의 목적 : 아스팔트의 굳기(컨시스턴시) 정도, 경도, 감온성, 적용성 등을 결정하기 위해 실시한다.

41 아스팔트에 대한 설명으로 옳지 않은 것은?

① 아스팔트를 인화점 이상으로 가열하여 인화한 불꽃이 곧 꺼지지 않고 계속 탈 때의 최저 온도를 연소점이라 한다.

② 아스팔트가 연해져서 점도가 일정한 값에 도달하였을 때의 온도를 연화점이라 한다.

③ 아스팔트의 늘어나는 정도를 신도라 한다.

④ 침입도의 값이 클수록 아스팔트는 단단하다.

해설
침입도의 값이 클수록 아스팔트는 연하다.

42 역청재료의 연화점을 알기 위해 일반적으로 사용하는 방법은?

① 환구법

② 공기투과법

③ 표준체에 의한 방법

④ 전극법

해설
환구법을 사용하는 아스팔트 연화점시험에서 시료를 규정조건에서 가열하였을 때, 시료가 연화되기 시작하여 규정된 거리(25mm)까지 내려갈 때의 온도를 연화점이라 한다.

43 아스팔트의 신도시험에서 시험기에 물을 채우고, 물의 온도를 얼마로 유지해야 하는가?

① 23±0.5℃

② 24±0.5℃

③ 25±0.5℃

④ 26±0.5℃

해설
별도의 규정이 없는 한 온도는 25±0.5℃, 속도는 5±0.25cm/min로 시험을 한다.

44 강재의 인장시험에 있어서 응력–변형률 곡선에 관계되는 사항이 아닌 것은?

① 비례한도

② 탄성한도

③ 파괴점

④ 인성한도

해설
응력–변형률 곡선

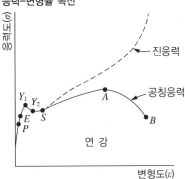

여기서, P점 : 비례한계점, E점 : 탄성한계점
Y_1점 : 상항복점, Y_2점 : 하항복점
S점 : 항복이 끝나고 응력이 다시 상승하기 시작하는 점
A점 : 극한강도점, B점 : 파괴점

45 흙의 밀도시험에서 피크노미터에 흙 시료를 넣고 기포를 제거하기 위해 시료를 가열하는데, 이때 흙의 종류에 따른 끓이는 시간으로 옳은 것은?

① 고유기질토에서 약 5분 정도 끓인다.

② 화산재 흙에서 약 20분 정도 끓인다.

③ 일반적 흙에서 10분 이상 끓인다.

④ 모래질 흙에서 3시간 이상 끓인다.

해설
흙의 비중 측정 시 기포 제거를 위하여 끓이는 시간 : 일반적인 흙에서는 10분 이상, 고유기질토에서는 약 40분, 화산재 흙에서는 2시간 이상 끓어야 한다.

46 어떤 흙의 입경가적곡선에서 D_{10}=0.0045cm이고, 이 흙의 e=0.85이다. 모관 상승고는 얼마인가?(단, C의 범위는 0.1~0.5이다)

① 26.14~130.72cm

② 34.25~110.51cm

③ 38.50~116.43cm

④ 45.61~125.75cm

해설

모관 상승고

$$h_e = \frac{C}{eD_{10}} = \frac{0.1 \sim 0.5}{0.85 \times 0.0045} = \frac{0.1 \sim 0.5}{0.003825}$$

• 최솟값 : $\dfrac{0.1}{0.003825} \simeq 26.14$

• 최댓값 : $\dfrac{0.5}{0.003825} \simeq 130.72$

∴ 모관 상승고는 26.14~130.72cm이다.

47 통일 분류법으로 곡률계수가 1~3에 해당하고 균등계수가 4 이상인 경우의 자갈 분류는?

① GW   ② GP

③ GM   ④ GC

해설

분류방법

• GW : 균등계수 4 이상, 곡률계수 1~3의 조건을 모두 만족해야 한다.

• GP : 곡률계수 1~3, 균등계수 4 이상의 조건 중에서 하나라도 만족하지 못할 경우

• GM : 소성도 A선 아래 또는 $PI < 4$

• GC : 소성도에서 A선 또는 위이거나 $PI > 7$

48 토질시험 중 N값을 구하기 위한 시험은?

① 베인전단시험   ② 일축압축시험

③ 평판재하시험   ④ 표준관입시험

해설

표준관입 시험방법은 표준관입 시험장치를 사용하여 원위치에서의 지반의 단단한 정도와 다져진 정도 또는 흙층의 구성을 판정하기 위한 N값을 구함과 동시에 시료를 채취하는 관입시험방법이다.

49 동상(凍上)에 대한 설명 중 옳지 않은 것은?

① 동상을 가장 받기 쉬운 흙은 실트이다.

② 아이스렌즈를 형성할 수 있도록 물의 공급이 충분할 때 동상이 일어난다.

③ 지하수위가 지표면 가까이 있을 때 동해(凍害)가 심하다.

④ 모관수의 상승 방지를 위해 지하수위 아래에 차단층을 설치하면 동상을 방지할 수 있다.

해설

모관수 상승을 방지하기 위해 지하수위 위에 조립의 차단층을 설치한다.

50 흙의 투수계수를 구하는 시험방법에서 비교적 투수계수가 낮은 미세한 모래나 실트질 흙에 적합한 시험은?

① 정수위 투수시험   ② 변수위 투수시험

③ 압밀시험   ④ 양수시험

해설

실내에서 투수계수 측정방법

투수계수의 범위에 따라 투수계수 측정방법을 결정한다.

• 정수위 투수시험 : 투수성이 높은 사질토에 적용, 10^{-3}cm/sec $\leq K$일 때 적용

• 변수위 투수시험 : 투수성이 작은 세사나 실트 적용, 10^{-6}cm/sec $\leq K \leq 10^{-3}$cm/sec일 때 적용

• 압밀시험 : 투수성이 매우 낮은 불투수성 점토, $K < 10^{-7}$cm/sec일 때 적용

51 모래 지반의 물막이 널말뚝에서 침투수두(h)가 6.0m, 한계동수경사(i_c)가 1.2일 때 분사현상을 방지하려면 널말뚝을 얼마의 깊이(D)로 박아야 하는가?

① $D \leq 5.0\text{m}$ ② $D > 5.0\text{m}$
③ $D \leq 7.2\text{m}$ ④ $D > 7.2\text{m}$

해설

$i_c = \dfrac{h}{D}$

$1.2 = \dfrac{6}{D}$

$D = 5$

52 연약한 점토 지반을 굴착할 때 하중이 지반의 지지력보다 크면 지반 내의 흙이 소성 평형 상태가 되어 활동면에 따라 소성 유동을 일으켜 배면의 흙이 안쪽으로 이동하면서 굴착 부분의 흙이 부풀어 올라오는 현상을 무엇이라고 하는가?

① 파이핑(Piping)현상
② 히빙(Heaving)현상
③ 크리프(Creep)현상
④ 분사(Quick Sand)현상

해설

히빙현상 : 연약한 점토질 지반을 굴착할 때 흙막이벽 전후의 흙의 중량 차이 때문에 굴착 저면이 부풀어 오르는 현상이다.

53 압밀에서 선행 압밀하중이란?

① 과거에 받았던 최대 압밀하중
② 현재 받고 있는 압밀하중
③ 앞으로 받을 수 있는 최대 압밀하중
④ 침하를 일으키지 않는 최대 압밀하중

해설

• 선행 압밀하중 : 지금까지 흙이 받았던 최대 유효 압밀하중
• 과압밀 : 현재 받고 있는 유효 연직압력이 선행 압밀하중보다 작은 상태
• 정규압밀 : 현재 받고 있는 유효 연직압력이 선행 압밀하중인 상태

54 압밀시험으로 얻을 수 없는 것은?

① 투수계수   ② 압축지수
③ 체적변화계수   ④ 연경지수

해설

압밀시험 : 흙 시료에 하중을 가함으로써 하중 변화에 대한 간극비, 압밀계수, 체적압축계수의 관계를 파악하고 지반의 침하량과 침하 시간을 구하기 위한 계수(압축지수, 시간계수, 선행 압밀하중) 등을 알 수 있는 시험이다.
※ 물의 흐름은 다르시(Darcy)의 법칙이 적용되고, 압밀이 되어도 투수계수는 일정하다.

55 흙의 전단강도를 구하기 위한 실내시험은?

① 직접전단시험   ② 표준관입시험
③ 콘관입시험   ④ 베인시험

해설

전단강도 측정시험
• 실내시험
  – 직접전단시험
  – 간접전단시험 : 일축압축시험, 삼축압축시험
• 현장시험
  – 현장베인시험
  – 표준관입시험
  – 콘관입시험
  – 평판재하시험

56 예민비를 결정하고자 하는 데 필요한 시험은?

① 일축압축시험　　② 직접전단시험
③ 다짐시험　　　　④ 압밀시험

> **해설**
> **일축압축시험** : 흙의 일축압축(토질시험)강도 및 예민비를 결정하는 시험

57 삼축압축시험은 응력 조건과 배수 조건을 임의로 조절할 수 있어서 실제 현장 지반의 응력 상태나 배수 상태를 재현하여 시험할 수 있다. 다음 중 삼축압축시험의 종류가 아닌 것은?

① UD Test(비압밀 배수시험)

② UU Test(비압밀 비배수시험)

③ CU Test(압밀 비배수시험)

④ CD Test(압밀 배수시험)

> **해설**
> **삼축압축시험의 종류**
> • 비압밀 비배수전단시험(UU)
> • 압밀 비배수전단시험(CU)
> • 압밀 배수전단시험(CD)

58 현장다짐을 할 때에 현장 흙의 단위무게를 측정하는 방법으로 옳지 않은 것은?

① 절삭법

② 아스팔트 치환법

③ 고무막법

④ 모래치환법

> **해설**
> 현장의 밀도 측정은 모래치환법, 고무막법, 방사선 동위원소법, 코어절삭법 등의 방법을 이용하는데, 일반적으로 밀도 측정은 모래치환법으로 구한다.

59 모래치환법에 의한 현장 흙의 단위무게 시험에서 시험 구멍의 부피는 2,000cm³, 구멍에서 파낸 흙의 무게는 3,000g이었다. 이때 파낸 흙의 함수비가 10%라면 건조단위무게는 얼마인가?

① 1.36g/cm^3　　② 2.07g/cm^3
③ 2.75g/cm^3　　④ 2.94g/cm^3

> **해설**
> • 습윤단위무게
>
> $$\gamma_t = \frac{W}{V} = \frac{3,000}{2,000} = 1.5 \text{g/cm}^3$$
>
> 여기서, W : 구멍에서 파낸 흙의 무게, V : 시험 구멍의 부피
> • 건조단위무게
>
> $$\gamma_d = \frac{\gamma_t}{1 + \dfrac{w}{100}}$$
>
> $$= \frac{1.5}{1 + \dfrac{10}{100}} = \frac{1.5}{1.1} \approx 1.36 \text{g/cm}^3$$
>
> 여기서, w : 파낸 흙의 함수비

60 도로포장 설계에서 포장 두께를 결정하는 시험은?

① 직접전단시험

② 일축압축시험

③ 투수계수시험

④ CBR시험

> **해설**
> **CBR시험** : 주로 아스팔트와 같은 가요성(연성) 포장의 지지력을 결정하기 위한 시험방법, 즉 도로나 활주로 등의 포장 두께를 결정하기 위하여 지지하는 노상토의 강도, 압축성, 팽창성 및 수축성 등을 결정하는 시험이다.

01 목재의 압축강도와 함수율의 관계를 나타낸 것 중 옳은 것은?(단, 목재의 함수율은 섬유포화점 이하인 경우이다)

① 함수율이 증가하면 압축강도가 증가한다.

② 함수율과 압축강도는 상관관계가 없다.

③ 섬유포화점에서 압축강도는 가장 크다.

④ 함수율이 증가하면 압축강도는 감소한다.

해설
목재의 함수율과 강도는 반비례한다.

02 석재의 일반적인 성질에 대한 설명으로 틀린 것은?

① 화강암은 내화성이 낮다.

② 흡수율이 클수록 강도가 작고 동해를 받기 쉽다.

③ 비중이 클수록 압축강도가 크다.

④ 석재의 인장강도는 압축강도에 비해 매우 크다.

해설
석재의 강도 중에서 압축강도가 가장 크며 인장, 휨 및 전단강도는 압축강도에 비하여 매우 작다.

03 강의 경도, 강도를 증가시키기 위해 오스테나이트(Austenite) 영역까지 가열한 다음 급랭하여 마텐자이트(Martensite) 조직을 얻는 열처리는?

① 담금질

② 불 림

③ 풀 림

④ 뜨 임

해설
① 담금질 : 가열된 강(鋼)을 찬물이나 더운물 혹은 기름 속에서 급히 식히는 방법으로, 경도와 강도가 증대되며 물리적 성질이 변한다. 탄소 함량이 클수록 효과적이다.

② 불림 : 강을 800~1,000℃로 가열한 후, 공기 중에 냉각시키는 방법으로, 가열된 강이 식으면 결정립자가 미세해져 변형이 제거되고 조직이 균질화된다.

③ 풀림 : 높은 온도에서 가열된 강을 용광로 속에서 천천히 식히는 방법으로, 강의 결정이 미세화되며, 연화(軟化)된다.

④ 뜨임 : 담금질한 강은 너무 경도가 커서 내부에 변형을 일으킬 수 있으므로, 다시 200~600℃ 정도로 가열한 다음 공기 중에서 서서히 변형을 없앤다.

04 역청재료의 물리적 성질에 관한 설명 중 옳지 않은 것은?

① 직류 아스팔트는 침입도가 작을수록 밀도가 증가한다.

② 블론 아스팔트의 신도는 크지만 직류 아스팔트의 신도는 작다.

③ 침입도는 플라스틱한 역청재의 반죽 질기를 물리적으로 표시하는 방법의 하나이다.

④ 감온성이 높은 재료는 저온에서 취약하고 고온에서 연약하다.

해설
블론 아스팔트의 신도보다 직류(스트레이트) 아스팔트의 신도가 크다.

05 분말로 된 흑색 화약을 실이나 종이로 감아 도료를 사용하여 방수시킨 줄로서 뇌관을 점화시키기 위하여 사용하는 것은?

① 도화선　　　　② 다이너마이트
③ 도폭선　　　　④ 기폭제

해설
도화선 : 흑색 분화약을 심약으로 하고, 이것을 피복한 것으로, 연소속도는 저장·취급 등의 정도에 따라 다르다. 때로는 이상현상을 유발하므로 특히 흡습에 주의하여야 한다.

06 다음 중 천연 아스팔트가 아닌 것은?

① 레이크 아스팔트
② 록 아스팔트
③ 스트레이트 아스팔트
④ 아스팔타이트

해설
아스팔트의 종류
• 천연 아스팔트 : 레이크 아스팔트, 록 아스팔트, 샌드 아스팔트, 아스팔타이트
• 석유 아스팔트 : 스트레이트 아스팔트, 컷백 아스팔트, 유화 아스팔트, 블론 아스팔트, 개질 아스팔트

07 잔골재의 비중 및 흡수량에 대한 설명으로 틀린 것은?

① 잔골재의 비중은 보통 2.50~2.65 정도이다.
② 잔골재의 흡수량은 보통 1~6% 정도이다.
③ 일반적인 잔골재의 비중은 기건상태의 골재알의 비중이다.
④ 비중이 큰 골재는 빈틈이 적어서 흡수량이 적고 강도와 내구성이 크다.

해설
골재의 표건비중 : 표면건조포화상태에 있는 골재알의 비중으로, 일반적으로 골재의 비중은 골재의 표건비중을 의미한다.

08 경량골재에 속하는 것은?

① 강자갈　　　　② 화산자갈
③ 산자갈　　　　④ 바다자갈

해설
골재의 종류
• 잔골재(모래) : 5mm 체에 중량비 85% 이상 통과하는 골재
• 굵은 골재(자갈) : 5mm 체에 중량비 85% 이상 남는 콘크리트용 골재
• 경량골재
 – 천연 경량골재 : 화산자갈, 응회암, 부석, 용암(현무암) 등
 – 인공 경량골재 : 팽창성 혈암, 팽창성 점토, 플라이 애시 등
 – 비구조용 경량골재 : 소성 규조토, 팽창 진주암(펄라이트)
 – 기타 : 질석, 신더, 고로 슬래그 등

09 다음 시멘트 중 조기강도가 가장 큰 것은?

① 고로 시멘트
② 실리카 시멘트
③ 알루미나 시멘트
④ 조강 포틀랜드 시멘트

해설
알루미나 시멘트는 조기강도가 커서 보통 포틀랜드 시멘트의 28일 강도를 24시간만에 발현한다.

10 분말도가 큰 시멘트에 대한 설명으로 옳은 것은?

① 풍화하기 쉽다.

② 블리딩이 커진다.

③ 초기강도가 작다.

④ 물과의 접촉 표면적이 작다.

해설

시멘트 분말도에 따른 특징

구 분	분말도가 큰 시멘트	분말도가 작은 시멘트
입자 크기	시멘트 입자의 크기가 가늘어 면적이 넓어진다.	시멘트 입자가 크므로 면적이 작아진다.
수화 반응	수화열이 많아지고 응결이 빠르다.	수화열이 낮고 응결속도 느리다.
강 도	건조수축이 커지므로 균열이 발생하기 쉬우며 풍화하기 쉽고 조기강도가 크다.	건조수축, 균열이 적고 장기강도가 크다.
적용 대상	한중콘크리트	중량콘크리트, 서중콘크리트

11 혼화재료를 저장할 때의 주의사항 중 옳지 않은 것은?

① 혼화재는 항상 습기가 많은 곳에 보관한다.

② 혼화재는 날리지 않도록 주의해서 다룬다.

③ 액상의 혼화제는 분리하거나 변질하지 않도록 한다.

④ 장기간 저장한 혼화재는 사용하기에 앞서 시험하여 품질을 확인한다.

해설

혼화재는 습기를 흡수하는 성질 때문에 덩어리가 생기거나 그 성능이 저하되는 경우가 있으므로 방습 사일로 또는 창고 등에 저장하고 입고된 순서대로 사용한다.

12 콘크리트가 굳어 가는 도중에 부피를 늘어나게 하여 콘크리트의 건조수축에 의한 균열을 막아 주는 혼화재는?

① 포졸란

② 플라이 애시

③ 팽창재

④ 고로 슬래그 분말

해설

팽창재 : 콘크리트를 팽창시키는 작용을 하여 콘크리트 중의 미세 공극을 충전시키는 혼화재료서, 콘크리트 내구성에 영향을 미치는 균열과 탄산화와 염분의 침투에 기인한 철근의 부식 그리고 블리딩과 건조수축 저감 등 제반 결점을 개선하기 위해 사용한다.

13 콘크리트 AE제를 사용하였을 때 장점에 해당되지 않는 것은?

① 워커빌리티가 좋다.

② 동결융해에 대한 저항성이 크다.

③ 강도가 커지며 철근과의 부착강도가 크다.

④ 단위수량을 줄일 수 있다.

해설

AE제는 계면활성효과로 골재 간의 마찰력도 작아져서 시공연도가 개선되기 때문에 철근과 콘크리트의 부착력도 작아진다.

14 굳지 않은 콘크리트에 포함된 공기량에 영향을 미치는 요소에 대한 설명으로 틀린 것은?

① 시멘트의 분말도가 높을수록 공기량은 감소하는 경향이 있다.

② AE제의 사용량이 증가하면 공기량은 감소하는 경향이 있다.

③ 잔골재량이 많을수록 공기량이 증가한다.

④ 콘크리트의 온도가 낮을수록 공기량은 증가한다.

해설

공기량은 AE제의 사용량에 비례하여 증가한다.

15 콘크리트의 건조수축에 가장 큰 영향을 주는 것은?

① 단위 시멘트량

② 단위 잔골재량

③ 단위수량

④ 단위 굵은 골재량

해설
건조수축은 콘크리트의 단위수량에 거의 비례한다.

16 다음 흙 시험과정은 어떤 시험에 대한 내용인가?

- 시료의 용기 질량을 측정한다.
- 습윤 시료를 용기에 담아 질량을 측정한다.
- 항온건조기에서 건조시킨다.
- 데시케이터에서 식힌다.
- 용기에 담긴 노건조 시료의 질량을 측정한다.

① 흙의 입도시험

② 흙의 함수량시험

③ 흙의 밀도시험

④ 흙의 다짐시험

해설
흙의 함수비를 측정하는 시험용 기구 : 용기, 항온건조기, 저울, 데시케이터

17 흙의 비중시험에 사용되는 시험기구가 아닌 것은?

① 피크노미터　　② 데시케이터

③ 항온수조　　　④ 다이얼게이지

해설
흙의 비중시험에 사용하는 기계 및 기구
- 비중병(피크노미터, 용량 100mL 이상의 게이뤼삭형 비중병 또는 용량 100mL 이상의 용량 플라스크 등)
- 저울 : 0.001g까지 측정할 수 있는 것
- 온도계 : 눈금 0.1℃까지 읽을 수 있어야 하며, 0.5℃의 최대허용 오차를 가진 것
- 항온건조로 : 온도를 110±5℃로 유지할 수 있는 것
- 데시케이터 : 실리카 겔, 염화칼슘 등의 흡습제를 넣은 것
- 흙 입자의 분리기구 또는 흙의 파쇄기구
- 끓이는 기구 : 비중병 내에 넣은 물을 끓일 수 있는 것
- 증류수 : 끓이기 또는 감압에 의해 충분히 탈기한 것

18 군지수(Group Index)를 구하는 데 필요하지 않은 것은?

① 0.075mm 체 통과율

② 유동지수

③ 액성한계

④ 소성지수

해설
군지수 $GI = 0.2a + 0.005ac + 0.01bd$
여기서, a : 0.075mm(No.200) 체 통과량 − 35(0~40)
　　　　b : 0.075mm(No.200) 체 통과량 − 15(0~40)
　　　　c : 액성한계(LL) − 40(0~20)
　　　　d : 소성지수(PI) − 10(0~20)

19 액성한계가 42.8%이고, 소성한계가 32.2%일 때 소성지수를 구하면?

① 10.6　　　　② 12.8

③ 21.2　　　　④ 42.4

해설
소성지수(PI) = 액성한계 − 소성한계
　　　　　　 = 42.8 − 32.2
　　　　　　 = 10.6

20 흙의 수축한계의 이용에 대한 설명으로 옳지 않은 것은?

① 흙의 동상에 대한 성질을 판정할 수 있다.
② 흙의 주요 성분을 판별할 수 있다.
③ 토공의 적정성을 판정할 수 있다.
④ 흙의 전단강도를 추정할 수 있다.

수축한계 이용의 예 : 수축정수(수축비, 선수축, 용적 변화), 비중 근사치 계산, 동상성 판정

21 입도분포를 통해 흙의 공학적 성질을 파악하기 위해 입도시험을 한 결과 가적통과율 10%인 D_{10}이 0.095mm이고, 가적통과율 60%인 D_{60}이 0.16mm 이며, 통과율 30%인 D_{30}이 0.13mm이면, 이 시료의 균등계수는 얼마인가?

① 1.62
② 1.68
③ 1.72
④ 1.75

균등계수 $C_u = \dfrac{D_{60}}{D_{10}}$

$= \dfrac{0.16}{0.095} = 1.68$

22 물-시멘트비 60%의 콘크리트를 제작할 경우 시멘트 1포당 필요한 물의 양은 몇 kg인가?(단, 시멘트 1포의 무게는 40kg이다)

① 15kg
② 24kg
③ 37kg
④ 44kg

물-시멘트비 $= \dfrac{W}{C}$

$= \dfrac{W}{40} = 0.6$

∴ $W = 24\text{kg}$

23 다음 중 시멘트의 응결시간에 영향이 가장 작은 것은?

① 온 도
② 골재의 입도
③ 분말도
④ 수 량

시멘트는 온도 및 분말도가 높으면 응결시간이 빨라지고, 수량이 많으면 응결시간이 늦어진다.

24 시멘트 입자의 가는 정도를 알기 위해서 실시하는 시험은?

① 시멘트 압축강도시험
② 시멘트 인장강도시험
③ 시멘트 팽창도시험
④ 시멘트 분말도시험

시멘트의 분말도는 시멘트 입자의 굵고 가는 정도로 일반적으로 비표면적으로 표시한다. 단위는 cm²/g이다.

25 시멘트 모르타르의 압축강도나 인장강도의 시험체의 양생온도는?

① 27±2℃
② 23±2℃
③ 20±2℃
④ 15±3℃

공시체를 성형하는 실험실은 20±2℃ 및 상대습도 50% 이상을 유지해야 한다.

26 흙의 수축한계시험에서 공기건조한 흙을 $425\mu m$ 체로 체질하여 통과한 흙 약 몇 g을 시료로 준비하는가?

① 100g   ② 70g

③ 40g   ④ 30g

해설
액성한계시험용 시료의 양은 약 200g, 소성한계시험용 시료의 양은 약 30g으로 한다(KS F 2303).

27 골재의 조립률을 구할 때 사용되는 체가 아닌 것은?

① 40mm 체   ② 25mm 체

③ 10mm 체   ④ 0.15mm 체

해설
조립률(골재) : 75mm, 40mm, 20mm, 10mm, 5mm, 2.5mm, 1.2mm, 0.6mm, 0.3mm, 0.15mm 체 등 10개의 체를 1조로 하여 체가름시험을 하였을 때, 각 체에 남은 누계량의 전체 시료에 대한 질량 백분율의 합을 100으로 나눈 값

28 굵은 골재의 밀도시험 정밀도에서 밀도의 경우 시험값은 평균값의 차이가 얼마 이하이어야 하는가?

① 0.01   ② 0.03

③ 0.04   ④ 0.05

해설
정밀도 : 시험값은 평균값과의 차이가 밀도의 경우 $0.01g/cm^3$ 이하, 흡수율의 경우는 0.03% 이하여야 한다.

29 골재의 밀도가 $2.70g/cm^3$이고, 단위용적질량이 $1.95ton/m^3$일 때 골재의 공극률은?

① 1.4%   ② 27.8%

③ 5.3%   ④ 25.4%

해설
$$실적률 = \frac{단위용적질량}{골재의 밀도} \times 100 = \frac{1.95}{2.7} \times 100 = 72.2\%$$
$$공극률 = 100 - 실적률$$
$$= 100 - 72.2 = 27.8\%$$

30 모래에 포함되어 있는 유기 불순물 시험에서 사용되는 시약으로 틀린 것은?

① 황 산   ② 타닌산

③ 알코올   ④ 수산화나트륨

해설
시약과 식별용 표준색 용액
• 수산화나트륨 용액(3%) : 물 97에 수산화나트륨 3의 질량비로 용해시킨 것이다.
• 식별용 표준색 용액 : 식별용 표준색 용액은 10%의 알코올 용액으로 2% 타닌산 용액을 만들고, 그 2.5mL를 3%의 수산화나트륨 용액 97.5mL에 가하여 유리병에 넣어 마개를 닫고 잘 흔든다. 이것을 표준색 용액으로 한다.

31 골재에 포함된 잔입자시험(KS F 2511)에서 잔입자란 골재를 물로 씻어서 몇 mm 체를 통과하는 입자인가?

① 0.08mm ② 0.16mm
③ 0.32mm ④ 0.64mm

해설
골재에 포함된 잔입자시험은 골재에 포함된 0.08mm 체를 통과하는 잔입자의 양을 측정하는 방법이다.

32 골재의 안정성시험에 대한 설명으로 틀린 것은?

① 잔골재를 시험하는 경우 시료는 대표적인 것 약 2kg을 채취한다.
② 시료의 무게가 일정하게 될 때까지 100~110℃의 온도에서 건조시킨다.
③ 황산나트륨 용액 속에 24~48시간 동안 담가둔다.
④ 안정성시험을 통하여 골재의 손실질량 백분율을 구할 수 있다.

해설
골재의 안정성시험 시 시료는 황산나트륨 용액에 16~18시간 담가둔다.

33 굵은 골재의 마모시험에 사용되는 가장 중요한 시험기는?

① 지깅시험기
② 로스앤젤레스 시험기
③ 표준침
④ 원심분리시험기

해설
로스앤젤레스 시험기는 철구를 사용하여 굵은 골재(부서진 돌, 깨진 광재, 자갈 등)의 마모에 대한 저항을 시험하는 데 사용한다.

34 콘크리트 압축강도시험에 대한 설명으로 옳지 않은 것은?

① 시험체 지름은 굵은 골재 최대 치수의 3배 이상이어야 한다.
② 공시체의 양생온도는 20±2℃로 한다.
③ 공시체가 급격히 변형하기 시작한 후에는 하중을 가하는 속도의 조정을 중지하고 하중을 계속 가한다.
④ 공시체의 양생이 끝난 후 충분히 건조시켜 마른 상태에서 시험한다.

해설
공시체는 양생을 끝낸 직후 상태(습윤 상태)에서 시험하여야 한다.

35 콘크리트 휨강도시험에 사용할 공시체의 규격이 150mm × 150mm × 530mm일 경우 각 층당 다짐 횟수로 가장 적합한 것은?

① 70회 ② 80회
③ 90회 ④ 100회

해설
콘크리트 휨강도시험용 공시체 제작 시 콘크리트는 몰드에 2층으로 나누어 채우고 각 층은 적어도 1,000mm² 에 1회의 비율로 다짐한다.
몰드의 단면적 = 150 × 530 = 79,500mm²
다짐 횟수 = 79,500 ÷ 1,000 = 79.5 ≒ 80회

36 워싱턴형 공기량측정기를 사용하여 굳지 않은 콘크리트의 공기 함유량을 구하는 경우에 응용되는 법칙은?

① 보일(Boyle)의 법칙
② 스토크스(Stokes')의 법칙
③ 뉴턴(Newton)의 법칙
④ 다르시(Darcy)의 법칙

해설
워싱턴형 공기량측정기는 굳지 않은 콘크리트의 공기 함유량을 압력의 감소를 이용해 측정하는 방법으로 보일의 법칙을 적용한 것이다.

37 포장용 콘크리트 컨시스턴시 측정에 사용되면 가장 좋은 방법은?

① 리몰딩시험
② 진동대에 의한 컨시스턴시 시험
③ 슬럼프시험
④ 흐름시험

해설
비비시험 : 슬럼프시험으로 측정하기 어려운 된 비빔 콘크리트의 컨시스턴시(반죽 질기)를 측정하고 진동다짐의 난이 정도를 판정한다. 시험방법으로 진동대 위에 몰드를 놓고 채취한 시료를 몰드에 채운다.

38 콘크리트 블리딩은 보통 몇 시간이면 거의 끝나는가?

① 2~4시간　　② 4~6시간
③ 6~8시간　　④ 8시간 이상

해설
블리딩이 종료되는 시간은 일반적으로 20℃에서 콘크리트 믹싱 후 2~4시간 정도이지만, 이보다 낮은 저온에서는 장시간 계속된다.

39 골재 입자의 표면수는 없고, 입자 내부의 빈틈은 물로 포화된 상태는?

① 노건조상태
② 공기 중 건조상태
③ 습윤상태
④ 표면건조포화상태

해설
골재의 함수상태
• 절대건조상태(노건조상태) : 110℃ 정도의 온도에서 24시간 이상 건조시킨 상태
• 공기 중 건조상태(기건상태) : 습기가 없는 실내에서 자연건조시킨 것으로 골재알 속의 빈틈 일부가 물로 가득 차 있는 상태
• 습윤상태 : 내부에 물이 채워져 있고, 표면에도 물이 부착되어 있는 상태
• 표면건조포화상태 : 표면에 물은 없지만, 내부공극에 물이 꽉 찬 상태

40 아스팔트 혼합물의 배합 설계와 현장에 따른 품질 관리를 위하여 행하는 시험은?

① 증발감량시험　　② 용해도시험
③ 인화점시험　　　④ 안정도시험(마셜식)

해설
마셜안정도시험은 아스팔트 혼합물의 안정도시험의 하나로, 혼합물의 배합 설계용으로 사용된다. 아스팔트 혼합물의 소성유동에 대한 저항성 측정에 적용한다.

41 아스팔트의 침입도시험에서 표준 침이 관입하는 깊이가 20mm일 때 침입도의 표시로 옳은 것은?

① 2
② 20
③ 200
④ 2,000

42 아스팔트 연화점에 대한 설명으로 옳지 않은 것은?

① 시료가 연화되기 시작하여 규정거리 25mm까지 내려갈 때의 온도를 말한다.
② 아스팔트의 종류에 따라 연화점이 다르다.
③ 온도가 높아지면 연화되고 반고체에서 액체로 변한다.
④ 시료를 환에 넣고 10시간 안에 시험을 끝내야 한다.

43 아스팔트 신도시험에 관한 설명 중 틀린 것은?

① 신도의 단위는 cm로 나타낸다.
② 아스팔트 신도는 전성의 기준이 된다.
③ 신도는 늘어나는 능력을 나타낸다.
④ 시험할 때 규정온도는 25±0.5℃이다.

44 금속재료의 시험의 종류에 해당하지 않는 것은?

① 굴곡시험
② 인장시험
③ 경도시험
④ 오토클레이브 팽창시험

45 흙의 입경가적곡선에 대한 설명으로 옳지 않은 것은?

① 흙의 입경이 균등한 흙은 입도가 양호한 흙이다.
② 가로축은 흙의 입경을 나타낸다.
③ 세로축은 흙의 중량 통과 백분율을 나타낸다.
④ 반대수 용지를 사용한다.

46 모관현상과 투수성이 커서 동상이 잘 일어나는 흙은?

① 실트질 흙　　　② 점토질 흙
③ 모래질 흙　　　④ 자갈질 흙

해설
• 실트질 흙 : 모관 상승고와 투수성이 비교적 커서 동상이 현저하다.
• 점토질 흙 : 모관 상승고는 가장 크지만, 투수성이 낮아 수분 공급이 잘되지 않아 동상은 미미하다.

47 흙의 공학적 분류에서 0.075mm 체 통과량이 몇 % 이하이면 조립토로 분류하는가?

① 50%　　　② 60%
③ 70%　　　④ 80%

해설
흙의 공학적 분류
• 조립토 : 0.075mm(75μm) 체 통과량이 50% 이하
• 세립토 : 0.075mm(75μm) 체 통과량이 50% 이상

48 표준관입시험에 대한 설명으로 옳지 않은 것은?

① 63.5kg의 해머를 75cm 높이에서 자유낙하시켜 샘플러를 30cm 관입시키는 데 소요된 낙하 횟수를 N값이라 한다.
② 표준관입시험으로부터 흐트러지지 않은 시료를 채취할 수 있다.
③ N값으로부터 점토 지반의 연경도 및 일축압축강도를 추정할 수 있다.
④ 시험결과로부터 흙의 내부마찰각 등 공학적 성질을 추정할 수 있다.

해설
표준관입 시험방법은 표준관입 시험장치를 사용하여 원위치에서의 지반의 단단한 정도와 다져진 정도 또는 흙층의 구성을 판정하기 위한 N값을 구함과 동시에 시료를 채취하는 관입 시험방법이다.

49 흙 속의 간극수가 동결되어 얼음층이 형성되기 때문에 지표면이 떠오르는 현상은?

① 연화현상　　　② 분사현상
③ 동상현상　　　④ 포화현상

해설
흙 속의 온도가 빙점 이하로 내려가서 지표면 아래 흙 속의 물이 얼어붙어 부풀어 오르는 현상을 동상이라고 한다.
토질에 따른 동해의 피해 크기 : 실트 > 점토 > 모래 > 자갈

50 동상의 피해를 방지하기 위한 방법에 해당되지 않는 것은?

① 지하수면을 낮추는 방법
② 비동결성 흙으로 치환하는 방법
③ 실트질 흙을 넣어 모세관현상을 차단하는 방법
④ 화학약품을 넣어 동결온도를 낮추는 방법

해설
동상의 대책
• 배수구를 설치하여 지하수위를 저하시킨다.
• 동결심도 상부의 흙을 동결하기 어려운 조립토로 치환한다.
• 모관수 상승을 방지하기 위해 지하수위 위에 조립의 차단층을 설치한다.
• 지표의 흙을 화학약품 처리($CaCl_2$, $NaCl$, $MgCl_2$)하여 동결온도를 저하시킨다.
• 지표면 근처에 단열재료(석탄재, 코크스)를 넣는다.

51 사질토 지반에서 유출수량이 급격하게 증대되면서 모래가 분출되는 현상은?

① 침투현상　　　② 배수현상
③ 분사현상　　　④ 동상현상

해설
분사현상(Quick Sand) : 사질토가 물로 채워지고 외부로부터 힘을 받으면, 물이 압력을 가져 모래 입자를 움직이기 쉽게 한다. 이때 사질토는 물에 뜬 것과 같은 상태가 되는데 이 현상을 분사현상이라 한다.

52 재료가 일정한 하중 아래 시간의 경과에 따라 변형량이 증가하는 현상은?

① 크리프　　　② 피로한계
③ 길소나이트　　　④ 릴랙세이션

해설
크리프(Creep) : 응력을 작용시킨 상태에서 탄성 변형 및 건조수축 변형을 제외시킨 변형으로 시간과 더불어 증가되는 현상

53 Terzaghi의 압밀이론 가정으로 옳지 않은 것은?

① 흙은 균질하다.
② 흙은 포화되어 있다.
③ 흙 입자와 물은 비압축성이다.
④ 흙의 투수계수는 압력의 크기에 비례한다.

해설
흙의 성질과 투수계수는 압력의 크기에 관계없이 일정하다.

54 간극비–하중곡선은 어느 시험에서 구할 수 있는가?

① 압밀시험
② 정수위 투수시험
③ 일축압축시험
④ 직접전단시험

해설
압밀시험의 목적 : 흙을 1차원적으로 단계 재하에 의해 배수를 허용하면서 압밀하여 압축성과 압밀속도에 관한 상수를 구하는 시험방법이다. 시간과 압축량을 기록한 뒤 간극비–압력곡선을 이용하여 압축계수, 체적변화계수, 압축지수, 팽창지수, 선행압밀응력, 압밀계수, 투수계수, 2차 압축지수 및 압밀비 등을 구해서 기초 지반의 압밀 침하량과 시간관계를 추정한다.

55 흙의 전단강도를 구하기 위한 전단시험법 중 현장시험에 해당하는 것은?

① 일축압축시험
② 삼축압축시험
③ 베인시험
④ 직접 전단시험

해설
베인전단시험은 연약한 포화 점토 지반에 대해서 현장에서 직접 실시하여 점토 지반의 비배수강도(비배수 점착력)를 구하는 현장 전단시험 중의 하나이다.

56 점성토에 대한 일축압축 시험결과 자연시료의 일축압축강도 $q_u = 1.25$kg/cm², 흐트러진 시료의 일축압축강도 $q_{ur} = 0.25$kg/cm²일 때 이 흙의 예민비는?

① 2.0 ② 3.0
③ 4.0 ④ 5.0

해설

$$S_t = \frac{q_u}{q_{ur}} = \frac{1.25}{0.25} = 5$$

57 흙의 전단응력을 추정하는 데 있어 점토 지반의 장기간 안정을 검토하기 위한 시험방법은?

① 압밀 배수시험
② 압밀 비배수시험
③ 비압밀 비배수시험
④ 비압밀 배수시험

해설

압밀 배수시험 : 사질토 지반의 지지력과 안정 또는 점성토 지반의 장기적 안정 문제 등을 알 수 있으나 시험에 너무 긴 시간이 소요된다.

3축 시험의 조건

비압밀 비배수시험	• 시공 중인 점성토 지반의 안정과 지지력 등을 구하는 단기적 설계 • 대규모 흙댐의 코어를 함수비 변화 없이 성토할 경우의 안정 검토 시
압밀 비배수시험	• 수위 급강하 시의 흙댐의 안정 문제 • 자연 성토사면에서의 빠른 성토 • 샌드 드레인 공법 등에서 압밀 후의 지반강도 예측 시
압밀 배수시험	• 간극수압의 측정이 어려운 경우나 중요한 공사에 대한 시험 • 연약 점토층 및 점토층의 사면이나 굴착사면의 안정 해석

58 어느 흙의 현장 건조단위무게가 1.552g/m³이고, 실내다짐시험에 의한 최적함수비가 72%일 때 최대 건조단위무게가 1.682g/m³를 얻었다. 이 흙의 다짐도는?

① 79.36% ② 86.21%
③ 92.27% ④ 98.31%

해설

$$다짐도(C_d) = \frac{\gamma_d}{\gamma_{d.max}} \times 100 = \frac{1.552}{1.682} \times 100 = 92.27\%$$

59 현장에서 모래치환법에 의해 흙의 단위무게를 측정할 때 모래(표준사)를 사용하는 주된 이유는?

① 시료의 무게를 구하기 위하여
② 시료의 간극비를 구하기 위하여
③ 시료의 함수비를 알기 위하여
④ 파낸 구멍의 부피를 알기 위하여

해설

모래치환법은 다짐을 실시한 지반에 구멍을 판 다음 시험 구멍의 체적을 모래로 치환하여 구하는 방법이다.

60 아스팔트 포장과 같이 가요성 포장의 두께를 결정하는 데 주로 쓰이는 값은?

① 압밀계수(C_v)값
② 지지력비(CBR)값
③ 콘지지력(q_c)값
④ 일축압축강도(q_u)값

해설

CBR이란 아스팔트 포장의 두께를 결정하는 경우에 사용되는 노상토의 CBR을 의미한다.

01 목재의 건조에 대한 설명으로 옳지 않은 것은?

① 건조 시 목재의 강도 및 내구성이 증가한다.

② 목재 건조 시 방부제 등의 약제 주입을 용이하게 할 수 있다.

③ 목재 건조 시 균류에 의한 부식과 벌레에 의해 피해를 예방할 수 있다.

④ 목재의 자연건조법 중 수침법을 사용하면 공기건조의 시간이 길어진다.

해설

침수법(수침법)

• 건조 전에 목재를 3~4주간 물속에 담가 수액을 유출시킨 후 공기건조에 의해 건조시키는 방법이다.

• 공기건조의 기간을 단축하기 위해 보조적으로 이용한다.

02 석재로서 화강암의 특징에 대한 설명으로 옳지 않은 것은?

① 조직이 균일하고 내구성 및 강도가 크다.

② 외관이 아름다워 장식재로 사용할 수 있다.

③ 균열이 적기 때문에 비교적 큰 재료를 채취할 수 있다.

④ 내화성이 강하므로 고열을 받는 내화용재료로 많이 사용된다.

해설

화강암은 내화성이 작아 고열을 받는 곳에는 적합하지 않다.

03 다음 보기에서 설명하는 비철금속재료는?

┌ 보기 ┐

• 비중은 약 8.93 정도이다.

• 전기 및 열전도율이 높다.

• 전성과 연성이 크다.

• 부식되면 청록색이 된다.

① 니 켈　　　　　② 구 리

③ 주 석　　　　　④ 알루미늄

04 다음 중 천연 아스팔트에 해당하지 않는 것은?

① 록 아스팔트

② 블론 아스팔트

③ 샌드 아스팔트

④ 레이크 아스팔트

해설

아스팔트의 종류

• 천연 아스팔트 : 레이크 아스팔트, 록 아스팔트, 샌드 아스팔트, 아스팔타이트

• 석유 아스팔트 : 스트레이트 아스팔트, 컷백 아스팔트, 유화 아스팔트, 블론 아스팔트, 개질 아스팔트

05 도폭선에서 심약(心藥)으로 사용되는 것은?

① 뇌 홍　　　　　② 질화납

③ 면화약　　　　　④ 피크린산

해설

면화약

• 질산과 황산의 혼합액으로, 주성분은 면사와 같은 식물섬유를 넣은 초안섬유이다.

• 충격 및 마찰에 쉽게 폭발하지만, 습하면 폭발하지 않는다.

• 도폭선에서 심약(心藥)으로 사용된다.

06 다음 보기에서 설명하는 토목섬유는?

┌보기┐

용융된 폴리머를 밀어내는 성형 또는 폴리머 합성물로, 직물을 코팅시키거나 폴리머 합성물을 압착시켜 형성된 판상 형태로 차수 및 분리기능이 있다. 주로 터널의 방수 및 쓰레기 매립장의 침출 차단에 많이 사용된다.

① 지오네트
② 지오그리드
③ 지오멤브레인
④ 지오텍스타일

해설
① 지오네트(Geonet) : 일정한 각도로 스탠드(strand)를 교차한 두 세트의 평행한 구조를 가지며 각각 교차점의 가닥들은 용융·접착된다. 주로 폴리에틸렌이 사용된다.
② 지오그리드(Geogrid) : 폴리머를 판상으로 압축시켜 격자 모양의 그리드 형태로 구멍을 내 일축 또는 이축 등 여러 모양으로 연신하여 제조한다. 분자 배열이 잘 조정되어 높은 강도를 내어 보강 및 분리기능의 용도로 사용되는 토목섬유이다.
④ 지오텍스타일(Geotextile) : 토목섬유의 주를 이루고 있으며 폴리에스테르, 폴리에틸렌, 폴리프로필렌 등의 합성섬유를 직조하여 만든 다공성 직물이다.

07 골재의 취급과 저장 시 주의해야 할 사항으로 옳지 않은 것은?

① 잔골재, 굵은 골재 및 종류, 입도가 다른 골재는 각각 구분하여 별도로 저장한다.
② 골재의 저장설비는 적당한 배수설비를 설치하고 그 용량을 검토하여 표면수량이 균일한 골재의 사용이 가능하도록 한다.
③ 골재의 표면수는 굵은 골재는 건조 상태로, 잔골재는 습윤 상태로 저장하는 것이 좋다.
④ 골재는 빙설의 혼입 방지, 동결 방지를 위한 적당한 시설을 갖추어 저장한다.

해설
골재의 표면수는 일정하도록 저장해야 한다. 이를 위해 적당한 배수시설이 필요하고, 저장설비는 골재시험이 가능해야 한다.

08 보기의 내용은 콘크리트용 굵은 골재의 최대 치수에 관한 설명이다. ( ) 안에 들어갈 적당한 수치는?

┌보기┐

질량비로 ( )% 이상을 통과시키는 체 중에서 최소 치수의 체눈의 호칭 치수로 나타낸 굵은 골재의 치수

① 50   ② 65
③ 80   ④ 90

해설
굵은 골재의 최대 치수 : 질량으로 90% 이상 통과한 체 중 최소 치수의 체의 치수로 나타낸 굵은 골재의 치수

09 다음 중 혼합 시멘트가 아닌 것은?

① 고로 슬래그 시멘트
② 알루미나 시멘트
③ 플라이 애시 시멘트
④ 포틀랜드 포졸란 시멘트

해설
시멘트의 종류
• 기경성 시멘트 : 석회(소석회), 고로질 석회, 석고, 마그네시아 시멘트
• 수경성 시멘트
 – 단미 시멘트(보통 포틀랜드 시멘트) : 1종 보통 포틀랜드 시멘트, 2종 중용열 포틀랜드 시멘트, 3종 조강 포틀랜드 시멘트, 4종 저열 포틀랜드 시멘트, 5종 내황산염 포틀랜드 시멘트
 – 혼합 시멘트 : 고로 슬래그 시멘트, 플라이 애시 시멘트, 포틀랜드 포졸란(실리카) 시멘트
 – 특수 시멘트 : 백색 시멘트, 팽창질석을 사용한 단열 시멘트, 팽창성 수경 시멘트, 메이슨리 시멘트, 초조강 시멘트, 초속경 시멘트, 알루미나 시멘트, 방통 시멘트, 유정 시멘트 등

10 시멘트의 수화반응에 의해 생성된 수산화칼슘이 대기 중의 이산화탄소와 반응하여 콘크리트의 성능을 저하시키는 현상은?

① 염 해   ② 탄산화
③ 동결융해   ④ 알칼리–골재반응

11 혼화재료에 대한 설명으로 옳지 않은 것은?

① 혼화재료는 혼화재와 혼화제로 구분한다.

② 일반적으로 시멘트 질량의 5% 정도 이상 사용하는 것은 혼화재이다.

③ 일반적으로 혼화제 사용량은 콘크리트의 배합 계산에서 고려하여야 한다.

④ 혼화재료는 콘크리트의 성질을 개선·향상시킬 목적으로 사용한다.

> **해설**
> 혼화제는 1% 이하의 적은 양이 소요되므로 콘크리트의 배합 계산 시 무시된다.

12 고로 슬래그 미분말에 대한 설명으로 옳지 않은 것은?

① 용광로에서 배출되는 슬래그를 급랭하여 입상화한 후 미분쇄한 것이다.

② 철근 부식이 억제된다.

③ 알칼리 골재반응을 촉진시킨다.

④ 콘크리트의 수화열 발생속도를 감소시킨다.

> **해설**
> 고로 슬래그 미분말은 알칼리 골재반응을 억제시킨다.

13 연속적인 대량의 콘크리트 타설 시 작업이음(Cold and Construction Joint)의 방지 또는 콘크리트의 운반시간이 긴 경우에 효과적인 혼화제는?

① 지연제 ② 감수제

③ 발포제 ④ 방청제

> **해설**
> ② 감수제 : 계면활성작용에 의하여 워커빌리티와 동결융해작용에 대한 내구성을 개선시키는 혼화제
> ③ 발포제 : 기포의 작용에 의해 충전성을 개선하거나 중량을 조절하는 혼화제
> ④ 방청제 : 염화물에 의한 철근 부식을 억제시키는 혼화제

14 굳지 않은 콘크리트의 워커빌리티에 대한 설명으로 옳은 것은?

① 시멘트의 비표면적은 워커빌리티에 영향을 주지 않는다.

② 모양이 각진 골재를 사용하면 워커빌리티가 개선된다.

③ AE제, 플라이애시를 사용하면 워커빌리티가 개선된다.

④ 콘크리트의 온도가 높을수록 슬럼프는 증가하여 워커빌리티가 개선된다.

15 굳은 콘크리트의 비파괴시험 방법에 속하지 않는 것은?

① 방사선 투과법

② 슈미트 해머법

③ 공기량 측정법

④ 음파 측정법

> **해설**
> **비파괴시험**
> • 접촉식 방법 : 표면경도법(슈미트 해머법), 초음파법(음파 측정법), 자기법, 전위법, AE법, 복합법(조합법) 등
> • 비접촉식 방법 : 전자파법, 적외선법, 방사선법, 공진법
> • 국부파괴법 : 관입저항법, 인발법, 내시경법, Break-off법, Pull-off법 등
> ※ 굳지 않은 콘크리트의 시험에는 워커빌리티 시험(슬럼프시험, 반죽질기시험), 블리딩시험, 공기량시험, 씻기분석시험 등이 있다.

16 흙의 함수비 시험에 사용되지 않는 기계 및 기구는?

① 저 울　　　　② 항온건조로

③ 데시케이터　　④ 피크노미터

시험기구
• 용기 : 시험 중에 질량의 변화를 일으키지 않는 것
• 항온건조로 : 온도를 110±5℃로 유지할 수 있는 것
• 저울 : 다음 표에 나타나는 최소 눈금값까지 측정할 수 있는 것

[시료의 질량 측정에 사용하는 저울의 최소 눈금값]

(단위 : g)

시료 질량	최소 눈금값
10 미만	0.001
10 이상 100 미만	0.01
100 이상 1000 미만	0.1
1,000 이상	1

• 데시케이터 : 실리카 겔, 염화칼슘 등의 흡습제를 넣은 것

17 어떤 흙에 있어서 토립자 부분의 무게가 65g이다. 토립층 부분의 부피가 40cm³일 때, 이 흙의 비중은 얼마인가?

① 1　　　　② 1.63

③ 2　　　　④ 2.45

비중 = 무게 ÷ 부피 = 65 ÷ 40 = 1.625

18 흙의 함수비와 관계없는 시험은?

① 소성한계시험　　② 액성한계시험

③ 투수시험　　　　④ 수축한계시험

19 액성한계시험방법에 대한 설명으로 옳지 않은 것은?

① 425μm 체로 쳐서 통과한 시료 약 200g 정도를 준비한다.

② 황동접시의 낙하 높이가 10±1mm가 되도록 낙하 장치를 조정한다.

③ 액성한계시험으로부터 구한 유동곡선에서 낙하 횟수 25회에 해당하는 함수비를 액성한계라고 한다.

④ 크랭크를 1초에 2회전의 속도로 접시를 낙하시키며, 시료가 10mm 접촉할 때까지 회전시켜 낙하 횟수를 기록한다.

흙의 액성한계시험에서 낙하장치에 의해 1초 동안에 2회의 비율로 활동접시를 들어 올렸다가 떨어뜨리고, 홈 바닥부의 흙이 길이 약 1.3cm 맞닿을 때까지 계속한다.

20 흙 입자가 물속에서 침강하는 속도로부터 입경을 계산할 수 있는 법칙은?

① 콜로이드(Colloid)의 법칙

② 스토크스(Stokes')의 법칙

③ 테르자기(Terzaghi)의 법칙

④ 애터버그(Atterberg)의 법칙

흙의 침강분석시험(입도분석시험)은 스토크스의 법칙을 적용한다.

21 시멘트 비중시험 결과 처음 광유 눈금을 읽었더니 0.2mL이고, 시멘트 64g을 넣고 최종적으로 눈금을 읽었더니 20.5mL이었다. 이 시멘트의 비중은?

① 3.05 ② 3.15

③ 3.17 ④ 3.18

해설

시멘트의 밀도(비중) = $\dfrac{\text{시료의 질량}}{\text{눈금차}}$

$= \dfrac{64}{20.6 - 0.3} = 3.15$

22 다음 보기는 길모어 침에 의한 시멘트의 응결시간 시험방법(KS L 5103)에서 습도에 대한 내용이다. ( ) 안에 들어갈 내용으로 옳은 것은?

┤보기├

시험실의 상대습도는 (㉠) 이상이어야 하며, 습기함이나 습기실은 시험체를 (㉡) 이상의 상대습도에서 저장할 수 있는 구조이어야 한다.

① ㉠ : 30%, ㉡ : 60%

② ㉠ : 50%, ㉡ : 70%

③ ㉠ : 30%, ㉡ : 80%

④ ㉠ : 50%, ㉡ : 90%

해설

온도와 습도 : 시험실의 온도는 20±2℃, 상대습도는 50% 이상이어야 하며, 시험편을 만들기 위해 사용하는 시멘트, 물 및 장치는 동일한 조건을 유지하여야 한다. 습기함이나 습기실의 온도는 20±1℃, 상대습도는 90% 이상이어야 한다.

23 분말도가 높은 시멘트의 특징에 대한 설명으로 옳지 않은 것은?

① 수화작용이 빠르다.

② 조기강도가 작다.

③ 워커빌리티가 좋다.

④ 건조수축이 크다.

해설

분말도가 높은 시멘트는 조기강도가 크고, 강도 증진율이 높다.

24 시멘트 모르타르의 압축강도시험에 의하여 압축강도를 결정할 때 같은 시료, 같은 시간에 시험한 전 시험체의 평균값을 구하여 사용하는데, 이때 평균값보다 몇 % 이상의 강도차가 있는 시험체는 압축강도의 계산에 사용하지 않는가?

① ±5% ② ±10%

③ ±15% ④ ±20%

해설

6개의 측정값 중에서 1개의 결과가 6개의 평균값보다 ±10% 이상 벗어나면 이 결과를 버리고 나머지 5개의 평균으로 계산한다.

25 시멘트 모르타르의 인장강도시험을 실시하기 위한 장치가 아닌 것은?

① 천 칭 ② 표준 체

③ 메스실린더 ④ 스프레이 노즐

해설

시멘트 모르타르의 인장강도시험을 실시하기 위한 장치 : 저울, 표준 체, 메스실린더, 물, 흙손, 시험기 등

26 콘크리트용 골재의 품질 판정에 대한 설명으로 옳지 않은 것은?

① 조립률로 골재의 입형(모양)을 판정할 수 있다.
② 체가름시험을 통하여 골재의 입도를 판정할 수 있다.
③ 골재의 입도가 일정한 경우 실적률을 통하여 골재 입형을 판정할 수 있다.
④ 황산나트륨 용액에 골재를 침수시켜 건조시키는 조작을 반복하여 골재의 안정성을 판정할 수 있다.

해설
조립률은 콘크리트에 사용되는 골재의 입도(굵은 골재와 잔골재의 비율) 정도를 표시하는 지표이다.

27 잔골재의 표면수 측정방법으로 옳은 것은?

① 질량에 의한 방법
② 빈틈률에 의한 측정법
③ 안정성에 의한 측정법
④ 잔입자에 의한 측정법

해설
잔골재의 표면수 측정은 질량법 또는 용적법 중 하나의 방법으로 한다.

28 잔골재 비중 및 흡수량 시험에서 표면건조포화상태의 시료를 1회 사용할 때 시료의 표준 중량은?

① 300g
② 400g
③ 500g
④ 600g

해설
표면건조포화상태의 잔골재를 500g 이상 채취하고, 그 질량을 0.1g까지 측정하여 이것을 1회 시험량으로 한다.

29 봉 다지기에 의한 골재의 단위용적질량시험을 할 때 사용하는 다짐봉의 지름은 몇 mm인가?

① 8mm
② 10mm
③ 16mm
④ 20mm

해설
다짐봉은 지름 16mm, 길이 500~600mm의 원형 강으로 하고, 그 앞 끝이 반구 모양인 것을 사용한다.

30 골재의 유기불순물시험에 관한 내용 중 옳지 않은 것은?

① 시료는 4분법 또는 시료분취기를 사용하여 가장 대표적인 것 약 450g를 취한다.
② 2%의 타닌산 용액과 3%의 수산화나트륨 용액을 섞어 표준색 용액을 만든다.
③ 시험용액을 만들어 비교해서 표준색과 비교한다.
④ 시험용액이 표준색보다 진할 경우 합격으로 한다.

해설
시험용액이 표준색보다 연할 경우 합격으로 한다.

26 ① 27 ① 28 ③ 29 ③ 30 ④ **정답**

31 골재에 포함된 잔입자시험(KS F 2511)은 골재를 물로 씻어서 몇 mm 체를 통과하는 것을 잔입자로 하는가?

① 0.03mm　　　　② 0.04mm

③ 0.06mm　　　　④ 0.08mm

32 골재의 안정성시험에 사용하는 시약은?

① 황산나트륨　　　② 수산화칼륨

③ 염화칼슘　　　　④ 황산알루미늄

골재의 안정성시험은 골재의 내구성을 알기 위하여 황산나트륨 포화 용액으로 인한 골재의 부서짐 작용에 대한 저항성을 시험하는 것이다.

33 굵은 골재의 마모시험에 사용되는 가장 중요한 시험기는?

① 지깅시험기

② 로스앤젤레스 시험기

③ 표준침

④ 원심분리시험기

로스앤젤레스 시험기는 철구를 사용하여 굵은 골재(부서진 돌, 깨진 광재, 자갈 등)의 마모에 대한 저항을 시험하는 데 사용한다.

34 콘크리트 압축강도시험에 대한 내용으로 옳지 않은 것은?

① 시험용 공시체의 지름은 굵은 골재의 최대 치수의 3배 이상, 10cm 이상으로 한다.

② 시험기의 가압판과 공시체의 끝면은 직접 밀착시키고, 그 사이에 쿠션재를 넣어서는 안 된다.

③ 시험기의 하중을 가할 경우 공시체에 충격을 주지 않도록 똑같은 속도로 하중을 가한다.

④ 시험체를 만든 다음 48~96시간 안에 몰드를 떼어낸다.

몰드 제거 시기는 콘크리트를 채운 직후 16시간 이상, 3일 이내로 한다.

35 도로 포장용 콘크리트의 품질 결정에 사용되는 콘크리트의 강도는?

① 압축강도　　　　② 휨강도

③ 인장강도　　　　④ 전단강도

휨강도는 도로, 공항 등 콘크리트 포장 두께의 설계나 배합설계를 위한 자료로 이용된다.

36 다음 중 공기량 측정법에 해당하지 않는 것은?

① 양생법

② 무게법

③ 부피법

④ 공기실 압력법

해설
공기량의 측정법에는 질량법(중량법, 무게법), 용적법(부피법), 공기실 압력법(주수법과 무주수법)이 있다.

37 다음 중 콘크리트의 워커빌리티 측정방법이 아닌 것은?

① 슬럼프시험

② 플로시험

③ 켈리볼 관입시험

④ 슈미트 해머시험

해설
슈미트 해머시험은 완성된 구조물의 콘크리트 강도를 알고자 할 때 쓰이는 방법이다.

콘크리트 시험

굳지 않은 콘크리트 관련 시험	경화 콘크리트 관련 시험
• 워커빌리티 시험과 컨시스턴시 시험 　– 슬럼프시험(워커빌리티 측정) 　– 흐름시험 　– 리몰딩시험 　– 관입시험[이리바렌시험, 켈리볼(구관입시험)] 　– 다짐계수시험 　– 비비시험(진동대식 컨시스턴시 시험) 　– 고유동 콘크리트의 컨시스턴시 평가시험방법 • 블리딩시험 • 공기량시험 　– 질량법 　– 용적법 　– 공기실 압력법	• 압축강도 • 인장강도 • 휨강도 • 전단강도 • 길이 변화시험 • 슈미트 해머시험(비파괴시험) • 초음파시험(비파괴시험) • 인발법(비파괴시험)

38 블리딩시험을 한 결과 마지막까지 누계한 블리딩에 따른 물의 용적 $V = 76\text{cm}^3$, 콘크리트 윗면의 면적 $A = 490\text{cm}^2$일 때 블리딩량을 구하면?

① $1.13\text{cm}^3/\text{cm}^2$　　② $0.14\text{cm}^3/\text{cm}^2$

③ $0.16\text{cm}^3/\text{cm}^2$　　④ $0.18\text{cm}^3/\text{cm}^2$

해설
$$블리딩량(\text{cm}^3/\text{cm}^2) = V \div A$$
$$= 76 \div 490$$
$$\simeq 0.16\text{cm}^3/\text{cm}^2$$

여기서, V : 규정된 측정시간 동안에 생긴 블리딩 물의 양(cm^3)

A : 콘크리트 상면의 면적(cm^2)

39 콘크리트의 배합설계방법에서 가장 합리적인 방법은?

① 배합표에 의한 방법

② 계산에 의한 방법

③ 시험 배합에 의한 방법

④ 현장 배합에 의한 방법

해설
배합설계
• 현장에서 요구되는 목적에 맞는 콘크리트 배합방법인 시방 배합
• 시방 배합을 위한 사전 테스트 작업인 시험 배합
• 현장의 재료 상태에 맞게 시방 배합을 조정하는 현장 배합

40 콘크리트의 배합설계에서 재료 계량의 허용오차는 혼화제 용액에서는 몇 % 이하인가?

① 1%　　② 2%

③ 3%　　④ 4%

해설
재료의 계량오차

재료의 종류	측정단위	1회 계량분의 허용오차(%)
시멘트	질 량	±1
골 재	질량 또는 부피	±3
물	질 량	±1
혼화재[1]	질 량	±2
혼화제	질량 또는 부피	±3

주[1] 고로 슬래그 미분말의 계량오차의 최댓값은 1%로 한다.

41 아스팔트의 점도와 가장 밀접한 관계가 있는 것은?

① 비 중 　　② 수 분

③ 온 도 　　④ 압 력

> **해설**
> 아스팔트는 온도의 영향을 받기 쉽고, 그 성상도 다르다.

42 아스팔트(Asphalt) 침입도시험을 시행하는 목적은?

① 아스팔트 비중 측정

② 아스팔트 신도 측정

③ 아스팔트 굳기 정도 측정

④ 아스팔트 입도 측정

> **해설**
> **침입도시험의 목적** : 아스팔트의 굳기 정도, 경도, 감온성, 적용성 등을 결정하기 위해 실시한다.

43 보기의 내용은 환구법에 의한 아스팔트의 연화점 시험에 대한 설명이다. ( ) 안에 들어갈 내용으로 알맞은 것은?

┌─**보기**─────────────────┐
│ 시료를 규정 조건에서 가열하였을 때, 시료가 연화되 │
│ 기 시작하여 규정된 거리인 ( )mm까지 내려갈 │
│ 때의 온도를 연화점이라고 한다. │
└──────────────────────┘

① 20 　　② 25

③ 45.8 　　④ 50

44 아스팔트가 늘어나는 정도를 측정하는 시험은?

① 아스팔트의 비중시험

② 아스팔트의 침입도시험

③ 아스팔트의 인화점시험

④ 아스팔트의 신도시험

45 아스팔트 혼합물의 배합설계와 현장에 따른 품질 관리를 위하여 행하는 시험은?

① 증발감량시험

② 용해도시험

③ 인화점시험

④ 안정도시험(마셜식)

> **해설**
> **아스팔트 혼합물의 배합설계 시 필요한 시험**
> • 흐름값 측정
> • 골재의 체가름시험
> • 마셜 안정도시험

46 길이 10cm, 지름 5cm인 강봉을 인장시켰더니 길이가 11.5cm이고, 지름은 4.8cm가 되었다. 이때 푸아송비는?

① 0.27   ② 0.38

③ 3.51   ④ 13.63

해설

$$푸아송비 = \frac{횡\ 방향\ 변형률}{종\ 방향\ 변형률} = \frac{1}{m}$$
$$= \frac{0.2/5}{1.5/10} \simeq 0.27$$

여기서, m : 푸아송수 = 푸아송비의 역수

47 자연 상태에 있는 조립토의 조밀한 정도를 백분율로 나타내는 것은?

① 상대밀도

② 포화도

③ 다짐도

④ 다짐곡선

해설

상대밀도(Relative Density) : 사질토가 느슨한 상태에 있는가 조밀한 상태에 있는가를 나타내는 것으로, 액상화 발생 여부 추정 및 내부 마찰각의 추정이 가능하다.

48 흙을 통일 분류법 및 AASHTO 분류법으로 분류할 때 필요한 요소가 아닌 것은?

① 액성한계   ② 수축한계

③ 소성지수   ④ 흙의 입도

해설

흙을 분류할 때 필요한 요소
- 통일 분류법은 75μm 체 통과율, 4.75μm 체 통과율, 액성한계, 소성한계, 소성지수를 사용한다.
- AASHTO 분류법은 입도분석, 액성한계, 소성한계, 소성지수, 군지수를 사용한다.

49 모세관의 안지름 0.10mm인 유리관 속을 증류수가 상승하는 높이는?(단, 표면장력 $T = 0.075$g/cm, 접촉각을 0으로 한다)

① 30cm   ② 3.0cm

③ 1.5cm   ④ 15cm

해설

모관 상승고
$$h_c = \frac{4T\cos\alpha}{\gamma D}$$
표준온도(15℃)에서 표면장력 $T = 0.0075$g/cm이고, 접촉각 $\alpha = 0°$이면 $\cos 0° = 1$이므로 $\frac{0.3}{D} = \frac{0.3}{0.01} = 0.3$cm

50 흙 지반의 투수계수에 영향을 미치는 요소로 옳지 않은 것은?

① 물의 점성

② 유효 입경

③ 간극비

④ 흙의 비중

해설

투수계수의 영향(Taylor 제안식)
$$K = D_s^2 \frac{\gamma_w}{\mu} \frac{e^3}{1+e} C$$
여기서, D_s : 입경, γ_w : 물의 단위중량, μ : 물의 점성계수
e : 간극비, C : 형상계수

51 사질토 지반에서 유출수량이 급격하게 증대되면서 모래가 분출되는 현상은?

① 침투현상
② 배수현상
③ 분사현상
④ 동상현상

해설
분사현상(Quick Sand) : 사질토가 물로 채워지고 외부로부터 힘을 받으면, 물이 압력을 가져 모래 입자를 움직이기 쉽게 한다. 이때 사질토는 물에 뜬 것과 같은 상태가 되는데 이 현상을 분사현상이라 한다.

52 압밀시험에서 공시체의 높이가 2cm이고, 배수가 양면배수일 때 배수거리는?

① 0.2cm
② 1cm
③ 2cm
④ 4cm

해설
배수거리
• 일면배수 : 점토층의 두께와 같다.
• 양면배수 : 점토층의 두께의 반이다. 2 ÷ 2 = 1cm

53 압밀에서 선행 압밀하중이란?

① 과거에 받았던 최대 압밀하중
② 현재 받고 있는 압밀하중
③ 앞으로 받을 수 있는 최대 압밀하중
④ 침하를 일으키지 않는 최대 압밀하중

해설
• 선행 압밀하중 : 지금까지 흙이 받았던 최대 유효 압밀하중
• 과압밀 : 현재 받고 있는 유효 연직압력이 선행 압밀하중보다 작은 상태
• 정규압밀 : 현재 받고 있는 유효 연직압력이 선행 압밀하중인 상태

54 흙의 전단강도를 구하기 위한 실내시험은?

① 직접전단시험
② 표준관입시험
③ 콘관입시험
④ 베인시험

해설
실내시험
• 직접전단시험 : 점착력, 내부마찰각 측정
• 간접전단시험
  – 일축압축시험 : 일축압축강도, 예민비, 흙의 변형계수 측정
  – 삼축압축시험 : 점착력, 내부마찰각, 간극 수압 측정
현장시험
• 현장베인시험 : 연약 지반의 점착력 측정
• 표준관입시험(SPT) : N치 측정
• 콘관입시험(CPT) : 콘 지지력 측정
• 지내력시험 : 평판재하시험, 말뚝재하시험

55 다음 중 예민비를 결정하는 데 사용되는 시험은?

① 압밀시험
② 직접전단시험
③ 일축압축시험
④ 다짐시험

해설
일축압축시험 : 흙의 일축압축(토질시험)강도 및 예민비를 결정하는 시험

56 삼축압축시험은 응력조건과 배수조건을 임의로 조절할 수 있어서 실제 현장 지반의 응력 상태나 배수 상태를 재현하여 시험할 수 있다. 다음 중 삼축압축시험의 종류가 아닌 것은?

① UD Test(비압밀 배수시험)

② UU Test(비압밀 비배수시험)

③ CU Test(압밀 비배수시험)

④ CD Test(압밀 배수시험)

해설
삼축압축시험의 종류(배수방법에 따른)

비압밀 비배수 시험(UU)	• 시공 중인 점성토 지반의 안정과 지지력 등을 구하는 단기적 설계(즉, 점토 지반에 급속한 성토제방을 쌓거나 기초를 설계할 때의 초기의 안정 해석이나 지지력 계산 시) • 대규모 흙댐의 코어를 함수비 변화 없이 성토할 경우의 안정 검토 시
압밀 비배수 시험(CU)	• 수위 급강하 시 흙댐의 안전문제 • 자연 성토 사면에서의 빠른 성토 • 연약 지반 위에 성토되어 있는 상태에서 재성토 하는 경우 • 샌드 드레인 공법 등에서 압밀 후의 지반강도 예측 시
압밀 배수 시험(CD)	• 간극수압의 측정이 어려운 경우나 중요한 공사에 대한 시험 • 연약 점토층 및 견고한 점토층의 사면이나 굴착 사면의 안정 해석

57 느슨한 상태의 흙에 기계 등의 힘을 이용하여 전압, 충격, 진동 등의 하중을 가하여 흙 속에 있는 공기를 빼내는 작업은?

① 압 밀
② 투 수
③ 전 단
④ 다 짐

해설
다짐 : 래머를 자유낙하시켜 흙을 다지는 작업

58 어느 흙의 현장 건조단위무게가 $1.552g/m^3$이고, 실내 다짐시험에 의한 최적 함수비가 72%일 때 최대 건조단위무게가 $1.682g/m^3$를 얻었다. 이 흙의 다짐도는?

① 79.36%
② 86.21%
③ 92.27%
④ 98.31%

해설
다짐도$(C_d) = \dfrac{\gamma_d}{\gamma_{d.max}} \times 100 = \dfrac{1.552}{1.682} \times 100 = 92.27\%$

59 모래치환법에 의한 현장 단위무게 시험결과가 보기와 같을 때 시험 구멍의 부피는 얼마인가?

┌ 보기 ┐
- 구덩이 속에서 파낸 흙 무게 : 1,697g
- 구덩이 속을 채운 표준모래 무게 : 1,466g
- 모래의 단위무게 : $1.45g/cm^3$
- 현장 흙의 비중 : 2.72

① $1,170.34cm^3$
② $1,011.03cm^3$
③ $623.90cm^3$
④ $539.0cm^3$

해설
시험 구멍의 체적

$$V_0 = \frac{m_9 - m_6}{\rho_{ds}} = \frac{m_{10}}{\rho_{ds}} = \frac{1,466}{1.45} = 1,011.03cm^3$$

여기서, V_0 : 시험 구멍의 체적(cm^3)

m_9 : 시험 구멍 및 깔때기에 들어간 모래의 질량(g)

m_6 : 깔때기를 채우는 데 필요한 모래의 질량(g)

m_{10} : 시험 구멍을 채우는 데 필요한 모래의 질량(g)

ρ_{ds} : 시험용 모래의 단위중량(g/cm^3)

60 평판재하시험에서 규정된 재하판의 지름 치수가 아닌 것은?

① 30cm
② 40cm
③ 50cm
④ 75cm

해설
재하판은 두께 25mm 이상, 지름 300mm, 400mm, 750mm인 강재 원판을 표준으로 하고, 등치면적의 정사각형 철판으로 해도 된다.

01 목재의 수분, 습기의 변화에 따른 팽창·수축을 줄이기 위한 방법으로 틀린 것은?

① 고온처리된 목재를 사용한다.
② 가능한 한 무늬결 목재를 사용한다.
③ 사용하기 전에 충분히 건조하여 균일한 함수율이 된 것을 사용한다.
④ 변형의 크기와 방향을 고려하여 그 영향을 가능한 적게 받도록 배치한다.

해설
목재의 팽창·수축을 줄이기 위해 가능한 한 나무(무늬)결 목재를 사용한다.

02 다음 중 압축강도가 가장 큰 토목공사용 석재는?

① 점판암 ② 응회암
③ 사 암 ④ 화강암

해설
석재의 압축강도 : 화강암 > 대리석 > 안산암 > 사암 > 응회암 > 부석

03 목재의 일반적인 성질에 대한 설명으로 잘못된 것은?

① 함수량은 수축, 팽창 등에 큰 영향을 미친다.
② 금속, 석재, 콘크리트 등에 비해 열, 소리의 전도율이 크다.
③ 무게에 비해서 강도와 탄성이 크다.
④ 재질이 고르지 못하고 크기에 제한이 있다.

해설
목재는 금속, 석재, 콘크리트 등에 비해 열전도율과 열팽창률이 작다.

04 유분이 지표의 낮은 곳에 괴어 생긴 것으로, 불순물이 섞여 있는 아스팔트는?

① 록 아스팔트
② 샌드 아스팔트
③ 레이크 아스팔트
④ 석유 아스팔트

해설
레이크(Lake) 아스팔트 : 땅속에서 뿜어져 나온 천연 아스팔트가 암석 사이에 침투하지 않고 지표면에 호수 모양으로 퇴적된 천연 아스팔트이다. 석유 아스팔트 중 스트레이트 아스팔트와 비슷하며 역청 성분이 50% 이상 함유되어 있어 정제하면 품질이 우수한 아스팔트를 얻을 수 있다.

05 다음 중 흑색화약에 관한 설명으로 옳지 않은 것은?

① 발화가 간단하고 소규모 장소에서 사용할 수 있다.
② 값이 저렴하고 취급이 간편하다.
③ 물속에서도 폭발한다.
④ 폭파력은 강력하지 않다.

해설
흑색화약은 물에 매우 취약해서 비가 오면 사실상 사용이 불가능하다.

06 불연속적인 짧은 강섬유를 콘크리트 속에 혼입하여 인장강도, 균열저항성, 인성 등을 증대시킨 콘크리트는?

① 폴리머 시멘트 콘크리트
② 순환 골재 콘크리트
③ 고강도 콘크리트
④ 섬유보강 콘크리트

해설
섬유보강 콘크리트(Fiber Reinforced Concrete) : 보강용 섬유를 혼입하여 주로 인성, 균열 억제, 내충격성 및 내마모성 등을 높인 콘크리트

07 콘크리트의 건조수축에 가장 큰 영향을 주는 것은?

① 단위 시멘트량
② 단위 잔골재량
③ 단위수량
④ 단위 굵은 골재량

해설
건조수축은 콘크리트의 단위수량에 거의 비례한다.

08 어떤 콘크리트의 배합설계에서 단위골재량의 절대부피가 $0.715m^3$이고, 최종 보정된 잔골재율이 38%일 경우 단위 굵은 골재량의 절대부피는?

① $0.393m^3$
② $0.443m^3$
③ $0.658m^3$
④ $0.705m^3$

해설
단위 굵은 골재량의 절대부피
= 단위골재량의 절대부피 − 단위 잔골재량의 절대부피
= $0.715 − 0.715 \times 0.38 = 0.4433m^3$

09 다음 중 혼합 시멘트가 아닌 것은?

① 고로 슬래그 시멘트
② 플라이 애시 시멘트
③ 알루미나 시멘트
④ 포틀랜드 포졸란 시멘트

해설
알루미나 시멘트는 특수 시멘트에 속한다.
혼합 시멘트 : 고로 슬래그 시멘트, 플라이 애시 시멘트, 포틀랜드 포졸란(실리카) 시멘트

10 다음 보기에서 설명하는 토목섬유는?

┤보기├
용융된 폴리머를 밀어내어 정형시키거나, 폴리머 합성물로 직물을 코팅하거나, 폴리머 합성물을 압착시켜 성형된 판상의 형태로서 주요기능으로는 차수기능이 있다.

① 지오텍스타일
② 지오멤브레인
③ 지오컴포지트
④ 지오그리드

11 혼화재료를 저장할 때의 주의사항 중 옳지 않은 것은?

① 혼화재는 항상 습기가 많은 곳에 보관한다.
② 혼화재가 날리지 않도록 주의해서 다룬다.
③ 액상의 혼화제는 분리하거나 변질하지 않도록 한다.
④ 장기간 저장한 혼화재는 사용하기에 앞서 시험하여 품질을 확인한다.

해설
혼화재는 습기를 흡수하는 성질 때문에 덩어리가 생기거나 그 성능이 저하되는 경우가 있으므로 방습 사일로 또는 창고 등에 저장하고 입고된 순서대로 사용한다.

12 콘크리트용 혼화재료 중에서 워커빌리티(Workability)를 개선하는 데 영향을 미치지 않는 것은?

① AE제
② 응결경화촉진제
③ 감수제
④ 시멘트분산제

해설
응결경화촉진제는 시멘트의 응결을 촉진하여 콘크리트의 조기강도를 증대하기 위하여 콘크리트에 첨가하는 물질이다.

13 콘크리트 속에 많은 거품을 일으켜 부재의 경량화나 단열성을 목적으로 사용하는 혼화제는?

① 기포제   ② 지연제
③ 급결제   ④ 감수제

해설
콘크리트에 기포제를 첨가하면 경량성, 단열성, 내화성이 향상된다.

14 일반 콘크리트의 비비기에서 가경식 믹서를 사용할 때 비비기 시간의 표준은?

① 1분 이상
② 1분 30초 이상
③ 2분 이상
④ 2분 30초 이상

해설
비비기 시간은 믹서 안에 재료를 투입한 후에 계산하며 가경식 믹서일 경우에는 1분 30초 이상, 강제 혼합식 믹서일 경우에는 1분 이상을 표준으로 한다.

15 콘크리트의 비파괴시험에서 일정한 에너지의 타격을 콘크리트 표면에 주어 그 타격으로 생기는 반발력으로 콘크리트의 강도를 판정하는 방법은?

① 코어채취방법
② 볼트를 잡아당기는 방법
③ 표면경도방법
④ 음파측정방법

해설
굳은 콘크리트의 비파괴 시험방법 : 슈미트 해머법(표면경도법, 반발경도법), 방사선법, 초음파법, 진동법, 인발법, 철근탐사법

16 흙의 함수비를 측정하는 시험용 기구가 아닌 것은?

① 데시케이터
② 증발접시
③ 홈파기 날
④ 항온건조기

해설
홈파기 날은 액성한계시험에 사용된다.

17 흙의 밀도시험에서 피크노미터에 시료와 증류수를 채우고 끓일 때 일반적인 흙의 경우 몇 분 이상 끓여야 하는가?

① 1분
② 5분
③ 10분
④ 40분

해설
끓이는 시간은 일반적인 흙에서는 10분 이상, 고유기질토에서는 약 40분, 화산재 흙에서는 2시간 이상 필요하다.

18 흙의 공학적 분류에서 0.075mm 체 통과량이 몇 % 이하이면 조립토로 분류하는가?

① 50%
② 60%
③ 70%
④ 80%

해설
흙의 공학적 분류
• 조립토 : 0.075mm(75μm) 체 통과량이 50% 이하
• 세립토 : 0.075mm(75μm) 체 통과량이 50% 이상

19 액성한계와 소성한계시험을 할 때 시료 준비방법으로 옳은 것은?

① 0.425mm 체에 잔유한 흙을 사용한다.
② 0.425mm 체에 통과한 흙을 사용한다.
③ 4mm 체에 잔유한 흙을 사용한다.
④ 4mm 체에 통과한 흙을 사용한다.

해설
액성한계시험과 소성한계시험 시 0.425mm 체로 쳐서 통과한 시료 약 200g 정도를 준비한다.

20 다음 중 비소성(NP)으로 나타내는 경우가 아닌 것은?

① 소성한계를 구할 수 없는 경우
② 소성한계와 액성한계가 일치하는 경우
③ 소성한계가 액성한계보다 작은 경우
④ 소성한계가 액성한계보다 큰 경우

해설
비소성(NP ; Non Plastic)
• 점성이 없는 사질토와 같이 액성한계와 소성한계를 구할 수 없는 경우의 흙
• 소성한계가 액성한계보다 크거나 같은 경우의 흙

21 다음 중 모르타르의 압축강도에 영향을 주는 요인 중 틀린 것은?

① 단위수량이 많으면 강도는 커진다.
② 시멘트 분말도가 높으면 강도는 커진다.
③ 시멘트가 풍화하면 강도는 작아진다.
④ 재령 및 시험방법에 따라 강도가 달라진다.

해설
단위수량이 많을수록 강도는 떨어진다.

22 시멘트 모르타르 압축강도시험에서 시멘트를 510g 사용했을 때 표준모래의 양은 얼마나 되는가?

① 약 510g
② 약 638g
③ 약 1,250g
④ 약 1,530g

해설
시멘트 강도시험(KS L ISO 679)
모르타르의 배합 비율은 시멘트 1, 표준사 3, 물-시멘트 비 0.50이다.
∴ 표준모래량 = 510 × 3 = 1,530g

23 시멘트의 응결(Setting)에 관한 설명 중 옳지 않은 것은?

① C_3A가 많을수록 응결은 지연된다.
② 습도가 낮을수록 응결은 빨라진다.
③ 온도가 높을수록 응결은 빨라진다.
④ 일반적으로 풍화된 시멘트의 응결은 지연된다.

해설
C_3A(알루민산 3석회)가 많을수록 응결이 빠르고 수축이 크다.

24 분말도가 높은 시멘트에 대한 설명으로 옳지 않은 것은?

① 풍화하기 쉽다.
② 수화작용이 빠르다.
③ 조기강도가 작다.
④ 균열이 생기기 쉽다.

해설
시멘트 분말도에 따른 특징

구분	분말도가 큰 시멘트	분말도가 작은 시멘트
입자 크기	시멘트 입자가 가늘어 면적이 넓다.	시멘트 입자가 커 면적이 작다.
수화 반응	수화열이 많고 응결속도가 빠르다.	수화열이 적고 응결속도 느리다.
강도	건조수축과 균열이 발생하기 쉬우며 풍화하기 쉽고 조기강도가 크다.	건조수축과 균열이 적고, 장기강도가 크다.
적용 대상	공기가 급할 때, 한중 콘크리트	중량 콘크리트, 서중 콘크리트

25 다음 중 열가소성 수지에 해당되지 않는 것은?

① 폴리염화비닐수지
② 폴리에틸렌수지
③ 아크릴산수지
④ 페놀수지

해설
합성수지
• 열가소성 수지 : 폴리염화비닐(PVC)수지, 폴리에틸렌(PE)수지, 폴리프로필렌(PP)수지, 폴리스티렌(PS)수지, 아크릴수지, 폴리아마이드수지(나일론), 불소(플루오린)수지, 스티롤수지, 초산비닐수지, 메틸아크릴수지, ABS수지
• 열경화성 수지 : 페놀수지, 요소수지, 폴리에스터수지(구조재료), 에폭시수지(금속, 콘크리트, 유리의 접착에 사용), 멜라민수지, 알키드수지, 아미노수지, 프란수지, 실리콘수지, 폴리우레탄

26 다음 중 조기강도가 가장 큰 시멘트는?

① 조강 포틀랜드 시멘트

② 알루미나 시멘트

③ 실리카 시멘트

④ 고로 시멘트

해설
시멘트 조기강도의 크기 : 알루미나 시멘트 > 조강 포틀랜드 시멘트 > 보통 시멘트 > 고로 슬래그 시멘트 > 중용열 시멘트

27 잔골재의 체가름시험에 사용할 시료의 최소 무게는?(단, 1.2mm 체에 무게비 5% 이상 남는 시료를 사용하는 경우로 한다)

① 50g   ② 500g

③ 2,000g   ④ 5,000g

해설
잔골재는 1.2mm 체를 95%(질량비) 이상 통과하는 것에 대한 최소 건조질량을 100g으로 하고, 1.2mm 체에 5%(질량비) 이상 남는 것에 대한 최소 건조질량을 500g으로 한다. 다만, 구조용 경량 골재에서는 최소 건조질량을 잔골재의 1/2로 한다.

28 골재 밀도가 클 때의 특징으로 옳지 않은 것은?

① 공극률이 작다.

② 내구성이 크다.

③ 조직이 치밀하다.

④ 강도가 작다.

해설
골재의 밀도가 클수록 강도가 높다.

29 다음 중 공기량 측정법에 속하지 않는 것은?

① 양생법

② 무게법

③ 부피법

④ 공기실 압력법

해설
공기량 측정법에는 질량법(중량법, 무게법), 용적법(부피법), 공기실 압력법(주수법과 무주수법)이 있다.

30 다음 보기의 내용은 골재의 단위용적질량 시험에서 충격을 이용하여 시료를 용기에 채우는 방법에 대한 설명이다. (   ) 안에 들어갈 내용은?

┤보기├
용기를 콘크리트 바닥과 같은 튼튼하고 수평인 바닥 위에 놓고 시료를 거의 같은 3층으로 나누어 채운다. 각 층마다 용기의 한쪽을 약 (   ) 들어 올려서 바닥을 두드리듯이 낙하시킨다.

① 10mm   ② 50mm

③ 80mm   ④ 100mm

해설
충격에 의한 경우 : 용기를 콘크리트 바닥과 같은 튼튼하고 수평인 바닥 위에 놓고 시료를 거의 같은 3층으로 나누어 채운다. 각 층마다 용기의 한쪽을 약 50mm 들어 올려서 바닥을 두드리듯이 낙하시킨다. 다음으로 반대쪽을 약 50mm 들어 올려 낙하시키고 각각을 교대로 25회, 전체적으로 50회 낙하시켜서 다진다.

26 ② 27 ② 28 ④ 29 ① 30 ② **정답**

31 흙의 함수비 시험에서 시료가 일정 무게에 도달할 때까지 건조하는 온도는?

① 20±3℃ ② 270±10℃

③ 23±2℃ ④ 110±5℃

해설
시료를 용기별로 항온건조기에 넣고 110±5℃에서 일정 질량이 될 때까지 노건조한다.

32 골재의 잔입자시험에서 몇 mm 체를 통과하는 것을 잔입자라고 하는가?

① 0.03mm ② 0.04mm

③ 0.06mm ④ 0.08mm

해설
잔입자시험은 0.08mm 체를 통과하는 골재에 포함된 잔입자의 양을 측정하는 방법이다.

33 골재의 기상작용에 대한 내구성을 판별하는 시험은?

① 골재 안정성시험
② 골재 형상시험
③ 단위용적질량시험
④ 골재 유해물 함유량시험

해설
골재의 안정성시험은 황산나트륨 포화용액의 결정압에 대한 골재의 부서짐 작용의 저항성을 시험하는 것이다. 다만, 인공 경량 골재는 제외한다.

34 다음 중 수은을 사용하는 시험은?

① 액성한계시험
② 소성한계시험
③ 흙의 밀도시험
④ 수축한계시험

해설
수축한계시험에서는 노건조 시료의 체적(부피)을 구하기 위해서 수은을 사용한다.

35 콘크리트의 배합강도를 결정할 때 압축강도의 표준편차는 몇 회 이상의 시험결과로 결정하는 것을 원칙으로 하는가?

① 30회 ② 50회

③ 100회 ④ 120회

해설
콘크리트의 배합설계에서 콘크리트 압축강도 표준편차는 실제 사용한 콘크리트의 30회 이상의 시험실적으로부터 결정하는 것을 원칙으로 한다.

36 시멘트 비중시험에 사용되는 액체는?

① 소금물   ② 알 콜

③ 황 산   ④ 광 유

해설

시멘트 비중시험에 필요한 기구
- 르샤틀리에 플라스크
- 광유 : 온도 23±2℃에서 비중 약 0.73 이상인 완전히 탈수된 등유나 나프타를 사용한다.
- 천 칭
- 철사 및 마른 걸레
- 항온수조

37 콘크리트 강도시험용 공시체의 표준 양생온도의 범위로 옳은 것은?

① 10~5℃   ② 13~18℃

③ 18~22℃   ④ 26~35℃

해설

공시체의 양생온도는 20±2℃로 한다.

38 콘크리트에 상하운동을 주어서 변형저항을 측정하는 방법으로, 시험 후에 콘크리트의 분리가 일어나는 결점이 있는 굳지 않은 콘크리트의 워커빌리티 측정방법은?

① 비비 반죽 질기 시험

② 리몰딩시험

③ 흐름시험

④ 다짐계수시험

해설

흐름시험은 콘크리트의 연도를 측정하기 위한 시험으로 플로 테이블에 상하진동을 주어 면의 확산을 흐름값으로 나타낸다.

39 콘크리트 블리딩시험에서 콘크리트를 용기에 3층으로 나누어 넣고 각 층을 다짐대로 몇 회씩 고르게 다지는가?

① 10회   ② 15회

③ 20회   ④ 25회

해설

콘크리트 블리딩시험에서 콘크리트를 용기에 3층으로 나누어 넣고 각 층을 다짐대로 25회씩 고르게 다진다.

40 콘크리트의 배합에서 단위 잔골재량 700kg/m³, 단위 굵은 골재량이 1,300kg/m³일 때 절대 잔골재율은?(단, 잔골재 및 굵은 골재의 비중은 2.60이다)

① 30%   ② 35%

③ 40%   ④ 45%

해설

$$잔골재율(S/a) = \frac{V_S}{V_S + V_G} \times 100(\%)$$

$$= \frac{700 \times 2.6}{700 \times 2.6 + 1,300 \times 2.6} \times 100 = 35\%$$

여기서, V_S : 단위 잔골재량의 절대부피

V_G : 단위 굵은 골재량의 절대부피

41 석재의 비중 및 강도에 대한 설명 중 옳지 않은 것은?

① 석재는 비중이 클수록 흡수율이 크고, 압축강도가 작다.

② 석재의 비중은 일반적으로 겉보기비중을 의미한다.

③ 석재의 강도는 일반적으로 비중이 클수록, 빈틈률이 작을수록 크다.

④ 석재는 흡수율이 클수록 강도가 작다.

해설
석재는 비중이 클수록 석질의 조직이 치밀하여 흡수율이 작고, 압축강도가 크다.

42 침입도시험의 측정조건 중 옳은 것은?

① 시료의 온도 25℃에서 100g의 하중을 5초 동안 가하는 것을 표준으로 한다.

② 시료의 온도 25℃에서 100g의 하중을 10초 동안 가하는 것을 표준으로 한다.

③ 시료의 온도 25℃에서 200g의 하중을 5초 동안 가하는 것을 표준으로 한다.

④ 시료의 온도 25℃에서 200g의 하중을 10초 동안 가하는 것을 표준으로 한다.

해설
소정의 온도(25℃), 하중(100g), 시간(5초)에 규정된 침이 수직으로 관입한 길이로 0.1mm 관입시 침입도는 1로 규정한다.

43 아스팔트 연화점시험에서 시료가 강구와 함께 시료대에서 얼마 정도 떨어진 밑단에 닿는 순간의 온도를 연화점으로 하는가?

① 12mm   ② 25mm

③ 34.5mm   ④ 45.4mm

해설
환구법에 의한 아스팔트 연화점시험에서 시료를 규정 조건에서 가열하였을 때, 시료가 연화되기 시작하여 규정된 거리인 25mm까지 내려갈 때의 온도를 연화점이라 한다.

44 아직 굳지 않은 콘크리트 표면에 떠올라서 가라앉은 미세한 백색의 침전물은?

① 블리딩   ② 반죽 질기

③ 워커빌리티   ④ 레이턴스

해설
레이턴스 : 굳지 않은 콘크리트에서 골재 및 시멘트 입자의 침강으로 물이 분리되어 상승하는 현상으로 인하여 콘크리트나 모르타르의 표면에 떠올라서 가라앉은 물질이다.

45 다음 중 강재의 인장시험의 결과로 알기 어려운 것은?

① 인장강도   ② 파단 연신율

③ 항복강도   ④ 인성한도

해설
인장시험으로 재료의 비례한도, 탄성한도, 내력, 항복점, 인장강도, 연신율, 단면 수축률, 응력변형률 곡선 등을 측정할 수 있다.

46 다음 중 흙의 삼상(三相) 관계의 세 가지 성분이 아닌 것은?

① 흙 입자 ② 물
③ 공 기 ④ 간 극

해설
흙을 구성하고 있는 세 가지 성분 : 흙 입자(토립자), 물(수극), 공기(공극)

47 흙의 통일 분류법에서 입도분포가 양호한 모래를 나타내는 기호는?

① GW ② SW
③ SP ④ CL

해설
① GW : 입도분포가 양호한 자갈
③ SP : 입도분포가 나쁜 모래
④ CL : 압축성이 낮은 점토

통일 분류법 분류기호
분류는 문자의 조합으로 나타내며 기호의 의미는 다음과 같다.

구분	제1문자		제2문자	
	기호	흙의 종류	기호	흙의 상태
조립토	G S	자 갈 모 래	W P M C	입도분포가 양호한 입도분포가 불량한 실트를 함유한 점토를 함유한
세립토	M C O	실 트 점 토 유기질토	L H	소성 및 압축성이 낮은 소성 및 압축성이 높은
고유기 질토	Pt	이 탄	–	–

48 흙의 비중이 2.50이고, 간극비는 0.5인 흙의 포화도가 50%이면 함수비는?

① 10% ② 25%
③ 40% ④ 62.5%

해설
$S \cdot e = w \cdot G_s$
$0.5 \times 0.5 = x \times 2.5$
$x = 0.1 \rightarrow 10\%$
여기서, S : 포화도, e : 간극비
w : 함수비, G_s : 비중

49 흙의 동상방지 대책으로 옳지 않은 것은?

① 배수구를 설치하여 지하수위를 저하시킨다.
② 지표의 흙을 화학약품으로 처리한다.
③ 포장 하부에 단열층을 시공한다.
④ 모관수를 차단하기 위해 세립토층을 지하수면 위에 설치한다.

해설
동상의 대책
• 배수구를 설치하여 지하수위를 저하시킨다.
• 동결심도 상부의 흙을 동결하기 어려운 조립토로 치환한다.
• 모관수 상승을 방지하기 위해 지하수위 위에 조립의 차단층을 설치한다.
• 지표의 흙을 화학약품 처리($CaCl_2$, $NaCl$, $MgCl_2$)하여 동결온도를 저하시킨다.
• 지표면 근처에 단열재료(석탄재, 코크스)를 넣는다.

50 압밀시험에서 구할 수 없는 것은?

① 선행압밀하중 ② 부피변화계수
③ 투수계수 ④ 곡률계수

해설
압밀시험 : 흙 시료에 하중을 가함으로써 하중 변화에 대한 간극비, 압밀계수, 체적압축계수의 관계를 파악하고 지반의 침하량과 침하 시간을 구하기 위한 계수(압축지수, 시간계수, 선행압밀하중) 등을 알 수 있는 시험이다.
※ 물의 흐름은 Darcy의 법칙이 적용되고 압밀이 되어도 투수계수는 일정하다.

51 흙을 지름 3mm의 원통 모양으로 늘여 토막토막 끊어지려고 할 때의 함수비는?

① 수축한계
② 액성한계
③ 소성한계
④ 액성지수

해설
소성한계 : 두꺼운 유리판 위에 시료를 손바닥으로 굴리면서 늘였을 때, 지름 약 3mm에서 부서질 때의 함수비

52 흙의 다짐효과에 대한 설명으로 옳은 것은?

① 투수성이 증가한다.
② 압축성이 커진다.
③ 흡수성이 증가한다.
④ 지지력이 증가한다.

해설
흙의 다짐 실시 목적 및 효과
• 흙의 전단강도가 증가한다.
• 흙의 단위중량이 증가한다.
• 지반의 지지력이 증가한다.
• 부착성이 양호해진다.
• 압축성이 작아진다.
• 투수성이 감소한다.
• 흡수성이 감소한다.

53 다음 중 흙의 예민비를 결정하는 데 사용되는 시험은?

① 일축압축시험
② 직접전단시험
③ 다짐시험
④ 압밀시험

해설
일축압축시험 : 흙의 일축압축(토질시험)강도 및 예민비를 결정하는 시험

54 연약한 점토 지반의 전단강도를 구하기 위하여 실시하는 현장시험법은?

① 평판재하시험
② 현장 CBR시험
③ 직접전단시험
④ 현장 베인시험

해설
베인시험은 토질시험의 종류 중 점성토의 비배수강도를 결정하는 데 필요한 현장시험이다.

55 다음 중 흙의 실내다짐시험을 할 때 필요하지 않은 기구는?

① 몰드(mold)
② 다이얼게이지
③ 래 머
④ 시료 추출기

해설
실내다짐시험기구
• 몰드, 칼라, 밑판 및 스페이서 디스크, 래머
• 기타기구 : 저울, 체, 함수비 측정기구, 혼합기구, 곧은 날, 시료 추출기, 거름종이

56 도로나 활주로 등의 포장 두께를 결정하는 시험은?

① CBR시험
② 표준관입시험
③ 흙의 투수성시험
④ 흙의 다짐시험

해설
CBR시험 : 주로 아스팔트와 같은 가요성(연성) 포장의 지지력을 결정하기 위한 시험방법, 즉 도로나 활주로 등의 포장 두께를 결정하기 위하여 지지하는 노상토의 강도, 압축성, 팽창성 및 수축성 등을 결정하는 시험이다.

57 상부구조물에서 오는 하중을 연약한 지반을 통해 견고한 지층으로 전달시키는 기능을 가진 말뚝은?

① 마찰말뚝
② 인장말뚝
③ 선단지지말뚝
④ 경사말뚝

해설
선단지지말뚝 : 현장에서의 암반층이 적절한 깊이 내에 위치할 경우 상부 구조물의 하중을 연약한 지반을 통해 암반으로 전달시키는 기능을 가진 말뚝

58 일축압축시험을 한 결과, 흐트러지지 않은 점성토의 압축강도가 2.0kg/cm²이고, 다시 이겨 성형한 시료의 일축압축강도가 0.4kg/cm²일 때 이 흙의 예민비는 얼마인가?

① 0.2
② 2.0
③ 0.5
④ 5.0

해설
$$S_t = \frac{q_u}{q_{ur}} = \frac{2}{0.4} = 5$$
여기서, q_u : 자연 시료의 일축압축강도
　　　　q_{ur} : 흐트러진 시료의 일축압축강도

59 유선망의 특징에 대한 설명으로 틀린 것은?

① 인접한 2개의 유선 사이를 흐르는 침투수량은 서로 같다.
② 인접한 2개의 등수두선 사이의 손실수두는 서로 같다.
③ 침투속도와 동수경사는 유선망의 요소길이에 비례한다.
④ 유선과 등수두선은 서로 직교한다.

해설
침투속도 및 동수경사는 유선망 폭에 반비례한다.

60 흙 지반의 투수계수에 영향을 미치는 요소로 옳지 않은 것은?

① 물의 점성
② 유효 입경
③ 간극비
④ 흙의 비중

해설
투수계수의 영향 (Taylor 제안식)
$$K = D_s^2 \frac{\gamma_w}{\mu} \frac{e^3}{1+e} C$$
여기서, D_s : 입경
　　　　γ_w : 물의 단위중량
　　　　μ : 물의 점성계수
　　　　e : 간극비
　　　　C : 형상계수

Win-Q 건설재료시험기능사 필기

개정2판1쇄 발행		2025년 01월 10일 (인쇄 2024년 07월 11일)
초 판 발 행		2023년 01월 05일 (인쇄 2022년 07월 26일)
발 행 인		박영일
책 임 편 집		이해욱
편 저		최광희
편 집 진 행		윤진영 · 최 영 · 이정현
표지디자인		권은경 · 길전홍선
편집디자인		정경일
발 행 처		(주)시대고시기획
출 판 등 록		제10-1521호
주 소		서울시 마포구 큰우물로 75 [도화동 538 성지 B/D] 9F
전 화		1600-3600
팩 스		02-701-8823
홈 페 이 지		www.sdedu.co.kr

I S B N	979-11-383-7548-1(13530)
정 가	26,000원

윙크
Win Qualification의 약자로서
자격증 도전에 승리하다의
의미를 갖는 시대에듀
자격서 브랜드입니다.
시대에듀
Win-
단기
학습을
위한
완전
학습서
시리즈
기술자격증 도전에
승리하다!
자격증 취득에 승리할 수 있도록
Win-Q시리즈가 완벽하게 준비하였습니다.
빨간키
핵심요약집으로
시험 전 최종점검
핵심이론
시험에 나오는 핵심만
쉽게 설명
빈출문제
꼭 알아야할 내용을
다시 한번 풀이
기출문제
시험에 자주 나오는
문제유형 확인
NAVER 카페
대자격시대 – 기술자격 학습카페
cafe.naver.com/sidaestudy / 응시료 지원이벤트

TECH BIBLE

한눈에 이해할 수 있도록
체계적으로 정리한 핵심이론

철저한 시험유형 파악으로
만든 필수확인문제

국가직 · 지방직 등
최신 기출문제와 상세 해설

기술직 공무원 건축계획
별판 | 30,000원

기술직 공무원 전기이론
별판 | 23,000원

기술직 공무원 전기기기
별판 | 23,000원

기술직 공무원 생물
별판 | 20,000원

기술직 공무원 임업경영
별판 | 20,000원

기술직 공무원 조림
별판 | 20,000원

※도서의 이미지와 가격은 변경될 수 있습니다.